注册消防工程师资格考试辅导教材

2018年版

消防安全技术综合能力

中国消防协会 组织编写

中国人事出版社

图书在版编目（CIP）数据

消防安全技术综合能力：2018年版 / 中国消防协会组织编写．-- 北京：中国人事出版社，2018

注册消防工程师资格考试辅导教材

ISBN 978-7-5129-1332-5

Ⅰ.①消… Ⅱ.①中… Ⅲ.①消防－安全技术－资格考试－教材 Ⅳ.①TU998.1

中国版本图书馆 CIP 数据核字（2018）第 125828 号

中国人事出版社出版发行

（北京市惠新东街 1 号 邮政编码：100029）

*

河北零五印刷厂印刷装订 新华书店经销

787 毫米 ×1092 毫米 16 开本 34 印张 865 千字

2018 年 7 月第 1 版 2018 年 7 月第 1 次印刷

定价：98.00 元

营销中心电话：（010）64962347

中国人事考试图书网网址：http：//rsks.class.com.cn

注册消防工程师资格考试辅导教材
编写委员会

主　　编	陈伟明	杨建民				
副 主 编	单于广	张荣昌				
执行副主编	张明灿	王宝伟	沈友弟	曹忙根		
参加编写人员	（按姓氏笔画）					
	马建民	王宗存	王宝伟	石　芳	田锦林	白　洁
	冯婧钰	毕　明	朱国庆	刘　凯	闫　雾	关大巍
	米文忠	祁　闻	许　丹	李　苗	李　磊	杨丙杰
	杨瑞新	何建红	沈友弟	沈燕清	张兴权	张明灿
	张颖琮	陈　柏	陈　震	郝爱玲	姜　宁	姚　斌
	董文辉	智会强	赖穗欢	蔡　芸	廖曙江	
编审人员	东靖飞	张志勇	郭树林	徐晓楠	黄晓家	薛亚群
	廖　平	宋晓勇	李建春	王　炯		

再版说明

“注册消防工程师资格考试辅导教材”以消防专业知识、实务技术和工程实践经验为主进行编写，自2014年出版后，受到了全国消防行业及社会各界的广泛关注。随着经济社会的发展和消防技术的进步，国家制定和修订了《自动喷水灭火系统设计规范》《建筑内部装修设计防火规范》《建筑钢结构防火技术规范》等一批消防技术标准规范，而且随着国家体制改革的深入推进，消防体制有了重大调整，原教材的有些内容和表述不再适应新的形势。鉴于此，编写委员会决定对本套辅导教材进行全面修订再版。

2018年版修订的重点主要在以下三个方面：一是为适应我国消防体制的改革，将著作权人变更为中国消防协会，并调整新增了部分作者和编审人员。二是根据新的消防技术标准规范，增删和调整了部分教材的内容。三是对辅导教材文字进行了全面谨慎的梳理和修订，统一了专用名词和专业术语。

需要特别说明的是，本套辅导教材的内容如有与现行国家消防技术标准规范不一致之处，应以国家的消防技术标准规范为准。

注册消防工程师资格考试辅导教材编写委员会

2018年4月

编写说明

2012年9月27日，人力资源社会保障部和公安部联合发布了《关于印发注册消防工程师制度暂行规定和注册消防工程师资格考试实施办法及注册消防工程师资格考核认定办法的通知》，标志着我国注册消防工程师制度的正式建立，这是我国消防事业发展史上具有重要意义的一件大事。

为适应注册消防工程师资格考试的需要，方便应试人员复习备考，根据《注册消防工程师资格考试实施办法》和《注册消防工程师资格考试大纲》，中国消防协会组织部分消防机构、科研院所、消防企业的专家编写了“注册消防工程师资格考试辅导教材”，共分三册，包括《消防安全技术实务》《消防安全技术综合能力》和《消防安全案例分析》。

《消防安全技术综合能力》以运用消防基础理论解决某一方面消防工程实践问题的能力为主进行编写，共分五篇三十三章。第一篇消防法及相关法律法规与消防职业道德，主要介绍消防法及相关法律、部门规章和规范性文件，注册消防工程师职业道德的内涵、特点、基本原则、基本规范，以及职业道德修养的必要性和主要内容。第二篇建筑防火检查，主要介绍建筑分类和耐火等级、总平面布局与平面布置、防火防烟分区、安全疏散设施、防爆、建筑装修和保温系统等方面的检查。第三篇消防设施安装、检测与维护管理，主要介绍消防设施质量控制、维护管理与消防控制室管理，以及消防给水，消火栓系统，自动喷水灭火系统，水喷雾灭火系统，细水雾灭火系统，气体灭火系统，泡沫灭火系统，干粉灭火系统，建筑灭火器，防烟排烟系统，消防用电设备的供配电与电气防火防爆，消防应急照明和疏散指示系统，火灾自动报警系统，以及城市消防远程监控系统等的安装、检测及维护管理。第四篇消防安全评估方法与技术，主要介绍区域消防安全评估方法与技术，建筑火灾风险评估方法与技术，建筑消防性能化设计评估方法与技术，以及人员密集场所消防安全评估方法与技术。第五篇消防安全管理，主要介绍消防安全管理的发展、性质、特征和要素，社会单位消防安全管理，社会单位消防安全宣传与教育培训，应急预案编制与演练，施工现场消防安全管理，大型群众性活动消防安全管理。

《消防安全技术综合能力》第一篇第一章、第二章由闫霁、米文忠编写；第二篇第一章、第二章、第三章、第六章由石芳编写，第四章由王宝伟编写，第五章由李苗编写；第三篇第一章第一节由张明灿编写，第一章第二节、第三节和第十章由杨瑞新编写，第二章、第三章、第五章由田锦林编写，第四章由杨瑞新、杨丙杰编写，第六章由郝爱玲编写，第七章、第十一章由毕明编写，第八章由智会强编写，第九章由杨丙杰编写，第十二章、第十五章由张颖琮编写，第十三章由董文辉编写，第十四章由刘凯编写，沈燕清参与编写了第三篇第十五章的技术检测相关内容；第四篇第一章、第二章由王宝伟、马建民编写，第三章由王宗存编写，第四章由李磊编写；第五篇第一章、第六章由李磊、马建民编写，第二章、第三章、第四章由张明灿、陈震编写；第五章由米文忠编写；本书附录由田锦林、沈燕清编写。

《消防安全技术综合能力》的编写工作得到了云南、上海、北京、江苏、安徽、辽宁消防总队，天津、沈阳消防研究所，中国建筑科学研究院建筑防火研究所和南京威盾消防电气检测有限公司等单位的大力支持；天津、沈阳消防研究所国家标准规范管理组和上海、云南消防总队的专家对本书进行了审阅，提出了许多宝贵的修改意见，在此表示衷心的感谢！

由于编者水平所限，时间仓促，书中难免存在不足之处，希望读者批评指正。

注册消防工程师资格考试辅导教材编写委员会

2018年4月

目　录

第一篇　消防法及相关法律法规与消防职业道德

第二篇　建筑防火检查

第三篇 消防设施安装、检测与维护管理

第四篇 消防安全评估方法与技术

第五篇　消防安全管理

第一篇 消防法及相关法律法规与消防职业道德

第一章 消防法及相关法律法规

学习要求

通过本章学习，应了解与消防工作密切相关的法律、法规和规范性文件的基本内容；熟悉《中华人民共和国消防法》的主要内容；掌握消防工作方针、原则和责任制的根本要求；熟悉单位消防安全责任，注册消防工程师的执业范围、享有的权利和应履行的义务。

消防法律、法规是我国社会主义法律体系的重要组成部分，是消防工作良好、顺利、有序开展的前提和保障，对推进我国消防事业科学发展、维护公共安全、促进社会和谐，具有十分重要的意义。

第一节　中华人民共和国消防法

《中华人民共和国消防法》（以下简称《消防法》）于1998年4月29日由第九届全国人民代表大会常务委员会第二次会议审议通过，2008年10月28日第十一届全国人民代表大会常务委员会第五次会议修订，修订后的《消防法》自2009年5月1日起施行。

一、消防工作的方针、原则和责任制

《消防法》在总则中规定：“消防工作贯彻预防为主、防消结合的方针，按照政府统一领导、部门依法监管、单位全面负责、公民积极参与的原则，实行消防安全责任制，建立健全社会化的消防工作网络。”该条款确立了消防工作的方针、原则和责任制。

“预防为主、防消结合”的方针，科学准确地阐明了“防”和“消”的关系，正确地反映了人类与火灾做斗争的基本规律。在消防工作中，必须坚持“防”“消”并举、“防”“消”并重的思想，将火灾预防和火灾扑救有机地结合起来，最大限度地保护人身、财产安全，维护公共安全，促进社会和谐。

“政府统一领导、部门依法监管、单位全面负责、公民积极参与”的原则是消防工作经验

和客观规律的反映。“政府”“部门”“单位”“公民”四者都是消防工作的主体，共同构筑消防安全工作格局，任何一方都非常重要，不可偏废。

“实行消防安全责任制，建立健全社会化的消防工作网络”，是我国做好消防工作的经验总结，也是从无数火灾中得出的教训。各级政府、政府各部门、各行各业以及每个人在消防安全方面各尽其责，实行消防安全责任制，建立健全社会化的消防工作网络，有利于增强全社会的消防安全意识，有利于调动各部门、各单位和广大群众做好消防安全工作的积极性，有利于进一步提高全社会整体抗御火灾的能力。

二、单位的消防安全责任

《消防法》中关于单位消防安全责任的规定主要有：

（1）《消防法》在总则中规定，任何单位都有维护消防安全、保护消防设施、预防火灾、报告火警的义务；任何单位都有参加有组织的灭火工作的义务；机关、团体、企业、事业等单位，应当加强对本单位人员的消防宣传教育。

（2）《消防法》规定，单位的消防安全职责主要有以下几项。

1）落实消防安全责任制，制定本单位的消防安全制度、消防安全操作规程，制定灭火和应急疏散预案。

2）按照国家标准、行业标准配置消防设施、器材，设置消防安全标志，并定期组织检验、维修，确保完好有效。

3）对建筑消防设施每年至少进行一次全面检测，确保完好有效，检测记录应当完整准确，存档备查。

4）保障疏散通道、安全出口、消防车通道畅通，保证防火防烟分区、防火间距符合消防技术标准。

5）组织防火检查，及时消除火灾隐患。

6）组织进行有针对性的消防演练。

7）法律、法规规定的其他消防安全职责。

（3）《消防法》规定，消防安全重点单位除履行单位消防安全职责外，还应当履行下列特殊的消防安全职责。

1）确定消防安全管理人，组织实施本单位的消防安全管理工作。

2）建立消防档案，确定消防安全重点部位，设置防火标志，实行严格管理。

3）实行每日防火巡查，并建立巡查记录。

4）对职工进行岗前消防安全培训，定期组织消防安全培训和消防演练。

（4）《消防法》规定，同一建筑物由两个以上单位管理或者使用的，应当明确各方的消防安全责任，并确定责任人对共用的疏散通道、安全出口、建筑消防设施和消防车通道进行统一管理。

（5）《消防法》规定，任何单位不得损坏、挪用或者擅自拆除、停用消防设施、器材，不得埋压、圈占、遮挡消火栓或者占用防火间距，不得占用、堵塞、封闭疏散通道、安全出口、消防车通道。

（6）《消防法》规定，任何单位都应当无偿为报警提供便利，不得阻拦报警，严禁谎报火警；发生火灾，必须立即组织力量扑救，邻近单位应当给予支援；火灾扑灭后，发生火灾的单位和相关人员应当按照消防机构的要求保护现场，接受事故调查，如实提供与火灾有关的情况。

（7）《消防法》规定，被责令停止施工、停止使用、停产停业的单位，应当在整改后向消防机构报告，经消防机构检查合格，方可恢复施工、使用、生产、经营。

同时，《消防法》还规定，任何单位都有权对消防机构及其工作人员在执法中的违法行为进行检举、控告。

三、公民在消防工作中的权利和义务

《消防法》中关于公民在消防工作中权利和义务的规定主要有：

（1）任何人都有维护消防安全、保护消防设施、预防火灾、报告火警的义务；任何成年人都有参加有组织的灭火工作的义务。

（2）任何人不得损坏、挪用或者擅自拆除、停用消防设施、器材，不得埋压、圈占、遮挡消火栓或者占用防火间距，不得占用、堵塞、封闭疏散通道、安全出口、消防车通道。

（3）任何人发现火灾都应当立即报警；任何人都应当无偿为报警提供便利，不得阻拦报警；严禁谎报火警。

（4）火灾扑灭后，相关人员应当按照消防机构的要求保护现场，接受事故调查，如实提供与火灾有关的情况。

（5）任何人都有权对消防机构及其工作人员在执法中的违法行为进行检举、控告。

四、建设工程消防设计审核、消防验收和备案抽查制度

《消防法》完善了建设工程消防监督管理制度，明确了建设工程消防设计审核、消防验收和备案抽查制度。

（1）《消防法》第十一条、第十三条第一款第一项及第二款明确了消防设计审核、消防验收的范围，规定对国务院公安部门规定的大型的人员密集场所和其他特殊建设工程，由消防机构实行建设工程消防设计审核、消防验收。

（2）《消防法》第十条、第十二条、第十三条第一款第二项及第二款明确了其他建设工程实行备案抽查制度。对国务院公安部门规定的大型的人员密集场所和其他特殊建设工程以外的按照国家工程建设消防技术标准需要进行消防设计的其他建设工程，建设单位应当自依法取得施工许可之日起 7 个工作日内，将消防设计文件报消防机构备案，消防机构应当依法进行抽查；抽查不合格的，应当停止施工。建设单位在工程验收合格后 7 个工作日内，应当报消防机构备案，消防机构应当依法进行抽查；抽查不合格的，应当停止使用。

（3）《消防法》第十二条规定，建设工程的消防设计未经依法审核或者审核不合格的，负责审批该工程施工许可的部门不得给予施工许可，建设单位、施工单位不得施工；《消防法》第十三条规定，依法应当进行消防验收的建设工程，未经消防验收或者消防验收不合格的，禁止投入使用；《消防法》第五十八条对违反建设工程消防设计审核、消防验收、备案抽查制度的违法行为，规定了责令停止施工、停止使用、停产停业和罚款的行政处罚措施。

五、公众聚集场所投入使用、营业前的消防安全检查

《消防法》完善了关于消防机构对公众聚集场所在投入使用、营业前实施消防安全检查的规定。

（1）规定公众聚集场所在投入使用、营业前，建设单位或者使用单位应当向场所所在地的

县级以上地方人民政府消防机构申请消防安全检查。

（2）明确了消防机构实施消防安全检查的时限和工作要求，规定消防机构应当自受理申请之日起10个工作日内，根据消防技术标准和管理规定，对该场所进行消防安全检查。未经消防安全检查或者经检查不符合消防安全要求的，不得投入使用、营业。

（3）对公众聚集场所未经消防安全检查或者经检查不符合消防安全要求擅自投入使用、营业的消防安全违法行为，直接给予责令停止施工、停止使用、停产停业和罚款等行政处罚。

六、举办大型群众性活动的消防安全要求

《消防法》将大型群众性活动的消防安全纳入《大型群众性活动安全管理条例》（国务院令第505号）规定的治安行政许可审查内容。同时，明确了消防安全要求，规定举办大型群众性活动时，承办人应当依法向公安机关申请安全许可，制定灭火和应急疏散预案并组织演练，明确消防安全责任分工，确定消防安全管理人员，保持消防设施和消防器材配置齐全、完好有效，保证疏散通道、安全出口、疏散指示标志、应急照明和消防车通道符合消防技术标准和管理规定。

七、消防产品监督管理

《消防法》进一步明确了消防产品监督管理制度。

（1）明确了消防产品的基本要求，规定消防产品必须符合国家标准；没有国家标准的，必须符合行业标准。禁止生产、销售或者使用不合格的消防产品以及国家明令淘汰的消防产品。

（2）明确了消防产品强制认证制度，规定依法实行强制性产品认证的消防产品，应由具有法定资质的认证机构按照国家标准、行业标准的强制性要求认证合格后，方可生产、销售、使用。新研制的尚未制定国家标准、行业标准的消防产品，应当按照国务院产品质量监督部门会同国务院公安部门规定的办法，经技术鉴定符合消防安全要求的，方可生产、销售和使用。

（3）明确了消防产品的监督管理主体，规定产品质量监督部门、工商行政管理部门、消防机构应当按照各自职责加强对消防产品质量的监督检查，并依法进行处罚。

《消防法》还规定了消防产品监督管理中的产品质量监督部门、工商行政管理部门、消防机构等的协作制度。

八、消防技术服务机构和执业人员

《消防法》第三十四条规定，消防产品质量认证、消防设施检测、消防安全监测等消防技术服务机构和执业人员，应当依法获得相应的资质、资格；依照法律、行政法规、国家标准、行业标准和执业准则，接受委托提供消防技术服务，并对服务质量负责。

九、法律责任的规定

《消防法》强化了法律责任追究，共设有警告、罚款、拘留、责令停产停业（停止施工、停止使用）、没收违法所得、责令停止执业（吊销相应资质、资格）6类行政处罚。例如，依法应当经消防机构进行消防设计审核的建设工程，未经依法审核或者审核不合格，擅自施工的，责令停止施工，并处3万元以上30万元以下罚款。建筑施工企业不按照消防设计文件和

消防技术标准施工，降低消防施工质量的，责令改正或者停止施工，并处 1 万元以上 10 万元以下罚款。消防产品质量认证、消防设施检测等消防技术服务机构出具虚假文件的，责令改正，处 5 万元以上 10 万元以下罚款，并对直接负责的主管人员和其他直接责任人员处 1 万元以上 5 万元以下罚款；有违法所得的，并处没收违法所得；给他人造成损失的，依法承担赔偿责任；情节严重的，由原许可机关依法责令停止执业或者吊销相应资质、资格。消防技术服务机构出具失实文件，给他人造成损失的，依法承担赔偿责任；造成重大损失的，由原许可机关依法责令停止执业或者吊销相应资质、资格。

第二节　相关法律

消防安全涉及社会生活的方方面面，这一特点决定了公共消防安全法律规范是由多种法律综合构成的。本节主要介绍消防安全领域以外但与消防工作密切相关的 7 部法律。

一、《中华人民共和国城乡规划法》

《中华人民共和国城乡规划法》（以下简称《城乡规划法》）于 2007 年 10 月 28 日由第十届全国人民代表大会常务委员会第三十次会议审议通过，自 2008 年 1 月 1 日起施行；根据 2015 年 4 月 24 日第十二届全国人民代表大会常务委员会第十四次会议《全国人民代表大会常务委员会关于修改〈中华人民共和国港口法〉等七部法律的决定》修正。

（一）适用范围

《城乡规划法》所称的城乡规划，是指由城镇体系规划、城市规划、镇规划、乡规划和村庄规划组成的一个规划体系，调整的是城市、镇、乡、村等居民点以及居民点之间的相互关系，不是覆盖全部国土面积的规划。

（二）城乡规划与其他规划的关系

城乡规划是一项全局性、综合性、战略性很强的工作，它与国民经济和社会发展规划、土地利用总体规划密切相关，只有与这些综合性规划相互衔接、相互协调，才能充分发挥其功能和作用。因此，城市总体规划、镇总体规划以及乡规划和村庄规划的编制，应当依据国民经济和社会发展规划，并与土地利用总体规划相衔接。在规划区内进行建设活动，应当遵守土地管理、自然资源和环境保护等法律、法规的规定。

（三）城乡规划的制定

《城乡规划法》对城乡规划的制定做了以下规定：

1. 明确规划制定和实施的原则

要求制定和实施城乡规划，应当遵循城乡统筹、合理布局、节约土地、集约发展和先规划后建设的原则，改善生态环境，促进资源、能源节约和综合利用，保护耕地等自然资源和历史文化遗产，保持地方特色、民族特色和传统风貌，防止污染和其他公害，并符合区域人口发展、国防建设、防灾减灾和公共卫生、公共安全的需要。

2. 明确规划编制的主体和审批程序

针对不同种类、不同层次规划的具体情况，规定了各级人民政府或者其规划主管部门按照事权，分别负责制定城镇体系规划、城市总体规划、镇总体规划、控制性详细规划、修建性详细规划，并明确了规划的审批程序。

3. 明确了规划制定的程序

要求规划组织编制机关将规划草案在报送审批前予以公告，采取多种形式广泛征求专家和社会公众的意见，并将意见采纳情况和理由作为城乡规划报送审批的必备材料；村庄规划在报请审批前，还要经村民会议或者村民代表会议讨论同意。

4. 增加规划的透明度

要求城乡规划经批准后，组织编制机关应及时予以公布，任何单位和个人都有权查阅已经公布的城乡规划。

（四）城乡规划的实施

《城乡规划法》规定任何单位和个人应当遵守经批准的城乡规划，服从规划管理，并做出了以下具体规定：

（1）要求地方各级人民政府有计划、分步骤地实施当地的总体规划，并根据当地的总体规划，制定近期建设规划。

（2）控制频繁修改城乡规划。城乡规划一经批准，不得随意修改；如修改城乡规划，必须符合法定条件。

（3）明确规划修改的审批程序。涉及修改省域城镇体系规划、总体规划强制性内容以及控制性详细规划的，要先经原审批机关同意，并将修改后的规划按照原审批程序报批。

（4）强调规划许可证的法律效力。明确要求土地的划拨与出让必须取得规划许可证。同时，以划拨方式提供国有土地使用权的，建设单位在报送有关部门批准或者核准前，应当向城乡规划主管部门申请核发选址意见书。

（5）强化监督检查措施。专设“监督检查”一章，强化对规划的权力机关监督、公众监督、上级机关监督以及各项监督检查措施。

（五）法律责任

《城乡规划法》设专章规定了城乡规划与建设的各类违法行为的法律责任，特别强调了对不同类型违法建设行为的责任追究，明确对无法采取改正措施消除影响的违法建筑予以拆除，不能拆除的，没收实物或者违法收入，可以并处罚款，加大了对恶意违法建设的查处力度。

二、《中华人民共和国建筑法》

《中华人民共和国建筑法》（以下简称《建筑法》）于1997年11月1日由第八届全国人民代表大会常务委员会第二十八次会议通过，自1998年3月1日起施行；根据2011年4月22日第十一届全国人民代表大会常务委员会第二十次会议《全国人民代表大会常务委员会关于修改〈中华人民共和国建筑法〉的决定》修正。

（一）适用范围

《建筑法》重点规范各类房屋建筑及其附属设施的建造和与其配套的线路、管道、设备的安装活动。

（二）建筑许可

《建筑法》第二章“建筑许可”主要包括建筑工程施工许可和从业资格。第七条规定，建筑工程开工前，建设单位应当按照国家有关规定向工程所在地县级以上人民政府建设主管部门申请领取施工许可证。但并非所有的建筑工程都需要申领施工许可证，该法授权国务院建设主管部门根据实际情况确定一个限额，限额以下的小型工程不需要申领施工许可证。此外，按照国务院规定的权限和程序批准开工报告的建筑工程，不再领取施工许可证。需要注意的是，任何单位和个人不得将应当申领施工许可证的工程分解为若干限额以下的工程以规避申领施工许可证。招标工程应以招标的标的为申请办理施工许可证的最小单位，非招标工程应以立项批准文件中批准投资和规模作为办理施工许可证的最小单位。第十二条至第十四条对建筑业企业、单位及其人员从业资格做出规定，明确从事建筑活动的建筑施工企业、勘察单位、设计单位、工程监理单位及其专业技术人员（包括建筑师、勘察设计工程师、监理工程师等），必须拥有相应的资质或者从业资格，并在相应的资质等级许可范围内从事建筑活动。

（三）建筑工程发包与承包

《建筑法》第三章“建筑工程发包与承包”中强调，建筑工程发包与承包招标投标活动，应当遵循“公开、公正、平等竞争”的原则，按照招标投标的法定程序，采取招标发包和直接发包的方式，择优确定承包单位。同时，还就建筑工程发包、总承包、承包单位采购权、联合体承包建筑工程以及总承包单位与分包单位就分包工程对建设单位承担连带责任等做了明确的法律规定。

（四）建筑工程监理制度

《建筑法》第四章是关于建筑工程监理制度的规定。第三十条规定：“国家推行建筑工程监理制度。”第三十四条特别强调，工程监理单位须在其资质等级许可的监理范围内，承担工程监理业务；工程监理单位与被监理工程的承包单位以及建筑材料、建筑构配件和设备供应单位不得有隶属关系或者其他利害关系；工程监理单位不得转让工程监理业务。

（五）建筑安全生产管理及建筑工程质量管理

《建筑法》第五章“建筑安全生产管理”中首先强调建筑工程安全生产管理必须坚持“安全第一、预防为主”的方针，并对工程设计、施工安全等内容做出规定。第六章“建筑工程质量管理”对影响建筑工程质量的勘察、设计和施工单位提出了具体规范。

（六）法律责任

《建筑法》第七章是关于法律责任的规定，对在建筑许可、工程发包与承包、工程监理、安全生产及工程质量等方面的违法行为做出相应的处罚规定。例如，第六十四条规定：“违反本法规定，未取得施工许可证或者开工报告未经批准擅自施工的，责令改正，对不符合开工条件的责令停止施工，可以处以罚款。”

三、《中华人民共和国产品质量法》

《中华人民共和国产品质量法》（以下简称《产品质量法》）于 1993 年 2 月 22 日由第七届全国人民代表大会常务委员会第三十次会议通过，自 1993 年 9 月 1 日起施行；根据 2000 年 7 月 8 日第九届全国人民代表大会常务委员会第十六次会议《全国人民代表大会常务委员会关于修改〈中华人民共和国产品质量法〉的决定》第一次修正；根据 2009 年 8 月 27 日第十一届全国人民代表大会常务委员会第十次会议《全国人民代表大会常务委员会关于修改部分法律的决定》第二次修正。

（一）调整范围

《产品质量法》所称的产品是指经过加工、制作，用于销售的产品。建设工程不适用该法规定，但是用于建设工程的建筑材料、构配件、设备，如果作为一个独立的产品而被使用，则应属于《产品质量法》的调整范围。另外，服务业中从事经营性服务所使用的材料和零配件，将其视同销售，纳入《产品质量法》的调整范围。

（二）产品质量的监督

《产品质量法》明确提出了产品质量都应经检验合格的要求，并以法律形式确立了国家对产品质量实施监督的基本制度，主要包括：

（1）对涉及保障人体健康和人身、财产安全的产品实行严格的强制监督管理的制度。

（2）产品质量监督部门依法对产品质量实行监督抽查并对抽查结果进行公告的制度。

（3）推行企业质量体系认证和产品质量认证的制度。

（4）产品质量监督部门和工商行政管理部门对涉嫌在产品生产、销售活动中从事违反《产品质量法》的行为可以依法实行强制检查和采取必要的查封、扣押等强制措施的制度等。

（三）产品质量责任制度

《产品质量法》以生产者和销售者的产品质量责任和义务构成产品质量责任制度，主要内容有：

（1）生产者、销售者是产品质量责任的承担者，是产品质量的责任主体。

（2）生产者应当对其生产的产品质量负责，产品存在缺陷造成损害的，生产者应当承担赔偿责任。

（3）由于销售者的过错使产品存在缺陷，造成危害的，销售者应当承担赔偿责任。

（4）因产品缺陷造成损害的，受害人可以向生产者要求赔偿，也可以向销售者要求赔偿。

（5）产品质量有瑕疵的，生产者、销售者负瑕疵担保责任，应采取修理、更换、退货等补救措施；给购买者造成损失的，承担赔偿责任。

（6）产品质量应当不存在危及人身、财产安全的不合理的危险，具备产品应当具备的使用性能，符合在产品或者其包装上注明采用的产品标准，符合以产品说明、实物样品等方式表明的质量状况。

（7）禁止生产、销售不符合保障人体健康和人身、财产安全的标准和要求的工业产品。

（8）产品质量应当检验合格，不得以不合格产品冒充合格产品。

（四）消费者权益保护

《产品质量法》从以下四个方面为消费者合法权益提供了保证：

（1）明确了消费者的社会监督权利。消费者有权对产品质量问题进行查询、申诉。

（2）销售者必须对消费者购买的产品质量负责。消费者发现产品质量有问题，有权要求销售者对出售的产品进行修理、更换、退货。

（3）消费者因产品质量问题受到人身伤害、财产损失后，有权向生产者或销售者的任何一方提出赔偿要求，并享有诉讼的选择权利以及要求给予及时、合理的损害赔偿的权利。

（4）发生产品质量民事纠纷后，消费者可以选择协商、调解、协议仲裁或者起诉等渠道解决。

（五）法律责任

《产品质量法》罚则条文共24条，约占全部法律条文的1/3。

（1）处罚的重点主要是生产、销售不符合保障人体健康和人身、财产安全的国家标准、行业标准的产品的行为，制假售假行为，以及其他违法产品的生产、销售行为。

（2）处罚的手段多样，如警告，罚款，责令停止生产、销售，没收违法所得，没收非法财物，吊销执照，撤销资格，行政处分，追究民事责任、刑事责任；处罚的方式更有可操作性，如罚款，采用计算货值这种易于计算罚款的基数，并包含了加重处罚。

（3）处罚的对象范围宽泛，不仅有产品生产者、销售者，而且还有产品质量中介机构、产品质量监督者、国家机关工作人员，以及参与质量违法活动的运输、保管、仓储、制假技术的提供者。

四、《中华人民共和国安全生产法》

《中华人民共和国安全生产法》（以下简称《安全生产法》）于2002年6月29日由第九届全国人民代表大会常务委员会第二十八次会议通过，自2002年11月1日起施行；根据2009年8月27日第十一届全国人民代表大会常务委员会第十次会议《全国人民代表大会常务委员会关于修改部分法律的决定》第一次修正；根据2014年8月31日第十二届全国人民代表大会常务委员会第十次会议《全国人民代表大会常务委员会关于修改〈中华人民共和国安全生产法〉的决定》第二次修正。

（一）适用范围

《安全生产法》第二条规定了其适用范围和调整事项："在中华人民共和国领域内从事生产经营活动的单位（以下统称生产经营单位）的安全生产，适用本法；有关法律、行政法规对消防安全和道路交通安全、铁路交通安全、水上交通安全、民用航空安全以及核与辐射安全、特种设备安全另有规定的，适用其规定。"这确定了《安全生产法》的安全生产基本法的地位，也说明了与其他相关法律、法规的关系。

（二）安全生产工作方针和工作机制

根据安全生产工作的新情况、新问题和新要求，《安全生产法》第三条确定了新的工作方针，强化了生产经营单位的主体责任，建立了安全生产新的工作机制，规定安全生产工作应当以人为本，坚持安全发展，坚持安全第一、预防为主、综合治理的方针，强化和落实生产经营单位的主体责任，建立生产经营单位负责、职工参与、政府监管、行业自律和社会监督的机制。

（三）生产经营单位的安全生产保障

《安全生产法》第二章共32条，为生产经营单位在安全生产的各个方面和各个环节上确立了必须遵循的行为准则。主要包括：生产经营单位的安全生产条件，生产经营单位的主要负责人的安全生产职责，安全生产责任制的建立和落实，安全生产资金投入，安全生产管理机构的设置和安全生产管理人员的配备以及相关职责，安全生产教育培训和资格要求，安全设施"三同时"原则和安全评价，安全设施设计、施工、验收和监督核查，安全设备管理，危险物品的容器、运输工具的特殊管理，对严重危及生产安全的工艺、设备的淘汰制度，危险物品及废弃危险物品监管，重大危险源管理，生产经营场所和宿舍安全要求，危险作业现场的安全管理，安全检查和报告义务，生产经营单位发包或者出租的情况下的安全生产责任，生产安全事故的处理，工伤保险和安全生产责任保险等。

（四）从业人员的权利和义务

《安全生产法》第三章共10条，规定的从业人员的权利和义务主要包括：

（1）从业人员与生产经营单位订立的劳动合同应当载明与从业人员劳动安全有关的事项，生产经营单位不得以协议免除或者减轻其依法应承担的安全事故伤亡责任。

（2）从业人员有权了解其作业场所和工作岗位存在的危险因素、防范措施及事故应急措施，有权对本单位的安全生产工作提出建议。

（3）从业人员有权对本单位存在的安全问题提出批评、检举、控告，有权拒绝违章指挥和强令冒险作业。

（4）从业人员有权在发现直接危及人身安全的紧急情况时停止作业或者在采取可能的应急措施后撤离作业场所，生产经营单位不得因从业人员采取上述措施而降低其工资、福利等待遇或者解除与其订立的劳动合同。

（5）因生产安全事故受到损害的从业人员享有依法取得赔偿的权利。

（6）生产经营单位使用被派遣劳动者的，被派遣劳动者享有《安全生产法》规定的从业人员的权利，履行从业人员的义务。

该章在规定从业人员权利的同时，也要求从业人员必须遵守安全生产法律法规以及规章制度，照章操作；接受安全生产教育和培训；对事故隐患或者不安全因素进行报告等义务。

（五）安全生产的监督管理

《安全生产法》第四章是关于安全生产的监督管理的规定，共17条，主要包括政府及安全生产监督管理部门的职责、安全生产事项的审批、政府监管要求、监督检查的实施、安全生产举报制度、安全生产舆论监督、建立安全生产违法信息库等。

（六）生产安全事故的应急救援与调查处理

《安全生产法》第五章共11条，对生产安全事故的应急救援和调查处理做出规定。主要包括：国家加强生产安全事故应急能力建设和建立统一的生产安全事故应急救援信息系统；县级以上地方各级人民政府组织制定生产安全事故应急救援预案，建立应急救援体系；生产经营单位生产安全事故应急救援预案制定、演练及应急救援义务；安全监督管理部门的事故报告义务；事故抢救、调查和处理；行政部门失职、渎职法律责任；事故定期统计分析和定期公布等。

（七）法律责任

《安全生产法》第六章共25条，规定了安全生产违法行为的法律责任，包括应当承担的行政责任、民事责任和刑事责任及其他相关规定。

五、《中华人民共和国行政处罚法》

《中华人民共和国行政处罚法》（以下简称《行政处罚法》）于1996年3月17日由第八届人民代表大会第四次会议通过，自1996年10月1日起施行；根据2009年8月27日第十一届全国人民代表大会常务委员会第十次会议《全国人民代表大会常务委员会关于修改部分法律的决定》第一次修正；根据2017年9月1日第十二届全国人民代表大会常务委员会第二十九次会议《全国人民代表大会常务委员会关于修改〈中华人民共和国法官法〉等八部法律的决定》第二次修正。

（一）行政处罚的概念和种类

行政处罚是指国家行政机关和法律、法规授权组织依照有关法律、法规和规章，对公民、法人或者其他组织违反行政管理秩序的行为所实施的行政惩戒。对实施处罚的主体来说，行政处罚是一种制裁性行政行为；对承受处罚的主体来说，行政处罚是一种惩罚性的行政法律责任。

《行政处罚法》规定的行政处罚种类有：警告；罚款；没收违法所得，没收非法财物；责令停产停业；暂扣或吊销许可证，暂扣或吊销执照；行政拘留；法律、行政法规规定的其他行政处罚。

（二）行政处罚的设定

《行政处罚法》对行政处罚种类严格加以限制的同时，又对法律、行政法规、地方性法规、部门规章、政府规章各自的行政处罚设定权予以明确的规定。除此之外，任何规范性文件不得设定行政处罚。

（三）行政处罚的原则

1. 处罚法定原则

行政处罚的设定、主体、程序都要合法，无明文规定的不处罚。任何机关或组织不得在没有法律依据的情况下，对公民、法人或其他组织予以处罚。

2. 处罚公正、公开原则

公正原则要求设定和实施行政处罚必须以事实为依据，与违法行为的事实、性质、情节以及社会危害程度相当。公开原则要求有关行政处罚的法律规范要公开，行政机关的处罚行为要公开，违法责任要公开。

3. 处罚与教育相结合原则

行政处罚的目的不仅仅在于制裁违法者，更为重要的是纠正违法行为，教育违法者及广大人民群众，提高人们的法制观念，从而自觉遵守法律规范。

4. 权利保障原则

在行政处罚的实施中必须对行政相对人的权利予以保障，行政相对人享有陈述权、申辩权、申请复议权、行政诉讼权、要求行政赔偿的权利以及要求举行听证的权利。

5. 一事不再罚原则

一事不再罚即对行为人的同一个违法行为，不得给予两次及以上的处罚。

（四）行政处罚的程序

行政处罚的程序分为一般程序、简易程序两大类，分别适用于不同条件的行政处罚行为。一般程序由受案、调查取证、告知、听取申辩和质证、决定等阶段构成。简易程序适用于违法事实确凿并有法定依据，可以当场做出的对公民处以较少罚款、对法人或者其他组织处以较少罚款或警告的行政处罚。听证程序作为一般程序中可能经历的一个阶段，因其程序要求的特殊性，《行政处罚法》单节做出了具体规定，这种程序只适用于行政机关做出责令停产停业、吊销许可证或者执照、较大数额罚款等行政处罚。

（五）违法处罚的法律责任

《行政处罚法》规定，对违法实施行政处罚的人员追究法律责任。根据其行为的性质和程度，构成犯罪的，对直接负责的主管人员或其他直接责任人员追究刑事责任；不构成犯罪的，给予行政处分。

六、《中华人民共和国行政许可法》

《中华人民共和国行政许可法》（以下简称《行政许可法》）于 2003 年 8 月 27 日由第十届全国人民代表大会常务委员会第四次会议通过，自 2004 年 7 月 1 日起施行。

（一）行政许可的概念

行政许可是指行政机关根据公民、法人或者其他组织的申请，经依法审查，准予其从事特定活动的行为。有关行政机关对其他机关或者对其直接管理的事业单位的人事、财务、外事等事项的审批，不属于行政许可的范围。

（二）行政许可的基本原则

1. 合法原则

设定和实施行政许可，都必须严格按照法定的权限、范围、条件和程序进行。

2. 公开、公平、公正原则

有关行政许可的规定必须公布；未经公布的，不得作为实施行政许可的依据。行政许可的实施和结果，除涉及国家秘密、商业秘密或者个人隐私的以外，应当公开。对符合法定条件、标准的申请人，要一视同仁，不得歧视。

3. 便民原则

行政机关在实施行政许可过程中，应当减少环节、降低成本，提高办事效率，提供优质服务。

4. 救济原则

公民、法人或者其他组织对行政机关实施行政许可，享有陈述权、申辩权；有权依法申请行政复议或者提起行政诉讼；其合法权益因行政机关违法实施行政许可受到损害的，有权依法要求赔偿。

5. 信赖保护原则

公民、法人或者其他组织依法取得的行政许可受到法律保护，非特殊情况行政机关不得擅自改变已经生效的行政许可。

6. 监督原则

县级以上人民政府必须建立健全对行政机关实施行政许可的监督制度。同时，行政机关也要对公民、法人或者其他组织从事行政许可事项的活动实施有效监督，发现违法行为应当依法查处。

（三）行政许可的设定

《行政许可法》第十二条规定了 6 类可以设定行政许可的事项：①直接涉及国家安全、公共安全、经济宏观调控、生态环境保护以及直接关系人身健康、生命财产安全等特定活动，需要按照法定条件予以批准的事项；②有限自然资源开发利用、公共资源配置以及直接关系公共利益的特定行业的市场准入等，需要赋予特定权利的事项；③提供公众服务并且直接关系公共利益的职业、行业，需要确定具备特殊信誉、特殊条件或者特殊技能等资格、资质的事项；④直接关系公共安全、人身健康、生命财产安全的重要设备、设施、产品、物品，需要按照技术标准、技术规范，通过检验、检测、检疫等方式进行审定的事项；⑤企业或者其他组织的设立等，需要确定主体资格的事项；⑥法律、行政法规规定可以设定行政许可的其他事项。

（四）行政许可的撤销

被许可人以欺骗、贿赂等不正当手段取得行政许可的，行政机关应当予以撤销。行政机关工作人员滥用职权、玩忽职守，违法做出行政许可决定的，有关行政机关根据利害关系人的请求或者依据职权，可以撤销行政许可。但可能对公共利益造成重大损害的，不予撤销。

（五）行政审批不得收取任何费用

行政机关实施行政许可和对行政许可事项进行监督检查，不得收取任何费用。但是，法律、行政法规另有规定的，依照其规定。

（六）法律责任

1. 行政机关及其工作人员的法律责任

针对该许可不许可、不该许可乱许可以及不依法履行监督责任或者监督不力等违法犯罪行为，对行政机关直接负责主管人员和其他直接责任人员依法追究刑事、行政和民事责任。

2. 以不正当手段获取行政许可的行政相对人将受惩处

主要包括：①行政许可申请人隐瞒有关情况或提供虚假材料申请行政许可的违法行为；②被许可人以欺骗、贿赂等不正当手段取得行政许可的违法犯罪行为；③行政相对人违法从事行政许可，涂改、倒卖、出租和出借行政许可证件或者以其他形式非法转让行政许可的违法犯罪行为；④行政相对人违法从事行政许可，超越行政许可范围进行活动的违法犯罪行为；⑤向监督检查机关隐瞒有关情况、提供虚假材料或者拒绝提供反映其活动情况的真实材料的违法犯罪行为；⑥行政相对人未经行政许可，擅自从事依法应当取得行政许可的活动的违法犯罪行为。针对这些违法犯罪行为，对行政相对人依法追究刑事、行政和民事责任。

七、《中华人民共和国刑法》

《中华人民共和国刑法》（以下简称《刑法》）于 1979 年 7 月 1 日由第五届全国人民代表大会第二次会议通过，自 1980 年 1 月 1 日起施行；1997 年 3 月 14 日第八届全国人民代表大会第五次会议修订；根据 1999 年 12 月 25 日中华人民共和国刑法修正案，2001 年 8 月 31 日中华人民共和国刑法修正案（二），2001 年 12 月 29 日中华人民共和国刑法修正案（三），2002 年 12 月 28 日中华人民共和国刑法修正案（四），2005 年 2 月 28 日中华人民共和国刑法修正案（五），2006 年 6 月 29 日中华人民共和国刑法修正案（六），2009 年 2 月 28 日中华人民共和国刑法修正案（七）修正；根据 2009 年 8 月 27 日《全国人民代表大会常务委员会关于修改部分法律的决定》修正；根据 2011 年 2 月 25 日中华人民共和国刑法修正案（八），2015 年 8 月 29 日中华人民共和国刑法修正案（九），2017 年 11 月 4 日中华人民共和国刑法修正案（十）修正。

（一）失火罪

失火罪是指由于行为人的过失引起火灾，造成严重后果，危害公共安全的行为。

1. 立案标准

《最高人民检察院、公安部关于公安机关管辖的刑事案件立案追诉标准的规定（一）》（公通字〔2008〕第 36 号）［以下简称《规定（一）》］第一条规定，过失引起火灾，涉嫌下列情形之一的，应予以立案追诉：

（1）导致死亡 1 人以上，或者重伤 3 人以上的。

（2）造成公共财产或者他人财产直接经济损失 50 万元以上的。

（3）造成 10 户以上家庭的房屋以及其他基本生活资料烧毁的。

（4）造成森林火灾，过火有林地面积 2 公顷以上，或者过火疏林地、灌木林地、未成林地、苗圃地面积 4 公顷以上的。

（5）其他造成严重后果的情形。

2. 刑罚

《刑法》第一百一十五条第二款规定，犯失火罪的，处 3 年以上 7 年以下有期徒刑；情节较轻的，处 3 年以下有期徒刑或者拘役。

（二）消防责任事故罪

消防责任事故罪是指违反消防管理法规，经消防监督机构通知采取改正措施而拒绝执行，造成严重后果，危害公共安全的行为。

1. 立案标准

《规定（一）》第十五条规定，违反消防管理法规，经消防监督机构通知采取改正措施而拒绝执行，涉嫌下列情形之一的，应予立案追诉：

（1）导致死亡1人以上，或者重伤3人以上的。

（2）造成直接经济损失50万元以上的。

（3）造成森林火灾，过火有林地面积2公顷以上，或者过火疏林地、灌木林地、未成林地、苗圃地面积4公顷以上的。

（4）其他造成严重后果的情形。

2. 刑罚

《刑法》第一百三十九条第一款规定，违反消防管理法规，经消防监督机构通知采取改正措施而拒绝执行，造成严重后果的，处3年以下有期徒刑或者拘役；后果特别严重的，处3年以上7年以下有期徒刑。

（三）重大责任事故罪

重大责任事故罪是指在生产、作业中违反有关安全管理的规定，因而发生重大伤亡事故或者造成其他严重后果的行为。

1. 立案标准

《规定（一）》第八条规定，在生产、作业中违反有关安全管理的规定，涉嫌下列情形之一的，应予立案追诉：

（1）造成死亡1人以上，或者重伤3人以上的。

（2）造成直接经济损失50万元以上的。

（3）发生矿山生产安全事故，造成直接经济损失100万元以上的。

（4）其他造成严重后果的情形。

2. 刑罚

《刑法》第一百三十四条第一款规定，在生产、作业中违反有关安全管理的规定，因而发生重大伤亡事故或者造成其他严重后果的，处3年以下有期徒刑或者拘役；情节特别恶劣的，处3年以上7年以下有期徒刑。

（四）强令违章冒险作业罪

强令违章冒险作业罪是指强令他人违章冒险作业，因而发生重大伤亡事故或者造成其他严重后果的行为。

1. 立案标准

《规定（一）》第九条规定，强令他人违章冒险作业，涉嫌下列情形之一的，应予立案追诉：

（1）造成死亡1人以上，或者重伤3人以上的。

（2）造成直接经济损失50万元以上的。

（3）发生矿山生产安全事故，造成直接经济损失100万元以上的。

（4）其他造成严重后果的情形。

2. 刑罚

《刑法》第一百三十四条第二款规定，强令他人违章冒险作业，因而发生重大伤亡事故或者造成其他严重后果的，处5年以下有期徒刑或者拘役；情节特别恶劣的，处5年以上有期徒刑。

（五）重大劳动安全事故罪

重大劳动安全事故罪是指安全生产设施或者安全生产条件不符合国家规定，因而发生重大伤亡事故或者造成其他严重后果的行为。

1. 立案标准

《规定（一）》第十条规定，安全生产设施或者安全生产条件不符合国家规定，涉嫌下列情形之一的，应予立案追诉：

（1）造成死亡1人以上，或者重伤3人以上的。

（2）造成直接经济损失50万元以上的。

（3）发生矿山生产安全事故，造成直接经济损失100万元以上的。

（4）其他造成严重后果的情形。

2. 刑罚

《刑法》第一百三十五条第一款规定，安全生产设施或者安全生产条件不符合国家规定，因而发生重大伤亡事故或者造成其他严重后果的，对直接负责的主管人员和其他直接责任人员，处3年以下有期徒刑或者拘役；情节特别恶劣的，处3年以上7年以下有期徒刑。

（六）大型群众性活动重大安全事故罪

大型群众性活动重大安全事故罪是指举办大型群众性活动违反安全管理规定，因而发生重大伤亡事故或者造成其他严重后果的行为。

1. 立案标准

《规定（一）》第十一条规定，举办大型群众性活动违反安全管理规定，涉嫌下列情形之一的，应予立案追诉：

（1）造成死亡1人以上，或者重伤3人以上的。

（2）造成直接经济损失50万元以上的。

（3）其他造成严重后果的情形。

2. 刑罚

《刑法》第一百三十五条之一规定，举办大型群众性活动违反安全管理规定，因而发生重大伤亡事故或者造成其他严重后果的，对直接负责的主管人员和其他直接责任人员，处3年以下有期徒刑或者拘役；情节特别恶劣的，处3年以上7年以下有期徒刑。

（七）工程重大安全事故罪

工程重大安全事故罪是指建设单位、设计单位、施工单位、工程监理单位违反国家规定，降低工程质量标准，造成重大安全事故的行为。

1. 立案标准

《规定（一）》第十三条规定，建设单位、设计单位、施工单位、工程监理单位违反国家规定，降低工程质量标准，涉嫌下列情形之一的，应予立案追诉：

（1）造成死亡1人以上，或者重伤3人以上的。

（2）造成直接经济损失50万元以上的。

（3）其他造成严重后果的情形。

2. 刑罚

《刑法》第一百三十七条规定，建设单位、设计单位、施工单位、工程监理单位违反国家规定，降低工程质量标准，造成重大安全事故的，对直接责任人员，处5年以下有期徒刑或者拘役，并处罚金；后果特别严重的，处5年以上10年以下有期徒刑，并处罚金。

第三节 部门规章

据不完全统计，公安部和其他部门制定了近20部与消防工作相关的部门规章。本节主要介绍与注册消防工程师管理工作相关的10部部门规章。

一、《公共娱乐场所消防安全管理规定》

《公共娱乐场所消防安全管理规定》（公安部令第39号）经1999年5月11日公安部部长办公会议通过，自1999年5月25日起施行。

（一）公共娱乐场所的概念

公共娱乐场所是指向公众开放的下列室内场所：①影剧院、录像厅、礼堂等演出、放映场所；②舞厅、卡拉OK厅等歌舞娱乐场所；③具有娱乐功能的夜总会、音乐茶座和餐饮场所；④游艺、游乐场所；⑤保龄球馆、旱冰场、桑拿浴室等营业性健身、休闲场所。

（二）公共娱乐场所的消防行政许可办理

公共娱乐场所应当依法办理消防设计审核、竣工验收和消防安全检查，其消防安全由经营者负责。

（三）公共娱乐场所的消防安全技术及管理要求

《公共娱乐场所消防安全管理规定》第六条至第十三条规定了公共娱乐场所的消防安全技术要求，包括场所设置、防火分区设置、内部装修设计、安全疏散、应急照明设置、电气线路敷设以及地下建筑内设置公共娱乐场所技术要求等内容。同时，第十四条至第十七条设定了禁止性条款，规定公共娱乐场所内严禁带入和存放易燃易爆物品；严禁在公共娱乐场所营业时进行设备检修、电气焊、油漆粉刷等施工、维修作业；演出、放映场所的观众厅内禁止吸烟和明火照明；公共娱乐场所在营业时，不得超过额定人数等。

（四）公共娱乐场所及其从业人员的消防安全管理责任

公共娱乐场所应当制定防火安全管理制度、全员防火安全责任制度，制定紧急疏散方案，指定专人在营业期间、营业结束后进行安全巡视检查工作。

二、《机关、团体、企业、事业单位消防安全管理规定》

《机关、团体、企业、事业单位消防安全管理规定》（公安部令第61号）经2001年10月19日公安部部长办公会议通过，自2002年5月1日起施行。

（一）消防安全责任人、消防安全管理人的确定

单位应当确定消防安全责任人、消防安全管理人，并依法报当地消防机构备案。法人单位的法定代表人或者非法人单位的主要负责人，应对本单位的消防安全工作全面

负责。

（二）单位消防安全管理工作中的两项责任制落实

单位应落实逐级消防安全责任制和岗位消防安全责任制，明确逐级和岗位消防安全职责，确定各级各岗位的消防安全责任人，对本级、本岗位的消防安全负责，建立起单位内部自上而下的逐级消防安全责任制度。

（三）消防安全责任人的消防安全职责

（1）贯彻执行消防法规，保证单位消防安全符合规定，掌握本单位的消防安全情况。

（2）将消防工作与本单位的生产、科研、经营、管理等活动统筹安排，批准实施年度消防工作计划。

（3）为本单位的消防安全提供必要的经费和组织保障。

（4）确定逐级消防安全责任，批准实施消防安全制度和保障消防安全的操作规程。

（5）组织防火检查，督促落实火灾隐患整改，及时处理涉及消防安全的重大问题。

（6）根据消防法规的规定建立专职消防队、志愿消防队。

（7）组织制定符合本单位实际的灭火和应急疏散预案，并实施演练。

（四）消防安全管理人的消防安全职责

（1）拟订年度消防工作计划，组织实施日常消防安全管理工作。

（2）组织制订消防安全制度和保障消防安全的操作规程并检查督促其落实。

（3）拟订消防安全工作的资金投入和组织保障方案。

（4）组织实施防火检查和火灾隐患整改工作。

（5）组织实施对本单位消防设施、灭火器材和消防安全标志的维护保养，确保其完好有效，确保疏散通道和安全出口畅通。

（6）组织管理专职消防队和志愿消防队。

（7）在员工中组织开展消防知识、技能的宣传教育和培训，组织灭火和应急疏散预案的实施和演练。

（8）单位消防安全责任人委托的其他消防安全管理工作。

另外，消防安全管理人应当定期向消防安全责任人报告消防安全情况，及时报告涉及消防安全的重大问题。

（五）强化消防安全管理

确定消防安全重点单位，严格管理；明确公众聚集场所应当具备的消防安全条件；强化消防安全制度和消防安全操作规程的建立健全，明确单位动火作业要求；明确单位禁止性行为和消防安全管理义务。

（六）加强防火检查，落实火灾隐患整改

消防安全重点单位应当进行每日防火巡查，并确定巡查的人员、内容、部位和频次。其他单位可以根据需要组织防火巡查。公众聚集场所在营业期间的防火巡查应当至少每两小时一次；营业结束时应当对营业现场进行检查，消除遗留火种。医院、养老院、寄宿制的学校、托儿所、幼儿园应当加强夜间防火巡查，其他消防安全重点单位可以结合实际组织夜间防火巡查。机关、团体、事业单位应当至少每季度进行一次防火检查，其他单位应当至少每月进行一次防火检查。消防设施、器材应当依法进行维修保养检测。对发现的火灾隐患要按照规定进行及时、坚决的整改。

（七）开展消防安全宣传教育培训和疏散演练

消防安全重点单位对每名员工应当至少每年进行一次消防安全培训，公众聚集场所对员工的消防安全培训应当至少每半年进行一次，单位应当组织新上岗和进入新岗位的员工进行上岗前的消防安全培训。

单位应当制定灭火和应急疏散预案。其中，消防安全重点单位应当至少每半年按照预案进行一次演练；其他单位至少每年组织一次演练。

（八）建立消防档案

消防安全重点单位应当建立健全包括消防安全基本情况和消防安全管理情况的消防档案，并统一保管、备查。其他单位也应当将本单位的基本概况、消防机构填发的各种法律文书、与消防工作有关的材料和记录等统一保管、备查。

三、《社会消防安全教育培训规定》

《社会消防安全教育培训规定》（公安部、教育部、民政部、人力资源社会保障部、住房城乡建设部、文化部、国家广播电影电视总局、国家安全生产监督管理总局、国家旅游局令第109号）经2008年12月30日公安部部长办公会议通过，并经教育部、民政部、人力资源社会保障部、住房城乡建设部、文化部、国家广播电影电视总局、国家安全生产监督管理总局、国家旅游局同意，于2009年4月13日发布，自2009年6月1日起施行。

（一）部门管理职责

公安、教育、民政、人力资源社会保障、住房城乡建设、文化、广电、安全监管、旅游、文物等部门应当依法组织和监督管理消防安全教育培训工作，并结合本部门职业管理工作，将消防法律法规和有关消防技术标准纳入执业或从业人员培训、考核内容中。

（二）消防安全教育培训

单位应当建立健全消防安全教育培训制度，保障教育培训工作经费，按照规定对职工进行消防安全教育培训；在建工程的施工单位应当在施工前对施工人员进行消防安全教育，并做好建设工地宣传和明火作业管理工作等，建设单位应当配合施工单位做好消防安全教育工作；各类学校、居（村）委员会、新闻媒体、公共场所、旅游景区、物业服务企业等单位应依法履行消防安全教育培训工作职责。

（三）消防安全培训机构

国家机构以外的社会组织或者个人利用非国家财政性经费，创办消防安全专业培训机构，面向社会从事消防安全专业培训的，应当经省级教育行政部门或者人力资源社会保障部门依法批准，并到省级民政部门申请民办非企业单位登记。消防安全专业培训机构应当按照有关法律法规、规章和章程规定，开展消防安全专业培训，保证培训质量。消防安全专业培训机构开展消防安全专业培训，应当将消防安全管理、建筑防火和自动消防设施施工、操作、检测、维护技能作为培训的重点，对经理论和技能操作考核合格的人员，颁发培训证书。

（四）奖惩

地方各级人民政府及有关部门和社会单位对在消防安全教育培训工作中有突出贡献或者成绩显著的单位或个人，给予表彰奖励。公安、教育、民政、人力资源社会保障、住房城乡建设、文化、广电、安全监管、旅游、文物等部门依法对不履行消防安全教育培训工作职责的单位和个人予以处理。

四、《建设工程消防监督管理规定》

《建设工程消防监督管理规定》于2009年4月30日以公安部令第106号发布；根据2012年7月17日公安部令第119号《公安部关于修改〈建设工程消防监督管理规定〉的决定》修订，自2012年11月1日起施行。

（一）适用范围

《建设工程消防监督管理规定》适用于新建、扩建、改建（含室内外装修、建筑保温、用途变更）等建设工程的消防监督管理，不适用住宅室内装修、村民自建住宅、救灾和其他非人员密集场所的临时性建筑的建设活动。

（二）消防设计、施工的质量责任

建设、设计、施工、工程监理等单位应当遵守有关法律法规和国家消防技术标准，对建设工程消防设计、施工质量和安全负责。为建设工程消防设计、竣工验收提供图样审查、安全评估、检测等消防技术服务的机构和人员，应当依法取得相应的资质、资格，并对出具的审查、评估、检验、检测意见负责。

（三）消防设计审核、消防验收和备案抽查制度

《建设工程消防监督管理规定》第十三条、第十四条明确了消防设计审核、消防验收的范围，规定具有规定情形的人员密集场所和特殊建设工程，建设单位应当向消防机构申请消防设计审核，并在建设工程竣工后向出具消防设计审核意见的消防机构申请消防验收。对第十三条、第十四条规定以外的建设工程，建设单位依法办理消防设计、竣工验收消防备案。

（四）专家评审制度

对具有国家工程建设消防技术标准没有规定的；消防设计文件拟采用的新技术、新工艺、新材料可能影响建设工程消防安全，不符合国家标准规定的；拟采用国际标准或者境外消防技术标准等情形之一的建设工程，消防机构依法组织专家评审。2/3以上评审专家同意的特殊消防设计文件，可以作为消防设计审核的依据。

（五）执法联动机制

对建设、设计、施工、工程监理单位的消防安全违法行为，依法追究法律责任，并函告同级住房城乡建设主管部门，建立执法联动机制。

五、《消防监督检查规定》

《消防监督检查规定》于2009年4月30日以公安部令第107号发布；根据2012年7月17日公安部令第120号《公安部关于修改〈消防监督检查规定〉的决定》修正，自2012年11月1日起施行。

（一）适用范围

消防机构和公安派出所依法对单位遵守消防法律、法规情况进行消防监督检查。有固定生产经营场所且具有一定规模的个体工商户，纳入消防监督检查范围。

（二）消防监督检查形式

消防监督检查形式包括：①对公众聚集场所在投入使用、营业前的消防安全检查；②对单位履行法定消防安全职责情况的监督抽查；③对举报投诉的消防安全违法行为的核查；④对大型群众性活动举办前的消防安全检查；⑤根据需要进行的其他消防监督检查。

（三）分级监管

消防机构依法对机关、团体、企业、事业等单位进行消防监督检查，并将消防安全重点单位作为监督抽查的重点。

公安派出所可以对居民住宅区的物业服务企业、居民委员会、村民委员会履行消防安全职责的情况和上级公安机关确定的单位实施日常消防监督检查。

（四）火灾隐患判定

具有下列情形之一的，应当确定为火灾隐患：①影响人员安全疏散或者灭火救援行动，不能立即改正的；②消防设施未保持完好有效，影响防火灭火功能的；③擅自改变防火分区，容易导致火势蔓延、扩大的；④在人员密集场所违反消防安全规定，使用、储存易燃易爆危险品，不能立即改正的；⑤不符合城市消防安全布局要求，影响公共安全的；⑥其他可能增加火灾实质危险性或者危害性的情形。

六、《火灾事故调查规定》

《火灾事故调查规定》于2009年4月30日以公安部令第108号发布；根据2012年7月17日《公安部关于修改〈火灾事故调查规定〉的决定》修订，自2012年11月1日起施行。

（一）调查任务

火灾事故调查的任务是调查火灾原因，统计火灾损失，依法对火灾事故做出处理，总结火灾教训。

（二）管辖分工

根据具体情形分为地域管辖、共同管辖、指定管辖和特殊管辖。火灾事故调查一般由火灾发生地消防机构按照规定分工进行。

（三）调查程序

具有规定情形的火灾事故，可以适用简易调查程序，由一名火灾事故调查人员调查。除依照规定适用简易程序外的其他火灾事故，适用一般调查程序，火灾事故调查人员不得少于两人。

（四）复核

当事人对火灾事故认定有异议的，可以自火灾事故认定书送达之日起15日内，向上一级消防机构提出书面复核申请；对省级人民政府消防机构做出的火灾事故认定有异议的，向省级人民政府公安机关提出书面复核申请。

（五）处理

消防机构在火灾事故调查过程中，根据不同情况分别予以立案侦查、行政处罚或者移送调查处理。

七、《消防产品监督管理规定》

《消防产品监督管理规定》于2012年8月13日以公安部、国家工商行政管理总局、国家质量监督检验检疫总局令第122号发布，自2013年1月1日起施行。

（一）适用范围

消防产品是指专门用于火灾预防、灭火救援和火灾防护、避难、逃生的产品。在中华人民共和国境内生产、销售、使用消防产品，以及对消防产品质量实施监督管理，适用该规定。

（二）市场准入

1. 强制性产品认证制度

依法实行强制性产品认证的消防产品，由具有法定资质的认证机构按照国家标准、行业标准的强制性要求认证合格后，方可生产、销售、使用。

2. 消防产品技术鉴定制度

新研制的尚未制定国家标准、行业标准的消防产品，经消防产品技术鉴定机构技术鉴定符合消防安全要求的，方可生产、销售、使用。

（三）产品质量责任和义务

1. 生产者的责任和义务

消防产品生产者应当对其生产的消防产品质量负责，建立有效的质量管理体系和消防产品销售流向登记制度；不得生产应当获得而未获得市场准入资格的消防产品、不合格的消防产品或者国家明令淘汰的消防产品。

2. 销售者的责任和义务

消防产品销售者应当建立并执行进货检查验收制度，采取措施，保证销售产品的质量；不得销售应当获得而未获得市场准入资格的消防产品、不合格的消防产品或者国家明令淘汰的消防产品。

3. 使用者的责任和义务

消防产品使用者应当查验产品合格证明、产品标识和有关证书，选用符合市场准入的、合格的消防产品。机关、团体、企业、事业等单位定期组织对消防设施、器材进行维修保养，确保完好有效。

（四）监督检查

质量监督部门、工商行政管理部门、消防机构分别对生产领域、流通领域、使用领域的消防产品质量进行监督检查。任何单位和个人在接受消防产品质量监督检查时，应当如实提供有关情况和资料；不得擅自转移、变卖、隐匿或者损毁被采取强制措施的物品，不得拒绝依法进行的监督检查。

（五）法律责任

对消防产品生产者、销售者的违法行为，分别由质量监督部门或者工商行政管理部门依法予以从重处罚；对建设、设计、施工、工程监理等单位，各类场所在使用领域存在的消防产品违法行为以及消防产品技术鉴定机构出具虚假文件的违法行为，由消防机构依法予以处罚；构成犯罪的，依法追究刑事责任。

八、《社会消防技术服务管理规定》

《社会消防技术服务管理规定》于 2014 年 2 月 3 日以公安部令第 129 号发布，自 2014 年 5 月 1 日起施行；根据 2016 年 1 月 14 日公安部令第 136 号《公安部关于修改部分部门规章的决定》修订。

（一）资质许可制度

根据《消防法》，明确国家对消防技术服务机构实行资质许可制度，规定消防技术服务机构应当取得相应资质证书，并在资质许可范围内从事消防技术服务活动。鼓励依托消防协会成立消防技术服务行业协会，加强行业自律管理，促进行业健康发展，同时规定消防协会、消防技术服务行业协会不得从事营利性社会消防技术服务活动，不得进行行业垄断。

（二）分级和条件

一是根据消防技术服务的实践和市场需要，规定消防设施维护保养检测机构的资质分为一级、二级和三级，消防安全评估机构的资质分为一级和二级。二是针对不同类别的消防技术服务机构和技术服务需求，统一从业门槛，从法人资格、办公场所、注册资本、仪器设备、从业人员、执业业绩等方面对其资质条件分别做出了具体规定，特别是在资质条件中规定了注册消防工程师的数量，为消防技术服务质量设置重要保障条件。

（三）资质许可程序

一是明确许可主体。规定消防技术服务机构资质由省级消防机构审批。二是规定许可程序。规定申请消防技术服务机构资质的，应当向机构所在地的省级消防机构提出申请，并具体规定了申请材料内容、申请受理、审查时限等要求。三是引入专家评审机制。规定消防机构在审批期间应当组织专家评审，对申请人的场所、设备等进行实地核查。四是规定资质证书有效期。为督促消防技术服务机构持续符合资质条件，保证服务质量，规定资质证书有效期为 3 年；有效期届满需要续期的，应当在有效期届满 3 个月前向原许可消防机构提出申请，并规定了不予办理续期手续的条件。

（四）规范服务活动

一是规定服务机构的执业范围和要求。分别规定了各级各类消防技术服务机构的执业范围，明确其对消防技术服务质量负责。二是设立技术负责人和项目负责人。规定消防技术服务机构应设技术负责人，对技术服务结论性文件进行技术审核把关；消防技术服务机构承接具体业务时，应明确项目负责人。技术负责人和项目负责人应具备较高等级的注册消防工程师资格。三是规定公示消防技术服务信息。规定消防设施维护保养检测机构应当制作包含机构名称及项目负责人、维修保养日期等信息的标志，在其维护保养检测的消防设施所在建筑的醒目位置、灭火器上予以公示。四是规定备案消防技术服务信息。规定消防技术服务机构应当通过社会消防技术服务信息系统将消防技术服务项目目录及书面结论文件予以备案。五是明确禁止行为。对消防技术服务机构做出 6 项具体的禁止行为规定。

（五）监督管理

一是明确监督检查主体和监督抽查制度。规定县级以上消防机构应当结合日常消防监督检查，对消防技术服务质量开展监督抽查。二是明确举报核查制度。规定公民、法人和其他组织有权对消防技术服务机构及其从业人员的违法执业行为进行举报、投诉，消防机构应当及时核查、处理。三是规定信息公开制度。规定省级消防机构应当建立和完善社会消防技术服务信息系统，公布消防技术服务的有关信息，为社会提供信息查询服务。四是完善法律责任规定。根据《消防法》《行政处罚法》和部门规章的权限具体设定了相关行政处罚并规定了法定救济途径等。

九、《注册消防工程师管理规定》

《注册消防工程师管理规定》于 2017 年 3 月 16 日以公安部令第 143 号发布，自 2017 年 10 月 1 日起施行。

（一）审批主体和监管职责

一是统一审批主体。将一级注册消防工程师注册审批权下放，明确一级、二级注册消防工程师注册统一由省级消防机构审批。二是明确监管职责。规定县级以上消防机构对本行政区域内注册消防工程师的注册、执业和继续教育实施指导和监督管理。三是推动行业自律。鼓励依托消防协会成立注册消防工程师行业协会，推动行业自律管理和诚信建设，促进行业健康发展。

（二）注册审批的条件和程序

一是明确审批程序。针对初始注册、延续注册、变更注册三种资格注册许可类型，分别规定申请材料、申请条件、办理时限等要求。二是明确不予注册情形。根据注册后可能发生的情形，借鉴其他行业注册管理的通行做法，规定了 8 种不予注册的情形。三是明确执业印章使用要求，以加强执业监督，便于追溯执业责任。

（三）注册执业制度

一是确定注册消防工程师注册执业制度。规定注册消防工程师实行注册执业管理制度。取得注册消防工程师资格证书的人员，必须经过注册，方能以相应级别注册消防工程师的名义执业。未经注册，不得以注册消防工程师的名义开展执业活动。二是明确执业范围。规定一级注册消防工程师可以在全国范围内执业，二级注册消防工程师在注册所在省、自治区、直辖市区域内执业；同时，结合消防技术服务行业发展实际，明确一级、二级注册消防工程师具体执业范围。三是规范执业文件。按照注册消防工程师执业类型划分，明确消防设施维护保养检测、消防安全评估书面结论文件、消防安全重点单位年度消防工作综合报告等 5 类消防安全技术文件，由相应级别的注册消防工程师签名、加盖执业印章并承担法律责任。同时，明确修改经注册消防工程师签名确认的执业文件所需程序及相应的法律责任。四是明确注册消防工程师权利、义务和禁止行为。规定了注册消防工程师的 6 项权利、4 项义务，并设定了 7 类禁止行为。

（四）继续教育制度

一是明确参加继续教育的义务。规定注册消防工程师在每一注册有效期内应当达到规定的继续教育要求，并将其作为逾期初始注册、延续注册和重新初始注册的必备条件。二是明确继续教育组织实施主体。国务院消防机构统一管理全国注册消防工程师的继续教育工作，省级消防机构负责本行政区域内一级、二级注册消防工程师继续教育的组织实施和管理，并可以委托教育培训机构实施继续教育。三是确定继续教育方式。规定继续教育采取集中面授、网络教学等形式按照相应级别进行。

（五）消防监督检查

一是明确监督检查的主体、方式和内容。规定省级消防机构应当制定对注册消防工程师执业活动的监督抽查计划，县级以上地方消防机构根据监督抽查计划，结合日常消防监督检查工作，对注册消防工程师的执业活动实施监督抽查，并对监督抽查的措施和内容进行明确。二是建立执法联动制度。规定消防机构对发现的注册消防工程师违法行为，依法查处并抄告原注册审批部门，由注册审批部门依法作出注销注册、责令停止执业或者吊销注册证等处理。三是完善法律责任。对注册消防工程师执业活动中的各种违法行为设定了处罚条款，明确了救济途径；同时，根据廉政建设和执法监督要求，明确消防机构工作人员的执法责任。

十、《专业技术人员资格考试违纪违规行为处理规定》

《专业技术人员资格考试违纪违规行为处理规定》于 2017 年 2 月 16 日以人力资源社会保障部令第 31 号发布，自 2017 年 4 月 1 日起施行。

（一）适用范围

专业技术人员资格考试中违纪违规行为的认定和处理，依照该规定进行处理。

上述所称专业技术人员资格考试，是指由人力资源社会保障部或者由其会同有关行政部门确定，在全国范围内统一举行的准入类职业资格考试、水平评价类职业资格考试以及与职称相关的考试。

（二）处理权限

人力资源社会保障部负责全国专业技术人员资格考试工作的综合管理与监督。各级考试主管部门、考试机构或者有关部门按照考试管理权限依据规定对应试人员、考试工作人员的违纪违规行为进行认定与处理。其中，造成重大社会影响的严重违纪违规行为，由省级考试主管部门会同省级考试机构或者由省级考试机构进行认定与处理，并将处理情况报告人力资源社会保障部和相应行业的考试主管部门。

（三）应试人员违纪违规行为处理

（1）应试人员在考试过程中有下列违纪违规行为之一的，给予其当次该科目考试成绩无效的处理：①携带通信工具、规定以外的电子用品或者与考试内容相关的资料进入座位，经提醒仍不改正的；②经提醒仍不按规定书写、填涂本人身份和考试信息的；③在试卷、答题纸、答题卡规定以外位置标注本人信息或者其他特殊标记的；④未在规定座位参加考试，或者未经考试工作人员允许擅自离开座位或者考场，经提醒仍不改正的；⑤未用规定的纸、笔作答，或者试卷前后作答笔迹不一致的；⑥在考试开始信号发出前答题，或者在考试结束信号发出后继续答题的；⑦将试卷、答题卡、答题纸带出考场的；⑧故意损坏试卷、答题纸、答题卡、电子化系统设施的；⑨未按规定使用考试系统，经提醒仍不改正的；⑩其他应当给予当次该科目考试成绩无效处理的违纪违规行为。

（2）应试人员在考试过程中有下列严重违纪违规行为之一的，给予其当次全部科目考试成绩无效的处理，并将其违纪违规行为记入专业技术人员资格考试诚信档案库，记录期限为5年：①抄袭、协助他人抄袭试题答案或者与考试内容相关资料的；②互相传递试卷、答题纸、答题卡、草稿纸等的；③持伪造证件参加考试的；④本人离开考场后，在考试结束前，传播考试试题及答案的；⑤使用禁止带入考场的通信工具、规定以外的电子用品的；⑥其他应当给予当次全部科目考试成绩无效处理的严重违纪违规行为。

（3）应试人员在考试过程中有下列特别严重违纪违规行为之一的，给予其当次全部科目考试成绩无效的处理，并将其违纪违规行为记入专业技术人员资格考试诚信档案库，长期记录：①串通作弊或者参与有组织作弊的；②代替他人或者让他人代替自己参加考试的；③其他情节特别严重、影响恶劣的违纪违规行为。

（4）应试人员应当自觉维护考试工作场所秩序，服从考试工作人员管理，有下列行为之一的，终止其继续参加考试，并责令离开考场；情节严重的，按照上述第（2）（3）项的规定处理；违反《中华人民共和国治安管理处罚法》等法律法规的，交由公安机关依法处理；构成犯罪的，依法追究刑事责任：①故意扰乱考点、考场等考试工作场所秩序的；②拒绝、妨碍考试工作人员履行管理职责的；③威胁、侮辱、诽谤、诬陷工作人员或者其他应试人员的；④其他扰乱考试管理秩序的行为。

（5）应试人员有提供虚假证明材料或者以其他不正当手段取得相应资格证书或者成绩证明等严重违纪违规行为的，由证书签发机构宣布证书或者成绩证明无效，并按照上述第（2）项规定处理。

（6）在阅卷过程中发现应试人员之间同一科目作答内容雷同，并经阅卷专家组确认的，由考试机构或者考试主管部门给予其当次该科目考试成绩无效的处理。应试人员之间同一科目作答内容雷同，并有其他相关证据证明其违纪违规行为成立的，视具体情形按照上述第（2）（3）项规定处理。

（四）考试工作人员违纪违规行为处理

（1）考试工作人员有下列情形之一的，停止其继续参加当年及下一年度考试工作，并由考试机构、考试主管部门或者建议有关部门给予处分：①不严格掌握报名条件的；②擅自提前考试开始时间、推迟考试结束时间及缩短考试时间的；③擅自为应试人员调换考场或者座位的；④提示或者暗示应试人员答卷的；⑤未准确记录考场情况及违纪违规行为，并造成一定影响的；⑥未认真履行职责，造成考场秩序混乱或者所负责考场出现雷同试卷的；⑦未执行回避制度的；⑧其他一般违纪违规行为。

（2）考试工作人员有下列情形之一的，由考试机构、考试主管部门或者建议有关部门将其调离考试工作岗位，不得再从事考试工作，并给予相应处分：①因命（审）题（卷）发生错误，造成严重后果的；②以不正当手段协助他人取得考试资格或者取得相应证书的；③因失职造成应试人员未能如期参加考试，或者使考试工作遭受重大损失的；④擅自将试卷、试题信息、答题纸、答题卡、草稿纸等带出考场或者传给他人的；⑤故意损坏试卷、试题载体、答题纸、答题卡的；⑥窃取、擅自更改、编造或者虚报考试数据、信息的；⑦泄露考务实施工作中应当保密信息的；⑧在评阅卷工作中，擅自更改评分标准或者不按评分标准进行评卷的；⑨因评卷工作失职，造成卷面成绩错误，后果严重的；⑩指使或者纵容他人作弊，或者参与考场内外串通作弊的；⑪监管不严，使考场出现大面积作弊现象的；⑫擅自拆启未开考试卷、试题载体、答题纸等或者考试后已密封的试卷、试题载体、答题纸、答题卡等的；⑬利用考试工作之便，以权谋私或者打击报复应试人员的；⑭其他严重违纪违规行为。

（3）考试工作人员违反《中华人民共和国保守国家秘密法》及有关规定，造成在保密期限内的考试试题、试卷及相关材料内容泄露、丢失的，由相关部门视情节轻重，分别给予责任人和有关负责人处分；构成犯罪的，依法追究刑事责任。

（五）资格考试诚信档案库建立

专业技术人员资格考试诚信档案库由人力资源社会保障部统一建立。考试诚信档案库纳入全国信用信息共享平台，向用人单位及社会提供查询，相关记录作为专业技术人员职业资格证书核发和注册、职称评定的重要参考。考试机构可以视情况向社会公布考试诚信档案库记录相关信息，并通知当事人所在单位。

（六）救济权利

被处理的应试人员对处理决定不服的，可以依法申请行政复议或者提起行政诉讼。考试工作人员因违纪违规行为受到处分不服的，可以依法申请复核或者提出申诉。

第四节 规范性文件

为实施法律、法规及规章，行政机关在法定权限内制定了数量众多的具有普遍约束力的规范性文件。本节主要介绍与注册消防工程师管理工作相关的几个规范性文件。

一、《人力资源社会保障部、公安部关于印发注册消防工程师制度暂行规定和注册消防工程师资格考试实施办法及注册消防工程师资格考核认定办法的通知》

2012 年 9 月 27 日，人力资源社会保障部、公安部发布《人力资源社会保障部、公安部关于印发注册消防工程师制度暂行规定和注册消防工程师资格考试实施办法及注册消防工程师资格考核认定办法的通知》（人社部发〔2012〕56 号），确立了由《注册消防工程师制度暂行规定》（以下简称《暂行规定》）、《注册消防工程师资格考试实施办法》（以下简称《考试实施办法》）、《一级注册消防工程师资格考核认定办法》（以下简称《考核认定办法》）三项基本制度构成的注册消防工程师制度。

《注册消防工程师管理规定》（公安部令第 143 号）施行后，《人力资源社会保障部、公安部关于印发注册消防工程师制度暂行规定和注册消防工程师资格考试实施办法及注册消防工程师资格考核认定办法的通知》内容与其不一致的，执行《注册消防工程师管理规定》有关规定。

（一）《暂行规定》

《暂行规定》是建立注册消防工程师制度的基础性规定。

1. 概念

注册消防工程师是指经考试取得相应级别注册消防工程师资格证书，并依法注册后，从事消防设施检测、消防安全监测等消防安全技术工作的专业技术人员，分为高级注册消防工程师、一级注册消防工程师和二级注册消防工程师。

2. 监督管理

人力资源社会保障部、国务院消防机构共同负责注册消防工程师制度的政策制定，并按照职责分工对该制度的实施进行指导、监督和检查。各省、自治区、直辖市人力资源社会保障主管部门和消防机构，按照职责分工负责本行政区域内注册消防工程师制度的实施与监督管理。

3. 资格考试

人力资源社会保障部、国务院消防机构以及省、自治区、直辖市人力资源社会保障主管部门和消防机构按照职责分工开展注册消防工程师资格考试相关工作。一级注册消防工程师资格证书在全国范围有效，二级注册消防工程师资格证书在所在行政区域内有效。

4. 注册执业

取得注册消防工程师资格证书的人员，经注册方可以相应级别注册消防工程师名义执业。注册消防工程师应当在一个经批准的消防技术服务机构或者消防安全重点单位，开展与该机构业务范围和本人资格级别相符的消防安全技术执业活动。

消防安全技术职业活动主要包括消防技术咨询与消防安全评估、消防安全管理与技术培训、消防设施检测与维护、消防安全监测与检查、火灾事故技术分析、国务院消防机构或省级消防机构规定的其他消防安全技术工作等。

5. 权利义务

注册消防工程师享有以下权利：①使用注册消防工程师称谓；②在规定范围内从事消防安全技术执业活动；③对违反相关法律、法规和技术标准的行为提出劝告，并向本级别注册审批部门或者上级主管部门报告；④接受继续教育；⑤获得与执业责任相应的劳动报酬；⑥对侵犯本人权利的行为进行申诉。同时履行以下义务：①遵守法律、法规和有关管理规定，恪守职业道德；②执行消防法律、法规、规章及有关技术标准；③履行岗位职责，保证消防安全技术执业活动质量，并承担相应责任；④保守知悉的国家秘密和聘用单位的商业、技术秘密；⑤不得允许他人以本人名义执业；⑥不断更新知识，提高消防安全技术能力；⑦完成注册管理部门交办的相关工作。

6. 聘任优先

对通过考试取得相应级别注册消防工程师资格证书，且符合《工程技术人员职务试行条例》中工程师、助理工程师技术职务任职条件的人员，用人单位可根据工作需要择优聘任相应级别专业技术职务。通过考试取得的一级注册消防工程师资格，是消防安全监测、消防设施检测领域申请评定消防专业高级工程师职称的必备条件。

（二）《考试实施办法》

《考试实施办法》是关于注册消防工程师资格考试的规定。

1. 考试组织实施机构

人力资源社会保障部、国务院消防机构共同委托人力资源社会保障部人事考试中心承担一级注册消防工程师资格考试的具体考务工作。各省、自治区、直辖市人力资源社会保障主管部门和消防机构共同负责本地区的考试工作。

2. 考试科目设置

一级注册消防工程师资格考试设《消防安全技术实务》《消防安全技术综合能力》和《消防安全案例分析》3 个科目，分 3 个半天进行，前两个科目的考试时间均为 2.5 小时，第三个科目的考试时间为 3 小时。二级注册消防工程师资格考试设《消防安全技术综合能力》和《消防安全案例分析》2 个科目，分 2 个半天进行，第一个科目的考试时间为 2.5 小时，第二个科目的考试时间为 3 小时。

3. 考试成绩管理

一级注册消防工程师资格考试成绩实行 3 年为一个周期的滚动管理办法，在连续的 3 个考试年度内参加应试科目的考试并合格，方可取得一级注册消防工程师资格证书；二级注册消防工程师资格考试成绩实行 2 年为一个周期的滚动管理办法，在连续的 2 个考试年度内参加应试科目的考试并合格，方可取得二级注册消防工程师资格证书。

4. 免试条件

符合《暂行规定》中一级注册消防工程师资格考试报名条件，并具备规定条件的，可免试《消防安全技术实务》科目，只参加《消防安全技术综合能力》和《消防安全案例分析》两个科目的考试。

（三）《考核认定办法》

根据我国现行执业资格制度设计形式，通常在实施执业资格考试前，对部分已经达到相应条件的人员经过个人申请、单位推荐和相关部门的层层审核后，认定其取得执业资格。《考核认定办法》即是参照我国现行执业资格制度通行做法而制定的特许资格办法，实施资格考试后不再进行。该办法主要包括申报条件、认定组织、申报材料、认定程序、申报日期及要求等内容。

二、《公安部消防局关于印发〈注册消防工程师继续教育实施办法〉的通知》

2018 年 4 月 5 日，公安部消防局印发《公安部消防局关于印发〈注册消防工程师继续教育实施办法〉的通知》（公消〔2018〕56 号）。

（一）继续教育的范围

注册消防工程师继续教育的对象是年龄未超过70周岁，且已经取得《中华人民共和国注册消防工程师资格证书》的人员。

（二）继续教育的内容及课时安排

注册消防工程师继续教育主要内容包括：消防法律法规和职业道德、消防技术标准、消防安全管理规范和消防安全领域的新技术、新标准等。

注册消防工程师每年接受继续教育的时间累计不少于20学时。其中，消防法律法规和职业道德不少于4学时，消防技术标准不少于12学时，消防安全管理不少于4学时。

（三）继续教育的方式

注册消防工程师继续教育主要采取网络教学形式。省级消防机构可以采取实操培训、集中面授等多种形式开展补充教学。

（四）禁止行为及处理

注册消防工程师有下列行为之一的，取消相应的继续教育学时：①由他人代替参加继续教育的；②以不正当方式获取继续教育学时或者通过继续教育课程测试的；③其他违反继续教育有关规定的行为。

注册消防工程师有上述行为，隐瞒有关情况或者提供虚假材料申请注册的，依照《注册消防工程师管理规定》处理。

三、《劳动部、人事部关于颁发〈职业资格证书规定〉的通知》

1994年2月22日，劳动部、人事部共同制定《职业资格证书规定》（劳部发〔1994〕98号）。

（一）概念

职业资格是对从事某一职业所必备的学识、技术和能力的基本要求，包括从业资格和执业资格。从业资格是指从事某一专业（工种）学识、技术和能力的起点标准；执业资格是指政府对某些责任较大，社会通用性强，关系公共利益的专业（工种）实行准入控制，是依法独立开业或从事某一特定专业（工种）学识、技术和能力的必备标准。

（二）证书作用

职业资格证书是国家对申请人专业（工种）学识、技术、能力的认可，是求职、任职、独立开业和单位录用的主要依据。

（三）主要原则

职业资格证书制度遵循申请自愿、费用自理、客观公正的原则。凡中华人民共和国公民和获准在我国境内就业的其他国籍的人员都可按照国家有关政策规定和程序申请相应的职业资格。

（四）国际互认

国家职业资格证书参照国际惯例，实行国际双边或多边互认。

四、《人事部关于印发〈职业资格证书制度暂行办法〉的通知》

1995年1月17日，人事部颁布《人事部关于印发〈职业资格证书制度暂行办法〉的通知》（人职发〔1995〕6号）。

（一）主要原则

国家按照有利于经济发展、社会公认、国际可比、事关公共利益的原则，在涉及国家、人民生命财产安全的专业技术工作领域，实行专业技术人员职业资格制度。

（二）从业资格取得条件

①具备本专业中专以上学历，见习一年期满，经单位考核合格者；②按国家有关规定已担任本专业初级专业技术职务或通过专业技术资格考试取得初级资格，经单位考试合格者；③在本专业岗位工作，经过国家或国家授权部门组织的从业资格考试合格者。

（三）执业资格取得条件

执业资格通过考试方法取得。执业资格考试定期举行，参加执业资格考试的报名条件根据不同专业规定。

（四）资格证书

经职业资格考试合格的人员，由国家授予相应的职业资格证书。

（五）注册管理

执业资格实行注册登记制度。取得《执业资格证书》者，应在规定的期限内到指定的注册管理机构办理注册登记手续。

（六）责任追究

执业资格应考人员、考试工作人员和其他有关人员在考试和考务工作中有违法行为的，追究其法律责任。对骗取、转让、涂改职业资格证书的人员，一经发现，发证机关应取消其资格，收回证书，并报国务院业务主管部门和当地同级人力资源社会保障部门备案。对伪造职业证书者，依法追究责任。

思考题

1. 消防工作的方针和原则是什么？
2. 单位的消防安全责任有哪些？
3. 简述消防责任事故罪的概念及立案标准。
4. 一、二级注册消防工程师的执业范围有哪些？
5. 注册消防工程师依法应当履行哪些义务？
6. 注册消防工程师考试科目是如何设置的？

参考文献

［1］全国人大常委会法工委刑法室，公安部消防局．中华人民共和国消防法释义［M］．北京：人民出版社，2009.

［2］中国安全生产协会注册安全工程师工作委员会，中国安全生产科学研究院．安全生产法及相关法律知识［M］．北京：中国大百科全书出版社，2011.

［3］公安部消防局．中国消防手册（第十三卷）：消防法制［M］．上海：上海科学技术出版社，2010.

第二章
注册消防工程师职业道德

学习要求

通过本章学习，应了解注册消防工程师职业道德的内涵及特点，注册消防工程师职业道德修养的必要性；熟悉注册消防工程师职业道德的根本原则、基本规范以及职业道德修养的主要内容。

职业道德是社会一般道德要求在职业生活中的具体体现，更直接地反映了社会的道德要求和道德面貌，并对其职业的发展产生巨大影响。推进注册消防工程师职业道德建设，对于提高服务质量、纠正行业不正之风具有重要作用。

第一节　注册消防工程师职业道德概述

职业道德是所有从业人员在职业活动中应该遵循的行为准则，涵盖了从业人员与服务对象、职业与职工、职业与职业之间的关系。注册消防工程师职业道德是职业道德体系的一个重要组成部分，它不仅构成了注册消防工程师的内在素质，而且是注册消防工程师行业健康发展的重要保障。

一、注册消防工程师职业道德的内涵

所谓注册消防工程师职业道德，是指注册消防工程师行业的从业人员在执业过程中所应遵循的一种职业行为规范，主要调整注册消防工程师行业内部，注册消防工程师与消防技术服务机构、消防安全重点单位等执业单位及社会之间的道德关系。它既是对注册消防工程师行业从业人员职业行为的道德要求，也是注册消防工程师行业从业人员对社会所应承担的道德责任和义务，是建立注册消防工程师职业声誉和专业地位的基本保证。

二、注册消防工程师职业道德的特点

与一般的职业道德相比，注册消防工程师职业道德具有以下特点。

（一）具有执行消防法规标准的原则性

注册消防工程师是以其所掌握的知识和技能独立地从事消防设施检测、消防安全监测等消防安全技术工作的专业技术人员。虽然受聘于消防技术服务机构或者消防安全重点单位，但其执业行为必须独立、公正、合法，不为利益所诱，不惧权势所迫，始终自觉以维护消防法规标准的正确实施、维护服务对象的合法权益和社会公共安全为执业行为的目的，这也是衡量注册消防工程师职业道德的基本标准。

（二）具有维护社会公共安全的责任性

注册消防工程师依法开展消防安全技术工作，作为推进消防工作社会化的一项重大创新，

对于提高社会防控火灾能力具有十分重要的意义。因此，注册消防工程师要富有强烈的责任心，加强职业道德建设，对自己的工作尽心尽责。这既是对注册消防工程师的政治要求和社会要求，也是伦理要求。

（三）具有高度的服务性

注册消防工程师服务于消防技术服务机构和消防安全重点单位，开展消防技术咨询与消防安全评估、消防设施检测与维护、消防安全监测与检查等消防安全技术工作。因此，注册消防工程师在执业中必须树立服务意识，不断提升服务质量。

（四）具有与社会经济联系的密切性

注册消防工程师的职业行为本身就是一种重要的社会经济活动，且对社会公共安全具有重要影响，而受注册消防工程师职业道德影响的职业活动又会影响社会经济活动的效益和效果。因此，注册消防工程师职业道德是直接影响社会经济活动的精神力量。

第二节　注册消防工程师职业道德的原则

注册消防工程师职业道德的原则是调整注册消防工程师行业内部和外部各种职业关系所应当遵循的根本的指导原则，是注册消防工程师在执业中处理各种利益关系、调整和评价一切职业活动的根本准则，是注册消防工程师职业道德体系的核心。

一、注册消防工程师职业道德原则的特点

注册消防工程师职业道德的原则是高度概括的我国社会主义社会对注册消防工程师职业道德的要求，具有四个方面的特点。

（一）本质性

本质性是注册消防工程师职业道德的社会本质最直接、最集中的反映，是注册消防工程师职业道德区别于其他不同类型职业道德最根本、最显著的标志。

（二）基准性

基准性是注册消防工程师职业行为的基本准则，对注册消防工程师的职业行为具有普遍的约束力和指导意义。

（三）稳定性

稳定性是指职业道德规范相对来说比较稳定，这是由它的核心地位和本身所具有的约束力和抽象性所决定的。

（四）独特性

独特性是指具有注册消防工程师行业的职业特点，有别于其他行业的职业道德。

二、注册消防工程师职业道德原则的作用

注册消防工程师职业道德原则在整个注册消防工程师道德体系中居于核心和主导地位，其主要作用体现在两个方面。

（1）注册消防工程师职业道德原则对于注册消防工程师职业道德规范具有指导、制约作用。注册消防工程师职业道德规范是从职业道德原则派生出来的，是职业道德原则在职业道

德活动中的具体化或补充。因此，注册消防工程师职业道德原则不仅决定着职业道德规范的性质和具体内容，使其具体内容符合社会主义道德和注册消防工程师职业的本质要求，而且表现在注册消防工程师职业道德原则能够随着社会的进步，推进职业道德体系的发展，指明注册消防工程师职业道德行为的发展方向。

（2）注册消防工程师职业道德原则是注册消防工程师处理职业关系最基本的出发点和归宿。注册消防工程师职业道德原则对注册消防工程师的职业行为具有最普遍的指导作用和约束力，不仅是注册消防工程师的道德行为所要遵循的“基本纲领”，是他们处理职业关系最基本的出发点和归宿，同时也是社会评价注册消防工程师职业行为善恶的根本依据。

三、注册消防工程师职业道德的根本原则

从注册消防工程师职业道德原则应具有的特点和作用来看，注册消防工程师职业道德最根本的原则包括以下两项。

（一）维护公共安全原则

在社会经济飞速发展的关键时期，消防工作面临着许多新情况、新问题，任务十分繁重艰巨。同时，消防安全是公共安全的重要组成部分，维护公共安全是开展消防工作的根本目的。因此，注册消防工程师行业作为直接参与消防工作社会化管理的队伍，不仅要将维护公共安全原则作为职业的宗旨，也要将其作为职业道德的根本原则。它是指导注册消防工程师在职业活动中处理个人利益与集体利益及国家利益的根本准则，也是衡量注册消防工程师个人职业行为和职业品质最主要的道德标准。

（二）诚实守信原则

诚实守信是中华民族的优良传统，是一个人立足于社会的基本准则，也是对从业者的道德要求。诚实守信不仅是注册消防工程师步入行业的“通行证”，体现着道德操守和人格力量，也是具体行业立足的基础。在职业活动中，缺失了诚信就会失去服务对象的信任，失去社会的支持，更会丧失发展的机遇。诚实守信作为注册消防工程师职业道德的根本原则，具有很强的现实针对性。目前，注册消防工程师行业尚处于起步阶段，如果注册消防工程师诚信缺失，势必扰乱市场秩序，影响行业健康发展。因此，在社会主义市场经济条件下，加强注册消防工程师的诚信道德建设非常必要。

第三节　注册消防工程师职业道德规范

所谓注册消防工程师职业道德规范，是指社会为了调整注册消防工程师职业活动中的利益关系，依照注册消防工程师职业道德原则，对注册消防工程师提出的在职业活动中应当普遍遵守的具体行为准则。在注册消防工程师职业道德体系中，除职业道德原则外，还应当有具体的行为标准、规则来指导和约束注册消防工程师的职业行为。这些具体的行为标准或规则就是注册消防工程师职业道德规范。

注册消防工程师职业道德规范在注册消防工程师职业道德体系中具有非常重要的作用。它是由注册消防工程师职业道德原则派生出来的，是注册消防工程师职业道德原则的具体化。它不仅是注册消防工程师在职业活动中应当普遍遵守的具体行为准则，也是判断注册消防工程师

职业行为善与恶的具体标准。具体来说，注册消防工程师职业道德的基本规范可以归纳为爱岗敬业、依法执业、客观公正、公平竞争、提高技能、保守秘密、奉献社会。

一、爱岗敬业

爱岗敬业，是指注册消防工程师热爱自己的本职工作，在工作中兢兢业业，忠于职守，认真负责地履行岗位职责。爱岗敬业是注册消防工程师职业道德的基础和核心，是其职业道德建设所倡导的首要规范。爱岗是敬业的前提，表现为热爱自己的工作岗位，安心本职工作。对于每个工作人员来说，这不仅是一种职业情感，也是一种道德境界；既包含了注册消防工程师对职业道德的认识和对自己所在的工作岗位的喜好或厌恶、倾慕或鄙夷的态度，又包含了由这种认识和情感所导致的具体行为。敬业是爱岗的升华，是对职业责任、职业荣誉的深刻认识和具体表现，表现为对职业的一丝不苟，与职业工作身心一体。

二、依法执业

依法执业，不仅是注册消防工程师行业的法律规范，也是行业的重要职业道德规范。依法执业是注册消防工程师职业的基本内容，是注册消防工程师依照法律法规的规定，从事消防设施检测、消防安全监测等消防安全技术工作的总称。所谓依法，就是指注册消防工程师所承办的一切业务都必须以法律、法规、规章以及技术标准等有关规定为依据，维护服务对象的合法权益，提供优质的执业服务。依法执业包括执业人的资格、执业范围、执业程序、执业结果等一切执业行为都必须符合规定，只有这样才能杜绝出现违法现象。

三、客观公正

客观，是指不以人的意志为转移的事物的本身属性，简单地说，就是不带偏见，是什么就是什么，实事求是。公正，是指公平正直，没有偏私，强调人们所享有的权利和应尽的义务应当一致；付出的劳动和得到的报酬应当一致；处理问题不偏不倚。客观是公正的基础，公正是客观的反映。作为注册消防工程师的职业道德规范，客观公正是指注册消防工程师执业必须坚持实事求是，不偏不倚地为服务对象提供消防安全技术服务，开展消防设施检测、消防安全监测等工作，不得由于偏见、利益冲突或他人的不当影响而损害自己的执业判断，确保执业结果真实可信，符合有关规定。消防安全是社会公共安全的重要环节，不容有失。因此，客观公正在注册消防工程师职业道德规范中尤为重要，它是注册消防工程师行业的本质要求，也涉及消防安全技术工作的本质特征；它是注册消防工程师职业道德的重要规范，也是注册消防工程师必须具备的职业道德品质，是抵制行业不正之风、促进行业发展的重要保证。

四、公平竞争

公平竞争，是指注册消防工程师及其聘用单位要遵循公开、平等、公正和诚实信用的市场原则，严格按照有关法律、法规及政策开展消防安全技术工作等服务活动，参与市场竞争，其目的是保障执业市场规范运作。竞争是市场经济的内在要求，是其本质属性的反映，也是市场经济运行的基本要素。在市场经济条件下，所有的参与者都是平等的，只有遵循公认的商业道德，在自愿、平等、公平、诚实信用原则的约束下进行竞争，优胜劣汰，才能有效地调动服务者的积极性，才能促使服务者不断地改善管理、降低成本，为市场提供优质高效的服务，同时使社会资源得到合理的配置。同样，公平竞争既可以调动广大注册消防工程师工作和学习的积极性，又可以促进消防技术服务机构不断改善管理，为客户提供更好的服务。可以说，公平竞争是促进行业发展的动力。

五、提高技能

提高技能，是注册消防工程师为了适应工作需要，提高自己的职业技能或专业胜任能力。职业技能是人们进行职业活动、履行职业责任的能力和手段。专业胜任能力是在真实的工作环境下，作为注册消防工程师个人可以完成某一职责范围内的工作，并使之达到既定标准的能力。职业技能与专业胜任能力两者虽然都是业务能力，但是专业胜任能力除所指业务能力外，还包含业务能力所要达到的程度。作为注册消防工程师，一定要高度重视职业技能的提高，使自己具备专业胜任能力。注册消防工程师承担社会化管理责任，从事消防安全技术工作，必须具备一定的专业技能，而专业技能的提高不可能一劳永逸。注册消防工程师只有具备对业务“精益求精”和“活到老、学到老”的精神，不断更新自己的知识，才能适应形势发展的需要，使自己持续地具备专业胜任能力，并始终处于竞争的有利地位。《注册消防工程师制度暂行规定》也明确把“不断更新知识，提高消防安全技术能力”作为注册消防工程师必须履行的义务。

六、保守秘密

秘密，是指隐蔽的事情，或尚未被发现或被揭秘的事物。每个人、每个集体都会有自己的秘密，作为企业主要是商业秘密。《中华人民共和国反不正当竞争法》对“商业秘密”的定义是：不为公众所知悉、能为权利人带来经济利益、具有实用性并经权利人采取保密措施的技术信息和经营信息。注册消防工程师作为消防技术服务机构或者消防安全重点单位的员工，不仅会了解和掌握本单位的一些商业秘密，还会通过执业和接触服务对象，掌握大量的服务对象的商业秘密。所谓保守秘密，是指注册消防工程师要保守执业过程中所知晓的上述商业秘密，除非获得授权或国家法律有特别规定，这些秘密是不可对外泄露的。这不仅是注册消防工程师的行业纪律，也是注册消防工程师的基本道德规范，具有非常重要的意义。

七、奉献社会

奉献社会，就是要求从业人员在自己的岗位上树立奉献社会的职业精神，并通过兢兢业业的工作，自觉为社会和他人做出贡献。这是职业道德中最高层次的要求。奉献社会是一种高尚的道德品质，它表现为只要有益于国家和民族的利益，有益于社会和他人的利益，自己再苦、再累也甘愿奉献。奉献社会是社会主义职业道德的最高境界，也是做人的最高境界。注册消防工程师应当将奉献社会作为职业道德的最高目标指向，不断加强自身职业道德建设，实现更高层次、更深意义的人生价值。

第四节　注册消防工程师职业道德修养

“修养”是一个含义广泛的概念，“修”是指整治、提高；“养”是指培养、养成。“修养”除了指人们的休息、调养外，更多的是指正确的待人处事的态度和思想、理论、知识、艺术等方面所达到的水平等。注册消防工程师职业道德修养是一个伦理学的概念，它是指注册消防工程师依据职业道德原则、规范进行自我评价、自我教育、自我磨炼和自我提高的过程，以及由此所达到的职业道德境界和水平。它包含两层含义：一是按照职业道德原则、规范进行自我反省、检查和自我批评的行为和过程；二是经过努力所达到的职业道德水平。修养的根本目的在于提高自己的职业道德素质和培养高尚的职业道德品质。

一、注册消防工程师进行职业道德修养的必要性

重视道德修养是我国历代伦理思想的一个突出特点，也是中外优秀人才的成才之道。作为注册消防工程师，也必须高度重视职业道德修养。这是因为：

（一）重视职业道德修养，是促进注册消防工程师行业兴旺发达的需要

一个行业的职业道德状况，将直接影响本行业的社会信誉和经济效益，关系到事业的兴衰成败。一个行业的职业道德状况，往往通过每位从业人员的职业道德修养程度表现出来。每位注册消防工程师都是本行业的代表，每位执业人员加强注册消防工程师职业道德修养是形成职业群体美好形象的基本要求，也是维护本行业在社会中的道德信誉、促进本行业兴旺发达的必不可少的重要前提条件。

（二）重视职业道德修养，是促进注册消防工程师进步和成才的需要

高尚的职业道德品质是注册消防工程师进步和成才的重要标志。高尚的职业道德品质不是自发产生的，而是注册消防工程师在职业活动中严格要求自己，长期加强职业道德修养逐步形成的。职业道德的提高固然要有一定的外部条件，例如，受聘单位积极开展职业道德教育，获得同行的帮助，以及受其他因素的影响等，但是，最根本的在于内因，即靠自身的努力。进行职业道德修养本身就是自身努力、追求上进的具体行动，是自觉性的表现。要使职业道德教育取得成效，关键取决于注册消防工程师职业道德修养的自觉程度。没有这种自觉性，即使用法律、制度去强制，也不可能培养出职业道德高尚的注册消防工程师。

（三）重视职业道德修养，是做好本职工作、维护服务对象合法权益和消防安全的需要

做好本职工作，依法维护服务对象合法权益和消防安全，是注册消防工程师的神圣职责。要履行好这一职责，不仅需要高度的工作责任心，还要有强烈的法制观念，有开拓创新的精神，有诚信服务的作风，有职业胜任能力和文明服务的态度等。这一切离不开职业道德修养。在工作中不难发现，凡是平时对自己要求严格、注重职业道德修养的人，一般情况下工作任务都完成得比较好，领导也比较放心；反之则完成得不好，甚至经常需要领导去“补台”。其原因就在于能否自觉坚持职业道德修养。加强职业道德修养，将外在的职业道德原则、规范转化为注册消防工程师的内心信念，就会成为注册消防工程师做好工作的强大的精神力量，势必会大大增强注册消防工程师的职业道德责任感，使其发自内心地做好本职工作，从各方面严格要求自己，更加自觉地遵守职业道德规范，高质量地完成工作任务。

（四）重视职业道德修养，是促进社会精神文明建设的重要措施

注册消防工程师行业是面向社会的服务行业，注册消防工程师个人的道德状况不仅对同行和所在单位，而且对服务对象和社会都会带来影响。重视职业道德修养，不仅是注册消防工程师自身文明、进步的表现，也是其所在单位精神文明建设的具体表现，更会影响和促进整个行业乃至全社会的精神文明建设。

二、职业道德修养的内容

职业道德修养是注册消防工程师为锤炼职业道德品质，提高职业道德境界所进行的一种自我教育、自我改造和自我完善的过程。主要内容包括：

（一）理论修养

一是政治理论修养，主要通过学习马克思列宁主义、毛泽东思想、邓小平理论、“三个代表”重要思想、科学发展观和习近平新时代中国特色社会主义思想，不断提高注册消防工程师的思想觉悟和理论水平；二是思想道德理论修养，包括学习社会主义和共产主义道德理论知识。这两方面的修养和学习非常重要，不仅是社会主义职业道德的理论基础，也是进行职业道德修养的指导思想。

（二）业务知识修养

加强有关专业知识的学习，是注册消防工程师职业道德修养的基本要求。注册消防工程师所从事的工作是一项政策性、专业性很强的工作，又是很具体、很复杂的实务性工作。注册消防工程师是消防法律法规和相关技术标准规范的具体执行者和维护者，其业务知识修养是职业道德修养的关键，既关乎职业行为的有效开展，又关乎社会公共安全。

（三）人生观的修养

人生观既是职业道德教育的主要内容，又是职业道德修养的主要内容。人生观修养的重要性，在于它是人们对于人生的目的、价值等重大问题的根本看法和信念。树立了正确的人生观，就会有高尚的职业道德理想，工作才会有内驱力和原动力，才会自觉将职业道德原则和规范转化为内心信念，具备对自己职业行为的约束力，从而更好地发挥人生的价值。因此，注册消防工程师的人生观修养对培养良好的职业道德具有特别重要的意义，提升人生观的修养也就成为职业道德修养极其重要的内容。

（四）职业道德品质修养

在现实生活中，人们总是结合自己的社会实践来丰富个人品德修养的内容。如我国春秋时期大思想家孔子认为“智、仁、勇”是个人品德修养的内容；古希腊哲学家柏拉图认为“智慧、勇敢、节制、公正”是个人品德修养的内容。由于注册消防工程师应当具备“忠于职守、诚实守信、工作认真、吃苦耐劳、廉洁正直、热情服务”的基本职业道德品质，因此，自觉锻炼和培养这些品质就应该成为注册消防工程师个人职业道德修养的重要方面。

三、职业道德修养的途径和方法

坚持结合日常工作，在履行职业责任过程中进行职业道德修养，这是注册消防工程师进行职业道德修养的根本途径和根本方法。具体方法主要有以下几点。

（一）自我反思

注册消防工程师要经常进行自我反思，依据注册消防工程师职业道德原则和规范来评价、检查和反省自己的职业行为，树立科学的世界观、人生观和道德观，坚持理论联系实际开展工作。

（二）向榜样学习

学习先进模范人物的高尚品德和崇高精神，使之在全社会发扬光大，是社会主义精神文明建设的重要内容，也是注册消防工程师加强职业道德修养、提高自身职业道德水平的必由之路。在本行业起步阶段，注册消防工程师学习先进模范人物，还要密切联系自己执业活动实际，注重实效，大力弘扬新时代的创业精神，提高职业道德水平，立志在本职岗位多做贡献。

（三）坚持“慎独”

注册消防工程师进行职业道德修养时要坚持“慎独”，即不管所在单位的制度有无规定，也不管有无人监督，领导管理是否严格，都能够自觉地严格要求自己，遵守职业道德原则和规范，坚决杜绝不正之风和违法乱纪行为。

（四）提高道德选择能力

注册消防工程师的职业道德选择应当建立在对所从事职业的全面、准确认识的基础上，充分发挥意识的能动性，要具有前瞻意识。在执业行为的过程中，注册消防工程师要根据实践的发展，随时对自己符合职业道德要求的情感、意志和信念予以激励和强化；对因客观情况和客观要求变化而出现的问题，及时调整和修正自己的执业行为方向和方法。

思考题

1. 注册消防工程师职业道德的根本原则有哪些?
2. 注册消防工程师职业道德基本规范包括哪些?
3. 简述注册消防工程师进行职业道德修养的必要性。
4. 职业道德修养的主要内容有哪些?
5. 职业道德修养的途径和方法有哪些?

参考文献

[1] 王天盈 . 职业道德［M］. 北京：中国林业出版社，2009.
[2] 广东省注册税务师协会 . 中国注册税务师职业道德［M］. 北京：中国税务出版社，2011.
[3] 山东省建筑职工考核鉴定办公室 . 建筑职工职业道德、安全生产与维权［M］. 北京：中国环境科学出版社，2012.

第二篇 建筑防火检查

第一章 建筑分类和耐火等级检查

学习要求

通过本章学习，应了解建筑分类的标准、建筑耐火等级的判定依据；掌握对建筑类别和耐火等级开展防火检查的具体内容和方法。

建筑分类是确定消防安全要求的基础，以建筑分类为基础，采取不同的防火措施，达到既保障建筑消防安全，又节约投资的目的。确定建筑耐火等级，是最基本的建筑防火技术措施之一，建筑耐火等级的确定与建筑使用性质、火灾危险性、建筑高度（层数）等密切相关。建筑使用管理单位在建筑防火检查中，首先要对建筑分类正确性和耐火等级合理性进行检查，以便为下一步总平面布局与平面布置、防火防烟分区、安全疏散、灭火设施等方面的检查提供相应的判定依据。

第一节　建 筑 分 类

建筑分类方法是多样的，根据《建筑设计防火规范》（GB 50016—2014）的规定，工业建筑分为单层、多层、高层的厂房和仓库，其中，火灾危险性类别又分为甲、乙、丙、丁、戊类；民用建筑分为单层、多层、高层的住宅建筑和公共建筑，其中，高层民用建筑的类别分为一类高层民用建筑和二类高层民用建筑。

一、检查内容

防火检查中，主要通过对建筑物的高度、层数、火灾危险性、使用性质等进行检查，核实建筑类别（工业建筑含火灾危险性分类）是否符合现行国家工程建设消防技术标准的要求。

（一）建筑高度

建筑高度是界定高层建筑的基本依据。建筑高度大于 27 m 的住宅建筑（包括设置商业服务网点的住宅建筑）和其他建筑高度大于 24 m 的非单层厂房、仓库和其他民用建筑属于高层建筑。检查建筑高度时，需要注意：

（1）建筑屋面为坡屋面时，建筑高度为建筑室外设计地面至檐口与屋脊的平均高度。

（2）建筑屋面为平屋面（包括有女儿墙的平屋面）时，建筑高度为建筑室外设计地面至屋面面层的高度。

（3）同一座建筑有多种形式的屋面时，建筑高度按上述方法分别计算后，取其中最大值。

（4）对于台阶式地坪，当位于不同高程地坪上的同一建筑之间有防火墙分隔，各自有符合规范规定的安全出口，且可沿建筑的两个长边设置贯通式或尽头式消防车道时，可分别确定各自的建筑高度。否则，建筑高度按其中建筑高度最大者确定。

（5）局部凸出屋顶的瞭望塔、冷却塔、水箱间、微波天线间或设施、电梯机房、排风和排烟机房以及楼梯出口小间等辅助用房占屋面面积不大于 1/4 时，不需计入建筑高度。

（6）对于住宅建筑，设置在底部且室内高度不大于 2.2 m 的自行车库、储藏室、敞开空间，室内外高差或建筑的地下或半地下室的顶板面高出室外设计地面的高度不大于 1.5 m 的部分，不计入建筑高度。

（二）建筑层数

建筑层数按照建筑的自然层数确定。检查建筑层数时，需要注意：室内顶板面高出室外设计地面的高度不大于 1.5 m 的地下或半地下室，设置在建筑底部且室内高度不大于 2.2 m 的自行车库、储藏室、敞开空间，以及建筑屋顶上凸出的局部设备用房、出屋面的楼梯间等，可不计入建筑层数内。

（三）生产的火灾危险性

生产的火灾危险性分类根据生产中使用或产生的物质性质及其数量等因素进行确定，分为甲、乙、丙、丁、戊等五类（具体分类详见《消防安全技术实务》第二篇第二章相关内容）。检查厂房火灾危险性类别时，需要注意：

（1）同一座厂房或厂房的任一防火分区内有不同火灾危险性生产时，厂房或防火分区内的生产火灾危险性类别按火灾危险性较大的部分确定；当生产过程中使用或产生易燃、可燃物的量较少，不足以构成爆炸或火灾危险时，按实际情况确定。例如，机械修配厂或修理车间，虽然使用少量的汽油等甲类溶剂清洗零件，但是因为其数量少，当气体全部逸出或可燃液体全部气化时，也不会在同一时间内使厂房内任何部位的混合气体处于爆炸极限范围内，所以，该厂房的火灾危险性仍可以按照戊类确定。

（2）火灾危险性较大的生产部分占本层或本防火分区建筑面积的比例小于 5%，或丁、戊类厂房内的油漆工段占比小于 10%，且发生火灾事故时不足以蔓延至其他部位或火灾危险性较大的生产部分采取了有效的防火措施时，按火灾危险性较小的部分确定。例如，在一座汽车总装厂房中，喷漆工段占总装厂房的面积比例不足 10%，并对喷漆工段采用防火分隔和自动灭火设施保护时，厂房的生产火灾危险性类别仍可以按照戊类确定。

（3）丁、戊类厂房内的油漆工段，当采用封闭喷漆工艺，封闭喷漆空间内保持负压、油漆工段设置可燃气体探测报警系统或自动抑爆系统，且油漆工段占所在防火分区建筑面积的比例不大于 20% 时，按照火灾危险性较小的部位确定。

（四）储存物品的火灾危险性

仓库储存物品的火灾危险性根据储存物品的性质和储存物品中的可燃物数量等因素进行确定，分为甲、乙、丙、丁、戊等五类（具体分类详见《消防安全技术实务》第二篇第二章相关内容）。仓库储存物品的火灾危险性类别检查时，需要注意：

（1）同一座仓库或仓库的任一防火分区内储存不同火灾危险性物品时，仓库或防火分区的火灾危险性按火灾危险性最大的物品确定。例如，同一座仓库存放有火灾危险性为甲、乙、丙三类物品，仓库就需要按甲类储存物品仓库划分。同时，为了有利于安全和便于管理，同一座仓库或其中同一个防火分区内，要尽量储存一种物品。如有困难，需将数种物品存放在一座仓库或同一个防火分区内时，存储过程中要采取分区域布置，但性质相互抵触或灭火方法不同的物品不允许存放在一起。

（2）丁、戊类储存物品本身虽属难燃烧或者不燃烧物质，但有很多物品的包装是可燃的木箱、纸盒、泡沫塑料等。因此，对于这两类仓库，除考虑所储存物品本身的燃烧性能外，还要考虑可燃包装的数量，在防火要求上要较丁、戊类仓库严格。当可燃包装重量大于物品本身重量1/4或者可燃包装（如泡沫塑料等）体积大于物品本身体积的1/2时，仓库的火灾危险性类别要相应提高，按照丙类确定。

（五）民用建筑类别

民用建筑类别是根据建筑高度、使用功能、火灾危险性和扑救难易程度确定的，分为住宅建筑和公共建筑两大类（具体分类详见《消防安全技术实务》第二篇第三章相关内容）。对于住宅建筑，以建筑高度27 m为界区分多层住宅和高层住宅，高层住宅建筑又以54 m为界划分一类高层住宅建筑和二类高层住宅建筑；对于公共建筑，以建筑高度24 m为界区分多层公共建筑和高层公共建筑，在高层公共建筑中又将使用性质重要、火灾危险性大、疏散和扑救难度大的建筑划分为一类高层公共建筑。例如，考虑到建筑中一些病人行动不便、疏散困难，建筑内发生火灾易致人员伤亡等特点，将医疗建筑划为一类高层公共建筑。检查民用建筑类别时，需要注意：

（1）《民用建筑设计通则》（GB 50352—2005）将民用建筑分为居住建筑和公共建筑两大类，其中居住建筑包括住宅建筑、宿舍建筑等。在防火方面，除住宅建筑外，宿舍、公寓等非住宅类居住建筑的火灾危险性与公共建筑接近，防火要求按照公共建筑的有关规定执行。

（2）对于建筑高度大于24 m的单层公共建筑，在实际检查中情况往往比较复杂，可能存在单层和多层组合建造的情况，难以确定是按单层建筑、多层建筑还是高层公共建筑进行检查。这时需要根据建筑各层的使用功能和建筑高度综合确定。例如，某体育馆建筑主体为单层，建筑高度30.6 m，座位区下部设置了4层辅助用房，第四层顶板标高22.7 m，对该体育馆可不按高层建筑的要求进行检查。

（3）建筑防火检查中，如果遇到规范中未列举的建筑，需要根据建筑功能的具体情况，通过类比，确定建筑类别。

（六）汽车库、修车库、停车场的类别

汽车库、修车库、停车场类别是根据停车（车位）数量和总建筑面积确定的，分为Ⅰ、Ⅱ、Ⅲ、Ⅳ四类（汽车库、修车库具体分类详见《消防安全技术实务》第四篇第八章相关内容）。检查汽车库、修车库、停车场类别时，需要注意：

（1）屋面露天停车场与下部汽车库共用汽车坡道时，停车数量计算在汽车库的车辆总数内。

（2）室外坡道、屋面露天停车场的建筑面积可不计入汽车库的建筑面积之内。

（3）公交汽车库的建筑面积可按规定值增加2倍。

二、检查方法

通过查阅消防设计文件、建筑平面图和剖面图等有关资料，了解消防设计时的建筑层数、建筑高度、火灾危险性等，确定建筑类别的基础数据后开展现场检查，实地查看建筑层数、测量建筑高度，查看每层使用功能及布局、生产中使用或产生的物质性质及数量或储存物品的性质和可燃物数量等，检查建筑分类的准确性。

第二节 建筑耐火等级

建筑耐火等级是判定建筑物整体耐火性能的基本依据，决定了建筑抗御火灾的能力。建筑耐火等级由组成建筑物的墙、柱、梁、楼板等主要构件的燃烧性能和最低耐火极限决定，分为一级、二级、三级、四级。建筑使用管理单位在防火检查中，特别是检查既有建筑物的防火安全时，主要通过对建筑构件的燃烧性能和耐火极限、耐火等级与建筑分类的适应性、最多允许层数与耐火等级的适应性等方面进行检查，核实建筑的耐火等级是否符合现行国家工程建设消防技术标准的规定。

一、检查内容

（一）建筑构件的燃烧性能和耐火极限

建筑主要构件的燃烧性能和耐火极限不得低于建筑相应耐火等级的要求。主要检查要求：一级耐火等级建筑的主要构件都是不燃烧体；二级耐火等级建筑的主要构件，除吊顶为难燃烧体外，其余构件都要求是不燃烧体；三级耐火等级建筑的主要构件，除吊顶（包括吊顶格栅）和房间隔墙可采用难燃烧体外，其余构件都是不燃烧体；四级耐火等级建筑的主要构件，除防火墙需采用不燃烧体外，其余构件可采用难燃烧体或可燃烧体。以木柱承重且以不燃材料作为墙体的建筑物，其耐火等级按四级确定。

当建筑采用金属夹芯板材时，为满足相应建筑构件的耐火性能、结构承载力及自身稳定性能的要求，建筑中的防火墙、承重墙、楼梯间的墙、疏散走道隔墙、电梯井的墙以及楼板等构件，不能采用金属夹芯板材。由于金属夹芯板材受其自身构造和承载力的限制，无法达到相应耐火极限的要求，上人屋面板也不能采用金属夹芯板材。非承重外墙、房间隔墙也不宜采用金属夹芯板材，当确需采用时，夹芯材料应为 A 级，且符合对应构件的耐火极限要求。

建筑的金属建筑构件，在高温条件下会出现强度降低和蠕变现象，极易失去承载力。近年来，未采取有效防火保护措施的钢结构建筑在火灾中出现大面积垮塌造成建筑使用人员和消防救援人员伤亡的事故时有发生。这些火灾事故教训表明，钢结构必须采取有效的防火保护措施。因此，对钢结构等金属构件，需检查其保护措施是否满足现行国家工程建设消防技术标准的规定，且达到建筑所需耐火等级对应的最低耐火极限的要求。目前钢结构构件的防火保护措施主要有两种，一种是采用砖石、沙浆、防火板等无机耐火材料包覆的方式；另一种是涂刷钢结构防火涂料，通过在建筑物和构筑物钢结构构件表面涂刷钢结构防火涂料，形成耐火隔热保护层，以提高钢结构耐火极限。钢结构防火涂料，按其涂层厚度及性能特点可分为厚型、薄型、超薄型三类。由于钢结构防火涂料目前仍存在一定的缺陷，实际运用中首先应考虑采用不燃材料包覆的方式。具体检查要求为：

（1）一级耐火等级的单、多层厂房（仓库），当采用自动喷水灭火系统进行全保护时，其屋顶承重构件的耐火极限不应低于 1.00 h。需要注意的是，对于厂房内虽设置了自动灭火系统，但对这些构件无保护作用时，屋顶承重构件的耐火极限不应低于 1.50 h。

（2）建筑内预制钢筋混凝土结构金属构件的节点和明露的钢结构承重构件部位，是构件的防火薄弱环节，往往又是保证结构整体承载能力的关键部位，需要采取防火保护措施并保证节点的耐火极限不低于该节点部位连接构件中要求的耐火极限最高者。

（3）民用建筑的中庭和屋顶承重构件采用金属构件时，通过采取外包敷不燃材料、设置自动喷水灭火系统和喷涂防火涂料等措施，保证其耐火极限不低于耐火等级的要求。

（4）考虑到粮食库的高度较低，粮食火灾对结构的危害作用与其他物质的作用有所区别，因此，二级耐火等级的散装粮食平房仓可采用无防火保护的金属承重构件。

（二）耐火等级与建筑分类的适应性

主要检查建筑耐火等级的选定与建筑高度、使用功能、重要性质和火灾扑救难度等是否一致。不同类别的建筑，所需要的耐火等级不同，其检查要求为：

1. 厂房和仓库

（1）使用或储存特殊贵重的机器、仪表、仪器等设备或物品时，建筑耐火等级不应低于二级。

（2）高层厂房，甲、乙类厂房，使用或产生丙类液体的厂房和有火花、赤热表面、明火的丁类厂房，油浸变压器室、高压配电装置室，锅炉房，高架仓库、高层仓库、甲类仓库、多层乙类仓库和储存可燃液体的多层丙类仓库，粮食筒仓，其耐火等级不应低于二级。

（3）单、多层丙类厂房，多层丁、戊类厂房，单层乙类仓库，单层丙类仓库，储存可燃固体的多层丙类仓库和多层丁、戊类仓库，粮食平房仓，其耐火等级不应低于三级。

（4）建筑面积不大于 300 m^2 的独立甲、乙类单层厂房，建筑面积不大于 500 m^2 的单层丙类厂房或建筑面积不大于 1 000 m^2 的单层丁类厂房，燃煤锅炉房且锅炉的总蒸发量不大于 4 t/h 时，可采用三级耐火等级的建筑。

2. 民用建筑

地下或半地下建筑（室）和一类高层建筑的耐火等级不应低于一级；单、多层重要公共建筑和二类高层建筑的耐火等级不应低于二级。这里“重要公共建筑”主要是指对某一地区的政治、经济和生产活动以及居民的正常生活有很大影响的公共建筑，如电信、医疗、电力调度等建筑。

3. 汽车库、修车库

地下、半地下和高层汽车库，甲、乙类物品运输车的汽车库、修车库和Ⅰ类汽车库、修车库，耐火等级不应低于一级；Ⅱ、Ⅲ类汽车库、修车库的耐火等级不应低于二级；Ⅳ类汽车库、修车库的耐火等级不应低于三级。

（三）最多允许层数与耐火等级的适应性

不同耐火等级的建筑，可建造的最大建筑层数有所不同。检查要求为：

（1）厂房。二级耐火等级的乙类厂房建筑层数最多为 6 层；三级耐火等级的丙类厂房建筑层数最多为 2 层；三级耐火等级的丁、戊类厂房建筑层数最多为 3 层；甲类厂房和四级耐火等级的丁、戊类厂房只能为单层建筑。

（2）仓库。甲类仓库，三级耐火等级的乙类仓库，四级耐火等级的丁、戊类仓库，都只能为单层建筑。一、二级耐火等级的乙类易燃液体、固体、氧化剂仓库，三级耐火等级的丙类固体仓库和丁、戊类仓库建筑层数最多为 3 层；一、二级耐火等级的乙类易燃气体、助燃气体、氧化自燃物品和丙类液体仓库建筑层数最多为 5 层。

（3）民用建筑。对耐火等级为三级的建筑，其允许建筑层数最多为 5 层；对耐火等级为四级的建筑，其允许建筑层数最多为 2 层。商店建筑、展览建筑、托儿所、幼儿园的儿童用房、老年人活动场所、儿童游乐厅等儿童活动场所、医院和疗养院的住院部分、教学建筑、食堂、菜市场、剧场、电影院、礼堂等采用三级耐火等级时，建筑层数不超过 2 层。除剧场、电影院、礼堂的上述建筑如采用四级耐火等级时，只能为单层建筑。

二、检查方法

通过查阅消防设计文件，建筑平面图、剖面图，钢结构涂料的型式检验报告等有关资料，了解建筑性质、规模和建筑类别，确定建筑物必须满足的耐火等级、主要建筑构件必须满足的燃烧性能和耐火极限后开展现场检查。实地查看建筑物的结构形式、各种基本建筑构件的种类，对照消防设计文件和施工、监理记录，对建筑构件截面尺寸及金属构件的防火处理等方面，逐项进行测量和分析判断，核实建筑物的耐火等级是否符合现行国家工程建设消防技术标准的规定。检查钢结构防火涂料时，按照下列要求操作：

（一）对比样品

与选用的样品对比，检查用于工程上的钢结构防火涂料的品种与颜色是否与设计选用及规定的相符。对于室内裸露钢结构、轻型屋盖钢结构及有装饰要求的钢结构，当规定其耐火极限在 1.50 h 及以下时，宜选用薄涂型钢结构防火涂料。对于室内隐蔽钢结构、高层全钢结构及多层厂房钢结构，当规定其耐火极限在 1.50 h 以上时，应选用厚涂型钢结构防火涂料。对于露天钢结构，应选用适合室外用的钢结构防火涂料。

（二）检查涂层外观

目测涂层颜色及漏涂和裂缝情况，用 0.75 ~ 1 kg 锤子轻击涂层检测其强度等，用 1 m 直尺检测涂层平整度；检查防火涂层有无开裂、脱落；用黑色平绒布轻擦薄涂型钢结构防火涂层表面 5 次，平绒布应不变色；涂层与钢基材之间和各涂层之间，应黏结牢固，无空鼓、脱层和松散等情况；薄涂型钢结构防火涂层表面如有个别裂缝，其宽度不应大于 0.5 mm。

（三）检查涂层厚度

现场选取至少 5 个不同的涂层部位，用测厚仪分别测量其厚度。涂层厚度为测厚点的平均值。对须满足的耐火极限，现场已施工涂层厚度不应低于型式检验合格报告描述的对应厚度。厚涂型钢结构防火涂层最薄处厚度不应低于设计要求的 85%，且厚度不足部位的连续面积的长度不应大于 1 m，并在 5 m 范围内不再出现类似情况。

（四）检查膨胀倍数

当采用薄型、超薄型钢结构防火涂料时，需检查涂料的膨胀倍数。在已施工涂料的构件上，随机选取 3 个不同的涂层部位，分别用磁性测厚仪测量其厚度。然后点燃 2 L 汽油喷灯分别对准选定的 3 个位置，喷灯外焰应充分接触涂层，供火时间不低于 10 min。停止供火后观察涂层是否膨胀发泡，用精度为 0.1 mm 的游标卡尺测量其发泡层厚度。膨胀倍数为试验前涂层厚度（单位为 mm）与试验后涂料发泡层厚度（单位为 mm）的比值，结果以 3 个测试值的平均值表示。其中，薄型钢结构防火涂料的膨胀倍数 $\geqslant 5$；超薄型钢结构防火涂料的膨胀倍数 $\geqslant 10$。

思考题

1. 简述建筑分类检查中建筑高度的计算方法。
2. 简述钢结构建筑构件防火涂料检查的内容。
3. 简述不同耐火等级的厂房的最多允许建筑层数。

参 考 文 献

[1] 住房和城乡建设部. 中华人民共和国工程建设标准强制性条文　房屋建筑部分[M]. 北京：中国建筑工业出版社，2013.
[2] 中国计划出版社. 消防技术标准规范汇编[M]. 北京：中国计划出版社，2015.
[3] 孙伦. 公安消防监督员业务培训教材（建审部分）[M]. 北京：群众出版社，1998.

第二章
总平面布局与平面布置检查

学习要求

通过本章学习，应了解总平面布局、建筑内部平面布置以及常见救援设施的布置等的基本知识；掌握对总平面布局与平面布置开展防火检查的具体内容和方法。

建筑总平面布局是根据城市规划和消防安全布局的要求，结合周围环境、地势条件、主导风向等因素合理划分功能分区、选择建筑位置、设置必要的防火间距，同时满足消防扑救的基本条件。平面布置是根据建筑的分类、耐火等级、建筑高度（层数）等，对一些重要的场所和重要的设备用房在建筑中进行合理布置，以达到防止火灾扩大蔓延、减少火灾危害的目的。建筑使用管理单位在建筑防火检查中，根据建筑分类和耐火等级，通过对防火间距、消防车道、灭火救援场地、平面布置及消防救援设施等布置合理性的检查，可以有效地防止和减少建筑火灾在建筑间及建筑不同部位的相互影响，为消防救援提供可靠保障。

第一节　总平面布局

总平面布局主要根据建筑的使用性质、建筑规模、火灾危险性、所在地区常年主导风向和地形地势等因素，对单位内各类建（构）筑物、设施、管线以及罐区、堆场等进行合理布局，避免建筑火灾、爆炸后可能造成的严重后果，为火灾扑救提供可靠的保障。防火检查中，主要通过对平面布置、防火间距、消防车道、灭火救援场地等进行检查，核实建筑的总平面布局是否符合现行国家工程建设消防技术标准的规定。

一、城市总体布局的消防安全

城市总体布局要满足城乡总体规划和城市消防规划的要求，从保障城市消防安全出发，合理布置大型易燃易爆危险品生产、储存场所，汽车加油、加气站，易燃易爆化学品的专用码头、车站，城市消防站等在城市中的位置，实现土地的合理利用和建筑的安全使用，应按照下列要求进行检查：

（1）易燃易爆危险品的工厂、仓库，甲、乙、丙类液体储罐区，液化石油气储罐区，可燃、助燃气体储罐区，可燃材料堆场等，布置在城市（区域）的边缘或者相对独立的安全地带，并布置于城市（区域）全年最小频率风向的上风侧；与影剧院、会堂、体育馆、大型商场、游乐场等人员密集的公共建筑或场所保持足够的防火安全距离。

（2）甲、乙、丙类液体储罐（区）尽量布置在地势较低的地带；当条件受限确需布置在地势较高的地带时，需设置可靠的安全防护设施，如加强防火堤设置，或者增设防护墙等。

（3）散发可燃气体、可燃蒸气和可燃粉尘的工厂和大型液化石油气储存基地，布置在城市全年最小频率风向的上风侧；液化石油气储罐（区）宜布置在地势平坦、开阔等不易积存液化石油气的地带，并与居住区、商业区或其他人员集中地区保持足够的防火安全距离。

（4）大中型石油化工企业、石油库、液化石油气储罐站等，沿城市河流布置时，应布置在城市河流的下游，并采取防止液体流入河流的可靠措施。

（5）汽车加油、加气站远离人员集中的场所、重要的公共建筑。一级加油站、一级加气站、一级加油加气合建站和CNG① 加气母站应设置在城市建成区和中心区域以外的区域。输油、输送可燃气体的干管上不得有违法修建的建筑物、构筑物或堆放物质。

（6）地下建筑（包括地铁、城市隧道等）与加油站的埋地油罐及其他用途的埋地可燃液体储罐保持足够的防火安全距离，其出口和风亭等设施与邻近建筑保持足够的防火安全距离。

（7）汽车库、修车库、停车场远离易燃、可燃液体或可燃气体的生产装置区和储存区；汽车库与甲、乙类厂房、仓库分开建造。

（8）装运液化石油气和其他易燃易爆化学品的专用码头、车站布置在城市或港区的独立安全地段。装运液化石油气和其他易燃易爆化学品的专用码头，与装运其他物品的码头之间的距离不小于最大装运船舶长度的两倍，距主航道的距离不小于最大装运船舶长度的一倍。

（9）城市消防站的布置应结合城市交通状况和各区域的火灾危险性进行合理布局；街区道路布置和市政消火栓的布局能满足灭火救援需要；街区道路中心线间距离一般在160 m以内，市政消火栓沿可通行消防车的街区道路布置，间距不得大于120 m。

需要注意的是，对于旧城区中严重影响城市消防安全的企业，要及时纳入改造计划，采取限期迁移或改变生产使用性质等措施。对于耐火等级低的建筑密集区和棚户区，要结合改造工程，拆除一些破旧房屋，建造一、二级耐火等级的建筑；对一时不能拆除重建的，可划分占地面积不大于2 500 m^2的防火分区，各分区之间留出不小于6 m的防火通道或设置高出建筑屋面不小于50 cm的防火墙。对于无市政消火栓或消防给水不足、无消防车通道的区域，要结合本区域内给水管道的改建，增加给水管道管径和消火栓，或根据具体条件修建容量为100 ~ 200 m^3的消防水池。

二、常见企业总平面的布局

企业工程选址、总平面布局要在经城乡规划主管部门审批同意的建设工程用地红线范围内规划。一方面，要考虑周围环境，既要保证企业内厂（库）房本身的安全，又要保证相邻企事业单位和居住区的安全；另一方面，还要考虑厂（库）址的地形条件和当地的主导风向，并处理好与消防车道和水源的关系。常见企业总平面的布局主要检查以下内容：

（一）石油化工企业

（1）企业区域规划。根据工厂的生产流程及各组成部分的生产特点和火灾危险性，结合地形、风向等条件，检查企业的功能分区、集中布置的建筑和装置等总平面布置。可能散发可燃气体的工艺装置、罐组、装卸区或全厂性污水处理场等设施，宜布置在人员集中场所及明火或散发火花地点的全年最小频率风向的上风侧；在山区或丘陵地区的，需避免布置在窝风地带。

（2）主要出入口。厂区主要出入口不少于两个，且应设置在不同方位。生产区的道路宜采用双车道。工艺装置区、液化烃储罐区、可燃液体的储罐区、装卸区及化学危险品仓库区按规定设置环形消防车道。

（3）企业消防站。消防站的设置位置应便于消防车迅速通往工艺装置区和罐区，宜位于生产区全年最小频率风向的下风侧，且避开工厂主要人流道路。

① CNG即压缩天然气，是英文Compressed Natural Gas的缩写。

（二）火力发电厂

（1）厂区选址。厂区布置在地势较低的边缘地带，安全防护设施可以布置在地形较高的边缘地带。对于布置在厂区内的点火油罐区，其围栅高度不小于 1.8 m；当利用厂区围墙作为点火油罐区的围栅时，实体围墙的高度不小于 2.5 m。

（2）主要出入口。厂区的出入口不少于两个，其位置应便于消防车出入。主厂房、点火油罐区及储煤场周围应设置环形消防车道。

（三）钢铁冶金企业

（1）厂区选址。储存或使用甲、乙、丙类液体，可燃气体，明火或散发火花以及产生大量烟气、粉尘、有毒有害气体的车间，须布置在厂区边缘或主要生产车间、职工生活区全年最小频率风向上风侧。

（2）围墙的设置。煤气罐区四周须设置围墙，实地测量罐体外壁与围墙的间距。当总容积不超过 200 000 m^3 时，罐体外壁与围墙的间距不宜小于 15.0 m；当总容积大于 200 000 m^3 时，罐体外壁与围墙的间距不宜小于 18.0 m。

（3）储罐的间距。实地测量露天布置的可燃气体与不可燃气体固定容积储罐之间的净距，氧气固定容积储罐与不可燃气体固定体积储罐之间的净距，不可燃气体固定容积储罐之间的净距；实地测量露天布置的液氧储罐与不可燃的液化气体储罐之间的净距，不可燃的液化气体储罐之间的净距，上述净距均不得小于 2.0 m。

（4）管道的敷设。高炉煤气、发生炉煤气、转炉煤气和铁合金电炉煤气的管道不能埋地敷设。氧气管道不得与燃油管道、腐蚀性介质管道和电缆、电线同沟敷设，动力电缆不得与可燃、助燃气体和燃油管道同沟敷设。

三、防火间距

防火间距是指防止着火建筑在一定时间内引燃相邻建筑，便于消防扑救的间隔距离。防火检查中，主要通过查阅消防设计说明、总平面图等资料，了解建筑类别，在确定需满足的防火间距后开展现场检查。检查内容主要包括不同类别的建筑之间，U 型或山型建筑的两翼之间，成组布置的建筑之间的防火间距；对于加油加气站，石油化工企业、石油天然气工程、石油库等建设工程，需要同时检查建设工程与周围居住区、相邻厂矿企业、设施以及建设工程内部建（构）筑物、设施之间的防火间距。

（一）防火间距的测量

常见建筑防火间距的设置要求详见《消防安全技术实务》第二篇第四章相关内容。对防火间距进行实地测量时，沿建筑周围选择相对较近处测量间距，测量值的允许负偏差不得大于规定值的 5%。具体测量方法为：

（1）建筑物之间的防火间距按相邻建筑外墙的最近水平距离计算，当外墙有凸出的可燃或难燃构件时，从其凸出部分外缘算起。建筑物与储罐、堆场的防火间距，为建筑外墙至储罐外壁或堆场中相邻堆垛外缘的最近水平距离。

（2）储罐之间的防火间距为相邻两储罐外壁的最近水平距离。储罐与堆场的防火间距为储罐外壁至堆场中相邻堆垛外缘的最近水平距离。

（3）堆场之间的防火间距为两堆场中相邻堆垛外缘的最近水平距离。

（4）变压器之间的防火间距为相邻变压器外壁的最近水平距离。变压器与建筑物、储罐或堆场的防火间距，为变压器外壁至建筑外墙、储罐外壁或相邻堆垛外缘的最近水平距离。

（5）建筑物、储罐或堆场与道路、铁路的防火间距，为建筑外墙、储罐外壁或相邻堆垛外缘距道路最近一侧路边或铁路中心线的最小水平距离。

（二）防火间距不足时的处理

当防火间距不足时，检查建筑是否采取满足现行国家工程建设消防技术标准要求的加强措施（具体措施详见《消防安全技术实务》第二篇第四章相关内容）。确因场地等条件限制无法满足要求时，根据具体情况，可以采取下列相应的措施：

（1）改变建筑物的生产或使用性质，尽量减少建筑物的火灾危险性；改变房屋部分结构的耐火性能，提高建筑物的耐火等级。

（2）调整生产厂房的部分工艺流程和库房储存物品的数量，调整部分构件的耐火性能和燃烧性能。

（3）将建筑物的普通外墙改为防火墙。

（4）拆除部分耐火等级低、占地面积小、适用性不强且与新建建筑相邻的原有建筑物。

（5）设置独立的防火墙等。

四、消防车道

消防车道是指供消防车灭火时通行的道路。其设置可以保障火灾时消防车顺利到达火场，消防人员迅速开展灭火战斗，最大限度地减少人员伤亡和火灾损失。消防车道设置的要求详见《消防安全技术实务》第二篇第十一章相关内容。防火检查中，通过对建筑消防车道的设置形式，消防车道的净高、净宽、转弯半径和回车场地及承受荷载的检查，核实消防车道的设置是否符合现行国家工程建设消防技术标准的要求。

（一）检查内容

1. 消防车道形式

消防车道常见的设置形式有环形消防车道、尽头式消防车道、穿越建筑的消防车道和与环形消防车道相连的中间消防车道等。针对不同类别的建筑、露天堆场和储罐区等，按照下列要求进行检查：

（1）工厂、仓库。工厂、仓库区内应设置消防车道。高层厂房，占地面积大于3 000 m^2的甲、乙、丙类厂房和占地面积大于1 500 m^2的乙、丙类仓库，消防车道的设置形式为环形，确有困难时，可沿建筑物的两个长边设置消防车道。

（2）民用建筑。高层民用建筑，超过3 000个座位的体育馆，超过2 000个座位的会堂，占地面积大于3 000 m^2的商店建筑、展览建筑等单层、多层公共建筑，消防车道的设置形式为环形，确有困难时，可沿建筑的两个长边设置消防车道。对于高层住宅建筑和山坡地或河道边临空建造的高层民用建筑，消防车道可沿建筑的一个长边设置，但该长边所在建筑立面应为消防车登高操作面。

（3）沿街建筑和设有封闭内院或天井的建筑物。对于沿街道部分的长度大于150 m或总长度大于220 m的建筑，应设置穿过建筑物的消防车道，确有困难时，可沿建筑四周设置环形消防车道。对于设有短边且长度大于24 m的有封闭内院或天井的建筑物，宜设置进入内院或天井的消防车道。

（4）汽车库、修车库。除Ⅳ类汽车库和修车库以外，消防车道设置形式为环形，确有困难时，可沿建筑物的一个长边和另一边设置消防车道。

（5）露天堆场区、储罐区。可燃材料露天堆场区，液化石油气储罐区，甲、乙、丙类液体储罐区和可燃气体储罐区，当超过一定储量时，设置环形消防车道。对液化石油气储罐区，甲、乙、丙类液体储罐区，可燃气体储罐区和占地面积大于 30 000 m^2 的可燃材料堆场，还需设置与环形消防车道相连通的中间消防车道。

在穿过建筑物或进入建筑物内院的消防车道两侧，不得有影响消防车通行或人员安全疏散的设施。

2. 消防车道的净宽和净高

消防车道的净宽度和净空高度均不应小于 4.0 m，其坡度不宜大于 8%。

3. 消防车道的荷载

消防车道的路面、救援操作场地及其下面的管道和暗沟等应能承受重型消防车的压力。有些情况需要利用裙房屋顶或高架桥等作为灭火救援场地或用于消防车通行时，更要仔细核算相应的设计承载力。

4. 消防车道的最小转弯半径

中间消防车道与环形消防车道的交接处应满足消防车转弯行驶的要求。目前我国消防车转弯半径为：普通消防车转弯半径为 9 m，登高车转弯半径为 12 m，一些特种车辆转弯半径为 16 ~ 20 m。

5. 消防车道的回车场

环形消防车道至少应有两处与其他车道相通。对于尽头式消防车道，应设置回车道或回车场。回车场面积一般不小于 12 m × 12 m；高层民用建筑的回车场面积不宜小于 15 m × 15 m；供重型消防车使用时，回车场面积不宜小于 18 m × 18 m。

（二）检查方法

通过查阅消防设计说明、总平面图、消防车道流线图等资料，了解建筑物的性质、高度、沿街长度和规模，确定是否需要设置消防车道，并开展现场检查。主要进行以下操作：

（1）沿消防车道全程查看消防车道路面情况，消防车道与厂房（仓库）、民用建筑之间不得设置妨碍消防车作业的树木、架空管线等障碍物；消防车道利用交通道路时，合用道路需满足消防车通行与停靠的要求。

（2）选择消防车道路面相对较窄部位以及消防车道 4.0 m 净空高度内两侧凸出物最近距离处进行测量，将最小宽度确定为消防车道宽度。宽度测量值的允许负偏差不得大于规定值的 5%，且不影响正常使用。

（3）选择消防车道正上方距车道相对较低的凸出物进行测量，测量点不少于 5 个，将凸出物与车道的垂直高度确定为消防车道净高，高度测量值的允许负偏差不得大于规定值的 5%。

（4）不规则回车场以消防车可以利用场地的内接正方形为回车场地或根据实际设置情况进行消防车通行试验，满足消防车回车的要求。

（5）查阅施工记录、消防车通行试验报告，核查消防车道设计承受荷载。当消防车道设置在建筑红线外时，还需查验是否取得权属单位的同意，确保消防车道正常使用。

五、消防车登高操作场地

消防车登高操作场地是指能满足登高消防车靠近、停留、展开并安全作业的场地。对应消防车登高操作场地的建筑外墙，是便于消防员进入建筑内部进行救人和灭火的建筑立面，称为消防车登高面。防火检查中，通过对消防车登高面的设置，以及消防车登高操作场地的长度、宽度、承载能力、坡度等的检查，核实消防车登高操作场地的设置是否符合现行国家工程建设消防技术标准的要求。

（一）检查内容

（1）消防车登高面的设置。高层建筑至少沿一个长边或周边长度的1/4且不小于一个长边长度的底边连续布置消防车登高面，此范围内裙房的进深不得大于4 m，且在此范围内设有直通室外的楼梯或直通楼梯间的入口，便于消防员尽快安全到达着火层。对于建筑高度不大于50 m的建筑，消防车登高面可间隔布置，间隔的距离不宜大于30 m。

（2）消防车登高操作场地的设置。消防车登高操作场地与消防车道连通，与厂房、仓库、民用建筑之间不得设置妨碍消防车操作的树木、架空管线等障碍物和车库出入口。场地靠建筑外墙一侧的边缘距离建筑外墙不宜小于5 m，且不应大于10 m；场地的坡度不宜大于3%，长度和宽度分别不应小于15 m和10 m。对于建筑高度大于50 m的建筑，场地的长度和宽度分别不应小于20 m和10 m。

（3）消防车登高操作场地的荷载。消防车登高操作场地及其下面的建筑结构、管道和暗沟等，应能承受重型消防车的压力。当建筑屋顶或高架桥等兼做消防车登高操作场地时，屋顶或高架桥等的承载能力要符合消防车满载时的停靠要求。

对于建筑高度超过100 m的建筑，还需考虑大型消防车辆灭火救援作业的需求。例如，对于举升高度为112 m、车长19 m、展开支腿跨度为8 m、车重75 t的消防车，一般情况下，灭火救援场地的平面尺寸不小于20 m×10 m，场地的承载力不小于10 kg/cm^2，转弯半径不小于18 m。

（二）检查方法

通过查阅消防设计文件、总平面图和消防车道流线图等资料，了解建筑高度、规模、使用性质和重要性等，确定是否需要设置消防车登高操作场地并开展现场检查。主要进行以下操作：

（1）沿消防车道全程查看消防车登高操作场地路面情况，确保消防车登高操作场地与厂房、仓库、民用建筑间不得设置妨碍消防车操作的架空高压电线、树木、车库出入口等障碍。

（2）沿消防车登高面全程测量消防车登高操作场地的长度、宽度、坡度，以及场地靠建筑外墙一侧的边缘至建筑外墙的距离等。长度、宽度测量值的允许负偏差不得大于规定值的5%。

（3）查验施工记录、消防车通行及登高操作试验报告，核查消防车登高操作场地设计承受荷载。当消防车登高操作场地设置在建筑红线外时，还需查验是否取得权属单位的同意，确保消防登高操作场地正常使用。

第二节　平面布置

建筑内部用途千差万别，不同功能空间的火灾危险性和人员疏散要求是不一样的，通常要结合建筑功能、空间组合和人员组织与安全疏散等因素对建筑平面进行合理布置，将火灾危险性大的空间相对集中并划分为不同的防火分区，或将这样的空间布置在对建筑结构或人员疏散影响较小并便于扑救或控火的部位等，以尽量降低火灾的危害。

一、厂房

防火检查中，主要通过对厂房内员工宿舍、办公室和甲、乙类火灾危险性场所的设置、平面布置等进行检查，核实厂房的平面布置是否符合现行国家工程建设消防技术标准的要求。

（一）检查内容

1. 员工宿舍的设置

厂房内严禁设置员工宿舍。

2. 办公室、休息室的布置

具体检查要求为：

（1）甲、乙类厂房。考虑到甲、乙类厂房生产过程中发生的爆炸、冲击波有很大摧毁力，为保证安全，办公室、休息室等不得设置在甲、乙类厂房内。确需贴邻本厂房时，其耐火等级不应低于二级，并采用耐火极限不低于 3.00 h 的防爆墙与厂房分隔，且设置独立的安全出口。

（2）丙类厂房。丙类厂房可设置用于管理、控制或调度生产的办公室及工人的休息室，但要采用耐火极限不低于 2.50 h 的防火隔墙和耐火极限不低于 1.00 h 的楼板与其他部位分隔，并至少设置 1 个独立的安全出口；为方便沟通而设置的、与生产区域相通的门须采用乙级防火门。

3. 中间仓库的布置

为满足日常生产的需要，需要从仓库或上道工序的厂房（或车间）取得一定数量的原材料、半成品、辅助材料存放在厂房内，存放上述物品的场所称为中间仓库。甲、乙类中间仓库不仅要靠外墙设置，还要尽量设置直通室外的出口。主要检查以下内容：

（1）甲、乙类中间仓库。采用防火墙和耐火极限不低于 1.50 h 的不燃性楼板与其他部位分隔，储量要尽量控制在一昼夜的需用量内。对于需用量较少的厂房，如有的手表厂用于清洗的汽油，一昼夜需用量只有 20 kg，则可适当调整到存放 1 ~ 2 昼夜的用量；如一昼夜需用量较大，则要严格控制为一昼夜用量。

（2）丙、丁、戊类中间仓库。为减小库房火灾对建筑的危害，火灾危险性大的物品库房要尽量设置在建筑的上部。在厂房内设置的丙类中间仓库须采用防火墙和耐火极限不低于 1.50 h 的不燃性楼板与其他部位分隔；丁、戊类中间仓库须采用耐火极限不低于 2.00 h 的防火隔墙和耐火极限不低于 1.00 h 的楼板与其他部位分隔。

（3）中间仓库的耐火等级和面积要同时符合仓库的相关规定，且中间仓库与所服务车间的建筑面积之和不得大于该类厂房有关一个防火分区的最大允许建筑面积。例如，在一级耐火等级的丙类多层厂房内设置丙类 2 项物品库房，厂房每个防火分区的最大允许建筑面积为 6 000 m^2，每座仓库的最大允许占地面积为 4 800 m^2，每个防火分区的最大允许建筑面积为 1 200 m^2，则该中间仓库与所服务车间的防火分区最大允许建筑面积之和不应大于 6 000 m^2，其中，用于中间库房的最大允许建筑面积一般不能大于 1 200 m^2；当设置自动喷水灭火系统时，仓库的占地面积和防火分区的建筑面积可按规定相应增加。

需要注意：在厂房内设置中间仓库时，生产车间和中间仓库的耐火等级应当一致，且该耐火等级要按仓库和厂房两者中要求较高者确定。对于丙类仓库，需要采用防火墙和耐火极限不低于 1.50 h 的不燃性楼板与生产作业部位隔开。对于建筑功能以分拣、加工等作业为主的物流建筑，按照中间仓库的相关标准对其仓储部分进行抽查。

4. 中间储罐的布置

厂房内的丙类液体中间储罐须设置在单独房间内，其容量不应大于 5 m^3。设置中间储罐的房间，采用耐火极限不低于 3.00 h 的防火隔墙和耐火极限不低于 1.50 h 的楼板与其他部位分隔，房间门采用甲级防火门。

5. 变、配电站的布置

由于运行中的变压器存在燃烧或爆裂的可能，易导致相邻的甲、乙类厂房发生更大的次生灾害，因此，变、配电站不得设置在甲、乙类厂房内或贴邻建造，且不得设置在爆炸性气体、粉尘环境的危险区域内。如果生产上确有需要，变、配电站仅向与其贴邻的甲、乙类厂房供电，而不向其他厂房供电时，可在厂房的一面外墙贴邻建造，并用无门、窗、洞口的防火墙隔开。

对于乙类厂房的配电站，如氨压缩机房的配电站，为观察设备、仪表运转情况而需要设置观察窗时，允许在配电站的防火墙上设置采用不燃材料制作并且不能开启的甲级防火窗。

变、配电站的其他防爆、防火要求须符合《爆炸危险环境电力装置设计规范》（GB 50058—2014）等规范的相关规定。

（二）检查方法

通过查阅消防设计文件、建筑平面图、门窗表和防火门（窗）产品质量证明文件等资料，了解厂房内主要功能布局、生产的火灾危险性类别、附属建筑的组成等，并开展现场检查。重点检查安全出口的设置、用于分隔的建筑构件燃烧性能和耐火极限是否符合相关规定。

二、仓库

防火检查中，主要通过对仓库内员工宿舍、办公室和休息室的布置等进行检查，核实仓库的平面布置是否符合现行国家工程建设消防技术标准的要求。

（一）检查内容

1. 员工宿舍的设置

仓库内严禁设置员工宿舍。

2. 附属办公室、休息室的布置

具体检查要求为：

（1）对于甲、乙类仓库，考虑到爆炸冲击波的摧毁力，为保证人身安全，严禁在仓库内设置办公室、休息室等，并不得贴邻建造。

（2）对于丙、丁类仓库，为方便生产和管理，在仓库内可设置办公管理用房、临时休息用房等，须采用耐火极限不低于 2.50 h 的防火隔墙和耐火极限不低于 1.00 h 的楼板与其他部位分隔，并设置独立的安全出口；隔墙上开设的连通门采用乙级防火门。

（二）检查方法

通过查阅建筑平面图，查阅门窗表和门窗大样、防火门产品质量证明文件的资料，了解建筑主要功能布局、储存物品的火灾危险性类别、附属建筑的组成等，并开展现场检查。重点检查用于分隔的建筑构件燃烧性能和耐火极限是否符合相关规定。

三、民用建筑

防火检查中，主要通过对民用建筑内营业厅和展览厅、歌舞娱乐放映游艺场所、托儿所、幼儿园的儿童用房、儿童活动场所、老年人活动场所、柴油发电机房、锅炉房等特殊场所或重要设备用房进行检查，核实民用建筑的平面布置是否结合建筑的耐火等级、火灾危险性、使用功能和安全疏散等因素合理布置，并符合现行国家工程建设消防技术标准的要求。

（一）检查内容

1. 营业厅、展览厅

（1）设置层数。营业厅、展览厅不得设置在地下三层及以下；设置在三级耐火等级建筑内的营业厅、展览厅，只能布置在首层或二层，设置在四级耐火等级建筑内时，布置在首层。

（2）放置物品种类。地下或半地下营业厅、展览厅不得经营、储存和展示甲、乙类火灾危险性物品。

（3）地下或半地下商店的防火分隔。地下或半地下商店的总建筑面积大于 20 000 m^2 时，采用无门、窗、洞口的防火墙和耐火极限不低于 2.00 h 的楼板分隔为多个建筑面积不大于 20 000 m^2 的区域。相邻区域确需局部连通时，采用下沉式广场等室外开敞空间、防火隔间、避难走道、防烟楼梯间等方式进行连通。

2. 儿童用房，儿童、老年人活动场所

儿童活动场所主要指设置在建筑内的儿童游乐厅、儿童乐园、儿童培训班、早教中心等类似用途的场所。老年人活动场所主要指老年公寓、养老院、托老所等中的老年人公共活动场所。主要检查以下内容：

（1）与建筑其他部位的防火分隔。儿童用房、儿童游乐厅和老年人活动场所宜设置在独立建筑内；设置在其他民用建筑内时，采用耐火极限不低于 2.00 h 的防火隔墙和耐火极限不低于 1.00 h 的楼板与其他场所或部位隔开，墙上必须开设门、窗的，采用乙级防火门、窗。

（2）设置层数。托儿所、幼儿园的儿童用房，老年人活动场所和儿童游乐厅等儿童活动场所不得设置在地下、半地下。采用一、二级耐火等级的建筑时，不超过三层；设置在一、二级耐火等级的民用建筑内时，布置在首层、二层或三层。采用三级耐火等级的建筑时，不超过两层；设置在三级耐火等级的民用建筑内时，布置在首层、二层。采用四级耐火等级的建筑时，应为单层；设置在四级耐火等级的民用建筑内时，布置在首层。

（3）安全出口的设置。设置在单、多层建筑内时，宜设置单独的安全出口和疏散楼梯。设置在高层建筑内时，应设置独立的安全出口和疏散楼梯。这些场所的安全出口和疏散楼梯要完全独立于其他场所，不与其他场所内的疏散人员共用，而仅供托儿所、幼儿园或老年人活动场所等的人员疏散使用。

3. 医院和疗养院的住院部分

（1）设置层数。医院和疗养院的住院部分不得设置在地下、半地下。采用三级耐火等级的建筑时，不得超过两层；设置在三级耐火等级的建筑内时，布置在首层或二层。采用四级耐火等级的建筑时，应为单层；设置在四级耐火等级的建筑内时，布置在首层。

（2）相邻护理单元间的防火分隔。医院和疗养院的病房楼内相邻护理单元之间采用耐火极限不低于 2.00 h 的防火隔墙分隔，隔墙上的门应为乙级防火门，设置在走道上的防火门采用常开防火门。

（3）避难间的设置。具体检查要求见本篇第四章第四节相关内容。

4. 教学建筑、食堂、菜市场

主要检查设置层数是否合理。这些场所采用三级耐火等级的建筑时，不得超过两层；设置在三级耐火等级的建筑内时，布置在首层或二层；采用四级耐火等级的建筑时，应为单层；设置在四级耐火等级的建筑内时，布置在首层。对于一、二级耐火等级的建筑，小学教学楼的主要教学用房不得设置在四层以上，中学教学楼的主要教学用房不得设置在五层以上。

5. 剧场、电影院、礼堂

（1）与建筑其他部位的防火分隔。剧场、电影院、礼堂宜设置在独立的建筑内。设置在其他民用建筑内时，至少设置 1 个独立的安全出口和疏散楼梯，并采用耐火极限不低于 2.00 h 的防火隔墙和甲级防火门与其他区域分隔。

（2）设置层数。设置在地下或半地下时，宜设置在地下一层，不得设置在地下三层及以下楼层。设置在一、二级耐火等级的建筑内时，观众厅宜布置在首层、二层或三层。设置在三级耐火等级的建筑内时，不得布置在三层及以上楼层。

（3）观众厅的布置。观众厅如布置在四层及以上楼层时，每个观众厅的建筑面积不宜大于 400 m^2，且一个厅、室的疏散门不少于 2 个。

6. 歌舞娱乐放映游艺场所

歌舞娱乐放映游艺场所指歌厅、舞厅、录像厅、夜总会、卡拉 OK 厅（含具有卡拉 OK 功能的餐厅）、游艺厅、桑拿浴室的休息室和具有桑拿服务功能的客房、网吧等场所，不包括电影院和剧场的观众厅。主要检查以下内容：

（1）与建筑其他部位的防火分隔。采用耐火极限不低于 2.00 h 的防火隔墙和耐火极限不低于 1.00 h 的楼板与其他场所或部位分隔，设置在厅、室墙上的门和该场所与建筑内其他部位相通的门均应采用乙级防火门。

（2）设置层数。不得布置在地下二层及以下楼层。宜布置在一、二级耐火等级建筑物内的首层、二层或三层的靠外墙部位；不宜布置在袋形走道的两侧或尽端。受条件限制布置在地下一层时，须检查地下一层地面与室外出入口地坪的高差不得大于 10 m。

（3）厅、室的布局。“厅、室”是指歌舞娱乐放映游艺场所中相互分隔的独立房间，如卡拉 OK 的每间包房、桑拿浴室的每间按摩房或休息室。歌舞娱乐放映游艺场所如布置在袋形走道的两侧或尽端时，直通疏散走道的房间疏散门至最近安全出口的直线距离不超过 9 m。厅、室之间采用耐火极限不低于 2.00 h 的防火隔墙和耐火极限不低于 1.00 h 的不燃性楼板分隔，厅、室墙上的门均采用乙级防火门；建筑面积大于 50 m^2 的厅、室的疏散门不得少于 2 个；布置在地下一层或地上四层及以上楼层时，一个厅、室的建筑面积不得大于 200 m^2。需要注意的是，即使设置自动喷水灭火系统，该面积也不能增加。

7. 与其他使用功能建筑合建的住宅建筑

这里的“其他使用功能”不包括住宅底部设置的商业服务网点。主要检查以下内容：

（1）住宅部分与其他使用功能之间的防火分隔。二者之间采用耐火极限不低于 2.00 h 且无门、窗、洞口的防火隔墙和耐火极限不低于 1.50 h 的不燃性楼板完全分隔；当为高层建筑时，采用无门、窗、洞口的防火隔墙和耐火极限不低于 2.00 h 的不燃性楼板完全分隔。建筑外墙上、下层开口之间的防火措施应符合相关规定。

（2）安全出口与疏散楼梯的设置。住宅部分与非住宅部分的安全出口和疏散楼梯应分别独立设置；为住宅部分服务的地上车库设置独立的疏散楼梯或安全出口，地下车库的疏散楼梯当与地上部分共用楼梯间时，在首层须采用耐火极限不低于 2.00 h 的防火隔墙和乙级防火门将地下部分与地上部分的连通部位完全分隔并设置明显的标志。

8. 燃油或燃气锅炉房

燃油或燃气锅炉房宜设置在建筑外的专用房间内。当锅炉房受条件限制确需贴邻民用建筑时，专用房间的耐火等级不得低于二级，与所贴邻的建筑采用防火墙分隔，且不得贴邻人员密集场所。对确需布置在民用建筑或汽车库、修车库内的锅炉房进行检查时，主要检查以下内容：

（1）设置部位。锅炉房不得布置在人员密集场所的上一层、下一层或贴邻，应设置在首层或地下一层的靠外墙部位，如为常（负）压燃油或燃气锅炉，可设置在地下二层或屋顶上。设置在屋顶上的常（负）压燃气锅炉，距离通向屋面的安全出口不应小于 6 m。采用相对密度（与空气密度的比值）不小于 0.75 的可燃气体为燃料的锅炉，不得设置在地下或半地下。

（2）与建筑其他部位的防火分隔。与其他部位之间采用耐火极限不低于 2.00 h 的防火隔墙和耐火极限不低于 1.50 h 的不燃性楼板分隔。确需在隔墙上开设的门、窗采用甲级防火门、窗。

（3）疏散门的设置。锅炉房的疏散门直通室外或安全出口。

（4）储油间的设置。锅炉房内设置的储油间总储存量不得大于 1 m^3，且储油间采用耐火极限不低于 3.0 h 的防火隔墙与锅炉间分隔；确需在防火隔墙上开设的门，采用甲级防火门。

（5）储油罐的设置。布置在建筑外的储油罐，与建筑间防火间距应符合相关规定；当设置中间罐时，中间罐的容量不得大于 1 m^3，并设置在一、二级耐火等级的单独房间，房间门采用甲级防火门。

（6）锅炉的容量。锅炉的容量应符合《锅炉房设计规范》（GB 50041—2008）的有关规定。

（7）燃料供给管道的设置。在进入建筑物前和设备间内的管道上均设置自动和手动切断阀；储油间的油箱密闭且设置通向室外的通气管，通气管上设置带阻火器的呼吸阀，油箱的下部设置防止油品流散的设施。燃气供给管道的敷设应符合《城镇燃气设计规范》（GB 50028—2006）的规定。

（8）设施的配置。锅炉房内应设置火灾报警装置、独立的通风系统、与锅炉容量及建筑规模相适应的灭火设施，当建筑内其他部位设置自动喷水灭火系统时，锅炉房也要相应设置自动喷水灭火系统；燃气锅炉房还需检查是否设置爆炸泄压设施。

9. 变压器室

变压器室设有油浸变压器、充有可燃油的高压电容器和多油开关时，宜设置在建筑外的专用房间内。当与民用建筑贴邻布置时，须采用防火墙与所贴邻的建筑分隔，且不得贴邻人员密集场所，设置变压器室的专用房间耐火等级不得低于二级。对受条件限制布置在民用建筑、汽车库或修车库内的变压器室进行检查时，主要检查以下内容：

（1）设置部位。变压器室不得布置在人员密集场所的上一层、下一层或贴邻，应设置在建筑首层或地下一层的靠外墙部位。

（2）与建筑其他部位的防火分隔。变压器室之间、变压器室与配电室之间、变压器室与其他部位之间应采用耐火极限不低于 2.00 h 的防火隔墙和耐火极限不低于 1.50 h 的不燃性楼板分隔。确需在隔墙上开设的门、窗，采用甲级防火门、窗。

（3）疏散门的设置。变压器室的疏散门应直通室外或安全出口。

（4）变压器的容量。油浸变压器的总容量不大于 1 260 kV·A，单台容量不大于 630 kV·A。

（5）设施的配置。油浸变压器、多油开关室、高压电容器室，应设置防止油品流散的设施；变压器室内应设置火灾报警装置，以及与变压器、电容器和多油开关等的容量及建筑规模相适应的灭火设施；当建筑内其他部位设置自动喷水灭火系统时，变压器室也相应设置自动喷水灭火系统；对于油浸变压器，还需要检查其下面是否设置能储存变压器全部油量的事故储油设施。

10. 柴油发电机房

（1）设置层数。柴油发电机房不应布置在人员密集场所的上一层、下一层或贴邻，宜布置在建筑物的首层或地下一、二层。

（2）与建筑其他部位的防火分隔。采用耐火极限不低于 2.00 h 的防火隔墙和耐火极限不低于 1.50 h 的不燃性楼板与其他部位分隔，门采用甲级防火门。

（3）储油间的设置。机房内设置储油间的，总储存量不应大于 1 m^3，且储油间采用耐火极限不低于 3.00 h 的防火隔墙与发电机间分隔；确需在防火隔墙上开门时，设置甲级防火门。

（4）燃料供给管道的设置。在进入建筑物前和设备间内的管道上设置自动和手动切断阀；储油间的油箱密闭且设置通向室外的通气管，通气管上设置带阻火器的呼吸阀，油箱的下部设置防止油品流散的设施。

（5）设施的配置。柴油发电机房设置火灾报警装置、与柴油发电机容量和建筑规模相适应的灭火设施，当建筑内其他部位设置自动喷水灭火系统时，机房内相应设置自动喷水灭火系统。

11. 瓶装液化石油气瓶组间

瓶组间独立设置且不得与住宅建筑、重要公共建筑和其他高层公共建筑贴邻。主要检查以下内容：

（1）与所服务建筑的间距。液化石油气气瓶采用自然气化方式供气时，总容积不大于 1 m^3 的瓶组间可以与所服务的其他建筑贴邻；总容积大于 1 m^3、不大于 4 m^3 的独立瓶组间，与所服务建筑的防火间距应符合相关规定。

（2）设施的配置。瓶组间应设置可燃气体浓度报警装置；在瓶组间的总出气管道上应设置紧急事故自动切断阀。

12. 供建筑内使用的丙类液体储罐

主要根据储罐的总容量和埋设方式检查与相邻建筑的防火间距是否符合有关规定。当设置中间罐时，中间罐的容量不得大于 1 m^3，并应设置在一、二级耐火等级的单独房间内，房间门采用甲级防火门。

13. 消防控制室

（1）设置部位。消防控制室设置在建筑物的首层或地下一层靠外墙部位时，应远离电磁场干扰较强及其他可能影响消防控制设备工作的房间；如单独建造，建筑物的耐火等级不应低于二级。

（2）与其他部位的防火分隔。采用耐火极限不低于 2.00 h 的防火隔墙和耐火极限不低于 1.50 h 的楼板与其他部位分隔，开向建筑内的门采用乙级防火门。

（3）疏散门的设置。消防控制室的疏散门直通室外或安全出口。

（4）设施的设置。为避免消防控制室被淹或因进水受到影响，需设置挡水门槛等挡水措施，如消防控制室设置在地下时，还需检查是否设置排水沟等防淹措施。

14. 消防水泵房

（1）设置部位。附设在建筑内的消防水泵房，不得设置在地下三层及以下或室内地面与室外出入口地坪高差大于 10 m 的地下楼层内；如单独建造，建筑物的耐火等级不应低于二级。

（2）与其他部位的防火分隔。消防水泵房应采用耐火极限不低于 2.00 h 的防火隔墙和耐火极限不低于 1.50 h 的楼板与其他部位分隔，开向建筑内的门采用乙级防火门。

（3）疏散门的设置。消防水泵房的疏散门直通室外或安全出口。

（4）设施的设置。为避免消防水泵房被淹或因进水受到影响，需设置挡水门槛等挡水措施，如消防水泵房设置在地下时，还需检查是否设置排水沟等防淹措施。

（二）检查方法

通过查阅建筑消防设计文件，建筑平面图和剖面图，门窗表和门窗大样、防火门（窗）产品质量证明文件，锅炉和变压器说明书等相关资料，了解该建筑的使用性质、建筑层数、耐火等级、建筑的主要使用功能及布局等，确定需要检查的场所后开展现场检查。对照检查内容，对上述场所的设置部位、与其他部位的防火分隔措施、安全出口的设置及配套设施等是否符合相关规定进行重点检查。

四、汽车库、修车库

防火检查中，主要通过对为车库服务的附属建筑和附属设施、与其他功能组合建造的汽车库等进行检查，核实汽车库、修车库的平面布置是否符合现行国家工程建设消防技术标准的要求。

（一）检查内容

1. 为车库服务的附属建筑

（1）建筑规模。甲类物品库房储存量不大于 1.0 t；乙炔发生器间总安装容量不大于 5.0 m^3/h，乙炔气瓶库储存量不超过 5 个标准钢瓶；非封闭喷漆间 1 个车位、封闭喷漆间不大于 2 个车位；充电间和其他甲类生产场所的建筑面积不大于 200 m^2。

（2）与车库的分隔。与汽车库、修车库之间采用防火墙隔开，并设置直通室外的安全出口。

（3）在停放易燃液体、液化石油气罐车的汽车库内，不得设置地下室和地沟。

2. 为车库服务的附属设施

（1）地下、半地下汽车库内不得设置修理车位、喷漆间、充电间、乙炔间和甲、乙类物品库房。

（2）汽车库和修车库内不得设置汽油罐、加油机、液化石油气或液化天然气储罐、加气机。

3. 与修车库组合建造的其他建筑功能

汽车库不应与火灾危险性为甲、乙类的厂房、仓库贴邻或组合建造。如汽车库设置在托儿所、幼儿园、中小学校的教学楼、老年人建筑、病房楼等建筑内时，须检查其是否只设置在建筑的地下部分，并采用耐火极限不低于 2.00 h 的楼板与其他部位完全分隔；汽车库的安全出口和疏散楼梯与其他部位应分别独立设置。

4. 与修车库组合建造的其他建筑功能

Ⅰ类修车库应单独建造；Ⅱ、Ⅲ、Ⅳ类修车库可设置在一、二级耐火等级建筑的首层或与其贴邻，但不得与甲、乙类厂房、仓库、明火作业的车间或托儿所、幼儿园、中小学校的教学楼、老年人建筑、病房楼及人员密集场所组合建造或贴邻。

（二）检查方法

通过查阅消防设计文件、建筑平面图等相关的资料，了解车库的类别、附属用房的组成及布局、组合建造时建筑的其他功能等，确定需要检查的场所后开展现场检查。对照检查内容，对上述场所的设置部位、与其他部位的防火分隔措施、安全出口的设置等是否符合相关规定进行重点检查。

五、人防工程

防火检查中，主要通过对人防工程内地下商店、歌舞娱乐放映游艺场所、医院病房、柴油发电机房、锅炉房等特殊场所或重要设备用房进行检查，核实人防工程的平面布置是否符合现行国家工程建设消防技术标准的要求。

（一）检查内容

1. 不允许设置的场所或设施

（1）哺乳室、幼儿园、托儿所、游乐厅等儿童活动场所和残疾人员活动场所。

（2）使用、储存液化石油气、相对密度（与空气密度比值）大于或等于0.75的可燃气体和闪点小于60℃的液体作燃料的场所。

（3）油浸电力变压器和其他油浸电气设备。

2. 地下商店

（1）设置层数。地下商店营业厅不得设置在地下三层及以下层。

（2）商品种类。营业厅经营和储存商品的火灾危险性不得为甲、乙类。

（3）营业厅的防火分隔。当总建筑面积大于20 000 m^2时，采用不开设门、窗、洞口的防火墙进行分隔。对确需局部连通的相邻区域，采取下沉式广场、防火隔间、避难走道和防烟楼梯间等措施进行防火分隔。

3. 歌舞娱乐放映游艺场所

（1）与其他部位的防火分隔。采用耐火极限不低于2.00 h的不燃烧体墙和耐火极限不低于1.00 h的楼板与其他场所隔开，墙上必须开设门的，应为乙级防火门。

（2）设置部位。布置在袋形走道的两侧或尽端时，最远房间的疏散门至最近安全出口的距离不大于9 m。

（3）设置层数。歌舞娱乐放映游艺场所不得布置在地下二层及以下。当布置在地下一层时，地下一层地面与室外出入口地坪的高差不应大于10 m。

（4）房间布局。一个厅、室的建筑面积不应大于200 m^2；建筑面积大于50 m^2的厅、室，疏散出口不少于2个；厅、室隔墙上的门为乙级防火门。

4. 医院病房

人防工程内的医院病房不得设置在地下二层及以下；设置在地下一层时，室内地面与室外出入口地坪的高差不大于10 m。

5. 消防控制室

（1）设置部位。设置在地下一层，并邻近直接通向地面的安全出口。当地面建筑设有消防控制室时，可与地面建筑消防控制室合用。

（2）与其他部位的防火分隔。采用耐火极限不低于2.00 h的防火隔墙和耐火极限不低于1.50 h的楼板与其他部位隔开。

6. 柴油发电机房

除参照民用建筑内设置柴油发电机房的要求进行检查，还需检查以下内容：

（1）储油间的设置。机房内设置储油间的总储存量不应大于1 m^3，且储油间采用防火墙和常闭甲级防火门与发电机间隔开，并设置高150 mm的不燃烧、不渗漏的门槛，防止地面渗漏油的外流。地面不得设置地漏。

（2）与电站控制室的防火分隔。与电站控制室之间的连接通道处设置一道常闭甲级防火门，与电站控制室之间的密闭观察窗达到甲级防火窗性能。

7. 燃油或燃气锅炉房

可参照民用建筑内设置燃油或燃气锅炉房的要求进行检查。

（二）检查方法

通过查阅消防设计文件、建筑平面图和剖面图，查阅门窗表和门窗大样、防火门（窗）产品质量证明文件、锅炉和变压器说明书等相关的资料，了解人防工程的地下层数、室内地面与室外出入口地坪高差、内部主要功能及平面布局等，确定需要检查的场所后开展现场检查。对照检查内容，对上述场所的设置部位、与其他部位的防火分隔措施、安全出口的设置等是否符合相关规定进行重点检查。

第三节　救援设施的布置

建筑内供火场救援的设施主要包括消防电梯、直升飞机停机坪和消防救援口等，是火灾时供消防员尽快疏散、救援受灾人员，转移室内物资和财产的设施。

一、消防电梯

消防电梯是火灾情况下运送消防器材和消防人员的专用消防设施。对于高层建筑，消防电梯能节省消防员的体力，使消防员能快速接近着火区域，提高战斗力和灭火效果。对于地下建筑，由于排烟、通风条件很差，受装备的限制，消防员通过楼梯进入地下的困难较大，设置消防电梯，有利于满足灭火作战和火场救援的需要。建筑高度大于 33 m 的住宅建筑，一类高层公共建筑和建筑高度大于 32 m 的二类高层公共建筑，设置消防电梯的建筑的地下或半地下室、埋深大于 10 m 且总建筑面积大于 3 000 m^2 的其他地下或半地下建筑（室）须设置供消防员专用的消防电梯。考虑到节约投资并便于平时使用，也可以一梯多用，将消防电梯兼作客梯或货梯（具体设置要求详见《消防安全技术实务》第二篇第十一章相关内容）。防火检查中，通过对消防电梯数量、前室、消防电梯井和机房、电梯配置等设置的检查，核实消防电梯的设置是否符合现行国家工程建设消防技术标准的要求。

（一）检查内容

（1）消防电梯数量的设置。根据建筑物的性质、重要性和建筑高度、建筑面积等因素，确定设置消防电梯及其数量。通常，消防电梯应分别设置在不同防火分区内，且每个防火分区不少于 1 台。

（2）消防电梯前室的设置。主要检查消防电梯前室设置位置、使用面积、首层能否直通室外或通向室外的通道长度。需要注意的是，前室或合用前室的门不允许采用防火卷帘。

（3）消防电梯井、机房的设置。消防电梯井、机房与相邻其他电梯井、机房之间采用耐火极限不低于 2.00 h 的防火隔墙隔开；在隔墙上开设的门采用甲级防火门。

（4）消防电梯的配置。包括消防电梯的载质量、行驶速度、轿厢的内部装修材料、通信设备的配置，以及消防电梯的动力与控制电缆、电线、控制面板采取的防水措施。

（5）消防电梯的排水。消防电梯的井底应设置排水设施，排水井的容量不小于 2 m^3，排水泵的排水量不小于 10 L/s。消防电梯间前室的门口宜设置挡水设施。

（二）检查方法

通过查阅消防设计文件、建筑平面图和剖面图等资料，了解建筑的性质和高度、楼层的建筑面积和防火分区情况，确定是否需要设置消防电梯，并按每栋建筑实际安装消防电梯的数量进行检查。主要进行以下操作：

（1）核查电梯检测主管部门核发的有关证明文件，检查消防电梯的载质量、消防电梯的井底排水设施。

（2）测量消防电梯前室面积、首层消防电梯间通向室外的安全出口通道的长度，面积测量值的允许负偏差和通道长度测量值的允许正偏差不得大于规定值的5%。

（3）使用首层供消防人员专用的操作按钮，检查消防电梯能否下降到首层并发出反馈信号，此时其他楼层按钮不能呼叫消防电梯，只能在轿厢内控制。

（4）模拟火灾报警，检查消防控制设备能否手动和自动控制电梯返回首层，并接收反馈信号。

（5）使用消防电梯轿厢内专用消防对讲电话与消防控制中心进行不少于2次通话试验，通话语音清晰。

（6）使用秒表测试消防电梯由首层直达顶层的运行时间，检查消防电梯行驶速度是否保证从首层到顶层的运行时间不超过60 s。

二、直升机停机坪

直升机停机坪是发生火灾时供直升机救援屋顶平台上的避难人员时停靠的设施。建筑高度大于100 m且标准层建筑面积大于2 000 m^2的公共建筑，在屋顶宜设置直升机停机坪或供直升机救助的设施。停机坪的设置要符合《民用直升机场飞行场地技术标准》（MH 5013—2014）和《军用永备直升机机场场道工程建设标准》（GJB 3502—1998）等航空管理有关标准的规定。防火检查中，通过对屋顶直升机停机坪或供直升机救助设施的平面布置、消防设施的检查，核实其设置是否符合现行国家工程建设消防技术标准的要求。

（一）检查内容

（1）与周边凸出物的间距。设在屋顶平台上的停机坪，与设备机房、电梯机房、水箱间、共用天线等凸出物和屋顶的其他邻近建筑设施的距离，不小于5 m。

（2）直通出口的设置。从建筑主体通向停机坪的出口不少于2个，且每个出口的宽度不小于0.90 m。

（3）设施的配置。停机坪四周设置航空障碍灯、应急照明和消火栓等。

（二）检查方法

通过查阅消防设计文件、建筑平面图和剖面图等资料，了解建筑的性质、高度和标准层的建筑面积等情况，确定是否需要设置直升机停机坪或供直升机救助的设施，并对照检查内容逐项开展现场检查。

三、消防救援口

消防救援口是指设置在厂房、仓库、公共建筑的外墙上，便于消防员迅速进入建筑内部，有效开展人员救助和灭火行动的窗口。防火检查中，通过对建筑外立面的检查，核实消防救援口的设置是否符合现行国家工程建设消防技术标准的要求。

（一）检查内容

（1）消防救援口的设置位置。消防救援口设置位置与消防车登高操作场地相对应。窗口的玻璃应易于破碎，并在外侧设置易识别的明显标志。

（2）消防救援口洞口的尺寸。消防救援口的净高度和净宽度均不小于 1.00 m，窗口下沿距室内地面不宜大于 1.20 m。

（3）消防救援口的设置数量。消防救援口沿建筑外墙在每层设置，设置间距不宜大于 20 m，且保证每个防火分区不少于 2 个。

（4）专用消防口的设置。洁净厂房同层洁净室（区）外墙设置可供消防员通往厂房洁净室（区）的门窗，门窗洞口间距大于 80 m 时，在该段外墙的适当部位设置专用消防口，宽度不小于 750 mm，高度不小于 1 800 mm，并设有明显标志。楼层的专用消防口设置阳台，并从二层开始向上层架设钢梯。

（二）检查方法

通过查阅消防设计文件，建筑平面图和立面图，门窗表和门窗大样等相关资料，了解建筑的性质、洁净室（区）的位置等，确定是否需要设置可供消防救援人员进入的窗口，并对照检查内容逐项开展现场检查。需要注意的是，消防救援口的设置既要结合楼层走道在外墙上的开口，也要结合避难层、避难间及救援场地，在外墙上选择合适的位置进行设置。

思考题

1. 防火间距不能满足规定时，可以采取哪些处理措施？
2. 简述消防车登高操作场地检查的主要内容。
3. 简述对民用建筑内歌舞娱乐放映游艺场所检查的主要内容。
4. 简述对厂房内中间仓库检查的主要内容。
5. 简述对消防电梯进行功能检查时需要操作的主要内容。

参考文献

[1] 住房和城乡建设部 . 中华人民共和国工程建设标准强制性条文　房屋建筑部分 [M]. 北京：中国建筑工业出版社，2013.
[2] 中国计划出版社 . 消防技术标准规范汇编 [M]. 北京：中国计划出版社，2015.
[3] 中国消防协会 . 建（构）筑物消防员（中级技能）[M]. 北京：中国科学技术出版社，2011.
[4] 孙伦 . 公安消防监督员业务培训教材（消防监督检查）[M]. 北京：警官教育出版社，1999.
[5] 孙伦 . 公安消防监督员业务培训教材（建审部分）[M]. 北京：群众出版社，1998.

第三章
防火防烟分区检查

学习要求

通过本章学习，应了解防火防烟分区的划分，中庭、管道井、建筑外（幕）墙、变形缝等部位的防火分隔，常见防火墙、防火门、防火窗、防火卷帘等防火分隔设施设置等基本知识；掌握对防火防烟分区开展检查的具体内容和方法。

防火分区是指在建筑内部采用防火墙、楼板及其他防火分隔设施分隔而成，能在一定时间内防止火灾向同一建筑的其余部分蔓延的局部空间。防烟分区是指在建筑内部采用挡烟设施分隔而成，能在一定时间内防止火灾烟气向同一防火分区的其余部分蔓延的局部空间。建筑使用管理单位在建筑防火检查中，根据建筑分类和耐火等级，通过对防火分区、防烟分区合理性的检查，可以有效地控制火灾、烟气的蔓延，便于火灾区域内的人员迅速疏散到安全区域。

第一节 防火分区

在建筑内采用划分防火分区措施，一方面通过耐火性能较好的楼板及窗间墙（含窗下墙），在建筑物的垂直方向对每个楼层进行防火分隔，另一方面利用防火墙或防火门、防火卷帘等防火分隔物将各楼层在水平方向分隔出防火区域，可以有效地把火势控制在一定的范围内，减少火灾损失，同时可以为人员安全疏散、消防扑救提供有利的条件。

一、防火分区的划分

防火分区主要包括水平防火分区和垂直防火分区两部分。所谓水平防火分区，就是用防火墙或防火门、防火卷帘等将各楼层在水平方向分隔为两个或几个防火分区；所谓垂直防火分区，就是采用耐火的楼板和窗间墙将上下层隔开。防火检查中，通过对防火分区的面积、防火分隔完整性进行检查，核实防火分区的划分是否符合现行国家工程建设消防技术标准的要求。

（一）检查内容

1. 防火分区的建筑面积

防火分区允许的最大建筑面积的确定与建筑的使用性质、火灾危险性、消防扑救能力及火灾蔓延速度等因素有关。常见建筑防火分区面积的具体要求详见《消防安全技术实务》第二篇第五章相关内容。需要注意：

（1）工业建筑检查时，根据火灾危险性类别、建筑物耐火等级、建筑层数等因素确定每个防火分区的最大允许建筑面积；在同一座库房或同一个防火墙间内如储存数种火灾危险性不同的物品时，其库房或隔间的最大允许建筑面积，按其中火灾危险性最大的物品确定。

对于同一建筑内同时具有物品储存与物品装卸、分拣、包装等生产性能的物流建筑，目前常见的类型有作业型、存储型和综合型，不同类型物流建筑的防火分区要求也有所区别。

1）对于作业型的物流建筑，由于其建筑功能以分拣、加工等作业为主，防火分区根据其生产加工的火灾危险性对应规范相应的火灾危险性类别厂房的规定进行检查，其中仓储部分应按中间仓库的要求确定其防火分区大小是否符合要求。

2）对于以仓储为主或分拣加工作业与仓储难以区分哪个功能为主的物流建筑，按规范中有关仓库的规定进行检查，但当分拣等作业区采用防火墙与储存区完全分隔时，作业区和储存区的防火要求可分别按规范中有关厂房和仓库的规定进行检查。其中，当分拣等作业区采用防火墙与储存区完全分隔且建筑的耐火等级和消防设施配置符合一定条件时，除自动化控制的丙类高架仓库外，储存区的防火分区最大允许建筑面积和储存区部分建筑的最大允许占地面积，可按规范原规定值增加 3.0 倍。

（2）民用建筑检查时，根据建筑物耐火等级、建筑高度或层数、使用性质等确定每个防火分区的最大允许建筑面积；当裙房与高层建筑主体之间设置防火墙时，裙房的防火分区可按单、多层建筑的要求确定。

当建筑内设置商场、展览厅、汽车库等功能区时，需注意其防火分区的建筑面积是否符合其特殊要求，如室内有车道且有人停留的机械式汽车库，其防火分区的最大允许建筑面积按常规汽车库要求减少 35%。

对地下或半地下商店进行检查时，当包括营业面积、储存面积及其他配套服务面积的总建筑面积大于 20 000 m^2 时，为最大限度减少火灾的危害，除检查每个防火分区建筑面积是否满足规范规定外，还需检查其是否采用无门、窗、洞口的防火墙、耐火极限不低于 2.00 h 的楼板分隔为多个建筑面积不大于 20 000 m^2 的区域。当相邻区域确需局部连通时，可以采用防火隔间、避难走道、防烟楼梯间、能防止相邻区域的火灾蔓延和便于安全疏散的下沉式广场等与室外开敞空间进行连通，防火检查的具体要求见本书第二篇第三章和第四章相关内容。

（3）人防工程检查时，对于溜冰馆的冰场、游泳馆的游泳池、射击馆的靶道区，保龄球馆的球道区等，其面积可不计入溜冰馆、游泳馆、射击馆、保龄球馆的防火分区建筑面积；水泵房、污水泵房、水池、厕所、盥洗间等无可燃物的房间面积可不计入防火分区的建筑面积；设置的避难走道无须划分防火分区。

（4）建筑内设置自动扶梯、敞开楼梯、传送带、中庭等开口部位时，其防火分区的建筑面积应将上下相连通的建筑面积叠加计算；同样，对于敞开式、错层式、斜楼板式的汽车库，其上下连通层的防火分区面积也需要叠加计算。

（5）对于一些机场候机楼的候机厅，体育馆、剧院的观众厅，展览建筑的展览厅等有特殊功能要求的区域，其防火分区最大允许建筑面积，在最大限度提高建筑消防安全水平并进行充分论证的基础上，可以根据专家评审纪要中的评审意见适当放宽。

2. 防火分隔的完整性

防火分隔的完整性主要通过防火分隔设施实现。防火分隔设施即在防火分区之间设置的能保证在一定时间内阻止火势蔓延的边缘构件及设施，分为固定不可活动式和活动可启闭式两大类，主要包括防火墙、防火卷帘、防火门（窗）、防火阀、排烟防火阀等，具体检查要求见本章第三节。需要注意的是：

（1）对防火分区间代替防火墙分隔的防火卷帘，耐火极限不得低于所设置部位墙体的耐火极限要求，并检查防火卷帘与楼板、梁、墙、柱之间的空隙是否采用防火封堵材料封堵严实。

（2）对设在变形缝处附近的防火门，检查是否设置在楼层较多的一侧，且门开启后不得跨越变形缝。

（3）对建筑内的隔墙，包括房间隔墙和疏散走道两侧的隔墙、住宅分户墙和单元之间的墙，检查是否从楼地面基层隔断砌至顶板底面基层。

（二）检查方法

通过查阅消防设计文件、建筑平面图、防火分区示意图、施工记录等资料，了解建筑分类和耐火等级、建筑平面布局等基本要素，确定防火分区划分的标准后开展现场检查。对于功能复杂的建筑工程，检查时要注意涵盖不同使用功能的楼层，其中歌舞娱乐放映游艺场所必须检查。防火分区建筑面积测量值的允许正偏差不得大于规定值的 5%。对规范有特殊规定或经专家评审确定的，可从其规定，但需要逐条检查专家评审纪要中评审意见是否已落实。

二、建筑内的中庭

中庭是指建筑室内无楼板分隔，上下敞开相连通的建筑内部空间，因开口大、与周围空间相互连通，是火灾竖向蔓延的主要通道，容易造成火势蔓延迅速、烟气扩散快，导致人员疏散和火灾扑救难度增大。防火检查中，结合中庭的连通方式，通过对中庭的防火分隔措施、消防设施的设置、装修材料等进行检查，核实中庭的设置是否符合现行国家工程建设消防技术标准的要求。

（一）检查内容

建筑物内设置中庭时，首先按上下层相连通的建筑面积叠加计算其防火分区的建筑面积，当计算后超过一个防火分区最大允许建筑面积时，主要检查以下内容：

（1）防火分隔措施。中庭与周围连通空间的防火分隔措施有多种。当采用防火隔墙时，其耐火极限不应低于 1.00 h；采用防火玻璃墙时，其耐火隔热性和耐火完整性不应低于 1.00 h；采用耐火完整性不低于 1.00 h 的非隔热性防火玻璃墙时，应设置自动喷水灭火系统进行保护；采用防火卷帘时，其耐火极限不应低于 3.00 h，并符合相关规定；与中庭相连通的门、窗采用火灾时能自行关闭的甲级防火门、窗。上述防火分隔措施的具体检查要求见本章第三节。

（2）消防设施的设置。消防设施的设置检查，主要检查中庭排烟设施，如为高层民用建筑，还需检查中庭回廊自动喷水灭火系统和火灾自动报警系统的设置。

（3）中庭的使用功能。中庭内不得布置任何经营性商业设施、可燃物，不得用于人员通行外的其他用途。

（4）与中庭连通部位的装修材料。建筑内上下层相连通的中庭，其连通部位的顶棚、墙面装修材料燃烧性能等级须为 A 级，其他部位可采用燃烧性能等级不低于 B_1 级的装修材料。

（二）检查方法

通过查阅消防设计文件、建筑平面图和剖面图等资料，了解中庭贯通的层数、与周围空间连通的方式，通过计算连通空间的总建筑面积，判断相连通的空间是否处在一个防火分区内，确定中庭与四周需采取的防火分隔措施后开展现场检查，查看中庭及相通部位的使用功能，对照隐蔽工程施工记录、防火门（窗）、防火卷帘的产品质量证明文件等资料，查验防火门、防火卷帘等的选型和设置。

三、有顶棚的步行街

这里所说的“有顶棚的步行街”，其主要特征为：步行街两侧一般设置建筑面积不大于

300 m^2 的中小型零售、餐饮和娱乐等商业设施或商铺，步行街两端均有开放的出入口并具有良好的自然通风或排烟条件。其与商业建筑内中庭的主要区别在于，步行街如果没有顶棚，则步行街两侧的建筑就成为相对独立的多座不同建筑，而中庭则不能。此外，步行街两侧的建筑不会因步行街上部设置了顶棚而明显增大火灾蔓延的危险，也不会导致火灾烟气在该空间内明显积聚，因此，其防火要求有别于建筑内的中庭。防火检查中，通过对步行街两侧建筑、两侧建筑的商铺、步行街的端部、顶棚及消防设施布置等内容进行检查，核实有顶棚的步行街的设置是否符合现行国家工程建设消防技术标准的要求。

（一）检查内容

餐饮、商店等商业设施通过有顶棚的步行街连接，当步行街两侧建筑利用步行街进行安全疏散时，步行街的长度不宜大于 300 m，步行街内不应布置可燃物。主要检查以下内容：

（1）步行街两侧建筑。步行街两侧建筑的耐火等级不应低于二级。两侧建筑相对面的最近距离均不小于对相应高度建筑的防火间距要求，且不小于 9 m。当步行街两侧的建筑为多层时，每层面向步行街一侧的商铺须设置防止火灾竖向蔓延的措施并符合相关规定。设置回廊或挑檐时，其出挑宽度不应小于 1.2 m。步行街两侧建筑内的疏散楼梯应靠外墙设置并宜直通室外，确有困难时，可在首层直接通至步行街。

（2）两侧建筑的商铺。步行街两侧建筑的商铺，每间建筑面积不宜大于 300 m^2，商铺之间设置耐火极限不低于 2.00 h 的防火隔墙。商铺面向步行街一侧的围护构件宜采用耐火极限不低于 1.00 h 的实体墙，其门、窗应采用乙级防火门、窗或符合规定的防火玻璃墙；相邻商铺之间面向步行街一侧应设置宽度不小于 1.0 m、耐火极限不低于 1.00 h 的实体墙。步行街两侧的商铺在上部各层设置回廊和连接天桥时，应保证步行街上部各层的开口面积不小于步行街地面面积的 37%，且开口宜均匀布置。

（3）步行街的端部。步行街的端部在各层均不宜封闭，确需封闭时，在外墙上须设置可开启的门窗，且可开启门窗的开口面积不小于该层外墙面积的一半。

（4）步行街的顶棚。步行街的顶棚采用不燃或难燃材料，其承重结构的耐火极限不应低于 1.00 h。顶棚下檐距地面的高度不小于 6.0 m，顶棚应设置自然排烟设施并宜采用常开式排烟口，自然排烟口的有效面积不应小于步行街地面面积的 25%。常闭式自然排烟设施应设置在火灾时能手动和自动开启的装置。

（5）步行街的消防设施。步行街两侧建筑的商铺外，每隔 30 m 设置 *DN*65 mm 的消火栓，并配备消防软管卷盘或消防水龙。商铺内应设置自动喷水灭火系统和火灾自动报警系统。商铺内外均应设置疏散照明、灯光疏散指示标志和消防应急广播系统。每层回廊均应设置自动喷水灭火系统。步行街内宜设置自动跟踪定位射流灭火系统。

（二）检查方法

通过查阅消防设计文件、建筑平面图和剖面图等资料，了解步行街的长度、步行街两侧建筑每间商铺的建筑面积、步行街两侧的建筑是否需要利用步行街进行安全疏散等，确定步行街的检查要求后开展现场检查。对照隐蔽工程施工记录、防火门（窗）、防火玻璃墙的产品质量证明文件等资料，查验商铺围护构件的选型和设置，测量步行街两侧建筑相对面的最近距离、设置的回廊或挑檐的出挑宽度、步行街上部各层楼板的开口面积、步行街端部可开启门窗的面积和顶棚自然排烟口的有效面积，测量值的允许负偏差不得大于设计值的 5%。对步行街消防设施检查的具体方法见本书第三篇相关内容。

四、电梯井和管道井等竖向井道

建筑内的管道和管道井是火灾烟气和火灾蔓延的通道之一，在火灾发生时极易产生烟囱效应。防火检查中，通过对管道井的设置、封堵等方面进行检查，核实竖向井道的设置是否符合现行国家工程建设消防技术标准的要求。

（一）检查内容

1. 竖向井道设置

（1）建筑的电缆井、管道井、排烟（气）道、垃圾道等竖向井道，均应分别独立设置。井壁耐火极限不应低于1.00 h，井壁上的检查门采用丙级防火门。

（2）建筑内的垃圾道排气口应直接开向室外，该前室的门应采用丙级防火门。垃圾斗采用不燃材料制作，并能自行关闭。

（3）电梯井独立设置。井内严禁敷设可燃气体和甲、乙、丙类液体管道，且不得敷设与电梯无关的电缆、电线等。井壁除开设电梯门、安全逃生门和通气孔洞外，不得开设其他开口。电梯门的耐火极限不应低于1.00 h，并同时符合相关完整性和隔热性要求。

2. 缝隙、孔洞的封堵

（1）建筑内电缆井、管道井与房间、走道等相连通的孔隙，应采用防火封堵材料封堵。

（2）建筑内电缆井、管道井应在每层楼板处采用不低于楼板耐火极限的不燃材料或防火封堵材料封堵。

（二）检查方法

通过查阅消防设计文件、建筑平面图，了解竖向井道类型、设置位置后开展现场检查。实地对照隐蔽工程施工记录、防火门产品质量证明文件、防火封堵材料燃烧性能证明文件等资料，查验防火门、防火封堵材料选型和防火封堵的密实性。

五、建筑外（幕）墙

目前，建筑中采用落地窗，上、下层之间不设置实体墙的现象比较普遍，一旦发生火灾，易导致火灾通过外墙上的开口在水平和竖直方向上蔓延。对采用幕墙的建筑，主要因大部分幕墙存在空腔结构，这些空腔上下贯通，在火灾时会产生烟囱效应，如不采取一定分隔措施，会加剧火势在水平和竖直方向的迅速蔓延，导致建筑整体着火，难以实施扑救。因此，防火检查中，通过对外立面开口之间的防火措施、幕墙缝隙的封堵、消防救援口的设置等检查，核实建筑外（幕）墙的设置是否符合现行国家工程建设消防技术标准的要求。

（一）检查内容

（1）外立面开口之间的防火措施。建筑外墙上、下层开口之间，如果采用实体墙分隔，当室内设置自动喷水灭火系统时，墙体的高度不应小于0.80 m，否则墙体的高度不应小于1.20 m；如果采用防火挑檐分隔，挑檐的宽度不应小于1.0 m、长度不应小于开口宽度；如果上、下层开口之间因实体墙设置有困难，采用防火玻璃墙分隔，对于高层建筑，防火玻璃墙的耐火完整性不应低于1.00 h，对于多层建筑，防火玻璃墙的耐火完整性不应低于0.50 h。

对于住宅建筑，还需要检查外墙上相邻户开口之间的墙体宽度，如果小于1.0 m，开口之间要设置凸出外墙不小于0.6 m的隔板。

（2）幕墙缝隙的封堵。建筑幕墙常采用玻璃、石材和金属等材料制造。当幕墙受到火烧或受热时，易破碎或变形、爆裂，甚至造成大面积的破碎、脱落。对于存在空腔结构的幕墙，如不采取一定措施，会加剧火势在水平和竖直方向的蔓延。幕墙与周边防火分隔构件之间的缝隙、与楼板或者隔墙外沿之间的缝隙、与相邻的实体墙洞口之间的缝隙等的填充材料会存在受震动和温差影响易脱落、开裂等问题，所以幕墙与每层楼板、隔墙处的缝隙，需要采用具有一定弹性和防火性能的材料填塞密实。这种材料可以是不燃材料，也可以是具有一定耐火性能的难燃材料。

（3）消防救援口的设置。位于消防车登高操作场地一侧的建筑外（幕）墙，需同时参照本篇第二章第三节检查消防救援口的设置。

（二）检查方法

通过查阅消防设计文件、建筑剖面图、幕墙大样图、隐蔽工程施工记录等资料，了解建筑幕墙设置位置、设置类型等基本要素后开展现场检查，核查防火窗、内填充材料、防火封堵材料等产品质量证明文件及燃烧性能检测报告与消防设计文件的一致性。测量楼板外沿墙体的高度时，高度测量值的允许负偏差不得大于规定值的5%。

六、变形缝

建筑物的伸缩缝、沉降缝、抗震缝等各种变形缝的设置，是为防止建筑变形影响建筑结构安全和使用功能，也是火灾蔓延的途径之一，尤其是纵向变形缝具有很强的拔烟、拔火作用。在防火检查中，通过对变形缝材质、管道敷设等进行检查，重点核实跨越防火分区的变形缝设置是否符合现行国家工程建设消防技术标准的要求。

（一）检查内容

（1）变形缝的材质。变形缝的填充材料和变形缝的构造基层须采用不燃材料。

（2）管道的敷设。变形缝内不得设置电缆、电线、可燃气体和甲、乙、丙类液体的管道。确需穿过时，在穿过处加设不燃材料制作的套管或采取其他防变形措施，并采用防火封堵材料封堵。当通风、空调系统的风管穿越防火分隔处的变形缝时，其两侧设置公称动作温度为70℃的防火阀。

（二）检查方法

通过查阅消防设计文件、建筑平面图、通风和空调系统平面图等资料，了解变形缝的设置位置、是否有穿越的管道或风管等，结合隐蔽工程施工记录、防火阀和防火封堵材料燃烧性能证明文件等开展现场检查，重点查看跨越防火分区的变形缝。必要时，可以打开变形缝表面装饰层进行检查。

第二节 防烟分区

建筑内设置防烟分区，可以保证在一定时间内火场上产生的高温烟气不致随意扩散，并加以排除，从而达到有利于人员安全疏散、控制火势蔓延和减少火灾损失的目的。

一、防烟分区设置

防火检查中，通过对防烟分区的划分、防烟分区的面积等进行检查，核实防烟分区设置是否符合现行国家工程建设消防技术标准的要求。

（一）检查内容

1. 防烟分区的划分

防烟分区一般根据建筑内部的功能分区和排烟系统的设计要求，按其用途、面积、楼层划分。具体检查要求为：

（1）防烟分区不得跨越防火分区。

（2）有特殊用途的场所，如防烟楼梯间、消防电梯、避难层间等，必须独立划分防烟分区；不设排烟设施的部位（包括地下室）可不划分防烟分区。

2. 防烟分区的面积

防烟分区如果面积过大，会使烟气波及面积扩大，增加受灾面，不利于安全疏散和扑救；如果面积过小，不仅影响使用，还会提高工程造价。因此，对于公共建筑和工业建筑（包括地下建筑和人防工程），需要根据具体情况确定合适的防烟分区大小，空间净高（H）≤ 3.0 m时，最大允许面积为500 m^2；3.0 m＜空间净高（H）≤ 6.0 m时，最大允许面积为1 000 m^2；6.0 m＜空间净高（H）≤ 9.0 m时，最大允许面积为2 000 m^2。

（二）检查方法

通过查阅消防设计文件、建筑平面图和剖面图，了解需要设置机械排烟设施的部位及其室内净高，确定建筑排烟平面图，了解防烟分区的具体划分后开展现场检查。测量最大防烟分区的面积，测量值的允许正偏差不得大于设计值的5%。

二、挡烟设施

用于防烟分区挡烟的设施主要有屋顶挡烟隔板、挡烟垂壁和从顶棚下凸出不小于500 mm的梁等，其中，屋顶挡烟隔板是指设在屋顶内，能对烟气和热气的横向流动造成障碍的垂直分隔体。挡烟垂壁是指用不燃材料制成，垂直安装在建筑顶棚、横梁或吊顶下，能在火灾时形成一定蓄烟空间的挡烟分隔设施。防火检查中，通过对挡烟高度、挡烟垂壁等进行检查，核实挡烟设施的设置是否符合现行国家工程建设消防技术标准的要求。

（一）检查内容

（1）挡烟高度。挡烟高度即各类挡烟设施处于安装位置时，其底部与顶部之间的垂直高度，要求不得小于500 mm。

（2）挡烟垂壁。挡烟垂壁有固定式和活动式两种。固定式挡烟垂壁是指固定安装的、能满足设定挡烟高度的挡烟垂壁；活动式挡烟垂壁是指可从初始位置自动运行至挡烟工作位置，并满足设定挡烟高度的挡烟垂壁。主要对挡烟垂壁的外观、材料、尺寸与搭接宽度、控制运行性能等进行逐项检查。

（二）检查方法

通过查阅消防设计文件、建筑排烟平面图，了解防烟分区的划分、挡烟设施的设置位置，对照挡烟垂壁产品出厂合格证等有效证明文件，核实型号、规格与消防设计的一致性后开展现场检查，主要进行以下操作：

（1）查看挡烟垂壁的外观。挡烟垂壁应标牌牢固、标识清楚、金属零部件表面无明显凹痕或机械损伤，各零部件的组装处、拼接处无错位。

（2）测量挡烟垂壁的搭接宽度。卷帘式挡烟垂壁挡烟部件由两块或两块以上织物缝制时，搭接宽度不得小于20 mm；当单节挡烟垂壁的宽度不能满足防烟分区要求，采用多节垂壁搭接的形式使用时，卷帘式挡烟垂壁的搭接宽度不得小于 100 mm；翻板式挡烟垂壁的搭接宽度不得小于 20 mm。宽度测量值的允许负偏差不得大于规定值的 5%。

（3）测量挡烟垂壁边沿与建筑物结构表面的最小距离，此距离不得大于 20 mm，测量值的允许正偏差不得大于规定值的 5%。

（4）观察活动式挡烟垂壁的下降，使用秒表、卷尺测量挡烟垂壁的电动下降或机械下降运行速度和时间。卷帘式挡烟垂壁的运行速度应≥ 0.07 m/s；翻板式挡烟垂壁的运行时间应＜7 s。挡烟垂壁应设置限位装置，当其运行至上、下限位时，能自动停止。

（5）采用加烟的方法使感烟火灾探测器发出模拟火灾报警信号，或由消防控制中心发出控制信号，观察防烟分区内的活动式挡烟垂壁应能自动下降至挡烟工作位置。

（6）切断系统供电，观察挡烟垂壁应能自动下降至挡烟工作位置。

第三节　防火分隔设施

防火分隔设施是指能在一定时间内阻止火焰蔓延，把整个建筑内部空间划分成若干个较小防火隔间的物体。对建筑物进行防火分区必须通过防火分隔设施来实现。防火分隔设施可分为两种：一种是固定式的，如建筑中的内外墙体、楼板、防火墙、防火隔间等；另一种是活动式（可启闭式）的，如防火门、防火窗、防火卷帘等。

一、防火墙

防火墙是防止火灾蔓延至相邻建筑或相邻水平防火分区且耐火极限不低于 3.00 h 的不燃性实体墙。防火墙能在火灾初期和扑救火灾过程中，将火灾有效地限制在一定空间内，确保在防火墙一侧而不蔓延到另一侧。防火检查中，通过对防火墙的设置位置和墙体材料、穿越防火墙的管道和防火封堵的严密性等进行检查，核实防火墙的设置是否符合现行国家工程建设消防技术标准的要求。

（一）检查内容

1. 防火墙的设置位置

严格说，防火墙从建筑基础部分就要与建筑物完全断开，独立建造。但目前在各类建筑物中设置的防火墙，大部分是建造在建筑物框架上或与建筑物框架相连接。具体检查要求为：

（1）设置在建筑物的基础或钢筋混凝土框架、梁等承重结构上的防火墙，应从楼地面基层隔断至梁、楼板或屋面结构层的底面。

（2）如设置在转角附近，内转角两侧墙上的门、窗、洞口之间最近边缘的水平距离不应小于 4.0 m；当采取设置乙级防火窗等防止火灾水平蔓延的措施时，距离可不限。

（3）防火墙的构造应能够保证在防火墙任意一侧的屋架、梁、楼板等受到火灾的影响而破坏时，不会导致防火墙倒塌。

（4）紧靠防火墙两侧的门、窗、洞口之间最近边缘的水平距离不得小于 2.0 m；采取设置乙级防火窗等防止火灾水平蔓延的措施时，距离可不限。

2. 防火墙墙体材料

防火墙的耐火极限一般要求为 3.00 h。对甲、乙类厂房和甲、乙、丙类仓库，因火灾延续时间较长，燃烧过程中所释放的热量较大，因而用于防火分区分隔的防火墙耐火极限要保持不低于 4.00 h。防火墙上一般不开设门、窗、洞口，必须开设时，需设置不可开启或火灾时能自动关闭的甲级防火门、窗，防止建筑内火灾的浓烟和火焰穿过门、窗、洞口蔓延扩散。

3. 穿越防火墙的管道

防火墙内不得设置排气道，以及可燃气体和甲、乙、丙类液体的管道。对穿过防火墙的其他管道，应检查是否采用防火封堵材料将墙与管道之间的空隙紧密填实；穿过防火墙处的管道保温材料，应采用不燃材料；当管道为难燃及可燃材料时，应在防火墙两侧的管道上采取防火措施。

4. 防火封堵的严密性

防火墙、隔墙墙体与梁、楼板的结合应紧密，无孔洞、缝隙；墙上的施工孔洞应采用不燃材料填塞密实；墙体上嵌有箱体时应在其背部采用不燃材料封堵，并满足墙体相应耐火极限要求。

（二）检查方法

通过查阅消防设计文件、建筑平面图、防火分区示意图、施工记录等资料，确定防火墙的设置部位、穿越防火墙的管道等基本数据后，开展现场检查。主要进行以下操作：

（1）测量防火墙两侧的门、窗、洞口之间最近边缘的水平距离，距离测量值的允许负偏差不得大于规定值的 5%。

（2）沿防火墙现场检查管道敷设情况及墙体上嵌有箱体的部位，核查防火封堵材料、保温材料与市场准入文件、消防设计文件的一致性。

二、防火门

防火门是由门板、门框、锁具、闭门器、顺序器、五金件、防火密封件，以及电动控制装置等组成的，符合耐火完整性和隔热性等要求的防火分隔物。防火检查中，通过对防火门的选型、外观、安装质量和系统功能等进行检查，核实防火门的设置是否符合现行国家工程建设消防技术标准的要求。

（一）检查内容

（1）防火门的选型。防火门按开启状态分为常闭防火门和常开防火门。对设置在建筑内经常有人通行处的防火门优先选用常开防火门，其他位置均采用常闭防火门。对于常闭防火门，应在门扇的明显位置设置“保持防火门关闭”等提示标志。防火门耐火极限选择的正确与否应根据具体设置位置，结合消防设计文件进行判断。

（2）防火门的外观。防火门门框、门扇及各配件表面应平整、光洁，并无明显凹凸、擦痕等缺陷，在其明显部位设有耐久性铭牌，标明产品名称、型号、规格、耐火性能及商标、生产单位（制造商）名称和厂址、出厂日期及产品生产批号、执行标准等，应内容清晰，设置牢靠。常闭防火门装有闭门器等，双扇和多扇防火门装有顺序器；常开防火门装有火灾时能自动关闭门扇的装置和现场手动控制装置。防火插销安装在双扇门或多扇门相对固定一侧的门扇上。

（3）防火门的安装质量。除特殊情况外，用于疏散的防火门应向疏散方向开启，在关闭后应能从任何一侧手动开启。设置在变形缝附近的防火门，须安装在楼层数较多的一侧，且门扇开启后不应跨越变形缝。钢质防火门门框内充填水泥沙浆，门框与墙体采用预埋钢件或膨胀螺栓等连接牢固，固定点间距不宜大于 600 mm。防火门门扇与门框的搭接尺寸不小于 12 mm。防火门门框与门扇、门扇与门扇的缝隙处嵌装的防火密封件应牢固、完好。

（4）防火门的系统功能。防火门的系统功能检查，主要检查常闭防火门启闭功能，常开防火门联动控制功能、消防控制室手动控制功能和现场手动关闭功能。

（二）检查方法

通过查阅消防设计文件、建筑平面图、门窗大样、防火门工程质量验收记录等资料，了解建筑内防火门的安装位置、数量等数据。对照防火门产品出厂合格证等有效证明文件，核实防火门的型号、规格及耐火性能与消防设计文件的一致性后开展现场检查，主要进行以下操作：

（1）查看防火门的外观，使用测力计测试其门扇开启力，防火门门扇开启力不得大于80 N。

（2）开启防火门，查看关闭效果。从常闭防火门的任意一侧手动开启，应能自动关闭。当装有反馈信号时，开、关状态信号能反馈到消防控制室。现场手动启动常开防火门关闭装置，当常开防火门接到现场手动发出的指令后，自动关闭并将关闭信号反馈至消防控制室。需要注意的是，防火门在正常使用状态下关闭后需要具备防烟性能。当前防火门存在的主要问题是密封条未达到规定的温度不膨胀，不能有效阻止烟气侵入，这个问题是导致一些场所，如宾馆、住宅、公寓等，发生火灾时人员死亡的重要原因。

（3）触发常开防火门一侧的火灾探测器，发出模拟火灾报警信号，观察防火门动作情况及消防控制室信号显示情况。防火门应能自动关闭，并将关闭信号反馈至消防控制室。

（4）将消防控制室的火灾报警控制器或消防联动控制设备置于手动状态，消防控制室手动启动常开防火门电动关闭装置，观察防火门动作情况及消防控制室信号显示情况。接到消防控制室手动发出的关闭指令后，常开防火门应能自动关闭，并将关闭信号反馈至消防控制室。

三、防火窗

防火窗是由窗扇、窗框、五金件、防火密封件，以及窗扇启闭控制装置等组成的，符合耐火完整性和隔热性等要求的防火分隔物。防火检查中，通过对防火窗的选型、外观、安装质量和控制功能等进行检查，核实防火窗的设置是否符合现行国家工程建设消防技术标准的要求。

（一）检查内容

（1）防火窗的选型。常见防火窗主要是无可开启窗扇的固定式防火窗和有可开启窗扇且装配有窗扇启闭控制装置的活动式防火窗。防火窗耐火极限选择的正确与否应根据具体设置位置，结合消防设计文件进行判断。

（2）防火窗的外观。防火窗的表面应平整、光洁，无明显凹痕或机械损伤。在其明显部位设置永久性标牌，标明产品名称、型号、规格、耐火性能及商标、生产单位（制造商）名称和厂址、出厂日期及产品生产批号、执行标准等，应内容清晰，设置牢靠。活动式防火窗应装配火灾时能控制窗扇自动关闭的温控释放装置。

（3）防火窗的安装质量。有密封要求的防火窗窗框密封槽内镶嵌的防火密封件应牢固、完好。钢质防火窗窗框内充填水泥沙浆，窗框与墙体采用预埋钢件或膨胀螺栓等连接牢固，固定点间距不宜大于600 mm。活动式防火窗窗扇启闭控制装置的安装位置明显，便于操作。

（4）防火窗的控制功能。防火窗的控制功能检查，主要检查活动式防火窗的控制功能、联动功能、消防控制室手动功能和温控释放功能。

（二）检查方法

通过查阅消防设计文件、建筑平面图、门窗大样、防火窗工程质量验收记录等资料，了解建筑内防火窗的安装位置、数量等数据。对照防火窗产品出厂合格证等有效证明文件，核实防火窗的型号、规格及耐火性能与消防设计文件的一致性后开展现场检查，主要进行以下操作：

（1）查看防火窗的外观，确保完好无损、安装牢固。

（2）现场手动启动活动式防火窗的窗扇启闭控制装置，窗扇应能灵活开启，并完全关闭，无启闭卡阻现象。

（3）触碰活动式防火窗任一侧的火灾探测器，使其发出模拟火灾报警信号，观察防火窗动作情况及消防控制室信号显示情况。当火灾探测器报警后，活动式防火窗应能自动关闭，并将关闭信号反馈至消防控制室。

（4）将消防控制室的火灾报警控制器或消防联动控制设备置于手动状态，消防控制室手动启动活动式防火窗电动关闭装置，观察防火窗动作情况及消防控制室信号显示情况。活动式防火窗接到消防控制室手动发出的关闭指令后，应能自动关闭，并将关闭信号反馈至消防控制室。

（5）切断活动式防火窗电源，加热温控释放装置，使其热敏感元件动作，观察防火窗动作情况，用秒表测试关闭时间。活动式防火窗在温控释放装置动作后60 s内应能自动关闭。

四、防火卷帘

防火卷帘是指由帘板、导轨、座板、门楣、箱体并配以卷门机和控制箱组成的，符合耐火完整性等要求的防火分隔物，它可以有效地阻止火势从门、窗、洞口蔓延。常见的防火卷帘有钢质防火卷帘、无机纤维复合防火卷帘。防火检查中，通过对防火卷帘的设置部位、选型、外观、安装质量和系统功能等进行检查，核实防火卷帘的设置是否符合现行国家工程建设消防技术标准的要求。

（一）检查内容

（1）防火卷帘的设置部位。防火卷帘常见的设置部位有自动扶梯周围、与中庭相连通的过厅和通道等处。防火卷帘下方不得有影响其下降的障碍物，具体位置须对照建筑平面图进行检查。目前，在建筑中大量采用大面积、大跨度的防火卷帘替代防火墙进行水平防火分隔的做法，存在较大消防安全隐患。因此，对设置在中庭以外用于防火分隔的防火卷帘，须检查其设置宽度。当防火分隔部位的宽度不大于30 m时，防火卷帘的宽度不应大于10 m；当防火分隔部位的宽度大于30 m时，防火卷帘的宽度不应大于该部位宽度的1/3，且不大于20 m。

（2）防火卷帘的选型。当防火卷帘的耐火极限符合耐火完整性和耐火隔热性的判定条件时，可不设置自动喷水灭火系统保护；当防火卷帘的耐火极限仅符合《门和卷帘的耐火试验方法》（GB/T 7633—2008）耐火完整性的判定条件时，应设置自动喷水灭火系统保护。防火卷帘类型选择的正确与否根据具体设置位置进行判断，一般不宜选用侧式防火卷帘。

（3）防火卷帘的外观。防火卷帘的帘面应平整、光洁，金属零部件的表面应无裂纹、压坑及明显的凹痕或机械损伤。每樘防火卷帘及配套的卷门机、控制器、手动按钮盒、温控释放装置均应在其明显部位设置永久性标牌，标明产品名称、型号、规格、耐火性能及商标、生产单位（制造商）名称和厂址、出厂日期及产品生产批号、执行标准等，应内容清晰，设置牢靠。

（4）防火卷帘的安装质量。防火卷帘的帘板（面）、导轨、座板、门楣、箱体、卷门机、控制箱等组件应齐全完好，紧固件无松动现象。门扇各接缝处、导轨、卷筒等缝隙，应有防火防烟密封措施，防止烟火窜入。防火卷帘上部、周围的缝隙应采用不低于防火卷帘耐火极限的不燃材料填充、封隔。防火卷帘的控制器和手动按钮盒分别安装在防火卷帘内外两侧墙壁的便于识别的位置，底边距地面高度宜为 1.3 ~ 1.5 m，并标出上升、下降、停止等功能。防火卷帘与火灾自动报警系统联动时，还需检查防火卷帘的两侧是否安装手动控制按钮、火灾探测器组及其警报装置，并注意以下内容：设置在通道位置的防火卷帘由感烟、感温两种不同类型的火灾探测器组联动；设置在其他位置的防火卷帘由同一防火分区两只不同的火灾探测器组联动。

（5）防火卷帘的系统功能。防火卷帘的系统功能检查，主要检查防火卷帘控制器的火灾报警功能、自动控制功能、手动控制功能、故障报警功能、控制速放功能、备用电源功能；防火卷帘用卷门机的手动操作功能、电动启闭功能、自重下降功能、自动限位功能；防火卷帘的运行平稳性、电动启闭运行速度、运行噪声等功能。

（二）检查方法

通过查阅消防设计文件、建筑平面图、门窗大样、防火卷帘工程质量验收记录等资料，了解建筑内防火卷帘的安装位置、数量等数据，对照防火卷帘产品出厂合格证等有效证明文件，核实防火卷帘的型号、规格及耐火性能与消防设计文件的一致性后开展现场检查，主要进行以下操作：

（1）查看防火卷帘外观，检查周围是否存放商品或杂物。手动启动防火卷帘，观察防火卷帘运行平稳性能以及与地面的接触情况；使用秒表、卷尺测量卷帘的启、闭运行速度；使用声级计在距卷帘表面的垂直距离 1 m、距地面的垂直距离 1.5 m 处水平测量卷帘启、闭运行的噪声。检查是否满足以下要求：

1）防火卷帘的导轨运行平稳，不允许有脱轨和明显的倾斜现象。

2）双帘面卷帘的两个帘面同时升降，两个帘面之间的高度差不大于 50 mm。

3）垂直卷帘的电动启、闭运行速度为 2 ~ 7.5 m/min；其自重下降速度不大于 9.5 m/min。

4）卷帘启、闭运行的平均噪声不大于 85 dB。

5）与地面接触时，座板与地面平行，接触均匀且不得倾斜。

（2）拉动手动速放装置，观察防火卷帘是否具有自重恒速下降功能。防火卷帘卷门机应具有依靠防火卷帘自重恒速下降的功能，操作臂力不得大于 70 N。切断防火卷帘电源，加热温控释放装置，使其热敏感元件动作，观察防火卷帘动作情况，防火卷帘在温控释放装置动作后应能自动下降至全闭。

（3）在控制室手动启动消防控制设备上的防火卷帘控制装置，观察防火卷帘远程启动。卷帘下降、停止等功能应正常，并向控制室的消防控制设备反馈动作信号。

（4）对防火卷帘控制器进行通电功能、备用电源、火灾报警功能、故障报警功能、自动控制功能、手动控制功能和自重下降功能测试，检查是否满足以下要求：

1）通电功能测试。将防火卷帘控制器分别与消防控制室的火灾报警控制器或消防联动控制设备、相关的火灾探测器、卷门机等连接并通电，防火卷帘控制器应处于正常工作状态。

2）备用电源测试。切断防火卷帘控制器的主电源，观察电源工作指示灯变化情况和防火卷帘是否发生误动作。再切断卷门机主电源，使用备用电源供电，使防火卷帘控制器工作 1 h，用备用电源启动速放控制装置，防火卷帘应能完成自重垂降，降至下限位。

3）火灾报警功能测试。使火灾探测器组发出火灾报警信号，防火卷帘控制器应能发出声、光报警信号。

4）故障报警功能测试。任意断开电源一相或对调电源的任意两相，手动操作防火卷帘控制器按钮，或断开火灾探测器与防火卷帘控制器的连接线，防火卷帘控制器均应能发出故障报警信号。

5）自动控制功能测试。分别使火灾探测器组发出半降、全降信号，当防火卷帘控制器接收到火灾报警信号后，控制分隔防火分区的防火卷帘由上限位自动关闭至全闭；防火卷帘控制器接到感烟火灾探测器的报警信号后，控制防火卷帘自动关闭至中位（1.8 m）处停止，接到感温火灾探测器的报警信号后，继续关闭至全闭。防火卷帘半降、全降的动作状态信号反馈到消防控制室。

6）手动控制功能测试。手动操作防火卷帘控制器上的按钮和手动按钮盒上的按钮，可以控制防火卷帘的上升、下降、停止。

7）自重下降功能测试。切断卷门机电源，按下防火卷帘控制器下降按钮，防火卷帘在防火卷帘控制器的控制下，依靠自重下降至全闭。

五、防火阀

防火阀是指安装在通风、空调系统的送、回风管路上，平时呈开启状态，火灾时当管道内气体温度达到70℃时关闭，在一定时间内满足耐火稳定性和耐火完整性要求，起隔烟阻火作用的阀门。火灾资料统计表明，在有通风、空调系统的建筑内发生火灾时，穿越楼板、墙体的垂直与水平风道是火势蔓延的主要途径。设置防火阀，可以有效防止火灾通过通风、空调系统管道、排风管道、排油烟管道等蔓延扩大。防火检查中，通过对防火阀的外观、安装部位、公称动作温度、控制功能等方面的检查，核实防火阀的设置是否符合现行国家工程建设消防技术标准的要求。

（一）检查内容

1. 防火阀的外观

防火阀应外观完好无损，机械部分外表无锈蚀、变形或机械损伤。在其明显部位设置永久性标牌，标明产品名称、型号、规格、耐火性能及商标、生产单位（制造商）名称和厂址、出厂日期及产品生产批号、执行标准等，内容清晰，设置牢靠。

2. 防火阀的安装位置

防火阀主要安装在风管靠近防火分隔处，暗装时，安装部位应设置方便维护的检修口。具体检查要求为：

（1）通风、空调系统的风管，在以下部位应设置公称动作温度为70℃的防火阀：①穿越防火分区处；②穿越通风、空调机房的房间隔墙和楼板处；③穿越重要或火灾危险性大的房间隔墙和楼板处；④穿越防火分隔处的变形缝两侧；⑤竖向风管与每层水平风管交接处的水平管段上。当建筑内每个防火分区的通风、空调系统均独立设置时，水平风管与竖向总管的交接处可不设置防火阀。

（2）公共建筑的浴室、卫生间和厨房的竖向排风管，应采取防止回流措施，并宜在支管上设置防火阀。

（3）公共建筑内厨房的排油烟管道，宜按防火分区设置，且在与竖向排风管连接的支管处应设置防火阀。

3. 防火阀的公称动作温度

公共建筑内厨房的排油烟管道与竖向排风管连接的支管处设置的防火阀，公称动作温度为150℃。其他风管上安装的防火阀，公称动作温度均为70℃。

4. 防火阀的控制功能

防火阀的控制功能检查，主要检查防火阀的手动、联动控制和复位功能。防火阀平时处于开启状态，可手动关闭，也可与火灾报警系统联动自动关闭，且均能在消防控制室接到防火阀动作的信号。

（二）检查方法

通过查阅消防设计文件、通风和空调平面图、通风和空调设备材料表等资料，了解建筑内防火阀的安装位置、数量等数据，对照防火阀产品出厂合格证等有效证明文件，核实防火阀的型号、规格及公称动作温度与消防设计文件的一致性后开展现场检查，主要进行以下操作：

（1）查看防火阀外观，检查是否完好无损、安装牢固，阀体内不得有杂物。

（2）在防火阀现场进行手动关闭、复位操作，观察防火阀的现场关闭和手动复位功能。防火阀应动作灵敏、关闭严密，并能向控制室消防控制设备反馈其动作信号。

（3）在消防控制室的消防控制设备上和手动直接控制装置上分别手动关闭防烟分区的防火阀，观察防火阀的远程关闭功能。防火阀的关闭、复位功能正常，并能向控制室消防控制设备反馈其动作信号。

（4）采用加烟的方法使被试防烟分区的火灾探测器发出模拟火灾报警信号，观察防火阀的自动关闭功能。该防烟分区的防火阀应能自动关闭，并向控制室消防控制设备反馈其动作信号。

（5）接通电源操作试验1～2次，以确认系统工作性能可靠，输出信号正常，否则需要及时排除故障。

六、排烟防火阀

排烟防火阀是安装在排烟系统管道上，平时呈开启状态，火灾时当管道内气体温度达到280℃时自动关闭，在一定时间内能满足漏烟量和耐火完整性要求，起阻火隔烟作用的阀门。排烟防火阀的组成、形状和工作原理与防火阀相似。其不同之处主要是安装管道和动作温度不同，防火阀安装在通风、空调系统的管道上时，公称动作温度为70℃；而排烟防火阀安装在排烟系统的管道上，公称动作温度为280℃。防火检查中，可参照防火阀的检查内容和方法对排烟防火阀开展检查。

七、防火隔间

防火隔间主要用于将大型地下或半地下商店等分隔为多个建筑面积不大于20 000 m^2的相互相对独立的区域，一旦某个区域着火且不能有效控制时，该空间要能防止火灾蔓延至其他区域。防火检查中，通过对防火隔间的建筑面积、与其他区域的防火分隔、内部装修材料等的检查，核实防火隔间的设置是否符合现行国家工程建设消防技术标准的要求。

（一）检查内容

（1）建筑面积。防火隔间的建筑面积不应小于6.0 m^2。

（2）防火分隔。防火隔间墙应采用耐火极限不低于3.00 h的防火隔墙，门应采用甲级防火门；不同防火分区通向防火隔间的门最小间距不应小于4 m。

（3）内部装修材料。防火隔间内部装修材料的燃烧性能均应为A级。

（4）使用用途。防火隔间只能用于相邻两个独立使用场所的人员相互通行，不得用于除人员通行外的其他用途。

（二）检查方法

通过查阅消防设计文件、建筑平面图等，了解地下商店的面积、防火隔间的设置位置后开展现场检查，核查防火门产品与市场准入文件、消防设计文件的一致性。防火隔间面积测量值的允许负偏差不得大于规定值的5%。

思考题

1. 简述防火分区建筑面积检查时的主要注意事项。
2. 简述对防火卷帘检查的主要操作内容。
3. 简述对防火门检查的主要内容和方法。
4. 简述防烟分区划分的基本原则。
5. 简述对建筑内中庭防火检查的主要内容。

参考文献

[1] 住房和城乡建设部.中华人民共和国工程建设标准强制性条文 房屋建筑部分[M].北京：中国建筑工业出版社，2013.

[2] 公安部消防局.中国消防手册（第十二卷）：消防装备·消防产品[M].上海：上海科学技术出版社，2007.

[3] 中国消防协会.建（构）筑物消防员（中级技能）[M].北京：中国科学技术出版社，2011.

[4] 孙伦.公安消防监督员业务培训教材（消防监督检查）[M].北京：警官教育出版社，1999.

[5] 孙伦.公安消防监督员业务培训教材（建审部分）[M].北京：群众出版社，1998.

第四章
安全疏散设施检查

学习要求

通过本章学习，应了解安全出口与疏散出口、疏散走道与避难走道、疏散楼梯间与避难疏散设施设置等基本知识；掌握开展安全疏散设施防火检查的具体内容和方法。

建筑使用管理单位在建筑防火检查中，根据建筑分类和耐火等级，通过对疏散走道、疏散楼梯间、疏散门等安全疏散设施设置合理性的检查，为人员和物资的疏散提供可靠的保证。

第一节　安全出口与疏散出口

为了在发生火灾时能够迅速安全地疏散人员和抢救物资，减少人员伤亡，降低火灾损失，在建筑防火设计时，必须设置足够数量的安全出口和疏散出口，并分散布置。

一、安全出口

安全出口是指供人员安全疏散用的楼梯间、室外楼梯的出入口或直通室内外安全区域的出口。其作用是保证在火灾时能够迅速安全地疏散人员和抢救物资，减少人员伤亡，降低火灾损失。防火检查中，通过对安全出口的形式、数量、宽度、间距、畅通性等进行检查，核实安全出口的设置是否符合现行国家工程建设消防技术标准的要求。

（一）检查内容

1. 安全出口的形式

利用楼梯间作为安全出口时，疏散楼梯的设置形式与建筑物的使用性质、建筑层数、建筑高度等因素密切相关，具体检查要求见本章第三节相关内容。

2. 安全出口的数量

安全出口的数量与安全出口总宽度、安全疏散距离有直接关系。当安全出口总宽度足够时，还需要保证在不同人员分布条件下的安全疏散距离，两者相互结合才能使安全出口的布置更加合理。为满足人员在建筑着火后能有多个不同方向疏散路线的要求，一般要求建筑内的每个防火分区或一个防火分区的每个楼层安全出口不少于 2 个。对于仅设一个安全出口的建筑，必须检查各种类别的建筑是否满足相关要求。

（1）公共建筑。公共建筑内每个防火分区或一个防火分区的每个楼层，安全出口不少于 2 个。当公共建筑仅设 1 个安全出口或 1 部疏散楼梯时，检查内容以及检查结果应符合下列要求：

1）除托儿所、幼儿园外的单层公共建筑或多层公共建筑的首层，建筑面积不大于 200 m^2 且人数不超过 50 人。

2）除医疗建筑，老年人建筑，托儿所、幼儿园的儿童用房，儿童游乐厅等儿童活动场所和歌舞娱乐放映游艺场所等外的公共建筑，耐火等级、最多建筑层数、每层最大建筑面积和使用人数应符合相关规定。

3）除歌舞娱乐放映游艺场所外，地下或半地下设备间防火分区的建筑面积不应大于 200 m^2；其他地下或半地下建筑（室）防火分区建筑面积不应大于 50 m^2，且经常停留人数不超过 15 人。

（2）住宅建筑。住宅建筑安全出口数量与建筑单元每层的建筑面积和户门至最近安全出口的距离有关，一般要求住宅建筑单元每层的安全出口不少于 2 个。检查内容以及检查结果应符合下列要求：

1）建筑高度不大于 27 m 的住宅建筑，当每个单元任一层的建筑面积大于 650 m^2，或任一户门至最近安全出口的距离大于 15 m 时，每个单元每层的安全出口不应少于 2 个。

2）建筑高度大于 27 m、不大于 54 m 的住宅建筑，当每个单元任一层的建筑面积大于 650 m^2，或任一户门至最近安全出口的距离大于 10 m 时，每个单元每层的安全出口不应少于 2 个。

3）建筑高度大于 54 m 的住宅建筑，每个单元每层的安全出口不应少于 2 个。

4）建筑高度大于 27 m、不大于 54 m 的住宅建筑，每个单元设置一部疏散楼梯时，户门须采用乙级防火门，疏散楼梯均通至屋面并能通过屋面与其他单元的疏散楼梯连通。对于疏散楼梯不能通至屋面或不能通过屋面连通的住宅建筑，每个单元需要设置 2 个安全出口。

（3）厂房。厂房每个防火分区或一个防火分区的每个楼层的安全出口不应少于 2 个。当厂房仅设 1 个安全出口时，检查内容以及检查结果应符合下列要求：

1）甲类厂房，每层建筑面积不大于 100 m^2，且同一时间的作业人数不超过 5 人。

2）乙类厂房，每层建筑面积不大于 150 m^2，且同一时间的作业人数不超过 10 人。

3）丙类厂房，每层建筑面积不大于 250 m^2，且同一时间的作业人数不超过 20 人。

4）丁、戊类厂房，每层建筑面积不大于 400 m^2，且同一时间的作业人数不超过 30 人。

5）地下或半地下厂房（包括地下或半地下室），每层建筑面积不大于 50 m^2，且同一时间的作业人数不超过 15 人。

6）地下、半地下厂房或厂房的地下室、半地下室，如有防火墙隔成多个防火分区且每个防火分区至少有 1 个直通室外的安全出口时，每个防火分区可利用防火墙上通向相邻分区的甲级防火门作为第二安全出口。

（4）仓库。每座仓库的安全出口不少于 2 个。当仓库仅设 1 个安全出口时，检查内容以及检查结果应符合下列要求：

1）仓库占地面积不大于 300 m^2。

2）地下、半地下仓库（包括地下或半地下室）的建筑面积不大于 100 m^2。

3）地下、半地下仓库（包括地下或半地下室），如有防火墙隔成多个防火分区且每个防火分区设有至少 1 个直通室外的安全出口时，每个防火分区可利用防火墙上通向相邻分区的甲级防火门作为第二安全出口。

（5）汽车库、修车库。汽车库、修车库每个防火分区内的人员安全出口不应少于 2 个，Ⅳ类汽车库和Ⅲ、Ⅳ类修车库可设置 1 个安全出口。

（6）人防工程。每个防火分区的安全出口不应少于 2 个。当人防工程仅设 1 个安全出口时，检查内容以及检查结果应符合下列要求：

1）如有防火墙隔成多个防火分区且每个防火分区设有 1 个直通室外的安全出口时，每个防火分区可利用防火墙上通向相邻分区的甲级防火门作为第二安全出口。

2）建筑面积不大于 500 m^2，且室内地面与室外出入口地坪高差不大于 10 m，容纳人数不大于 30 人的防火分区，当设置仅用于采光或进风的竖井且竖井内有金属梯直通地面时，可设 1 个安全出口或 1 个与相邻防火分区相通的防火门。

3）建筑面积不大于 200 m^2，且经常停留人数不大于 3 人的防火分区，可只设置 1 个通向相邻防火分区的防火门。

3. 安全出口的宽度

建筑中安全出口总宽度，与安全疏散设施的构造形式，建筑物的耐火等级、使用性质、消防安全设施等多种因素有关。在检查安全出口宽度时，需要注意：首层外门的总宽度按该建筑疏散人数最多一层的疏散人数计算确定；不供其他楼层人员疏散的外门，可按本层疏散人数计算确定。首层外门的最小净宽度与建筑类别有关，如厂房不应小于 1.20 m，高层医疗建筑不应小于 1.30 m，其他高层公共建筑不应小于 1.20 m，住宅建筑不应小于 1.10 m。

当每层疏散人数不等时，疏散楼梯的总宽度可分层计算，地上建筑内下层楼梯的总宽度按该层及以上疏散人数最多一层的疏散人数计算。

地下建筑内上层楼梯的总宽度，按该层及以下疏散人数最多一层的人数计算。

4. 安全出口的间距

每个防火分区、一个防火分区的每个楼层，其相邻 2 个安全出口最近边缘之间的水平距离不小于 5 m。

5. 安全出口的畅通性

建筑物的安全出口在使用时应保持畅通，不得设有影响人员疏散的凸出物和障碍物，安全出口的门应向疏散方向开启。

（二）检查方法

通过查阅消防设计文件、建筑平面图和剖面图，了解建筑高度、使用功能和耐火等级等，根据检查场所或建筑的使用功能确定疏散人数和疏散宽度指标（具体要求详见《消防安全技术实务》第二篇第六章相关内容），计算该场所或建筑每层（防火分区）需要的安全出口总宽度。根据计算结果开展现场检查，实地查看安全出口的数量，计算每个安全出口需要的最小疏散宽度，逐一核实每个安全出口的宽度是否满足现行国家工程建设消防技术标准规定。同时，检查安全出口宽度与疏散走道、疏散楼梯梯段的净宽度之间是否相匹配。安全出口的宽度、间距测量值的允许负偏差不得大于规定值的 5%。

二、疏散出口

疏散出口包括安全出口和疏散门，这里主要指的是疏散门，即设置在建筑物内各房间直接通向疏散走道的门或安全出口上的门。防火检查中，通过对疏散门的数量、宽度、形式、间距和畅通性等进行检查，核实疏散门的设置是否符合现行国家工程建设消防技术标准的要求。

（一）检查内容

1. 疏散门的数量

疏散门的数量根据房间或场所需要的疏散总宽度经计算确定，与安全出口的设置原则基本一致。

（1）公共建筑。公共建筑内各房间疏散门的数量不应少于 2 个。除托儿所、幼儿园、老年人建筑、医疗建筑、教学建筑内位于走道尽端的房间外，当房间仅设 1 个疏散门时，检查内容以及检查结果应符合下列要求：

1）位于两个安全出口之间或袋形走道两侧的房间，对于托儿所、幼儿园、老年人建筑，建筑面积不应大于 50 m^2；对于医疗建筑、教学建筑，建筑面积不应大于 75 m^2；对于其他建筑或场所，建筑面积不应大于 120 m^2。

2）位于走道尽端的房间，建筑面积应小于 50 m^2 且疏散门的净宽度不应小于 0.90 m，或由房间内任一点至疏散门的直线距离不应大于 15 m、建筑面积不应大于 200 m^2 且疏散门的净宽度不应小于 1.40 m。

3）位于歌舞娱乐放映游艺场所内的厅、室，建筑面积不应大于 50 m^2 且经常停留人数不应超过 15 人。

4）位于地下或半地下的房间，设备间的建筑面积不应大于 200 m^2；其他房间的建筑面积不应大于 50 m^2 且经常停留人数不应超过 15 人。

（2）剧院、电影院和礼堂的观众厅。根据人员从一、二级耐火等级建筑的观众厅疏散出去的时间不大于 2 min，从三级耐火等级的剧场、电影院等的观众厅疏散出去的时间不大于 1.5 min 的原则，剧院、电影院和礼堂的观众厅每个疏散门的平均疏散人数不应超过 250 人；当容纳人数超过 2 000 人时，其超过 2 000 人的部分，每个疏散门的平均疏散人数不应超过 400 人。例如，一座容纳人数为 2 400 人的剧场，需设置的疏散门数量为：$2\ 000 \div 250 + 400 \div 400 = 9$（个），每个疏散门的平均疏散人数为：$2\ 400 \div 9 \approx 267$（人），按 2 min 控制疏散时间计算出来的每个疏散门所需通过的人流股数为：$267 \div (2 \times 40) \approx 3.3$（股）。此时，还需要按 4 股通行能力来进一步核实疏散门的宽度，即采用 $4 \times 0.55 = 2.2$（m）的疏散门较为合适。

（3）体育馆的观众厅。体育馆观众厅容纳的人数变化幅度较大，三四千人到一两万人都有可能。观众厅每个疏散门平均担负的疏散人数也相应地有个变化的幅度，而这个变化又与观众厅疏散门的设计宽度密切相关。体育馆建筑均为一、二级耐火等级，依据容量的不同，人员从观众厅疏散出去的时间一般按 3 ~ 4 min 控制，每个疏散门的平均疏散人数一般不超过 400 ~ 700 人。

2. 疏散门的宽度

疏散门的宽度是决定疏散时间的重要因素，与疏散出口的数量、疏散总宽度之间必须相互协调、配合。尤其是剧院、电影院、礼堂、体育馆、学校、商店、办公楼、候车（船）室、民航候机厅、展览厅、歌舞娱乐放映游艺场所等人员密集场所，对疏散门宽度的检查显得更加重要。公共建筑内疏散门和住宅建筑户门的净宽度不得小于 0.9 m；观众厅及其他人员密集场所的疏散门净宽度不得小于 1.4 m。需要注意的是：

（1）疏散门的宽度与走道、楼梯宽度的匹配性。一般来说，走道的宽度均较宽，当以疏散门宽为计算宽度时，楼梯的宽度不得小于疏散门的宽度；当以楼梯的宽度为计算宽度时，疏散门的宽度不得小于楼梯的宽度。此外，下层的楼梯或疏散门的宽度不得小于上层的宽度；对于地下、半地下的疏散门，则上层的楼梯或疏散门的宽度不得小于下层的宽度。

（2）体育馆、剧院、电影院和礼堂观众厅疏散门的宽度与数量、疏散时间的匹配性。例如，一座容量为 8 600 人的一、二级耐火等级的体育馆，如果观众厅的疏散门设计为 14 个，则每个疏散出口的平均疏散人数为：$8\ 600 \div 14 \approx 615$（人）。假设每个疏散门的宽度为 2.2 m（即 4 股人流所需宽度），则通过每个疏散门需要的疏散时间为：$615 \div (4 \times 37) \approx 4.16$（min），大于 3.5 min，不符合疏散要求。因此，需要考虑增加疏散门的数量或加大疏散门的宽度。如果采取增加出口数量的办法，将疏散门数量增加到 18 个，则每个疏散门的平均疏散人数为：

8 600 ÷ 18 ≈ 478（人），通过每个疏散门需要的疏散时间则缩短为：478 ÷（4 × 37）≈ 3.23（min），不大于 3.5 min，符合疏散要求。

3. 疏散门的形式

疏散门的形式根据建筑类别、使用性质确定。检查内容以及检查结果应符合下列要求：

（1）民用建筑和厂房的疏散门，采用向疏散方向开启的平开门，不得采用推拉门、卷帘门、吊门、转门和折叠门。除甲、乙类生产车间外，人数不超过 60 人且每樘门的平均疏散人数不超过 30 人的房间，其疏散门的开启方向不限。仓库的疏散门采用向疏散方向开启的平开门，但丙、丁、戊类仓库首层靠墙的外侧可采用推拉门或卷帘门。电影院、剧场的疏散门采用甲级自动推闩式外开门。

（2）人员密集场所内平时需要控制人员随意出入的疏散门和设置门禁系统的住宅、宿舍、公寓建筑的外门，要保证火灾时不需使用钥匙等任何工具即能从内部易于打开，并在显著位置设置标识和使用提示。

4. 疏散门的间距

每个房间相邻 2 个疏散门最近边缘之间的水平距离不应小于 5 m。

5. 疏散门的畅通性

开向疏散楼梯或疏散楼梯间的门完全开启时，不得减少楼梯平台的有效宽度。疏散门在使用时要保持畅通，不得上锁或在其附近设有影响人员疏散的凸出物和障碍物。尤其是人员密集的公共场所、观众厅的疏散门，其净宽度不应小于 1.40 m，不得设置门槛且紧靠门口内外各 1.40 m 范围内不得设置踏步。

（二）检查方法

通过查阅消防设计文件，了解建筑层数、高度、使用功能等，一般场所或房间根据使用功能、建筑面积确定疏散门设置数量，对于剧场、电影院和礼堂的观众厅或多功能厅，以及体育馆的观众厅等特殊场所，还需要根据每个疏散门的平均最多疏散人数进一步校核疏散门的数量。结合计算结果开展现场检查，实地查看疏散门的数量，根据疏散宽度指标（具体要求详见《消防安全技术实务》第二篇第六章相关内容）逐一核实每个疏散门的宽度是否满足现行国家工程建设消防技术标准规定，同时检查疏散门宽度与疏散走道、疏散楼梯梯段的净宽度之间是否匹配。疏散门的宽度、间距测量值的允许负偏差不得大于规定值的 5%。对于有防火要求的疏散门，现场还须核查产品与市场准入文件、消防设计文件的一致性。

三、安全疏散距离

安全疏散距离的长短与建筑物的使用性质、人员密集程度、人员自身活动能力等因素有关，直接影响疏散所需要的时间。防火检查中，通过对安全疏散距离的测量，检查其是否符合现行国家工程建设消防技术标准要求，并进一步核实疏散门或安全出口的布置是否均匀、合理。

（一）检查内容

民用建筑的安全疏散距离，主要包括房间内任一点至直通疏散走道的疏散门之间的距离、直通疏散走道的房间疏散门到最近安全出口之间的距离；厂房的安全疏散距离是指厂房内任一点至最近安全出口的距离（具体要求详见《消防安全技术实务》第二篇第六章相关内容）。需要注意：

（1）建筑物内全部设置自动喷水灭火系统时，安全疏散距离可按规定增加 25%。

（2）建筑内开向敞开式外廊的房间，疏散门至最近安全出口的距离可按规定增加5 m。

（3）直通疏散走道的房间疏散门至最近敞开楼梯间的距离，当房间位于两个楼梯间之间时，按规定减少5 m；当房间位于袋形走道两侧或尽端时，按规定减少2 m。

（4）对于一些机场候机楼的候机厅、展览建筑的展览厅等有特殊功能要求的区域，其疏散距离在最大限度地提高建筑消防安全水平并进行充分论证的基础上，可以适当放宽。

（二）检查方法

通过查阅消防设计文件、建筑平面图和剖面图，了解建筑类别、平面布局、消防设施的设置等，确定安全疏散距离标准后开展现场检查。安全疏散距离测量值的允许正偏差不得大于规定值的5%；有特殊规定的，可从其规定。

第二节　疏散走道与避难走道

火灾时用于人员疏散的走道有疏散走道和避难走道。其中，避难走道主要用于地下总建筑面积大于20 000 m^2的防火分隔；解决人防工程、大型建筑中疏散距离过长或难以按照规范要求设置直通室外安全出口等的问题。

一、疏散走道

疏散走道是疏散时人员从房间门至疏散楼梯或外部出口等安全出口的通道，通常作为火灾疏散时的第一安全地带。防火检查中，通过对疏散走道的宽度、畅通性、装修材料等进行检查，核实疏散走道的设置是否符合现行国家工程建设消防技术标准的要求。

（一）检查内容

1. 疏散走道的宽度

疏散走道的宽度一般需要根据其通过人数和疏散净宽度指标经计算确定。检查内容以及检查结果应符合下列要求：

（1）厂房疏散走道的净宽度不宜小于1.40 m。

（2）单、多层公共建筑疏散走道的净宽度不应小于1.10 m；高层医疗建筑单面布房疏散走道净宽度不应小于1.40 m，双面布房疏散走道净宽度不应小于1.50 m；其他高层公共建筑单面布房疏散走道净宽度不应小于1.30 m，双面布房疏散走道净宽度不应小于1.40 m。

（3）住宅疏散走道净宽度不应小于1.10 m。

（4）剧院、电影院、礼堂、体育馆等人员密集场所，观众厅内疏散走道净宽度不应小于1.00 m，边走道的净宽度不宜小于0.80 m；人员密集公共场所的室外疏散通道的净宽度不应小于3.00 m，并应直接通向宽敞地带。

2. 疏散距离

疏散距离的具体检查内容见本章第一节相关内容。

3. 疏散走道的畅通性

疏散走道的设置要简明直接，尽量避免曲折；疏散走道内不得设置阶梯、门槛、门垛、管道等影响人员疏散的凸出物和障碍物。

4. 疏散走道与其他部位的分隔

疏散走道两侧应采用一定耐火极限的隔墙与其他部位分隔，隔墙须砌至梁、板底部且不应留有缝隙。疏散走道两侧隔墙的耐火极限，一、二级耐火等级的建筑不应低于 1.00 h；三级耐火等级的建筑不应低于 0.50 h；四级耐火等级的建筑不应低于 0.25 h。

5. 疏散走道的装修材料

地上建筑的水平疏散走道，其顶棚装饰材料应采用 A 级装修材料，其他部位应采用不低于 B_1 级的装修材料。地下民用建筑的疏散走道，其顶棚、墙面和地面的装修材料均应采用 A 级装修材料（具体检查内容见本篇第六章相关内容）。

（二）检查方法

通过查阅消防设计文件、建筑平面图，了解建筑类别和平面布局，根据使用功能决定一般场所的疏散人数、疏散指标等，并计算确定每层疏散走道需要的宽度。对于剧场、电影院、礼堂、体育馆等特殊人员密集场所，还需要根据地面的形式、走道的位置等因素进一步校核不同部位疏散走道需要的最小宽度。结合计算结果开展现场检查，实地测量疏散走道宽度，宽度测量值的允许负偏差不得大于规定值的 5%。

二、避难走道

避难走道是指设置防烟设施且两侧采用耐火极限不低于 3.00 h 的防火墙分隔，用于人员安全通行至室外的走道。避难走道和疏散楼梯间的作用类似，疏散时人员只要进入避难走道，就可视为进入安全区域。防火检查中，通过对避难走道直通地面的出口数量、净宽度、消防设施设置、装修材料等进行检查，核实避难走道的设置是否符合现行国家工程建设消防技术标准的要求。

（一）检查内容

（1）避难走道直通地面的出口数量。避难走道直通地面的出口不应少于 2 个，并设置在不同方向。当避难走道只与一个防火分区相通且该防火分区至少有 1 个直通室外的安全出口时，可设置 1 个直通地面的出口。

（2）避难走道的净宽度。避难走道的净宽度不得小于任一防火分区通向避难走道的设计疏散总净宽度。

（3）避难走道入口处的前室。防火分区至避难走道入口处所设前室的面积不得小于 6.0 m^2，开向前室的门应采用甲级防火门，前室开向避难走道的门应采用乙级防火门。

（4）避难走道消防设施的设置。避难走道内设置消火栓、消防应急照明、应急广播和消防专线电话，防火分区至避难走道入口处的前室应设置相应的防烟设施。

（5）避难走道的装修材料。避难走道的装修材料的燃烧性能等级必须为 A 级。

（二）检查方法

通过查阅消防设计文件、建筑平面图，了解避难走道设置位置及数量、直通地面的安全出口位置，根据所有通向避难走道防火分区的功能确定需要疏散的人数、疏散指标等，计算确定避难走道需要的最小宽度。结合计算结果开展现场检查，实地测量避难走道宽度，宽度测量值的允许负偏差不得大于规定值的 5%。需要注意的是，当通向避难走道的防火分区有若干个，且设计容纳的人数不等时，由于只考虑一个防火分区着火，所以，可以先测量人数最多的那个防火分区通向避难走道的安全出口净宽度总和，再与避难走道宽度相比较。

第三节 疏散楼梯间

疏散楼梯间作为竖向疏散通道，其防火及疏散能力的大小，直接影响着人员的生命安全与消防员的救灾工作（具体设置要求详见《消防安全技术实务》第二篇第六章相关内容）。防火检查中，通过对疏散楼梯间的设置形式，以及疏散楼梯的平面布置、净宽度、安全性等进行检查，核实疏散楼梯间的设置是否符合现行国家工程建设消防技术标准的要求。

一、检查内容

（一）疏散楼梯间的设置形式

疏散楼梯间分为敞开楼梯间、封闭楼梯间、防烟楼梯间和室外楼梯四种形式。其中，封闭楼梯间是用建筑构件、配件分隔，能防止烟和热气进入的楼梯间；防烟楼梯间是在楼梯间入口处设有防烟前室，或设有专供排烟用的阳台、凹廊等，且通向前室和楼梯间的门均为乙级防火门的楼梯间；室外楼梯可以作为辅助的防烟楼梯。

检查中，根据建筑物的使用性质、建筑层数、建筑高度等因素判断建筑物疏散楼梯间设置的合理性。检查内容以及检查结果应符合下列要求：

1. *厂房、库房*

甲、乙、丙类多层厂房和高层厂房的疏散楼梯应采用封闭楼梯间或室外楼梯；建筑高度大于32 m且任一层人数超过10人的厂房，应采用防烟楼梯间或室外楼梯。高层仓库采用封闭楼梯间。

2. *民用建筑*

（1）地下或半地下建筑（室）。3层及以上或室内地面与室外出入口地坪高差大于10 m的地下或半地下建筑（室），其疏散楼梯应采用防烟楼梯间；其他地下或半地下建筑（室），其疏散楼梯可采用封闭楼梯间。

（2）住宅。建筑高度不大于21 m的住宅建筑可采用敞开楼梯间；与电梯井相邻布置的疏散楼梯应采用封闭楼梯间，当户门采用乙级防火门时，仍可采用敞开楼梯间。建筑高度大于21 m、不大于33 m的住宅建筑应采用封闭楼梯间，当户门采用乙级防火门时，可采用敞开楼梯间。建筑高度大于33 m的住宅建筑应采用防烟楼梯间；户门不宜直接开向前室，确有困难时，每层开向同一前室的户门不应大于3樘且应采用乙级防火门。

（3）多层公共建筑。医疗建筑、旅馆、老年人建筑及类似使用功能的建筑，设置歌舞娱乐放映游艺场所的建筑，商店、图书馆、展览建筑、会议中心及类似使用功能的建筑，6层及以上的其他建筑等，均应采用封闭楼梯间。需要注意的是：由于剧场、电影院、礼堂、体育馆属于人员密集场所，楼梯间的人流量较大，使用者大都不熟悉内部环境，且这类建筑多为单层，因此未规定剧场、电影院、礼堂、体育馆的室内疏散楼梯须采用封闭楼梯间。但当这些场所与其他功能空间组合在同一座建筑内时，则其疏散楼梯的设置形式应按其中要求最高者确定，或按该建筑的主要功能确定。如电影院设置在多层商店建筑内，则需要按多层商店建筑的要求设置封闭楼梯间。

（4）高层公共建筑。一类高层公共建筑和建筑高度大于32 m的二类高层公共建筑，应采用防烟楼梯间；裙房和建筑高度不大于32 m的二类高层公共建筑，应采用封闭楼梯间。

3. 汽车库、修车库

建筑高度大于 32 m 的高层汽车库、室内地面与室外出入口地坪的高差大于 10 m 的地下汽车库应采用防烟楼梯间；其他汽车库、修车库应采用封闭楼梯间。

4. 人防工程

设有电影院、礼堂，建筑面积大于 500 m^2 的医院、旅馆，建筑面积大于 1 000 m^2 的商场、餐厅、展览厅、公共娱乐场所、健身体育场所等公共活动场所的人防工程，当底层室内地面与室外出入口地坪高差大于 10 m 时，应采用防烟楼梯间；当地下为两层，且地下第二层的室内地面与室外出入口地坪高差不大于 10 m 时，应采用封闭楼梯间。

（二）疏散楼梯的平面布置

针对不同形式的疏散楼梯，主要对平面布置中疏散门选型、墙体材质、首层布局、装修材料等进行检查。检查内容以及检查结果应符合下列要求：

1. 封闭楼梯间

（1）楼梯间宜靠外墙布置，并能直接天然采光和自然通风。首层如将走道和门厅等包括在楼梯间内形成扩大的封闭楼梯间时，须采用乙级防火门等措施与其他走道和房间隔开。

（2）除楼梯间的出入口和外窗外，楼梯间的墙上不得开设其他门、窗、洞口。

（3）高层建筑，人员密集的公共建筑，人员密集的多层丙类厂房，甲、乙类厂房，其封闭楼梯间的门应采用乙级防火门，并向疏散方向开启；其他建筑封闭楼梯间的门可采用双向弹簧门。

（4）楼梯间的顶棚、墙面和地面的装修材料必须采用不燃材料。

2. 防烟楼梯间

（1）楼梯间的首层如将走道和门厅等包括在楼梯间前室内形成扩大的防烟前室时，应采用乙级防火门等措施与其他走道和房间分隔。

（2）防烟楼梯间前室的使用面积为：公共建筑、高层厂房（仓库）不应小于 6.0 m^2，住宅建筑不应小于 4.5 m^2；所设前室可与消防电梯间前室合用，合用前室的使用面积为：公共建筑、高层厂房（仓库）不应小于 10.0 m^2，住宅建筑不应小于 6.0 m^2。

（3）除住宅建筑的楼梯间前室外，防烟楼梯间和前室内的墙上不应开设除疏散门和送风口外的其他门、窗、洞口。

（4）疏散走道通向前室以及前室通向楼梯间的门应采用乙级防火门。

（5）防烟楼梯间和前室的顶棚、墙面和地面的装修材料必须采用不燃材料。

需要注意的是，对剪刀楼梯间检查时，除满足防烟楼梯间的要求外，还需检查并符合下列要求：①剪刀楼梯间的梯段之间应设置耐火极限不低于 1.00 h 的防火隔墙。②高层公共建筑剪刀楼梯间的前室分别设置。③住宅建筑剪刀楼梯间前室共用时，前室的使用面积不应小于 6.0 m^2；与消防电梯的前室合用时，合用前室的使用面积不应小于 12.0 m^2，且短边不应小于 2.4 m。

3. 室外楼梯

（1）室外楼梯和每层出口处平台，采用不燃材料制作，平台的耐火极限不低于 1.00 h。

（2）在楼梯周围 2.0 m 内的墙面上，除疏散门外，不应开设其他门、窗、洞口。疏散门应采用向外开启的乙级防火门，且不正对梯段设置。

（3）梯段耐火极限不应低于 0.25 h，楼梯的净宽度不应小于 0.9 m，倾斜角度不应大于

45°，栏杆扶手的高度不应小于 1.1 m。

另外，对疏散楼梯进行检查时还需注意：①用作疏散的楼梯不宜采用螺旋楼梯和扇形踏步；确需采用，踏步上下两级所形成的平面角不大于 10°，每级离扶手 25 cm 处的踏步深度不小于 22 cm。②公共建筑的疏散楼梯，两梯段扶手之间的水平净距不小于 15 cm。

（三）疏散楼梯的净宽度

疏散楼梯的净宽度是指梯段一侧的扶手中心线或墙面到梯段另一侧的扶手中心线或墙面之间的最小水平距离。根据建筑使用性质的不同，检查内容以及检查结果应符合下列要求：

（1）一般公共建筑疏散楼梯的净宽度不应小于 1.10 m；高层医疗建筑疏散楼梯的净宽度不应小于 1.30 m；其他高层公共建筑疏散楼梯的净宽度不应小于 1.20 m。

（2）住宅建筑疏散楼梯的净宽度不应小于 1.10 m；当住宅建筑高度不大于 18 m 且疏散楼梯一边设置栏杆时，其疏散楼梯的净宽度不应小于 1.0 m。

（3）厂房、汽车库、修车库的疏散楼梯的最小净宽度不应小于 1.10 m。

（4）人防工程中商场、公共娱乐场所、健身体育场所疏散楼梯的净宽度不应小于 1.40 m；医院疏散楼梯的净宽度不应小于 1.30 m；其他建筑疏散楼梯的净宽度不应小于 1.10 m。

（四）疏散楼梯的安全性

疏散楼梯间内不得设置烧水间、可燃材料储存室、垃圾道，不得设有影响疏散的凸出物或其他障碍物，严禁敷设甲、乙、丙类液体管道。公共建筑的疏散楼梯间内不得敷设可燃气体管道；住宅建筑的疏散楼梯间不得敷设可燃气体管道，不得设置天然气体计量表，当住宅建筑必须设置此类设施时，须检查是否采用金属管道和设置切断气源的装置等保护措施。

二、检查方法

通过查阅消防设计文件，在了解建筑类别、疏散楼梯形式及在每层的位置后，按照下列程序和方法进行现场检查：

（1）沿楼梯全程检查安全性和畅通性。需要注意的是，除与地下室连通的楼梯、超高层建筑中通向避难层的楼梯外，疏散楼梯间在各层的平面位置不得改变，必须上下直通；当地下室或半地下室与地上层共用楼梯间时，在首层与地下室或半地下室的出入口处，须检查是否设置了耐火极限不低于 2.00 h 的隔墙和乙级防火门，并设有明显提示标志。

（2）在设计人数最多的楼层，选择疏散楼梯扶手与楼梯隔墙之间相对较窄处测量疏散楼梯的净宽度，并核查与消防设计文件的一致性。每部楼梯的测量点不少于 5 个，宽度测量值的允许负偏差不得大于规定值的 5%。

（3）测量前室（合用前室）使用面积，测量值的允许负偏差不得大于规定值的 5%。

（4）测量楼梯间（前室）疏散门的宽度，测量值的允许负偏差不得大于规定值的 5%，并核查防火门产品与市场准入文件、消防设计文件的一致性。

第四节　避难疏散设施

避难疏散设施是发生火灾时供人员逃避火灾威胁的安全场所，主要包括避难层、避难间和下沉式广场等。

一、避难层（间）

避难层（间）是建筑内用于人员在发生火灾时暂时躲避火灾及其烟气危害的楼层（房间）。建筑高度大于 100 m 的民用建筑应设避难层（间）。常见避难层的类型有敞开式、半敞开式和封闭式三种。一座建筑是设置避难层还是避难间，主要根据该建筑的不同高度段内需要避难的人数及其所需避难面积确定，避难间的分隔及疏散等要求同避难层。防火检查中，通过对避难层（间）设置位置、可供避难的面积、疏散楼梯和消防设施的设置等进行检查，核实避难层（间）的设置是否符合现行国家工程建设消防技术标准的要求。

（一）检查内容

（1）设置位置。考虑到目前国内主战举高消防车——50 m 高云梯车的操作要求，从首层到第一个避难层（间）之间的高度不应大于 50 m。两个避难层（间）之间的高度以不大于 50 m 为宜。

（2）可供避难的面积。避难层（间）的净面积应能满足设计避难人员避难的要求，并宜按 5.0 人 /m^2 计算。

（3）疏散楼梯。通向避难层（间）的疏散楼梯应在避难层分隔、同层错位或上下层断开，人员均须经避难层方能上下。

（4）消防设施。避难层（间）应设置消防电梯出口、消防专线电话和应急广播、消火栓和消防卷盘、防烟设施。在避难层（间）进入楼梯间的入口处和疏散楼梯通向避难层（间）的出口处，应设置明显的指示标志。

需要指出的是，当建筑内的避难人数较少而不需将整个楼层用作避难层时，除上述检查内容外，还需要检查该避难层除设置火灾危险性小的设备用房外，不能用于其他使用功能；避难层应采用防火墙将该楼层分隔成不同的区域；从非避难区进入避难区的部位，要采取防止非避难区的火和烟气进入避难区的措施，如设置防烟前室。

（二）检查方法

通过查阅消防设计文件，了解建筑高度、避难层（间）设置楼层后开展现场检查。测量可供避难的使用面积，测量值的允许负偏差不得大于设计值的 5%；检查消防设施是否符合现行标准规范规定。

二、病房楼的避难间

病房楼使用人员的自我疏散能力较差，高层病房楼设置在二层及以上的病房楼层和洁净手术区域要设置避难间。防火检查中，通过对避难间设置位置、可供避难的面积和消防设施等检查，核实病房楼避难间的设置是否符合现行国家工程建设消防技术标准的要求。

（一）检查内容

（1）设置位置。避难间位置应靠近楼梯间并应采用耐火极限不低于 2.00 h 的防火隔墙和甲级防火门与其他部位分隔；服务的护理单元不得超过 2 个。避难间可以利用平时使用的房间，如利用每层的监护室，也可以利用电梯前室，但合用前室不宜作为避难间，以防病床影响人员通过楼梯疏散。

（2）可供避难的面积。避难间的净面积应能满足设计避难人员避难的要求，并按每个护理单元不小于 25.0 m^2 确定。当避难间兼作其他用途时，须保证其避难安全和可供避难的净面积不变。

（3）消防设施。避难间入口应设置明显的指示标志。避难间应设置防烟设施、消防专线电话和消防应急广播。

（二）检查方法

通过查阅消防设计文件，了解建筑高度、病房楼内各层避难间的设置位置后开展现场检查。核查防火门产品与市场准入文件、消防设计文件的一致性；测量可供避难用场所的使用面积，测量值的允许负偏差不得大于设计值的5%；检查消防设施是否符合现行标准规范规定。

三、下沉式广场

下沉式广场是大型地下商业用房通过设置一定的室外开敞空间，用来防止相邻区域的火灾蔓延和便于人员疏散的区域，例如，总建筑面积大于20 000 m^2的地下或半地下商店，可采用一定规模的下沉式广场分隔为多个建筑面积不大于20 000 m^2的区域。防火检查中，通过对下沉式广场开敞空间的规模、疏散楼梯、防风雨棚等设置进行检查，核实下沉式广场的设置是否符合现行国家工程建设消防技术标准的要求。

（一）检查内容

（1）开敞空间的规模。分隔后的不同区域通向下沉式广场等室外开敞空间的开口最近边缘之间的水平距离不应小于13 m。

（2）广场直通地面的疏散楼梯。为保证人员逃生需要，直通地面的疏散楼梯不得少于1部。当连接下沉式广场的防火分区需利用下沉式广场进行疏散时，该区域通向地面的疏散楼梯要均匀布置，使人员的疏散距离尽量短。疏散楼梯的总净宽度不得小于任一防火分区通向室外开敞空间的设计疏散总净宽度。

（3）广场防风雨棚。防风雨棚不得完全封闭，四周开口部位要均匀布置，开口的面积不得小于室外开敞空间地面面积的25%，开口高度不得小于1.0 m；开口设置百叶时，百叶的有效排烟面积可按百叶通风口面积的60%设置。

（4）使用功能。室外开敞空间除用于人员疏散外不得用于其他商业用途或可能导致火灾蔓延的用途，其中用于疏散的净面积不应小于169 m^2。

（二）检查方法

通过查阅消防设计文件，了解下沉式广场设置位置及其所起的作用后开展现场检查。测量可供疏散的净面积、直通地面疏散楼梯的净宽度时，测量值的允许负偏差不得大于设计值的5%。

思考题

1. 高层住宅建筑在什么条件下，每个防火分区可以设置一个安全出口？
2. 简述避难走道防火检查的主要内容。
3. 什么类型的建筑需要设置封闭楼梯间？
4. 简述下沉式广场防火检查的主要内容。
5. 疏散门的设置形式有什么要求？

参 考 文 献

[1] 住房和城乡建设部. 中华人民共和国工程建设标准强制性条文　房屋建筑部分 [M]. 北京：中国建筑工业出版社，2013.

[2] 中国计划出版社. 消防技术标准规范汇编 [M]. 北京：中国计划出版社，2015.

[3] 中国消防协会. 建（构）筑物消防员（中级技能）[M]. 北京：中国科学技术出版社，2011.

[4] 孙伦. 公安消防监督员业务培训教材（消防监督检查）[M]. 北京：警官教育出版社，1999.

[5] 孙伦. 公安消防监督员业务培训教材（建审部分）[M]. 北京：群众出版社，1998.

第五章
防爆检查

学习要求

通过本章学习，应了解易燃易爆场所爆炸危险环境类别的确定，建筑防爆措施和泄压设施的设置；熟悉爆炸危险环境电气设备、通风空调系统和供暖系统选择的基本知识；掌握针对建筑、电气和设施进行防爆检查的具体内容和方法。

爆炸是指由于物质急剧氧化或分解反应产生温度、压力增加或两者同时增加的现象，可分为物理爆炸和化学爆炸。在消防工作中经常遇到的是可燃气体、蒸气、粉尘、液滴与空气或其他氧化介质形成爆炸性混合物发生的爆炸，多以大火场形式出现，初期难以控制，火势发展迅猛，给消防扑救增加了许多难度。通过对建筑、电气和设施等方面采取防爆措施的检查，可以达到预防燃烧爆炸、减轻危害的目的。

第一节　建筑防爆

建筑防爆通过对有爆炸危险的场所合理地考虑建筑的布局及平面布置，采取防爆泄压措施，消除或减少可燃气体、易燃液体的蒸气或可燃粉尘的产生或积聚。通过对爆炸危险区域的确定，有爆炸危险的厂房的总体布局和平面布置，采取的防爆措施和泄压设施的设置，以及与爆炸危险场所毗连的变、配电所的布置等进行检查，核实建筑防爆措施是否满足现行国家工程建设消防技术标准的要求。

一、检查内容

（一）爆炸危险区域的确定

爆炸危险区域按场所内存在物质的物态不同，分为爆炸性气体环境和爆炸性粉尘环境。爆炸性气体环境危险区域范围主要根据释放源的级别和位置、易燃易爆物质的性质、通风条件、障碍物及生产条件、运行经验等经技术经济比较后综合确定。爆炸性粉尘环境危险区域范围主要根据粉尘量、释放率、浓度和物理特性，以及同类企业相似厂房的运行经验确定。检查中主要判定爆炸危险环境类别及区域等级是否符合相关要求。

（二）有爆炸危险的厂房的总体布局

主要检查有爆炸危险的甲、乙类厂房，总（分）控制室和相关设备用房的布置位置。检查要求为：

（1）有爆炸危险的甲、乙类厂房宜独立设置。

（2）有爆炸危险的甲、乙类厂房的总控制室应独立设置；分控制室宜独立设置，当采用耐火极限不低于 3.00 h 的防火隔墙与其他部位分隔时，可贴邻外墙设置。

（3）净化有爆炸危险粉尘的干式除尘器和过滤器宜布置在厂房外的独立建筑内，且建筑外墙与所属厂房的防火间距不应小于 10 m。对符合一定条件可以布置在厂房内的单独房间内时，需检查是否采用耐火极限分别不低于 3.00 h 的防火隔墙和耐火极限不低于 1.50 h 的楼板与其他部位分隔。

（三）有爆炸危险的厂房的平面布置

主要检查有爆炸危险的甲、乙类生产部位，设备，疏散楼梯，办公室和休息室，排风设备在厂房内的布置。检查要求为：

（1）有爆炸危险的甲、乙类生产部位，宜布置在单层厂房靠外墙的泄压设施附近或多层厂房顶层靠外墙的泄压设施附近。

（2）有爆炸危险的设备宜避开厂房的梁、柱等主要承重构件布置。

（3）在爆炸危险区域内的楼梯间、室外楼梯或有爆炸危险的区域与相邻区域连通处，应设置门斗等防护措施。门斗的隔墙应采用耐火极限不低于 2.00 h 的防火隔墙，门采用甲级防火门并与楼梯间的门错位设置。

（4）办公室、休息室不得布置在有爆炸危险的甲、乙类厂房内。确需贴邻本厂房时，其耐火等级不应低于二级，并采用耐火极限不低于 3.00 h 的防爆墙与厂房分隔，还要设置独立的安全出口。

（5）排除有燃烧或爆炸危险气体、蒸气和粉尘的排风系统，排风设备不得布置在地下或半地下建筑（室）内。

（四）采取的防爆措施

主要检查有爆炸危险的厂房、仓库是否采取了有效的防爆措施。检查要求为：

（1）散发较空气重的可燃气体、可燃蒸气的甲类厂房和有粉尘、纤维爆炸危险的乙类厂房，应采用不发火花的地面；采用绝缘材料作整体面层时，应采取防静电措施。

（2）散发可燃粉尘、纤维的厂房，其地面应平整、光滑，并易于清扫。

（3）厂房内不宜设置地沟，确需设置时，其盖板应严密，地沟应采取防止可燃气体、可燃蒸气和粉尘、纤维在地沟积聚的有效措施，且在与相邻厂房连通处采用不燃烧防火材料密封。

（4）甲、乙、丙类液体仓库应设置防止液体流散的设施。例如，在桶装仓库门洞处修筑高为 150 ~ 300 mm 的慢坡；或是在仓库门口砌筑高度为 150 ~ 300 mm 的门槛，再在门槛两边填沙土形成慢坡，便于装卸。

（5）遇湿会发生燃烧爆炸的物品仓库应采取防止水浸渍的措施。例如，使室内地面高出室外地面，将仓库屋面严密遮盖；为防止渗漏雨水，装卸这类物品的仓库栈台应设防雨水的遮挡等。

（五）泄压设施的设置

主要对有爆炸危险的厂房或仓库、厂房或仓库内有爆炸危险的部位，检查其泄压设施设置的有效性。检查要求为：

（1）有爆炸危险的甲、乙类厂房宜采用敞开或半敞开式，承重结构宜采用钢筋混凝土或钢框架、排架结构。

（2）泄压设施宜采用轻质屋面板、轻质墙体和易于泄压的门、窗等，并应采用安全玻璃等在爆炸时不产生尖锐碎片的材料。作为泄压设施的轻质屋面板和墙体，每平方米的质量不宜大于 60 kg。

（3）泄压设施的设置应避开人员密集场所和主要交通道路，并宜靠近有爆炸危险的部位。有粉尘爆炸危险的筒仓，泄压设施应设置在顶部盖板。屋顶上的泄压设施要采取防冰雪积聚措施。

（4）散发较空气轻的可燃气体、可燃蒸气的甲类厂房，宜采用轻质屋面板作为泄压面积。顶棚尽量平整、无死角，厂房上部空间保证通风良好。

（5）有爆炸危险的厂房、粮食筒仓工作塔和上通廊设置的泄压面积严格按计算确定，具体计算方法见《消防安全技术实务》第二篇第八章相关内容。

（六）与爆炸危险场所毗连的变、配电所的布置

变、配电所一般布置在爆炸危险场所区域范围以外，当确需与爆炸危险场所毗连时，要考虑到产生火花、电弧和危险温度的电气设备与爆炸危险场所的互相影响。检查要求为：

（1）爆炸危险场所的正上方或正下方，不得设置变、配电所。必须毗连时，变、配电所尽量靠近楼梯间和外墙布置。

（2）根据爆炸危险场所的危险等级，确定变、配电所与之共用墙面的数量，共用隔墙和楼板应为抹灰的实体和非燃烧体。

（3）当变、配电所为正压室且布置在1区、2区内时，室内地面宜高出室外地面0.6 m左右。

二、检查方法

通过查阅消防设计文件和建筑总平面图、平面图、剖面图、施工记录，以及有关产品质量证明文件和相关资料，了解工业建筑火灾危险性、建筑层数、存在爆炸危险的物质、爆炸危险环境类别及区域等级等，确定需要设置的泄压面积，对照上述检查内容逐项开展现场检查。

第二节 电气防爆

预防电气火灾和爆炸事故产生的主要方法，是正确地选择和安装使用电气设备及供电线路，运行中加强维护检修，装设必要的保护装置。防火检查中，通过对导线材质和允许载流量、线路的敷设和连接方式、电气设备的选择和带电部件的接地等进行检查，核实易燃易爆场所的电气防爆是否满足现行国家工程建设消防技术标准的要求。

一、检查内容

（一）导线材质

爆炸危险环境的配线工程，因为铝线机械强度差、容易折断，需要进行过渡连接而加大接线盒，同时在连接技术上也难以控制并保证质量，因此应选用铜芯绝缘导线或电缆。选用铜芯绝缘导线或电缆时，铜芯导线或电缆的截面1区应为2.5 mm^2以上，2区应为1.5 mm^2以上。

（二）导线允许载流量

为避免过载，防止短路把电线烧坏或过热形成火源，绝缘电线和电缆的允许载流量不得小于熔断器熔体额定电流的1.25倍和断流器长延时过电流脱扣器整定电流的1.25倍。

（三）线路的敷设方式

主要检查电气线路的敷设方式是否与爆炸环境中气体、蒸气的密度相适应。检查要求为：

（1）当爆炸环境中气体、蒸气的密度比空气大时，电气线路应敷设在高处或埋入地下。架空敷设时选用电缆桥架；电缆沟敷设时沟内应填充沙并设置有效的排水措施。

（2）当爆炸环境中气体、蒸气的密度比空气小时，电气线路应敷设在较低处或用电缆沟敷设。敷设电气线路的沟道、钢管或电缆，在穿过不同区域之间墙或楼板处的孔洞时，应采用不燃材料严密堵塞，防止爆炸性混合物或蒸气沿沟道、电缆管道流动。

（四）线路的连接方式

电气线路之间原则上不能直接连接。如必须连接或封端时，检查是否采用压接、熔焊或钎焊，并保证接触良好，防止局部过热。线路与电气设备的连接，特别是铜铝线相接时，应采用适当的过渡接头。

（五）电气设备的选择

爆炸性气体环境应根据爆炸危险区域的分区、电气设备的种类和防爆结构的要求，选择相应的电气设备。防爆电气设备的级别和组别，不得低于该爆炸性气体环境内爆炸性气体混合物的级别和组别。当存在有两种以上易燃性物质形成的爆炸性气体混合物时，需要按危险程度较高的级别和组别选用防爆电气设备。

爆炸性粉尘环境防爆电气设备的选择，应根据粉尘的种类，选择防尘结构或尘密结构的粉尘防爆电气设备。

（六）带电部件的接地

许多电气设备在一般情况下可以不接地。但为了防止带电部件接地产生火花或危险温度而形成引爆源，以下不需要接地的部分，在爆炸危险场所内仍需要接地。

（1）在不良导电地面处，交流额定电压为 1 000 V 以下和直流额定电压为 1 500 V 及以下的电气设备正常时不带电的金属外壳。

（2）在干燥环境，交流额定电压为 127 V 及以下，直流电压为 110 V 及以下的电气设备正常时不带电的金属外壳。

（3）安装在已接地的金属结构上的电气设备，敷设铠装电缆的金属构架。

检查时还需注意，在爆炸危险区域的不同方向，接地干线应不少于两处与接地体相连。

二、检查方法

通过查阅消防设计文件、电气设备材料清单、隐蔽工程施工记录，以及按照电气装置安全工程施工及验收规范规定提交的有关设备的调整、试验记录等相关资料，了解环境可能出现爆炸的危险介质、爆炸危险区域范围、电气装置的组成等基本数据后，对照检查内容逐项开展现场检查，结合消防设计文件现场查验电气设备的类型、级别、组别标志的铭牌和防爆标识，测量防爆电气设备、粉尘防爆电气设备外壳表面的最高温度。

第三节 设 施 防 爆

爆炸危险场所内设施防爆的检查，是指对具有爆炸危险性的场所，检查其通风和空调系统、采暖系统等设施在布置或选型上是否采取了防爆措施，限制易燃易爆物质在空气中的含量，降低爆炸发生的概率和危害。

一、通风、空调系统

爆炸危险场所的通风、空调系统，因排出有火灾爆炸危险物质没有采取有效措施或由于排风机与电机不配套等引起火灾爆炸事故时有发生。防火检查中，通过对通风、空调系统的管道的敷设、通风设备的选择、除尘器和过滤器的设置、接地装置的设置等进行检查，核实通风、空调系统的防爆设置是否满足现行国家工程建设消防技术标准的要求。

（一）检查内容

（1）空调系统的选择。甲、乙类厂房内的空气不应循环使用。丙类厂房内含有燃烧或爆炸危险粉尘、纤维的空气，在循环使用前应经净化处理，并使空气中的含尘浓度低于其爆炸下限的 25%。民用建筑内空气中含有容易起火或爆炸危险物质的房间，应设置自然通风或独立的机械通风设施，且其空气不应循环使用。

（2）管道的敷设。厂房内用于有爆炸危险场所的排风管道，严禁穿过防火墙和有爆炸危险的房间隔墙。甲、乙、丙类厂房内的送、排风管道宜分层设置。

（3）通风设备的选择。对空气中含有易燃易爆危险物质的房间，其送、排风系统应选用防爆型的通风设备。当送风机布置在单独分隔的通风机房内且送风干管上设置防止回流设施时，可采用普通型的通风设备。燃气锅炉房应选用防爆型的事故排风机，且事故排风量满足换气次数不少于 12 次 /h。

（4）除尘器和过滤器的设置。对含有燃烧和爆炸危险粉尘的空气，在进入排风机前应采用不产生火花的除尘器进行处理；对于遇水可能形成爆炸的粉尘，严禁采用湿式除尘器。

（5）接地装置的设置。排除有燃烧或爆炸危险气体、蒸气和粉尘的排风系统及燃油或燃气锅炉房的机械通风设施，应设置导除静电的接地装置。

（二）检查方法

通过查阅消防设计文件、通风空调平面图和设备材料表、隐蔽工程施工记录、通风空调设备有关产品质量证明文件及相关资料，了解建筑的用途、规模、是否有爆炸危险场所或部位后，对照检查内容逐项开展现场检查，核实风机选型、接地装置等产品质量证明文件与消防设计文件的一致性。

二、供暖系统

防火检查中，通过对供暖方式的选择、供暖管道的敷设、供暖管道和设备绝热材料的燃烧性能等开展现场检查，并实地测量散热器表面温度，核实供暖系统的设置是否满足现行国家工程建设消防技术标准的要求。

（一）检查内容

1. 供暖方式的选择

对一些容易发生火灾或爆炸的厂房，须检查其供暖系统是否采用不循环使用的热风采暖。常见容易发生火灾或爆炸的厂房主要有：

（1）生产过程中散发的可燃气体、蒸气、粉尘、纤维与供暖管道、散热器表面接触，虽然供暖温度不高，也可能引起燃烧的厂房，例如，散发二硫化碳气体、黄磷蒸气及其粉尘的厂房。

（2）生产过程中散发的粉尘受到水、水蒸气的作用，能引起自燃和爆炸的厂房，例如，生产和加工钾、钠、钙等物质的厂房。

（3）生产过程中散发的粉尘受到水、水蒸气的作用，能产生爆炸性气体的厂房，例如，电石、碳化铝、氢化钾、氢化钠、硼氢化钠等释放出的可燃气体的厂房。

2. 供暖管道的敷设

供暖管道不得穿过存在与供暖管道接触能引起燃烧或爆炸的气体、蒸气或粉尘的房间，必须穿过时，应采用不燃材料隔热。同时，供暖管道与可燃物之间保持的距离应满足以下要求：当供暖管道的表面温度大于100℃时，两者距离不应小于100 mm或采用不燃材料隔热；当供暖管道的表面温度不大于100℃时，两者距离不应小于50 mm或采用不燃材料隔热。

3. 供暖管道和设备绝热材料的燃烧性能

对于甲、乙类厂房（仓库），建筑内供暖管道和设备的绝热材料应采用不燃材料。

4. 散热器表面的温度

在散发可燃粉尘、纤维的厂房内，散热器表面平均温度不得超过82.5℃。输煤廊的散热器表面平均温度不得超过130℃。

（二）检查方法

通过查阅消防设计文件，供暖系统设备清单，供暖系统隔热、绝热材料的产品质量证明文件及相关材料，了解建筑使用性质是否有爆炸危险性，核实产品质量证明文件与消防设计文件的一致性，并实地测量散热器表面温度。

思考题

1. 常见容易发生火灾或爆炸的厂房有哪些类型？试举例说明。
2. 简述对有爆炸危险的厂房平面布置的检查内容。
3. 简述爆炸危险环境电气设备选择的原则。
4. 简述对爆炸危险场所的供暖系统进行防火检查的内容。
5. 简述对易燃易爆场所通风、空调系统进行防火检查的内容。

参考文献

中国消防协会．建（构）筑物消防员（中级技能）[M]．北京：中国科学技术出版社，2011.

第六章
建筑装修和保温系统检查

学习要求

通过本章学习，应了解建筑内部装修材料的分类；熟悉装修材料和保温材料的燃烧性能等级划分，建筑外墙装饰的防火要求等基本知识；掌握建筑内部装修和保温系统防火检查的具体内容和方法。

建筑装修包括建筑内部装修和外墙的装饰，它和保温系统都是在建筑设计的基础上，综合环境、色彩、节能等学科，实现的建筑功能的完善和建筑美化的再创造。建筑使用管理单位在建筑防火检查中，通过对建筑装修和保温系统的检查，可以降低建筑的火灾荷载，有效地控制建筑失火的概率。

第一节　建筑内部装修

建筑内部装修是建筑投入使用前的重要环节。根据装修部位的不同，建筑内部装修在民用建筑中主要包括顶棚、墙面、地面、隔断的装修，以及固定家具、窗帘、帷幕、床罩、家具包布、固定饰物等的制作和选择；在工业厂房中主要包括顶棚、墙面、地面和隔断的装修。根据装修材料种类的不同，内部装修工程又可以划分为纺织织物子分部、高分子合成材料子分部、复合材料子分部和其他材料子分部四种装修工程类型。防火检查中，通过对装修功能与原建筑类别的一致性、装修工程的平面布置、装修材料燃烧性能等级、装修对疏散和消防设施的影响、照明灯具和配电箱的安装、公共场所内阻燃制品标识张贴等进行检查，核实内部装修是否符合现行国家工程建设消防技术标准的要求。

一、检查内容

（一）装修功能与原建筑类别的一致性

装修工程的使用功能应与所在建筑原设计功能保持一致，不得改变原有建筑类别。当装修工程的使用功能与原建筑设计不一致时，检查中需根据现有功能判断是否引起整栋建筑的性质变化，是否需要重新确定建筑类别，并明确所检查装修工程的装修范围和建筑面积。

（二）装修工程的平面布置

主要检查装修工程的平面布置是否满足相关要求，即由疏散楼梯间、疏散走道、防火分区组成的立体疏散体系是否完整与畅通——疏散楼梯间要检查其设置形式、数量及梯段净宽度；疏散走道要检查疏散距离、疏散宽度；防火分区要检查分区面积的大小，以及防火墙、防火门、防火卷帘等防火分隔的设置等。

（三）装修材料燃烧性能等级

装修材料根据其在装修中使用的部位和功能，主要分为顶棚装修材料、墙面装修材料、地面装修材料、隔断装修材料、固定家具、装饰织物和其他装修装饰材料等七大类。不同建筑类别、建筑规模和使用部位的装修材料，其燃烧性能等级的要求不同，主要分为A（不燃性）、B_1（难燃性）、B_2（可燃性）和B_3（易燃性）四个等级（具体要求详见《消防安全技术实务》第二篇第三章相关内容）。设定原则是：

（1）对重要建筑比一般建筑要求严，对地下建筑比地上建筑要求严，对100 m以上的建筑比一般高层建筑要求严。

（2）对建筑物防火的重点部位，如公共活动区、楼梯、疏散走道及危险性大的场所等，比一般建筑部位要求严。

（3）对顶棚的要求严于墙面，对墙面的要求又严于地面，对悬挂物（如窗帘、幕布等）的要求严于粘贴在基材上的物件。

（四）装修对疏散设施的影响

结合对装修范围内平面布置的检查，核实建筑内部装修是否存在减少安全出口、疏散出口数量和缩小疏散走道设计所需的净宽度的问题。疏散走道两侧和安全出口附近不得设置有误导人员安全疏散的反光镜子、玻璃等装修材料。

（五）装修对消防设施的影响

消火栓箱门不得被装饰物遮掩，箱门的颜色与四周装修材料的颜色应有明显区别；建筑内部装修不得遮挡消火栓箱、手动报警按钮、喷头、火灾探测器以及安全疏散指示标志和安全出口标志等消防设施。

（六）照明灯具和配电箱的安装

电气火灾是火灾事故发生的主要原因之一，而用电设施又是引起电气火灾事故的重要因素，检查中应重点核查重点区域电气设施的安装情况。检查要求为：

（1）开关、插座、配电箱不得直接安装在燃烧性能等级低于B_1级的装修材料上；安装在燃烧性能等级B_1级以下的材料基座上时，必须采用具有良好隔热性能的不燃材料隔绝。

（2）白炽灯、卤钨灯、荧光高压汞灯、镇流器等不得直接设置在可燃装修材料或可燃构件上。

（3）照明灯具的高温部位，当靠近燃烧性能等级非A级装修材料时，应采取隔热、散热等防火保护措施。灯饰所用材料的燃烧性能等级不得低于B_1级。

（七）公共场所内阻燃制品标识张贴

公共场所内建筑制品、织物、塑料或橡胶、泡沫塑料、家具及组件、电线电缆六类产品需使用阻燃制品并加贴阻燃标识。

二、检查方法

通过查阅消防设计文件、建筑设计和内部装修图样等资料，了解建筑类别、装修范围、使用功能等基本要素，确定建筑各部位装修材料需要的燃烧性能等级后开展现场检查，核实现场内部装修材料选用、施工与按规定提供的施工现场质量管理检查记录、装修材料进场验收记录、建筑内部装修工程防火施工过程检查记录和建筑内部装修工程防火验收记录等记录内容的一致性。对装修材料燃烧性能判定时，需要注意：

（1）安装在金属龙骨上燃烧性能达到B_1级的纸面石膏板、矿棉吸声板，可作为燃烧性能等级为A级的装修材料；每平方米质量小于300 g的纸质、布质壁纸，当直接粘贴在A级基材上时，可作为 B_1 级装修材料；施涂于A级基材上的无机装修涂料，可作为A级装修材料；施涂于A级基材上，湿涂覆比每平方米小于1.5 kg，且涂层干膜厚度不大于1.0 mm的有机装修涂料，可作为 B_1 级装修材料。

（2）当采用不同装修材料进行分层装修时，各层装修材料的燃烧性能等级均要符合相关规定。对于复合型装修材料，可通过提交专业检测机构进行整体测试后确定其燃烧性能等级。

（3）对现场进行阻燃处理的木质材料、纺织织物、复合材料等检查时，结合材料的燃烧性能型式检验报告、现场进行阻燃处理的材料和所使用的阻燃剂的见证取样检验报告、现场对材料进行阻燃处理的施工记录及隐蔽工程验收记录等相关资料，对照报告及记录内容开展现场核查，重点核查上述报告或记录内容与实际使用材料的一致性。

（4）对公共场所内使用的阻燃制品，还要检查阻燃制品标识使用证书、现场检验标识加贴的情况。

第二节　建筑外墙的装饰

建筑外墙的装饰是考虑城市、小区整体规划的效果或商业宣传的需要，在建筑外墙增加附属的装饰，使其更加美观、宣传更加直观。防火检查中，通过对装饰材料的燃烧性能、广告牌的设置位置、设置发光广告牌墙体的燃烧性能等进行检查，核实建筑外墙装饰是否符合现行国家工程建设消防技术标准的要求。

一、检查内容

（一）装饰材料的燃烧性能

建筑外墙上附属的装饰材料（如装饰板、广告牌和条幅等），如采用可燃性材料，火灾时会从外立面蔓延至多个楼层形成立体燃烧，大大增加灭火救援的难度。所以，室外大型广告牌和条幅的材质要便于发生火灾时破拆；建筑外墙的装饰层应采用燃烧性能为A级的材料，但建筑高度不大于50 m时，可采用 B_1 级材料。

（二）广告牌的设置位置

户外广告牌设置在灭火救援窗或自然排烟窗的外侧时，不利于建筑的排烟和人员在紧急情况下的逃生及外部灭火救援。同时还需要注意，在消防车登高面一侧的外墙上，不得设置凸出的广告牌，以免影响消防车登高操作。

（三）设置发光广告牌墙体的燃烧性能

直接设置在有可燃、难燃材料墙体上的户外电致发光广告牌，容易因供电线路和电器原因使墙体或可燃广告牌着火而引发火灾，并能导致火势沿建筑外立面蔓延。因此，户外电致发光广告牌不得直接设置在有可燃、难燃材料的墙体上。

二、检查方法

通过查阅消防设计文件、建筑立面图、装饰材料的燃烧性能检测报告等资料，了解建筑高度、墙体材质，确定消防车登高面、每层灭火救援窗和自然排烟窗的设置部位后，沿建筑四周对外墙的装饰开展现场检查。

第三节 建筑保温系统

建筑保温系统包括建筑内、外保温系统，主要对建筑的基层墙体或屋面板进行保温。其中，建筑的屋面采用外保温系统；建筑的外墙保温方式多样，主要有内保温系统，与基层墙体、装饰层之间无空腔的建筑外墙外保温系统，与基层墙体、装饰层之间有空腔的建筑外墙外保温系统，采用保温材料与两侧墙体构成无空腔复合保温结构体的保温系统等。防火检查中，首先判定保温系统的类型，通过对保温材料的燃烧性能、防护层和防火隔离带的设置、每层楼板处的防火封堵、电气线路和电器配件的安装等进行检查，核实建筑保温系统是否符合现行国家工程建设消防技术标准的要求。

一、检查内容

（一）保温材料的燃烧性能

用于建筑保温系统的保温材料主要包括有机高分子类、有机无机复合类和无机类三大类；根据燃烧性能等级的不同，主要有 A、B_1、B_2 三个等级。针对不同的建筑类别、建筑高度、外墙材质，保温材料的燃烧性能等级要求有所不同。需要注意的是，屋面、地下室外墙面不得使用岩棉、玻璃棉等吸水率高的保温材料。

（二）防护层的设置

建筑的外墙外保温系统外侧应按要求设置不燃材料制作的防护层，并将保温材料完全包覆。除采用保温材料与两侧墙体构成无空腔复合保温结构体外，当采用燃烧性能为 B_1、B_2 级保温材料时，防护层厚度首层不应小于 15 mm，其他层不应小于 5 mm。建筑的外墙内保温系统采用不燃材料做防护层；当采用燃烧性能为 B_1 级的保温材料时，防护层厚度不得小于 10 mm。建筑的屋面外保温系统采用燃烧性能为 B_1、B_2 级的保温材料时，按要求应设置不燃材料制作且厚度不小于 10 mm 的防护层。

（三）防火隔离带的设置

当建筑的外墙外保温系统采用燃烧性能为 B_1、B_2 级的保温材料时，应在保温系统的每层沿楼板位置设置不燃材料制作的水平防火隔离带，隔离带的设置高度不应小于 300 mm，且应与建筑外墙体全面积粘贴密实。当建筑的屋面和外墙外保温系统均采用燃烧性能为 B_1、B_2 级的保温材料时，还要检查外墙和屋面分隔处是否按要求设置了不燃材料制作的防火隔离带，宽度不得小于 500 mm。

（四）每层楼板处的防火封堵

建筑外墙外保温系统与基层墙体、装饰层之间的空腔，在每层楼板处应采用防火封堵材料封堵，防止因烟囱效应而造成火势快速发展。

（五）电气线路和电器配件的安装

电气线路不得穿越或敷设在燃烧性能为 B_1 级或 B_2 级的保温材料中；对确需穿越或敷设的，应采取穿金属管并在金属管周围采用不燃隔热材料进行防火隔离等防火保护措施。设置开关、插座等电器配件的部位周围应采取不燃隔热材料进行防火隔离等防火保护措施，防止因电器使用年限长、绝缘老化或过负荷运行发热等引发火灾。

二、检查方法

通过查阅消防设计文件中节能设计专篇、建筑剖面图、建筑外墙节点大样、施工记录、隐蔽工程验收记录、相关材料（保温材料、防护层、防火隔离带等）质量证明文件和性能检测报告或型式检验报告等资料，了解建筑高度、建筑类别及是否为幕墙式建筑、外保温体系类型等基础数据后开展现场检查。现场采用钢针插入或剖开尺量防护层的厚度、水平防火隔离带的高度或宽度时，不允许有负偏差。

思考题

1. 建筑内部装修按装修部位不同有哪些分类？
2. 建筑内部装修材料的燃烧性能等级如何划分？请分别举例说明。
3. 简述对建筑外墙的装饰开展防火检查的内容。

参考文献

住房和城乡建设部．中华人民共和国工程建设标准强制性条文　房屋建筑部分［M］．北京：中国建筑工业出版社，2013.

第三篇
消防设施安装、检测与维护管理

第一章
消防设施质量控制、维护管理与消防控制室管理

学习要求

通过本章学习，应了解消防设施施工质量控制要求；掌握施工安装调试、技术检测与竣工验收，消防设施维护管理的要求，以及消防控制室的设备配置及其监控、档案管理、值班管理等工作要求。

本书所述消防设施主要包括灭火设施（设备）、防烟排烟设施、建筑及城市火灾自动报警（监控）系统、安全疏散引导设施等，是建筑使用管理单位及时发现火灾，有效扑救初起火灾或者控制火势，排出高温有毒烟气，引导人员疏散并为安全疏散提供相对安全空间的有效工具。消防设施主要技术参数的选取与设置、施工安装质量、维护管理水平，是建筑火灾发生时消防设施发挥应有效能的关键。消防设施的主要技术参数和设置要求详见《消防安全技术实务》第三篇相关内容。

第一节　消防设施安装调试与检测验收

消防设施施工安装是实现消防设施早期报警，扑救或者控制初起火灾，保护、引导人员安全疏散等基本功能的关键环节，其质量控制直接关系到消防设施发挥作用的实际效果。

一、施工质量控制要求

为确保消防设施施工安装质量，消防设施安装调试、技术检测应由具有相应资质等级的施工单位、消防技术服务机构承担。施工单位按照消防设计文件编写施工方案，以指导施工安装，控制施工质量。

（一）施工前准备

消防设施施工前，需要具备一定的技术、物质条件，以确保施工需求，保证施工质量。消

防设施施工前需要具备下列基本条件：

（1）经批准的消防设计文件以及其他技术资料齐全。

（2）设计单位向建设、施工、监理单位进行技术交底，明确相应技术要求。

（3）各类消防设施的设备、组件以及材料齐全，型号、规格符合设计要求，能够保证正常施工。

（4）经检查，与专业施工相关的基础、预埋件和预留空洞等符合设计要求。

（5）施工现场及施工中使用的水、电、气能够满足连续施工的要求。

消防设计文件包括消防设施设计施工图（平面图、系统图、施工详图、设备表、材料表等）图样以及设计说明等；其他技术资料主要包括消防设施产品明细表，主要组件安装使用说明书及施工技术要求，各类消防设施的设备、组件以及材料等符合市场准入制度的有效证明文件和产品出厂合格证书，工程质量管理、检验制度等。

（二）施工过程质量控制

为确保施工质量，施工中要建立健全施工质量管理体系和工程质量检验制度，施工现场配备必要的施工技术标准。消防设施施工过程质量控制应按照下列要求组织实施：

（1）对到场的各类消防设施的设备、组件以及材料进行现场检查，经检查合格后方可用于施工。

（2）各工序按照施工技术标准进行质量控制，每道工序完成后进行检查，经检查合格后方可进入下一道工序。

（3）相关各专业工种之间交接时，应进行检验认可，经监理工程师签证后，方可进行下一道工序。

（4）消防设施安装完毕，施工单位按照相关专业调试规定进行调试。

（5）调试结束后，施工单位向建设单位提供质量控制资料和各类消防设施施工过程质量检查记录。

（6）监理工程师组织施工单位人员对消防设施施工过程进行质量检查，施工过程质量检查记录按照各消防设施施工及验收规范的要求填写。

（7）施工过程质量控制资料按照相关消防设施施工及验收规范的要求填写、整理。

（三）产品及施工安装质量问题处理

经消防设施现场检查、技术检测、竣工验收，消防设施的设备、组件以及材料存在产品质量问题或者施工安装质量问题，不能满足国家工程建设相关消防技术标准的，按照下列要求进行处理：

（1）更换相关消防设施的设备、组件以及材料，进行施工返工处理，重新组织产品现场检查、技术检测或者竣工验收。

（2）返修处理，能够满足相关标准规定和使用要求的，按照经批准的处理技术方案和协议文件，重新组织现场检查、技术检测或者竣工验收。

（3）返修或者更换相关消防设施的设备、组件以及材料的，经重新组织现场检查、技术检测、竣工验收，仍然不符合要求的，判定为现场检查、技术检测、竣工验收不合格。

（4）未经现场检查合格的消防设施的设备、组件以及材料，不得用于施工安装；消防设施未经竣工验收合格的，其建设工程不得投入使用。

二、消防设施现场检查

各类消防设施的设备、组件以及材料等到达施工现场后，施工单位组织实施现场检查。消防设施现场检查包括消防产品合法性检查、一致性检查以及产品质量检查。

（一）合法性检查

按照国家相关法律法规规定，消防产品按照国家或者行业标准生产，并经型式检验和出厂检验合格后，方可使用。消防产品合法性检查，重点查验其符合国家市场准入规定的相关合法性文件，以及出厂检验合格证明文件。

1. 市场准入文件

到场检查重点查验下列市场准入文件：

（1）纳入强制性产品认证的消防产品，查验其依法获得的强制认证证书。

（2）新研制的尚未制定国家或者行业标准的消防产品，查验其依法获得的技术鉴定证书。

（3）目前尚未纳入强制性产品认证的非新产品类的消防产品，查验其经国家法定消防产品检验机构检验合格的型式检验报告。

（4）非消防产品类的管材管件以及其他设备，查验其法定质量保证文件。

2. 产品质量检验文件

到场检查重点查验下列消防产品质量检验文件：

（1）查验所有消防产品的型式检验报告、其他相关产品的法定检验报告。

（2）查验所有消防产品、管材管件及其他设备的出厂检验报告或者出厂合格证。

（二）一致性检查

消防产品一致性检查是防止使用假冒伪劣消防产品施工，确保消防设施施工安装质量的有效手段。消防产品到场后，根据消防设计文件、产品型式检验报告等，查验到场消防产品的铭牌标志、产品关键组件和材料、产品特性等一致性程度。

消防产品一致性检查按照下列步骤及要求实施：

（1）逐一登记到场的各类消防设施的设备及其组件名称、批次、型号、规格、数量和生产厂名、地址和产地，与其设备清单、使用说明书等核对无误。

（2）查验各类消防设施的设备及其组件的型号、规格、组件配置及其数量、性能参数、生产厂名及其地址与产地，以及标志、外观、材料、产品实物等，与经国家消防产品法定检验机构检验合格的型式检验报告一致。

（3）查验各类消防设施的设备及其组件型号、规格，符合经法定机构批准或者备案的消防设计文件要求。

（三）产品质量检查

消防设施的设备及其组件、材料等产品质量检查主要包括外观检查、组件装配及其结构检查、基本功能试验以及灭火剂质量检测等内容。

（1）火灾自动报警系统、火灾应急照明以及疏散指示系统的现场产品质量检查，重点对其设备及其组件进行外观检查。

（2）水系灭火系统（如消防给水及消火栓系统、自动喷水灭火系统、水喷雾灭火系统、细水雾灭火系统、泡沫灭火系统等）的现场产品质量检查，重点对其设备、组件以及管材管件的外观（尺寸）、组件结构及其操作性能进行检查，并对规定组件、管件、阀门等进行强度和严密性试验；泡沫灭火系统还需按照规定对灭火剂进行抽样检测。

（3）气体灭火系统、干粉灭火系统除参照水系灭火系统的检查要求进行现场产品质量检查外，还要对灭火剂储存容器的充装量、充装压力等进行检查。

（4）防烟排烟设施的现场产品质量检查，重点检查风机、风管及其部件的外观（尺寸）、材料燃烧性能和操作性能，检查活动挡烟垂壁、自动排烟窗及其驱动装置、控制装置的外观、操控性能等。

三、消防设施施工安装调试

消防设施施工安装调试是消防设施由设计成果转化为实物成果，实现火灾报警、扑救与控制初起火灾、防烟排烟、疏散引导等功能的关键环节，消防设施施工安装质量的好坏直接关系到消防设施效能的发挥程度。

（一）施工安装依据

消防设施施工安装以经法定机构批准或者备案的消防设计文件、国家工程建设消防技术标准为依据；经批准或者备案的消防设计文件不得擅自变更，确需变更的，由原设计单位修改，报经原批准机构批准后，方可用于施工安装。

消防供电以及火灾自动报警系统设计文件，除需要具备前述消防设施设计文件外，还需具备系统布线图和消防设备联动逻辑说明等技术文件。

（二）施工安装要求

消防设施施工安装过程中，施工现场要配齐相应的施工技术标准、工艺规程以及实施方案，建立健全质量管理体系、施工质量控制与检验制度。

施工单位做好施工（包括隐蔽工程验收）、检验（包括绝缘电阻、接地电阻）、调试、设计变更等相关记录；施工结束后，施工单位对消防设施施工安装质量进行全面检查，在施工现场质量管理检查、施工过程检查、隐蔽工程验收、资料核查等检查全部合格后，完成竣工图以及竣工报告。

（三）调试要求

各类消防设施施工结束后，由施工单位或者其委托的具有调试能力的其他单位组织实施消防设施调试，调试工作包括各类消防设施的单机设备、组件调试和系统联动调试等内容。消防设施调试需要具备下列条件：

（1）系统供电正常，电气设备（主要是火灾自动报警系统）具备与系统联动调试的条件。

（2）水源、动力源和灭火剂储存等满足设计要求和系统调试要求，各类管网、管道、阀门等密封严密，无泄漏。

（3）调试使用的测试仪器、仪表等性能稳定可靠，其精度等级及其最小分度值能够满足调试测定的要求，符合国家有关计量法规以及检定规程的规定。

（4）对火灾自动报警系统及其组件、其他电气设备分别进行通电试验，确保其工作正常。

消防设施调试负责人由专业技术人员担任。调试前，调试单位按照各消防设施的调试需求，编制相应的调试方案，确定调试程序，并按照程序开展调试工作；调试结束后，调试单位提供完整的调试资料和调试报告。

消防设施调试合格后，填写施工过程调试记录，并将各消防设施恢复至正常工作状态。

四、消防设施技术检测与竣工验收

消防设施技术检测、竣工验收是各类消防设施交付使用前的重要技术保障工作，通过技术检测、竣工验收，能够统一标准，规范施工行为，及时发现消防设施施工中的质量问题，保障消防设施应有效能的最好发挥。

（一）技术检测

消防设施技术检测是对消防设施的检查、测试等技术服务工作的统称。这里所指的技术检测是指消防设施施工结束后，建设单位委托具有相应资质等级的消防技术检测服务机构对消防设施施工质量进行的检查测试工作。

1. 检测准备

消防设施技术检测前，检测机构按照下列要求对各类消防设施及其检测仪器仪表进行检查：

（1）检查各类消防设施的设备及其组件的相关技术文件。各类消防设施的设备及其组件符合设计选型，具有出厂合格证明文件，消防产品具有符合法定市场准入规定的证明文件；各类灭火剂在产品质量证明文件的有效期内。

（2）检查各类消防设施的设备及其组件的外观标志。各类消防设施的设备及其组件的永久性铭牌和按照规定设置的标识，其文字和数据齐全，符号清晰，色标正确。

（3）检查各类消防设施的设备及其组件、材料（管道、管件、支吊架、线槽、电线、电缆等）的外观，以及导线、电缆的绝缘电阻值和系统接地电阻值等测试记录。各类消防设施的设备及其组件、材料的外观完好无损、无锈蚀，设备、管道无泄漏，导线和电缆的连接、绝缘性能、接地电阻等符合设计要求。

（4）检查检测用仪器、仪表、量具等的计量检定合格证书及其有效期限。检测用仪器、仪表、量具等按照国家现行有关规定计量检定合格，并在检定合格有效期限内。

2. 检测方法及要求

对消防设施进行技术检测时，检测机构按照下列要求和方法对各类消防设施进行技术检测：

（1）采用核对方式检查的，与经法定机构批准或者备案的消防设计文件、验收记录和国家工程建设消防技术标准等进行对比核查。

（2）按照各类消防设施施工及验收规范以及《建筑消防设施检测技术规程》（GA503—2004）规定的内容，对各类消防设施的设置场所（防护区域）、设备及其组件、材料（管道、管件、支吊架、线槽、电线、电缆等）进行设置场所（防护区域）安全性检查、消防设施施工质量检查和功能性试验；对于有数据测试要求的项目，采用规定的仪器、仪表、量具等进行测试。相关仪器、仪表、量具的操作方法和要求详见本书附录。

（3）逐项记录各类消防设施检测结果以及仪器、仪表、量具等测量显示数据，填写检测记录。

检测过程中，采用对讲设备进行联络；检测结束后，将各类消防设施恢复至正常工作状态。

（二）竣工验收

消防设施施工结束后，由建设单位组织设计、施工、监理等单位进行包括消防设施在内的建设工程竣工验收。消防设施竣工验收分为资料检查、现场检查和质量验收判定三个环节，消防设施竣工验收过程中，按照各类消防设施的施工及验收规范的要求填写竣工验收记录表。

1. 资料检查

消防设施竣工验收前，施工单位需要提交下列竣工验收资料，供参验单位进行资料检查：

（1）竣工验收申请报告。

（2）施工图设计文件（包括设计图样和设计说明书等）、各类消防设施的设备及其组件安装说明书、消防设计审核意见书和设计变更通知书、竣工图。

（3）主要设备、组件、材料符合市场准入制度的有效证明文件、出厂质量合格证明文件以及现场检查（验）报告。

（4）施工现场质量管理检查记录、施工过程质量管理检查记录及工程质量事故处理报告。

（5）隐蔽工程检查验收记录以及灭火系统阀门、其他组件的强度和严密性试验记录、管道试压和冲洗记录。

2. 现场检查

现场检查的主要内容包括各类消防设施的安装场所（防护区域）及其设置位置、设备用房设置等检查、施工质量检查和功能性试验。具体包括：

（1）检查各类消防设施安装场所（防护区域）及其设置位置。

（2）检查各类消防设施外观质量。

（3）通过专业仪器设备现场测量涉及距离、宽度、长度、面积、厚度等可测量的指标。

（4）测试各类消防设施的功能。

（5）检查、测试其他涉及消防设施规定要求的项目。

各项检查项目中有不合格项时，对设备及其组件、材料（管道、管件、支吊架、线槽、电线、电缆等）进行返修或更换后，进行复验。复验时，对有抽验比例要求的，加倍抽样检查。

3. 质量验收判定

消防设施现场检查结束后，根据各类设施的施工及验收规范确定的工程施工质量缺陷类别，按照下列规则对各类消防设施的施工质量作出验收判定结论：

（1）消防给水及消火栓系统、自动喷水灭火系统、防烟排烟系统和火灾自动报警系统等工程施工质量缺陷划分为严重缺陷项（A）、重缺陷项（B）和轻缺陷项（C）。

1）消防给水及消火栓系统、自动喷水灭火系统、防烟排烟系统的工程施工质量缺陷，当$A=0$，$B\leqslant 2$，且$B+C\leqslant 6$时，竣工验收判定为合格；否则，竣工验收判定为不合格。

2）火灾自动报警系统的工程施工质量缺陷，当$A=0$，$B\leqslant 2$，且$B+C\leqslant$检查项的5%时，竣工验收判定为合格；否则，竣工验收判定为不合格。

（2）泡沫灭火系统按照《泡沫灭火系统施工及验收规范》（GB 50281—2006）的规定内容进行竣工验收，当其功能验收不合格时，系统验收判定为不合格。

（3）气体灭火系统按照《气体灭火系统施工及验收规范》（GB 50263—2007）的规定内容进行竣工验收，当其验收项目有一项为不合格时，系统验收判定为不合格。

第二节 消防设施维护管理

消防设施维护管理是确保消防设施完好有效，以实现及早探测火灾、及时控制和扑救初起火灾、有效引导人员安全疏散等安全目标的重要保障，是一项关乎人员生命财产安全，避免重大火灾损失的基础性工作。《消防法》赋予社会单位按照国家标准、行业标准配置消防设施、器材，定期组织检验、维修，确保完好有效的法定职责。《建筑消防设施的维护管理》（GB 25201—2010）规定了消防设施维护管理的内容、方法和要求，引导和规范社会单位的消防设施维护管理工作。

一、消防设施维护管理的内容

消防设施维护管理由建筑物的产权单位或者受其委托的建筑物业管理单位（以下简称建筑使用管理单位）依法自行管理或者委托具有相应资质的消防技术服务机构实施管理。消防设施维护管理包括值班、巡查、检测、维修、保养、建档等工作。

二、消防设施维护管理的要求

为确保建筑消防设施正常运行，建筑使用管理单位需要对其消防设施的维护管理明确归口管理部门、管理人员及其工作职责，建立消防设施值班、巡查、检测、维修、保养、建档等管理制度。

（一）维护管理人员从业资格要求

消防设施操作管理以及值班、巡查、检测、维修、保养的从业人员，需要具备符合下列规定的从业资格：

（1）消防设施检测、维护保养等消防技术服务机构的项目经理、技术人员，经注册消防工程师考试合格，具有规定数量的、持有一级或者二级注册消防工程师的执业资格证书。

（2）消防设施操作、值班、巡查的人员，经消防行业特有工种职业技能鉴定合格，持有初级技能（含，下同）以上等级的职业资格证书，能够熟练操作消防设施。

（3）消防设施检测、保养人员，经消防行业特有工种职业技能鉴定合格，持有高级技能以上等级的职业资格证书。

（4）消防设施维修人员，经消防行业特有工种职业技能鉴定合格，持有技师以上等级的职业资格证书。

（二）维护管理装备要求

用于消防设施的巡查、检测、维修、保养的测量用仪器、仪表、量具以及泄压阀、安全阀等，依法需要计量检定的，建筑使用管理单位按照有关规定进行定期校验，并具有有效证明文件。

（三）维护管理工作要求

建筑使用管理单位按照下列要求组织实施消防设施维护管理：

（1）明确管理职责。同一建筑物有 2 个及 2 个以上产权、使用单位的，明确消防设施的维护管理责任，实行统一管理，以合同方式约定各自的权利与义务；委托物业管理单位、消防技术服务机构等实施统一管理的，物业管理单位、消防技术服务机构等严格按照合同约定，履行消防设施维护管理职责，确保管理区域内的消防设施正常运行。

（2）制定消防设施维护管理制度和维修管理技术规程。建筑消防设施投入使用后，建立建筑使用管理单位制度并落实巡查、检测、报修、保养等各项维护管理制度和技术规程，及时发现问题，适时维修保养，确保消防设施处于正常工作状态，并且完好有效。

（3）落实管理责任。建筑使用管理单位自身具备维修、保养能力的，明确维修、保养职能部门和人员；不具备维修保养能力的，与消防设备生产厂家、消防设施施工安装单位等有维修、保养能力的单位签订消防设施维修、保养合同。

（4）实施消防设施标识化管理。消防设施的电源控制柜、水源以及灭火剂等控制阀门，处于正常运行位置，具有明显的开（闭）状态标识；需要保持常开或者常闭的阀门，采取铅封、标识等限位措施，保证其处于正常位置；具有信号反馈功能的阀门，其状态信号能够按照预定程序及时反馈到消防控制室；消防设施及其相关设备电气控制柜具有控制方式转换装置的，除现场具有控制方式及其转换标识外，其控制信号能够反馈至消防控制室。

（5）故障消除及报修。值班、巡查、检测时发现消防设施故障的，按照单位规定程序，及时组织修复；单位没有维修、保养能力的，按照合同约定报修；消防设施因故障维修等原因需要暂时停用的，经单位消防安全责任人批准，报消防机构备案，采取消防安全措施后，方可停用检修。

（6）建立健全建筑消防设施维护管理档案。定期整理消防设施维护管理技术资料，按照规定期限和程序保存、销毁相关文件档案。

（7）远程监控管理。城市消防远程监控系统联网用户，按照规定协议向城市监控中心发送建筑消防设施运行状态、消防安全管理等信息。

三、消防设施维护管理各环节的工作要求

消防设施维护管理各个环节的工作均关系到消防设施完好有效、正常发挥作用，建筑使用管理单位要根据各个环节工作特点，组织实施维护管理。

（一）值班

建筑使用管理单位根据工作、生产、经营特点，建立值班制度。在消防控制室、具有消防配电功能的配电室、消防水泵房、防烟排烟机房等重要设备用房，合理安排符合从业资格条件的专业人员对消防设施实施值守、监控，负责消防设施操作控制，确保火灾情况下能够按照操作技术规程，及时、准确地操作建筑消防设施。

单位制定灭火和应急疏散预案、组织预案演练时，要将消防设施操作内容纳入其中，并对操作过程中发现的问题及时给予纠正、处理。

（二）巡查

巡查是指建筑使用管理单位对建筑消防设施直观属性的检查。根据《建筑消防设施的维护管理》（GB 25201—2010）的规定，消防设施巡查内容主要包括消防设施设置场所（防护区域）的环境状况，消防设施及其组件、材料等外观以及消防设施运行状态，消防水源状况及固定灭火设施灭火剂储存量等。

1. 巡查要求

建筑使用管理单位按照下列要求组织巡查：

（1）明确各类消防设施的巡查频次、内容和部位。

（2）巡查时，准确填写《建筑消防设施巡查记录表》。

（3）巡查发现故障或者存在问题的，按照规定程序进行故障处置，消除存在问题。

2. 巡查频次

建筑使用管理单位按照下列频次组织巡查：

（1）公共娱乐场所营业期间，每 2 h 组织 1 次综合巡查。期间，将部分或者全部消防设施巡查纳入综合巡查内容，并保证每日至少对全部建筑消防设施巡查一遍。

（2）消防安全重点单位每日至少对消防设施巡查 1 次。

（3）其他社会单位每周至少对消防设施巡查1次。

（4）举办具有火灾危险性的大型群众性活动的，承办单位根据活动现场实际需要确定巡查频次。

（三）检测

根据《建筑消防设施的维护管理》（GB 25201—2010）的规定，消防设施检测主要是对国家标准规定的各类消防设施的功能性要求进行的检查、测试。

1. 检测频次

消防设施每年至少检测1次。重大节日或者重大活动，根据要求安排消防设施检测。

设有自动消防设施的宾馆、饭店、商场、市场、公共娱乐场所等人员密集场所、易燃易爆单位以及其他一类高层公共建筑等消防安全重点单位，自消防设施投入运行后的每年年底，将年度检测记录报当地消防机构备案。

2. 检查对象

检测对象包括全部消防设施系统设备、组件等。消防设施检测按照竣工验收技术检测方法和要求组织实施，并符合《建筑消防设施检测技术规程》（GA 503—2004）的要求。检测过程中，如实填写《建筑消防设施检测记录表》的相关内容。

（四）维修

对在值班、巡查、检测、灭火演练中发现的消防设施存在问题和故障，相关人员按照规定填写《建筑消防设施故障维修记录表》，向建筑使用管理单位消防安全管理人报告；消防安全管理人对相关人员上报的消防设施存在的问题和故障，要立即通知维修人员或者委托具有资质的消防设施维修保养单位进行维修。

维修期间，建筑使用管理单位要采取确保消防安全的有效措施；故障排除后，消防安全管理人组织相关人员进行相应功能试验，检查确认，并将检查确认合格的消防设施恢复至正常工作状态，维修情况在《建筑消防设施故障维修记录表》中全面、准确记录。

（五）保养

建筑使用管理单位根据建筑规模、消防设施使用周期等，制定消防设施保养计划，载明消防设施的名称、保养内容和周期；储备一定数量的消防设施易损件或者与有关消防产品厂家、供应商签订相关合同，以保证维修保养供应。

实施消防设施的维护保养时，维护保养单位相关技术人员填写《建筑消防设施维护保养记录表》，并进行相应功能试验。

（六）档案建立与管理

消防设施档案是建筑消防设施施工质量、维护管理的历史记录，具有延续性和可追溯性，是消防设施施工调试、操作使用、维护管理等状况的真实记录。

1. 档案内容

建筑消防设施档案至少包含下列内容：

（1）消防设施基本情况。主要包括消防设施的验收文件和产品、系统使用说明书、系统调试记录、消防设施平面布置图和系统图等原始技术资料。

（2）消防设施动态管理情况。主要包括消防设施的值班记录、巡查记录、检测记录、故障维修记录以及维护保养计划表、维护保养记录、自动消防控制室值班人员基本情况档案及培训记录等。

2. 保存期限

消防设施施工安装、竣工验收以及验收技术检测等原始技术资料长期保存；《消防控制室值班记录表》和《建筑消防设施巡查记录表》的存档时间不少于 1 年；《建筑消防设施检测记录表》《建筑消防设施故障维修记录表》《建筑消防设施维护保养计划表》《建筑消防设施维护保养记录表》的存档时间不少于 5 年。

第三节　消防控制室管理

消防控制室设有火灾自动报警控制设备和消防控制设备，用于接收、显示、处理火灾报警信号，控制相关消防设施，是指挥火灾扑救，引导人员安全疏散的信息、指挥中心，是消防安全管理的核心场所。

一、消防控制室的设备配置

为确保消防控制室实现接收火灾报警、处置火灾信息、指挥火灾扑救、引导人员安全疏散等消防安全目标，消防控制室配备的监控设备要能够准确、规范地实施消防监控与管理等各项功能。

消防控制室至少需要设置火灾报警控制器、消防联动控制器、消防控制室图形显示装置、消防电话总机、消防应急广播控制装置、消防应急照明和疏散指示系统控制装置、消防电源监控器等设备，或者设置具有相应功能的组合设备。

二、消防控制设备的监控要求

消防控制室配备的消防设备需要具备下列监控功能：

（1）消防控制室设置的消防设备能够监控并显示消防设施运行状态信息，并能够向城市消防远程监控中心（以下简称监控中心）传输相应信息。

（2）根据建筑（单位）规模及其火灾危险性特点，消防控制室内需要保存必要的文字、电子资料，存储相关的消防安全管理信息，并能够及时向监控中心传输消防安全管理信息。

（3）大型建筑群要根据其不同建筑功能需求、火灾危险性特点和消防安全监控需要，设置 2 个及 2 个以上的消防控制室，并确定主消防控制室、分消防控制室，以实现分散与集中相结合的消防安全监控模式。

（4）主消防控制室的消防设备能够对系统内共用消防设备进行控制，显示其状态信息，并能够显示各个分消防控制室内消防设备的状态信息，具备对分消防控制室内消防设备及其所控制的消防系统、设备的控制功能。

（5）各个分消防控制室的消防设备之间，可以互相传输、显示状态信息，不能互相控制消防设备。

三、消防控制室台账档案建立

消防控制室是建筑使用管理单位消防安全管理与消防设施监控的核心场所，需要保存能够反映建筑特征及其消防设施施工质量、运行情况的纸质台账档案和电子资料，消防控制室内至少保存有下列纸质台账档案和电子资料：

（1）建（构）筑物竣工后的总平面布局图、消防设施平面布置图和系统图以及安全出口布置图、重点部位位置图等。

（2）消防安全管理规章制度、应急灭火预案、应急疏散预案等。

（3）消防安全组织结构图，包括消防安全责任人、管理人、专（兼）职和志愿消防人员等内容。

（4）消防安全培训记录、灭火和应急疏散预案的演练记录。

（5）值班情况、消防安全检查情况及巡查情况等记录。

（6）消防设施一览表，包括消防设施的类型、数量、状态等内容。

（7）消防联动系统控制逻辑关系说明、设备使用说明书、系统操作规程、系统以及设备的维护保养制度和技术规程等。

（8）设备运行状况、接报警记录、火灾处理情况、设备检修检测报告等资料。

上述台账、资料按照本章第二节中“档案建立与管理”的要求，定期归档保存。

四、消防控制室的管理要求

规范、统一的消防控制室管理和消防设施操作监控，是建筑火灾发生时能够及时发现火灾、确认火灾，准确报警并启动应急预案，有效组织初起火灾扑救，引导人员安全疏散的根本保证。

（一）消防控制室值班要求

建筑使用管理单位按照下列要求，安排合理数量的、符合从业资格条件的人员负责消防控制室管理与值班：

（1）实行每日 24 h 专人值班制度，每班不少于 2 人，值班人员持有规定的消防专业技能鉴定证书。

（2）消防设施日常维护管理符合《建筑消防设施的维护管理》（GB 25201—2010）的相关规定。

（3）确保火灾自动报警系统、固定灭火系统和其他联动控制设备处于正常工作状态，不得将应处于自动控制状态的设备设置在手动控制状态。

（4）确保高位消防水箱、消防水池、气压水罐等消防储水设施水量充足，确保消防泵出水管阀门、自动喷水灭火系统管道上的阀门常开；确保消防水泵、防烟排烟风机、防火卷帘等消防用电设备的配电柜控制装置处于自动控制位置（或者通电状态）。

（二）消防控制室应急处置程序

火灾发生时，消防控制室的值班人员按照下列应急程序处置火灾：

（1）接到火灾警报后，值班人员立即以最快方式确认火灾。

（2）火灾确认后，值班人员立即确认火灾报警联动控制开关处于自动控制状态，同时拨打“119”报警电话准确报警；报警时需要说明着火单位地点、起火部位、着火物种类、火势大小、报警人姓名和联系电话等。

（3）值班人员立即启动单位应急疏散和初起火灾扑救灭火预案，同时报告单位消防安全负责人。

（三）消防控制室控制、显示要求

消防控制室内的图形显示装置、火灾报警控制器、消防联动控制设备，其功能既相互独立，又互相关联，准确把控其功能是充分发挥消防控制室监控与管理作用的关键。

1. 图形显示装置

采用中文标注和中文界面的消防控制室图形显示装置，其界面对角线长度不得小于 430 mm。消防控制室图形显示装置按照下列要求显示相关信息：

（1）能够显示前述电子资料内容以及符合规定的消防安全管理信息。

（2）能够用同一界面显示建（构）筑物周边消防车道、消防登高车操作场地、消防水源位置，以及相邻建筑的防火间距、建筑面积、建筑高度、使用性质等情况。

（3）能够显示消防系统及设备的名称、位置和消防控制器、消防联动控制设备（含消防电话、消防应急广播、消防应急照明和疏散指示系统、消防电源等控制装置）的动态信息。

（4）有火灾报警信号、监管报警信号、反馈信号、屏蔽信号、故障信号输入时，具有相应状态的专用总指示，在总平面布局图中应显示输入信号所在的建（构）筑物的位置，在建筑平面图上应显示输入信号所在的位置和名称，并记录时间、信号类别和部位等信息。

（5）10 s 内能够显示输入的火灾报警信号和反馈信号的状态信息，100 s 内能够显示其他输入信号的状态信息。

（6）能够显示可燃气体探测报警系统、电气火灾监控系统的报警信息、故障信息和相关联动反馈信息。

2. 火灾报警控制器

火灾报警控制器能够显示火灾探测器、火灾显示盘、手动火灾报警按钮的正常工作状态、火灾报警状态、屏蔽状态及故障状态等相关信息，能够控制火灾声光警报器启动和停止。

3. 消防联动控制设备

消防联动控制设备能够将各类消防设施及其设备的状态信息传输到图形显示装置；能够控制和显示各类消防设施的电源工作状态、各类设备及其组件的启 / 停等运行状态和故障状态，显示具有控制功能、信号反馈功能的阀门、监控装置的正常工作状态和动作状态；能够控制具有自动控制、远程控制功能的消防设备的启 / 停，并接收其反馈信号。

思考题

1. 施工过程质量控制要求有哪些？如何进行消防设施现场检查？
2. 消防设施施工安装前、调试时需要具备哪些条件？
3. 如何组织消防设施竣工验收？竣工验收要求有哪些？
4. 消防设施维护管理的内容及其要求有哪些？
5. 消防控制室需要配置哪些监控设备？这些设备配置能够实现哪些监控功能？
6. 消防控制室的值班要求有哪些？火灾发生后如何实施应急处置？

第二章
消防给水

学习要求

通过本章学习，应了解消防给水系统的功能及用途，消防给水系统的各部件检查方法及内容，消防给水系统的安装调试与检测验收程序，以及消防给水系统的维护管理方法。

水是最常用的一种天然灭火剂。水在灭火中具有高效、经济、获取方便、使用简单的特点，在消防灭火中应用广泛。水灭火的作用主要有冷却作用、窒息作用、对水溶性可燃液体的稀释作用、冲击乳化作用以及水力冲击作用等。建筑消防给水是指为建筑消火栓给水系统、自动喷水灭火系统等水灭火系统提供可靠的消防用水的供水系统。

第一节 系统构成

消防给水系统主要由消防水源（天然水源、市政管网、消防水池、消防水箱）、供水设施设备（消防水泵、稳压泵、水泵接合器）和给水管网（阀门）等构成。

消防给水系统按水压分类，可分为高压消防给水系统、临时高压消防给水系统和低压消防给水系统；按给水范围分类，可分为独立消防给水系统和区域（集中）消防给水系统。消防给水系统的分类见表 3—2—1。

表 3—2—1 消防给水系统的分类

分类方式	系统名称	特点
按水压分	高压消防给水系统	能始终保持水灭火系统所需的工作压力和流量，火灾时无须启动消防水泵直接加压的消防给水系统
	临时高压消防给水系统	平时不能满足水灭火所需的工作压力和流量。火灾时自动启动消防水泵，以满足水灭火系统所需的工作压力和流量的消防给水系统
	低压消防给水系统	能满足车载或手台移动消防水泵等取水所需的工作压力和流量的消防给水系统
按给水范围分	独立消防给水系统	在一栋建筑内消防给水系统自成体系、独立工作的系统
	区域（集中）消防给水系统	两栋及两栋以上的建筑共用的消防给水系统
按用途分	专用消防给水系统	仅向水灭火系统供水的独立系统的消防给水系统
	生活、消防共用给水系统	生活给水管网与消防给水管网共用的给水系统
	生产、消防共用给水系统	生产给水管网与消防给水管网共用的给水系统
	生活、生产、消防共用给水系统	大中型城镇、开发区的给水系统均为生活、生产和消防共用的给水系统，比较经济和安全可靠
按位置分	市政消防给水系统	在城镇范围由市政给水系统向水灭火系统供水
	室外消防给水系统	由进水管、室外消防给水管网和室外消火栓等构成，在建筑物外部进行灭火并向室内消防给水系统供水的消防给水系统
	室内消防给水系统	由引入管、室内消防给水管网、室内消火栓、水泵接合器和消防水箱等构成，在建筑物内部进行灭火的消防给水系统

续表

分类方式	系统名称	特　点
按灭火方式分	消火栓灭火系统	由给水设施、消火栓、配水管网和阀门等构成的水灭火系统
	自动喷水灭火系统	以自动喷水喷头为主的灭火组件构成的水灭火系统
按管网形式分	环状管网消防给水系统	消防给水管网构成闭合环形，双向供水
	枝状管网消防给水系统	消防给水管网似树枝状，单向供水

第二节　系统组件（设备）安装前检查

按照施工过程质量控制要求，消防给水系统施工安装前，要对消防水源及到场的供水设施设备、系统组件、管件、材料等进行现场检查，检查内容包括产品质量证明文件检查和产品现场检查、检验，检查判定为不合格的设备、系统组件、管件、材料不得用于施工安装。

一、消防水源的检查

消防水源是向水灭火设施、车载或手抬等移动消防水泵、固定消防水泵、消防水池等提供消防用水的给水设施或天然水源。消防水源是系统的重要组成部分，也是系统灭火的基础保障。

消防给水系统的水源应无污染、无腐蚀、无悬浮物，水的 pH 值应为 6.0 ~ 9.0。给水水源的水质不应堵塞消火栓、报警阀、喷头等消防设施，且不影响其运行。通常，消防给水系统的水质基本上要达到生活水质的要求，消防水源的水量应充足、可靠。

具体可用作消防水源的有市政给水管网、消防水池、天然水源和其他水源。消防水源的选择要因地制宜，考查系统安装所在地具备及适合什么样的水源条件，选择符合要求的水源，条件如下：

（一）市政给水管网作为消防水源的条件

（1）市政给水管网可以连续供水。

（2）用作两路消防供水的市政给水管网应符合下列规定：

1）市政给水厂至少有两条输水干管向市政给水管网输水。

2）市政给水管网布置成环状管网。

3）有不同市政给水干管上不少于两条引入管向消防给水系统供水。当其中一条发生故障时，其余引入管应仍能保证全部消防用水量。

若达不到以上描述的市政两路消防供水条件时，则应视为一路消防供水。

（二）消防水池作为消防水源的条件

（1）消防水池有足够的有效容积。只有在能可靠补水的情况下（两路进水），才可减去持续灭火时间内的补水容积。

（2）供消防车取水的消防水池应设取水口（井）。

（3）在与生活或其他用水合用时，消防水池应有确保消防用水不被挪作他用的技术措施。

（4）严寒、寒冷等结冰地区的消防水池还应采取相应的防冻措施。

（5）取水设施有相应保护措施。

（三）天然水源作为消防水源的条件

（1）利用江河湖海、水库等天然水源作为消防水源时，其设计枯水流量保证率宜为90%～97%。看是否有条件采取防止冰凌、漂浮物、悬浮物等物质堵塞消防设施的技术措施。

（2）天然水源应当具备在枯水位也能确保消防车、固定和移动消防水泵取水的技术条件；若要求消防车能够到达取水口，则还需要设置满足消防车到达取水口的消防车道和消防车回车场或回车道。

（3）井水作为消防水源，直接向水灭火系统供水时，水井不应少于两眼，且当每眼井的深井泵均采用一级供电负荷时，才可视为两路消防供水；若不满足，则视为一路消防供水。

（四）其他水源作为消防水源的条件

雨水清水池、中水清水池、水景和游泳池等，一般只宜作为备用消防水源。但当以上所列的水源必须作为消防水源时，应有保证在任何情况下都能满足消防给水系统所需的水量和水质的技术措施。

二、消防供水设施（设备）检查

（一）消防水泵

1. 消防水泵的外观质量要求

（1）所有铸件外表面不应有明显的结疤、气泡、砂眼等缺陷。

（2）泵体以及各种外露的罩壳、箱体均应喷涂大红漆。涂层质量应符合相关规定。

（3）消防水泵的形状尺寸和安装尺寸应与提供的安装图样相符。

（4）铭牌上标注的泵的型号、名称、特性应与设计说明一致。

2. 消防水泵的材料要求

（1）水泵外壳宜为球墨铸铁，水泵叶轮宜为青铜或不锈钢。

（2）泵体、泵轴、叶轮等的材质合格证应符合要求。

3. 消防水泵的结构要求

（1）泵的结构形式分为中开双吸泵、端吸泵、管道泵、卧式多级泵、立式长轴泵等，其选用应保证易于现场维修和更换零件。紧固件及自锁装置不应因振动等原因而产生松动。

（2）消防泵体上应铸出表示旋转方向的箭头。

（3）泵应设置放水旋塞，放水旋塞应处于泵的最低位置以便排尽泵内余水。

4. 消防水泵的机械性能要求

（1）消防水泵的型号与设计型号一致，泵的流量、扬程、功率符合设计要求和国家现行有关标准的规定。

（2）轴封处密封良好，无线状泄漏现象。

5. 消防水泵控制柜的要求

（1）消防水泵控制柜的控制功能满足设计要求。

（2）控制柜体端正，表面应平整，涂层颜色均匀一致，无眩光，并符合现行国家标准的有关规定，且控制柜外表面没有明显的磕碰伤痕和变形掉漆。

（3）控制柜面板设有电源电压、电流、水泵启 / 停状况及故障的声光报警等显示。

（4）控制柜导线的规格和颜色符合现行国家标准的有关规定。

（5）面板上的按钮、开关、指示灯应易于操作和观察且有功能标示，并符合现行国家标准的有关规定。

（6）控制柜内的电气元件及材料应符合现行国家产品标准的有关规定，并安装合理，其工作位置符合产品使用说明书的规定。

（7）有可靠的双电源或双回路电源条件。

（8）机械应急开关合理。

（9）IP（Ingress Protection）等级符合设计要求。

（二）消防稳压设施

为防止消防稳压泵频繁启动，应设气压罐。各部件技术要求如下：

1. 消防稳压罐

消防稳压罐的质量要求如下：

（1）罐体外表面没有明显的结疤、气泡、砂眼等缺陷。

（2）罐体以及各种外露的罩壳、箱体均喷涂大红漆。涂层质量应符合相关规定。

（3）消防稳压罐的型号与设计型号一致，工作压力不低于规定压力，流量应符合规定要求。

（4）稳压罐的设计、材料、制造、检验与检验报告描述相符。

（5）气压罐有效容积、气压、水位及工作压力符合设计要求；气压水罐应有水位指示器；气压水罐上的安全阀、压力表、泄水管、压力控制仪表等应符合产品使用说明书的要求。

（6）气压罐的出水口公称直径按流量计算确定。应急消防气压给水设备其公称直径不宜小于100 mm，出水口处应设有防止消防用水倒流进罐的措施。

（7）囊式橡胶隔膜材料的性能符合国家有关标准的规定，消防与生活（生产）共用的设备，其囊式橡胶隔膜的卫生质量应符合相关的规定。

2. 消防稳压泵

消防稳压泵的质量要求如下：

（1）消防稳压泵的泵体、电动机外观无瑕疵，油漆完整，形状尺寸和安装尺寸与提供的安装图样相符。

（2）稳压泵的型号、规格、流量和扬程符合设计要求，并应有产品合格证和安装使用说明书。

（3）泵体、泵轴、叶轮等的材质应符合要求。

（三）消防水泵接合器

消防水泵接合器的检查方法和技术要求如下：

（1）查看消防水泵接合器的外观是否有瑕疵，油漆是否完整，形状尺寸和安装尺寸与提供的安装图样是否相符。

（2）对照设计文件查看选择的消防水泵接合器的型号、名称是否准确、一致。

（3）查看消防水泵接合器的设置条件是否具备，其设置位置是否在室外便于消防车接近和使用的地点。

（4）检查消防水泵接合器的外形与室外消火栓是否雷同，以免混淆而延误灭火。

（5）检查消防水泵接合器组件（包括单向阀、安全阀、控制阀等）是否齐全。

三、管材管件的检查

给水管网的主要作用是传输消防用水。管网系统由管材、管件、配件、阀门以及相关设备共同组成，它们通过一定的连接方式连接起来，形成一套封闭的流体传输系统。

管网的连接形式与管道的材质、系统工作压力、温度、介质的理化特性、敷设方式等条件相适应。

给水管网分为室外管网和室内管网，包括消火栓给水管道、自动喷水灭火系统给水管道、泡沫灭火系统给水管道、室内的水喷雾灭火系统给水管道等。

（一）给水管材

目前，消防给水管一般有球墨铸铁管、涂塑钢管、镀锌管等材料产品，管网的选择需要按照规范要求及实际情况来选取合适的材料。管道元件和材料在使用前应按现行国家标准和设计文件的规定核对其材质、型号、规格、数量和标识，并进行外观质量和几何尺寸检查验收，其结果应符合设计文件和相应产品标准的规定。

管材、管件应进行现场外观检查，并符合下列要求：

（1）表面应无裂纹、缩孔、夹渣、折叠和重皮。

（2）螺纹密封面应完整、无损伤、无毛刺。

（3）镀锌钢管内外表面的镀锌层不得有脱落、锈蚀等现象。

（4）非金属密封垫片应质地柔韧、无老化变质或分层现象，表面应无折损、皱纹等缺陷。

（5）法兰密封面应完整光洁，没有毛刺及径向沟槽；螺纹法兰的螺纹应完整、无损伤。

（6）管材的不圆度壁厚应符合要求（有相关的质量保证文件）。

（7）球墨铸铁管承口的内工作面和插口的外工作面应光滑、轮廓清晰，不应有影响接口密封性的缺陷。

（二）管网支架、吊架及防晃支架

管网支吊架（如图 3—2—1 所示）是各种不同型式的支架和吊架的总称。按照支吊架的功能和型式可分为固定支架、滑动支架、导向支架、弹簧支吊架、吊架等。

图 3—2—1　支架和吊架

制作安装的管道支吊架要求如下：

（1）管道支吊架型式、材质、结构尺寸、加工精度及焊接质量等应符合设计文件或有关施工验收规范的要求。

（2）管道支吊架材料除设计文件另有规定外，一般采用Q235普通碳素钢型材制作。

（3）管道支吊架应切边均匀无毛刺，焊缝均匀完整，外观成形良好，没有欠焊、漏焊、裂纹等缺陷。

（4）管道支吊架上面的孔洞应采用电钻加工，不得用氧乙炔割孔。

（5）管道支吊架上管卡、吊杆等部件的螺纹应光洁整齐，无断丝和毛刺等缺陷。

（6）管道支吊架成品后应进行防腐处理，防腐涂层应完整、厚度均匀；当设计文件无规定时，除锈后涂防锈漆一道。

（7）管卡宜用镀锌成型件，当无成型件时可用圆钢或扁钢制作，其内圆弧部分应与管子外径相符。

（三）通用阀门的检查

阀门是控制消防系统管道内水的流动方向、流量及压力的具有可动机构的机械，是消防给水系统中不可缺少的部件。按照阀门在系统中的用途，可将阀门分为截断阀、止回阀、安全阀、减压阀等。阀门的选用，应当根据阀门的用途、介质的性质、最大工作压力、最高工作温度，以及介质的流量或管道的公称通径来选择。

（1）所选用阀门的型号、规格、压力、流量等应符合设计要求。

（2）所选用阀门及其附件应配备齐全，没有加工缺陷和机械性损伤。

（3）对减压阀、泄压阀等重要阀门在现场要逐个进行强度试验和严密性试验，并符合《输油管道工程设计规范》（GB 50253—2014）的有关规定。

第三节　系统安装调试与检测验收

消防给水系统的安装调试、检测验收包括消防水池、消防水箱的施工、安装、检测、验收等内容。消防供水设施安装包括消防水泵、消防增（稳）压设施、消防水泵接合器等及其附属管道的安装、调试和检测、验收。

一、消防水源

（一）消防水池、消防水箱的施工、安装

（1）消防水池、消防水箱的施工和安装，应符合《给水排水构筑物工程施工及验收规范》（GB 50141—2008）、《建筑给水排水及采暖工程施工质量验收规范》（GB 50242—2002）的有关规定。

（2）消防水池、消防水箱应设置于便于维护、通风良好、不结冰、不受污染的场所。在寒冷的场所，消防水箱应采取保温措施或在水箱间设置采暖措施（室内温度高于5℃）。

（3）在施工安装时，消防水池及消防水箱的外壁与建筑本体结构墙面或其他池壁之间的净距，要满足施工、装配和检修的需要。无管道的侧面，净距不宜小于0.7 m；有管道的侧面，净距不宜小于1.0 m，且管道外壁与建筑本体墙面之间的通道宽度不宜小于0.6 m；设有人孔的池顶，顶板面与上面建筑本体板底的净空不应小于0.8 m。

（4）消防水箱采用钢筋混凝土时，在消防水箱的内部应贴白瓷砖或喷涂瓷釉涂料。采用其他材料时，消防水箱宜设置支墩，支墩的高度不宜小于600 mm，以便于管道、附件的安装和检修。在选择材料时，除了考虑强度、造价、材料的自重、不易产生藻类外，还应考虑消防水箱的耐腐蚀性（耐久性）。

适合做消防水箱的材料有许多种，最常见的材料有碳素钢板、钢筋混凝土、搪瓷钢板、玻璃钢、不锈钢等，它们的优缺点如下：

1）碳素钢板焊接而成的钢板水箱，内表面需进行防腐处理，并且防腐材料不得有碍卫生要求。

2）钢筋混凝土现场灌注的水箱，质量大，施工周期长，与配管边接处易漏水，清洗时表面材料易脱落。

3）搪瓷钢板水箱（如图 3—2—2 所示），水质不受污染，能防止钢板锈蚀，安装方便迅速，不受土建进度的限制，结构合理，坚固美观，不变形，不漏水，适用性强。

图 3—2—2 搪瓷钢板水箱

4）玻璃钢水箱（如图 3—2—3 所示），不受建筑空间限制，适应性强，重量轻，无锈蚀，不渗漏，外形美观，保温性能好，安全可靠，安装方便，清洗维修简单，但使用寿命短。

5）不锈钢水箱（如图 3—2—4 所示），坚固，不污染水质，耐腐蚀，不漏水，清洗方便，质量轻，不滋生藻类，容易保温，美观，施工方便，但价格高。

图 3—2—3 玻璃钢水箱

图 3—2—4 不锈钢水箱

在不锈钢材料的选择中，需要注意市政给水中氯离子对材料的影响。玻璃钢水箱受紫外线照射时强度有变化，橡胶垫片易老化，故在消防水箱中不推荐使用。

（5）钢筋混凝土消防水池或消防水箱的进水管、出水管要加设防水套管。钢板等制作的消防水池或消防水箱的进出水等管道宜采用法兰连接，对有振动的管道应加设柔性接头。组合式消防水池或消防水箱的进水管、出水管接头宜采用法兰连接，采用其他连接时应做防锈处理。

（6）消防水池、消防水箱的溢流管、泄水管不得与生产或生活用水的排水系统直接相连，应采用间接排水方式。

（7）消防水池和消防水箱出水管或水泵吸水管要满足最低有效水位出水不掺气的技术要求。

（二）消防水池、消防水箱的检测验收

消防水池、消防水箱的验收，应符合《给水排水构筑物工程施工及验收规范》（GB 50141—2008）、《建筑给水排水及采暖工程施工质量验收规范》（GB 50242—2002）等标准的有关规定。

（1）对照图样，用测量工具检查水池容量是否符合要求，观察有无补水、防冻等消防用水的保证措施，测量取水口的高度和位置是否符合技术要求，查看溢流管、泄水管的安装位置是否正确。对消防水箱而言，需测量水箱的容积、安装标高及位置是否符合技术要求；查看水箱的进水管、出水管、溢流管、泄水管、水位指示器、单向阀、水箱补水及增压措施是否符合技术要求；查看管道与水箱之间的连接方式及管道穿楼板或墙体时的保护措施。

（2）敞口水箱装满水静置 24 h 后观察，若不渗不漏，则敞口水箱的满水试验合格；而封闭水箱在试验压力下保持 10 min，压力不降、不渗不漏则封闭水箱的水压试验合格。

（3）对照图样，用测量工具检查水箱安装位置及支架或底座安装情况，其尺寸及位置应符合设计要求，埋设平整牢固。

（4）检查水箱溢流管和泄水管应设置在排水地点附近，但不得与排水管直接连接。

（三）其他消防水源的检测验收

除了消防水池及消防水箱外，其他消防水源应符合下列要求：

（1）天然水源取水口、地下水井等其他消防水源的水位、出水量、有效容积、安装位置，应符合设计要求。

（2）对照设计资料检查江、河、湖、海、水库和水塘等天然水源的水量、水质是否符合设计要求，应验证其枯水位、洪水位和常水位的流量符合设计要求；地下水井的常水位、出水量等应符合设计要求。

（3）给水管网的进水管管径及供水能力应符合设计要求。

（4）消防水泵直接从市政管网吸水时，应测试市政供水的压力和流量能否满足设计要求的流量。

二、消防供水设施、设备

（一）消防水泵

1. 消防水泵的安装调试

（1）安装前要对水泵进行手动盘车，检查其灵活性。除小型管道泵可以将水泵直接安装在管道上而不做基础外，大多数水泵的安装需要设置混凝土基础。水泵安装前应对土建施工的基础进行复查验收，确保水泵基础符合相应水泵产品样本中水泵安装基础图的要求。设备基础的位置、尺寸、高度及地脚螺孔的位置和尺寸，应符合设计规定。设备基础表面要平整光滑，并清除地脚螺栓预留孔内的杂物。

（2）水泵的减振设施。当有减振要求时，水泵应配有减振设施，将水泵安装在减振台座上。减振台座是在水泵的底座下增设槽钢框架或混凝土板，框架或混凝土板通过地脚螺栓与基础紧固，减振台座下使用减振装置。常用的减振设施有橡胶隔振垫（如图 3—2—5 所示）、橡胶剪切减振器、弹簧减振器（如图 3—2—6 所示）等。

（3）水泵安装操作。水泵安装有分体安装和整体安装两种方式。水泵安装得好坏，对水泵的运行和寿命有重要影响。

1）水泵的分体安装。水泵在装配前，应首先检查零件主要装配尺寸及影响装配的缺陷，清洗零件后方可进行装配。水泵分体安装时，应先安装水泵，再安装电动机。水泵吊装可用起重机或三脚架和倒链滑车，钢丝绳系在泵体吊环上，水泵就位后找正找平，使水泵高度、水平及中心位置符合设计要求。小型水泵的找正，一般用水平尺放在水泵轴上测量轴向水平，放在水

图 3—2—5 橡胶隔振垫

图 3—2—6 弹簧减振器

泵进（出）口垂直法兰面上测量径向水平。大型水泵则采用水准仪和吊线法找正，然后进行泵体固定，最后安装电动机，使电动机联轴器与水泵联轴器对接，使水泵轴中心线与电动机轴中心线在同一水平线上。

2）水泵的整体安装。整体安装时，首先清除泵座底面上的油腻和污垢，将水泵吊装放置在水泵基础上；其次通过调整水泵底座与基础之间的垫铁厚度，使水泵底座找正找平；再次对水泵的轴线、进出水口中心线进行检查和调整；最后进行泵体固定，用水泥沙浆浇灌地脚螺栓孔，待水泥沙浆凝固后，找平泵座并拧紧地脚螺栓螺母（如图 3—2—7 所示）。

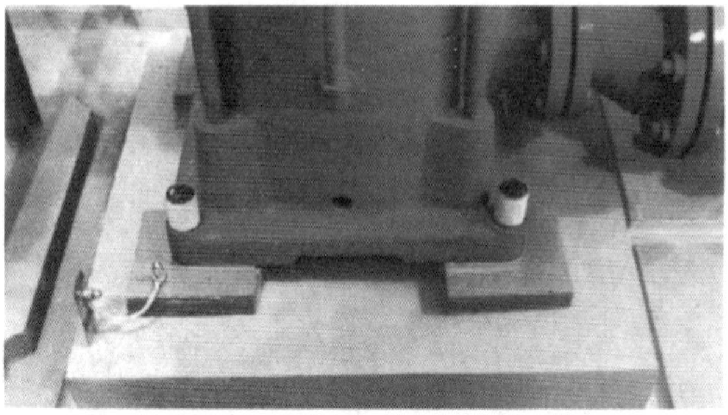

图 3—2—7 水泵地脚螺栓固定

3）消防水泵机组外轮廓面与墙和相邻机组间的间距应符合表 3—2—2 的规定。

表 3—2—2 消防水泵相邻两个机组及机组至墙壁间的最小间距

电动机容量 /kW	消防水泵相邻两个机组及机组至墙壁间的最小间距 /m
＜22	0.6
≥22 至≤55	0.8
＞55 至＜255	1.2
＞255	1.5

除了以上机组间距要求外，泵房主要人行通道宽度不宜小于 1.2 m，电气控制柜前通道宽度不宜小于 1.5 m。

4）水泵机组基础的平面尺寸，有关资料如未明确，无隔振安装应较水泵机组底座四周各宽出 100 ~ 150 mm；有隔振安装应较水泵隔振台座四周各宽出 150 mm。

5）水泵机组基础的顶面标高，无隔振安装时应高出泵房地面不小于 0.10 m；有隔振安装时可高出泵房地面不小于 0.05 m。泵房内管道管外底距地面的距离：当管径 $DN \leqslant 150$ mm 时，不应小于 0.20 m；当管径 $DN \geqslant 200$ mm 时，不应小于 0.25 m，如图 3—2—8 所示。

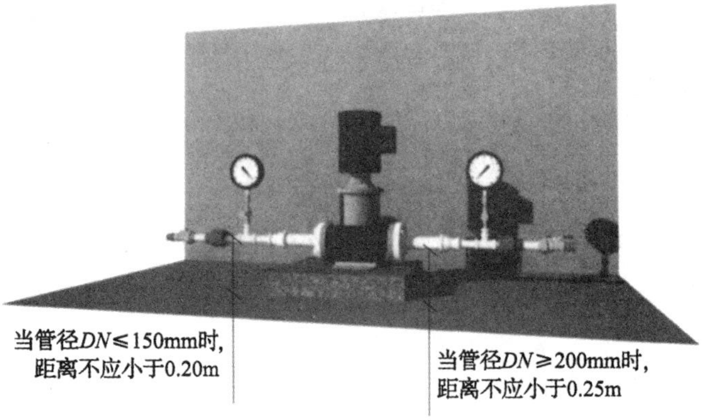

图 3—2—8　泵房内管道管外底距地面的距离

6）水泵吸水管水平段偏心大小头应采用管顶平接，避免产生气囊和漏气现象，图 3—2—9 即典型安装错误。

图 3—2—9　典型安装错误（水泵吸水管水平段偏心大小头装反了）

2. 消防水泵控制柜的安装要求

（1）控制柜的基座，其水平度误差不应大于 ±2 mm，并应做防腐处理及防水措施。

（2）控制柜与基座采用不应小于 ϕ 12 mm 的螺栓固定，每只柜不应少于 4 只螺栓。

（3）做控制柜的上下进出线口时，不应破坏控制柜的防护等级。

3. 消防水泵的检测验收要求

（1）消防水泵运转应平稳，应无不良噪声和振动。

（2）对照图样，检查工作泵、备用泵、吸水管、出水管及出水管上泄压阀、水锤消除设施、止回阀、信号阀等的型号、规格、数量，应符合设计要求；吸水管、出水管上的控制阀应锁定在常开位置，并有明显标记。

（3）消防水泵应采用自灌式引水或其他可靠的引水措施，并保证全部有效储水被有效利用。

（4）分别开启系统中的每一个末端试水装置、试水阀和试验消火栓，水流指示器、压力开关、低压压力开关、高位消防水箱流量开关等信号的功能，均应符合设计要求。

（5）打开消防水泵出水管上试水阀，当采用主电源启动消防水泵时，消防水泵应启动正常；关掉主电源，主、备用电源应能正常切换；消防水泵就地和远程启/停功能应正常，并向消防控制室反馈状态信号。

（6）在阀门出口用压力表检查消防水泵停泵时，水锤消除设施后的压力不应超过水泵出口设计额定压力的 1.4 倍。

（7）采用固定和移动式流量计和压力表测试消防水泵的性能，水泵性能应满足设计要求。

（8）消防水泵启动控制应置于自动启动挡。

（9）消防水泵控制柜的验收要求：

1）控制柜的型号、规格、数量应符合设计要求。

2）控制柜的图样塑封后应牢固粘贴于柜门内侧。

3）控制柜的动作应符合设计要求和有关规定。

4）控制柜的质量应符合产品标准。

5）主、备用电源自动切换装置的设置应符合设计要求。

（二）消防增（稳）压设施

1. 气压水罐的安装要求

（1）气压水罐有效容积、气压、水位及设计压力应符合设计要求。

（2）气压水罐安装位置和间距、进水管及出水管方向应符合设计要求。

（3）气压水罐宜有有效水容积指示器。

（4）气压水罐安装时其四周要设检修通道，其宽度不宜小于 0.7 m，消防气压给水设备顶部至楼板或梁底的距离不宜小于 0.6 m；消防稳压罐的布置应合理、紧凑。

（5）当气压水罐设置在非采暖房间时，应采取有效措施防止结冰。

2. 稳压泵的安装要求

（1）稳压泵的型号、规格、流量和扬程应符合设计要求，并应有产品合格证和安装使用说明书。

（2）稳压泵的安装应符合《给水排水构筑物工程施工及验收规范》（GB 50141—2008）、《机械设备安装工程施工及验收通用规范》（GB 50231—2009）、《风机、压缩机、泵安装工程施工及验收规范》（GB 50275—2010）的有关规定，并考虑排水的要求。

3. 气压水罐的验收要求

（1）气压水罐的有效容积、调节容积应符合设计要求。

（2）气压水罐气侧压力应符合设计要求。

4. 稳压泵的验收要求

（1）稳压泵的型号、性能等应符合设计要求。

（2）稳压泵的控制应符合设计要求，并应有防止稳压泵频繁启动的技术措施。

（3）稳压泵在 1 h 内的启停次数应符合设计要求，并不宜大于 15 次/h。

（4）稳压泵供电应正常，自动手动启停应正常；关掉主电源，主、备用电源能正常切换。

（5）稳压泵吸水管应设置明杆闸阀，稳压泵出水管应设置消声止回阀和明杆闸阀。

（三）消防水泵接合器

1. 消防水泵接合器的安装要求

（1）组装式水泵接合器的安装，应按接口、本体、连接管、止回阀、安全阀、放空管、控制阀的顺序进行，止回阀的安装方向应使消防用水能从水泵接合器进入系统；整体式水泵接合器的安装按其使用安装说明书进行。

（2）水泵接合器接口的位置应方便操作，安装在便于消防车接近的人行道或非机动车行驶地段，距室外消火栓或消防水池的距离宜为15 ~ 40 m。

（3）墙壁水泵接合器的安装应符合设计要求。设计无要求时，其安装高度距地面宜为0.7 m；与墙面上的门、窗、孔、洞的净距离不应小于2.0 m，且不应安装在玻璃幕墙下方。

（4）地下水泵接合器的安装，应使进水口与井盖底面的距离不大于0.4 m，且不应小于井盖的半径；井内应有足够的操作空间并应做好防水和排水措施，防止地下水渗入。寒冷地区井内应做防冻保护。

（5）水泵接合器与给水系统之间不应设置除检修阀门以外的其他阀门；检修阀门应在水泵接合器周围就近设置，且应保证便于操作。

2. 消防水泵接合器的检测验收

（1）消火栓水泵接合器与消防通道之间不应设有妨碍消防车加压供水的障碍物（用于保护接合器的装置除外）。

（2）水泵接合器的安全阀及止回阀安装位置和方向应正确，阀门启闭应灵活。

（3）水泵接合器应设置明显的耐久性指示标志，当系统采用分区或对不同系统供水时，必须标明水泵接合器的供水区域及系统区别的永久性固定标志。

（4）地下消防水泵接合器应采用铸有“消防水泵接合器”标志的铸铁井盖，并在附近设置指示其位置的永久性固定标志。

（5）消防水泵接合器的数量及进水管位置应符合设计要求，并采用消防车车载消防水泵进行充水试验，供水最不利点的压力、流量应符合设计要求；当有分区供水时应确定消防车的最大供水高度和接力泵的设置位置的合理性。

三、给水管网

（一）管道连接方式

目前消防管道工程常用的连接方式有螺纹连接、焊接连接、法兰连接、承插连接、沟槽连接等。

（1）螺纹连接。螺纹连接用于低压流体输送用焊接钢管及外径可以攻螺纹的无缝钢管的连接，在消防上，当管径小于等于*DN*50 mm时，采用螺纹连接。

（2）焊接连接。焊接连接是管道工程中最重要且应用最广泛的连接方式。其主要优点是：接口牢固耐久，不易渗漏，接头强度和严密性高，使用后不需要经常管理。钢管的焊接方式有很多，有气焊、手工电弧焊、氩弧焊、埋弧焊等。由于电焊焊缝强度比气焊高，并且比气焊经济，因此优先采用电焊焊接。

（3）法兰连接。法兰连接是将垫片放入一对固定在两个管口上的法兰的中间，用螺栓拉紧使其紧密结合起来的一种可拆卸的接头。按法兰与管子的固定方式分为螺纹法兰、焊接法兰、松套法兰等。

（4）承插连接。消防上多用到铸铁管的承插连接（如图3—2—10所示），铸铁管的承插连接方式分为机械式接口和非机械式接口。机械式接口利用压兰与管端上法兰连接，将橡胶密封圈压紧在铸铁承插口间隙内，使橡胶密封圈压缩而与管壁紧贴形成密封。非机械式接口根据填料的不同，分为石棉水泥接口、自应力水泥接口、青铅接口和橡胶圈接口。

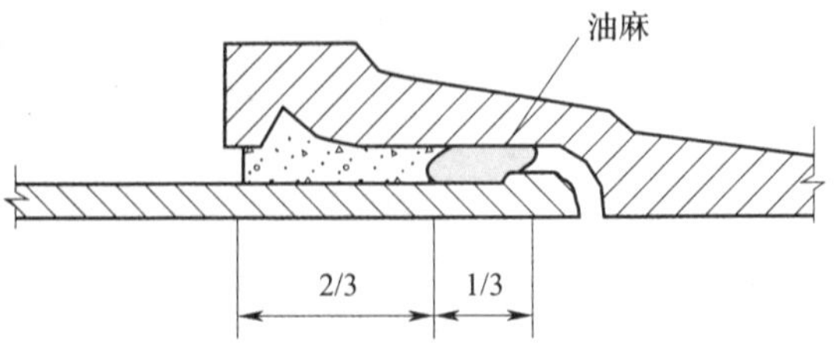

图 3—2—10 承插接口的构造

当管道采用螺纹、法兰、承插等方式连接时的要求如下：

1）采用螺纹连接时，热浸镀锌钢管的管件宜采用锻铸铁螺纹管件有关国家技术标准的规定，热浸镀锌无缝钢管的管件宜采用《锻制承插焊和螺纹管件》（GB/T 14383—2008）的有关规定。

2）采用螺纹连接时，螺纹应符合《55° 密封管螺纹》（GB/T 7306—2000）的有关规定，宜采用密封胶带作为螺纹接口的密封，密封带应在外螺纹上施加。

3）法兰连接时，法兰的密封面形式和压力等级应与消防给水系统技术要求相符合；法兰类型宜根据连接形式采用平焊法兰、对焊法兰和螺纹法兰等，法兰选择应符合《钢制管法兰 类型与参数》（GB/T 9112—2010）、《整体钢制管法兰》（GB/T 9113—2010）、《钢制对焊管件 类型与参数》（GB/T 12459—2017）和《管法兰用非金属聚四氟乙烯包覆垫片》（GB/T 13404—2008）的有关规定。

4）当热浸镀锌钢管采用法兰连接时要选用螺纹法兰，必须焊接连接时，法兰焊接应符合《现场设备、工业管道焊接工程施工规范》（GB 50236—2011）、《工业金属管道工程施工规范》（GB 50235—2010）的有关规定。

5）球墨铸铁管承插连接时，应符合《给水排水管道工程施工及验收规范》（GB 50268—2008）的有关规定。

6）管径大于 *DN*50 mm 的管道不应使用螺纹活接头，在管道变径处应采用单体异径接头。

（5）沟槽连接。沟槽式管接口是在管材、管件等管道接头部位加工成环形沟槽，用卡箍件、橡胶密封圈和紧固件等组成的套筒式快速接头。安装时，在相邻管端套上异形橡胶密封圈后，用拼合式卡箍件连接。卡箍件的内缘就位在沟槽内并用紧固件紧固后，保证了管道的密封性能。这种连接方式具有不破坏钢管镀锌层、施工快捷、密封性好、便于拆卸等优点。

1）目前消防给水管道工程中较常用的连接方式有以下几种：

①管卡连接，如图 3—2—11 所示。

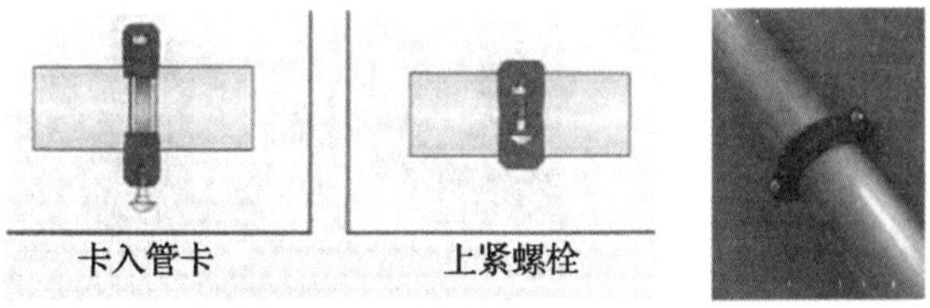

图 3—2—11 管卡连接

②同径三通连接，如图 3—2—12 所示。

③同径四通连接，如图 3—2—13 所示。

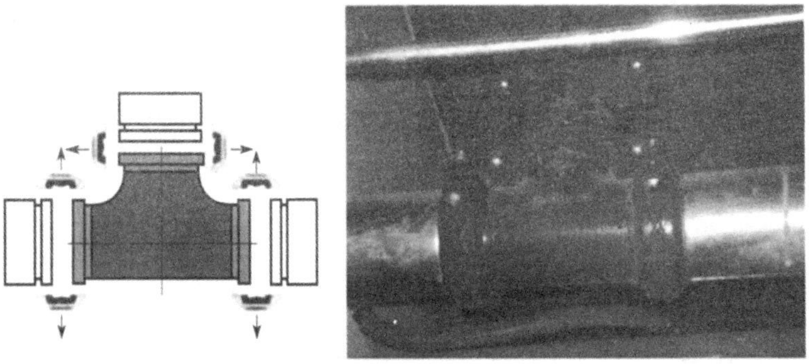

图 3—2—12　同径三通连接

图 3—2—13　同径四通连接

④弯头连接，如图 3—2—14 所示。

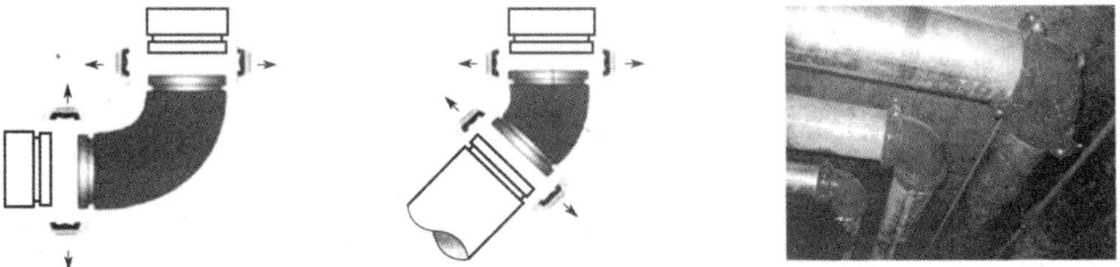

图 3—2—14　弯头连接

⑤同心异径连接，如图 3—2—15 所示。

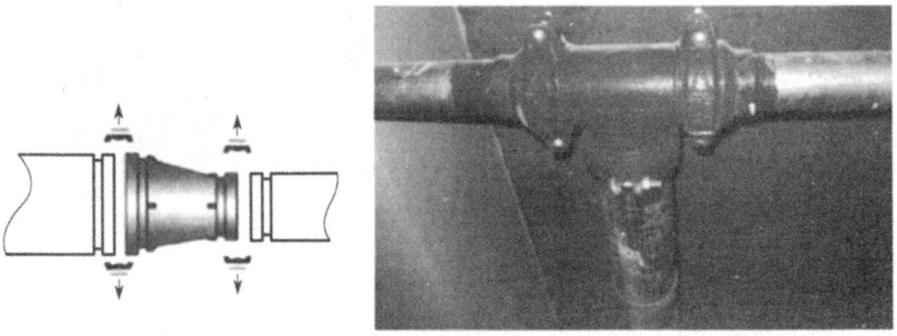

图 3—2—15　同心异径连接

⑥机械三通连接，如图 3—2—16 所示。

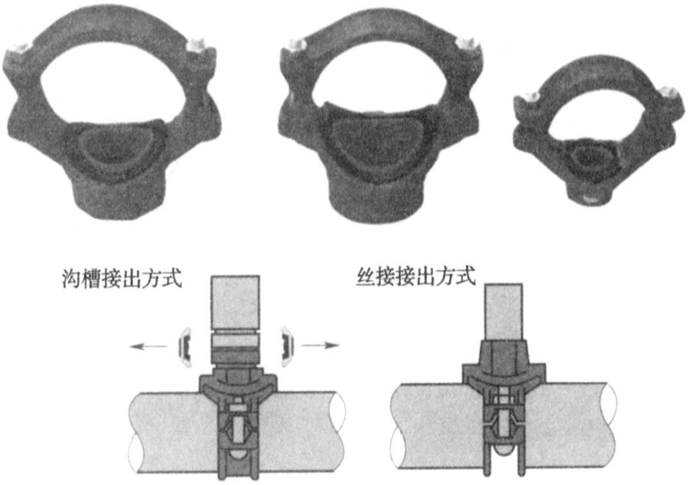

图 3—2—16 机械三通连接

⑦机械四通连接，如图 3—2—17 所示。

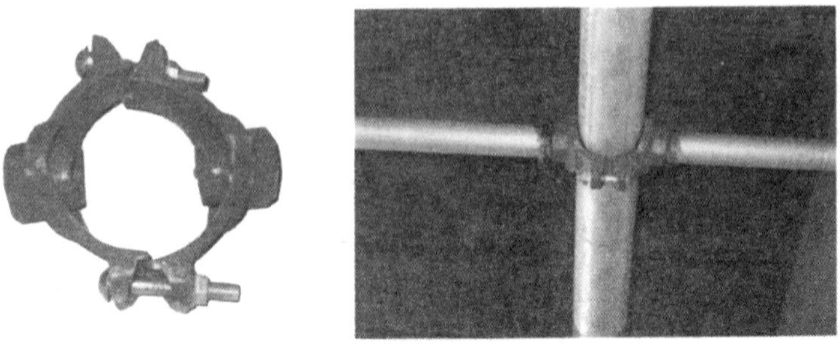

图 3—2—17 机械四通连接

2）使用沟槽连接件（卡箍）连接时符合下列规定：

①沟槽连接件（管接头）、钢管沟槽深度和钢管壁厚等，应符合《自动喷水灭火系统 第 11 部分：沟槽式管接件》（GB 5135.11—2006）的有关规定。

②有振动的场所和埋地管道应采用柔性接头，其他场所宜采用刚性接头。当采用刚性接头时，每隔 4 ~ 5 个刚性接头应设置一个挠性接头，埋地连接时螺栓和螺母应采用不锈钢件。

③沟槽式管件连接时，其管道连接沟槽和开孔应用专用滚槽机和开孔机加工，并应做防腐处理；连接前应检查沟槽和孔洞尺寸，加工质量应符合技术要求；沟槽、孔洞处不应有毛刺、破损性裂纹和脏物。

④沟槽式管件的凸边应卡进沟槽后再紧固螺栓，两边应同时紧固，紧固时发现橡胶圈起皱应更换新橡胶圈。

⑤机械三通连接时，要检查机械三通与孔洞的间隙，各部位应均匀，然后再紧固到位；机械三通开孔间距不应小于 1 m，机械四通开孔间距不应小于 2 m；机械三通、机械四通连接时支管的直径应满足表 3—2—3 的规定，当主管与支管连接不符合表 3—2—3 的规定时应采用沟槽式三通、四通管件连接。

表 3—2—3　　机械三通、机械四通连接时支管直径

主管直径 DN/mm		65	80	100	125	150	200	250	300
支管直径 DN/mm	机械三通	40	40	65	80	100	100	100	100
	机械四通	32	32	50	65	80	100	100	100

⑥配水干管（立管）与配水管（水平管）连接，应采用沟槽式管件，不应采用机械三通。

⑦埋地的沟槽式管件的螺栓、螺帽应做防腐处理。水泵房内的埋地管道连接应采用挠性接头。

⑧采用沟槽连接件连接管道变径和转弯时，宜采用沟槽式异径管件和弯头；当需要采用补芯时，三通上可用一个，四通上不应超过两个；公称直径大于 50 mm 的管道不宜采用活接头。

⑨沟槽连接件要采用三元乙丙橡胶（EDPM）C 型密封胶圈，弹性应良好，无破损和变形，安装压紧后 C 型密封胶圈中间要有空隙。

（二）架空管道的安装

架空管道的安装位置应符合设计要求，并符合下列规定：

（1）架空管道的安装不应影响建筑功能的正常使用，不应影响和妨碍通行以及门窗等开启。

（2）当设计无要求时，管道的中心线与梁、柱、楼板等的最小距离应符合表 3—2—4 的规定。

表 3—2—4　　管道的中心线与梁、柱、楼板等的最小距离

管道公称直径 /mm	25	32	40	50	70	80	100	125	150	200
距离 /mm	40	40	50	60	70	80	100	125	150	200

（3）消防给水管穿过地下室外墙、构筑物墙壁以及屋面等有防水要求处时，要设防水套管。

（4）消防给水管穿过建筑物承重墙或基础时，应预留洞口，洞口高度应保证管顶上部净空不小于建筑物的沉降量，不宜小于 0.1 m，并应填充不透水的弹性材料，如图 3—2—18 所示。

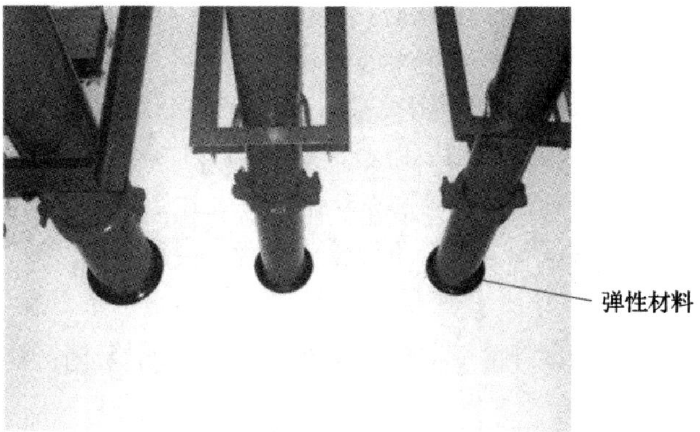

图 3—2—18　消防给水管穿墙时填充不透水的弹性材料

（5）消防给水管穿过墙体或楼板时要加设套管，套管长度不应小于墙体厚度，或应高出楼面

或地面 50 mm；套管与管道的间隙应采用不燃材料填塞，管道的接口不应位于套管内。

（6）消防给水管必须穿过伸缩缝及沉降缝时，应采用波纹管和补偿器等技术措施，如图 3—2—19 所示。

图 3—2—19　消防给水管穿过伸缩缝 / 沉降缝时的安装方式

（7）消防给水管可能发生冰冻时，应采取防冻技术措施。

（8）消防给水管通过或敷设在有腐蚀性气体的房间内时，管外壁要刷防腐漆或缠绕防腐材料。

（9）架空管道外应刷红色油漆或涂红色环圈标志，并注明管道名称和水流方向标识（如图 3—2—20 所示）。红色环圈标志宽度不应小于 20 mm，间隔不宜大于 4 m，在一个独立的单元内环圈不宜少于两处。

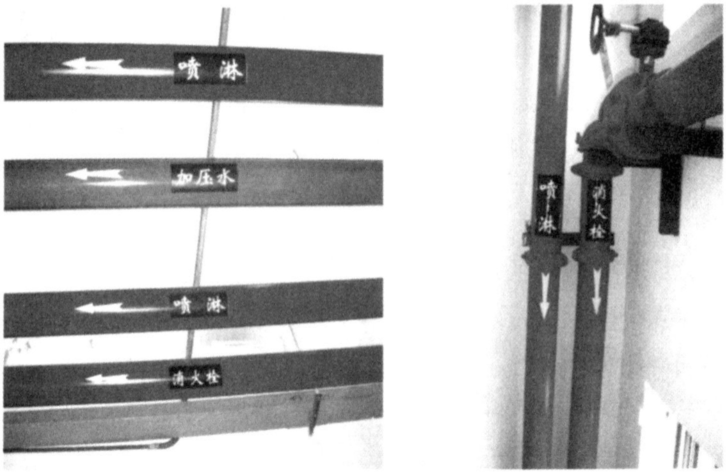

图 3—2—20　管道外注明管道名称和水流方向标识

（三）管网支吊架的安装

（1）架空管道支架、吊架、防晃（固定）支架的安装应固定牢固，其型式、材质及施工应符合设计要求。

（2）设计的吊架在管道的每一支撑点处应能承受 5 倍于充满水的管道质量，且管道系统支撑点应支撑整个消防给水系统。

（3）管道支架的支撑点宜设在建筑物的结构上，其结构在管道悬吊点应能承受充满水管道质量另加至少 114 kg 的阀门、法兰和接头等附加荷载。充水管道的参考质量可按表 3—2—5 选取。

表3—2—5　　充水管道的参考质量

公称直径/mm	25	32	40	50	70	80	100	125	150	200
保温管道参考质量/（kg/m）	15	18	19	22	27	32	41	54	66	103
不保温管道参考质量/（kg/m）	5	7	7	9	13	17	22	33	42	73

注：1. 计算管质量按10 kg化整，不足20 kg按20 kg计算。

2. 表中管质量不包括阀门质量，大口径的阀门和部件不应由管道来承重，应设置支吊架承重。

（4）管道支架或吊架的设置间距不应大于表3—2—6的要求。

表3—2—6　　管道支架或吊架的间距

公称直径/mm	25	32	40	50	70	80	100	150	200	250	300
最大间距/m	3.5	4.0	4.5	5.0	6.0	6.0	6.5	7.0	8.0	11.0	12.0

（5）当管道穿梁安装时，穿梁处宜设置1个吊架，如图3—2—21所示。

（6）下列部位应设置固定支架或防晃支架：

1）配水管宜在中点设1个防晃支架，但当管径小于*DN*50 mm时可不设。

2）配水干管及配水管，配水支管的长度超过15 m，每15 m长度内应至少设1个防晃支架，但当管径不大于*DN*40 mm时可不设。

3）管径大于*DN*50 mm的管道拐弯、三通及四通位置处应设1个防晃支架。

4）防晃支架的强度，应满足管道、配件及管内水的重量再加50%的水平方向推力时不损坏或不产生永久变形。当管道穿梁安装时，管道再用紧固件固定于混凝土结构上，可作为1个防晃支架处理。

图3—2—21　管道穿梁处设置1个吊架

（7）架空管道每段管道设置的防晃支架应不少于1个；当管道改变方向时，应增设防晃支架；立管应在其始端和终端设防晃支架或采用管卡固定。

（四）管网的试压和冲洗

消防给水管网施工完成后，要进行试压和冲洗，要求如下：

（1）管网安装完毕后，要对其进行强度试验、冲洗和严密性试验。

（2）强度试验和严密性试验宜用水进行。

（3）系统试压完成后，要及时拆除所有临时盲板及试验用的管道，并与记录核对无误。

（4）管网冲洗在试压合格后分段进行。冲洗顺序应先室外、后室内，先地下、后地上；室内部分的冲洗应按配水干管、配水管、配水支管的顺序进行。

（5）系统试压前应具备下列条件：

1）埋地管道的位置及管道基础、管道支墩（如图3—2—22所示）等经复查应符合设计要求。

2）试压用的压力表不应少于2只；精度不应低于1.5级，量程为试验压力值的1.5～2倍。

3）对不能参与试压的设备、仪表、阀门及附件要加以隔离或拆除；加设的临时盲板应具有凸出于法兰的边耳，且应做明显标志，并记录临时盲板的数量。

（6）系统试压过程中，当出现泄漏时，要停止试压，并放空管网中的试验介质，消除缺陷后，重新再试。

（7）管网冲洗宜用水进行。冲洗前，应对系统的仪表采取保护措施。

（8）冲洗前，对管道防晃支吊架等进行检查，必要时应采取加固措施，如图 3—2—23 所示。

（9）对不能经受冲洗的设备和冲洗后可能存留脏物、杂物的管段，应进行清理。

图 3—2—22　常见的管道支墩

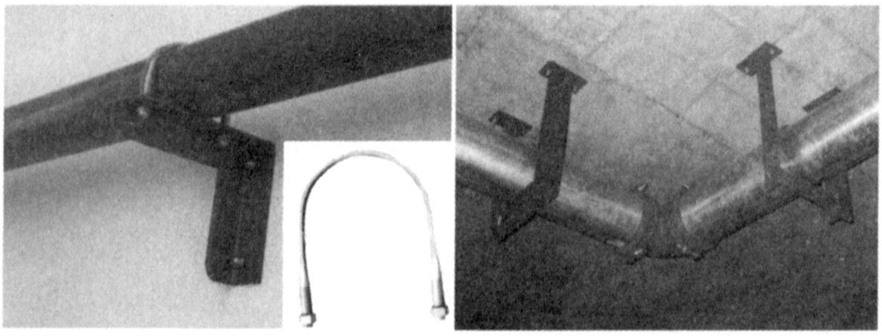

图 3—2—23　管道支吊架加固措施

（10）冲洗管道直径大于 *DN*100 mm 时，应对其死角和底部进行敲打，但不得损伤管道。

（11）水压试验和水冲洗宜采用生活用水进行，不得使用海水或含有腐蚀性化学物质的水。

（12）在管材类型为钢管的压力管道的水压强度试验中，当系统设计工作压力小于或等于 1.0 MPa 时，水压强度试验压力应为设计工作压力的 1.5 倍，并不应低于 1.4 MPa；当系统设计工作压力大于 1.0 MPa 时，水压强度试验压力应为该工作压力加 0.4 MPa。

（13）水压强度试验的测试点应设在系统管网的最低点。对管网注水时，应将管网内的空气排净，并缓慢升压，达到试验压力后，稳压 30 min 后，管网应无泄漏、无变形，且压力降不大于 0.05 MPa。

（14）水压严密性试验在水压强度试验和管网冲洗合格后进行。试验压力应为系统设计工作压力，稳压 24 h，应无泄漏。

（15）水压试验时环境温度不宜低于 5℃，当低于 5℃时，水压试验应采取防冻措施。

（16）消防给水系统的水源干管、进户管和室内埋地管道应在回填前单独或与系统一起进行水压强度试验和水压严密性试验。

（17）气压严密性试验的介质宜采用空气或氮气，试验压力应为 0.28 MPa，且稳压 24 h，压力降不应大于 0.01 MPa。

（18）管网冲洗的水流流速、流量不应小于系统设计的水流流速、流量；管网冲洗宜分区、分段进行；水平管网冲洗时，其排水管位置应低于冲洗管网。

（19）管网冲洗的水流方向要与灭火时管网的水流方向一致。

（20）管网冲洗应连续进行。当出口处水的颜色、透明度与入口处水的颜色、透明度基本一致时，冲洗方可结束。

（21）管网冲洗宜设临时专用排水管道，其排放应畅通和安全。排水管道的截面面积不应小于被冲洗管道截面面积的 60%。

（22）管网的地上管道与地下管道连接前，应在管道连接处加设堵头后，再对地下管道进行冲洗。

（23）管网冲洗结束后，应将管网内的水排除干净。

（24）干式消火栓系统管网冲洗结束，管网内水排除干净后，必要时可采用压缩空气吹干。

（五）消防给水系统阀门的安装

消防给水系统阀门的安装要求如下：

（1）各类阀门型号、规格及公称压力应符合设计要求。

（2）阀门的设置应便于安装维修和操作，且安装空间能满足阀门完全启闭的要求，并作标志。

（3）阀门应有明显的启闭标志。

（4）消防给水系统干管与水灭火系统连接处应设置独立阀门，并保证各系统独立使用。

（六）给水管网的检测验收

（1）管网应符合下列要求：

1）管道的材质、管径、接头、连接方式及采取的防腐、防冻措施，应符合设计要求，管道标识应符合设计要求。

2）管网排水坡度及辅助排水设施，应符合设计要求。

3）管网不同部位安装的阀门及部件等，均应符合设计要求。

4）架空管道的立管、配水支管、配水管、配水干管设置的支架，应符合相关规定。

5）消防给水系统流量、压力的验收，应通过系统流量、压力检测装置和末端试水装置进行放水试验，系统流量、压力和消火栓充实水柱等应符合设计要求。

（2）阀门应符合下列要求：

1）阀门的型号、安装位置和方向应符合设计文件的规定。

2）阀门的安装位置、进出口方向应正确，连接应牢固、紧密，启闭应灵活，阀杆、手轮等朝向应合理。

第四节 系统维护管理

消防给水系统的维护管理是确保系统正常完好、有效使用的基本保障。维护管理人员经过消防专业培训后应熟悉消防给水系统的相关原理、性能和操作维护方法。

一、消防水源的维护管理

消防水源的维护管理应符合下列规定：

（1）每季度应监测市政给水管网的压力和供水能力。

（2）每年应对天然河、湖等地表水消防水源的常水位、枯水位、洪水位，以及枯水位流量或蓄水量等进行一次检测。

（3）每年应对水井等地下水消防水源的常水位、最低水位、最高水位和出水量等进行一次测定。

（4）每月应对消防水池、高位消防水池、高位消防水箱等消防水源设施的水位等进行一次检测；消防水池（箱）玻璃水位计两端的角阀在不进行水位观察时应关闭。

（5）在冬季每天要对消防储水设施进行室内温度和水温检测，当结冰或室内温度低于5℃时，要采取确保不结冰和室温不低于5℃的措施。

（6）每年应检查消防水池、消防水箱等蓄水设施的结构材料是否完好，发现问题及时处理。

（7）永久性地表水天然水源消防取水口应有防止水生生物繁殖的管理技术措施。

二、供水设施设备的维护管理

（一）供水设施的维护管理规定

（1）每月应手动启动消防水泵运转一次，并检查供电电源的情况。

（2）每周应模拟消防水泵自动控制的条件自动启动消防水泵运转一次，且自动记录自动巡检情况，每月应检测记录。

（3）每日应对稳压泵的停泵启泵压力和启泵次数等进行检查和记录运行情况。

（4）每日应对柴油机消防水泵的启动电池的电量进行检测，每周检查储油箱的储油量，每月应手动启动柴油机消防水泵运行一次。

（5）每季度应对消防水泵的出流量和压力进行一次试验。

（6）每月应对气压水罐的压力和有效容积等进行一次检测。

（二）水泵接合器的维护管理规定

（1）查看水泵接合器周围有无放置构成操作障碍的物品。

（2）查看水泵接合器有无破损、变形、锈蚀及操作障碍，确保接口完好、无渗漏、闷盖齐全。

（3）查看闸阀是否处于开启状态。

（4）查看水泵接合器的标志是否明显。

三、给水管网的维护管理

（1）系统上所有的控制阀门均应采用铅封或锁链固定在开启或规定的状态，每月应对铅封、锁链进行一次检查，当有破坏或损坏时应及时修理更换。

（2）每月应对电动阀和电磁阀的供电和启闭性能进行检测。

（3）每季度应对室外阀门井中、进水管上的控制阀门进行一次检查，并应核实其处于全开启状态。

（4）每天应对水源控制阀进行外观检查，并应保证系统处于无故障状态。

（5）每季度应对系统所有的末端试水阀和报警阀的放水试验阀进行一次放水试验，并应检查系统启动、报警功能及出水情况是否正常。

（6）在市政供水阀门处于完全开启状态时，每月应对倒流防止器的压差进行检测，且应符合《减压型倒流防止器》（GB/T 25178—2010）和《双止回阀倒流防止器》（CJ/T 160—2010）等的有关规定。

思考题

1. 消防给水如何分类？
2. 水泵接合器的分类有哪些？
3. 消防水箱的安装方法有哪些？

参考文献

[1] 公安部消防局 . 中国消防手册（第三卷）：消防规划 · 公共消防设施 · 建筑防火设计［M］. 上海：上海科学技术出版社，2006.
[2] 陈育坤 . 建筑消防设施操作与检查［M］. 昆明：云南美术出版社，2011.

第三章
消火栓系统

学习要求

通过本章学习，应了解消火栓系统的功能及用途，消火栓系统的各部件检查方法及内容，消火栓系统的安装调试与检测验收程序，消火栓系统的维护管理方法。

消火栓系统是扑救、控制建筑物初起火灾的最为有效的灭火设施，是应用最为广泛、用量最大的水灭火系统；消火栓系统是以水为介质，用于灭火、控火和冷却防护等功能的消防系统，本章将详细介绍建筑中最常见的室内、室外消火栓系统。

第一节 系统构成

消火栓系统分为市政消火栓和室外消火栓系统、室内消火栓系统，它们的构成各有不同，具体介绍如下：

一、市政消火栓和室外消火栓系统

市政消火栓系统设置在市政给水管网上，室外消火栓系统设置在建筑外，两者都采用室外消火栓，其主要用途都是供消防车取水，经增压后向建筑内的供水管网供水或实施灭火，也可以直接连接水带、水枪出水灭火。室外消火栓系统主要由市政给水管网或室外消防给水管网、消防水池、消防水泵和室外消火栓组成。

二、室内消火栓系统

室内消火栓是扑救建筑内火灾的主要设施，通常安装在消火栓箱内，与消防水带和水枪等器材配套使用，是使用最普遍的消防设施之一，在消防灭火中因性能可靠、成本低廉而被广泛采用。

室内消火栓系统由消防给水设施、消防给水管网、室内消火栓设备、报警控制设备及系统附件等组成，如图 3—3—1 所示。

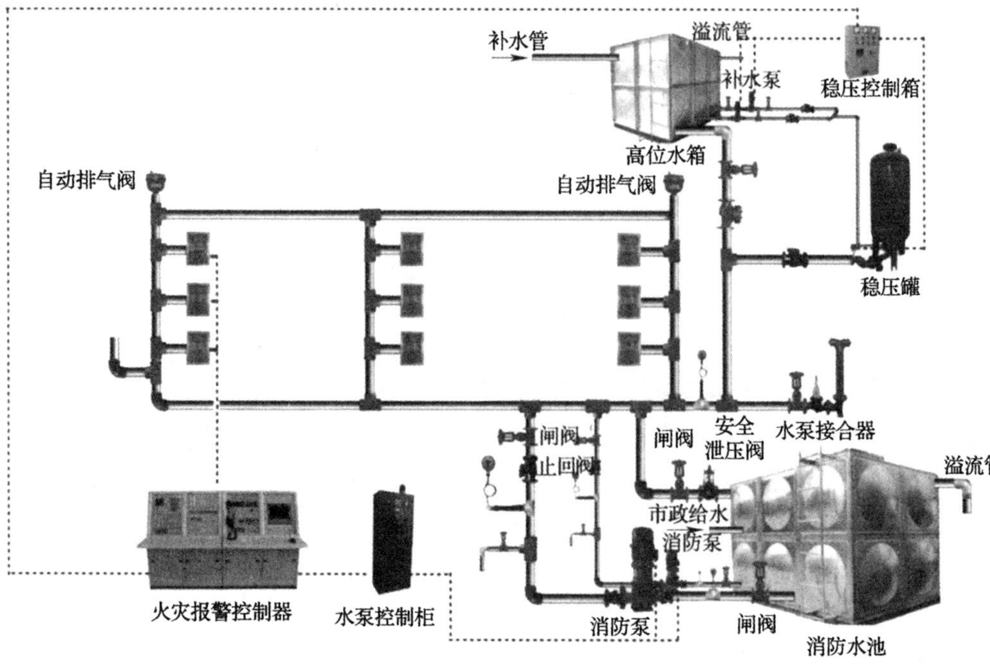

图 3—3—1　室内消火栓系统示意图

第二节　系统组件（设备）安装前检查

消火栓系统施工安装前，按照施工过程质量控制要求，需要对系统组件、管件及其他设备、材料进行现场检查（检验），不合格的组件、管件、设备、材料不得使用。

一、室外消火栓

室外消火栓安装在室外，是专门用于灭火取水的装置，如图 3—3—2、图 3—3—3 所示。

（一）室外消火栓的分类

（1）按其安装场合可分为地上式和地下式两种，地上式又分为湿式和干式。地上湿式室外消火栓适用于气温较高的地区，地上干式室外消火栓和地下式室外消火栓适用于气温较寒冷的地区。

（2）按消火栓的进水口与城市自来水管网的连接方式可分为承插式和法兰式两种。

（3）按其进水口的公称通径可分为 100 mm 和 150 mm 两种。进水口公称通径为 100 mm 的消火栓，其吸水管出水口应选用规格为 100 mm 的消防接口，水带出水口应选用规格为 65 mm 的消防接口。进水口公称通径为 150 mm 的消火栓，其吸水管出水口应选用规格为 150 mm 的消防接口，水带出水口应选用规格为 80 mm 的消防接口。

图 3—3—2　室外消火栓的实物图

a）地上式　b）地下式

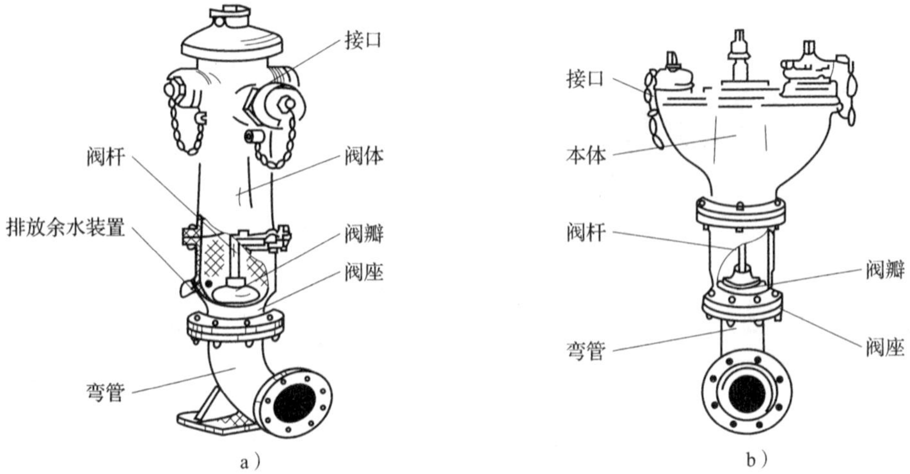

图 3—3—3　室外消火栓的结构图

a）地上式　b）地下式

（4）按其公称压力可分为 1.0 MPa 和 1.6 MPa 两种。其中承插式的消火栓为 1.0 MPa，法兰式的消火栓为 1.6 MPa。

（5）按其用途可分为普通型和特殊型。特殊型又有泡沫型、防撞型、调压型、减压稳压型之分。

（二）室外消火栓的检查

（1）产品标识。目测，对照产品的检验报告，合格的室外消火栓应在阀体或阀盖上铸出型号、规格和商标且应与检验报告描述一致，如发现不一致的，则一致性检查不合格。

（2）消防接口。用小刀轻刮外螺纹固定接口和吸水管接口，目测外螺纹固定接口和吸水管接口的本体材料应由铜质材料或不锈钢材料制造。不合格消火栓外螺纹固定接口和吸水管接口的本体材料为铁或镀铜。

（3）排放余水装置。目测，室外消火栓应有自动排放余水装置。

（4）材料。打开室外消火栓，目测，栓阀座应用铸造铜合金制作，阀杆螺母材料性能应不低于黄铜。

二、室内消火栓

（一）室内消火栓的分类

（1）按其出水口型式可分为单出口室内消火栓和双出口室内消火栓。目前，双出口室内消火栓已基本淘汰，不建议采用。

（2）按其栓阀数量可分为单栓阀（以下简称单阀）室内消火栓和双栓阀（以下简称双阀）室内消火栓。

（3）按其结构型式可分为直角出口型室内消火栓、45° 出口型室内消火栓、旋转型室内消火栓、减压型室内消火栓、旋转减压型室内消火栓、减压稳压型室内消火栓（如图 3—3—4 所示）、旋转减压稳压型室内消火栓等。

（二）室内消火栓的检查

（1）产品标识。对照产品的检验报告，室内消火栓应在阀体或阀盖上铸出型号、规格和商标（如图 3—3—5 所示）且应与检验报告描述一致。如发现不一致，则一致性检查不合格。

图 3—3—4　减压稳压型室内消火栓

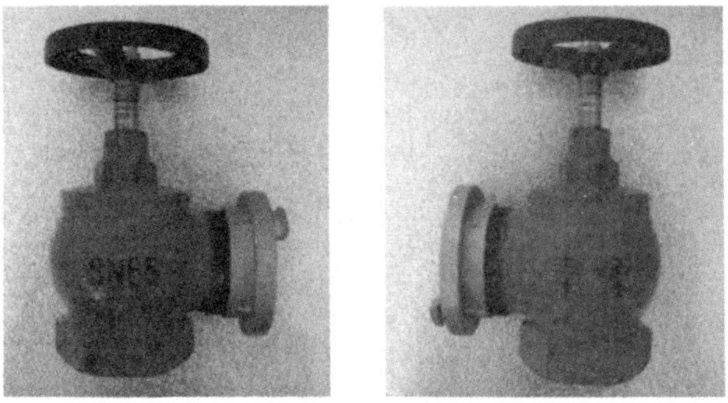

图 3—3—5　室内消火栓在阀体或阀盖上铸出型号、规格和商标

（2）手轮。室内消火栓手轮轮缘上应明显地铸出标示开关方向的箭头和字样，如图 3—3—6 所示。手轮直径应符合要求，如常用的 SN65 型手轮，其直径应不小于 120 mm，手轮直径可用游标卡尺测量，如图 3—3—7 所示。

图 3—3—6　手轮轮缘铸出开关方向箭头及字样

图 3—3—7　用游标卡尺测量手轮直径

（3）材料。室内消火栓阀座及阀杆螺母材料性能应不低于黄铜，阀杆本体材料性能应不低于铅黄铜。

三、消火栓箱

（一）消火栓箱的分类

（1）按其安装方式可分为明装式、暗装式、半暗装式。

（2）按其箱门型式可分为左开门式、右开门式、双开门式、前后开门式。

（3）按其箱门材料可分为全钢型、钢框镶玻璃型、铝合金框镶玻璃型和其他材料型。

（4）按水带的安置方式可分为卷盘式、挂置式、托架式、卷置式，如图 3—3—8 至图 3—3—11 所示。

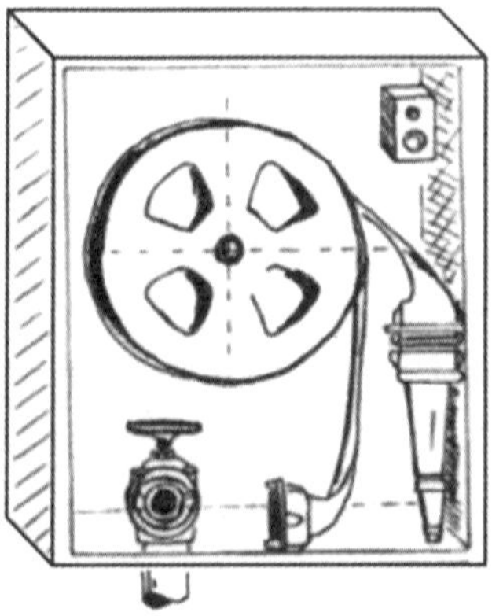

图 3—3—8　卷盘式消火栓箱

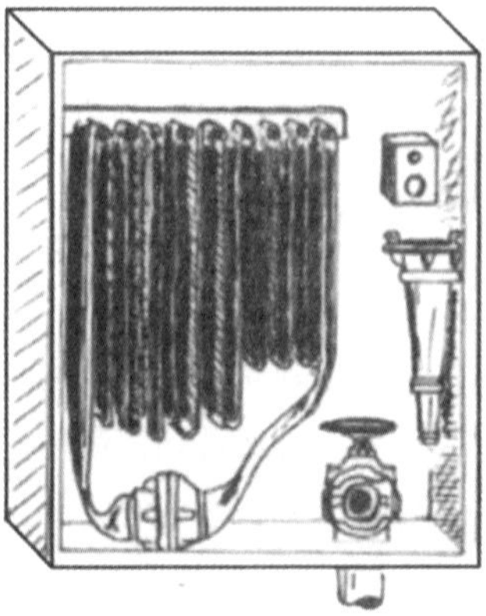

图 3—3—9　挂置式消火栓箱

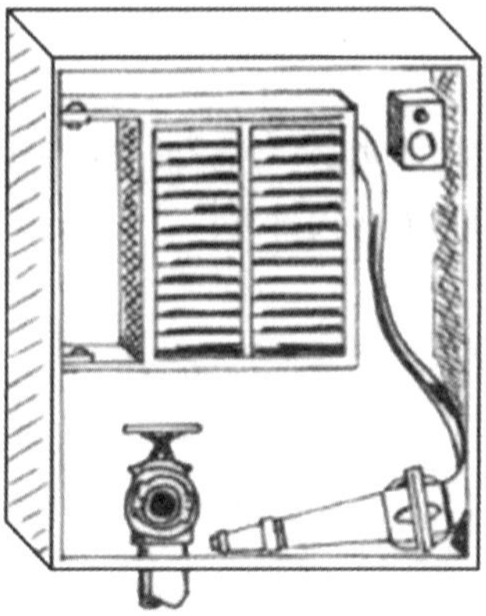

图 3—3—10　托架式消火栓箱

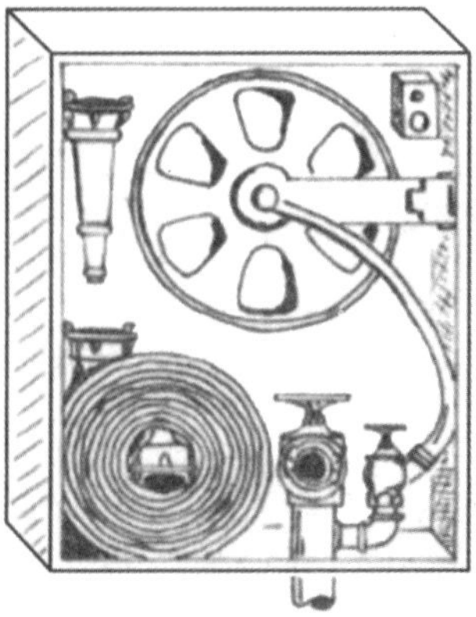

图 3—3—11　卷置式消火栓箱

（二）消火栓箱的检查

（1）外观质量和标志。消火栓箱箱体应设耐久性铭牌，包括以下内容：产品名称、产品型号、批准文件的编号、注册商标或厂名、生产日期、执行标准。

现场检查时可以用小刀轻刮箱体内外表面图层，查看是否经过防腐处理。此外，目测消火栓箱箱门正面，应以直观、醒目、匀整的字体标注“消火栓”字样，且字体高不得小于 100 mm、宽不得小于 80 mm。

（2）器材的配置和性能。按照室内消火栓箱的产品检验报告，箱内消防器材的配置应该与报告一致，且消火栓箱内配置的消防器材（水枪、水带等）应符合各产品现场检查的要求。

（3）箱门。消火栓箱应设置门锁或箱门关紧装置。设置门锁的消火栓箱，除箱门安装玻璃以及能被击碎的透明材料者外，均应设置箱门紧急开启的手动机构，以保证在没有钥匙的情况下开启灵活、可靠，且箱门开启角度不得小于 160°，并无卡阻现象，如图 3—3—12 所示。

图 3—3—12　箱门开启角度示意图

（4）水带安置。卷盘式消火栓箱的水带盘从挂臂上取出应无卡阻。

（5）材料。室内消火栓箱刮开箱体涂层，使用千分尺进行测量，箱体应使用厚度不小于1.2 mm的薄钢板或铝合金材料制造，箱门玻璃厚度不小于4.0 mm。

四、消防水带、消防水枪、消防接口

（一）消防水带的分类

（1）按其衬里材料可分为橡胶衬里消防水带、乳胶衬里消防水带、聚氨酯（TPU）衬里消防水带、PVC衬里消防水带和消防软管。

（2）按其承压可分为0.8 MPa、1.0 MPa、1.3 MPa、1.6 MPa、2.0 MPa、2.5 MPa工作压力的消防水带。

（3）按其内口径可分为内口径25 mm、50 mm、65 mm、80 mm、100 mm、125 mm、150 mm、300 mm的消防水带。

（4）按其使用功能可分为通用消防水带、消防湿水带、抗静电消防水带、A类泡沫专用水带、水幕水带。

（5）按其结构可分为单层编织消防水带、双层编织消防水带、内外涂层消防水带。

（6）按其编织层编织方式可分为平纹消防水带、斜纹消防水带。

（二）消防水带的检查

（1）产品标识。对照消防水带的3C认证型式检验报告，看该产品名称、型号、规格是否一致。

每根消防水带应以有色线作带身中心线，在端部附近中心线两侧须用不易脱落的油墨清晰地印上下列标识：产品名称、设计工作压力、规格（公称内径及长度）、经线、纬线及衬里的材质、生产厂名、注册商标、生产日期，如图3—3—13所示。

图3—3—13 消防水带标识

（2）织物层外观质量。合格消防水带的织物层应编织均匀，表面整洁，无跳双经、断双经、跳纬及划伤。

（3）消防水带长度。将整卷消防水带打开，用卷尺测量其总长度，测量时应不包括消防水带的接口，将测得的数据与有衬里消防水带的标称长度进行对比，如消防水带长度小于消防水带长度规格1 m以上的，则可以判定该产品为不合格。

（4）压力试验。截取1.2 m长的消防水带，使用手动试压泵或电动试压泵平稳加压至试验压力，保压5 min，检查是否有渗漏现象，有渗漏则不合格。在试验压力状态下，继续加压，升压至试样爆破，其爆破压力应不小于消防水带工作压力的3倍。如常用8型消防水带的试验压力为1.2 MPa，爆破压力应不小于3.6 MPa，如图3—3—14所示。

（三）消防水枪的分类

（1）按其喷水方式可分为直流水枪、喷雾水枪和多用途水枪，如图3—3—15所示。

图 3—3—14　消防水带压力试验

（2）按其喷嘴直径可做以下分类：

1）消防直流水枪按喷嘴直径分为 13 mm、16 mm、19 mm 三种规格。

2）消防开关直流水枪按喷嘴直径分为 6 mm、8 mm、10 mm、13 mm、16 mm、19 mm、22mm 七种规格。

3）消防撞击式喷雾水枪按喷嘴直径分为 13 mm、16 mm、19 mm 三种规格。

4）消防离心式喷雾水枪喷嘴直径只有 16 mm 一种规格。

5）消防簧片式喷雾水枪按喷嘴直径分为 16 mm、19 mm 两种规格。

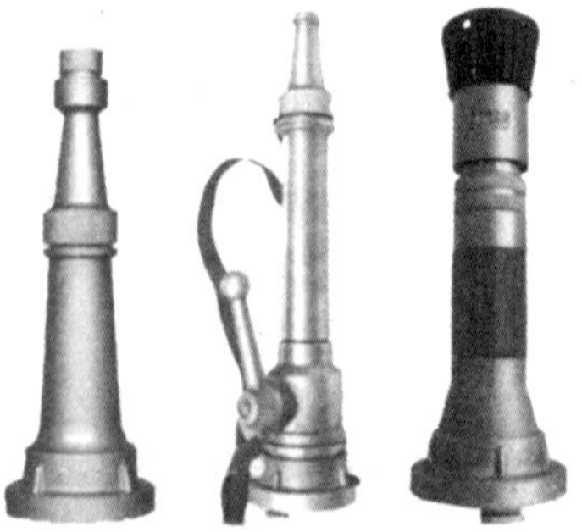

图 3—3—15　消防水枪型式

6）球阀转换式消防多用水枪按喷嘴直径分为 16 mm、19 mm 两种规格。

7）球阀转换式消防两用水枪按喷嘴直径分为 6 mm、8 mm、10 mm、13 mm、16 mm、19 mm 六种规格。

（四）消防水枪的检查

（1）表面质量检查。合格的消防水枪铸件表面应无结疤、裂纹及孔眼。使用小刀轻刮消防水枪铝制件表面，检查是否进行过阳极氧化处理。

（2）抗跌落性能检查。将消防水枪（旋转开关处于关闭位置）以喷嘴垂直朝上、喷嘴垂直朝下、消防水枪轴线处于水平（若有开关时，开关处于消防水枪轴线之下处并处于关闭位置）三个位置，从离地（2.0 ± 0.02）m 高处（从消防水枪的最低点算起）自由跌落到混凝土地面上。消防水枪在每个位置各跌落两次，然后再检查，如消防接口跌落后出现断裂或不能正常操纵使用的，则判定该产品不合格。

（3）密封性能检查。封闭消防水枪的出水端，将消防水枪的进水端通过接口与手动试压泵或电动试压泵装置相连，排除枪体内的空气，然后缓慢加压至最大工作压力的 1.5 倍，保压 2 min，消防水枪不应出现裂纹、断裂或影响正常使用的残余变形。

（五）消防接口的分类

消防接口的型式有水带接口、管牙接口、内螺纹固定接口、外螺纹固定接口和异径接口，还有闷盖等品种。

（六）消防接口的检查

（1）外观检查。使用小刀轻刮消防接口表面，目测，表面应进行过阳极氧化处理或静电喷塑防腐处理。

（2）抗跌落性能检查。内扣式消防接口以扣爪垂直朝下的位置，将消防接口的最低点离地面（1.5±0.05）m高度，然后自由跌落到混凝土地面上。反复进行5次后，检查消防接口是否断裂，是否能与相同口径的消防接口正常连接。如消防接口跌落后出现断裂或不能正常操纵使用的，则判定该产品不合格。

卡式消防接口和螺纹式消防接口以消防接口的轴线呈水平状态，将消防接口的最低点离地面（1.5±0.05）m高度，然后自由跌落到混凝土地面上。反复进行5次后，检查消防接口是否断裂，并进行操作。如消防接口跌落后出现断裂或不能正常操纵使用的，则判定该产品不合格。

第三节　系统安装调试与检测验收

消火栓系统的安装调试、检测验收包括室内外消火栓的施工、安装、系统检测、验收等内容。其中，消防供水设施及其附属管道的安装调试和检测验收，参见本篇第二章第三节内容。

一、室外消火栓的安装调试与检测验收

（一）施工安装

1. 安装准备

（1）认真熟悉图样，结合现场情况复核管道的坐标、标高位置是否得当，如有问题，及时与设计人员研究解决。地上式室外消火栓的安装，如图3—3—16所示。

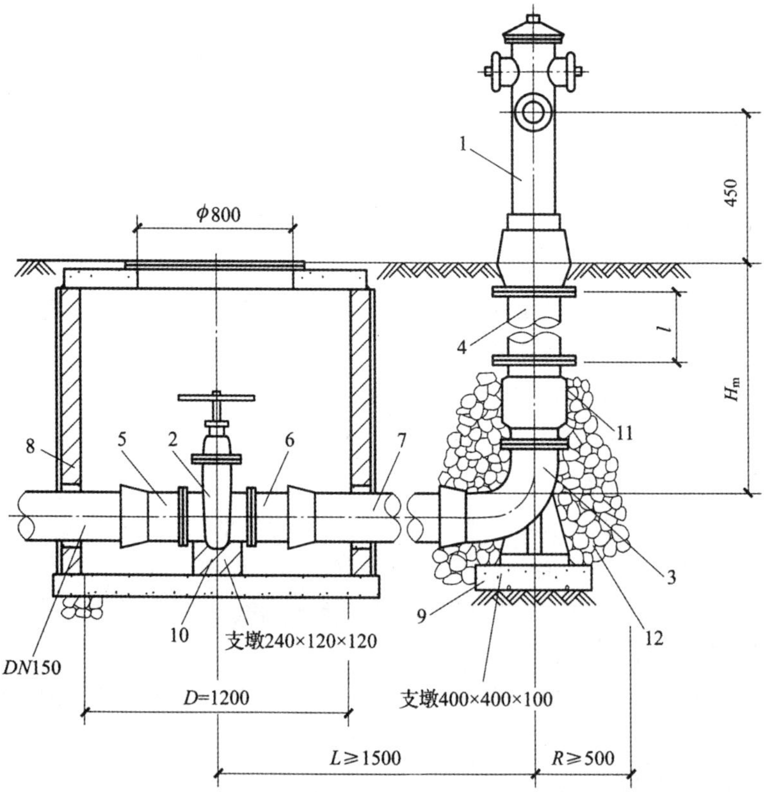

图3—3—16　地上式室外消火栓的安装

1—地上式消火栓　2—闸阀　3—弯管底座　4—法兰接管　5—短管甲　6—短管乙　7—铸铁管　8—圆形立式闸阀井　9—混凝土支墩　10—砖砌支撑　11—泄水口　12—卵石回填

（2）检查预留及预埋位置是否正确，临时剔凿应与设计、土建协调好。

（3）检查设备材料是否符合设计要求和质量标准。

（4）安排合理的施工顺序，避免工种交叉作业干扰，影响施工。

2. 管道安装

（1）管道安装应根据设计要求使用管材，按压力要求选用管材。

（2）管道在焊接前应清除接口处的浮锈、污垢及油脂。

（3）室外消火栓安装前，管件内外壁均涂沥青冷底子油两遍，外壁须另加热沥青两遍、面漆一遍，埋入土中的法兰盘接口涂沥青冷底子油两遍，外壁须另加热沥青两遍、面漆一遍，并用沥青麻布包严，消火栓井内铁件也应涂热沥青防腐。

3. 栓体安装

消火栓安装位于人行道沿上 1.0 m 处，采用钢制双盘短管调整高度，做内外防腐。

地上式室外消火栓安装时，消火栓顶距地面高为 0.64 m，立管应垂直、稳固，控制阀门井距消火栓不应超过 1.5 m，消火栓弯管底部应设支墩或支座。

地下式室外消火栓应安装在消火栓井内，消火栓井一般用 MU7.5 红砖、M7.5 水泥沙浆砌筑。消火栓井内径不应小于 1.5 m。井内应设爬梯以方便阀门的维修。

消火栓与主管连接的三通或弯头下部位应带底座，底座应加垫混凝土支墩，支墩与三通、弯头底部用 M7.5 水泥沙浆抹成八字托座。

消火栓井内供水主管底部距井底不应小于 0.2 m，消火栓顶部至井盖底距离应不小于 0.2 m，冬季室外温度低于 −20℃的地区，地下消火栓井口须作保温处理。

安装地上式室外消火栓时，其放水口应用粒径为 20 ~ 30 mm 的卵石做渗水层，铺设半径为 500 mm，铺设厚度自地面下 100 mm 至槽底。铺设渗水层时，应保护好放水弯头，以免损坏。

（二）检测验收

室外消火栓应符合下列规定：

（1）室外消火栓的选型、规格、数量、安装位置应符合设计要求。

（2）同一建筑物内设置的室外消火栓应采用统一规格的栓口及配件。

（3）室外消火栓应设置明显的永久性固定标志。

（4）室外消火栓水量及压力应满足要求。

二、室内消火栓的安装调试与检测验收

（一）施工安装

（1）安装准备。消火栓系统管材应根据设计要求选用，一般采用碳素钢管或无缝钢管，管材不得有弯曲、锈蚀、重皮及凹凸不平等现象。

消火栓箱体的规格类型应符合设计要求，箱体表面平整、光洁。金属箱体无锈蚀、划伤，箱门开启灵活。箱体方正，箱内配件齐全。栓阀外形规矩，无裂纹，启闭灵活，关闭严密，密封填料完好，有产品出厂合格证。

（2）管道安装。管道在焊接前应清除接口处的浮锈、污垢及油脂。

当管子公称直径≤ 100 mm 时，应采用螺纹连接；当管子公称直径＞ 100 mm 时，可采用焊接或法兰连接。连接后均不得减少管道的通水横断面面积。

管道安装必须按图样设计要求的轴线位置和标高进行定位放线。安装顺序一般是主干管、干管、分支管、横管、垂直管。

室内与走廊必须按图样设计要求的天花高度，首先让主干管紧贴梁底走管，干管、分支管紧贴梁底或楼板底走管，横管、垂直管根据图样及结合现场实际情况按规范布置，尽量做到美观合理。

管井的消防立管安装采用从下至上的安装方法，即管道从管井底部逐层驳接安装，直至立管全部安装完，并且固定至各层支架上。

管道穿梁及地下室剪力墙、水池等，应装设预埋套管。

当管道壁厚≤ 4 mm，直径≤ 50 mm 时应采用气焊；壁厚≥ 4.5 mm，直径＞ 70 mm 时采用电焊。

不同管径的管道焊接，连接时如两管径相差不超过小管径的 15%，可将大管端部缩口与小管对焊。如果两管相差超过小管径的 15%，应采用变径管件焊接。

管道对口焊缝上不得开口焊接支管，焊口不得安装在支吊架位置上。

管道穿墙处不得有接口；管道穿过伸缩缝处应有抗变形措施。

碳素钢管开口焊接时要错开焊缝，并使焊缝朝向易观察和维修的方向上。

管道焊接时先点焊三点以上，然后检查预留口位置、方向、变径等无误后，找直、找正再焊接，紧固卡件，拆掉临时固定件。

管网安装完毕后，应对其进行强度试验、冲洗和严密性试验。

水压强度试验的测试点应设在系统管网的最低点。对管网注水时，应将管网内的空气排净，并应缓慢升压，达到试验压力后，稳压 30 min，管网应无泄漏、无变形，且压力降不应大于 0.05 MPa。

管网冲洗应在试压合格后分段进行。冲洗顺序应先室外、后室内，先地下、后地上。室内部分的冲洗应按配水干管、配水管、配水支管的顺序进行；管网冲洗结束后，应将管网内的水排除干净。

水压严密性试验应在水压强度试验和管网冲洗合格后进行。试验压力应为设计工作压力，稳压 24 h，应无泄漏。

（3）栓体及配件安装。消火栓箱体要符合设计要求（其材质有铁和铝合金等）。产品均应有质量合格证明文件方可使用。

消火栓支管要以栓阀的坐标、标高来定位，然后稳固消火栓箱，箱体找正稳固后再把栓阀安装好，当栓阀侧装在箱内时应在箱门开启的一侧，箱门开关应灵活。

消火栓箱体安装在轻体隔墙上应有加固措施。

箱体配件安装应在交工前进行。消防水带应折好放在挂架上或卷实、盘紧放在箱内；消防水枪要竖放在箱体内侧，自救式水枪和软管应放在挂卡上或放在箱底部。消防水带与水枪、快速接头的连接，一般用 14# 铅丝绑扎两道，每道不少于两圈，使用卡箍时，在里侧加一道铅丝。设有电控按钮时，应注意与电气专业配合施工。

管道支架、吊架的安装间距、材料选择，必须严格按照规定要求和施工图样的规定，接口缝距支、吊连接缘不应小于 50 mm，焊缝不得放在墙内。

阀门的安装应紧固、严密，与管道中心垂直，操作机构灵活准确。

（二）检测验收

1. 室内消火栓

（1）室内消火栓的选型、规格应符合设计要求。

（2）同一建筑物内设置的消火栓应采用统一规格的栓口、水枪和水带及配件。

（3）试验用消火栓栓口处应设置压力表。

（4）当消火栓设置减压装置时，减压装置应符合设计要求。

（5）室内消火栓应设置明显的永久性固定标志。

2. 消火栓箱

（1）栓口出水方向宜向下或与设置消火栓的墙面成 90° 角，栓口不应安装在门轴侧。

（2）如设计未要求，栓口中心距地面应为 1.1 m，但每栋建筑物应一致，允许偏差 ± 20 mm。

（3）阀门的设置位置应便于操作使用，阀门的中心距箱侧面为 140 mm，距箱后内表面为 100 mm，允许偏差 ± 5 mm。

（4）室内消火栓箱的安装应平正、牢固，暗装的消火栓箱不能破坏隔墙的耐火等级。

（5）消火栓箱体安装的垂直度允许偏差为 ± 3 mm。

（6）消火栓箱门的开启角度不应小于 160°。

（7）不论消火栓箱的安装形式如何（明装、暗装、半暗装），不能影响疏散宽度。

第四节　系统维护管理

消火栓系统的维护管理是确保系统正常完好、有效使用的基本保障。维护管理人员经过消防专业培训后应熟悉消火栓系统的相关原理、性能和维护操作方法。

一、室外消火栓的维护管理

室外消火栓包括地下式室外消火栓和地上式室外消火栓两种类型，应分别进行检查。

（一）地下式室外消火栓的维护管理

地下式室外消火栓应每季度进行一次检查保养，其内容主要包括：

（1）用专用扳手转动消火栓启动杆，观察其灵活性，必要时加注润滑油。

（2）检查橡胶垫圈等密封件有无损坏、老化或丢失等情况。

（3）检查栓体外表油漆有无脱落，有无锈蚀，如有应及时修补。

（4）入冬前检查消火栓的防冻设施是否完好。

（5）重点部位消火栓，每年应逐一进行一次出水试验，出水压力应满足要求。在检查中可使用压力表测试管网压力，或者连接水带进行射水试验，检查管网压力是否正常。

（6）随时消除消火栓井周围及井内积存的杂物。

（7）地下式室外消火栓应有明显标志，要保持室外消火栓配套器材和标志的完整有效。

（二）地上式室外消火栓的维护管理

（1）用专用扳手转动消火栓启动杆，检查其灵活性，必要时加注润滑油。

（2）检查出水口闷盖是否密封，有无缺损。

（3）检查栓体外表油漆有无剥落，有无锈蚀，如有应及时修补。

（4）每年开春后、入冬前对地上式室外消火栓逐一进行出水试验，出水压力应满足要求。在检查中可使用压力表测试管网压力，或者连接水带进行射水试验，检查管网压力是否正常。

（5）定期检查消火栓前端阀门井。

（6）保持配套器材的完备有效，无遮挡。

室外消火栓系统的检查除上述内容外，还应包括与有关单位联合进行的消防水泵、消防水池的一般性检查，如应经常检查消防水泵各种闸阀是否处于正常状态，消防水池水位是否符合要求等。

二、室内消火栓的维护管理

（一）室内消火栓的维护管理

室内消火栓箱内应经常保持清洁、干燥，防止锈蚀、碰伤或其他损坏。每半年至少进行一次全面的检查维修。主要内容有：

（1）检查消火栓和消防卷盘供水闸阀是否渗漏水，若渗漏水及时更换密封圈。

（2）对消防水枪、消防水带、消防卷盘及其他配件进行检查，全部附件应齐全完好，卷盘转动灵活。

（3）检查报警按钮、指示灯及控制线路，应功能正常、无故障。

（4）消火栓箱及箱内装配的部件外观无破损，涂层无脱落，箱门玻璃完好无缺。

（5）对消火栓、供水阀门及消防卷盘等所有转动部位应定期加注润滑油。

（二）供水管路的维护管理

室外阀门井中，进水管上的控制阀门应每个季度检查一次，核实其处于全开启状态。系统上所有的控制阀门均应采用铅封或锁链固定在开启或规定的状态。每月应对铅封、锁链进行一次检查，当有破坏或损坏时应及时修理更换。

（1）对管路进行外观检查，若有腐蚀、机械损伤等，应及时修复。

（2）检查阀门是否漏水，若有漏水，应及时修复。

（3）室内消火栓设备管路上的阀门为常开阀，平时不得关闭，应检查其开启状态。

（4）检查管路的固定是否牢固，若有松动，应及时加固。

（三）消防水源、消防水泵及稳压装置的维护管理

本部分内容参见本篇第二章有关内容。

思考题

1. 室外消火栓如何分类？
2. 消火栓箱的分类有哪些？
3. 室外消火栓的安装方法有哪些？

参 考 文 献

[1] 公安部消防局.中国消防手册（第三卷）：消防规划·公共消防设施·建筑防火设计［M］.上海：上海科学技术出版社，2006.

[2] 陈育坤.建筑消防设施操作与检查［M］.昆明：云南美术出版社，2011.

第四章
自动喷水灭火系统

学习要求

通过本章学习，应了解自动喷水灭火系统的实物构成；熟悉自动喷水灭火系统组件安装调试、检测验收、维护管理的方法和要求；掌握自动喷水灭火系统组件（设备）安装前的检查方法和要求。

自动喷水灭火系统是扑救、控制建筑物初起火灾最为有效的设施，是应用最为广泛、用量最大的自动灭火系统。自动喷水灭火系统具有自动探测火灾、自动灭（控）火的双重效能，具有安全可靠、经济实用、灭火成功率高等优点。自动喷水灭火系统及其组件的技术参数选定、设置标准以及施工安装质量、维护保养水平，直接关系到自动喷水灭火系统建筑初起火灾的控灭火成功率，是自动喷水灭火系统效能发挥的关键。

第一节　系 统 构 成

自动喷水灭火系统由洒水喷头、水流报警装置（水流指示器、压力开关）、报警阀组等组件，以及管道、供水设施等组成。为便于正常使用、检修维护，通常还在系统中设置泄水阀（泄水口）、排气阀（排气口）和排污口。为控制因建筑高差较大造成的超压，通常采用分区供水或者在系统相应管段上安装减压阀或减压孔板，以减压阀控制管道静压，减压孔板或者节流管控制管道动压。自动喷水灭火系统按照其洒水喷头的形式，分为闭式系统和开式系统，其系统及其组件技术参数、设置要求详见《消防安全技术实务》第三篇第三章的相关内容。

一、闭式自动喷水灭火系统构成

闭式自动喷水灭火系统按照系统的用途和组件配置，通常分为湿式自动喷水灭火系统（如图 3—4—1 所示）、干式自动喷水灭火系统（如图 3—4—2 所示）和预作用自动喷水灭火系统（如图 3—4—3 所示）。

二、开式自动喷水灭火系统

开式自动喷水灭火系统按照系统的用途和组件配置，通常分为雨淋系统和水幕系统，其系统实物构成如图 3—4—4 所示。雨淋报警阀启动装置通常采用电动系统、液动或者气动系统等，其中，电动系统由火灾探测器、电磁阀和联动控制系统等组成，液动或者气动系统由充水或者充气的传动管、闭式喷头、压力开关等组成。

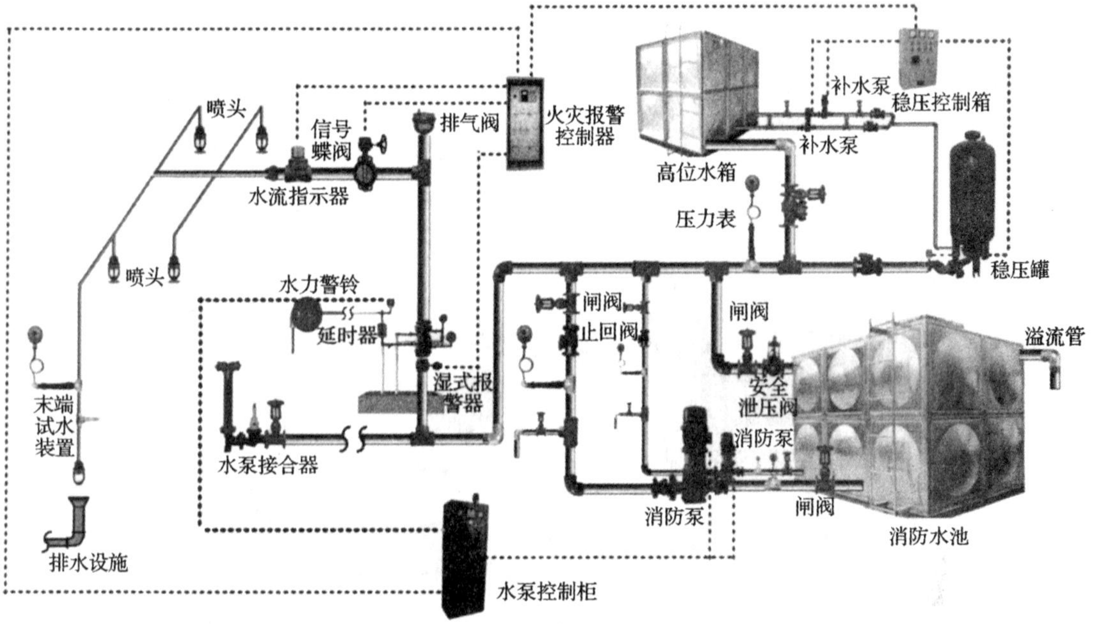

图 3—4—1　湿式自动喷水灭火系统示意图

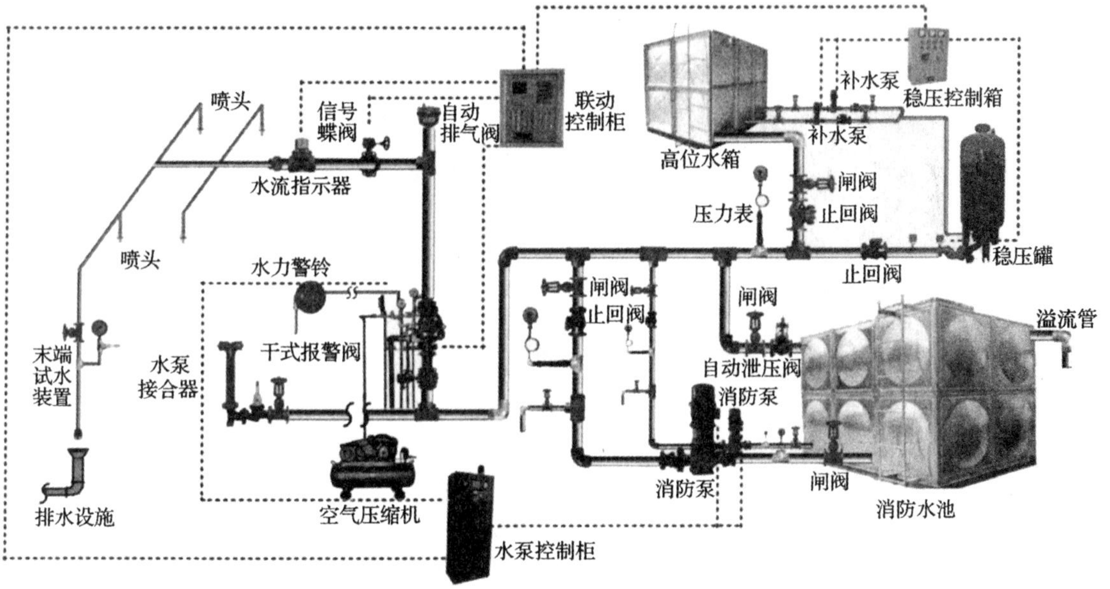

图 3—4—2　干式自动喷水灭火系统示意图

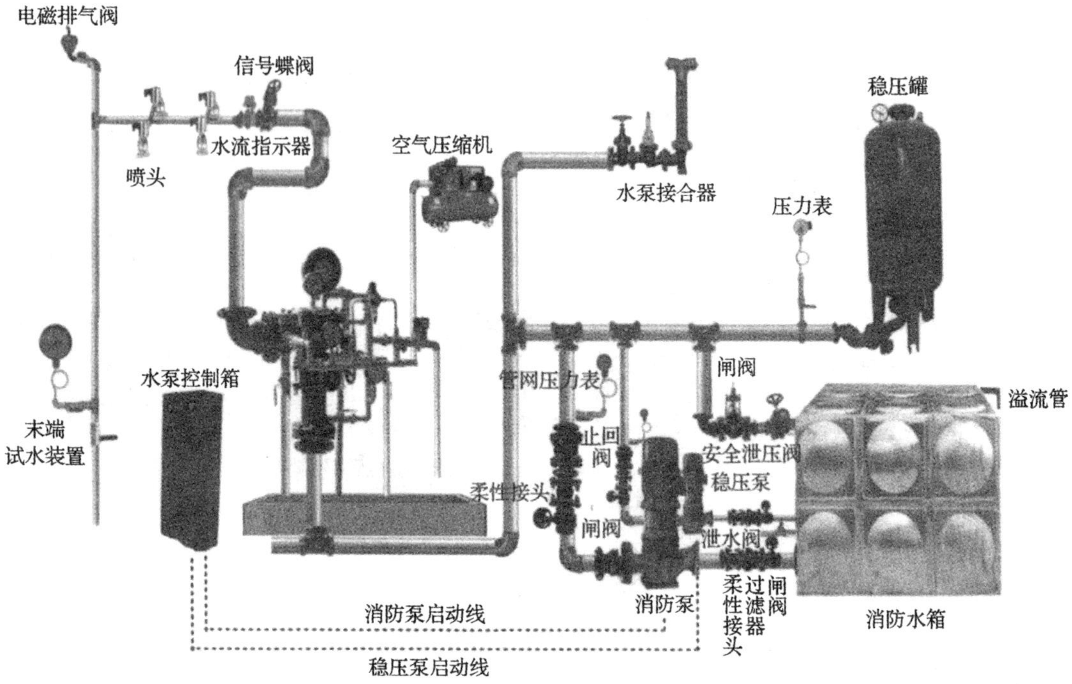

图 3—4—3　预作用自动喷水灭火系统示意图

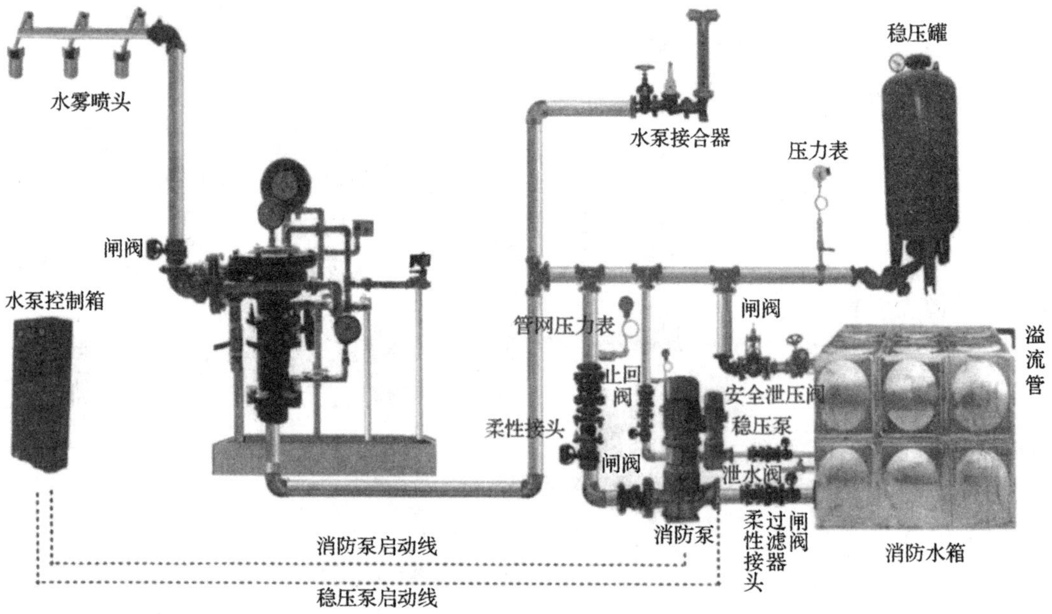

图 3—4—4　开式自动喷水灭火系统示意图

第二节 系统组件（设备）安装前检查

自动喷水灭火系统施工安装前，按照施工过程质量控制要求，对到场的供水设施、系统组件、管材管件及其他设备、材料进行现场检查，检查内容包括产品质量证明文件检查和产品现场检查、检验。检查判定为不合格的组件、管材管件及其他设备、材料不得用于施工安装。

一、喷头现场检查

为了避免喷头生产、出厂检验、运输等过程中出现产品质量问题而引发安装缺陷，喷头到场后，重点检查其外观、密封性、质量偏差等内容。

（一）检查内容及要求

1. 喷头装配性能检查

检查要求：旋拧喷头顶丝，不得轻易旋开，转动溅水盘，无松动、变形等现象，以确保喷头不被轻易调整、拆卸和重装。

2. 喷头外观标志检查

检查要求：

（1）喷头溅水盘或者本体上至少具有型号、规格、生产厂商名称（代号）或者商标、生产时间、响应时间指数（RTI）等永久性标识。

（2）边墙型喷头上有水流方向标识，隐蔽式喷头的盖板上有“不可涂覆”等文字标识。

（3）喷头型号、规格的标记由类型特征代号（型号）、性能代号（见表3—4—1）、公称口径和公称动作温度等部分组成，型号、规格所示的性能参数应符合设计文件的选型要求。

表3—4—1 常见喷头型号、规格实例

喷头名称	直立型喷头	下垂型喷头	直立边墙型喷头	水平边墙型喷头	干式喷头	齐平式喷头	嵌入式喷头	隐蔽式喷头
性能代号	ZSTZ	ZSTX	ZSTBZ	ZSTBS	ZSTG	ZSTDQ	ZSTDR	ZSTDY

（4）所有标识均为永久性标识，标识正确、清晰。

（5）易熔元件、玻璃球的色标（如图3—4—5所示）与温标（见表3—4—2和表3—4—3）对应、正确。

a） b）

图3—4—5 喷头实物色标示例

a）易熔元件喷头轭臂色标（无色） b）玻璃球喷头玻璃球色标

3. 喷头外观质量检查

检查要求：

（1）喷头外观无加工缺陷、无机械损伤、无明显磕碰伤痕或者损坏；溅水盘无松动、脱落、损坏或者变形等情况。

（2）喷头螺纹密封面无伤痕、毛刺、缺丝或者断丝现象。

表3—4—2 易熔元件喷头轭臂色标与对应公称动作温度

公称动作温度/℃	57～77	80～107	121～149	163～191	204～246	260～302	320～343
轭臂色标	无色	白色	蓝色	红色	绿色	橙色	橙色

表 3—4—3　　玻璃球喷头玻璃球色标与对应公称动作温度

公称动作温度/℃	57	68	79	93	107	121	141	163	182	204	227	260	343
玻璃球色标	橙	红	黄	绿		蓝		紫		黑			

4. 闭式喷头密封性能试验

检查要求：

（1）密封性能试验的试验压力为 3.0 MPa，保压时间不少于 3 min。

（2）随机从每批到场喷头中抽取 1%，且不少于 5 只作为试验喷头。当 1 只喷头试验不合格时，再抽取 2%，且不少于 10 只的到场喷头进行重复试验。

（3）试验以喷头无渗漏、无损伤判定为合格。累计两只以及两只以上喷头试验不合格的，不得使用该批喷头。

喷头密封性能专用试验装置如图 3—4—6 所示。

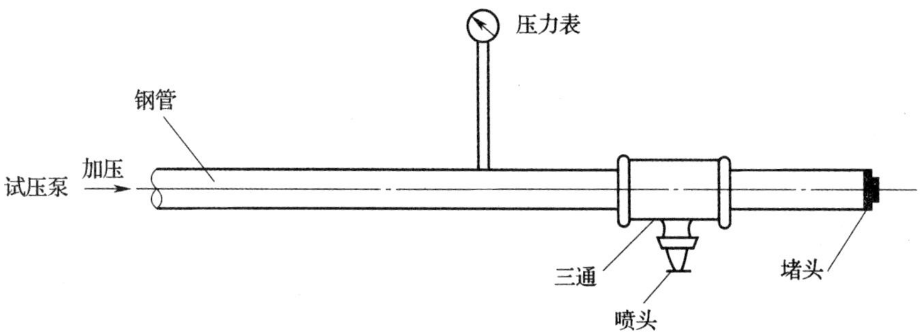

图 3—4—6　喷头密封性能专用试验装置

5. 喷头质量偏差检查

检查要求：

（1）随机抽取 3 个喷头（带有运输护帽的摘下护帽）进行质量偏差检查。

（2）使用天平测量每只喷头的质量。

（3）计算喷头质量与合格检验报告描述的质量偏差，偏差不得超过 5%。

（二）检查方法

（1）检查内容及要求的“1.”项采用螺钉旋具旋拧喷头顶丝，用手转动溅水盘，目测观察。

（2）检查内容及要求的“2.”项、“3.”项采用目测观察。

（3）检查内容及要求的“4.”项采用专用试验装置进行测试和目测观察。

（4）检查内容及要求的“5.”项采用精度不低于 0.1 g 的天平测量。

二、报警阀组现场检查

为了保证报警阀组及其附件的安装质量和基本性能要求，报警阀组到场后，重点检查（验）报警阀组外观、报警阀结构、报警阀组操作性能和报警阀渗漏等内容。

（一）报警阀组检查内容及要求

1. 报警阀组外观检查

（1）报警阀的商标、型号、规格等标志应齐全，阀体上有水流指示方向的永久性标识。

（2）报警阀的型号、规格应符合经消防设计审核合格或者备案的消防设计文件要求。

（3）报警阀组及其附件应配备齐全，表面无裂纹，无加工缺陷和机械损伤。

2. 报警阀结构检查

（1）阀体上应设有放水口，放水口的公称直径不应小于 20 mm。

（2）阀体的阀瓣组件的供水侧，应设有在不开启阀门的情况下测试报警装置的测试管路。

（3）干式报警阀组、雨淋报警阀组应设有自动排水阀。

（4）阀体内应清洁、无异物堵塞，报警阀阀瓣开启后应能够复位。

3. 报警阀组操作性能检验

（1）报警阀阀瓣以及操作机构应动作灵活，无卡涩现象。

（2）水力警铃的铃锤应转动灵活，无阻滞现象。

（3）水力警铃传动轴密封性能应良好，无渗漏水现象。

（4）进口压力为 0.14 MPa、排水流量不大于 15.0 L/min 时，不报警；流量为 15.0 ~ 60.0 L/min 时，可报可不报；流量大于 60.0 L/min 时，必须报警。

4. 报警阀渗漏检验

测试报警阀密封性，试验压力为额定工作压力的 2 倍的静水压力，保压时间不小于 5 min 后，阀瓣处应无渗漏。

（二）检查方法

（1）检查内容及要求的“1.”项至“3.”项采用目测观察全数检查。检查内容的“2.”项、“3.”项，按照要求进行手动操作检查。

（2）检查内容及要求的“4.”项按照下列检查步骤组织实施：

1）将报警阀组进行组装，安装补偿器及其连接管路，其余组件不作安装，阀瓣组件关闭。

2）采用堵头堵住各个阀门开口部位（供水管除外），供水侧管段上安装测试用压力表。

3）供水侧管段与试压泵、试验用水源连接，经检查各试验组件装配到位。

4）充水排除阀体内腔、管段内的空气后，对阀体缓慢加压至试验压力并稳压（停止供水）。

5）采用秒表计时 5 min，目测观察有无渗漏、变形。

三、其他组件的现场检查

其他组件主要包括压力开关、水流指示器、末端试水装置等，重点对其外观、功能等进场现场检查。

（一）检查内容

1. 其他组件外观检查要求

（1）压力开关、水流指示器、末端试水装置等有清晰的铭牌、安全操作指示标识和产品说明书。

（2）水流指示器上有水流方向的永久性标识；末端试水装置的试水阀上有明显的启闭状态标识。

（3）各组件不得有结构松动、明显的加工缺陷，表面不得有明显锈蚀、涂层剥落、起泡、毛刺等缺陷；水流指示器桨片完好无损。

2. 其他组件功能检查要求

（1）水流指示器。

1）检查水流指示器灵敏度，试验压力为 0.14 ~ 1.2 MPa，流量不大于 15.0 L/min 时，水流指示器不报警；流量在 15.0 ~ 37.5 L/min 任一数值时，可报警可不报警；到达 37.5 L/min 时，一定报警。

2）具有延迟功能的水流指示器，检查桨片动作后报警延迟时间，在 2 ~ 90 s 范围内，且不可调节。

（2）压力开关。测试压力开关动作情况，检查其常开或者常闭触点通断情况，动作可靠、准确。

（3）末端试水装置。

1）测试末端试水装置密封性能，试验压力为额定工作压力的 1.1 倍，保压时间为 5 min，末端试水装置试水阀关闭，测试结束时末端试水装置各组件无渗漏。

2）末端试水装置手动（电动）操作方式灵活，便于开启，信号反馈装置能够在末端试水装置开启后输出信号，试水阀关闭后，末端试水装置无渗漏。

（二）检查方法

（1）检查内容的“1.”项采用目测观察。

（2）检查内容的“2.”项在专用试验装置上测试，目测观察；主要测试设备为试压泵、压力表、流量计、万用表、秒表、24 V 直流电源 /220 V 交流电源等。

第三节　系统组件安装调试与检测验收

自动喷水灭火系统的安装调试、检测验收包括供水设施、管网及系统组件等安装、系统试压和冲洗、系统调试、技术检测、竣工验收等内容。供水设施（包括消防水泵、消防水箱、消防水池、消防气压给水设备、消防水泵接合器等）及其附属管道的安装、调试和技术检测、竣工验收详见本篇第二章的相关内容。

一、喷头

（一）喷头安装及质量检测要求

系统试压、冲洗合格后，进行喷头安装；安装前，查阅消防设计文件，确定不同使用场所的喷头型号、规格。喷头安装按照下列要求实施：

（1）采用专用工具（如图 3—4—7 所示）安装喷头，严禁利用喷头的框架施拧；喷头的框架、溅水盘产生变形、释放原件损伤的，应采用型号、规格相同的喷头进行更换。

图 3—4—7　喷头安装专用工具

（2）喷头安装时，不得对喷头进行拆装、改动，严禁在喷头上附加任何装饰性涂层。

（3）不同类型的喷头按照下列要求安装：

1）直立型喷头（如图 3—4—8 所示）连接 *DN*25 mm 短立管或者直接向上直立安装于配水支管上。

2）下垂型喷头（如图 3—4—9 所示）连接 *DN*25 mm 短立管或者直接下垂安装于配水支管上。

图 3—4—8 直立型喷头

图 3—4—9 下垂型喷头

3）边墙型喷头（如图 3—4—10 所示）根据选定的型号、规格，水平安装于顶棚（吊顶）下的边墙上，或者直立向上、下垂安装于顶棚下。

4）干式喷头（如图 3—4—11 所示）连接于特殊的短立管上，根据其保护区域结构特征和喷头型号、规格，直立向上、下垂或者水平安装于配水支管上，短立管入口处设置密封件，阻止水流在喷头动作前进入立管。

a） b）

图 3—4—10 边墙型喷头

a）直立边墙型喷头 b）水平边墙型喷头

a） b） c） d）

图 3—4—11 干式喷头

a）直立型 b）下垂型 c）嵌入式 d）边墙型

5）嵌入式喷头（如图 3—4—12 所示）、隐蔽式喷头（如图 3—4—13 所示）安装时，喷头根部螺纹及其部分或者全部本体嵌入吊顶护罩内，喷头下垂安装于配水支管上。

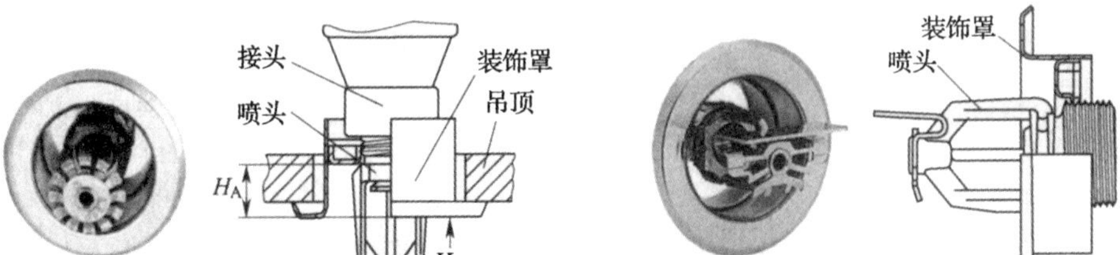

a） b）

图 3—4—12 嵌入式喷头

a）下垂型嵌入式喷头 b）水平边墙型嵌入式喷头

图 3—4—13　隐蔽式喷头

6）齐平式喷头（如图 3—4—14 所示）安装时，喷头根部螺纹及其部分本体下垂安装于吊顶内配水支管上，部分或者全部热敏元件随部分喷头本体安装于吊顶下。

7）喷头安装在易受机械损伤处，加设喷头防护罩（如图 3—4—15 所示）。

图 3—4—14　齐平式喷头

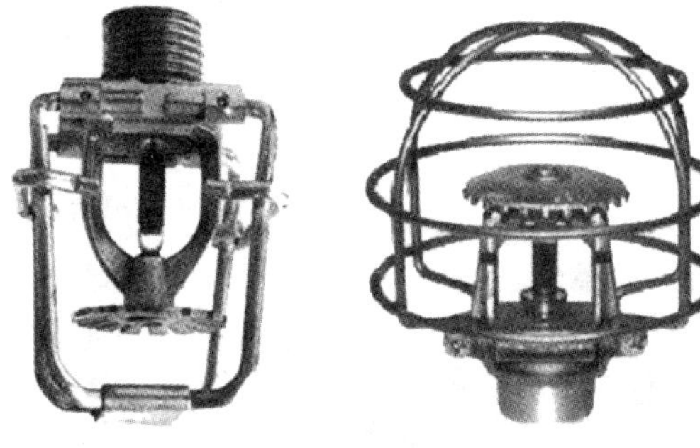

a）　　b）

图 3—4—15　带防护罩喷头实物图

a）带防护罩下垂型喷头　b）带防护罩直立型喷头

（4）当喷头的公称直径小于 10 mm 时，在系统配水干管、配水管上安装过滤器。

（5）按照消防设计文件要求确定喷头的位置、间距，根据土建工程中吊顶、顶板、门、窗、洞口或者其他障碍物以及仓库的堆垛、货架设置等实际情况，适当调整喷头位置，以符合《消防安全技术实务》第三篇第三章相关内容的自动喷水灭火系统设计参数中关于建筑最大净空高度、作用面积和仓库内喷头设置等技术参数，以及喷头溅水盘与吊顶、门、窗、洞口或者障碍物的距离要求。

（6）当喷头溅水盘高于附近梁底或者高于宽度小于 1.2 m 的通风管道、排管、桥架腹面时，喷头溅水盘高于梁底、通风管道、排管、桥架腹面的最大垂直距离应符合《自动喷水灭火系统施工及验收规范》（GB 50261—2017）的规定。梁、通风管道、排管、桥架宽度大于 1.2 m 时，在其腹面以下部位增设喷头。当增设的喷头上方有孔洞、缝隙时，可在喷头的上方设置挡水板。

（7）喷头安装在不到顶的隔断附近时，喷头与隔断的水平距离和最小垂直距离应符合《自动喷水灭火系统施工及验收规范》（GB 50261—2017）的规定。

（二）检测方法

采用目测观察和尺量检查的方法检测。技术检测具体方法和判定标准详见竣工验收中喷头的验收方法和合格判定标准。

二、报警阀组

报警阀组安装在供水管网试压、冲洗合格后组织实施。

（一）报警阀组安装及技术检测共性要求

1. 报警阀组安装要求

报警阀组按照下列要求进行安装，并通过技术检测控制其安装质量：

（1）按照标准图集或者生产厂家提供的安装图样进行报警阀阀体及其附属管路的安装。

（2）报警阀组垂直安装在配水干管上，水源控制阀、报警阀组水流标识与系统水流方向一致。报警阀组的安装顺序为：先安装水源控制阀、报警阀，再进行报警阀辅助管道的连接。

（3）按照设计图样中确定的位置安装报警阀组；设计未予明确的，报警阀组安装在便于操作、监控的明显位置。

（4）报警阀阀体底边距室内地面高度为 1.2 m，侧边与墙的距离不小于 0.5 m，正面与墙的距离不小于 1.2 m，报警阀组凸出部位之间的距离不小于 0.5 m。

（5）报警阀组安装在室内时，室内地面增设排水设施。

2. 附件安装要求

报警阀组相关附件按照下列要求确定其安装位置、进行安装，并通过技术检测控制其安装质量：

（1）压力表安装在报警阀上便于观测的位置。

（2）排水管和试验阀安装在便于操作的位置。

（3）水源控制阀安装在便于操作的位置，且设有明显的开、关标识和可靠的锁定设施。

（4）水力警铃安装在公共通道或者值班室附近的外墙上，并安装检修、测试用的阀门。

（5）水力警铃和报警阀的连接，采用热镀锌钢管，当镀锌钢管的公称直径为 20 mm 时，其长度不宜大于 20 m。

（6）安装完毕的水力警铃启动时，警铃声强度不小于 70 dB。

（7）系统管网试压和冲洗合格后，排气阀安装在配水干管顶部、配水管的末端。

（二）湿式报警阀组安装及技术检测要求

湿式报警阀组（如图 3—4—16 所示）除按照报警阀组安装的共性要求进行安装、技术检测外，还需符合下列要求：

（1）报警阀前后的管道能够快速充满水；压力波动时，水力警铃不发生误报警。

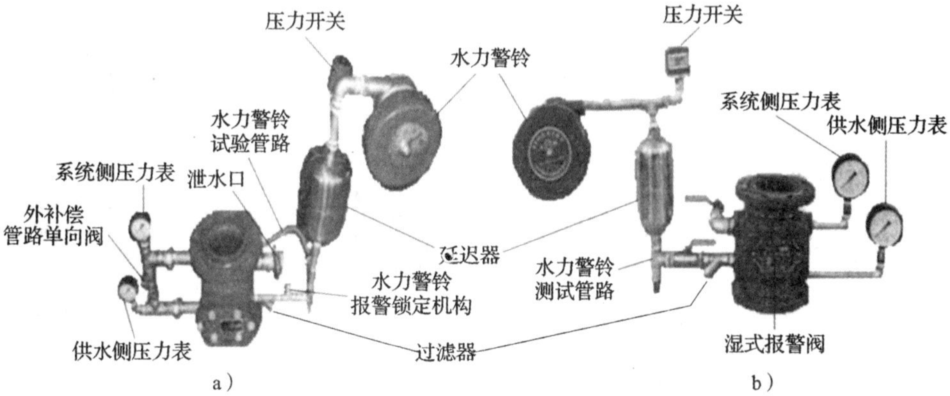

图 3—4—16　湿式报警阀组示意图

a）外补偿式湿式报警阀组　b）内补偿式湿式报警阀组

（2）过滤器安装在报警水流管路上，其位置在延迟器前，且便于排渣操作。

（三）干式报警阀组安装及技术检测要求

干式报警阀组（如图3—4—17所示）除按照报警阀组安装的共性要求进行安装、技术检测外，还需符合下列要求：

（1）安装在不发生冰冻的场所。

（2）安装完成后，向报警阀气室注入高度为50～100 mm的清水。

（3）充气连接管路的接口安装在报警阀气室充注水位以上部位，充气连接管道的直径不得小于15 mm；止回阀、截止阀安装在充气连接管路上。

（4）按照消防设计文件要求安装气源设备，符合现行国家相关技术标准的规定。

（5）安全排气阀安装在气源与报警阀组之间，靠近报警阀组一侧。

（6）加速器安装在靠近报警阀的位置，设有防止水流进入加速器的措施。

（7）低气压预报警装置安装在配水干管一侧。

（8）报警阀充水一侧和充气一侧、空气压缩机的气泵和储气罐以及加速器等部位分别安装监控用压力表；管网充气压力符合消防设计文件的规定值。

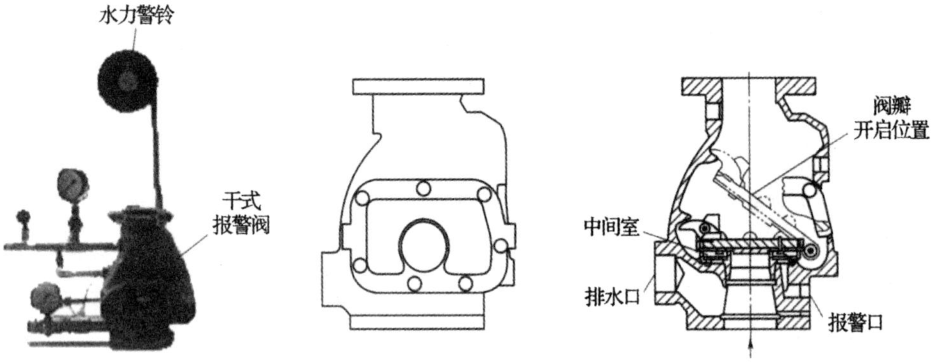

图3—4—17　干式报警阀组示意图

（四）雨淋报警阀组安装及技术检测要求

雨淋报警阀组（如图3—4—18所示）除按照报警阀组安装的共性要求进行安装、技术检测外，还需符合下列要求：

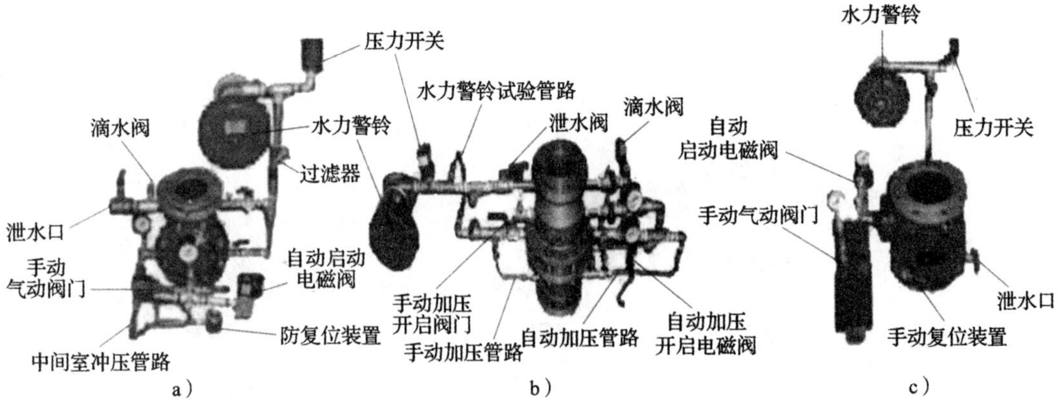

图3—4—18　雨淋报警阀组示意图

a）隔膜式雨淋阀　b）活塞式雨淋阀　c）推杆式雨淋阀

（1）雨淋报警阀组可采用电动开启、传动管开启或手动开启等控制方式，手动开启控制装置安装在安全可靠的位置，水传动管的安装参照湿式系统的有关要求布置喷头。

（2）需要充气的预作用系统的雨淋报警阀组，按照干式报警阀组有关要求进行安装。

（3）按照消防设计文件要求，在便于观测和操作的位置，设置雨淋阀组的观测仪表和操作阀门。

（4）按照消防设计文件要求，确定雨淋报警阀组手动开启装置的安装位置，以便发生火灾时能安全开启、便于操作。

（5）压力表安装在雨淋阀的水源一侧。

（五）预作用装置安装及技术检测要求

预作用装置（如图 3—4—19 所示）除按照报警阀组安装的共性要求进行安装、技术检测外，还需符合下列要求：

（1）系统主供水信号蝶阀、雨淋报警阀、湿式报警阀等集中垂直安装在被保护区附近且最低环境温度不低于 4℃的室内，以免低温使隔膜腔内的存水冰冻而导致系统失灵。

（2）在隔膜雨淋报警阀组的水源侧管道法兰和隔膜雨淋报警阀系统侧出水口处分别放入密封垫，拧紧法兰螺栓，再与系统管网连接。在湿式报警阀的平直管段上开孔接管，与由低气压开关、空气压缩机、电接点压力表等空气维持装置相连接。

（3）系统放水阀、电磁阀、手动快开阀、水力警铃、补水漏斗等部位设置排水设施，排水设施能够将系统出水排入排水管道。

图 3—4—19　预作用装置示意图

（4）将雨淋报警阀上的压力开关、电磁阀、信号蝶阀引出线以及空气维持装置上的气压压力开关、电接点压力表引出线分别与消防控制中心控制线路相连接。

（5）水力警铃按照湿式自动喷水灭火系统的要求进行安装。

（6）预作用装置安装完毕后，将雨淋报警阀组的防复位手轮转至防复位锁止位置，手轮上红点对准标牌上的锁止位置，使系统处于伺应状态。

（六）报警阀组检测方法

采用目测观察、尺量和声级计测量等方法进行检测。技术检测具体方法和判定标准详见竣工验收中报警阀组的验收方法和合格判定标准。

三、水流报警装置

水流报警装置根据系统类型的不同，可选用水流指示器、压力开关及其组合对系统水流压力、流动等进行监控报警。

（一）水流指示器

1. 安装与技术检测要求

管道试压和冲洗合格后，管内不应有焊渣等异物，方可安装水流指示器。水流指示器（如

图3—4—20所示）安装前，对照消防设计文件核对产品型号、规格。水流指示器按照下列要求进行安装：

（1）水流指示器桨片、膜片竖直安装在水平管道上侧，其动作方向与水流方向一致。

（2）水流指示器安装后，其桨片、膜片动作灵活，不得与管壁发生碰擦。

（3）同时使用信号阀和水流指示器控制的自动喷水灭火系统，信号阀安装在水流指示器前的管道上，与水流指示器间的距离不小于300 mm。

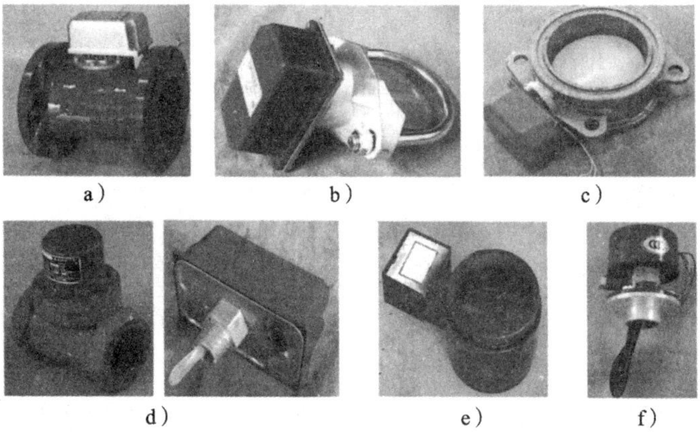

图3—4—20　水流指示器示意图

a）法兰式水流指示器　b）马鞍式水流指示器　c）对夹式水流指示器
d）螺纹式水流指示器　e）沟槽式水流指示器　f）焊接式水流指示器

2. 检测方法

水流指示器按照下列方法和步骤进行检测：

（1）安装前，检查管道试压和冲洗记录，对照图样检查、核对产品型号、规格。

（2）目测检查电气元件的安装位置，开启试水阀门放水，检查水流指示器的水流方向。

（3）放水检查水流指示器桨片、膜片动作情况，检查有无卡阻、碰擦等情况。

（4）采用卷尺测量信号阀与水流指示器的距离。

（二）压力开关

1. 安装与技术检测要求

压力开关（如图3—4—21所示）按照下列要求进行安装：

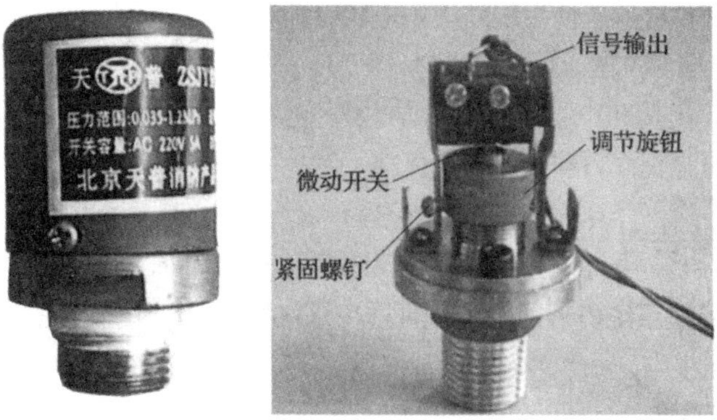

图3—4—21　压力开关示意图

（1）压力开关竖直安装在通往水力警铃的管道上，安装中不得拆装改动。

（2）按照消防设计文件或者厂家提供的安装图样安装管网上的压力控制装置。

2. 检测方法

对照图样目测检查压力开关位置、安装方向。

（三）压力开关、信号阀、水流指示器的引出线

压力开关、信号阀、水流指示器的引出线采用防水套管锁定，采用观察检查进行技术检测。

四、系统冲洗、试压

为确保管网安装后不出现漏水、管道及管件承压能力不足、杂质及污损物影响系统正常使用等问题，管网安装完毕后，应组织实施管网强度试验、严密性试验和冲洗。

强度试验和严密性试验采用水作为介质进行试验。干式自动喷水灭火系统、预作用自动喷水灭火系统采用水、空气或者氮气作为介质分别进行水压试验和气压试验。系统试压完成后，填写冲洗、试压记录，及时拆除所有临时盲板和试验用管道，并与记录核对无误。

（一）系统试压、冲洗基本要求

管网安装完毕后进行试压试验和管网冲洗，试压、冲洗在具备下列规定条件的情况下实施：

（1）经复查，埋地管道的位置及管道基础、支墩等应符合设计文件要求。

（2）准备不少于2只的试压用压力表，精度不应低于1.5级，量程应为试验压力值的1.5～2倍。

（3）隔离或者拆除不能参与试压的设备、仪表、阀门及附件；加设的临时盲板应具有凸出于法兰的边耳，且有明显标志，并对临时盲板数量、位置进行记录。

（二）水压试验

自动喷水灭火系统水压强度试验和水压严密性试验除对系统管网进行外，也可将回填的水源干管、进户管和室内埋地管道等一并纳入试验范围，所有管网全数测试。

1. 水压试验条件

（1）试验要求。

1）环境温度不宜低于5℃，当低于5℃时，应采取防冻措施，以确保水压试验正常进行。

2）系统设计工作压力不大于1.0 MPa时，水压强度试验压力应为设计工作压力的1.5倍，且不低于1.4 MPa；系统设计工作压力大于1.0 MPa时，水压强度试验压力应为该工作压力加0.4 MPa。

3）水压严密性试验压力为系统设计工作压力。

（2）操作方法。试验前采用温度计测试环境温度，对照消防设计文件核定水压试验压力。

2. 水压强度试验要求

（1）试验要求。

1）水压强度试验的测试点应设在系统管网的最低点。

2）管网注水时，应将管网内的空气排净，缓慢升压。

3）达到试验压力后，稳压30 min，管网应无泄漏、无变形，且压力降不应大于0.05 MPa。

（2）操作方法。采用试压装置进行试验，目测观察管网外观和测压用压力表的压力降。系统试压过程中出现泄漏或者超过规定压力降时，停止试压，放空管网中试验用水；消除缺陷后，重新试验。

3. 水压严密性试验

（1）试验要求。

1）水压严密性试验应在水压强度试验和管网冲洗合格后进行。

2）达到试验压力后，稳压24 h，管网应无泄漏。

（2）操作方法。采用试压装置进行试验，目测观察管网有无渗漏和测压用压力表的压力降。系统试压过程中出现管网渗漏或者压力降较大的，停止试验，放空管网中试验用水；消除缺陷后，重新试验。

（三）气压试验

1. 试验要求

气压严密性试验压力应为0.28 MPa，且稳压24 h，压力降不应大于0.01 MPa。

2. 操作方法

采用试压装置进行试验，目测观察测压用压力表的压力降。系统试压过程中，压力降超过规定的，停止试验，放空管网中试验气体；消除缺陷后，重新试验。

（四）管网冲洗

管网试压合格后，采用生活用水进行冲洗。管网冲洗顺序为先室外、后室内，先地下、后地上。室内部分的冲洗按照配水干管、配水管、配水支管的顺序进行。

管网冲洗合格后，应将管网内的冲洗用水排净，必要时采用压缩空气吹干。

五、系统调试

系统调试包括水源测试、消防水泵调试、稳压泵调试、报警阀调试、排水设施调试和联动试验等内容。调试过程中，系统出水通过排水设施全部排走。

（一）系统调试准备

系统调试需要具备下列条件：

（1）消防水池、消防水箱已储存设计要求的水量。

（2）系统供电正常。

（3）消防气压给水设备的水位、气压符合消防设计要求。

（4）湿式喷水灭火系统管网内已充满水；干式、预作用喷水灭火系统管网内的气压符合消防设计要求；阀门均无泄漏。

（5）与系统配套的火灾自动报警系统调试完毕，处于工作状态。

（二）系统调试要求及功能性检测

水源、消防水泵调试及其检测详见本篇第二章相关内容。

1. 报警阀组

报警阀组调试按照湿式报警阀组、干式报警阀组、雨淋报警阀组、预作用装置各自特点进行调试。报警阀组调试前，首先检查报警阀组组件，确保其组件齐全、装配正确，在确认安装符合消防设计要求和消防技术标准规定后，进行调试。

（1）湿式报警阀组。湿式报警阀组调试时，从试水装置处放水，当湿式报警阀进水压力大于0.14 MPa、放水流量大于1L/s时，报警阀应启动，带延迟器的水力警铃应在5 ~ 90 s内发出报警铃声，不带延迟器的水力警铃应在15 s内发出报警铃声，压力开关应及时动作，并反馈信号。

（2）干式报警阀组。干式报警阀组调试时，开启系统试验阀，报警阀的启动时间、启动点压力、水流到试验装置出口所需时间等应符合消防设计要求。

（3）雨淋报警阀组。雨淋报警阀组调试宜采用检测、试验管道进行供水。自动和手动方式启动的雨淋报警阀，应在联动信号发出或者手动控制操作后 15 s 内启动；公称直径大于 200 mm 的雨淋报警阀，应在 60 s 内启动。雨淋报警阀调试时，当报警水压为 0.05 MPa，水力警铃应发出报警铃声。

（4）预作用装置的调试参照湿式报警阀组和雨淋报警阀组的调试要求进行综合调试。湿式报警阀组、干式报警阀组、雨淋报警阀组、预作用装置采用压力表、流量计、秒表、声强计测量，并进行观察检查。

2. 联动调试及检测

（1）湿式系统。

1）调试及检测内容。系统控制装置设置为“自动”控制方式，启动一只喷头或者开启末端试水装置，流量保持在 0.94 ~ 1.5L/s，水流指示器、报警阀、压力开关、高位消防水箱流量开关、水力警铃、系统管网压力开关和消防水泵等应及时动作，并有相应组件的动作信号反馈到消防联动控制设备。

2）检测方法。打开阀门放水，使用流量计、压力表核定流量、压力，目测观察系统动作情况。

（2）干式系统。

1）调试及检测内容。系统控制装置设置为“自动”控制方式，启动一只喷头或者模拟一只喷头的排气量排气，报警阀、压力开关、高位消防水箱流量开关、水力警铃、系统管网压力开关和消防水泵等应及时动作，并有相应的组件信号反馈。

2）检测方法。采用目测观察进行检查。

（3）预作用系统、雨淋系统、水幕系统。

1）调试及检测内容。系统控制装置设置为“自动”控制方式，可采用专用测试仪表或者其他方式，模拟火灾自动报警系统输入各类火灾探测信号，火灾自动报警控制器应输出声光报警信号，启动自动喷水灭火系统。采用传动管启动的雨淋系统、水幕系统联动试验时，启动一只喷头，雨淋报警阀打开，系统管网压力开关或高位消防水箱流量开关动作，消防水泵启动，并有相应的组件信号反馈。

2）检测方法。采用目测观察进行检查。

六、系统竣工验收

系统竣工后，建设单位组织实施工程竣工验收。自动喷水灭火系统的竣工验收内容包括系统各组件的抽样检查和功能性测试。

（一）管网验收检查

1. 验收内容

（1）查验管道材质、管径、接头、连接方式及其防腐、防冻措施。

（2）测量管网排水坡度，检查辅助排水设施设置情况。

（3）检查系统末端试水装置、试水阀、排气阀等设置位置、组件及其设置情况。

（4）检查系统中不同部位安装的报警阀组、闸阀、止回阀、电磁阀、信号阀、水流指示器、减压孔板、节流管、减压阀、柔性接头、排水管、排气阀、泄压阀等组件设置位置、安装情况。

（5）测试干式灭火系统管网容积，系统充水时间不宜大于 1 min；对于由火灾自动报警系统和充气管道上设置的压力开关开启预作用装置的预作用系统，系统的充水时间不宜大于 1 min；对于仅由火灾自动报警系统联动开启预作用装置的预作用系统，系统的充水时间不宜大于 2 min。雨淋系统的充水时间不宜大于 2 min。

（6）检查配水支管、配水管、配水干管的支架、吊架、防晃支架设置情况。

2. 验收方法

（1）对照设计文件、出厂合格证明文件等，对验收内容的"（1）""（3）""（4）"项进行核对，并现场目测观察其设置位置、设置情况。

（2）采用水平尺、卷尺等，对验收内容的"（2）""（6）"项进行测量，目测观察其排水设施的排水效果，以及管道支架、吊架、防晃支架设置情况。

（3）通水试验对验收内容的"（5）"项进行验收，采用秒表测量管道充水时间。

3. 合格判定标准

（1）经对照检查，管道材质、管径、接头、连接方式以及采取的防腐、防冻等措施，应符合消防技术标准和消防设计文件要求；报警阀后的管道上未安装其他用途的支管、水龙头。

（2）经测量，管道横向安装坡度应为 0.002 ~ 0.005，且坡向排水管；相应的排水措施设置应符合规定要求。

（3）系统中末端试水装置、试水阀、排气阀设置位置、组件等应符合消防设计文件要求。

（4）经对照消防设计文件，系统中的报警阀组、闸阀、止回阀、电磁阀、信号阀、水流指示器、减压孔板、节流管、减压阀、柔性接头、排水管、排气阀、泄压阀等设置位置、组件、安装方式、安装要求等应符合要求。

（5）经测量，干式灭火系统、由火灾自动报警系统和充气管道上设置的压力开关开启预作用装置的预作用系统，其配水管道的充水时间不宜大于 1 min；雨淋系统和仅由火灾自动报警系统联动开启预作用装置的预作用系统，其配水管道的充水时间不宜大于 2 min。

（6）经测量，管道支架、吊架、防晃支架，固定方式、设置间距、设置要求等应符合消防技术标准规定。

（二）喷头验收检查

1. 验收内容

（1）查验喷头设置场所、型号、规格以及公称动作温度、响应时间指数（RTI）、安装方式等性能参数。

（2）测量喷头安装间距，喷头与楼板或吊顶、墙、梁等障碍物的距离。

（3）查验特殊使用环境中喷头的保护措施。

（4）查验喷头备用量。

2. 验收方法

（1）验收内容的"（1）""（2）"项，对照消防设计文件，采用卷尺等测量。

（2）验收内容的"（3）"项，采用目测观察，对现场防护措施进行核查。

（3）验收内容的"（4）"项，对照设计文件、购货清单，对现场备用喷头分类点验。

3. 合格判定标准

（1）经核对，喷头设置场所、型号、规格以及公称动作温度、响应时间指数（RTI）、安装方式等性能参数应符合消防设计文件要求。

（2）按照距离偏差 ±15 mm 进行测量，喷头安装间距，喷头与楼板、墙、梁等障碍物的距离应符合消防技术标准和消防设计文件要求。

（3）有腐蚀性气体的环境、有冰冻危险场所安装的喷头，应采取了防腐蚀、防冻等防护措施；有碰撞危险场所的喷头应加设有防护罩。

（4）经点验，各种不同规格的喷头的备用品数量不应少于安装喷头总数的 1%，且每种备用喷头不应少于 10 个。

（三）报警阀组验收检查

1. 验收内容

（1）验收前，检查报警阀组及其附件的组成、安装情况，以及报警阀组所处状态。

（2）启动报警阀组检测装置，测试其流量、压力。

（3）测试报警阀组及其对系统的自动启动功能。

2. 验收方法

（1）对照消防设计文件或者生产厂家提供的安装图样，检查报警阀组及其各附件安装位置、结构状态，手动检查供水干管侧和配水干管侧控制阀门、检测装置各个控制阀门的状态。

（2）开启报警阀组检测装置放水阀，采用流量计和系统安装的压力表测试供水干管侧和配水干管侧的流量、压力。系统控制调整到“自动”状态，将报警阀组调节到伺应状态，开启报警阀组试水阀或者电磁阀，目测检查压力表变化情况、延迟器以及水力警铃等附件启动情况；采用压力表测试水力警铃喷嘴处的压力，采用卷尺确定水力警铃铃声声强测试点，采用声级计测试其铃声声强。

3. 合格判定标准

（1）报警阀组及其各附件应安装位置正确，各组件、附件结构应安装准确；供水干管侧和配水干管侧控制阀门应处于完全开启状态，锁定在常开位置；报警阀组试水阀、检测装置放水阀应关闭，检测装置其他控制阀门应开启，报警阀组应处于伺应状态；报警阀组及其附件设置的压力表读数应符合设计要求。

（2）经测量，供水干管侧和配水干管侧的流量、压力应符合消防技术标准和消防设计文件要求。

（3）启动报警阀组试水阀或者电磁阀后，供水干管侧、配水干管侧压力表值平衡后，报警阀组以及检测装置的压力开关、延迟器、水力警铃等附件应动作准确、可靠；与空气压缩机或者火灾自动报警系统的联动控制应准确，符合消防设计文件要求。

（4）经测试，水力警铃喷嘴处压力应符合消防设计文件要求，且不小于 0.05 MPa；距水力警铃 3 m 远处警铃声声强应符合设计文件要求，且不小于 70 dB。

（5）消防水泵启动装置应置于自动启动挡，压力开关、电磁阀、排气阀入口电动阀、消防水泵等应及时动作，且相应信号反馈到消防联动控制设备。

第四节　系统维护管理

自动喷水灭火系统的维护管理是系统正常完好、有效使用的基本保障。从事维护管理的人员要经过消防专业培训，具备相应的从业资格证书，熟悉自动喷水灭火系统的原理、性能和操作维护规程。

一、系统巡查

自动喷水灭火系统巡查主要是针对系统组件外观、现场运行状态、系统检测装置工作状态、安装部位环境条件等实施的日常巡查。

（一）巡查内容

自动喷水灭火系统巡查内容主要包括：

（1）喷头外观及其周边障碍物、喷头溅水盘与顶棚距离等。

（2）报警阀组外观、排水设施状况、水源控制阀的启闭状态等。

（3）充气设备、排气装置及其控制装置、火灾探测传动、液（气）动传动及其控制装置、现场手动控制装置等外观、运行状况。

（4）系统末端试水装置、楼层试水阀及其现场环境状态，压力监测情况等。

（5）系统用电设备的电源及其供电情况。

水源以及消防水泵、供（给）水管网及其附件等巡查内容详见本书第三篇第二章。

（二）巡查方法及要求

采用目测观察的方法，检查系统及其组件外观、阀门启闭状态、用电设备及其控制装置工作状态和压力监测装置（压力表、压力开关、流量开关和水流指示器）工作情况。

1. 喷头

建筑使用管理单位按照下列要求对喷头进行巡查：

（1）观察喷头与保护区域环境是否匹配，判定保护区域使用功能、危险性级别是否发生变化。

（2）检查喷头外观有无明显磕碰伤痕或者损坏，有无喷头漏水或者被拆除等情况。

（3）检查保护区域内是否有影响喷头正常使用的吊顶装修，或者新增装饰物、隔断、高大家具以及其他障碍物；若有上述情况，采用目测、尺量等方法，检查喷头保护面积、与障碍物间距等是否发生变化。

2. 报警阀组

建筑使用管理单位按照下列要求对报警阀组进行巡查：

（1）检查报警阀组的标志牌是否完好、清晰，阀体上水流指示永久性标识是否易于观察，与水流方向是否一致。

（2）检查报警阀组组件是否齐全，表面有无裂纹、损伤等现象。

（3）检查报警阀组是否处于伺应状态（图3—4—22为外补偿式湿式报警阀组伺应状态示例），观察其组件有无漏水等情况。

（4）检查报警阀组设置场所的排水设施有无排水不畅或者积水等情况。

（5）检查干式报警阀组、预作用装置的充气设备、排气装置及其控制装置的外观标志有无磨损、模糊等情况，相关设备及其通用阀门是否处于工作状态；控制装置外观有无歪斜翘曲、磨损划痕等情况，其监控信息显示是否准确。

（6）检查预作用装置、雨淋报警阀组的火灾探测传动、液（气）动传动及其控制装置、现场手动控制装置的外观标志有无磨损、模糊等情况，控制装置外观有无歪斜翘曲、磨损划痕等情况，其显示信息是否准确。

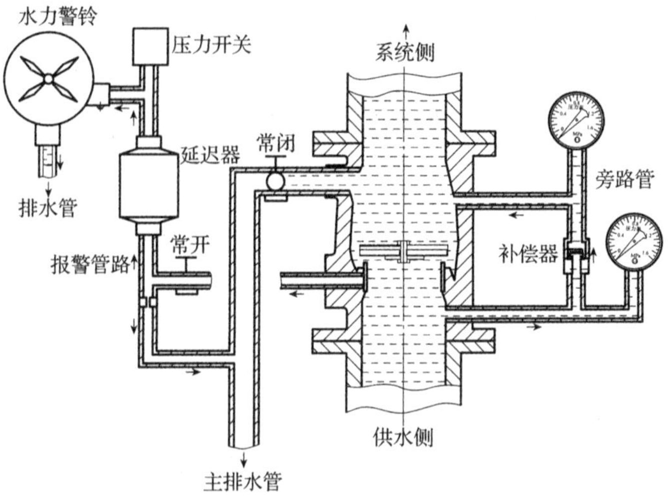

图 3—4—22　外补偿式湿式报警阀组伺应状态示意图

3. 末端试水装置和试水阀巡查

建筑使用管理单位按照下列要求对末端试水装置和试水阀进行巡查：

（1）检查系统（区域）末端试水装置、楼层试水阀的设置位置是否便于操作和观察，有无排水设施。

（2）检查末端试水装置设置是否正确。

（3）检查末端试水装置压力表能否准确显示系统最不利点处的静压值。

4. 系统供电巡查

建筑使用管理单位按照下列要求对系统供电情况进行巡查：

（1）检查自动喷水灭火系统的消防水泵、稳压泵等用电设备配电控制柜，观察其电压、电流监测是否正常，水泵启动控制和主、备泵切换控制是否设置在“自动”位置。

（2）检查系统监控设备供电是否正常，系统中的电磁阀、模块等用电元器（件）是否通电。

（三）巡查周期

建筑使用管理单位至少每日组织一次系统全面巡查。

二、系统周期性检查维护

系统周期性检查是指建筑使用管理单位按照国家法律法规和工程建设消防技术标准的要求，对已经投入使用的自动喷水灭火系统的组件、零部件等，按照规定检查周期进行的检查、测试。经检查，自动喷水灭火系统发生故障，需要停水检修的，向主管值班人员报告，取得单位消防安全管理人的同意后，派人临场监督，设置相应的防范措施后，方能停水动工。消防水池、消防水箱、消防气压给水设备内的水，根据当地环境、气候条件应不定期更换。寒冷季节，消防储水设备的任何部位均不得结冰。

（一）月检查项目

1. 检查项目

下列项目至少每月进行一次检查与维护：

（1）电动、内燃机驱动的消防水泵（稳压泵）启动运行测试。

（2）喷头完好状况、备用量及异物清除等检查。

（3）系统所有阀门状态及其铅封、锁链完好状况检查。

（4）消防气压给水设备的气压、水位测试，消防水池、消防水箱的水位以及消防用水不被挪用的技术措施检查。

（5）水泵接合器完好性检查。

（6）过滤器排渣、完好状况检查。

（7）报警阀启动性能测试。

（8）电磁阀启动试验。

2. 检查与维护要求

（1）检查项目“（1）”“（4）”项采用手动启动或者模拟启动试验进行检查，发现异常问题的，检查消防水泵、电磁阀使用性能以及系统控制设备的控制模式、控制模块状态等。属于控制方式不符合规定要求的，调整控制方式；属于设备、部件损坏、失常的，及时更换；属于供电、燃料供给不正常的，对电源、热源及其管路进行报修；属于泵体、管道存在局部锈蚀的，进行除锈处理；水泵、电动机的旋转轴承等部位，及时清理污渍、除锈、更换润滑油。

（2）喷头外观及备用数量检查，发现有影响正常使用的情况（如溅水盘损坏、溅水盘上存在影响使用的异物等）的，及时更换喷头，清除喷头上的异物；更换或者安装喷头使用专用扳手。对于备用喷头数量不足的，及时按照单位程序采购补充。

（3）系统各个控制阀门铅封损坏，或者锁链未固定在规定状态的，及时更换铅封，调整锁链至规定的固定状态；发现阀门有漏水、锈蚀等情形的，更换阀门密封垫，修理或者更换阀门，对锈蚀部位进行除锈处理。

（4）检查消防水池、消防水箱以及消防气压给水设备，发现水位不足、气体压力不足的，查明原因，及时补足消防用水和消防气压给水设备水量、气压。

1）属于操作管理制度不落实的，报单位消防安全管理人按照制度给予处理。

2）属于系统存在严重漏水的，找准渗漏点，按照程序报修。

3）属于水位监控装置不能正常工作的，及时修理或者更换；钢板消防水箱和消防气压给水设备的玻璃水位计，其两端的角阀在不进行水位观察时应恢复至关闭状态。

4）属于消防用水被挪作他用的，检查并完善消防用水不被挪作他用的技术措施。

5）消防气压给水设备压力表读数低于设定压力值的，首先检查压力表的完好性和控制阀开启情况。属于压力表控制阀未开启或者开启不完全的，完全开启压力表控制阀；属于压力表损坏的，及时更换压力表。确定压力表正常后，对消防气压给水设备补压，并检查有无气体泄漏点。

（5）查看消防水泵接合器的接口及其附件，发现闷盖、接口等部件有缺失的，及时采购安装；发现有渗漏的，检查相应部件的密封垫完好性，查找管道、管件因锈蚀、损伤等出现的渗漏。属于密封垫密封不严的，调整密封垫位置或者更换密封垫；属于管件锈蚀、损伤的，更换管件或进行防锈、除锈处理。

（6）检查系统过滤器的使用性能，对滤网进行拆洗，并重新安装到位。

（7）利用报警阀旁的放水试验阀，检查报警阀组功能及其出水情况。

1）湿式报警阀组。①检查主阀以及各个部件外观，发现主阀锈蚀、部件漏水的，及时予以除锈、维修或者更换。②检查主阀前后压力表，发现压力表读数不准确的，对压力表进行校验、检修或者更换；发现主阀系统侧与供水侧压力表压差≥ 0.01 MPa 的，确认压力表完好后，对系统侧放水泄压。③检查延时装置、压力开关、水力警铃、排水系统等部件功能，发现延时装置、排水系统等排水不畅，压力开关动作不灵敏、不能启动消防水泵、信号反馈不准确，水力警铃动作不灵活、卡阻或者铃声强度不符合设计要求、铃声不洪亮等情形的，及时查找并消除故障，或者更换部件。④系统复位后，检查并确认主阀复位情况，确保其复位到位。

2）预作用报警阀组和干式报警阀组。①按照湿式报警阀组的检查和维护要求检查、维护报警阀组。②检查充气装置、加速排气装置、电磁阀等功能，发现充气装置启停不准确、充气压力值不符合设计要求，加速排气装置排气速度不正常，电磁阀动作不灵敏等情形的，查找并消除故障，或者更换部件、设备。③检查主阀复位情况，发现主阀瓣复位不严密、侧腔（控制腔）锁定不到位、阀前（压力表）的稳压值不符合设计要求或者大于 0.25 MPa 等情形的，查找并消除故障。

3）雨淋报警阀组。①按照湿式报警阀组的检查和维护要求检查、维护报警阀组。②检查电磁阀功能，发现电磁阀动作不灵敏的，查找并消除故障，或者更换电磁阀。③检查主阀复位情况，发现主阀瓣复位不严密、侧腔（控制腔）锁定不到位、阀前（压力表）的稳压值不符合设计要求或者大于 0.25 MPa 等情形的，查找并消除故障。

（8）对电磁阀进行启动试验，发现电磁阀动作失常的，及时采购更换。

（二）季度检查项目

1. 检查项目

下列项目至少每季度进行一次检查与维护：

（1）水流指示器报警试验。

（2）电磁阀启动试验。

（3）室外阀门井中的控制阀门开启状况及其使用性能测试。

2. 检查与维护要求

（1）利用末端试水装置、楼层试水阀对水流指示器进场动作、报警检查试验时，首先检查消防联动控制设备和末端试水装置、楼层试水阀的完好性，符合试验条件的，开启末端试水装置或者试水阀，发现水流指示器在规定时间内不报警的，首先检查水流指示器的控制线路，若存在断路、接线不实等情况的，重新接线至正常；之后，检查水流指示器，发现有异物、杂质等卡阻桨片的，及时清除异物、杂质；发现调整螺母与触头未到位的，重新调试到位。

（2）检查室外阀门井情况，发现阀门井积水、有垃圾或者有杂物的，及时排除积水，清除垃圾、杂物；发现管网中的控制阀门未完全开启或者关闭的，完全开启到位；发现阀门有漏水情况的，按照前述室内阀门的要求查漏、修复、更换、除锈。

（3）分别利用系统末端试水装置、楼层试水阀和报警阀组旁的放水试验阀等测试装置进行放水试验，全面检查系统启动、报警功能以及出水情况：

1）检查消防控制设备、消防水泵控制设备、测试装置的完好性和控制方式，确认设备（装置）完好、控制方式为“自动”状态后，分别进行功能性试验。

2）经现场测试，发现报警阀组、系统出水、报警联动、信号反馈等功能存在问题的，查找并及时消除故障。

（三）年度检查项目

1. 检查项目

下列项目至少每年进行一次检查与维护：

（1）水源供水能力测试。

（2）水泵接合器通水加压测试。

（3）储水设备结构材料检查。

（4）水泵流量性能测试。

（5）系统联动测试。

2. 检查与维护要求

（1）组织实施水源供水能力测试、水泵流量性能测试和水泵接合器通水加压试验。

（2）检查消防储水设备结构、材料，对于缺损、锈蚀等情况及时进行修补缺损和重新涂漆。

（3）系统联动试验按照验收、检测要求组织实施，可结合年度检测一并组织实施。

三、系统年度检测

年度检测是建筑使用管理单位按照相关法律法规和国家消防技术标准，每年度开展的定期功能性检查和测试。建筑使用管理单位可以委托具有资质的消防技术服务单位组织实施年度检测。

（一）喷头

重点检查喷头选型与保护区域的使用功能、危险性等级等匹配情况，核查闭式喷头玻璃泡色标是否高于保护区域环境最高温度 30℃的要求，以及喷头无变形、附着物、悬挂物等影响使用的情况。

（二）报警阀组

检测前，查看自动喷水灭火系统的控制方式、状态，确认系统处于准工作状态，消防控制设备以及消防水泵控制装置处于自动控制状态。湿式报警阀组、干式报警阀组、预作用装置、雨淋报警阀组等按照其组件检测和功能测试两项内容进行检测。

1. 报警阀组件共性检测要求

（1）检测内容及要求。

1）检查报警阀组外观标志，应标识清晰、内容翔实，符合产品生产技术标准要求，并注明系统名称和保护区域，压力表显示符合设定值。

2）系统控制阀以及报警管路控制阀应全部开启，并用锁具固定手轮，具有明显的启闭标志；采用信号阀的，反馈信号应正确；测试管路放水阀应关闭；报警阀组应处于伺应状态。

3）报警阀组的相关组件应灵敏可靠；消防控制设备应准确接收压力开关动作的反馈信号。

（2）检测操作步骤。

1）查看外观标识和压力表状况，并记录、核对其压力值。

2）检查系统控制阀，查看锁具或者信号阀及其反馈信号；检查报警阀组报警管路、测试管路，查看其控制阀门、放水阀等启闭状态。

3）打开报警阀组测试管路放水阀，查看压力开关、水力警铃等动作、反馈信号情况。

2. 湿式报警阀组

（1）检测内容及要求。湿式报警阀组功能按照下列要求进行检测：

1）开启末端试水装置，出水压力不应低于 0.05 MPa，水流指示器、湿式报警阀、压力开关应及时动作。

2）报警阀动作后，测量水力警铃声强，不得低于 70 dB。

3）开启末端试水装置 5 min 内，消防水泵应自动启动。

4）消防控制设备准确接收并显示水流指示器、压力开关、流量开关和消防水泵的反馈信号。

（2）检测操作步骤。

1）开启系统（区域）末端试水装置前，查看并记录压力表读数；开启末端试水装置，待压力表指针晃动平稳后，查看并记录压力表变化情况。

2）查看消防控制设备显示的水流指示器、压力开关、流量开关和消防水泵的动作情况以及信号反馈情况。

3）从末端试水装置开启时计时，测量消防水泵投入运行的时间。

4）在距离水力警铃 3 m 处，采用声级计测量水力警铃声强值。

5）关闭末端试水装置，系统复位，恢复到工作状态。

3. 干式报警阀组

（1）检测内容及要求。检查空气压缩机和气压控制装置状态，保持其正常，压力表显示应符合设定值。干式报警阀组功能按照下列要求进行检测：

1）开启末端试水装置，报警阀组、压力开关、流量开关应动作，联动启动排气阀入口电动阀和消防水泵，水流指示器报警。

2）水力警铃报警，水力警铃声强值不得低于 70 dB。

3）开启末端试水装置 1 min 后，其出水压力不得低于 0.05 MPa。

4）消防控制设备准确显示水流指示器、压力开关、流量开关、电动阀及消防水泵的反馈信号。

（2）检测操作步骤。

1）缓慢开启气压控制装置试验阀，小流量排气；空气压缩机启动后，关闭试验阀，查看空气压缩机运行情况，核对其启、停压力。

2）开启末端试水装置控制阀，同上查看并记录压力表变化情况。

3）查看消防控制设备、排气阀等，检查水流指示器、压力开关、流量开关、消防水泵、排气阀入口的电动阀等动作及其信号反馈情况，以及排气阀的排气情况。

4）从末端试水装置开启时计时，测量末端试水装置水压力达到 0.05 MPa 的时间。

5）按照湿式报警阀组的要求测量水力警铃声强值。

6）关闭末端试水装置，系统复位，恢复到工作状态。

4. 预作用装置

（1）检测内容及要求。按照干式报警阀组的要求检查预作用装置的空气压缩机和气压控制装置，其电磁阀的启闭应灵敏可靠，反馈信号应准确。预作用装置的功能性检测按照下列要求进行：

1）模拟火灾探测报警，火灾报警控制器确认火灾后，自动启动预作用装置（雨淋报警阀）、排气阀入口电动阀以及消防水泵；水流指示器、压力开关、流量开关动作。

2）报警阀组动作后，测试水力警铃声强，不得低于 70 dB。

3）开启末端试水装置，火灾报警控制器确认火灾 2 min 后，其出水压力不低于 0.05 MPa。

4）消防控制设备准确显示电磁阀、电动阀、水流指示器、压力开关、流量开关以及消防水泵动作信号，反馈信号准确。

（2）检测操作步骤。

1）按照干式报警阀组的检测操作步骤，测试预作用装置的空气压缩机和气压控制装置工作情况。

2）关闭预作用装置入口的控制阀，消防控制设备输出电磁阀控制信号，查看电磁阀动作情况，核查反馈信号的准确性。

3）按照设计联动逻辑，在同一防护区内模拟两类不同的火灾探测报警信号，查看火灾报警控制器火灾报警、确认以及联动指令发出情况，逐一检查预作用装置（雨淋报警阀）、电磁阀、电动阀、水流指示器、压力开关、流量开关和消防水泵的动作情况，以及排气阀的排气情况。

4）按照湿式报警阀组的要求测量水力警铃声强值。

5）打开末端试水装置，待火灾控制器确认火灾 2 min 后，读取并记录其压力表数值。

6）检查火灾报警控制器，对应现场各个组件启动情况，核对其反馈信号以及联动控制逻辑关系。

7）关闭末端试水装置，系统复位，恢复到工作状态。

5. 雨淋报警阀组

（1）检测内容及要求。传动管控制的雨淋报警阀组，检查其传动管压力表，其示值应符合设定值；按照干式系统要求测试气压传动管的供气装置和气压控制装置。雨淋报警阀组功能按照下列要求进行检测：

1）检查雨淋报警阀组及其消防水泵的控制方式，应具有自动、手动启动控制方式。

2）传动管控制的雨淋报警阀组，传动管泄压后，查看消防水泵、报警阀联动启动情况，动作应准确及时。

3）报警信号发出后，检查压力开关动作情况，测量水力警铃声强值，距水力警铃 3m 远处声压级不得低于 70 dB。

4）报警阀组动作后，检查消防控制设备，电磁阀、消防水泵与压力开关反馈信号应准确。

5）并联设置多台雨淋报警阀组的，报警信号发出后，检查其报警阀组及其组件联动情况，联动控制逻辑关系应符合消防设计要求。

6）手动操作控制的水幕系统，测试其控制阀，启闭应灵活可靠。

（2）检测操作步骤。

1）对于传动管控制的雨淋报警阀组，查看并读取其传动管压力表数值，核对传动管压力设定值；对于气压传动管，按照干式系统的检测操作步骤对其供气装置和气压控制装置进行检测。

2）分别对现场控制设备和消防控制室的消防控制设备进行检查，查看雨淋报警阀组的控制方式。

3）对于传动管控制的雨淋报警阀组，试验前关闭报警阀系统侧的控制阀，对传动管进行泄压操作，逐一查看报警阀、电磁阀、压力开关和消防水泵等动作情况。

4）对于火灾探测器控制的雨淋报警阀组，试验前关闭报警阀系统侧的控制阀，在同一防护区内模拟两类不同的火灾探测报警信号，查看火灾报警控制器火灾报警、确认以及联动指令发出情况，逐一检查报警阀、电磁阀、压力开关、流量开关和消防水泵等动作情况。

5）并联设置多台雨淋报警阀时，按照“3)”或者“4)”的步骤，在不同防护区域进行测试，观察各个防护区域对应的雨淋报警阀组及其组件的动作情况。

6）按照湿式报警阀组的要求测量水力警铃声强值。

7）查看火灾报警控制器，核查现场对应各个组件的启动情况，核对其反馈信号以及联动控制逻辑关系。

8）手动操作控制的水幕系统，关闭水源控制阀，现场手动启、闭其系统控制阀多次。

9）系统复位，恢复到工作状态。

（三）水流指示器

1. 检测内容及要求

检查水流指示器外观，应有明显标志；信号阀应完全开启，准确反馈启闭信号；水流指示器的启动与复位应灵敏、可靠，反馈信号准确。

2. 检测操作步骤

（1）现场检查水流指示器外观。

（2）开启末端试水装置、楼层试水阀，查看消防控制设备显示的水流指示器动作信号。

（3）关闭末端试水装置、楼层试水阀，查看消防控制设备显示的水流指示器复位信号。

（四）末端试水装置

1. 检测内容及要求

检查末端试水装置的阀门、试水接头、压力表和排水管，应设置齐全，无损伤；压力表应显示正常，符合规定要求。

2. 检测操作步骤

（1）现场查看末端试水装置的阀门、压力表、试水接头及排水管等外观。

（2）关闭末端试水装置，读取并记录其压力表数值。

（3）开启末端试水装置的控制阀，待压力表指针稳定后，读取并记录压力表数值。

（4）水泵自动启动 5 min 后，读取并记录压力表数值，观察其变化情况。

（5）关闭末端试水装置，系统复位，恢复到工作状态。

四、系统常见故障分析

系统周期性检查、年度检测时，对于检查发现的系统故障，要及时分析故障原因，消除故障，确保系统完好有效。系统供水设施、管网布置中的常见故障详见本篇第二章第二节。

（一）湿式报警阀组常见故障分析、处理

1. 报警阀组漏水

（1）故障原因分析。

1）排水阀门未完全关闭。

2）阀瓣密封垫老化或者损坏。

3）系统侧管道接口渗漏。

4）报警管路测试控制阀渗漏。

5）阀瓣组件与阀座之间因变形或者污垢、杂物阻挡出现不密封状态。

（2）故障处理。

1）关紧排水阀门。

2）更换阀瓣密封垫。

3）检查系统侧管道接口渗漏点。密封垫老化、损坏的，更换密封垫；密封垫错位的，重新调整密封垫位置；管道接口锈蚀、磨损严重的，更换管道接口相关部件。

4）更换报警管路测试控制阀。

5）先放水冲洗阀体、阀座，存在污垢、杂物的，经冲洗后，渗漏减少或者停止；否则，关闭进水口侧和系统侧控制阀，卸下阀板，仔细清洁阀板上的杂质；拆卸报警阀阀体，检查阀瓣组件、阀座，存在明显变形、损伤、凹痕的，更换相关部件。

2. 报警阀启动后报警管路不排水

（1）故障原因分析。

1）报警管路控制阀关闭。

2）报警管路过滤器被堵塞。

（2）故障处理。

1）开启报警管路控制阀。

2）报警管路过滤器被堵塞的，卸下过滤器，冲洗干净后重新安装回原位。

3. 报警阀报警管路误报警

（1）故障原因分析。

1）未按照安装图样安装或者未按照调试要求进行调试。

2）报警阀组渗漏，水通过报警管路流出。

3）延迟器下部孔板溢出水孔堵塞，发生报警或者缩短延迟时间。

（2）故障处理。

1）按照安装图样核对报警阀组组件安装情况，重新对报警阀组伺应状态进行调试。

2）按照故障“1.”查找渗漏原因，进行相应处理。

3）延迟器下部孔板溢出水孔堵塞，卸下筒体，拆下孔板进行清洗。

4. 水力警铃工作不正常（不响、响度不够、不能持续报警）

（1）故障原因分析。

1）产品质量问题或者安装调试不符合要求。

2）报警阀至水力警铃的管路阻塞或者铃锤机构被卡住。

（2）故障处理。

1）属于产品质量问题的，更换水力警铃；安装缺少组件或者未按照图样安装的，重新进行安装调试。

2）拆下喷嘴、叶轮及铃锤组件，进行冲洗，重新装合使叶轮转动灵活；清理管路堵塞处。

5. 开启测试阀，消防水泵不能正常自动启动

（1）故障原因分析。

1）流量开关或者压力开关设定值不正确。

2）控制柜控制回路或者电气元件损坏。

3）水泵控制柜未设定在“自动”状态。

（2）故障处理。

1）将流量开关或者压力开关内的调压螺母调整到规定值。

2）检修控制柜控制回路或者更换电气元件。

3）将控制模式设定为“自动”状态。

（二）预作用装置常见故障分析、处理

1. 报警阀漏水

（1）故障原因分析。

1）排水控制阀门未关紧。

2）阀瓣密封垫老化或者损坏。

3）复位杆未复位或者损坏。

（2）故障处理。

1）关紧排水控制阀门。

2）更换阀瓣密封垫。

3）重新复位复位杆，或者更换复位装置。

2. 压力表读数不在正常范围

（1）故障原因分析。

1）预作用装置前的供水控制阀未打开。

2）压力表管路堵塞。

3）预作用装置的报警阀体漏水。

4）压力表管路控制阀未打开或者开启不完全。

（2）故障处理。

1）完全开启报警阀前的供水控制阀。

2）拆卸压力表及其管路，疏通压力表管路。

3）按照湿式报警阀组渗漏的原因进行检查、分析，查找预作用装置的报警阀体的漏水部位，进行修复或者更换组件。

4）完全开启压力表管路控制阀。

3. 系统管道内有积水

（1）故障原因分析。复位或者试验后，未将管道内的积水排完。

（2）故障处理。开启排水控制阀，完全排除系统内积水。

（三）雨淋报警阀组常见故障分析、处理

1. 自动滴水阀漏水

（1）故障原因分析。

1）安装调试或者平时定期试验、实施灭火后，没有将系统侧管道内的余水排尽。

2）雨淋报警阀隔膜球面中线密封处因施工遗留的杂物、不干净消防用水中的杂质等导致球状密封面不能完全密封。

（2）故障处理。

1）开启放水控制阀，排除系统侧管道内的余水。

2）启动雨淋报警阀，采用洁净水流冲洗遗留在密封面处的杂质。

2. 复位装置不能复位

（1）故障原因分析。水质过脏，有细小杂质进入复位装置密封面。

（2）故障处理。拆下复位装置，用清水冲洗干净后重新安装，调试到位。

3. 长期无故报警

（1）故障原因分析。误将试验管路控制阀常开。

（2）故障处理。关闭试验管路控制阀。

4. 系统测试不报警

（1）故障原因分析。

1）消防用水中的杂质堵塞了报警管道上过滤器的滤网。

2）水力警铃进水口处喷嘴被堵塞、未配置铃锤或者铃锤卡死。

（2）故障处理。

1）拆下过滤器，用清水将滤网冲洗干净后，重新安装到位。

2）检查水力警铃的配件，配齐组件；有杂物卡阻、堵塞的部件进行冲洗后重新装配到位。

5. 雨淋报警阀不能进入伺应状态

（1）故障原因分析。

1）复位装置存在问题。

2）未按照安装调试说明书将报警阀组调试到伺应状态（隔膜室控制阀、复位球阀未关闭）。

3）消防用水水质存在问题，杂质堵塞了隔膜室管道上的过滤器。

（2）故障处理。

1）修复或者更换复位装置。

2）按照安装调试说明书将报警阀组调试到伺应状态（开启隔膜室控制阀、复位球阀）。

3）将供水控制阀关闭，拆下过滤器的滤网，用清水冲洗干净后，重新安装到位。

6. 传动管喷头被堵塞

（1）故障原因分析。

1）消防用水水质存在问题。

2）管道过滤器不能正常工作。

（2）故障处理。

1）对水质进行检测，清理不干净、影响系统正常使用的消防用水。

2）检查管道过滤器，清除滤网上的杂质；或者更换过滤器。

（四）水流指示器

水流指示器故障表现为打开末端试水装置，达到规定流量时水流指示器不动作，或者关闭末端试水装置后，水流指示器反馈信号仍然显示为动作信号。

1. 故障原因分析

（1）浆片被管腔内杂物卡阻。

（2）调整螺母与触头未调试到位。

（3）电路接线脱落。

2. 故障处理

（1）清除水流指示器管腔内的杂物。

（2）将调整螺母与触头调试到位。

（3）检查并重新将脱落电路接线接通。

思考题

1. 自动喷水灭火系统及其组件施工前现场检查内容及要求有哪些？
2. 自动喷水灭火系统及其组件安装及技术检测要求有哪些？
3. 自动喷水灭火系统调试及功能性检测要求有哪些？
4. 自动喷水灭火系统竣工验收方法及其合格判定标准有哪些？
5. 自动喷水灭火系统巡查、日常检查、年度检测的内容及要求有哪些？
6. 自动喷水灭火系统常见故障有哪些，产生这些故障的原因是什么，如何处理？

参考文献

陈育坤 . 建筑消防设施操作与检查［M］. 昆明：云南美术出版社，2011.

第五章
水喷雾灭火系统

学习要求

通过本章学习，应了解水喷雾灭火系统的功能及用途，水喷雾灭火系统的各部件检查内容及方法，水喷雾灭火系统的安装调试与检测验收程序，水喷雾灭火系统的维护管理要求。

水喷雾灭火系统主要以水为灭火介质，采用水雾喷头在压力作用下喷洒水雾进行灭火或控火，是一种灭火效能较高、适用范围较广的灭火系统。本章重点讲述了水喷雾灭火系统的安装、调试、检测验收和维护管理的内容与要求。

第一节 系统构成

水喷雾灭火系统是由水源、供水设备、管道、雨淋阀组、过滤器和水雾喷头等组成，向保护对象喷射水雾灭火或防护冷却的灭火系统。水喷雾灭火系统构成如图 3—5—1 所示。

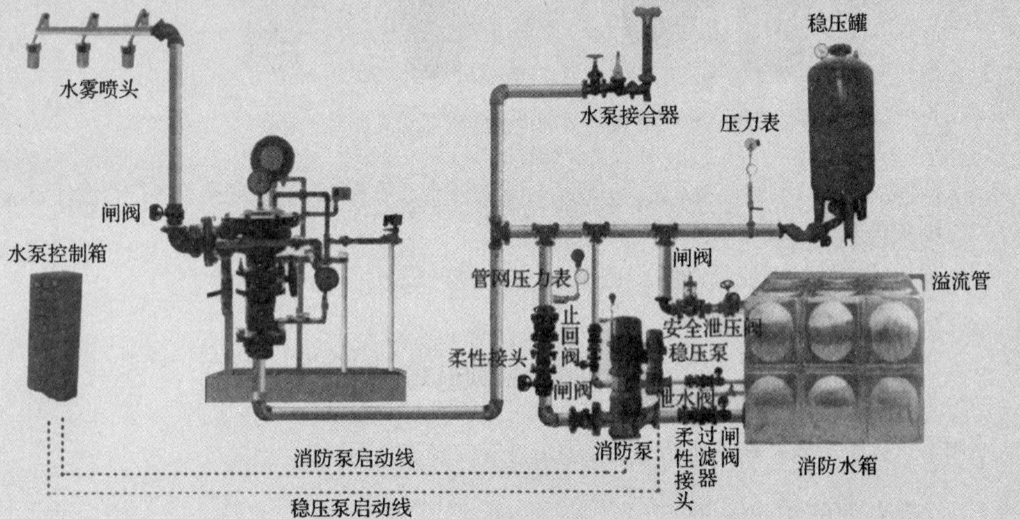

图 3—5—1　水喷雾灭火系统示意图

第二节　系统组件（设备）安装前检查

水喷雾灭火系统施工安装前，按照施工过程质量控制要求，需要对系统管材管件、通用阀门及其附件和喷头等进行现场检查（检验），不合格的管材管件、设备、材料不得使用。水雾喷头、雨淋阀组等必须采用经国家消防产品质量监督检测机构检测，并符合现行的有关国家标准的产品。

一、管材管件、通用阀门及其附件的检查内容、要求及方法

管材管件、通用阀门及其附件的检查内容、要求及方法与其他水灭火系统相同，这里不再复述。

二、喷头检查内容、要求及方法

不同类型的水喷雾灭火系统喷头如图 3—5—2 所示。

图 3—5—2　离心式和撞击式水喷雾灭火系统喷头

（1）商标、型号、制造厂商及生产日期等标志应齐全，喷头的型号、规格等应符合设计要求。

（2）喷头外观应无加工缺陷和机械损伤。

（3）喷头螺纹密封面应无伤痕、毛刺、缺丝或断丝现象。

第三节　系统安装调试与检测验收

水喷雾灭火系统安装调试包括系统主要组件等的安装、调试。

一、系统主要组件安装

（一）喷头安装

（1）喷头安装应在系统试压、冲洗合格后进行。

（2）喷头安装时，不得对喷头进行拆装、改动，并严禁给喷头附加任何装饰性涂层。

（3）喷头安装应使用专用扳手，严禁利用喷头的框架施拧，喷头的框架、溅水盘产生变形或释放原件损伤时，应采用型号、规格相同的喷头更换。

（4）安装前检查喷头的型号、规格、使用场所应符合设计要求。

（二）报警阀组安装

（1）报警阀组安装前应对供水管网试压、冲洗合格。安装顺序为：先安装水源控制阀、报

警阀，然后进行报警阀辅助管道的连接，水源控制阀、报警阀与配水干管的连接，应使水流方向一致。报警阀组安装的位置应符合设计要求；当设计无要求时，宜靠近保护对象附近并便于操作的地点。距室内地面高度宜为 1.2 m，两侧与墙的距离不应小于 0.5 m，正面与墙的距离不应小于 1.2 m；报警阀组凸出部位之间的距离不应小于 0.5 m。安装报警阀组的室内地面应有排水设施，水喷雾灭火系统的雨淋阀组如图 3—5—3 所示。

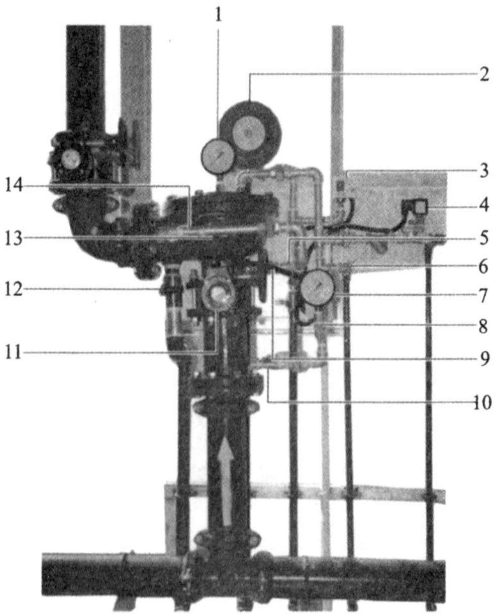

图 3—5—3 水喷雾灭火系统的雨淋阀组

1—压力腔压力表 2—水力警铃 3—压力开关 4—电磁阀 5—过滤器 6—手动快开阀 7—供水压力表 8—单向阀 9—试警铃球阀 10—控制管球阀 11—供水蝶阀 12—放余水阀 13—雨淋主阀 14—报警管球阀

（2）报警阀组安装应注意以下几点：

1）报警阀组可采用电动开启、传动管开启或手动开启，开启控制装置的安装应安全可靠。水传动管的安装应符合湿式自动喷水灭火系统有关要求。

2）报警阀组的观测仪表和操作阀门的安装位置应便于观测和操作。

3）报警阀组手动开启装置的安装位置应在发生火灾时能安全开启和便于操作。

4）压力表应安装在报警阀的水源一侧。

（三）系统的冲洗、试压

1. 系统冲洗

（1）管网冲洗的水流速度、流量不应小于系统设计的水流速度、流量；管网冲洗宜分区、分段进行；水平管网冲洗时，其排水管位置应低于配水支管。

（2）管网冲洗的水流方向应与灭火时管网的水流方向一致。

（3）管网冲洗应连续进行，当出口处水的颜色、透明度与入口处水的颜色、透明度基本一致时冲洗方可结束。

（4）管网冲洗宜设临时专用排水管道，其排水应畅通和安全。排水管道的截面面积不得小于被冲洗管道截面面积的 60%。

（5）管网冲洗结束后，应将管网内的水排除干净，必要时可采用压缩空气吹干。

2. 系统试压

系统管网安装完毕后进行的强度试验、严密性试验与其他自动喷水灭火系统相同，不再复述。

二、系统调试

（1）系统调试应在系统施工完成后进行。

（2）系统调试应具备下列条件：

1）消防水池、消防水箱已储存设计要求的水量。

2）系统供电正常。系统阀门均无泄漏。

3）与系统配套的火灾自动报警系统处于工作状态。

（3）系统调试方法。

1）报警阀调试宜利用检测、试验管道进行。自动和手动方式启动的雨淋报警阀，应在 15 s 之内启动；公称直径大于 200 mm 的雨淋报警阀调试时，应在 60 s 之内启动，雨淋报警阀调试时，当报警水压为 0.05 MPa 时，水力警铃应发出报警铃声。

2）水喷雾灭火系统的联动试验，可采用专用测试仪表或其他方式。对火灾自动报警系统的各种探测器输入模拟火灾信号，火灾自动报警控制器应发出声光报警信号并启动水喷雾灭火系统。采用传动管启动的水喷雾灭火系统联动试验时，启动一只喷头或试水装置，雨淋报警阀打开，系统管网压力开关或高位水箱流量开关应动作，消防水泵应自动启动。

3）调试过程中，系统排出的水应通过排水设施全部排走。

三、系统检测与验收

（一）验收资料查验

系统验收时，施工单位应提供下列资料：

（1）验收申请报告、设计变更通知书、竣工图。

（2）工程质量事故处理报告。

（3）施工现场质量管理检查记录。

（4）系统施工过程质量检查记录。

（5）系统质量控制检查资料。

（二）各组件检测验收

1. 系统供水水源、消防泵验收

系统供水水源、消防泵的验收要求与其他水灭火系统相同，这里不复述。

2. 报警阀组验收

（1）报警阀组的各组件应符合产品标准要求。

（2）报警阀安装地点的常年温度不应小于 4℃。

（3）水力警铃的设置位置应正确。测试时，水力警铃喷嘴处压力不应小于 0.05 MPa，且距水力警铃 3 m 远处警铃声声强不应小于 70 dB。

（4）打开手动试水阀或电磁阀时，报警阀组动作应可靠。

（5）控制阀均应锁定在常开位置。

（6）与火灾自动报警系统的联动控制应符合设计要求。

3. 管网验收

（1）管道的材质、管径、接头、连接方式及采取的防腐、防冻措施，应符合设计规范规定及设计要求。

（2）管网排水坡度及辅助排水设施应符合相关规定。

（3）系统中的试水装置、试水阀应符合设计要求。

（4）管网不同部位安装的报警阀组、闸阀、止回阀、电磁阀、柔性接头、排水管、泄压阀等均应符合设计要求。

（5）报警阀后的管道上不应安装其他用途的支管或阀门。

（6）配水支管、配水管、配水干管设置的支架、吊架和防晃支架应符合相关规定。

4. 喷头验收

（1）喷头设置场所、型号、规格等应符合设计要求。

（2）喷头安装间距，以及喷头与障碍物的距离应符合设计要求。

（3）各种不同规格的喷头均应有一定数量的备用品，其数量不应小于安装总数的1%，且每种备用喷头不应少于10个。

5. 水泵接合器数量及进水管验收

水泵接合器数量及进水管位置应符合设计要求，消防水泵接合器应进行充水试验，且系统最不利点的压力、流量应符合设计要求。

6. 系统流量、压力验收

系统流量、压力的验收，应通过系统流量压力检测装置进行放水试验，并应符合设计要求。

第四节　系统维护管理

建设单位需要对水喷雾灭火系统进行定期检查、测试和维护，以确保系统的完好工作状态。系统的维护维修要选择具有水喷雾灭火系统设计安装经验的单位进行。系统的运行管理需要制定管理、测试和维护规程，明确管理者职责。

（1）水喷雾灭火系统应具有管理、检测、维护规程，并应保证系统处于准工作状态。维护管理工作，应按相关要求进行。

（2）维护管理人员应经过消防专业培训，应熟悉水喷雾灭火系统的原理、性能和操作维护规程。

（3）维护管理人员每天应对水源控制阀、报警阀组进行外观检查，并应保证系统处于无故障状态，发现故障应及时进行处理。

（4）每周应对消防水泵和备用动力进行一次启动试验，当消防水泵为自动控制启动时，应每周模拟自动控制的条件启动运转一次。电磁阀应每月检查并应进行启动试验，动作失常时应及时更换。每个季度应对系统所有的试水阀和报警阀旁的放水试验阀进行一次放水试验，检查系统启动、报警功能以及出水情况是否正常。每年应对水源的供水能力进行一次测定，应保证消防用水不挪作他用。

（5）系统上所有的控制阀门均应采用铅封或锁链固定在开启或规定的状态。每月应对铅封、锁链进行一次检查，当有损坏时应及时修理更换。

（6）水喷雾灭火系统发生故障，需停水进行修理前，应向主管值班人员报告，取得维护负责人的同意，并临场监督，加强防范措施后方能动工。

（7）寒冷季节，消防储水设备的任何部位均不得结冰。每天应检查设置储水设备的房间，保持室温不低于5℃。

（8）钢板消防水箱和消防气压给水设备的玻璃水位计，两端的角阀在不进行水位观察时应关闭。

（9）消防水泵接合器及附件的维护保养见本篇第二章第四节内容。

思考题

1. 水喷雾灭火系统施工安装前，喷头的检查内容、要求及方法是什么？
2. 水喷雾灭火系统的报警阀组验收内容有哪些？
3. 水喷雾灭火系统的喷头验收内容有哪些？

参 考 文 献

公安部消防局．中国消防手册（第三卷）：消防规划·公共消防设施·建筑防火设计［M］. 上海：上海科学技术出版社，2006.

第六章
细水雾灭火系统

学习要求

通过本章学习，应熟悉细水雾灭火系统及其组件的实物构成；掌握细水雾灭火系统安装前的系统组件、管材管件检查方法和要求；熟悉细水雾灭火系统组件安装要求；掌握细水雾灭火系统检测验收和维护管理方法和要求。

细水雾灭火系统主要以水为灭火介质，采用特殊喷头在压力作用下喷洒细水雾进行灭火或控火，是一种灭火效能较高、环保的水灭火系统，是国际上哈龙灭火系统的替代系统之一，具有较好的工程应用前景。本章重点讲述细水雾灭火系统的安装调试、检测验收和维护管理的内容与要求。

第一节　系统构成

细水雾灭火系统由加压供水设备（泵组或瓶组）、系统管网、分区控制阀组、细水雾喷头组成。开式系统还应增加火灾自动报警及联动控制系统等。为了防止细水雾喷头堵塞，影响灭火效果，系统还设有过滤器。为了便于系统正常使用、检修维护，系统还设有泄水阀；闭式系统设有排气阀和试水阀；开式系统设有泄放试验阀。

细水雾灭火系统按照分配管网中流动介质的压力，可以分为高压系统、中压系统和低压系统；按照流动介质类型，可以分为单流体系统和双流体系统；按照安装方式，可以分为现场安装系统和预安装系统；按照采用的细水雾喷头型式，可以分为开式系统和闭式系统；按照系统供水方式（主要是按照驱动源类型），可以分为泵组式、瓶组式及其他型式，目前产品主要是泵组式和瓶组式两种型式。

一、泵组式系统

泵组式细水雾灭火系统采用柱塞泵、高压离心泵、柴油机泵、气动泵等泵组作为系统的驱动源。系统由细水雾喷头、泵组单元、储水箱、分区控制阀、过滤器、安全阀、泄压调压阀、减压装置、信号反馈装置、控制盘（柜）、管路及附件等部件组成，如图 3—6—1 所示。

二、瓶组式系统

瓶组式细水雾灭火系统采用储气瓶组和储水瓶组中的储气容器和储水容器，分别储存高压氮气和水。系统启动时高压气体释放出来驱动水形成细水雾。系统备用状态下，储水容器处于常压状态，储气容器处于高压状态。

系统由细水雾喷头、储水瓶组、储气瓶组、分区控制阀、驱动装置、气体单向阀、安全泄放装置、减压装置、信号反馈装置、控制盘（柜）、集流管、连接管、过滤器、管路及附件等部件组成，如图 3—6—2 所示。

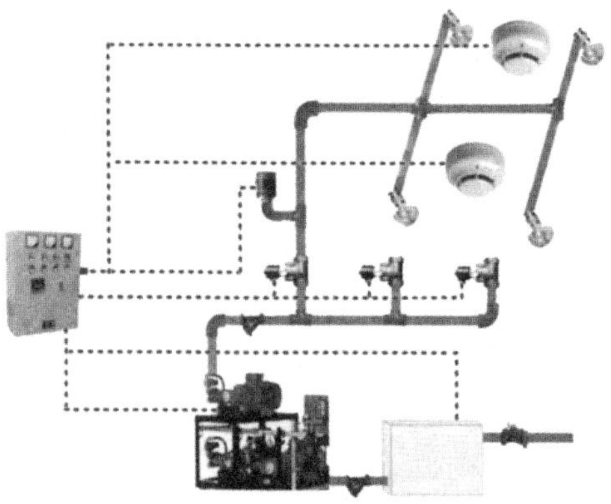

图 3—6—1　泵组式细水雾灭火系统示意图

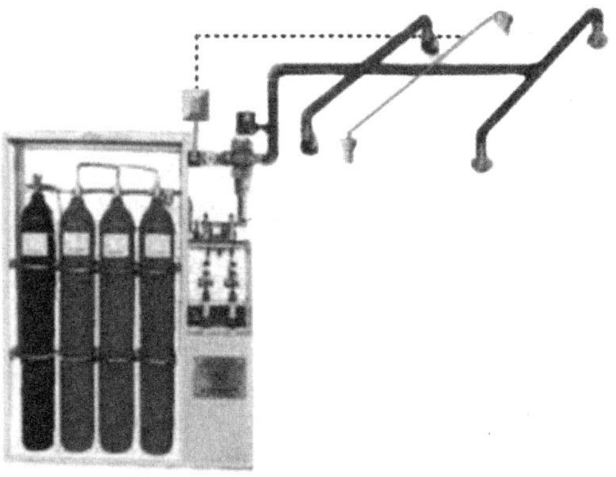

图 3—6—2　瓶组式细水雾灭火系统示意图

三、开式系统

开式细水雾灭火系统采用开式细水雾喷头，其系统组成和动作原理同电动控制的雨淋系统或水喷雾灭火系统，由火灾自动报警系统控制，自动开启分区控制阀和启动供水泵后，向喷头供水。开式系统按照系统的应用方式，可以分为全淹没应用和局部应用两种形式。采用全淹没应用方式时，微小的雾滴粒径及较高的喷放压力使得细水雾雾滴能像气体一样具有一定的流动性和弥散性，充满整个空间，并对防护区内的所有保护对象实施保护。局部应用方式是针对于防护区内某一部分保护对象，如油浸变压器、燃气轮机的轴承等，直接喷放细水雾实施灭火。

四、闭式系统

闭式细水雾灭火系统是采用闭式细水雾喷头的细水雾灭火系统。闭式系统还可以细分为湿式系统、干式系统和预作用系统。闭式细水雾灭火系统与闭式自动喷水灭火系统相比，除了喷头为闭式细水雾喷头外，其系统组成和工作原理均一致。

第二节　系统组件（设备）安装前检查

细水雾灭火系统的各种组件，在从制造厂运至施工现场过程中，要经过装车、运输、卸车和搬运、储存等环节，存在因意外原因对组件造成损伤或锈蚀的可能。为了保证施工质量，需要在细水雾灭火系统施工安装前，按照施工过程质量控制要求，对系统组件、管材管件及其他设备、材料进行进场检查。其中质量控制文件检查内容、方法及要求详见本篇第一章的相关内容；供水设施、管材管件进场检查内容、方法及要求详见本篇第二章的相关内容。

一、喷头的进场检查

细水雾喷头是由一个或多个微型孔口或喷嘴构成，在额定压力下可以产生细水雾的消防专用喷头。为了避免在生产、出厂检验、运输等过程中出现产品质量问题导致安装缺陷，要重点对喷头的外观、密封性和质量偏差等进行现场检验。不同类型细水雾喷头的实物图如图3—6—3所示。

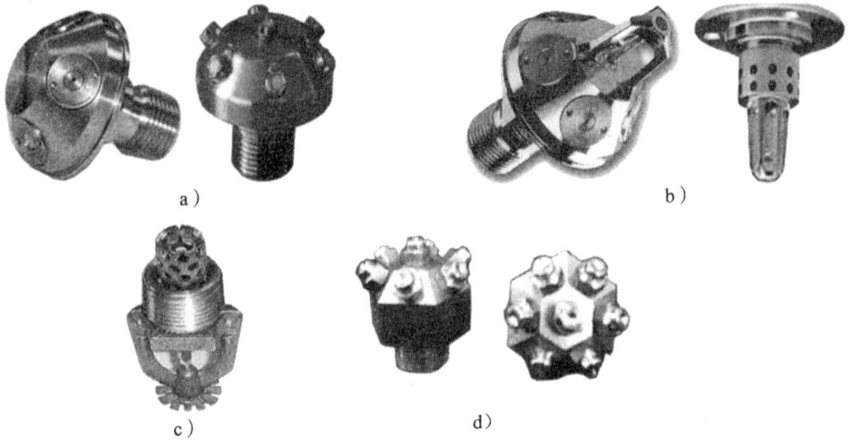

图 3—6—3　细水雾喷头

a）开式喷头　b）闭式喷头　c）撞击式喷头　d）离心式喷头

（一）检查内容

1. 喷头标志检查

喷头的商标、型号、制造厂商及生产日期等标志应齐全、清晰。

2. 喷头数量检查

喷头的数量应满足设计要求。

3. 喷头外观检查

（1）喷头外观应无加工缺陷和机械损伤。

（2）喷头螺纹密封面应无伤痕、毛刺、缺丝或断丝现象。

（二）检查方法

检查内容的“1.”至“3.”项采用观察检查，分别按不同型号、规格抽查 1%，且不少于 5 只；少于 5 只时，全数检查。

二、阀组的进场检查

分区控制阀是细水雾灭火系统的重要组件。为了保证分区控制阀及其附件的安装质量和基本性能要求，阀组产品进场后，要对其外观质量、阀门数量和操作性能等进行检查。系统分区控制阀或阀组的实物图如图 3—6—4 所示。

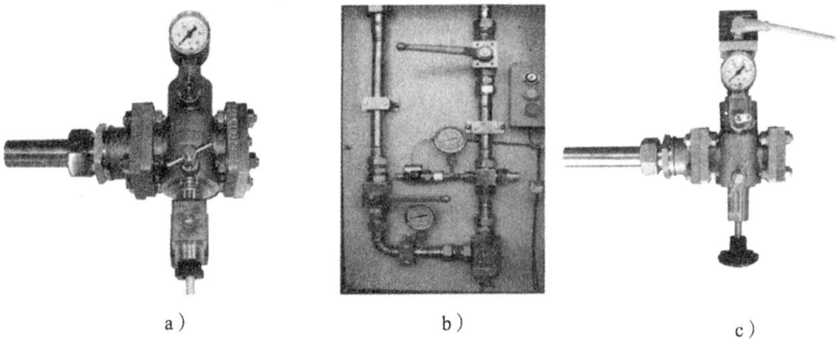

图 3—6—4　细水雾灭火系统分区控制阀或阀组

a）开式分区控制阀　b）开式分区控制阀组　c）闭式分区控制阀

（一）检查内容

1. 阀组外观检查

（1）各阀门的商标、型号、规格等标志应齐全。

（2）各阀门及其附件应无加工缺陷和机械损伤。

（3）控制阀的明显部位应有标明水流方向的永久性标志。

2. 阀组数量检查

各阀门及其附件应配备齐全，型号、规格应符合设计要求。

3. 阀组操作性能检查

（1）控制阀的阀瓣及操作机构应动作灵活、无卡涩现象。

（2）阀体内应清洁、无异物堵塞。

（二）检查方法

检查内容的“1.”“2.”项采用观察检查。检查内容的“3.”项采用专用试验装置进行测试和观察检查，主要测试设备有试压泵和压力表等。

三、其他组件的进场检查

其他组件的进场检查主要包括储水瓶组、储气瓶组、泵组单元、储水箱、分区控制阀、过滤器、安全阀、泄压调压阀、减压装置、信号反馈装置等系统组件的外观检查和储气瓶组驱动装置动作检查。

（一）检查内容

（1）储水瓶组、储气瓶组、泵组单元、储水箱、分区控制阀、过滤器、安全阀、泄压调压阀、减压装置、信号反馈装置等系统组件的外观检查。

1）应无变形及其他机械性损伤。

2）外露非机械加工表面保护涂层应完好。

3）所有外露口均设有防护堵盖，且密封良好。

4）各组件铭牌标记应清晰、牢固，方向正确。

（2）储气瓶组驱动装置动作检查。储气瓶组驱动装置动作应灵活、无卡阻现象。

（二）检查方法

（1）检查内容的“（1）”项采用观察检查。

（2）检查内容的“（2）”项按照驱动装置产品使用说明规定的方法进行动作检查。

第三节　系统组件安装调试与检测验收

细水雾灭火系统安装调试包括供水设施、管道及系统主要组件的安装，系统冲洗和试压，系统调试等内容。

一、供水设施安装

主要包括泵组、储水箱、储水瓶组与储气瓶组的安装条件、安装要求和检查方法。

（一）泵组

1. 安装条件

安装前，设计单位需要向施工单位进行技术交底，并应具备下列安装条件：

（1）经审核批准的设计施工图、设计说明书及设计变更等技术文件齐全。

（2）泵组及其控制柜的安装使用、维护说明书等资料齐全。

（3）待安装的泵组及其控制柜具备符合市场准入制度要求的有效证明文件和产品出厂合格证。

（4）待安装的泵组及其控制柜的型号、规格符合设计要求。

（5）防护区或防护对象及设备间的设置条件与设计文件相符，系统所需的预埋件和预留孔洞等符合设计要求。

（6）使用的水、电、气等满足现场安装要求。

2. 安装要求

（1）用螺栓连接的方法直接将泵组安装在泵组基础上，或者将泵组用螺栓连接的方式连接到角铁架上。泵组吸水管上的变径处应采用偏心大小头连接。

（2）高压水泵与主动机之间联轴器的型式及安装应符合制造商的要求，底座的刚度应保证同轴度要求。

（3）系统采用柱塞泵时，泵组安装后需要充装和检查曲轴箱内的油位。

（4）控制柜与基座应采用直径不小于 12 mm 的螺栓固定，每个控制柜不应少于 4 只螺栓；控制柜基座的水平度误差不应大于 ±2 mm/m，并采取防腐处理及防水措施；做控制柜的上下进出线口时，不应破坏控制柜的防护等级。

（5）符合《机械设备安装工程施工及验收通用规范》（GB 50231—2017）和《风机、压缩机、泵安装工程施工及验收规范》（GB 50275—2010）的有关规定。

3. 检查方法

采用尺量检查和观察检查，高压泵组应启泵检查。

（二）储水箱

1. 安装要求

（1）储水箱的安装、固定和支撑要稳固，且应符合制造商使用说明书的相关要求。

（2）应安装在便于检查、测试和维护维修的位置。

（3）应避免暴露于恶劣气象条件，以及化学的、物理的或是其他形式的损坏条件下。

（4）储水箱所处的环境温度应满足制造商使用说明书相关内容的要求。必要时可采用外部加热或冷却装置，以确保温度保持在规定的范围内。

2. 检查方法

采用尺量检查和观察检查。

（三）储水瓶组与储气瓶组

1. 安装要求

（1）应按设计要求确定瓶组的安装位置。

（2）确保瓶组的安装、固定和支撑稳固。

（3）对瓶组的固定支框架应进行防腐处理。

（4）瓶组容器上的压力表应朝向操作面，安装高度和方向应保持一致。

2. 检查方法

采用尺量检查和观察检查。

二、管道安装

管道是细水雾灭火系统的重要组成部分，管道安装也是整个系统安装工程中工作量最大、较容易出问题的环节，返修也较繁杂。因而在管道安装时需要采取行之有效的技术措施，依据管道的材质和工作压力等自身特性，按照《工业金属管道工程施工规范》（GB 50235—2010）和《现场设备、工业管道焊接工程施工规范》（GB 50236—2011）的相关规定进行安装，并注意满足管网工作压力的要求。管道的安装主要包括管道清洗，管道固定，管道焊接等加工方法，以及管道穿过墙体、楼板的安装等。

（一）管道清洗

1. 安装要求

（1）管道安装前需要进行分段清洗。对于管道在工厂进行加工焊接操作，再运至使用地点安装的情况，若在加工地点即完成管道清洗，需要将清洗过的管道两端用塑料塞堵住。当采用此类管道进行系统安装前，必须检查所有的塞子是否完好，否则，需要重新进行清洗工作。

（2）管道安装过程中，要保证管道内部清洁，不得留有焊渣、焊瘤、氧化皮、杂质或其他异物，并应及时封闭施工过程中的开口。

（3）所有管道安装好后，需要对整个系统管道进行冲洗，当系统较大时，也可分区进行管道冲洗。

2. 检查方法

采用观察检查，具体管道清洗方法详见本节“四、系统冲洗、试压”的相关内容。

（二）管道固定

1. 安装要求

（1）系统管道应采用防晃的金属支架、吊架固定在建筑构件上。

（2）根据表3—6—1给出的最大间距进行支架、吊架的安装，并尽量使安装间距均匀。

表3—6—1　　系统管道支架、吊架的最大间距

管道外径 /mm	≤ 16	20	24	28	32	40	48	60	≥ 76
最大间距 /m	1.5	1.8	2.0	2.2	2.5	2.8	2.8	3.2	3.8

（3）支架、吊架要安装牢固，能够承受管道充满水时的重量及冲击。

（4）支架、吊架应进行防腐蚀处理，并采取防止与管道发生电化学腐蚀的措施。

2. 检查方法

采用尺量检查和观察检查。

（三）管道焊接等加工方法

1. 安装要求

（1）管道焊接的坡口形式、加工方法和尺寸等，应符合《气焊、焊条电弧焊、气体保护焊和高能束焊的推荐坡口》（GB/T 985.1—2008）的有关规定。

（2）管道之间或管道与管接头之间的焊接应采用对口焊接。系统管道焊接时，应使用氩弧焊工艺，并应使用性能相容的焊条。

（3）同排管道法兰的间距不宜小于100 mm，以方便拆装为原则。

（4）对管道采取导除静电的措施。

2. 检查方法

采用尺量检查和观察检查。

（四）管道穿过墙壁、楼板的安装

1. 安装要求

（1）在管道穿过墙体、楼板处应使用套管；穿过墙体的套管长度不应小于该墙体的厚度，穿过楼板的套管长度应高出楼板地面 50 mm。

（2）应采用防火封堵材料填塞管道与套管间的空隙，保证填塞密实。

2. 检查方法

采用尺量检查和观察检查。

三、系统主要组件安装

（一）喷头

1. 安装条件

（1）喷头安装必须在系统管道试压、吹扫合格后进行。

（2）应采用专用扳手进行安装。

2. 安装要求

（1）安装时，应根据设计文件逐个核对其生产厂标志、型号、规格和喷孔方向。

（2）安装时不得对喷头做拆装、改动，并严禁给喷头附加任何装饰性涂层。

（3）喷头安装高度、间距，与吊顶、门、窗、洞口或障碍物的距离应符合设计的要求。

（4）不带装饰罩的喷头，其连接管管端螺纹不应露出吊顶；带装饰罩的喷头应紧贴吊顶。

（5）带有外置式过滤网的喷头，其过滤网不应伸入支干管内。

（6）喷头与管道的连接宜采用端面密封或 O 型圈密封，不应采用聚四氟乙烯、麻丝、黏结剂等作为密封材料。

（7）安装在易受机械损伤处的喷头，应加设喷头保护罩。

3. 检查方法

采用尺量检查和观察检查。

（二）控制阀组

1. 安装要求

（1）阀组的安装应符合《工业金属管道工程施工规范》（GB 50235—2010）的相关规定。

（2）阀组的观测仪表和操作阀门的安装位置应符合设计要求，应避免机械、化学或其他损伤，并便于观测、操作、检查和维护。

（3）阀组上的启闭标志应便于识别。

（4）阀组前后管道、瓶组支撑架、电控箱应固定牢固，不得晃动。

（5）分区控制阀的安装高度宜为 1.2 ~ 1.6 m，操作面与墙或其他设备的距离不应小于 0.8 m，并应满足操作要求。

（6）分区控制阀开启控制装置的安装应安全可靠。

2. 检查方法

采用尺量检查、观察检查和操作阀门检查。

（三）其他组件

1. 安装要求

（1）在管网压力可能超越系统或系统组件最大额定工作压力的情况下，应在适当的位置安装压力调节阀。阀门应在系统压力达到 95% 系统组件最大额定工作压力时开启。

（2）在压力调节阀的两侧、供水设备的压力侧、自动控水阀门的压力侧应安装压力表。压力表的测量范围应为 1.5 ~ 2 倍的系统工作压力。

（3）当供给细水雾灭火系统的压缩气体压力大于系统的设计工作压力时，应安装压缩气体泄压调压阀门。阀门的设定值由制造商设定，且应有防止误操作的措施和正确操作的永久标识。

（4）闭式系统试水阀的安装位置应便于检查、试验。

（5）细水雾灭火系统的控制线路布置、防护，与系统联动的火灾自动报警系统和其他联动控制装置的安装等均应符合《火灾自动报警系统施工及验收规范》（GB 50166—2007）的规定。

2. 检查方法

采用观察检查、尺量检查和操作阀门检查。

四、系统冲洗、试压

为了避免喷头堵塞，细水雾灭火系统对管道清洁度的要求较高。同时由于细水雾灭火系统管网工作压力较高，也需要确保管道安装后不出现漏水、管道及管件承压能力不足等影响系统正常工作的问题。这就要求系统在管道安装完毕并冲洗合格后进行水压试验，以检查管道系统及其各连接部位的工程质量；同时，要求在系统管道水压试验合格后进行吹扫，以清除管道内的铁锈、灰尘、水渍等污物，保证管道内部的清洁，也避免管道内因为残存水渍而导致生锈。

（一）系统管网冲洗、试压和吹扫的基本要求

在具备下列规定条件的情况下，方可在管网安装完毕后进行冲洗、试压和吹扫：

（1）经复查，埋地管道的位置及管道基础、支吊架等应符合设计文件要求。

（2）准备不少于两只的试压用压力表，精度不应低于 1.5 级，量程应为试验压力值的 1.5 ~ 2 倍。

（3）试压冲洗方案已获批准。

（4）隔离或者拆除不能参与试压的设备、仪表、阀门及附件；加设的临时盲板具有凸出于法兰的边耳，且有明显标志，并对临时盲板数量、位置进行记录。

（5）采用符合设计要求水质的水进行水压试验和管网冲洗，不得使用海水或者含有腐蚀性化学物质的水进行试压试验、管网冲洗。

（6）系统的试压和冲洗参考《细水雾灭火系统技术规范》（GB 50898—2013）和《工业金属管道工程施工规范》（GB 50235—2010）的相关规定进行。

（二）管网冲洗

管网冲洗在系统管道安装固定后分段进行。管网冲洗通常采用水为介质，冲洗顺序为先室外、后室内，先地下、后地上。室内部分的冲洗按照配水干管、配水管、配水支管的顺序进行。管网的地上管道与地下管道连接前，应在配水干管底部加设堵头后，对地下管道进行冲洗。管网冲洗合格后，应将管网内的水排除干净，并填写冲洗记录。

1. 管网冲洗准备

（1）对系统的仪表采取保护措施。

（2）对管道支架、吊架进行检查，必要时采取加固措施。

（3）将管网冲洗所采用的排水管道与排水系统可靠连接，选择截面面积不应小于被冲洗管道截面面积的 60% 的管道作为排水管道。

2. 管网冲洗

（1）冲洗要求。

1）管网冲洗的水流速度、流量不应小于系统设计的水流流速、流量。

2）管网冲洗宜分区、分段进行；水平管网冲洗时，其排水管位置应低于配水支管。

3）管网冲洗的水流方向与灭火时管网的水流方向一致。

4）管网冲洗要连续进行。出口处水的颜色、透明度应与入口处水的颜色、透明度基本一致，用白布检查无杂质，冲洗方可结束。

（2）操作方法。采用最大设计流量，沿灭火时管网内的水流方向分区、分段进行，使用流量计和观察检查。

（三）管网试压

1. 水压试验

（1）试验条件。

1）环境温度不宜低于 5℃，当低于 5℃时，采取防冻措施，以确保水压试验正常进行。

2）试验压力为系统工作压力的 1.5 倍。

3）试验用水的水质与管道的冲洗水一致，水中氯离子含量不超过 25 mg/kg。

（2）试验要求。

1）试验的测试点宜设在系统管网的最低点。

2）管网注水时，将管网内的空气排净，缓慢升压。

3）当压力升至试验压力后，稳压 5 min，管道无损坏、变形，再将试验压力降至设计压力，稳压 120 min。

（3）操作方法。试验前用温度计测试环境温度，对照设计文件核算试压试验压力。试验中，目测观察管网外观和测压用压力表，以压力不降、无渗漏、目测管道无变形为合格。系统试压过程中出现泄漏时，停止试压，放空管网中的试验用水；消除缺陷后，重新试验。

2. 气压试验

对于干式和预作用系统，除要进行水压试验外，还需要进行气压试验。双流体系统的气体管道进行气压强度试验。

（1）试验要求。

1）试验介质为空气或氮气。

2）干式和预作用系统的试验压力为 0.28 MPa，且稳压 24 h，压力降不大于 0.01 MPa。

3）双流体系统气体管道的试验压力为水压强度试验压力的 80%。

（2）操作方法。采用试压装置进行试验，目测观察测压用压力表的压力降。系统试压过程中，压力降超过规定的，停止试验，放空管网中的气体；消除缺陷后，重新试验。

（四）管网吹扫

1. 吹扫要求

（1）应采用压缩空气或氮气吹扫。

（2）吹扫压力不应大于管道的设计压力。

（3）吹扫气体流速不应小于 20 m/s。

2. 操作方法

在管道末端设置贴有白布或涂白漆的靶板，以 5 min 内靶板上无锈渣、灰尘、水渍及其他杂物为合格。

五、系统调试与现场功能测试

细水雾灭火系统的调试在系统施工完毕，各项技术参数符合设计要求，且火灾自动报警系统调试完毕后进行。系统调试主要包括泵组、稳压泵、分区控制阀的调试和联动试验。

系统调试由熟知细水雾灭火系统原理和运行操作方法的专业技术人员担任，并按国家工程质量监督检验要求，准备必要的调试装备。系统调试前需要根据系统的具体情况编写调试大纲，调试大纲包括调试内容、调试方法、调试步骤和调试检验装备。系统调试合格后，施工单位需要填写调试记录，并向建设单位提供质量控制资料和全部施工过程检查记录。同时，调试后要用压缩空气或氮气吹扫，使系统恢复至准工作状态。

（一）系统调试准备

系统调试需要具备下列条件：

（1）系统及与系统联动的火灾报警系统或其他装置、电源等均处于准工作状态，现场安全条件符合调试要求。

（2）系统调试时所需的检查设备齐全，调试所需仪器、仪表经校验合格并与系统连接和固定。

（3）具备经监理单位批准的调试方案。

（二）系统调试要求

水源、消防水泵及其控制柜的调试和检测详见本篇第二章的相关内容。

1. 分区控制阀调试

分区控制阀调试按照开式系统和闭式系统分区控制阀的各自特点进行调试。调试前，首先要检查分区控制阀或阀组的各组件安装是否齐全，组件安装是否正确，在确认安装符合设计要求和消防技术标准规定后，进行调试。

（1）开式系统分区控制阀。开式系统分区控制阀需要在接到动作指令后立即启动，并发出相应的阀门动作信号。

检查方法：采用自动和手动方式启动分区控制阀，水通过泄放试验阀排出，采用观察检查。

（2）闭式系统分区控制阀。对于闭式系统，当分区控制阀采用信号阀时，能够反馈阀门的启闭状态和故障信号。

检查方法：采用在试水阀处放水或手动关闭分区控制阀，采用观察检查。

2. 联动试验

对于允许喷雾的防护区或保护对象，至少在一个防护区进行实际细水雾喷放试验；对于不允许喷雾的防护区或保护对象，进行模拟细水雾喷放试验。

（1）开式系统的联动试验。进行实际细水雾喷放试验时，可采用模拟火灾信号启动系统，检查分区控制阀、泵组或瓶组能否及时动作并发出相应的动作信号，系统的动作信号反馈装置能否及时发出系统启动的反馈信号，相应防护区或保护对象保护面积内的喷头是否喷出细水雾，相应场所入口处的警示灯是否动作。

进行模拟细水雾喷放试验时，应手动开启泄放试验阀，采用模拟火灾信号启动系统，检查泵组或瓶组能否及时动作并发出相应的动作信号，系统的动作信号反馈装置能否及时发出系统启动的反馈信号，相应场所入口处的警示灯是否动作。

检查方法：采用观察检查。

（2）闭式系统的联动试验。闭式系统的联动试验可利用试水阀放水进行模拟。打开试水阀，查看泵组能否及时启动并发出相应的动作信号，系统的动作信号反馈装置能否及时发出系统启动的反馈信号。

检查方法：打开试水阀放水，采用观察检查。

（3）火灾报警系统联动功能测试。当系统需与火灾自动报警系统联动时，可利用模拟火灾信号进行试验。给出模拟火灾信号，查看火灾报警装置能否自动发出报警信号，系统是否动作，相关联动控制装置能否发出自动关断指令，火灾时需要关闭的相关可燃气体或液体供给源关闭等设施是否联动关断。

检查方法：模拟火灾信号，采用观察检查。

六、系统验收

系统的验收由建设单位组织监理、设计、施工等单位共同进行。

系统验收主要包括对供水水源、泵组、储气瓶组和储水瓶组、控制阀、管网和喷头等主要组件的安装质量验收，以及对系统的功能验收。通过系统验收来保证系统主要组件的功能达到设计要求，为以后系统的正常运行提供可靠保障。

系统验收合格后，需要将系统恢复至正常运行状态，并向建设单位移交竣工验收文件资料和系统工程验收记录。系统验收不合格者，经整改后重新验收。

（一）主要组件的验收

系统验收的验收资料查验内容和要求详见本篇第一章的相关内容。泵组和系统水源的验收、系统管网和喷头的验收内容和要求详见本篇第二章和第四章的相关内容。

1. 储气瓶组和储水瓶组

（1）验收内容。

1）瓶组的数量、型号、规格、安装位置、固定方式和标志应符合设计和安装要求。

2）储水容器内水的充装量和储气容器内氮气或压缩空气的储存压力应符合设计要求。

3）瓶组的机械应急操作处的标志应符合设计要求。应急操作装置应有铅封的安全销或保护罩。

（2）验收方法。验收内容“1）”项采用对照设计资料和产品说明书等进行观察检查；“2）”项采用称重、用液位计或压力计测量；“3）”项采用观察检查和测量检查。

2. 控制阀组

（1）验收内容。

1）控制阀的型号、规格、安装位置、固定方式和启闭标志等应符合设计和安装要求。

2）开式系统分区控制阀组应能采用手动和自动方式可靠动作。

3）闭式系统分区控制阀组应能采用手动方式可靠动作。

4）分区控制阀前后的阀门均应处于常开位置。

（2）验收方法。验收内容“1）”项采用对照设计资料和产品说明书等进行观察检查；验收内容“2）”项采用手动和电动启动分区控制阀，观察检查阀门启闭反馈情况；验收内容“3）”项将处于常开位置的分区控制阀手动关闭，采用观察检查；验收内容“4）”项，采用观察检查。

（二）现场抽样检查及功能性测试

1. 模拟联动功能试验

（1）试验要求。

1）动作信号反馈装置应能正常动作，并应能在动作后启动泵组或开启瓶组及与其联动的相关设备，可正确发出反馈信号。

2）开式系统的分区控制阀应能正常开启，并可正确发出反馈信号。

3）系统的流量、压力均应符合设计要求。

4）泵组或瓶组及其他消防联动控制设备应能正常启动，并应有反馈信号显示。

5）主、备用电源应能在规定时间内正常切换。

（2）检查方法。

1）试验内容“1）”项、“2）”项和“4）”项，利用模拟信号试验，采用观察检查。

2）试验内容“3）”项，利用系统流量压力检测装置通过泄放试验，采用观察检查。

3）试验内容“5）”项，模拟主、备用电源切换，采用秒表计时检查。

2. 开式系统冷喷试验

（1）试验要求。除符合上文模拟联动功能试验的试验要求以外，冷喷试验的响应时间应符合设计要求。

（2）检查方法。自动启动系统，采用秒表等观察检查。

第四节　系统维护管理

建筑使用单位需要对细水雾灭火系统进行定期检查、测试和维护，以确保系统的完好工作状态。系统的维护、维修要选择具有细水雾灭火系统设计安装经验的单位进行。系统的运行管理需要制定管理、测试和维护规程，明确管理者职责。同时，由于细水雾灭火系统管路承压高、水质要求高、系统组成部件较多且较复杂，需要维护管理人员具备较高的素质，熟悉系统的操作维护方法，因此要求细水雾灭火系统的维护管理人员经过专业培训。

一、系统操作与巡查

细水雾灭火系统要由经过专门培训的人员负责系统的管理操作和维护，维护管理人员应每日对系统进行巡查，并认真填写检查记录。细水雾灭火系统巡查主要是针对系统组件外观、现场运行状态、系统检测装置工作状态、安装部位环境条件等的日常巡查。

（一）巡查内容

细水雾灭火系统巡查内容主要包括系统的主、备用电源接通情况；消防泵组、稳压泵外观及工作状态；控制阀等各种阀门的外观及启闭状态；系统储气瓶、储水瓶、储水箱的外观和工作环境；释放指示灯、报警控制器、喷头等组件的外观和工作状态；系统的标志和使用说明等标识状态；闭式系统末端试水装置的压力值；系统保护的防护区状况等。

（二）巡查方法及要求

采用目测观察的方法，检查系统及其各组件的外观、阀门启闭状态、用电设备及其控制装置的工作状态和压力监测装置（压力表、压力开关）的工作情况。具体巡查要求如下：

（1）检查系统的消防水泵、稳压泵等用电设备配电控制柜，观察其电压、电流监测是否正常；检查系统监控设备供电是否正常，系统中的电磁阀、模块等用电元器件是否通电。

（2）检查高压泵组电动机有无发热现象；检查稳压泵是否频繁启动；检查水泵控制柜（盘）的控制面板及显示信号状态是否正常；检查泵组连接管道有无渗漏滴水现象；检查主出水阀是否处于打开状态；检查水泵启动控制和主、备泵切换控制是否设置在“自动”位置；其他消防水泵、稳压泵的巡查方法及要求详见本篇第二章相关内容。

（3）检查分区控制阀（组）等各种阀门的标志牌是否完好、清晰；检查分区控制阀上设置的对应于防护区或保护对象的永久性标志是否易于观察；检查阀体上水流指示永久性标志是否易于观察，与水流方向是否一致；检查分区控制阀组的各组件是否齐全，有无损伤，有无漏水等情况；检查各个阀门是否处于常态位置。

（4）检查储气瓶、储水瓶和储水箱的外观是否无明显磕碰伤痕或者损坏；检查储气瓶、储水瓶等的压力显示装置是否状态正常；检查储水箱的液位显示装置等是否正常工作；寒冷和严寒地区检查设置储水设备的房间温度是否低于5℃。

（5）检查释放指示灯、报警控制器等是否处于正常状态；检查喷头外观有无明显磕碰伤痕或者损坏，有无喷头漏水或者被拆除、遮挡等情况。

（6）检查系统手动启动装置和瓶组式系统机械应急操作装置上的标识是否正确、清晰、完整，是否处于正确位置，是否与其所保护场所明确对应；检查设置系统的场所及系统手动操作位置处是否设有明显的系统操作说明。

（7）闭式系统末端试水装置的巡查方法及要求详见本篇第四章第四节相关内容。

（8）检查系统防护区的使用性质是否发生变化；检查防护区内是否有影响喷头正常使用的吊顶装修；检查防护区内可燃物的数量及布置形式是否有重大变化。

二、系统周期性检查维护

系统及系统组件应定期进行检查和维护以确定其功能满足要求。检查和维护的内容依据频率的不同主要如下：

（一）月检的内容和要求

（1）检查系统组件的外观是否有碰撞变形及其他机械性损伤。

（2）检查分区控制阀动作是否正常。

（3）检查阀门上的铅封或锁链是否完好，阀门是否处于正确位置。

（4）检查储水箱和储水容器的水位及储气容器内的气体压力是否符合设计要求。

（5）对于闭式系统，利用试水阀对动作信号反馈情况进行试验，观察其是否正常动作和显示。

（6）检查喷头的外观及备用数量是否符合要求。

（7）检查手动操作装置的防护罩、铅封等是否完整无损。

（二）季检的内容和要求

（1）通过试验阀对泵组式系统进行一次放水试验，检查泵组启动、主/备泵切换及报警联动功能是否正常。

（2）检查瓶组式系统的控制阀动作是否正常。

（3）检查管道和支吊架是否松动，管道连接件是否有变形、老化或裂纹等现象。

（三）年检的内容和要求

（1）定期测定一次系统水源的供水能力。

（2）对系统组件、管道及管件进行一次全面检查，清洗储水箱、过滤器，并对控制阀后的管道进行吹扫。

（3）储水箱每半年换水一次，储水容器内的水按产品制造商的要求定期更换。

（4）进行系统模拟联动功能试验，试验内容与要求详见本节“三、系统年度检测”部分。

（四）系统维护管理后续要求

（1）系统维护检查中发现问题后需要针对具体问题按照规定要求进行处理。例如，更换受损的喷头、支吊架、阀门密封件，润滑控制阀门杆、清理过滤器等。

（2）系统检查及模拟试验完毕后把系统所有的阀门恢复至工作状态。

（3）把检查和模拟试验的结果与以往的试验结果或竣工验收的试验结果进行比较，查看其是否保持一致。

三、系统年度检测

年度检测是建筑使用管理单位按照相关法律法规和国家消防技术标准，每年度开展的定期功能性检查和测试；建筑使用管理单位的年度检测可以委托具有资质的消防技术服务单位实施。

（一）细水雾喷头

检查喷头选型与保护区域的使用功能是否匹配，闭式喷头玻璃泡色标是否高于防护区环境最高温度30℃的要求；查看喷头外观有无明显磕碰伤痕或者变形、损坏，有无喷头漏水或者被拆除、遮挡等情况；查看开式喷头有无喷嘴堵塞情况。

（二）分区控制阀

1. 检查内容

（1）检查分区控制阀的外观、标志、标识情况，应符合产品标准和设计规定。

（2）测试开式系统分区控制阀的手动/自动控制功能，应能够正常开启和进行信号反馈。

（3）检查闭式系统分区控制阀启闭状态，分区控制阀应常开并具有开关锁定或开关指示功能。

2. 检查操作步骤

（1）查看分区控制阀的外观是否完整无损伤，标志、标识是否清晰，是否与其保护的防护区相对应。

（2）对于开式系统，打开分区控制阀后的泄放试验阀，关闭其后的控制阀。

（3）采用专用测试仪表或其他方式，对火灾探测器输入模拟火灾信号，查看火灾报警控制器是否在接收到火灾报警信号后及时启动开式系统分区控制阀，查看泄放试验阀后是否有水流出，并在相应控制设备上查看分区控制阀的动作情况和信号反馈情况。

（4）按下防护区外的手动按钮查看开式系统分区控制阀是否及时开启，查看泄放试验阀后是否有水流出，并在相应控制设备上查看分区控制阀的动作情况和信号反馈情况。

（5）切断电动阀控制电源模拟应急机械启动，用手摇曲柄打开电动阀，查看开式系统分区控制阀的动作情况等是否与“（3）”项的内容一致。

（6）手动关闭开式系统分区控制阀，关闭其后的泄放试验阀，打开其后的控制阀，使系统复位，恢复到工作状态。

（7）对于闭式系统，查看系统分区控制阀是否处于开启状态，查看阀门的启闭标志是否明显，是否用锁具固定；采用信号阀的，在试水阀处放水或手动关闭分区控制阀查看其信号反馈情况是否正确。

（三）开式系统联动功能

1. 检查内容

通过报警联动，测试开式系统联动控制功能，进行模拟喷放细水雾试验，检查分区控制阀、泵组或瓶组能否及时动作并发出相应的动作信号，系统的动作信号反馈装置能否及时发出系统启动的反馈信号，相应防护区或保护对象保护面积内的喷头是否喷出细水雾，相应场所入口处的警示灯是否动作。

2. 检查操作步骤

（1）采用专用测试仪表或其他方式，对火灾探测器输入模拟火灾信号，查看火灾报警控制器是否发出声光报警信号，相关联动控制装置是否发出自动关断指令。

（2）查看分区控制阀、泵组或瓶组的相应动作情况，及其动作情况在相应控制设备上的显示情况。

（3）查看系统喷雾情况，用秒表测量自火灾报警装置发出报警信号至细水雾喷头喷出细水雾的时间间隔，查看系统是否满足响应时间要求。

（4）查看系统动作信号反馈装置的信号反馈情况和防护区入口处喷雾指示灯等装置的动作情况。

（5）系统复位，恢复到工作状态。

（四）闭式系统联动功能

1. 检查内容

通过末端放水，测试闭式系统联动功能，查看泵组能否及时启动并发出相应的动作信号，系统的动作信号反馈装置能否及时发出系统启动的反馈信号。

2. 检查操作步骤

（1）开启试水阀，查看并记录压力表数值变化情况。

（2）用秒表测量自试水阀开启至消防水泵投入运行的时间间隔，查看泵组是否及时启动；查看水泵控制柜和其他控制设备上显示的水泵工作状态。

（3）查看控制设备显示的水流传感器、压力开关的动作情况及信号反馈情况。

（4）当分区控制阀采用信号阀时，查看控制设备显示的阀门的信号反馈情况。

（5）关闭试水阀，系统复位，恢复到工作状态。

四、系统常见故障分析与处理

进行系统周期性检查时，对于检查发现的系统故障，要及时分析故障原因，消除故障，确保系统完好有效。

（一）泵组常见故障分析与处理

1. 泵组连接处有渗漏

（1）故障原因分析。

1）连接件松动。

2）连接处O型密封圈或密封垫损坏。

3）连接件损坏。

（2）故障处理。

1）拧紧连接件。

2）更换O型密封圈或密封垫。

3）更换连接件。

2. 泵组出口压力低

（1）故障原因分析。

1）泵组测试阀未关闭。

2）泵组进线电源反相。

3）高压泵损坏。

4）使用流量超出额定值。

（2）故障处理。

1）关闭泵组测试阀。

2）调整进线电源相序。

3）更换高压泵。

4）在泵组额定值内工作。

3. 泵组不启动

（1）故障原因分析。

1）高压泵接触器未闭合。

2）泵组停止触点断开。

3）联动控制器未执行程序。

4）电源未接通。

5）断水水位保护。

（2）故障处理。

1）闭合接触器。

2）闭合泵组停止触点。

3）检修联动控制器，必要时更换。

4）接通电源。

5）恢复调节水箱水位。

4. 稳压泵频繁启动

（1）故障原因分析。

1）管道有渗漏。

2）安全泄压阀密封不好。

3）测试阀未关紧。

4）单向阀密封垫上粘连杂质。

（2）故障处理。

1）管道渗漏点补漏。

2）检修安全泄压阀。

3）完全关闭测试阀。

4）清洗单向阀并清洁水箱及管道。

5. 稳压泵规定时间内不能恢复压力

（1）故障原因分析。

1）管道内残存空气。

2）管道有渗漏。

3）高压球阀渗漏。

4）稳压泵出口压力低。

5）稳压泵损坏。

（2）故障处理。

1）完全排除管道空气。

2）管道渗漏点补漏。

3）见下文“高压球阀渗漏”故障处理方法。

4）调节稳压泵压力调节螺钉。

5）更换稳压泵。

（二）储水箱常见故障分析与处理

1. 储水箱水质不合格，储水量不足

（1）故障原因分析。

1）取水来自市政用水，但时间长致水中产生滋生物。

2）进水电磁阀不能进水。

3）进水控制阀误关闭。

（2）故障处理。

1）定期检查水箱进水过滤器装置；在水箱底部设置放空阀，使水箱储存水能够实现定期彻底更换。

2）检查进水电磁阀的阀前过滤器是否堵塞，如堵塞，进行清洗或替换；检查与进水电磁阀联动的低液位显示装置是否故障，如故障，进行修理；检查进水电磁阀本身是否故障，如故障，进行修理或替换。

3）进水控制阀选择带电信号阀或具有开关锁定的阀门。

2. 调节水箱低液位报警或断水停泵

（1）故障原因分析。

1）过滤器进水压力低。

2）过滤器滤芯堵塞。

3）进水电磁阀异物堵塞。

（2）故障处理。

1）保证进水压力不低于 0.2 MPa。

2）清洗或更换滤芯。

3）清理进水电磁阀。

（三）分区控制阀常见故障分析与处理

1. 分区控制阀不方便操作、误操作

（1）故障原因分析。为了防止误操作，把控制阀设置在防护区外较高处，不便于操作。或设置位置合适，但其他人员误动作。

（2）故障处理。控制阀外设一个有机玻璃箱，并注明“非消防勿动”。

2. 瓶组系统分区控制阀手动启动装置无法动作

（1）故障原因分析。瓶组系统采用电磁启动阀作为分区控制阀时，电磁启动阀设有手动紧急启动装置，紧急情况时，将手动保险销拔出，拍击手动按钮，即可使启动阀动作，启动装置喷雾灭火。电磁启动阀检测合格后，动作机构的弹簧已处于压紧待发状态，为防止在安装、调试及运输过程中产生误动作，动作机构多由辅助保险销锁定，在系统投入使用后容易忘记拔出保险销，导致电磁启动阀动作机构无法动作。

（2）故障处理。系统安装调试完毕投入使用时，必须将辅助保险销拔出，并将此项工作明确写入使用单位的系统运行管理操作、维护规程中。

3. 电动阀不动作

（1）故障原因分析。

1）电源接线接触不良。

2）超出电源电压允许范围。

3）阀芯内混入杂质卡死。

4）电动装置烧毁或短路。

（2）故障处理。

1）压紧电源接线。

2）调整电压至允许范围内。

3）清洗阀芯。

4）更换电动装置。

4. 高压球阀渗漏

（1）故障原因分析。

1）管道内水有杂质割伤密封垫。

2）手柄紧定六角螺钉松动。

3）O 型密封圈损坏。

（2）故障处理。

1）更换密封垫并清洗管道。

2）旋紧紧定六角螺钉。

3）更换 O 型密封圈。

5. 压力开关报警

（1）故障原因分析。

1）高压球阀渗漏。

2）高压球阀未关闭到位。

3）压力开关未复位。

4）压力开关损坏。

（2）故障处理。

1）见上文“高压球阀渗漏”故障处理方法。

2）用手柄将电动阀关闭至零位。

3）按下压力开关进行复位。

4）更换压力开关。

（四）细水雾喷头常见故障分析与处理

1. 喷头喷雾不正常

（1）故障原因分析。

1）管道内有杂质堵塞喷头。

2）喷头工作压力低。

（2）故障处理。

1）见下文“喷头堵塞”故障处理方法。

2）保证喷头工作压力不小于其最低设计工作压力。

2. 喷头堵塞

（1）故障原因分析。

1）供水水质不合理，水里带有沙粒、污物等。

2）喷头所处环境灰尘杂质较多。

（2）故障处理。

1）喷头安装前将管网吹洗干净，并且每使用过一次后要清理喷头滤网处的沙粒、污物等。

2）调试完毕后可以在喷嘴孔处涂上稠度等级为 4 ~ 6 级、滴点不小于 95℃、具有防锈性的润滑脂，或是采取其他防尘措施。

思考题

1. 简述瓶组式细水雾灭火系统的基本组成。
2. 简述细水雾喷头进场检查的主要内容。
3. 简述细水雾喷头的安装条件和要求。
4. 简述细水雾灭火系统功能调试的方法。
5. 简述细水雾灭火系统检测的内容和方法。

参考文献

公安部消防局 . 中国消防手册（第六卷）：公共场所、用火用电防火·建筑消防设施［M］. 上海：上海科学技术出版社，2007.

第七章
气体灭火系统

学习要求

通过本章学习，应熟悉气体灭火系统的构成；掌握气体灭火系统组件、管件（材）安装前检查的方法和要求；熟悉气体灭火系统组件安装的要求；掌握气体灭火系统检测验收和维护管理等方法和要求。

第一节　系 统 构 成

目前，我国常用的气体灭火系统有二氧化碳、七氟丙烷、IG541 混合气体和热气溶胶预制灭火系统等。灭火的基本机理是冷却、窒息、隔离和化学抑制，前三种灭火作用主要是物理过程，后一种是化学过程。各类灭火剂的化学组成、物理性质、灭火机理以及灭火效果等方面虽不尽相同，但在灭火应用中却具有很多相同之处，主要体现在：化学稳定性好、耐储存、腐蚀性小、不导电、毒性低、蒸发后不留痕迹，适用于扑救多种类型火灾等。因此，气体灭火系统具有类似的适用范围和应用限制。

一、气体灭火系统的分类

气体灭火系统按防护对象的保护形式可分为全淹没系统和局部应用系统两种；按其安装结构形式可分为管网灭火系统和无管网灭火装置（亦称预制灭火系统），其中，管网灭火系统可分为组合分配型灭火系统和单元独立型灭火系统，无管网灭火装置可分为柜式气体灭火装置和悬挂式气体灭火装置；按使用的灭火剂分类可分为二氧化碳灭火系统、卤代烷烃灭火系统和惰性气体灭火系统等。

二、气体灭火系统的构成

气体灭火系统一般由瓶组、选择阀、喷头、单向阀、集流管、连接管、安全泄压装置、驱动装置、检漏装置、信号反馈装置、低泄高封阀、管路管件等部件构成，如图 3—7—1 所示。不同的气体灭火系统结构形式和组成部件数量也不完全相同。

（一）瓶组

瓶组一般由容器、容器阀、安全泄压装置、虹吸管、取样口、检漏装置和充装介质等组成，用于储存灭火剂和控制灭火剂的释放。

容器是用来储存灭火剂和启动气体的重要组件，如图 3—7—2 所示。容器分为钢质无缝容器和钢质焊接容器。储存装置的容器与其他组件的公称工作压力，不应小于在最高环境温度下所承受的工作压力。

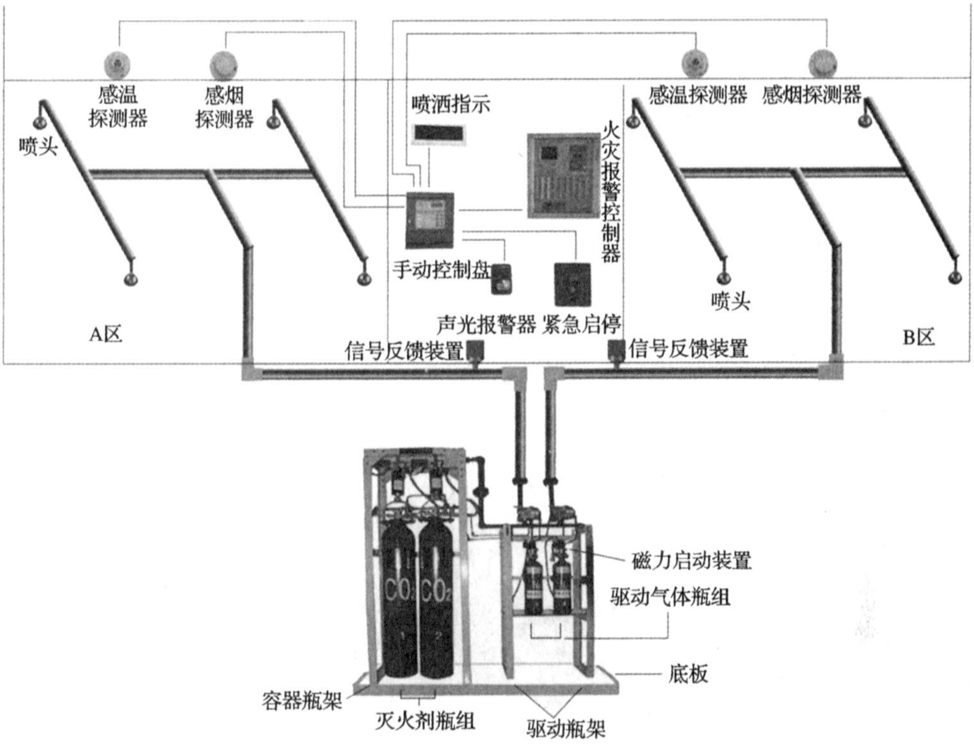

图 3—7—1　气体灭火系统示意图

容器阀又称瓶头阀，安装在容器上，具有封存、释放、充装、超压泄放（部分结构）等功能，如图 3—7—3 所示。

图 3—7—2　容器

图 3—7—3　容器阀

容器阀按用途可分为灭火剂瓶组用容器阀和驱动气体瓶组用容器阀两类；按密封形式可分为活塞密封和膜片密封两类；按结构形式可分为膜片式、自封式、压臂式三类；按启动方式可分为气动启动型、电磁启动型、电爆启动型、手动启动型、机械启动型和组合启动型六类。

（二）选择阀

选择阀用于组合分配系统，控制灭火剂经管网释放至预定防护区或保护对象，如图 3—7—4 所示。选择阀设置应与防护区一一对应。选择阀可分为活塞式、球阀式、气动启动型、电磁启动型、电爆启动型和组合启动型等类型。选择阀的位置应靠近储存容器且便于操作。

（三）喷头

喷头是用于控制灭火剂的流速和喷射方向的组件，是气体灭火系统的一个关键部件，如图 3—7—5 所示。喷头可分为全淹没灭火方式用喷头和局部应用灭火方式用喷头。局部应用灭火方式用喷头又分为架空型喷头和槽边型喷头。喷头的布置应满足喷放后气体灭火剂在防护区内均匀分布的要求。当保护对象属可燃液体时，喷头射流方向不应朝向液体表面。

（四）单向阀

单向阀，如图 3—7—6 所示，按安装在管路中的位置可分为灭火剂流通管路单向阀和驱动气体控制管路单向阀；按阀体内活动的密封部件型式可分为滑块型、球型和阀瓣型。灭火剂流通管路单向阀装于连接管与集流管之间，防止灭火剂从集流管向灭火剂瓶组返流。驱动气体控制管路单向阀装于启动管路上，用来控制气体流动方向，启动特定的阀门。

图 3—7—4　选择阀

图 3—7—5　喷头

图 3—7—6　单向阀

（五）集流管

集流管是将多个灭火剂瓶组的灭火剂汇集一起，再分配到各防护区的汇流管路，如图 3—7—7 所示。组合分配系统的集流管，应设安全泄压装置。

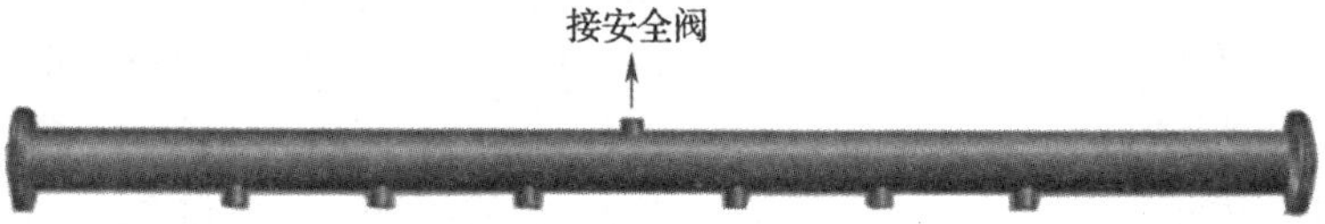

图 3—7—7　集流管

（六）连接管

连接管可分为容器阀与集流管间连接管和控制管路连接管，如图 3—7—8 所示。容器阀与集流管间连接管按材料可分为高压不锈钢连接管和高压橡胶连接管。输送气体灭火剂的管道应采用无缝钢管，管内外应进行防腐处理；管道安装在腐蚀性较大的环境里时，宜采用不锈钢管。输送启动气体的管道，宜采用铜管。

（七）安全泄压装置

安全泄压装置可分为灭火剂瓶组安全泄压装置、驱动气体瓶组安全泄压装置和集流管安全泄压装置三种。安全泄压装置的动作压力应符合气体灭火系统的设计规定。

（八）驱动装置

驱动装置用于驱动容器阀、选择阀使其动作，如图 3—7—9 所示。它可分为气动型驱动器、引爆型驱动器、电磁型驱动器、机械型驱动器和燃气型驱动器等类型。

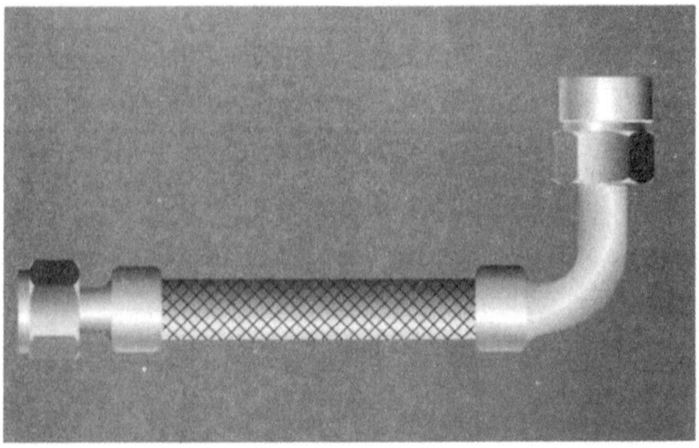

图 3—7—8 连接管

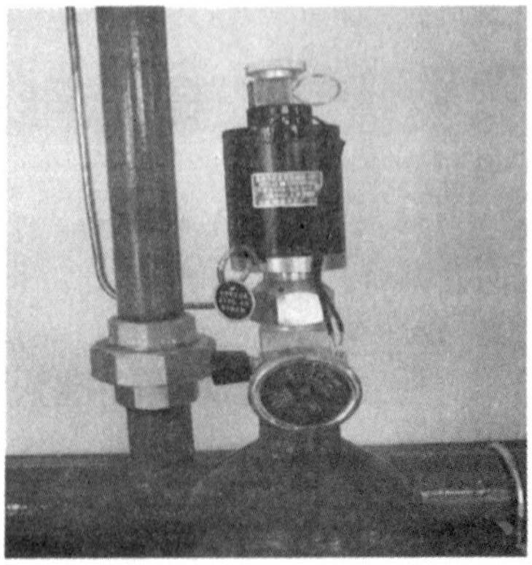

图 3—7—9 驱动装置

（九）检漏装置

检漏装置用于监测瓶组内介质的压力或质量损失。它包括压力显示器、称重装置和液位测量装置等，图 3—7—10 为气体灭火系统称重装置。

（十）信号反馈装置

信号反馈装置是安装在灭火剂释放管路或选择阀上，将灭火剂释放的压力或流量信号转换为电信号，并反馈到控制中心的装置，如图 3—7—11 所示。常见的是把压力信号转换为电信号的信号反馈装置，一般也称为压力开关。

图 3—7—10 气体灭火系统称重装置

图 3—7—11 信号反馈装置

（十一）低泄高封阀

低泄高封阀是为了防止驱动气体泄漏累积引起系统的误动作而在管路中设置的阀门，如图 3—7—12 所示。它安装在系统启动管路上，正常情况下处于开启状态，只有进口压力达到设定压力时才关闭，其主要作用是排除由于气源泄漏而积聚在启动管路内的气体。

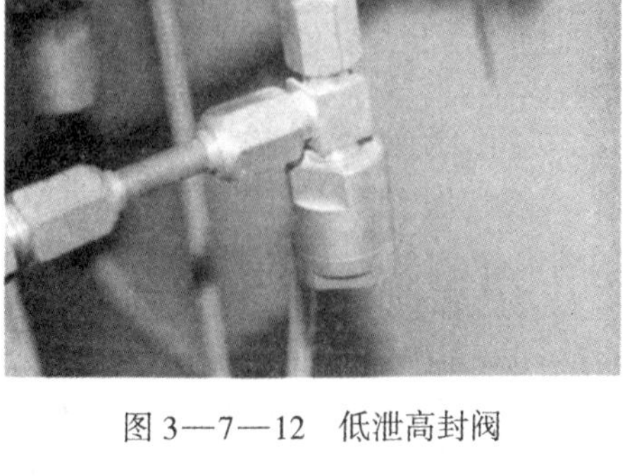

图 3—7—12 低泄高封阀

第二节　系统组件、管件、设备安装前检查

气体灭火系统在施工安装前，应按照施工过程质量控制要求，对系统组件、管件及其他设备、材料进行现场检查（检验），不合格的组件、管件、设备、材料不得使用。

一、质量控制文件检查

（一）检查内容

系统组件、零部件及其他设备、材料等到场后，对其质量控制文件的下列内容进行查验：

（1）外购组件、零部件及其他设备、材料等的出厂合格证或者强制性产品认证证书及认证标志。

（2）气体灭火剂和8类气体灭火设备产品（高压二氧化碳灭火设备、低压二氧化碳灭火设备、卤代烷烃灭火设备、惰性气体灭火设备、悬挂式气体灭火装置、柜式气体灭火装置、油浸变压器排油注氮灭火装置、气溶胶灭火装置）的消防产品强制性产品认证证书和强制性产品认证标志。

（二）检查方法及要求

对照到场组件、部件、设备和材料的型号、规格，查验、核对其出厂合格证、强制性产品认证证书等质量控制文件是否齐全、有效。

列入强制性产品认证目录的气体灭火剂和气体灭火设备产品，未获得强制性产品认证证书和未加施强制性产品认证标志的，不得使用。

二、材料到场检查

系统组件、管件（材）、设备到场后，对其外观、型号、规格、基本性能、严密性等进行全数检查。

（1）管材、管道连接件的品种、规格、性能等应符合相应产品标准和设计要求。

（2）管材、管道连接件的外观质量除符合设计规定外，还要符合下列规定：

1）镀锌层不得有脱落、破损等缺陷。

2）螺纹连接管道连接件不得有缺纹、断纹等现象。

3）法兰盘密封面不得有缺损、裂痕。

4）密封垫片应完好无划痕。

（3）管材、管道连接件的规格尺寸、厚度及允许偏差应符合其产品标准和设计要求。

三、系统组件检查

（一）外观检查

气体灭火系统组件的外观检查要求：

（1）系统组件应无碰撞变形及其他机械性损伤。

（2）组件外露非机械加工表面保护涂层应完好。

（3）组件所有外露接口均应设有防护堵、盖，且封闭良好，接口螺纹和法兰密封面无损伤。

（4）储存容器外表正面应标注灭火剂名称，字迹明显、清晰，标志铭牌牢固且设置在系统明显部位，选择阀、单向阀应标有介质流动方向的标志。

（5）球阀或蝶阀结构的总控阀应标有阀位指示标志（“开”和“关”或者“OPEN”和“CLOSE”），指示标志清晰、易见；利用手轮开启的阀门，在手轮上应标有开关方向。

（6）同一规格的灭火剂储存容器，其高度差不宜超过 20 mm。

（7）同一规格的驱动气体储存容器，其高度差不宜超过 10 mm。

（二）组件检查

气体灭火系统组件的检查要求：

（1）品种、规格、性能等应符合国家现行产品标准和设计要求，核查产品出厂合格证和市场准入制度要求的法定机构出具的有效证明文件。

（2）设计有复验要求或对质量有疑义时，抽样复验，复验结果应符合国家现行产品标准和设计要求。

（三）灭火剂储存容器内的充装量、充装压力及充装系数、装量系数检查

灭火剂储存容器内的充装量、充装压力及充装系数、装量系数的检查要求：

（1）灭火剂储存容器的充装量、充装压力应符合设计要求，充装系数或装量系数应符合设计规范规定。

（2）不同温度下灭火剂的储存压力应按相应标准确定。

（四）阀驱动装置检查

阀驱动装置的检查要求：

（1）电磁驱动器的电源电压应符合系统设计要求。通电检查电磁铁芯，其行程应能满足系统启动要求，且动作灵活，无卡阻现象。

（2）气动驱动装置储存容器内气体压力不应低于设计压力，且不得超过设计压力的 5%，气体驱动管道上的单向阀应启闭灵活，无卡阻现象。

（3）机械驱动装置应传动灵活，无卡阻现象。

第三节　系统组件的安装与调试

气体灭火系统的安装调试包括灭火剂储存装置的安装、选择阀及信号反馈装置的安装、阀驱动装置的安装、灭火剂输送管道的安装，以及气体灭火系统的调试等内容。

一、安装要求

（一）灭火剂储存装置的安装

（1）储存装置的安装位置要符合设计文件的要求。

（2）灭火剂储存装置安装后，泄压装置的泄压方向不应朝向操作面。低压二氧化碳灭火系统的安全阀要通过专用的泄压管接到室外。

（3）储存装置上压力计、液位计、称重显示装置的安装位置应便于人员观察和操作。

（4）储存容器和集流管应采用支（框）架固定，固定应牢靠，并做防腐处理。

（5）储存容器宜涂红色油漆，正面应标明设计规定的灭火剂名称和储存容器的编号。

（6）安装集流管前应检查内腔，确保清洁。

（7）集流管上的泄压装置的泄压方向不应朝向操作面。

（8）连接储存容器与集流管间的单向阀的流向指示箭头应指向介质流动方向。

（二）选择阀及信号反馈装置的安装

（1）选择阀操作手柄安装在操作面一侧，当安装高度超过1.7 m时应采取便于操作的措施。

（2）采用螺纹连接的选择阀，其与管网连接处宜采用活接。

（3）选择阀的流向指示箭头要指向介质流动方向。

（4）选择阀上要设置标明防护区或保护对象名称或编号的永久性标志牌，并应便于观察。

（5）信号反馈装置的安装应符合设计要求。

（三）阀驱动装置的安装

（1）拉索式机械驱动装置的安装要求：

1）拉索除必要外露部分外，应采用经内外防腐处理的钢管防护。

2）拉索转弯处应采用专用导向滑轮。

3）拉索末端拉手应设在专用的保护盒内。

4）拉索套管和保护盒应固定牢靠。

（2）安装以重力式机械驱动装置时，应保证重物在下落行程中无阻挡，其下落行程要保证驱动所需距离，且不小于25 mm。

（3）电磁驱动装置驱动器的电气连接线要沿固定灭火剂储存容器的支架、框架或墙面固定。

（4）气动驱动装置的安装要求：

1）驱动气瓶的支架、框架或箱体应固定牢靠，并做防腐处理。

2）驱动气瓶上应有标明驱动介质名称、对应防护区或保护对象名称或编号的永久性标志，并应便于观察。

（5）气动驱动装置的管道的安装要求：

1）管道布置应符合设计要求。

2）竖直管道应在其始端和终端设防晃支架或采用管卡固定。

3）水平管道应采用管卡固定。管卡的间距不宜大于0.6 m。转弯处应增设1个管卡。

（6）气动驱动装置的管道安装后，要进行气压严密性试验。试验时，逐步缓慢增加压力，当压力升至试验压力的50%时，如未发现异状或泄漏，则继续按试验压力的10%逐级升压，每级稳压3 min，直至试验压力值。关闭加压气源，5 min内被试管道的压力应无变化。

（四）灭火剂输送管道的安装

1. 灭火剂输送管道连接要求

（1）采用螺纹连接时，管材宜采用机械切割；螺纹不得有缺纹、断纹等现象；螺纹连接的密封材料应均匀附着在管道的螺纹部分，拧紧螺纹时，不得将填料挤入管道内；安装后的螺纹根部应有2～3条外露螺纹；连接后，应将连接处外部清理干净并进行防腐处理。

（2）采用法兰连接时，衬垫不得凸入管内，其外边缘宜接近螺栓，不得放双垫或偏垫。连接法兰的螺栓，直径和长度应符合标准，拧紧后，凸出螺母的长度不应大于螺杆直径的1/2且应有不少于2条外露螺纹。

（3）已做防腐处理的无缝钢管不宜采用焊接连接，与选择阀等个别连接部位需采用法兰焊接连接时，要对被焊接损坏的防腐层进行二次防腐处理。

2. 管道穿越墙壁、楼板处要安装套管

套管公称直径比管道公称直径至少应大2级，穿越墙壁的套管长度应与墙厚相等，穿越楼板的套管长度应高出地板50 mm。管道与套管间的空隙应采用防火封堵材料填塞密实。当管道穿越建筑物的变形缝时，要设置柔性管段。

3. 管道支架、吊架的安装规定

（1）管道应固定牢靠，管道支架、吊架之间的最大间距应符合表3—7—1的规定。

表3—7—1 管道支架、吊架之间的最大间距

管道公称直径 /mm	15	20	25	32	40	50	65	80	100	150
最大间距 /m	1.5	1.8	2.1	2.4	2.7	3.0	3.4	3.7	4.3	5.2

（2）管道末端应采用防晃支架固定，支架与末端喷嘴间的距离不应大于500 mm。

（3）公称直径≥50 mm的主干管道，垂直方向和水平方向至少应各安装一个防晃支架。当管道穿过建筑物楼层时，每层应设一个防晃支架。当水平管道改变方向时，应增设防晃支架。

4. 灭火剂输送管道的其他安装规定

灭火剂输送管道安装完毕后，要进行强度试验和气压严密性试验。

进行管道强度试验时，应将压力升至试验压力后保压5 min，管道各连接处应无明显滴漏，目测管道应无变化。

管道气压严密性试验的加压介质可采用空气或氮气，试验压力为水压强度试验压力的2/3。试验时应将压力升至试验压力，关断试验气源后，3 min内压力降不应超过试验压力的10%，且用涂刷肥皂水等方法检查防护区外的管道连接处，应无气泡产生。

灭火剂输送管道在水压强度试验合格后或气压严密性试验前，应进行吹扫。吹扫时，管道末端的气体流速不应小于20 m/s，并采用白布检查，直至无铁锈、尘土、水渍及其他脏物出现。

灭火剂输送管道的外表面宜涂红色油漆。在吊顶内、活动地板下等隐蔽场所内的管道，可涂红色油漆色环，色环宽度不应小于50 mm。每个防护区或保护对象的色环宽度要一致，间距应均匀。

（五）喷嘴的安装

（1）喷嘴安装时要按设计要求逐个核对其型号、规格及喷孔方向。

（2）安装在吊顶下的不带装饰罩的喷嘴，其连接管管端螺纹不能露出吊顶；安装在吊顶下的带装饰罩的喷嘴，其装饰罩要紧贴吊顶。

（六）预制灭火系统的安装

（1）柜式气体灭火装置、热气溶胶灭火装置等预制灭火系统及其控制器、声光报警器的安装位置要符合设计要求，并固定牢靠。

（2）预制灭火系统装置周围空间环境应符合设计要求。

（七）控制组件的安装

（1）灭火控制装置的安装应符合设计要求，防护区内火灾探测器的安装应符合《火灾自动报警系统施工及验收规范》（GB 50166—2007）的规定。

（2）设置在防护区处的手动、自动转换开关要安装在防护区入口便于操作的部位，安装高度为中心点距地（楼）面1.5 m。

（3）手动启动、停止按钮应安装在防护区入口便于操作的部位，安装高度为中心点距地

（楼）面1.5 m；防护区的声光报警装置安装应符合设计要求，并安装牢固，不倾斜。

（4）气体喷放指示灯宜安装在防护区入口的正上方。

二、系统调试

气体灭火系统的调试在系统安装完毕，相关的火灾报警系统、开口自动关闭装置、通风机械和防火阀等联动设备的调试完成后进行。进行调试试验时，应采取可靠措施，以确保人员和财产安全。

调试项目包括模拟启动试验、模拟喷气试验和模拟切换操作试验。调试完成后将系统各部件及联动设备恢复正常工作状态。

（一）系统调试准备

（1）气体灭火系统调试前要具备完整的技术资料，并符合相关规范的规定。

（2）调试前按规定检查系统组件和材料的型号、规格、数量及系统安装质量，并及时处理所发现的问题。

（二）系统调试要求

气体灭火系统的调试，应对每个防护区进行模拟喷气试验和备用灭火剂储存容器切换操作试验。系统调试时，应对所有防护区或保护对象按规定进行系统手动、自动模拟启动试验，并合格。

1. 模拟启动试验

（1）调试要求。调试时，对所有防护区或保护对象按规范规定进行模拟喷气试验，并合格。

（2）模拟启动试验方法。

1）手动模拟启动试验按下述方法进行：按下手动启动按钮，观察相关动作信号及联动设备动作是否正常（如发出声、光报警，启动输出端的负载响应，关闭通风空调、防火阀等）。手动启动压力信号反馈装置，观察相关防护区门外的气体喷放指示灯是否正常。

2）自动模拟启动试验按下述方法进行：①将灭火控制器的启动输出端与灭火系统相应防护区驱动装置连接。驱动装置与阀门的动作机构脱离。也可用一个启动电压、电流与驱动装置的启动电压、电流相同的负载代替。②人工模拟火警使防护区内任意一个火灾探测器动作，观察单一火警信号输出后，相关报警设备动作是否正常（如警铃、蜂鸣器发出报警声等）。③人工模拟火警使该防护区内另一个火灾探测器动作，观察复合火警信号输出后，相关动作信号及联动设备动作是否正常（如发出声、光报警，启动输出端的负载响应，关闭通风空调、防火阀等）。

（3）模拟启动试验结果要求：①延迟时间与设定时间相符，响应时间满足要求。②有关声、光报警信号正确。③联动设备动作正确。④驱动装置动作可靠。

2. 模拟喷气试验

（1）调试要求。调试时，对所有防护区或保护对象进行模拟喷气试验，并合格。

预制灭火系统的模拟喷气试验宜各取一套进行试验，试验按产品标准中有关“联动试验”的规定进行。

（2）模拟喷气试验方法。

1）模拟喷气试验的条件：①IG541混合气体灭火系统及高压二氧化碳灭火系统，应采用其充装的灭火剂进行模拟喷气试验。试验采用的储存容器数应为选定试验的防护区或保护对象设计用量所需容器总数的5%，且不少于一个。②低压二氧化碳灭火系统，应采用二氧化碳灭火剂进行模拟喷气试验。试验要选定输送管道最长的防护区或保护对象进行，喷放量不应小于设计用量的10%。③卤代烷灭火系统模拟喷气试验不应采用卤代烷灭火剂，宜采用氮气进行。氮气储存容器与被试验的防护区或保护对象用的灭火剂储存容器的结构、型号、规格应相同，连接与控制方式要一致，氮气的充装压力和灭火剂储存压力相等。氮气储存容器数不应少于灭火剂储存容器数的20%，且不少于一个。④模拟喷气试验宜采用自动启动方式。

2）模拟喷气试验结果要符合下列规定：①延迟时间与设定时间相符，响应时间满足要求。②有关声、光报警信号正确。③有关控制阀门工作正常。④信号反馈装置动作后，气体防护区门外的气体喷放指示灯工作正常。⑤储存容器间内的设备和对应防护区或保护对象的灭火剂输送管道无明显晃动和机械性损坏。⑥试验气体能喷入试验防护区内或保护对象上，且应能从每个喷嘴喷出。

3. 模拟切换操作试验

（1）调试要求。设有灭火剂备用量且与储存容器连接在同一集流管上的系统应进行模拟切换操作试验，并合格。

（2）模拟切换操作试验方法。

1）按使用说明书的操作方法，将系统使用状态从主用量灭火剂储存容器切换为备用量灭火剂储存容器的使用状态。

2）按上述模拟喷气试验方法进行模拟喷气试验。

3）试验结果符合上述模拟喷气试验结果的规定。

第四节　系统的检测与验收

气体灭火系统安装调试完成后，应委托具有相应资质的消防设施检测机构进行技术检测。系统部件及功能检测要全数进行检查。检查内容包括直观检查、安装检查和功能检查等。

一、系统检测

（一）储瓶间检查要求

（1）储瓶间门外侧中央贴有“气体灭火储瓶间”的标牌。

（2）管网灭火系统的储存装置宜设在专用储瓶间内，其位置应符合设计文件，如设计无要求，储瓶间宜靠近防护区。

（3）储存装置间内设应急照明，其照度应达到正常工作照度。

（二）高压储存装置

1. 直观检查要求

（1）储存容器无明显碰撞变形和机械性损伤缺陷，储存容器表面应涂红色，防腐层完好、均匀，手动操作装置有铅封，组件应完整，部件与管道连接处无松动、脱落等。

（2）储存装置间的环境温度为 -10 ~ 50℃，高压二氧化碳储存装置的环境温度为 0 ~ 49℃。

2. 安装检查要求

（1）储存容器的规格和数量应符合设计文件要求，且同一系统的储存容器的规格、尺寸要一致，其高度差不超过20 mm。

（2）储存容器表面应标明编号，容器的正面应标明设计规定的灭火剂名称，字迹明显清晰。储存装置上应设耐久的固定铭牌，标明设备型号、储瓶规格、出厂日期；每个储存容器上应贴有瓶签，并标有灭火剂名称、充装量、充装日期和储存压力等。

（3）储存容器必须固定在支（框）架上，支（框）架与建筑构件固定，要牢固可靠，并做防腐处理；操作面距墙或操作面之间的距离不应小于 1.0 m，且不小于储存容器外径的 1.5 倍。

（4）容器阀上的压力表应无明显机械损伤，在同一系统中的安装方向要一致，其正面朝向操作面。同一系统中容器阀上的压力表的安装高度差不宜超过 10 mm，相差较大时，允许使用垫片调整；二氧化碳灭火系统要设检漏装置。

（5）灭火剂储存容器的充装量和储存压力应符合设计文件，且不超过设计充装量的 1.5%；卤代烷灭火剂储存容器内的实际压力不应低于相应温度下的储存压力，且不应超过该储存压力的 5%；储存容器中充装的二氧化碳质量损失不应大于 10%。

（6）容器阀和集流管之间应采用挠性连接。

（7）灭火剂总量、每个防护分区的灭火剂量应符合设计文件。组合分配的二氧化碳灭火系统保护 5 个及以上的防护区或保护对象时，或在 48 h 内不能恢复时，二氧化碳要有备用量；其他灭火系统的储存装置 72 h 内不能重新充装恢复工作的，按系统原储存量的 100% 设置备用量，各防护区的灭火剂储量要符合设计文件。

3. 功能检查要求

储存容器中充装的二氧化碳质量损失大于 10% 时，二氧化碳灭火系统的检漏装置应正确报警。

（三）低压储存装置

1. 直观检查要求

与高压储存装置直观检查要求相同。

2. 安装检查要求

（1）与高压储存装置直观检查要求相同。

（2）低压系统制冷装置的供电要采用消防电源。

（3）储存装置要远离热源，其位置要便于再充装，其环境温度宜为 -23 ～ 49℃。

3. 功能检查要求

（1）制冷装置应采用自动控制，且设手动操作装置。

（2）低压二氧化碳灭火系统储存装置的报警功能应正常，高压报警压力设定值应为 2.2 MPa，低压报警压力设定值应为 1.8 MPa。

（四）阀驱动装置

1. 直观检查要求

（1）气动驱动装置应无明显变形，表面防腐层完好，手动按钮上有完整铅封。

（2）气动管道应平整光滑，弯曲部分应规则平整。

2. 安装检查要求

见本章第三节有关内容。

（五）选择阀及压力信号器

1. 直观检查要求

（1）有出厂合格证及法定机构的有效证明文件。

（2）现场选用产品的数量、型号、规格应符合设计文件要求。

（3）组件完整，无碰撞变形或其他机械性损伤，铭牌清晰、牢固，方向正确。

2. 安装检查要求

（1）选择阀的安装位置应靠近储存容器，安装高度宜为 1.5 ~ 1.7 m。选择阀操作手柄应安装在便于操作的一面，当安装高度超过 1.7 m 时应采取便于操作的措施。

（2）选择阀上应设置标明防护区或保护对象名称或编号的永久性标志牌。

（3）选择阀上应标有灭火剂流动方向的指示箭头，箭头方向应与介质流动方向一致。

（六）单向阀

1. 直观检查要求

与选择阀直观检查要求相同。

2. 安装检查要求

（1）单向阀的安装方向应与介质流动方向一致。

（2）七氟丙烷、三氟甲烷、高压二氧化碳灭火系统在容器阀和集流管之间的管道上应设液流单向阀，方向应与灭火剂输送方向一致。

（3）气流单向阀在气动管路中的位置、方向必须完全符合设计文件。

（七）泄压装置

1. 直观检查要求

与选择阀直观检查要求相同。

2. 安装检查要求

（1）在储存容器的容器阀和组合分配系统的集流管上，应设安全泄压装置。

（2）泄压装置的泄压方向不应朝向操作面。

（3）低压二氧化碳灭火系统储存容器上至少应设置 2 套安全泄压装置，其安全阀应通过专用泄压管接到室外，其泄压动作压力应为（2.38 ± 0.12）MPa。

（八）防护区和保护对象

（1）防护区围护结构及门窗的耐火极限均不宜低于 0.50 h；吊顶的耐火极限不宜低于 0.25 h。防护区围护结构承受内压的允许压强不宜低于 1 200 Pa。

（2）两个或两个以上的防护区采用组合分配系统时，一个组合分配系统所保护的防护区不应超过 8 个。

（3）防护区应设置泄压口，宜设在外墙上。七氟丙烷灭火系统的泄压口应设在防护区净高的 2/3 以上。

（4）喷放灭火剂前，防护区内除泄压口外的开口应能自行关闭。

（5）防护区的入口处应设防护区采用的相应气体灭火系统的永久性标志牌，应设火灾声、光报警器；防护区的入口处正上方应设灭火剂喷放指示灯；防护区内应设火灾声报警器，必要时，可增设闪光报警器；防护区应有保证人员在 30 s 内疏散完毕的疏散通道和出口，疏散通道及出口处应设置应急照明装置与疏散指示标志。

（九）喷嘴

1. 直观检查要求

与选择阀直观检查要求相同。

2. 安装检查要求

（1）安装在吊顶下的不带装饰罩的喷嘴，其连接管端螺纹不应露出吊顶；安装在吊顶下的带装饰罩喷嘴，其装饰罩应紧贴吊顶；设置在有粉尘、油雾等防护区的喷嘴，应有防护装置。

（2）喷嘴的安装间距应符合设计文件要求，喷嘴的布置应满足喷放后气体灭火剂在防护区内均匀分布的要求。当保护对象属可燃液体时，喷嘴射流方向不应朝向液体表面。

（3）喷嘴的最大保护高度不宜大于6.5 m，最小保护高度不应小于300 mm。

（十）预制灭火装置

1. 直观检查要求

（1）与选择阀直观检查要求基本相同。

（2）一个防护区设置的预制灭火系统，其装置数量不宜超过10台。

2. 安装检查要求

（1）同一防护区设置多台装置时，其相互间的距离不得大于10 m。

（2）防护区内设置的预制灭火系统的充压压力不应大于2.5 MPa。

3. 功能检查要求

同一防护区内的预制灭火系统装置多于一台时，必须能同时启动，其动作响应时差不得大于2 s。

（十一）操作与控制

1. 安装检查要求

（1）管网灭火系统应设自动控制、手动控制和机械应急操作三种启动方式。预制灭火系统应设自动控制和手动控制两种启动方式。

（2）灭火设计浓度或实际使用浓度大于无毒性反应浓度的防护区，应设手动与自动控制的转换装置。当人员进入防护区时，应能将灭火系统转换为手动控制方式；当人员离开时，应能恢复为自动控制方式。

（3）机械应急操作装置应设在储瓶间内或防护区疏散出口门外便于操作的地方，并应设置防止误操作的警示显示与措施。

2. 功能检查要求

功能检查方法及要求具体参见本章第三节“系统组件的安装与调试”中关于“系统调试”的要求。

二、系统验收

气体灭火系统竣工后，应进行工程验收，验收不合格不得投入使用。系统验收主要包括以下内容：

（一）防护区或保护对象与储存装置间验收检查

（1）防护区或保护对象的位置、用途、划分、几何尺寸、开口、通风、环境温度、可燃物的种类、防护区围护结构的耐压、耐火极限及门、窗可自行关闭装置应符合设计要求。

（2）防护区下列安全设施的设置应符合设计要求。

1）防护区的疏散通道、疏散指示标志和应急照明装置。

2）防护区内和入口处的声光报警装置、气体喷放指示灯和入口处的安全标志。

3）无窗或固定窗扇的地上防护区和地下防护区的排气装置。

4）门窗设有密封条的防护区的泄压装置。

5）专用的空气呼吸器。

（3）储存装置间的位置、通道、耐火等级、应急照明装置、火灾报警控制装置及地下储存装置间机械排风装置应符合设计要求。

（4）火灾报警控制装置及联动设备应符合设计要求。

（二）设备和灭火剂输送管道验收

（1）灭火剂储存容器的数量、型号和规格，位置与固定方式，油漆和标志，以及灭火剂储存容器的安装质量应符合设计要求。

（2）储存容器内的灭火剂充装量和储存压力应符合设计要求。

（3）集流管的材料、规格、连接方式、布置及其泄压装置的泄压方向应符合设计要求和有关规范规定。

（4）选择阀及信号反馈装置的数量、型号、规格、位置、标志及其安装质量应符合设计要求和有关规范规定。

（5）阀驱动装置的数量、型号、规格和标志，安装位置，气动驱动装置中驱动气瓶的介质名称和充装压力，以及气动驱动装置管道的规格、布置和连接方式应符合设计要求和有关规范规定。

（6）驱动气瓶和选择阀的机械应急手动操作处，均应有标明对应防护区或保护对象名称的永久标志；驱动气瓶的机械应急操作装置均应设安全销并加铅封，现场手动启动按钮应有防护罩。

（7）灭火剂输送管道的布置与连接方式、支架和吊架的位置及间距、穿过建筑构件及其变形缝的处理、各管段和附件的型号与规格以及防腐处理和涂刷油漆颜色，均应符合设计要求和有关规范规定。

（8）喷嘴的数量、型号、规格、安装位置和方向，应符合设计要求和有关规范规定。

（三）系统功能验收

（1）系统功能验收时，应进行模拟启动试验，并合格。

（2）系统功能验收时，应进行模拟喷气试验，并合格。

（3）系统功能验收时，应对设有灭火剂备用量的系统进行模拟切换操作试验，并合格。

（4）系统功能验收时，应对主、备用电源进行切换试验，并合格。

第五节 系统维护管理

气体灭火系统应由经过专门培训，并经考试合格的专职人员负责定期检查和维护，应按检查类别规定对气体灭火系统进行检查，并做好检查记录，检查中发现问题应及时处理。

一、系统巡查

系统巡查是对建筑消防设施直观属性的检查。气体灭火系统巡查主要是针对系统组件外观、现场运行状态、系统检测装置工作状态、安装部位环境条件等的日常巡查。

（一）巡查内容及要求

（1）气体灭火控制器工作状态正常，盘面紧急启动按钮保护措施有效，检查主电是否正常，指示灯、显示屏、按钮、标签是否正常，钥匙、开关等是否在平时正常位置，系统是否在通常设定的安全工作状态（自动或手动，手动是否允许等）。

（2）每日应对低压二氧化碳储存装置的运行情况、储存装置间的设备状态进行检查并记录。

（3）选择阀、驱动装置上标明其工作防护区的永久性铭牌应明显可见，且妥善固定。

（4）防护区外专用的空气呼吸器或氧气呼吸器是否完好。

（5）防护区入口处灭火系统防护标志是否设置且完好。

（6）预制灭火系统、柜式气体灭火装置喷嘴前 2.0 m 内不得有阻碍气体释放的障碍物。

（7）灭火系统的手动控制与应急操作处有防止误操作的警示显示与措施。

（二）巡查方法

采用目测观察的方法，检查系统及其组件外观、阀门启闭状态、用电设备及其控制装置工作状态和压力监测装置（压力表、压力开关）工作情况。

（三）巡查周期

建筑使用管理单位至少每日组织一次巡查。

二、系统周期性检查维护

系统周期性检查是指建筑使用管理单位按照国家工程建设消防技术标准的要求，对已经投入使用的气体灭火系统的组件、零部件等按照规定检查周期进行的检查、测试。

（一）月检查项目

1. 检查项目及其检查周期

下列项目至少每月进行一次维护检查：

（1）对灭火剂储存容器、选择阀、液流单向阀、高压软管、集流管、启动装置、管网与喷嘴、压力信号器、安全泄压阀及检漏报警装置等系统全部组成部件进行外观检查。

（2）气体灭火系统组件的安装位置不得有其他物件阻挡或妨碍其正常工作。

（3）驱动控制盘面板上的指示灯应正常，各开关位置应正确，各连线应无松动现象。

（4）火灾探测器表面应保持清洁，应无任何会干扰或影响火灾探测器探测性能的擦伤、油渍或油漆。

（5）气体灭火系统储存容器内的压力，气动型驱动装置的气动源的压力均不得小于设计压力的 90%。

2. 检查维护要求

（1）低压二氧化碳灭火系统储存装置的液位计检查，灭火剂损失 10% 时应及时补充。

（2）高压二氧化碳灭火系统、七氟丙烷管网灭火系统及 IG541 灭火系统等的检查内容及要求应符合下列规定：

1）灭火剂储存容器及容器阀、单向阀、连接管、集流管、安全泄压装置、选择阀、阀驱动装置、喷嘴、信号反馈装置、检漏装置、减压装置等全部系统组件应无碰撞变形及其他机械性损伤，表面应无锈蚀，保护涂层应完好，铭牌和保护对象标志牌应清晰，手动操作装置的防护罩、铅封和安全标志应完整。

2）灭火剂和驱动气体储存容器内的压力，不得小于设计储存压力的 90%。

3）预制灭火系统的设备状态和运行状况应正常。

（二）季度检查项目

（1）可燃物的种类、分布情况，防护区的开口情况，应符合设计规定。

（2）储存装置间的设备、灭火剂输送管道和支架、吊架的固定，应无松动。

（3）连接管应无变形、裂纹及老化。必要时，送法定质量检验机构进行检测或更换。

（4）各喷嘴孔口应无堵塞。

（5）对高压二氧化碳储存容器逐个进行称重检查，灭火剂净重不得小于设计储存量的90%。

（6）灭火剂输送管道有损伤与堵塞现象时，应按相关规范规定的管道强度试验和气密性试验方法进行严密性试验和吹扫。

（三）年度检查要求

（1）撤下一个防护区启动装置的启动线，进行电控部分的联动试验，应启动正常。

（2）对每个防护区进行一次模拟自动喷气试验。通过报警联动，检验气体灭火控制盘功能，并进行自动启动方式模拟喷气试验，检查比例为20%（最少一个分区）。此项检查每年进行一次。

（3）对高压二氧化碳、三氟甲烷储存容器逐个进行称重检查，灭火剂净重不得小于设计储存量的90%。

（4）进行预制气溶胶灭火装置、自动干粉灭火装置有效期限检查。

（5）进行泄漏报警装置报警定量功能试验，检查的钢瓶比例为100%。

（6）进行主用量灭火剂储存容器切换为备用量灭火剂储存容器的模拟切换操作试验，检查比例为20%（最少一个分区）。

（7）灭火剂输送管道有损伤与堵塞现象时，应按有关规范的规定进行严密性试验和吹扫。

（四）五年后的维护保养工作（由专业维修人员进行）

（1）五年后，每三年应对金属软管（连接管）进行水压强度试验和气密性试验，性能合格方能继续使用，如发现老化现象，应进行更换。

（2）五年后，对释放过灭火剂的储瓶、相关阀门等部件进行一次水压强度和气体密封性试验，试验合格方可继续使用。

三、系统年度检测

年度检测是建筑使用管理单位按照相关法律法规和国家消防技术标准，每年度开展的定期功能性检查和测试；建筑使用管理单位的年度检测可以委托具有资质的消防技术服务单位实施。年度检测内容和要求见本章第四节中“系统检测”的内容。

思考题

1. 气体灭火系统主要由哪些组件构成？
2. 气体灭火系统组件安装前检查的内容及要求有哪些？
3. 气体灭火系统灭火剂输送管道的安装要求有哪些？
4. 气体灭火系统调试的项目及方法、要求有哪些？
5. 气体灭火系统验收的内容及要求有哪些？
6. 气体灭火系统维护管理中月度、季度和年度检查的内容和要求分别有哪些？

参考文献

公安部消防局．中国消防手册（第十二卷）：消防装备·消防产品［M］．上海：上海科学技术出版社，2007.

第八章
泡沫灭火系统

学习要求

通过本章学习，应熟悉泡沫灭火系统的实物组成；掌握泡沫灭火系统安装前泡沫液、系统组件的检查方法和要求，泡沫灭火系统各组件的安装和检测要求，以及系统验收及维护管理方法和要求。

泡沫灭火系统是石油化工行业应用最为广泛的灭火系统，主要用于扑救可燃液体火灾，也可用于扑救固体物质火灾。另外，随着泡沫灭火技术的发展，该系统在民用建筑、电力行业等领域内的应用也越来越多。本章主要介绍了泡沫灭火系统的系统构成、安装、调试、检测验收及维护管理等内容。

第一节 系统构成

泡沫灭火系统主要由泡沫消防泵、泡沫液储罐、泡沫比例混合器（装置）、泡沫产生装置、控制阀门及管道等组成。其工作原理是：通过泡沫比例混合器（装置）将泡沫液与水按比例混合成泡沫混合液，再经泡沫产生装置生成泡沫，施加到着火对象上实施灭火。

一、按系统产生泡沫的倍数分类

泡沫灭火系统按照所产生泡沫的倍数不同，可分为低倍数泡沫灭火系统、中倍数泡沫灭火系统和高倍数泡沫灭火系统。低倍数泡沫灭火系统是指产生的灭火泡沫的倍数低于 20 的系统，中倍数泡沫灭火系统是指产生的灭火泡沫倍数在 20 ~ 200 的系统，高倍数泡沫灭火系统是指产生的灭火泡沫倍数高于 200 的系统。

（一）低倍数泡沫灭火系统

低倍数泡沫的主要灭火机理是通过泡沫的遮盖作用，将燃烧液体与空气隔离实现灭火。按应用场所及泡沫产生装置的不同，可以分为储罐区低倍数泡沫灭火系统、泡沫—水喷淋系统和泡沫喷雾系统、泡沫炮系统等。

1. 储罐区低倍数泡沫灭火系统

储罐区低倍数泡沫灭火系统按泡沫喷射形式不同，分为液上喷射系统、液下喷射系统和半液下喷射系统。

（1）液上喷射系统。液上喷射系统是指将泡沫产生装置产生的泡沫在导流装置的作用下，从燃烧液体上方施加到燃烧液体表面实现灭火的系统，如图 3—8—1 所示。液上喷射系统是目前国内应用最为广泛的一种形式，适用于各类非水溶性甲、乙、丙类液体储罐和水溶性甲、乙、丙类液体的固定顶或内浮顶储罐。

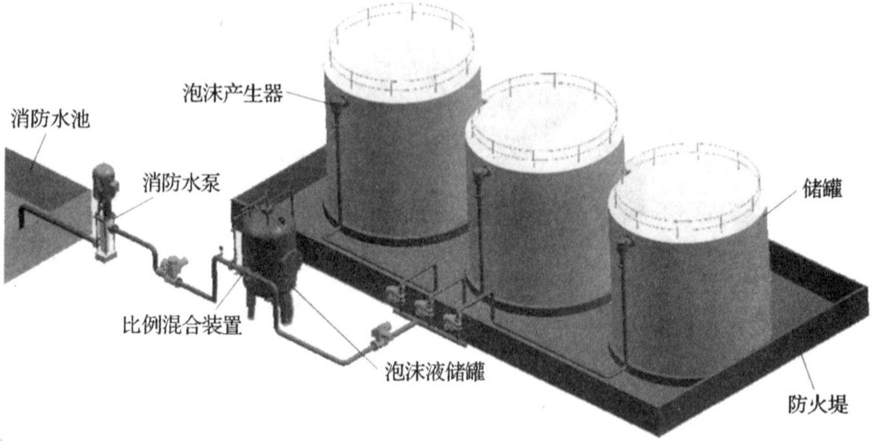

图 3—8—1　液上喷射系统

（2）液下喷射系统。液下喷射系统是指将高背压泡沫产生器产生的泡沫，通过泡沫喷射管从燃烧液体液面下输送到储罐内，泡沫在初始动能和浮力的作用下浮到燃液表面实施灭火的系统，如图 3—8—2 所示。由于泡沫是从液面下施加到储罐内，高背压泡沫产生器产生的泡沫的发泡倍数需要控制在 2 ~ 4 倍。液下喷射系统适用于非水溶性液体固定顶储罐，不适用于水溶性液体和其他对普通泡沫有破坏作用的甲、乙、丙类液体固定顶储罐，这是因为泡沫注入该类液体后，由于该类液体分子的脱水作用而使泡沫遭到破坏，无法浮升到液面实施灭火。液下喷射系统也不适用于外浮顶和内浮顶储罐，因为浮顶会阻碍泡沫的正常分布。

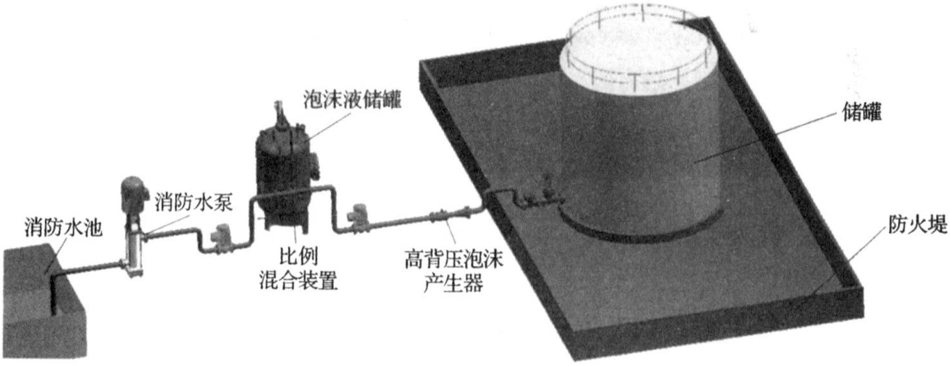

图 3—8—2　液下喷射系统

（3）半液下喷射系统。半液下喷射系统是将一轻质软带卷存于液下喷射管上的软管筒内，当使用时，在泡沫压力和浮力的作用下软管漂浮到燃液表面使泡沫从燃液表面上释放出来实现灭火的系统，如图 3—8—3 所示。半液下喷射系统适用于甲、乙、丙类可燃液体固定顶储罐。由于浮顶会阻碍泡沫的正常分布，使之难以到达预定的着火处，因此，半液下喷射系统也不适用于外浮顶和内浮顶储罐。

2. 泡沫—水喷淋系统和泡沫喷雾系统

泡沫—水喷淋系统是由喷头、报警阀组、水流报警装置（水流指示器或压力开关）等组件，以及管道、泡沫液与水供给设施组成，能在发生火灾时按预定时间与供给强度向防护区依

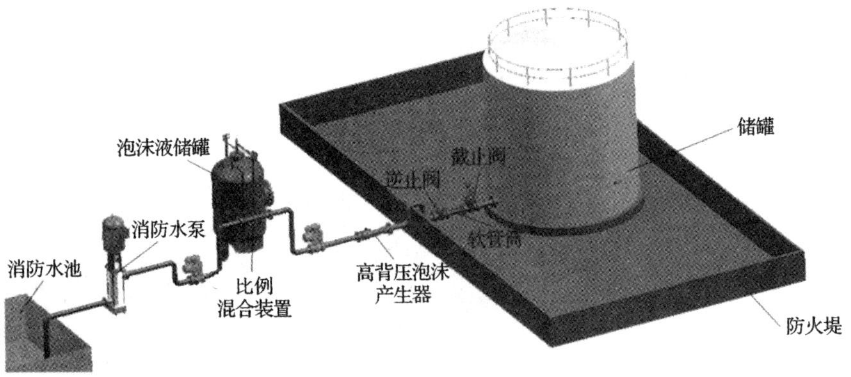

图 3—8—3　半液下喷射系统

次喷洒泡沫与水的自动灭火系统。与自动喷水灭火系统相同，泡沫—水喷淋系统可分为闭式系统和雨淋系统，闭式系统又可分为泡沫—水预作用系统、泡沫—水干式系统和泡沫—水湿式系统。泡沫—水喷淋系统主要是在自动喷水灭火系统的基础上增加了泡沫液供给系统和泡沫比例混合器（装置），其他系统组件和自动喷水灭火系统相同，不再赘述。

泡沫喷雾系统是采用泡沫喷雾喷头，在发生火灾时能按预定时间与供给强度向被保护设备或防护区喷洒泡沫的自动灭火系统。泡沫喷雾系统可用于保护独立变电站的油浸电力变压器、面积不大于 200 m^2 的非水溶性液体室内场所。

3. 泡沫炮系统

泡沫炮系统是一种以泡沫炮为泡沫产生与喷射装置的低倍数泡沫灭火系统，有固定式与移动式之分。固定式泡沫炮系统一般可分为手动泡沫炮系统与远控泡沫炮系统。手动泡沫炮系统一般由泡沫炮、炮架、泡沫液储罐、泡沫比例混合装置、泡沫消防泵等组成；远控泡沫炮系统一般由电控（或液控、气控）泡沫炮、消防炮塔、动力源、控制装置、泡沫液储罐、泡沫比例混合装置、泡沫消防泵等组成。

泡沫炮系统作为主要灭火设施或辅助灭火设施适用于下列场所：

（1）直径小于 18 m 的非水溶性液体固定顶储罐。

（2）围堰内的甲、乙、丙类液体流淌火灾。

（3）甲、乙、丙类液体汽车槽车栈台或火车槽车栈台。

（4）室外甲、乙、丙类液体流淌火灾。

（5）飞机库。

（二）中倍数泡沫灭火系统

中倍数泡沫的灭火机理取决于其发泡倍数和使用方式：当以较低的倍数用于扑救甲、乙、丙类液体流淌火灾时，其灭火机理与低倍数泡沫相同；当以较高的倍数用于全淹没方式灭火时，其灭火机理与高倍数泡沫相同。中倍数泡沫灭火系统可分为全淹没系统、局部应用系统、移动式系统及油罐用中倍数泡沫灭火系统。

1. 全淹没中倍数泡沫灭火系统

该系统是指由固定式泡沫产生器将泡沫喷放到封闭或被围挡的防护区内，并在规定的时间内达到一定泡沫淹没深度的灭火系统，一般用于小型场所。与高倍数泡沫相比，中倍数泡沫的发泡倍数低，在泡沫混合液供给流量相同的条件下，单位时间内产生的泡沫体积比高倍数泡沫要小很多。

2. 局部应用中倍数泡沫灭火系统

局部应用中倍数泡沫灭火系统是指由固定式泡沫产生器直接或通过导泡筒将中倍数泡沫喷放到火灾部位的灭火系统，主要适用于四周不完全封闭的 A 类火灾场所，限定位置的流散 B 类火灾场所，固定位置面积不大于 100 m^2 的流淌 B 类火灾场所。

3. 移动式中倍数泡沫灭火系统

移动式中倍数泡沫灭火系统的泡沫产生器可以手提移动，适用于发生火灾的部位难以确定的场所。也就是说，防护区内，火灾发生前无法确定具体哪一处会发生火灾，配备的手提式中倍数泡沫产生器只有在起火部位确定后，迅速移到现场，喷射泡沫灭火。移动式中倍数泡沫灭火系统用于 B 类火灾场所时，需要泡沫产生器喷射泡沫有一定射程，所以其发泡倍数不能太高，通常采用吸气型中倍数泡沫枪，发泡倍数在 50 以下，射程一般为 10 ~ 20 m。因此，移动式中倍数泡沫灭火系统只能应用于较小火灾场所，或做辅助设施使用。

4. 油罐用中倍数泡沫灭火系统

中倍数泡沫灭火系统用于油罐时，其系统组成和低倍数泡沫灭火系统相同，一般选用固定式系统，且采用液上喷射形式。选用中倍数泡沫灭火系统的油罐仅限于丙类固定顶与内浮顶油罐，单罐容量小于 10 000 m^3 的甲、乙类固定顶与内浮顶油罐。

（三）高倍数泡沫灭火系统

高倍数泡沫的主要灭火机理是通过密集状态的大量高倍数泡沫封闭火灾区域，以阻断新空气的流入达到窒息灭火。高倍数泡沫灭火系统可分为全淹没系统、局部应用系统和移动式系统三种类型。

1. 全淹没高倍数泡沫灭火系统

全淹没高倍数泡沫灭火系统是指由固定式泡沫产生器将泡沫喷放到封闭或被围挡的防护区内，并在规定的时间内达到一定泡沫淹没深度的灭火系统。全淹没高倍数泡沫灭火系统特别适用于大面积有限空间内的 A 类和 B 类火灾的防护；有些被保护区域可能是不完全封闭空间，但只要被保护对象是用不燃烧体围挡起来，形成可阻止泡沫流失的有限空间即可。围墙或围挡设施的高度应大于该保护区域所需要的高倍数泡沫淹没深度。

2. 局部应用高倍数泡沫灭火系统

局部应用高倍数泡沫灭火系统是指由固定式泡沫产生器直接或通过导泡筒将泡沫喷放到火灾部位的灭火系统。对于高倍数泡沫灭火系统来说，局部应用系统主要用于四周不完全封闭的 A 类火灾与 B 类火灾场所，也可用于天然气液化站与接收站的集液池或储罐围堰区。液化天然气液化站与接收站设置高倍数泡沫灭火系统有两个目的：①当液化天然气泄漏尚未着火时，用适宜倍数的高倍数泡沫将其盖住，可阻止蒸气云的形成；②当着火后，覆盖高倍数泡沫控制火灾，降低辐射热，以保护其他相邻设备等。

3. 移动式高倍数泡沫灭火系统

移动式高倍数泡沫灭火系统可由手提式或车载式高倍数泡沫产生器、比例混合器、泡沫液桶（罐）、水带、导泡筒、分水器、供水消防车或手抬机动消防泵等组成。使用时，将它们临时连接起来。移动式高倍数泡沫灭火系统主要用于发生火灾的部位难以确定或人员难以接近的场所，流淌的 B 类火灾场所，发生火灾时需要排烟、降温或排除有害气体的封闭空间。

二、按系统组件安装方式分类

按照系统组件的安装方式，泡沫灭火系统可分为固定式系统、半固定式系统和移动式系统。

（一）固定式泡沫灭火系统

固定式泡沫灭火系统是指消防水源、泡沫消防泵、泡沫比例混合器、泡沫产生器等设备或组件通过固定管道连接起来，永久安装在使用场所，当被保护的储罐发生火灾需要使用时，不需其他临时设备配合的泡沫系统。目前，固定式泡沫灭火系统多设计为手动控制，当使用时，手动启动泡沫消防泵和有关阀门，向储罐内排放泡沫实施灭火。也有少数自动控制操纵系统，当被保护储罐发生火灾时，首先靠火灾自动报警及联动控制系统自动启动泡沫消防泵及有关阀门向储罐内排放泡沫实施灭火，当自动操纵出现故障时，手动启动系统。固定式泡沫灭火系统适用于独立甲、乙、丙类液体储罐库区和机动消防设施不足的企业附属甲、乙、丙类液体储罐区。

（二）半固定式泡沫灭火系统

半固定式泡沫灭火系统是将泡沫产生器或将带控制阀的泡沫管道永久性安装在储罐上，通过固定管道连接并引到防火堤外的安全处，且安装上固定接口，当被保护储罐发生火灾时，用消防水带将泡沫消防车或其他泡沫供给设备与固定接口连接起来，通过泡沫消防车或其他泡沫供给设备向储罐内供给泡沫实施灭火的系统。半固定式泡沫灭火系统适用于机动消防设施较强企业附属甲、乙、丙类可燃液体储罐区。

（三）移动式泡沫灭火系统

移动式泡沫灭火系统是指在被保护对象上未安装固定泡沫产生器或泡沫管道，当发生火灾时，靠泡沫消防车、其他移动泡沫供给设备或有压水源连接出泡沫枪或泡沫炮等装置向被保护对象供给泡沫实施灭火的系统。移动式泡沫灭火系统主要用于小型储罐或有可燃液体泄漏的场所。

第二节　泡沫液和系统组件现场检查

泡沫灭火系统施工前，按照施工过程质量控制要求，需要对系统组件、管件及其他设备、材料进行到场检验，不合格的组件、管件、设备、材料不能使用。本节仅对泡沫灭火系统专用组件、材料及和其他系统要求不同的组件、材料的现场检查进行说明。产品质量证明文件检查内容和要求详见本篇第一章的相关内容；供水设施、管材管件、通用阀门等组件的现场检查内容和要求详见本篇第二章的相关内容。

一、泡沫液的现场检查

一般情况下，泡沫液进场后，需要现场取样留存，以待日后需要时送检。留存泡沫液的储存条件要满足《泡沫灭火剂》（GB 15308—2006）和《泡沫灭火系统设计规范》（GB 50151—2010）的相关规定。

（一）检查内容及要求

泡沫液是泡沫灭火系统的关键材料，直接影响系统的灭火效果，把好泡沫液的质量关是至关重要的环节。对于泡沫液用量较多的情况，需要将其送至具备相应资质的检测单位进行检测。对属于下列情况之一的泡沫液，需要送检：

（1）6%型低倍数泡沫液设计用量大于或等于 7.0 t。

（2）3%型低倍数泡沫液设计用量大于或等于 3.5 t。

（3）6% 蛋白型中倍数泡沫液最小储备量大于或等于 2.5 t。

（4）6%合成型中倍数泡沫液最小储备量大于或等于 2.0 t。

（5）高倍数泡沫液最小储备量大于或等于 1.0 t。

（6）合同文件规定的需要现场取样送检的泡沫液。

（二）检查方法

对于取样留存的泡沫液，进行观察检查和检查市场准入制度要求的有效证明文件及产品出厂合格证即可；对于需要送检的泡沫液，需要按照《泡沫灭火剂》（GB 15308—2006）的规定对相关参数进行检测。送检泡沫液主要对其发泡性能和灭火性能进行检测，检测内容主要包括发泡倍数、析液时间、灭火时间和抗烧时间。

二、系统组件的现场检查

泡沫灭火系统组件进场后，可能会因意外原因对组件造成损伤，从而影响可靠性和灭火效果。因此，系统选用的各种组件到达施工现场后，施工单位和建设单位还应主动认真地进行检查验收，把隐患消灭在安装前，这样做对确保系统功能是至关重要的。系统组件的现场检查主要包括系统组件的外观质量检查、性能检查、强度和严密性检查等。

（一）系统组件的外观质量检查

1. 检查内容及要求

（1）需要检查的系统组件。需要对以下组件进行检查：泡沫产生装置、泡沫比例混合器（装置）、泡沫液储罐、泡沫消防泵、泡沫消火栓、阀门、压力表、管道过滤器、金属软管等。

（2）组件需要满足的要求。①无变形及其他机械性损伤；②外露非机械加工表面保护涂层完好；③无保护涂层的机械加工面无锈蚀；④所有外露接口无损伤，堵、盖等保护物包封良好；⑤铭牌标记清晰、牢固；⑥消防泵运转灵活，无阻滞，无异常声音；⑦高倍数泡沫产生器用手转动叶轮灵活；⑧固定式泡沫炮的手动机构无卡阻现象。

2. 检查方法

观察检查和手动检查。对于组件中的手动机构，如需要转动的部位，要亲自动手操作，看其是否能满足要求。

（二）系统组件的性能检查

1. 检查内容及要求

（1）需要检查的系统组件。需要对以下组件进行检查：泡沫产生装置、泡沫比例混合器（装置）、泡沫液压力储罐、泡沫消防泵、泡沫消火栓、阀门、压力表、管道过滤器、金属软管等。

（2）组件需要满足的要求。①系统组件的型号、规格、性能符合《泡沫灭火系统及部件通用技术条件》（GB 20031—2005）和设计要求；②当以上组件在设计上有复验要求或施工方、建设方等对组件质量有疑义时，需要将这些组件送至具有相应资质的检测单位进行检测复验，需要检测的组件由监理工程师负责抽样，具体复验结果要符合国家现行产品标准和设计要求。

2. 检查方法

一般情况下，检查市场准入制度要求的有效证明文件和产品出厂合格证。当组件需要复验时，按照《泡沫灭火系统及部件通用技术条件》（GB 20031—2005）等相关标准规定的试验方法进行试验。

（三）系统组件的强度和严密性检查

1. 检查内容及要求

（1）需要检查的系统组件。泡沫灭火系统对阀门的质量要求较高，如阀门渗漏，将影响系统的压力，使系统不能正常运行。从目前情况看，由于种种原因，阀门渗漏现象较为普遍，为保证系统的施工质量，需要对阀门的强度和严密性进行试验。

（2）阀门需要满足的要求。①强度和严密性试验要采用清水进行，强度试验压力为公称压力的1.5倍，严密性试验压力为公称压力的1.1倍；②试验压力在试验持续时间内要保持不变，且壳体填料和阀瓣密封面不能有渗漏；③阀门试压的试验持续时间不能少于表3—8—1的规定；④试验合格的阀门，要排尽内部积水，并吹干；⑤密封面涂防锈油，关闭阀门，封闭出入口，并做出明显的标记。

表3—8—1 阀门试验持续时间

公称直径 *DN*/mm	最短试验持续时间/s		
	严密性试验		强度试验
	金属密封	非金属密封	
≤50	15	15	15
65～200	30	15	60
200～450	60	30	180

2. 检查方法

将阀门安装在试验管道上，有液流方向要求的阀门，试验管道要安装在阀门的进口，然后管道充满水，排净空气，用试压装置缓慢升压，待达到严密性试验压力后，在最短试验持续时间内，以阀瓣密封面不渗漏为合格；最后将压力升至强度试验压力，在最短试验持续时间内，以壳体填料无渗漏为合格。

第三节 系统组件安装调试与检测验收

泡沫灭火系统的施工现场需要有相应的施工技术标准、健全的质量管理体系和施工质量检验制度，要实现施工全过程质量控制。本节主要对泡沫灭火系统专用组件及具有特殊要求的通用组件的安装调试及验收进行说明，其他通用组件详见本篇第二章的相关内容。

一、系统主要组件安装与技术检测

泡沫灭火系统的安装主要包括泡沫液储罐、泡沫比例混合器（装置）、阀门、泡沫消火栓、泡沫产生装置等组件的安装，在系统组件安装完成后，还需由建设单位组织委托相应资质的消防设施检测机构进行检测，以判断系统安装是否符合相关技术标准，确保系统能够按照设定的功能发挥作用，为系统竣工验收提供技术支持。

（一）泡沫液储罐的安装

1. 一般要求

（1）安装要求：安装泡沫液储罐时，要考虑为日后操作、更换和维修泡沫液储罐以及罐装泡沫液提供便利条件，泡沫液储罐周围要留有满足检修需要的通道，其宽度不宜小于 0.7 m，且操作面不宜小于 1.5 m；当泡沫液储罐上的控制阀距地面高度大于 1.8 m 时，需要在操作面处设置操作平台或操作凳。

（2）检测方法：用尺测量。

2. 常压泡沫液储罐的安装

（1）安装要求：

1）现场制作的常压钢质泡沫液储罐，考虑到比例混合器要能从储罐内顺利吸入泡沫液，同时防止将储罐内的锈渣和沉淀物吸入管内堵塞管道，泡沫液管道出液口不能高于泡沫液储罐最低液面 1 m，泡沫液管道吸液口距泡沫液储罐底面不应小于 0.15 m，且最好做成喇叭口形。

2）现场制作的常压钢质泡沫液储罐需要进行严密性试验，试验压力为储罐装满水后的静压力，试验时间不能小于 30 min，目测不能有渗漏。

3）现场制作的常压钢质泡沫液储罐内、外表面需要按设计要求进行防腐处理，防腐处理要在严密性试验合格后进行。

4）常压泡沫液储罐的安装方式要符合设计要求，当设计无要求时，要根据其形状按立式或卧式安装在支架或支座上，支架要与基础固定，安装时不能损坏其储罐上的配管和附件。

5）常压钢质泡沫液储罐罐体与支座接触部位的防腐要符合设计要求，当设计无要求时，要按加强防腐层的做法施工。

（2）检测方法：第 1）项，用尺测量。第 2）～ 5）项，采用观察检查，其中，对于第 2）项，要检查全部焊缝、焊接接头和连接部位，以无渗漏为合格；对于第 3）项，当对泡沫液储罐内表面防腐涂料有疑义时，可取样送至具有相应资质的检测单位进行检验；对于第 5）项，必要时可切开防腐层检查。

3. 泡沫液压力储罐的安装

（1）安装要求：

1）泡沫液压力储罐上设有槽钢或角钢焊接的固定支架，安装时，采用地脚螺栓将支架与地面上混凝土浇筑的基础牢固固定；泡沫液压力储罐是制造厂家的定型设备，其上设有安全阀、进料孔、排气孔、排渣孔、人孔和取样孔等附件，出厂时都已安装好，并进行了试验。因此，在安装时不得随意拆卸或损坏，尤其是安全阀更不能随便拆动，安装时出口不能朝向操作面，否则影响安全使用。

2）对于设置在露天的泡沫液压力储罐，需要根据环境条件采取防晒、防冻和防腐等措施。当环境温度低于 0℃时，需要采取防冻设施；当环境温度高于 40℃时，需要有降温措施；当安装在有腐蚀性的地区，如海边等，还需要采取防腐措施。因为温度过低，会妨碍泡沫液的流动；温度过高，各种泡沫液的发泡倍数均下降，析液时间短，灭火性能降低。

（2）检测方法：采用观察检查。

（二）泡沫比例混合器（装置）的安装

1. 一般要求

（1）安装要求：

1）安装时，要使泡沫比例混合器（装置）的标注方向与液流方向一致。各种泡沫比例混合器（装置）都有安装方向，在其上有标注，因此安装时不能装反，否则吸不进泡沫液或泵打不进去泡沫液，使系统不能灭火。所以，安装时要特别注意标注方向与液流方向必须一致。

2）泡沫比例混合器（装置）与管道连接处的安装要保证严密，不能有渗漏，否则，影响混合比。

（2）检测方法：采用观察检查。其中第 2）项主要是在调试时进行观察检查，因为只有管道充液调试时，才能观察到连接处是否有渗漏。

2. 环泵式比例混合器的安装

（1）安装要求：

1）各部位连接顺序：环泵式比例混合器的进口要与水泵的出口管段连接，环泵式比例混合器的出口要与水泵的进口管段连接，环泵式比例混合器的进泡沫液口要与泡沫液储罐上的出液口管段连接。环泵式泡沫比例混合器如图 3—8—4 所示，该类型比例混合器是利用文丘里管原理的第一代产品，根据其工作原理，消防泵进出口压力、泡沫液储罐液面与比例混合器的高度差是影响其泡沫混合液混合比的两方面因素。环泵式泡沫比例混合器的限制条件较多，设计难度较大，但其结构简单、工程造价低，且配套的泡沫液储罐为常压储罐，便于操作、维护、检修、试验。

2）环泵式比例混合器安装标高的允许偏差为 ±10 mm。

3）为了使环泵式比例混合器出现堵塞或腐蚀损坏时，备用的环泵式比例混合器能立即投入使用，备用的环泵式比例混合器需要并联安装在系统上，并要有明显的标志。

（2）检测方法：第 1）、3）项用观察检查，第 2）项用拉线、尺量检查。

图 3—8—4　环泵式泡沫比例混合器

3. 压力式比例混合装置的安装

（1）安装要求：

1）压力式比例混合装置的压力储罐和比例混合器出厂前已经安装固定在一起，因此，压力式比例混合装置要整体安装。从外观上看，压力式比例混合装置有横式和立式两种，具体实物如图 3—8—5 所示。从结构上看，压力式比例混合装置又可分为无囊式压力比例混合装置和囊式压力比例混合装置两种。

图 3—8—5　压力式比例混合装置

2）压力式比例混合装置的压力储罐进水管有 0.6 ~ 1.2 MPa 的压力，而且通过压力式比例混合装置的流量也较大，有一定的冲击力，所以安装时压力式比例混合装置要与基础固定牢固。

（2）检测方法：采用观察检查。

4. 平衡式比例混合装置的安装

（1）安装要求：

1）整体平衡式比例混合装置是由平衡压力流量控制阀和比例混合器两大部分装在一起的，产品出厂前已进行了强度试验和混合比的标定，故安装时需要整体竖直安装在压力水的水平管道上，并在水和泡沫液进口的水平管道上要分别安装压力表，为了便于观察和准确测量压力值，压力表与平衡式比例混合装置进口处的距离不宜大于 0.3 m。

2）分体平衡式比例混合装置的平衡压力流量控制阀和比例混合器是分开设置的，流量调节范围相对要大一些，其平衡压力流量控制阀要竖直安装。

3）水力驱动平衡式比例混合装置的泡沫液泵要水平安装，安装尺寸和管道的连接方式需要符合设计要求。

平衡式比例混合装置由泡沫液泵、泡沫比例混合器、平衡压力流量控制阀及管道等组成。平衡式比例混合装置的比例混合精度较高，适用的泡沫混合液流量范围较大，泡沫液储罐为常压储罐。图 3—8—6 所示为水力驱动平衡式比例混合装置。

（2）检测方法：采用尺量检查和观察检查。

5. 管线式比例混合器的安装

（1）安装要求：

1）管线式比例混合器与环泵式比例混合器的工作原理相同，均是利用文丘里管的原理在混合腔内形成负压，在大气压力作用下将容器内的泡沫液吸到腔内与水混合。不同的是管线式比例混合器直接安装在主管线上。

管线式比例混合器的工作压力范围通常为 0.7 ～ 1.3 MPa，压力损失在进口压力的 1/3 以上，混合比精度通常较差。为此它主要用于移动式泡沫系统，且许多是与泡沫炮、泡沫枪、泡沫发生器装配一体使用的，在固定式泡沫灭火系统中很少使用。管线式比例混合器如图 3—8—7 所示。

图 3—8—6　水力驱动平衡式比例混合装置

图 3—8—7　管线式比例混合器

2）为减少压力损失，管线式比例混合器的安装位置要靠近储罐或防护区。

3）为保证管线式比例混合器能够顺利吸入泡沫液，使混合比维持在正常范围内，比例混合器的吸液口与泡沫液储罐或泡沫液桶最低液面的高度差不得大于 1.0 m。

（2）检测方法：采用尺量检查和观察检查。

（三）阀门的安装

（1）安装要求：

1）泡沫混合液管道采用的阀门有手动、电动、气动和液动阀门，后三种多用在大口径管道，或遥控和自动控制上，它们各自都有标准，泡沫混合液管道采用的阀门需要按相关标准进行安装，阀门要有明显的启闭标志。

2）具有遥控、自动控制功能的阀门，其安装要符合设计要求；当设置在有爆炸和火灾危险的环境时，要按照《电气装置安装工程：爆炸和火灾危险环境电气装置施工及验收规范》（GB 50257—2014）的规定安装。

3）液下喷射和半液下喷射泡沫灭火系统泡沫管道进储罐处设置的钢质明杆闸阀和止回阀需要水平安装，其止回阀上标注的方向要与泡沫的流动方向一致，否则泡沫不能进入储罐内，反而储罐内的介质可能会倒流入管道内，造成更大事故。

4）高倍数泡沫产生器进口端泡沫混合液管道上设置的压力表、管道过滤器、控制阀一般要安装在水平支管上。

5）泡沫混合液管道上设置的自动排气阀要在系统试压、冲洗合格后立式安装。泡沫混合液管道上设置的自动排气阀，是一种能自动排出管道内气体的专用产品。管道在充泡沫混合液（或调试时充水）的过程中，管道内的气体将被自然驱压到最高点或管道内气体最后集聚处，自动排气阀能自动将这些气体排出，当管道充满液体后该阀会自动关闭。排气阀立式安装系产品结构的要求，在系统试压、冲洗合格后进行安装，是为了防止堵塞，影响排气。

6）连接泡沫产生装置的泡沫混合液管道上的控制阀，要安装在防火堤外压力表接口外侧，并有明显的启闭标志；泡沫混合液管道设置在地上时，控制阀的安装高度一般控制在 1.1 ~ 1.5 m，当环境温度为 0℃及以下的地区采用铸铁控制阀时，若管道设置在地上，铸铁控制阀要安装在立管上；若管道埋地或在地沟内设置，铸铁控制阀要安装在阀门井内或地沟内，并需要采取防冻措施。

7）储罐区固定式泡沫灭火系统同时又具备半固定系统功能时，需要在防火堤外泡沫混合液管道上安装带控制阀和带闷盖的管牙接口，以便于消防车或其他移动式的消防设备与储罐区固定的泡沫灭火设备相连。

8）泡沫混合液立管上设置的控制阀，其安装高度一般在 1.1 ~ 1.5 m，并需要设置明显的启闭标志；当控制阀的安装高度大于 1.8 m 时，需要设置操作平台或操作凳。

9）消防泵的出液管上设置的带控制阀的回流管，须符合设计要求，控制阀的安装高度距地面一般在 0.6 ~ 1.2 m。

10）管道上的放空阀要安装在最低处，以利于最大限度排空管道内的液体。

（2）检测方法：其中第 1）、2）项按相关标准的要求采用观察检查，其他各项采用尺量检查和观察检查。

（四）泡沫消火栓的安装

（1）安装要求：

1）泡沫混合液管道上设置的泡沫消火栓的型号、规格、数量、位置、安装方式、间距要符合设计要求。一般情况下，室外管道选用地上式泡沫消火栓或地下式泡沫消火栓，室内管道选用室内泡沫消火栓或消火栓箱。

2）地上式泡沫消火栓要垂直安装，地下式泡沫消火栓要安装在消火栓井内的泡沫混合液管道上。

3）地上式泡沫消火栓的大口径出液口要朝向消防车道，以便于消防车或其他移动式的消防设备吸液口的安装。地上式泡沫消火栓上的大口径出液口，在一般情况下不用，而是利用其小口径出液口即 KWS 65 型接口，接上消防水带和泡沫枪进行灭火，当需要利用消防车或其他移动式消防设备灭火，而且需要从泡沫混合液管道上设置的消火栓上取用泡沫混合液时，才使用大口径出液口。

4）地下式泡沫消火栓要有明显永久性标志，一般在井盖上都有标志，但由于锈蚀或被灰尘覆盖，甚至违反规定堆放物资，使得在使用时很难快速找到消火栓，为了安全可在明显处设置标志，如在附近的墙上设置标志。

5）地下式泡沫消火栓顶部与井盖底面的距离不得大于 0.4 m，且不小于井盖半径，这样做是为了消防人员操作快捷方便，以免下井操作，也避免井盖被轧坏而损坏消火栓。

6）室内泡沫消火栓的栓口方向宜向下或与设置泡沫消火栓的墙面成 90°，栓口离地面或操作基面的高度一般为 1.1 m，允许偏差为 ±20 mm，坐标的允许偏差为 20 mm。

7）泡沫泵站内或站外附近泡沫混合液管道上设置的泡沫消火栓，要符合设计要求。

（2）检测方法：采用尺量检查和观察检查。

（五）泡沫产生装置的安装

1. 低倍数泡沫产生器的安装

（1）安装要求：

1）液上喷射泡沫产生器要根据产生器的类型安装，并符合设计要求。液上喷射泡沫产生器，有横式和立式两种类型，具体如图 3—8—8 所示。横式泡沫产生器要水平安装在固定顶储罐罐壁的顶部或外浮顶储罐罐壁顶部的泡沫导流罩上。立式泡沫产生器要垂直安装在固定顶储罐罐壁的顶部或外浮顶储罐罐壁顶部的泡沫导流罩上。具体安装示意图如图 3—8—9 和图 3—8—10 所示。

a）　　　　b）

图 3—8—8　液上喷射泡沫产生器

a）横式泡沫产生器　b）立式泡沫产生器

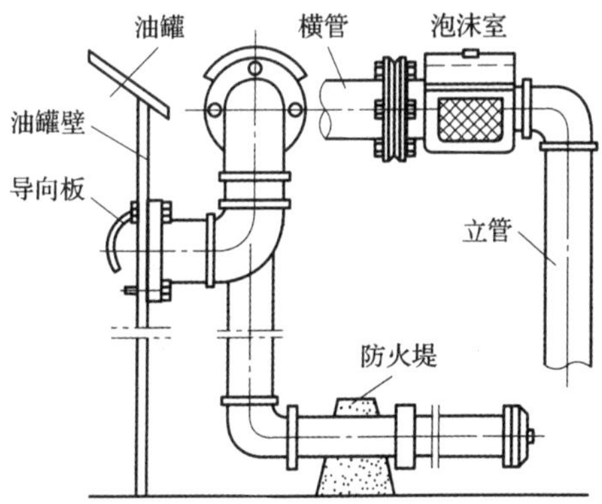

图 3—8—9　横式泡沫产生器安装示意图

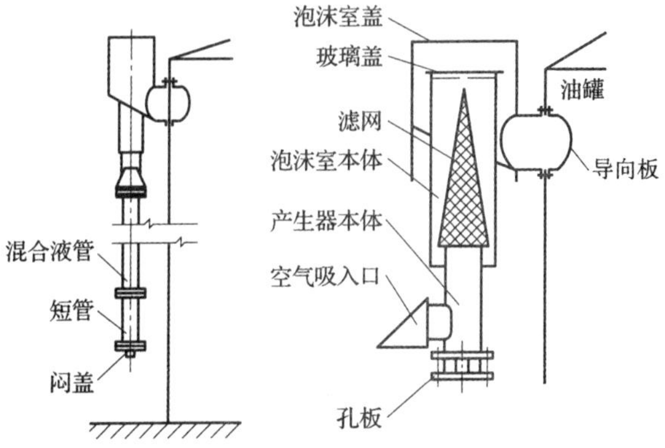

图 3—8—10　立式泡沫产生器安装示意图

2）水溶性液体储罐内泡沫溜槽的安装要沿罐壁内侧螺旋下降到距罐底 1.0 ~ 1.5 m 处，溜槽与罐底平面夹角一般为 30° ~ 45°；泡沫降落槽要垂直安装，其垂直度允许偏差为降落槽高度的 5‰，且不超过 30 mm，坐标允许偏差为 25 mm，标高允许偏差为 ±20 mm。

3）液下及半液下喷射的高背压泡沫产生器要水平安装在防火堤外的泡沫混合液管道上。

4）在高背压泡沫产生器进口侧设置的压力表接口要竖直安装；其出口侧设置的压力表、背压调节阀和泡沫取样口的安装尺寸要符合设计要求，环境温度为 0℃及以下的地区，背压调节阀和泡沫取样口上的控制阀须选用钢质阀门。

5）液下喷射泡沫产生器或泡沫导流罩沿罐周均匀布置时，其间距偏差一般不大于 100 mm。

6）外浮顶储罐泡沫喷射口设置在浮顶上时，泡沫混合液支管要固定在支架上，泡沫喷射口 T 型管的横管要水平安装，伸入泡沫堰板后要向下倾斜 30° ~ 60°。

7）外浮顶储罐泡沫喷射口设置在罐壁顶部、密封、挡雨板上方或金属挡雨板下部时，泡沫堰板的高度及与罐壁的间距要符合设计要求。其中，泡沫喷射口设置在罐壁顶部、密封或挡雨板上方时，泡沫堰板要高出密封 0.2 m 以上；泡沫喷射口设置在金属挡雨板下部时，泡沫堰板的高度不应低于 0.3 m。泡沫堰板和罐壁之间的距离要大于 0.6 m。

8）泡沫堰板的最低部位设置排水孔的数量和尺寸要符合设计要求，并沿泡沫堰板周长均布，其间距偏差不宜大于 20 mm。其中排水孔的开孔面积按 1 m^2 环形面积 280 mm^2 确定，且排水孔高度不宜大于 9 mm。

9）单、双盘式内浮顶储罐泡沫堰板的高度及与罐壁的间距要符合设计要求。泡沫堰板与罐壁的距离要不小于 0.55 m，泡沫堰板的高度要不低于 0.5 m。

10）当一个储罐所需的高背压泡沫产生器并联安装时，需要将其并列固定在支架上，且需符合第 3）项和第 4）项的要求。

另外，半液下泡沫喷射装置需要整体安装在泡沫管道进入储罐处设置的钢质明杆闸阀与止回阀之间的水平管道上，并采用扩张器（伸缩器）或金属软管与止回阀连接，安装时不能拆卸和损坏密封膜及其附件。

（2）检测方法：采用尺量检查和观察检查。

2. 中倍数泡沫产生器的安装

（1）安装要求：中倍数泡沫产生器的安装要符合设计要求，安装时不能损坏或随意拆卸附件。中倍数泡沫产生器的实物如图 3—8—11 所示。

（2）检测方法：采用拉线和尺量、观察检查。

3. 高倍数泡沫产生器的安装

（1）安装要求：

1）高倍数泡沫产生器要安装在泡沫淹没深度之上，尽量靠近保护对象，但不能受到爆炸或火焰的影响，同时，安装要保证易于在防护区内形成均匀的泡沫覆盖层。

2）高倍数泡沫产生器由动力驱动风叶转动鼓风，使大量的气流由进气端进入产生器，故在距进气端的一定范围内不能有影响气流进入的遮挡物。一般情况下，要保证距高倍数泡沫产生器的进气端小于或等于 0.3 m 处没有遮挡物。

图 3—8—11　中倍数泡沫产生器

3）在高倍数泡沫产生器的发泡网前小于或等于 1.0 m 处，不能有影响泡沫喷放的障碍物。

4）高倍数泡沫产生器要整体安装，不得拆卸。另外，风叶由动力源驱动高速旋转，高倍数泡沫产生器固定不牢会产生振动和移位，因此，高倍数泡沫产生器须牢固地安装在建筑物、构筑物上。

5）当泡沫产生器在室外或坑道应用时，还要采取防止风对泡沫产生器和泡沫分布产生影响的措施。

高倍数泡沫产生器的实物如图 3—8—12 所示。按驱动风叶的原动机不同，高倍数泡沫产生器可分为电动式和水力驱动式。电动式高倍数泡沫产生器的发泡倍数较高，一般在 600 倍以上；发泡量范围大，一般为 200 ~ 2 000 m^3/min。由于电动机不耐火，一般不要将电动式高倍数泡沫产生器安装在防护区内。水力驱动式高倍数泡沫产生器发泡倍数较低，一般为 200 ~ 800 倍；发泡量范围较小，一般为 40 ~ 400 m^3/min。水力驱动式高倍数泡沫产生器适用范围广，不仅可以用新鲜空气发泡，也可以用热烟气发泡，同时，可以安装在系统的防护区内。

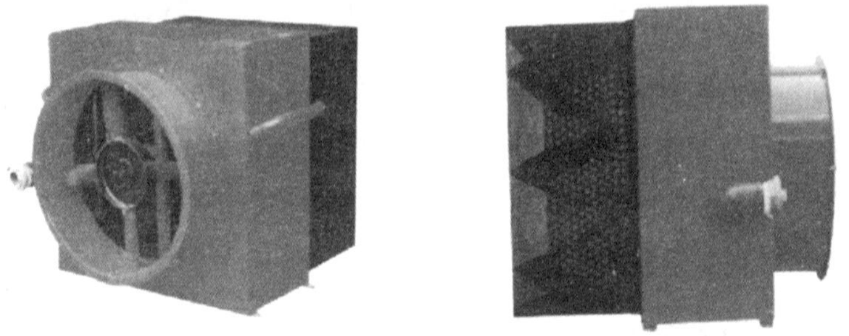

图 3—8—12　高倍数泡沫产生器

（2）检测方法：采用尺量检查和观察检查。

4. 泡沫喷头的安装

（1）安装要求：

1）泡沫喷头的型号、规格与选用的泡沫液的种类、泡沫混合液的供给强度和保护面积息息相关，切不可误装，一定要符合设计要求；而且泡沫喷头的安装要在系统试压、冲洗合格后进行，因为泡沫喷头的孔径较小，若系统管道冲洗不干净，异物容易堵塞喷头，影响泡沫灭火效果。吸气型泡沫喷头的实物如图 3—8—13 所示。

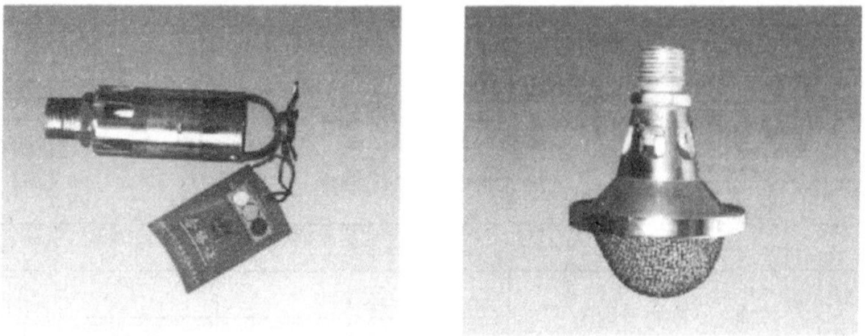

图 3—8—13　吸气型泡沫喷头

2）泡沫喷头的安装要牢固、规整，安装时不要拆卸或损坏喷头上的附件。

3）顶部安装的泡沫喷头要安装在被保护物的上部，其坐标的允许偏差，室外安装为

15 mm，室内安装为 10 mm；标高的允许偏差，室外安装为 ±15 mm，室内安装为 ±10 mm。

4）侧向安装的泡沫喷头要安装在被保护物的侧面并对准被保护物体，其距离允许偏差为 20 mm。

5）泡沫喷雾系统用于保护变压器时，喷头距带电体的距离要符合设计要求，并有专门的喷头指向变压器绝缘子升高座孔口。

（2）检测方法：采用尺量检查和观察检查。

5. 固定式泡沫炮的安装

（1）安装要求：

1）固定式泡沫炮的立管要垂直安装，炮口要朝向防护区，并不能有影响泡沫喷射的障碍物。泡沫炮的实物如图 3—8—14 所示。

2）安装在炮塔或支架上的泡沫炮要牢固固定。固定式泡沫炮的进口压力一般在 1.0 MPa 以上，流量也较大，其反作用力很大，所以安装在炮塔或支架上的固定式泡沫炮要牢固固定。

3）电动泡沫炮的控制设备、电源线、控制线的型号、规格及设置位置、敷设方式、接线等要符合设计要求。

（2）检测方法：采用观察检查。

图 3—8—14　泡沫炮

二、管网、管道安装与技术检测

（一）一般要求

（1）安装要求：

1）水平管道安装时要注意留有管道坡度，在防火堤内要以 3‰的坡度坡向防火堤，在防火堤外应以 2‰的坡度坡向放空阀，以便于管道放空，防止积水，避免在冬季冻裂阀门及管道。另外，当出现 U 形管时要有放空措施。

2）立管要用管卡固定在支架上，管卡间距不能大于 3 m，以确保立管的牢固性，使其在受外力作用和自身泡沫混合液冲击时不会损坏。

3）埋地管道安装前要做好防腐，安装时不能损坏防腐层；埋地管道采用焊接时，焊缝部位要在试压合格后进行防腐处理；埋地管道在回填前要进行隐蔽工程验收，合格后及时回填，分层夯实。

4）管道安装的允许偏差要符合表 3—8—2 的要求。

表 3—8—2　管道安装的允许偏差　（单位：mm）

<table>
<tr><th colspan="3">项　目</th><th>允许偏差</th></tr>
<tr><td rowspan="5">坐标</td><td rowspan="2">地上、架空及地沟</td><td>室外</td><td>25</td></tr>
<tr><td>室内</td><td>15</td></tr>
<tr><td rowspan="2">泡沫喷淋</td><td>室外</td><td>15</td></tr>
<tr><td>室内</td><td>10</td></tr>
<tr><td colspan="2">埋　地</td><td>60</td></tr>
</table>

续表

项目			允许偏差
标高	地上、架空及地沟	室外	±20
		室内	±15
	泡沫喷淋	室外	±15
		室内	±10
	埋地		±25
水平管道平直度		$DN \leqslant 100$	2 *L*‰，最大 50
		$DN > 100$	3 *L*‰，最大 80
立管垂直度			5 *L*‰，最大 30
与其他管道成排布置间距			15
与其他管道交叉时外壁或绝热层间距			20

注：*L*——管段有效长度；*DN*——管子公称直径。

5）管道支、吊架安装要平整牢固，管墩的砌筑必须规整，其间距要符合设计要求。

6）管道穿过防火堤、防火墙、楼板时，需要安装套管。穿防火堤和防火墙套管的长度不能小于防火堤和防火墙的厚度；穿楼板套管的长度要高出楼板 50 mm，底部要与楼板底面相平。管道与套管间的空隙需要采用防火材料封堵；管道穿过建筑物的变形缝时，要采取保护措施。

（2）检测方法：其中第 1）、2）、3）、5）、6）项采用尺量和观察检查。第 4）项坐标用经纬仪或拉线和尺量检查；标高用水准仪或拉线和尺量检查；水平管道平直度用水平仪、直尺、拉线和尺量检查；立管垂直度用吊线和尺量检查；与其他管道成排布置间距及与其他管道交叉时外壁或绝热层间距用尺量检查。

（二）泡沫混合液管道的安装

（1）安装要求：

1）当储罐上的泡沫混合液立管与防火堤内地上水平管道或埋地管道用金属软管连接时，不能损坏其编织网，并要在金属软管与地上水平管道的连接处设置管道支架或管墩，如图 3—8—15 所示。

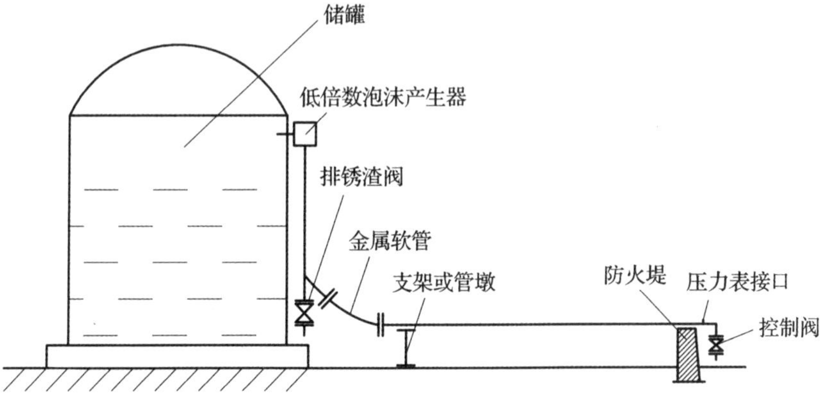

图 3—8—15 支架或管墩安装示意图

2）储罐上泡沫混合液立管下端设置的锈渣清扫口与储罐基础或地面的距离一般为 0.3 ~ 0.5 m；锈渣清扫口需要采用闸阀或盲板封堵；当采用闸阀时，要竖直安装。

3）当外浮顶储罐的泡沫喷射口设置在浮顶上，且泡沫混合液管道采用的耐压软管从储罐内通过时，耐压软管安装后的运动轨迹不能与浮顶的支撑结构相碰，且与储罐底部伴热管的距离要大于 0.5 m，以防止耐压软管受热老化。

4）外浮顶储罐梯子平台上设置的带闷盖的管牙接口，要靠近平台栏杆安装，并高出平台 1.0 m，其接口要朝向储罐；引至防火堤外设置的相应管牙接口，要面向道路或朝下。

5）连接泡沫产生装置的泡沫混合液管道上设置的压力表接口要靠近防火堤外侧，并竖直安装。

6）泡沫产生装置入口处的管道要用管卡固定在支架上，其出口管道在储罐上的开口位置和尺寸要符合设计及产品要求。

7）泡沫混合液主管道上留出的流量检测仪器安装位置要符合设计要求。

8）泡沫混合液管道上试验检测口的设置位置和数量要符合设计要求。

（2）检测方法：采用尺量和观察检查。

（三）泡沫管道的安装

（1）安装要求：

1）液下喷射泡沫喷射管的长度和泡沫喷射口的安装高度，要符合设计要求。当液下喷射一个喷射口设在储罐中心时，其泡沫喷射管要固定在支架上；当液下喷射和半液下喷射设有两个及以上喷射口，并沿罐周均匀设置时，其间距偏差不宜大于 100 mm。

2）半固定式系统的泡沫管道，在防火堤外设置的高背压泡沫产生器快装接口要水平安装。

3）液下喷射泡沫管道上的防油品渗漏设施要安装在止回阀出口或泡沫喷射口处。半液下喷射泡沫管道上防油品渗漏的密封膜要安装在泡沫喷射装置的出口。安装要按设计要求进行，且不能损坏密封膜。

（2）检测方法：采用尺量和观察检查。

（四）泡沫液管道的安装

（1）安装要求：泡沫液管道冲洗及放空管道的设置要符合设计要求，当设计无要求时，要设置在泡沫液管道的最低处。

（2）检测方法：采用观察检查。

（五）泡沫喷淋管道的安装

（1）安装要求：

1）泡沫喷淋管道支、吊架与泡沫喷头之间的距离不宜小于 0.3 m；与末端泡沫喷头之间的距离不宜大于 0.5 m。

2）泡沫喷淋分支管上每一直管段、相邻两泡沫喷头之间的管段设置的支、吊架均不少于一个，且支、吊架的间距不宜大于 3.6 m；当泡沫喷头的设置高度大于 10 m 时，支、吊架的间距不宜大于 3.2 m。

（2）检测方法：采用尺量检查。

三、系统试压、冲洗

为确保系统投入运行后不出现泄漏、管道及管件承压能力不足、杂质及污损物影响正常使用等问题，在管道安装完成后，须对管道进行水压试验和冲洗。

（一）管道的水压试验

（1）试验要求：

1）试验要采用清水进行，试验时，环境温度不得低于 5℃，当环境温度低于 5℃时，要采取防冻措施。

2）试验压力应为设计压力的 1.5 倍。

3）试验前需要将泡沫产生装置、泡沫比例混合器（装置）隔离。

（2）检测方法：管道充满水，排净空气，用试压装置缓慢升压，当压力升至试验压力后，稳压 10 min，管道无损坏、变形，再将试验压力降至设计压力，稳压 30 min，以压力不降、无渗漏为合格。

（二）管道的冲洗

（1）冲洗要求：

1）管道试压合格后，需要用清水冲洗，冲洗合格后，不能再进行影响管内清洁的其他施工。

2）地上管道在试压、冲洗合格后需要进行涂漆防腐。

（2）检测方法：采用最大设计流量进行冲洗，水流速度不低于 1.5 m/s，以排出水的颜色、透明度与入口处水的颜色、透明度目测一致为合格。

四、系统调试

泡沫灭火系统的调试在系统施工完毕、各项技术参数符合设计要求后进行。系统调试主要包括系统组件调试和系统功能调试。

（一）系统组件调试

1. 泡沫比例混合器（装置）的调试

（1）调试要求：泡沫比例混合器（装置）的调试需要与系统喷泡沫试验同时进行，其混合比要符合设计要求。

（2）检测方法：用流量计测量；蛋白、氟蛋白等折射指数高的泡沫液可用手持折射仪测量，水成膜、抗溶水成膜等折射指数低的泡沫液可用手持导电度测量仪测量。

2. 泡沫产生装置的调试

（1）调试要求：

1）低倍数（含高背压）泡沫产生器、中倍数泡沫产生器要进行喷水试验，其进口压力要符合设计要求。

2）泡沫喷头要进行喷水试验，其防护区内任意四个相邻喷头组成的四边形保护面积内的平均供给强度要不小于设计值。

3）固定式泡沫炮要进行喷水试验，其进口压力、射程、射高、仰俯角度、水平回转角度等指标要符合设计要求。

4）泡沫枪要进行喷水试验，其进口压力和射程要符合设计要求。

5）高倍数泡沫产生器要进行喷水试验，其进口压力的平均值不能小于设计值，每台高倍数泡沫产生器发泡网的喷水状态要正常。

（2）检测方法：第 1）项，用压力表检查。对储罐或不允许进行喷水试验的防护区，喷水口可设在靠近储罐或防护区的水平管道上。关闭非试验储罐或防护区的阀门，调节压力使之符合设计要求。第2）项，选择最不利防护区的最不利点4个相邻喷头，用压力表测量后进行计算。第3）项，用手动或电动实际操作，并用压力表、尺量和观察检查。第4）项，用压力表、尺量检查。第5）项，关闭非试验防护区的阀门，用压力表测量后进行计算和观察检查。

3. 泡沫消火栓的调试

（1）调试要求：泡沫消火栓要进行喷水试验，其出口压力要符合设计要求。

（2）检测方法：用压力表测量。

（二）系统功能调试

1. 系统喷水试验

（1）试验要求：当为手动灭火系统时，要以手动控制的方式进行一次喷水试验；当为自动灭火系统时，要以手动和自动控制的方式各进行一次喷水试验。各项性能指标均要达到设计要求。

（2）检测方法：用压力表、流量计、秒表测量。当系统为手动灭火系统时，选择最远的防护区或储罐进行喷水试验；当系统为自动灭火系统时，选择最大和最远的两个防护区或储罐分别以手动和自动的方式进行喷水试验。

2. 低、中倍数泡沫灭火系统喷泡沫试验

（1）试验要求：低、中倍数泡沫灭火系统喷水试验完毕后，将水放空，进行喷泡沫试验；当泡沫灭火系统为自动灭火系统时，要以自动控制的方式进行；喷射泡沫的时间不应小于1 min；实测泡沫混合液的混合比、泡沫混合液的发泡倍数及到达最不利点防护区或储罐的时间和湿式联用系统自喷水至喷泡沫的转换时间要符合设计要求。

（2）检测方法：对于混合比的检测，蛋白、氟蛋白等折射指数高的泡沫液可用手持折射仪测量，水成膜、抗溶水成膜等折射指数低的泡沫液可用手持导电度测量仪测量；泡沫混合液的发泡倍数按照《泡沫灭火剂》（GB 15308—2006）规定的方法测量；喷射泡沫的时间和泡沫混合液或泡沫到达最不利点防护区或储罐的时间及湿式联用系统自喷水至喷泡沫的转换时间，用秒表测量。喷泡沫试验要选择最不利点的防护区或储罐进行，为了节约试验成本，进行一次试验即可。

3. 高倍数泡沫灭火系统喷泡沫试验

（1）试验要求：高倍数泡沫灭火系统喷水试验完毕后，将水放空，以手动或自动控制的方式对防护区进行喷泡沫试验，喷射泡沫的时间不应小于30 s，实测泡沫混合液的混合比和泡沫供给速率及自接到火灾模拟信号至开始喷泡沫的时间要符合设计要求。

（2）检测方法：对于混合比的检测，蛋白、氟蛋白等折射指数高的泡沫液可用手持折射仪测量，水成膜、抗溶水成膜等折射指数低的泡沫液可用手持导电度测量仪测量；泡沫供给速率检测时，应记录各高倍数泡沫产生器进口端压力表读数，用秒表测量喷射泡沫的时间，然后按制造厂给出的曲线查出对应的发泡量，经计算得出泡沫供给速率，供给速率不能小于设计要求的最小供给速率；喷射泡沫的时间和自接到火灾模拟信号至开始喷泡沫的时间，用秒表测量。对于高倍数泡沫灭火系统，所有防护区均需要进行喷泡沫试验。

五、系统验收

（一）系统验收的主要内容

泡沫灭火系统的施工质量验收需要包括下列内容：

（1）泡沫液储罐、泡沫比例混合器（装置）、泡沫产生装置、消防泵、泡沫消火栓、阀门、压力表、管道过滤器、金属软管等系统组件的型号、规格、数量、安装位置及安装质量。

（2）管道及管件的型号、规格、位置、坡向、坡度、连接方式及安装质量。

（3）固定管道的支、吊架，管墩的位置、间距及牢固程度。

（4）管道穿防火堤、楼板、防火墙及变形缝的处理。

（5）管道和系统组件的防腐。

（6）消防泵房、水源及水位指示装置。

（7）动力源、备用动力及电气设备。

（二）系统组件的验收

1. 系统水源的验收

（1）验收要求：

1）室外给水管网的进水管管径及供水能力、消防水池（罐）和消防水箱容量，要符合设计要求。

2）当采用天然水源作为系统水源时，其水量、水质要符合设计要求，并需要检查枯水期最低水位时确保消防用水的技术措施。

3）过滤器的设置要符合设计要求。

（2）验收方法：对照设计资料采用流速计、尺等测量和观察检查；水质要进行取样检查，一般水质要符合工业用水的要求，确保水源无杂质、无腐蚀性，以防堵塞和腐蚀管道。

2. 动力源、备用动力及电气设备的验收

（1）验收要求：动力源、备用动力及电气设备应符合设计要求。

（2）验收方法：进行试验检查，看是否符合要求。

3. 消防泵房的验收

（1）验收要求：

1）消防泵房的建筑防火要求应符合相关规范的规定。

2）消防泵房设置的应急照明、安全出口应符合设计要求。

3）备用电源、自动切换装置的设置应符合设计要求。

（2）验收方法：对照图样进行观察检查。

4. 消防水泵的验收

（1）验收要求：

1）工作泵、备用泵、吸水管、出水管及出水管上的泄压阀、止回阀、信号阀等的型号、规格、数量要符合设计要求；吸水管、出水管上的控制阀要锁定在常开位置，并有明显标记。

2）消防水泵的引水方式要符合设计要求。

3）消防水泵在主电源下要能在规定时间内正常启动。

4）当自动系统管网中的水压下降到设计最低压力时，稳压泵要能自动启动。

5）自动系统的消防水泵启动控制要处于自动启动位置。

（2）验收方法：第1）项，对照设计资料和产品说明书观察检查。第2）项，采用观察检查。第3）项，打开消防水泵出水管上的手动测试阀，利用主电源向泵组供电；关掉主电源检查主、备用电源的切换情况，用秒表等采用观察检查。第4）项，使用压力表，采用观察检查。

第5）项，采用观察检查。

5. 泡沫液储罐的验收

（1）验收要求：

1）泡沫液储罐的型号、规格及安装质量要符合设计要求。

2）泡沫液储罐的铭牌标记要清晰，要标有泡沫液种类、型号、出厂与灌装日期及储量等内容。

（2）验收方法：对照设计资料进行观察检查。

6. 泡沫比例混合器（装置）的验收

（1）验收要求：

1）泡沫比例混合器（装置）的型号、规格及安装质量要符合设计及安装要求。

2）混合比应符合设计要求。

（2）验收方法：第1）项，对照设计资料和产品说明书进行观察检查。第2）项，采用流量计或电导仪进行测量。

7. 泡沫产生装置的验收

（1）验收要求：泡沫产生装置的型号、规格及安装质量要符合设计及安装要求。

（2）验收方法：对照设计资料和产品说明书进行观察检查。

8. 报警阀组的验收

（1）验收要求：

1）报警阀组的各组件要符合产品标准要求。

2）打开系统流量压力检测装置放水阀，测试的流量、压力要符合设计要求。

3）水力警铃的设置位置要正确。测试时，水力警铃喷嘴处压力不能小于0.05 MPa，且距水力警铃3 m处警铃声的声强不得小于70 dB。

4）打开手动试水阀或电磁阀时，雨淋阀组要能可靠动作。

5）控制阀要锁定在常开位置。

6）与空气压缩机或火灾自动报警系统的联动控制，要符合设计要求。

（2）验收方法：第1）项，采用观察检查并核查相关证明材料。第2）项，使用流量计、压力表观察检查。第3）项，打开阀门放水，使用压力表、声级计和尺量检查。第4）、5）项，采用观察检查。第6）项，对照设计资料进行观察检查。

9. 管网的验收

（1）验收要求：

1）管道的材质与规格、管径、连接方式、安装位置及采取的防冻措施要符合设计要求。

2）管网放空坡度及辅助排水设施，要符合设计要求。

3）管网上的控制阀、压力信号反馈装置、止回阀、试水阀、泄压阀、排气阀等，其规格和安装位置要符合设计要求。

4）管墩、管道支架、吊架的固定方式、间距要符合设计要求。

5）管道穿越防火堤、楼板、防火墙、变形缝时的防火处理要符合设计要求。

（2）验收方法：第1）项，采用观察检查和核查相关证明材料。第2）项，采用水平尺和尺量检查。第3）项，采用观察检查。第4）项，采用尺量和观察检查。第5）项，采用尺量和观察检查。

10. 喷头的验收

（1）验收要求：

1）喷头的型号、规格要符合设计要求。

2）喷头的安装位置、安装高度、间距及与梁等障碍物的距离偏差要符合设计要求。

（2）验收方法：第1）项，对照设计资料进行观察检查。第2）项，对照图样进行尺量检查。

11. 水泵接合器的验收

（1）验收要求：水泵接合器的数量及进水管位置要符合设计要求，水泵接合器要进行充水试验，且系统最不利点的压力、流量要符合设计要求。

（2）验收方法：对照设计资料，使用流量计、压力表和观察检查。

（三）系统功能验收

1. 低、中倍数泡沫灭火系统喷泡沫试验

（1）试验要求：当泡沫灭火系统为自动灭火系统时，以自动控制的方式进行试验；喷射泡沫的时间不小于1 min；实测泡沫混合液的混合比和泡沫混合液的发泡倍数，以及到达最不利点防护区或储罐的时间和湿式联用系统自喷水至喷泡沫的转换时间要符合设计要求。

（2）检测方法：蛋白、氟蛋白等折射指数高的泡沫液的混合比可用手持折射仪测量，水成膜、抗溶水成膜等折射指数低的泡沫液的混合比可用手持导电度测量仪测量；泡沫混合液的发泡倍数按照《泡沫灭火剂》（GB 15308—2006）规定的方法测量；喷射泡沫的时间和泡沫混合液或泡沫到达最不利点防护区或储罐的时间及湿式联用系统自喷水至喷泡沫的转换时间，用秒表测量。

2. 高倍数泡沫灭火系统喷泡沫试验

（1）试验要求：要以手动或自动控制的方式对防护区进行喷泡沫试验，喷射泡沫的时间不小于30 s，实测泡沫混合液的混合比和泡沫供给速率及自接到火灾模拟信号至开始喷泡沫的时间要符合设计要求。

（2）检测方法：蛋白、氟蛋白等折射指数高的泡沫液的混合比可用手持折射仪测量，水成膜、抗溶水成膜等折射指数低的泡沫液的混合比可用手持导电度测量仪测量；泡沫供给速率检测时，要记录各高倍数泡沫产生器进口端压力表读数，用秒表测量喷射泡沫的时间，然后按制造厂给出的曲线查出对应的发泡量，经计算得出泡沫供给速率，供给速率不得小于设计要求的最小供给速率；喷射泡沫的时间和自接到火灾模拟信号至开始喷泡沫的时间，用秒表测量。试验时，任选一个防护区或储罐，进行一次试验即可。

第四节　系统维护管理

泡沫灭火系统在火灾时能否按设计要求投入使用，要由平时的定期检查、试验和检修来保证。整个系统需要确保在任何时间内都处于良好的工作状态。

一、系统巡查

泡沫灭火系统的使用或管理单位要有经过专门培训的人员负责系统的管理操作和维护，维护管理人员需要熟悉泡沫灭火系统的原理、性能和操作维护规程。维护管理人员需要每天对系统进行外观检查，并认真填写检查记录。系统巡查包括以下内容：

（1）查看消防泵及控制柜的工作状态，稳压泵、增压泵、气压水罐的工作状态，泵房工作环境；查看消防水池水位及消防用水不被挪作他用的设施；查看补水设施；查看防冻设施。

（2）查看泡沫喷头外观、泡沫消火栓外观、泡沫炮外观、泡沫产生器外观、泡沫液储罐间环境、泡沫液储罐外观、比例混合器外观、泡沫泵工作状态。

（3）查看水泵控制柜仪表、指示灯、控制按钮和标识；模拟主泵故障，查看自动切换启动备用泵情况，同时查看仪表及指示灯显示。

（4）查看泡沫液储罐罐体、铭牌及配件。

（5）查看相关阀门启闭性能、压力表状态。

（6）查看泡沫产生器吸气孔、发泡网及暴露的泡沫喷射口是否有堵塞。

二、系统检查与维护

泡沫灭火系统检查是指建筑使用管理单位按照国家工程建设消防技术标准的要求，对已经投入使用的系统的组件、零部件等按照规定检查周期进行的检查、测试。

（一）消防泵和备用动力启动试验

每周需要对消防泵和备用动力以手动或自动控制的方式进行一次启动试验，看其是否运转正常。试验时泵可以打回流，也可以空转，但空转时运转时间不应大于5 s，试验后必须将消防泵和备用动力及有关设备恢复原状。

（二）系统月检要求

系统月检主要包括以下内容：

（1）对低、中、高倍数泡沫产生器，泡沫喷头，固定式泡沫炮，泡沫比例混合器（装置），泡沫液储罐进行外观检查，各部件要完好无损。

（2）对固定式泡沫炮的回转机构、仰俯机构或电动操作机构进行检查，性能要达到标准的要求。

（3）泡沫消火栓和阀门要能自由开启与关闭，不能有锈蚀。

（4）压力表、管道过滤器、金属软管、管道及管件不能有损伤。

（5）对遥控功能或自动控制设施及操纵机构进行检查，性能要符合设计要求。

（6）对储罐上的低、中倍数泡沫混合液立管要清除锈渣。

（7）动力源和电气设备工作状况要良好。

（8）水源及水位指示装置要正常。

（三）系统年检要求

1. 每半年检查要求

每半年除储罐上泡沫混合液立管和液下喷射防火堤内泡沫管道，以及高倍数泡沫产生器进口端控制阀后的管道外，其余管道需要全部冲洗，清除锈渣。储罐上泡沫混合液立管冲洗时，容易损坏密封玻璃，甚至把水打入罐内，影响介质的质量，若进行拆卸，则比较较困难，且易损坏附件，因此可不冲洗，但要清除锈渣；液下喷射防火堤内泡沫管道冲洗时，必然会把水打入罐内，影响介质的质量，若拆卸止回阀或密封膜也较困难，可不冲洗，也可不清除锈渣，因为泡沫喷射管的截面面积比泡沫混合液管道的截面面积大，不易堵塞。对高倍数泡沫产生器进口端控制阀后的管道不用冲洗和清除锈渣，因为这段管道设计时材料一般都是不锈钢的。

2. 每两年检查要求

（1）对于低倍数泡沫灭火系统中的液上、液下及半液下喷射、泡沫喷淋、固定式泡沫炮和中倍数泡沫灭火系统进行喷泡沫试验，并对系统所有组件、设施、管道及管件进行全面检查。

（2）对于高倍数泡沫灭火系统，可在防护区内进行喷泡沫试验，并对系统所有组件、设施、管道及管件进行全面检查。

（3）系统检查和试验完毕后，要对泡沫液泵或泡沫混合液泵、泡沫液管道、泡沫混合液管道、泡沫管道、泡沫比例混合器（装置）、泡沫消火栓、管道过滤器和喷过泡沫的泡沫产生装置等用清水冲洗后放空，复原系统。

三、系统常见故障分析及处理

泡沫灭火系统供水设施、管网布置中存在的问题详见本篇第二章“消防给水”的相关内容。系统相关组件的故障常见于泡沫产生器及泡沫比例混合器（装置）。

（一）泡沫产生器无法发泡或发泡不正常

1. 主要原因

（1）泡沫产生器吸气口被异物堵塞。

（2）泡沫混合液不满足要求，如泡沫液失效、混合比不满足要求。

2. 解决方法

（1）加强对泡沫产生器的巡检，发现异物及时清理。

（2）加强对泡沫比例混合器（装置）和泡沫液的维护和检测。

（二）比例混合器锈死

1. 主要原因

由于使用后，未及时用清水冲洗，泡沫液长期腐蚀混合器致使锈死。

2. 解决方法

加强检查，定期拆下保养，系统平时试验完毕后，一定要用清水冲洗干净。

（三）无囊式压力比例混合装置的泡沫液储罐进水

1. 主要原因

储罐进水的控制阀门选型不当或不合格，导致平时出现渗漏。

2. 解决方法

严格阀门选型，采用合格产品，加强巡检，发现问题及时处理。

（四）囊式压力比例混合装置中因囊破裂而使系统瘫痪

1. 主要原因

（1）比例混合装置中的囊因老化，承压降低，导致系统运行时发生破裂。

（2）因胶囊受力设计不合理、灌装泡沫液方法不当而导致囊破裂。

2. 解决方法

（1）对胶囊加强维护管理，定期更换。

（2）采用合格产品，按正确的方法进行灌装。

（五）平衡式比例混合装置的平衡阀无法工作

1. 主要原因

平衡阀的橡胶膜片由于承压过大被损坏。

2. 解决方法

选用耐压强度高的膜片并在平时加强维护管理。

思考题

1. 简述泡沫灭火系统的组成。

2. 储罐区低倍数泡沫灭火系统分为哪几类？简述各类的特点。

3. 泡沫液现场检查时，对于需要送检的泡沫液，应按什么标准进行检查？简述其主要检查内容。

4. 简述泡沫比例混合器（装置）安装的一般要求。

5. 低倍数泡沫灭火系统进行系统功能测试时，如何进行喷泡沫试验？

6. 泡沫灭火系统每运行两年，需要进行哪些检查维护？

7. 泡沫产生器在日常运行中容易出现哪些故障？简述产生故障的原因及解决办法。

参 考 文 献

公安部消防局．中国消防手册（第六卷）：公共场所、用火用电防火・建筑消防设施［M］．上海：上海科学技术出版社，2007.

第九章
干粉灭火系统

学习要求

通过本章学习，应熟悉干粉灭火系统及其组件的实物构成，干粉灭火系统安装前系统组件的检查方法和要求，干粉灭火系统主要组件的安装要求；掌握干粉灭火系统检测验收和维护管理的内容和方法。

干粉灭火系统是由干粉储存装置、输送管道和喷头等组成，通过惰性气体压力驱动、管道输送后经喷头喷出实施灭火的固定式或半固定式灭火系统。该系统具有灭火速度快、不导电、对环境条件要求不严格等特点，能自动探测、自动启动系统和自动灭火，广泛适用于港口、列车栈桥输油管线、甲类可燃液体生产线、石化生产线、天然气储罐、储油罐、汽轮机组及淬火油槽和大型变压器等场所。

干粉灭火系统是用于扑救和控制建筑初起火灾的自动灭火设施之一，合理设置干粉灭火系统是有效保障系统发挥正常作用的基本条件。有关干粉灭火系统的设计参数确定、组件布置要求、水力计算等内容，详见《消防安全技术实务》第三篇第八章的相关内容。

第一节　系统构成

干粉灭火系统由干粉储存装置、输送管道和喷头等组成。其中，干粉储存装置内设有启动气体储瓶、驱动气体储瓶、减压阀、干粉储存容器、阀驱动装置、信号反馈装置、安全防护装置、压力报警及控制器等。为确保系统工作可靠性，必要时系统还需设置选择阀、检漏装置和称重装置等。

干粉灭火系统按照储存方式可分为储气瓶型干粉灭火系统和储压型干粉灭火系统；按照安装方式可分为固定式干粉灭火系统和半固定式干粉灭火系统；按照系统结构特点可分为管网干粉灭火系统、预制干粉灭火装置和干粉炮灭火系统；按照系统应用方式可分为全淹没灭火系统和局部应用灭火系统。几种主要系统介绍如下。

一、储气瓶型干粉灭火系统

储气瓶型干粉灭火系统由干粉灭火设备部分和自动报警、控制部分组成。前者由干粉储存容器及其配件、驱动气体储瓶、集流管、连接管、安全泄压装置、减压阀、过滤器、输粉管路、干粉喷头或干粉炮、干粉喷枪等组成；后者由火灾探测器、火灾报警控制器等组成。储气瓶型干粉灭火系统如图 3—9—1 所示。

二、储压型干粉灭火系统

储压型干粉灭火系统也称蓄压式系统，该系统没有驱动装置和单独驱动气体储存装置，干粉灭火剂与驱动气体预先混装在同一容器中，量一般较少且输送距离较短。储压型干粉灭火系统如图 3—9—2 所示。

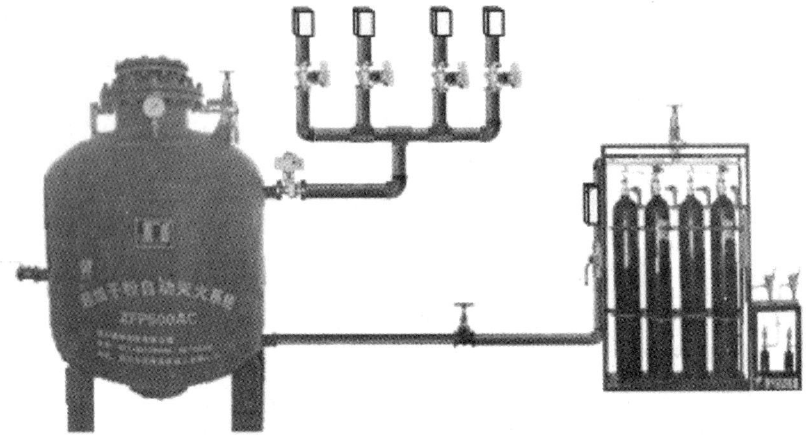

图3—9—1 储气瓶型干粉灭火系统

三、预制干粉灭火装置

预制干粉灭火装置是按一定的应用条件，将干粉储存装置和喷头等部件预先组装起来的成套灭火装置。预制干粉灭火装置主要由柜体、干粉储存容器、驱动气体储瓶、输粉管路和干粉喷头以及与之配套的火灾探测器、火灾报警控制器等组成，主要用来保护特定的小型设备或者小空间，既可用于局部保护方式，也可用于全淹没保护方式。预制干粉灭火装置如图3—9—3所示。

图3—9—2 储压型干粉灭火系统

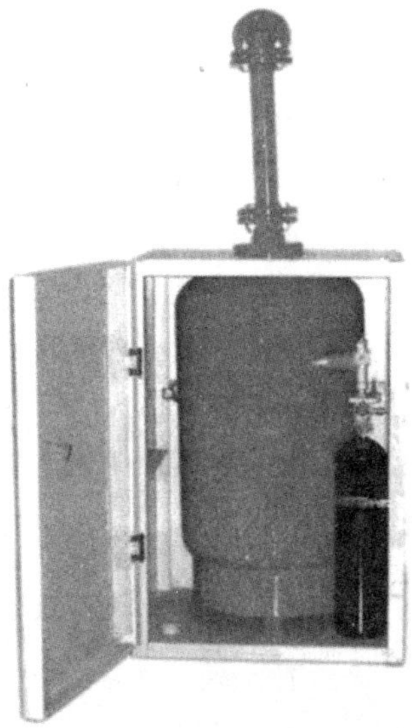

图3—9—3 预制干粉灭火装置

四、干粉炮灭火系统

干粉炮灭火系统属于管网灭火系统。干粉炮是系统的喷放组件，其选用参数主要是射程和流量，按控制方式分类，可分为手动干粉炮、电控干粉炮、电—液控干粉炮、电—气控干粉炮等。干粉炮灭火系统如图3—9—4所示。

图 3—9—4　干粉炮灭火系统

第二节　系统组件（设备）安装前检查

干粉灭火系统施工安装前，按照施工过程质量控制要求，需要对质量控制文件、系统组件、材料进行现场检查（检验），不允许使用不合格的组件、材料。其中，质量控制文件检查内容、方法及要求详见本篇第一章第一节的相关内容；管材、管件的检查内容、方法及要求详见本篇第二章第二节的相关内容。

一、干粉储存容器的现场检查

干粉储存容器（如图 3—9—5 所示）是用来储存干粉灭火剂的容器，一般为圆柱形，由两端标准椭圆形封头与中部直立圆筒焊接而成。干粉储存容器上设有充装干粉口、出粉管、法兰口、安全阀、压力表、进气排气接口及清扫口等。

干粉储存容器的检查主要有三个方面：外观质量检查、密封面检查和充装量检查。

外观质量检查的要求主要有：铭牌清晰、牢固、方向正确；干粉储存容器外表颜色为红色；无碰撞变形及其他机械性损伤；外露非机械加工表面保护涂层完好；品种、规格、性能等符合国家现行产品标准和设计要求。可采用目测观察，通过核查产品出厂合格证和法定机构出具的有效证明文件等方法进行检查。

密封面检查要求所有外露接口均设有防护堵、盖，且封闭良好，接口螺纹和法兰密封面无损伤。可采用目测观察检查。

充装量检查要求实际充装量不得小于设计充装量，也不得超过设计充装量的 3%。可通过核查产品出厂合格证、灭火剂充装时称重测量等方法检查。

图 3—9—5　干粉储存容器

二、气体储瓶、减压阀、选择阀、信号反馈装置、喷头、安全防护装置、压力报警及控制器等的现场检查

启动气体储瓶是用来储存启动容器阀、选择阀等组件的启动气体的储瓶，其一般设有压力显示装置和检漏装置；驱动气体储瓶用于储存输送干粉灭火剂的气体，同启动气体储瓶一样，驱动气体储瓶上设有压力显示装置和检漏装置。

选择阀用于组合分配系统中，安装在灭火剂释放管道上，由它控制释放到相应的保护区。选择阀平时关闭，启动方式有气动式和电动式，但无论是气动式或是电动式选择阀，均应设手动执行机构，以便在自动失灵时仍能将阀门打开。信号反馈装置设置在选择阀的出口部位，对于单元独立系统则设置在集流管或释放管网上。当灭火剂释放时，压力开关动作，送出灭火剂释放信号给控制中心，起到反馈灭火系统动作状态的作用。

（一）检查内容

1. 外观检查

（1）铭牌清晰、牢固、方向正确。

（2）无碰撞变形及其他机械性损伤。

（3）外露非机械加工表面保护涂层完好。

（4）品种、规格、性能等符合国家现行产品标准和设计要求。

（5）对同一规格的干粉储存容器和驱动气体储瓶，其高度差不超过 20 mm。

（6）对同一规格的启动气体储瓶，其高度差不超过 10 mm。

（7）驱动气体储瓶容器阀具有手动操作机构。

（8）选择阀在明显部位永久性标有介质的流动方向。

2. 密封面检查

（1）外露接口均设有防护堵、盖，且封闭良好。

（2）接口螺纹和法兰密封面无损伤。

（二）检查方法

外观检查中的第（1）（2）（3）（4）（7）（8）项采用目测观察检查，核查产品出厂合格证和法定机构出具的有效证明文件；第（5）（6）项对照设计文件，采用钢直尺测量。

密封面检查采用目测观察检查。

三、阀驱动装置的现场检查

（一）检查内容

1. 外观和密封面检查

（1）铭牌清晰、牢固、方向正确。

（2）无碰撞变形及其他机械性损伤。

（3）外露非机械加工表面保护涂层完好。

（4）所有外露接口均设有防护堵、盖，且封闭良好；接口螺纹和法兰密封面无损伤。

2. 功能检查

（1）电磁驱动器的电源电压符合设计要求。电磁铁芯通电检查后行程能满足系统启动要求，且动作灵活，无卡阻现象。

（2）启动气体储瓶内压力不低于设计压力，且不超过设计压力的5%，设置在启动气体管道上的单向阀启闭灵活，无卡阻现象。

（3）机械驱动装置传动灵活，无卡阻现象。

（二）检查方法

外观和密封面检查中的所有项和功能检查中的第（1）（3）项采用观察检查。

功能检查中的第（2）项采用观察检查和用压力表测量。

第三节　系统组件安装调试与检测验收

干粉灭火系统的安装调试、检测验收主要包括干粉储存装置、管网、喷头及系统其他组件的安装、系统试压和吹扫、系统调试、系统检测、系统验收等内容。

一、系统组件的安装与技术检测

干粉灭火系统的安装应按照相应的技术标准、质量管理体系和施工质量检验制度进行，并对施工全过程进行质量控制。在系统组件安装完成后，还须由建设单位组织委托具备相应资质的消防设施检测机构进行检测，以判断系统安装是否符合相关技术标准，确保系统能够按照设定的功能发挥作用，为系统竣工验收提供技术支持。

（一）干粉储存容器

干粉储存容器在安装前须核对其安装位置是否符合设计图样要求，周边是否留有操作空间及维修间距；安装时干粉储存容器的支座应与地面固定牢固，并做防腐处理；安装地点避免潮湿或高温环境，不受阳光直接照射。

在安装时，要注意安全防护装置的泄压方向不能朝向操作面；压力显示装置方便人员观察和操作；阀门便于手动操作。

（二）驱动气体储瓶

驱动气体储瓶在安装前要检查瓶架是否固定牢固并做防腐处理；检查集流管和驱动气体管道内腔，确保清洁无异物并紧固在瓶架上。

安装驱动气体储瓶时，注意安全防护装置的泄压方向不能朝向操作面；启动气体储瓶和驱动气体储瓶上压力显示装置、检漏装置的安装位置便于人员观察和操作；驱动介质流动方向与减压阀、止回阀标记的方向一致。

（三）干粉输送管道

干粉输送管道在安装前须清洁管道内部，避免油、水、泥沙或异物存留管道内。安装时应注意以下几点：

（1）采用螺纹连接时，管材宜采用机械切割；螺纹不得有缺纹和断纹等现象；螺纹连接的密封材料均匀附着在管道的螺纹部分，拧紧螺纹时，避免将填料挤入管道内；安装后的螺纹根部有2～3条外露螺纹，连接处外部清理干净并做防腐处理。

（2）采用法兰连接时，衬垫不能凸入管内，其外边缘宜接近螺栓孔，不能放双垫或偏垫。拧紧后，凸出螺母的长度不能大于螺杆直径的1/2，确保有不少于2条外露螺纹。

（3）经过防腐处理的无缝钢管不宜采用焊接连接，当与选择阀等个别连接部位需采用法兰焊接连接时，要对被焊接损坏的防腐层进行二次防腐处理。

（4）管道穿过墙壁、楼板处须安装套管。套管公称直径比管道公称直径至少大2级，穿墙套管长度应与墙厚相等，穿楼板套管长度须高出地板50 mm。管道与套管间的空隙采用防火封堵材料填塞密实。当管道穿越建筑物的变形缝时，须设置柔性管段。

（5）管道末端采用防晃支架固定，支架与末端喷头间的距离不大于500 mm。

（四）喷头

在安装喷头（如图3—9—6所示）前，须逐个核对喷头型号、规格及喷孔方向是否符合设计要求。当安装在吊顶下时，喷头如果没有装饰罩，其连接管的管端螺纹不能露出吊顶；如果带有装饰罩，装饰罩应紧贴吊顶安装。另外，喷头在安装时还应设有防护装置，以防灰尘或异物堵塞。

对于储压型干粉灭火系统，当采用全淹没灭火系统时，喷头的最大安装高度不应大于7 m；当采用局部应用灭火系统时，喷头的最大安装高度不应大于6 m；对于储气瓶型干粉灭火系统，当采用全淹没灭火系统时，喷头的最大安装高度不应大于8 m；当采用局部应用灭火系统时，喷头的最大安装高度不应大于7 m。

a）　　b）　　c）

图3—9—6　干粉喷头

a）扩散喷头　b）直通式喷头　c）鸭嘴式喷头

（五）其他组件和管件

1. 减压阀

（1）安装要求：

1）减压阀的流向指示箭头与介质流动方向一致。

2）压力显示装置安装在便于人员观察的位置。

（2）检查方法：观察检查。

2. 选择阀

（1）安装要求：

1）在操作面一侧安装选择阀操作手柄，当安装高度超过1.7 m时，要采取便于操作的措施。

2）选择阀的流向指示箭头与介质流动方向一致。

3）选择阀采用螺纹连接时，其与管网连接处采用活接或法兰连接。

4）选择阀上须设置标明防护区或保护对象名称（编号）的永久性标志牌。

（2）检查方法：观察检查。

3. 阀驱动装置

（1）安装要求：

1）对于拉索式机械阀驱动装置，除必要外露部分外，拉索须采用经内外防腐处理的钢管防护；拉索转弯处应采用专用导向滑轮；拉索末端拉手须设在专用的保护盒内，且拉索套管和保护盒固定牢固。

2）对于重力式机械阀驱动装置，应保证重物在下落行程中无阻挡，其下落行程应保证驱动所需距离，且不小于 25 mm。

3）对于气动阀驱动装置，启动气体储瓶上应永久性标明对应防护区或保护对象的名称或编号。

（2）检查方法：观察检查和用尺测量。

二、系统试压和吹扫

为确保系统投入运行后不出现漏粉、管道及管件承压能力不足、杂质及污损物影响正常使用等问题，在管网安装完成后，需对管网进行强度试验和严密性试验。

一般情况下，系统强度试验和严密性试验采用清水作为介质，当不具备水压强度试验条件时，可采用气压强度试验代替。水压试验合格后，用干燥压缩空气对管道进行吹扫，以清除残留水分和异物。系统试压完成后，及时拆除所有临时盲板和试验用管道，并与记录核对无误。

（一）系统试压、吹扫的基本要求

试压试验和管网吹扫在管网安装完毕后进行，在具备下列规定条件的情况下，方可开展。

（1）埋地管道的位置及管道基础、支墩等符合设计文件要求。

（2）准备不少于两只的试验用压力表，精度不低于 1.5 级，量程为试验压力值的 1.5 ～ 2 倍。

（3）隔离或者拆除不能参与试压的设备、仪表、阀门及附件；加设的临时盲板具有凸出于法兰的边耳，且有明显标志，并对临时盲板数量、位置进行记录。

（4）采用生活用水进行水压试验和管网冲洗，不得使用海水或者含有腐蚀性化学物质的水进行试压试验和管网冲洗。

（二）水压强度试验

水压强度试验前，用温度计测试环境温度，确保环境温度不低于 5℃，如果低于 5℃，须采取必要的防冻措施，以确保水压试验正常进行。另外，还应在试验前对照设计文件核算试压试验压力，确保水压强度试验压力不低于 1.5 倍系统最大工作压力。

水压强度试验时，其测试点选择在系统管网的最低点；管网注水时，将管网内的空气排净，以不大于 0.5 MPa/s 的速率缓慢升压至试验压力，达到试验压力后稳压 5 min，管网无渗漏、无变形。可采用试压装置进行试验，目测观察管网外观和测压用压力表。系统试压过程中出现渗漏时，停止试压，放空管网中的试验用水；消除缺陷后，重新试验。

（三）气压强度试验

当水压强度试验条件不具备时，可采用气压强度试验代替。气压强度试验压力取 1.15 倍系统最大工作压力。在试验前，用加压介质进行预试验，预试验压力为 0.2 MPa；试验时，逐步缓慢增加压力，当压力升至试验压力的 50% 时，如未发现异状或泄漏，继续按试验压力的 10% 逐级升压，每级稳压 3 min，直至达到试验压力；保压检查管道各处无变形、无泄漏为合格。气压试验可采用试压装置进行试验，目测观察管网外观和测压用压力表。

（四）管网吹扫

干粉输送管道在水压强度试验合格后，或在气密性试验前须进行吹扫。管网吹扫可采用压缩空气或氮气；吹扫时，管道末端的气体流速不应小于 20 m/s。可采用白布检查，直至无铁锈、尘土、水渍及其他异物出现。

（五）气密性试验

干粉输送管道进行气密性试验时，对干粉输送管道，试验压力为水压强度试验压力的 2/3；对气体输送管道，试验压力为气体最高工作储存压力。

进行气密性试验时，应以不大于 0.5 MPa/s 的升压速率缓慢升压至试验压力。关断试验气源 3 min 内压力降不超过试验压力的 10% 为合格。

三、系统调试与现场功能测试

干粉灭火系统的调试在系统各组件安装完成后进行，系统调试包括对系统进行模拟启动试验、模拟喷放试验和模拟切换操作试验等。模拟启动试验的目的是检测控制系统及驱动装置是否安装正确和系统组件是否可靠；模拟喷放试验是用来检测系统动作顺序和动作可靠性、反馈信号以及管道连接的正确性，也是一次实战演习；模拟切换操作试验的目的在于检查备用干粉储存容器连接及切换操作的正确性，从而保证系统起到预期作用。

（一）模拟自动启动试验

1. 试验方法

（1）将灭火控制器的启动信号输出端与相应的启动驱动装置连接，启动驱动装置与启动阀门的动作机构脱离。对于燃气型预制灭火装置，可以用一个启动电压、电流与燃气发火装置相同的负载代替启动驱动装置。

（2）人工模拟火警使防护区内任意一个火灾探测器动作。

（3）观察火灾探测器报警信号输出后，防护区的声光报警信号及联动设备动作是否正常。

（4）人工模拟火警使防护区内两个独立的火灾探测器动作。观察灭火控制器火警信号输出后，防护区的声光报警信号及联动设备动作是否正常。

2. 判定标准

延时启动时符合设定时间，声光报警信号正常，联动设备动作正确，启动驱动装置（或负载）动作可靠。

（二）模拟手动启动试验

1. 试验方法

（1）将灭火控制器的启动信号输出端与相应的启动驱动装置连接，启动驱动装置与启动阀门的动作机构脱离。

（2）分别按下灭火控制器的启动按钮和防护区外的手动启动按钮。观察防护区的声光报警信号及联动设备动作是否正常。

（3）按下手动启动按钮后，在延时时间内再按下紧急停止按钮，观察灭火控制器启动信号是否终止。

2. 判定标准

延时启动时符合设定时间，声光报警信号正常，联动设备动作正确，启动驱动装置（或负载）动作可靠。

（三）模拟喷放试验

模拟喷放试验采用干粉灭火剂和自动启动方式，干粉用量不少于设计用量的 30%；当现场条件不允许喷放干粉灭火剂时，可采用惰性气体；采用的试验气瓶须与干粉灭火系统驱动气体储瓶的型号、规格、阀门结构、充装压力、连接与控制方式一致。试验时应保证出口压力不低于设计压力。

1. 试验方法

（1）启动驱动气体释放至干粉储存容器。

（2）容器内达到设计喷放压力并达到设定延时后，开启释放装置。

在模拟喷放完毕后，还需进行模拟切换操作试验，试验时将系统使用状态从主用量干粉储存容器切换为备用量干粉储存容器，驱动气体储瓶、启动气体储瓶同时切换。

2. 判定标准

延时启动时符合设定时间；有关声光报警信号正确；信号反馈装置动作正常；干粉输送管无明显晃动和机械性损坏；干粉或气体能喷入被试防护区内或保护对象上，且能从每个喷头喷出。

（四）干粉炮调试

调试干粉炮灭火系统时，先分别对动力源、电动阀门和干粉炮等逐个进行单机动作运行检查，正常后再对系统进行调试。

1. 试验要求

（1）采用液（气）压源作动力的干粉炮，其液（气）压源的实测工作压力须符合产品使用说明书的要求。

（2）电动阀门全部调试。

（3）无线遥控装置全部调试。

（4）系统调试以氮气代替干粉进行联动试验。

（5）装有现场手动按钮的干粉炮灭火系统，现场手动按钮所控制的相应联动单元全部调试。

2. 判定标准

（1）有反馈信号的电动阀门反馈信号准确、可靠。

（2）无线遥控装置的遥控距离符合设计要求；多台无线遥控装置同时使用时，没有相互干扰或被控设备误动作现象。

（3）联动试验按设计的每个联动单元进行喷射试验时，其结果符合设计要求。

（4）装有现场手动按钮的干粉炮灭火系统，当现场手动按钮按下后，系统按设计要求自动运行，其各项性能指标均达到设计要求。

四、系统验收

系统各组件安装、调试完成后，须对系统进行技术检测和验收，以判断系统安装是否符合相关技术标准，系统调试是否符合相关功能要求，以确保系统能够按照设定的功能发挥作用，为确保系统工作可靠提供技术支持。

系统验收须对各组件的安装位置、安装方式、安装要求及系统整体调试进行全方位的验收，主要包括系统组件验收和系统功能验收。

（一）系统组件验收

1. 干粉储存容器

（1）验收内容。

1）干粉储存容器的数量、型号、规格，位置与固定方式，以及油漆和标志等。

2）干粉灭火剂的类型、干粉充装量和干粉储存容器的安装质量等。

（2）验收方法。观察或测量检查。

（3）合格判定标准。干粉储存容器的数量、型号、规格，位置与固定方式，油漆和标志，干粉充装量，以及干粉储存容器的安装质量符合设计要求。

2. 驱动气体储瓶

（1）验收内容。

1）驱动气体储瓶的型号、规格和数量。

2）驱动气体储瓶充装量、充装压力和气体种类。

（2）验收方法。验收内容中的1）项采用观察检查，2）项采用观察和称重检查。

（3）合格判定标准。驱动气体储瓶型号、规格和数量以及充装量、充装压力和气体种类符合设计要求。

3. 集流管、驱动气体管道和减压阀

（1）验收内容。

1）规格、连接方式、布置及其安全防护装置的泄压方向。

2）集流管内腔清洁度。

3）支架、框架牢固程度及防腐处理程度。

4）减压阀的流向指示箭头指向。

5）减压阀的压力显示装置安装位置。

（2）验收方法。观察或测量检查。

（3）合格判定标准。

1）集流管、驱动气体管道和减压阀的规格、连接方式、布置符合设计要求。

2）减压阀的压力显示装置位置便于人员观察。

3）集流管内腔清洁。

4）集流管和驱动气体管道固定牢固并做防腐处理。

5）减压阀的流向指示箭头与介质流动方向一致，压力显示装置安装位置便于人员观察。

4. 阀驱动装置

（1）验收内容。

1）阀驱动装置的数量、型号、规格和标志，以及安装位置。

2）气动阀驱动装置中启动气体储瓶的介质名称和充装压力，以及启动气体管道的规格、布置和连接方式。

3）拉索式机械阀驱动装置的安装要求。

4）气动阀驱动装置的启动气体储瓶是否永久性标明对应防护区或保护对象的名称或编号。

（2）验收方法。观察或测量检查。

（3）合格判定标准。

1）阀驱动装置的数量、型号、规格和标志、安装位置符合设计要求。

2）气动阀驱动装置的启动气体储瓶上须永久性标明对应防护区或保护对象的名称或编号。

3）拉索式机械阀驱动装置的拉索除必要外露部分外，其他部分采用了经内外防腐处理的钢管防护；拉索转弯处设置有专用导向滑轮；拉索末端拉手设在专用的保护盒内；拉索套管和保护盒已固定牢靠。

5. 管道

（1）验收内容。

1）管道的布置与连接方式。

2）支架和吊架的位置及间距。

3）穿过建筑构件及其变形缝的处理。

4）各管段和附件的型号、规格以及防腐处理和油漆颜色。

5）管道是否固定牢靠，管道末端是否采用了防晃支架固定，支架与末端喷头间的距离不应大于 500 mm。

6）管道的外表面涂覆红色油漆。

（2）验收方法。观察或测量检查。

（3）合格判定标准。管道的布置与连接方式，支架和吊架的位置及间距，穿过建筑构件及其变形缝的处理，各管段和附件的型号与规格以及防腐处理、油漆颜色符合设计要求和安装要求。管道支架、吊架的间距符合表 3—9—1 的要求。

表 3—9—1　　管道支架、吊架最大间距

公称直径 DN/mm	15	20	25	32	40	50	65	80	100
最大间距 /m	1.5	1.8	2.1	2.4	2.7	3.0	3.4	3.7	4.3

6. 喷头

（1）验收内容。

1）喷头的数量、型号、规格、安装位置和方向。

2）是否设有防止灰尘或异物堵塞的防护装置。

（2）验收方法。观察检查。

（3）合格判定标准。

1）喷头的数量、型号、规格、安装位置和方向符合相关设计标准和设计要求。

2）喷头设有防止灰尘或异物堵塞的防护装置。

7. 启动气体储瓶和选择阀

（1）验收内容。

1）启动气体储瓶和选择阀的机械应急手动操作处是否设有标明对应防护区或保护对象名称的永久性标志。

2）启动气体储瓶和选择阀是否加铅封的安全销，现场手动启动按钮是否有防护罩。

（2）验收方法。观察检查。

（3）合格判定标准。

1）启动气体储瓶和选择阀的机械应急手动操作处设有标明对应防护区或保护对象名称的永久性标志。

2）启动气体储瓶和选择阀加设了铅封的安全销，现场手动启动按钮设有防护罩。

（二）防护区或保护对象及储存装置间验收

1. 验收内容

（1）防护区或保护对象的位置、用途、几何尺寸、开口、通风环境，可燃物种类与数量，

防护区封闭结构等。

（2）安全设施（疏散通道、应急照明、标志指示、声光报警、通风排气、安全泄压等应符合有关规定）。

（3）干粉储存装置专用间的位置、通道、耐火等级、应急照明、火灾报警控制电源等。

（4）火灾报警控制系统及联动设备。

2. 验收方法

观察检查、功能检查或核对设计要求。

3. 合格判定标准

（1）防护区或保护对象的设置条件符合设计要求。

（2）防护区的疏散通道、疏散指示标志和应急照明装置，防护区内和入口处的声光报警装置，入口处的安全标志及干粉灭火剂喷放指示门灯，无窗或固定窗扇的地上防护区和地下防护区的排气装置，门窗设有密封条的防护区的泄压装置符合设计要求。

（3）储存装置间的位置、通道、耐火等级、应急照明装置及地下储存装置间机械排风装置符合设计要求。

（三）系统功能验收

系统功能验收包括进行模拟启动试验验收、模拟喷放试验验收和模拟主、备用电源切换试验，其试验方法和判定标准与系统功能测试相同。

第四节　系统维护管理

干粉灭火系统的维护管理是系统正常完好、有效使用的基本保障。维护管理人员经过消防专业培训，应熟悉干粉灭火系统的原理、性能和操作维护规程。

一、系统巡查

巡查是对建筑消防设施直观属性的检查。干粉灭火系统的巡查主要是针对系统组件外观、现场运行状态、系统监测装置工作状态、安装部位环境条件等的日常巡查。

（一）巡查内容

（1）喷头外观及其周边障碍物等。

（2）驱动气体储瓶、灭火剂储存装置、干粉输送管道、选择阀、阀驱动装置外观。

（3）灭火控制器的工作状态。

（4）紧急启/停按钮、释放指示灯外观。

（二）巡查方法及要求

1. 巡查方法

采用目测观察的方法，检查系统及其组件外观、阀门启闭状态、用电设备及其控制装置工作状态和压力监测装置（压力表）的工作情况。

2. 巡查要求

（1）喷头。喷头外观无机械损伤，内外表面无污物。喷头的安装位置和喷孔方向与设计要求一致。

（2）干粉储存容器。无碰撞变形及其他机械性损伤，表面保护涂层完好。

（3）管道。管道及管道附件的外观平整光滑，不能有碰撞、腐蚀。

（4）阀驱动装置。电磁驱动装置的电气连接线沿固定灭火剂储存容器的支架、框架或墙面固定。电磁铁芯动作灵活，无卡阻现象。

（5）选择阀。选择阀操作手柄安装在操作面一侧且便于操作，高度不超过 1.7 m。选择阀上设置标明防护区名称或编号的永久性标志牌，并将标志牌固定在操作手柄附近。

（6）集流管。集流管固定在支架、框架上。支架、框架固定牢靠。装有泄压装置的集流管，泄压装置的泄压方向不应朝向操作面。

二、系统周期性检查

系统周期性检查是指建筑使用管理单位按照国家工程建设消防技术标准的要求，对已经投入使用的干粉灭火系统的组件、零部件等按照规定检查周期进行的检查、测试。

（一）日检查内容

1. 检查项目及周期

下列项目至少每日检查一次。

（1）干粉储存装置外观。

（2）灭火控制器运行情况。

（3）启动气体储瓶和驱动气体储瓶压力。

2. 检查内容

（1）干粉储存装置是否固定牢固，标志牌是否清晰等。

（2）启动气体储瓶和驱动气体储瓶压力是否符合设计要求。

（二）月检查内容

1. 检查项目及周期

下列项目至少每月检查一次。

（1）干粉储存装置部件。

（2）驱动气体储瓶充装量。

2. 检查内容

（1）检查干粉储存装置部件是否有碰撞或机械性损伤，防护涂层是否完好；铭牌、标志、铅封应完好。

（2）对驱动气体储瓶逐个进行称重检查。

（三）年检查内容

1. 检查项目及周期

下列项目每年检查一次。

（1）防护区及干粉储存装置间。

（2）管网、支架及喷放组件。

（3）模拟启动检查。

2. 检查内容

（1）防护区的疏散通道、疏散指示标志和应急照明装置，防护区内和入口处的声光报警装置，入口处的安全标志及干粉灭火剂喷放指示门灯，无窗或固定窗扇的地上防护区和地下防护区的排气装置，门窗设有密封条的防护区的泄压装置。储存装置间的位置、通道、耐火等级、应急照明装置及地下储存装置间机械排风装置。

（2）管网、支架及喷放组件。①干粉储存容器的数量、型号、规格，位置与固定方式，油漆和标志，干粉充装量，以及干粉储存容器的安装质量。②集流管、驱动气体管道和减压阀的规格、连接方式、布置及其安全防护装置的泄压方向。③选择阀及信号反馈装置的数量、型号、规格、位置、标志及其安装质量。④阀驱动装置的数量、型号、规格和标志、安装位置；气动阀驱动装置中启动气体储瓶的介质名称和充装压力，以及启动气体管道的规格、布置和连接方式。⑤管道的布置与连接方式，支架和吊架的位置及间距，穿过建筑构件及其变形缝的处理，各管段和附件的型号、规格以及防腐处理、油漆颜色。⑥喷头的数量、型号、规格、安装位置和方向。⑦灭火控制器及手动、自动转换开关，手动启动、停止按钮，喷放指示灯，声光报警装置等联动设备的设置。

三、系统年度检测

年度检测是建筑使用管理单位按照国家相关法律法规和工程建设消防技术标准，每年度开展的定期功能性检查和测试。建筑使用管理单位的年度检测可以委托具有资质的消防技术服务单位实施。

（一）喷头

1. 检测内容及要求

喷头数量、型号、规格、安装位置和方向符合设计文件要求，无碰撞变形或其他机械性损伤，并有型号、规格的永久性标志。

2. 检测步骤

对照设计文件查看喷头外观。

（二）储存装置

1. 检测内容及要求

（1）干粉储存容器的数量、型号和规格，位置与固定方式，油漆和标志符合设计要求。

（2）驱动气瓶压力和干粉充装量符合设计要求。

2. 检测步骤

（1）对照设计文件查看干粉储存容器外观。

（2）查看驱动气瓶压力表状况，并记录其压力值。

（三）功能检测

1. 检测内容及要求

（1）模拟干粉喷放功能检测。

（2）模拟自动启动功能检测。

（3）模拟手动启动/紧急停止功能检测。

（4）备用瓶组切换功能检测。

2. 检测步骤

（1）选择试验所需的干粉储存容器，并与驱动装置完全连接。

（2）拆除驱动装置的动作机构，接以启动电压和电流均相同的负载。模拟火警，使防护区内一只探测器动作，观察相关设备的动作是否正常（如声、光警报装置）；模拟火警，使防护区内另一只探测器动作，观察复合火警信号输出后相关设备的动作是否正常（如声、光警报装置，非消防电源切断，停止排风，关闭通风空调、防火阀，关闭防护区内除泄压口以外的开口等）。

（3）拆除驱动装置的动作机构，接以启动电压和电流均相同的负载，按下手动启动按钮，观察有关设备动作是否正常（如声、光警报装置，非消防电源切断，停止排风，关闭通风空调、防火阀，关闭防护区内除泄压口以外的开口等）；人工使压力信号器动作，观察放气指示灯是否点亮。

重复自动模拟启动试验，在启动喷射延时阶段按下手动紧急停止按钮，观察自动灭火启动信号是否被中止。

（4）按说明书的操作方法，将系统使用状态从主用量灭火剂储存容器切换至备用量灭火剂储存容器的使用状态。

思考题

1. 简述干粉灭火系统的基本类型和组成。
2. 简述干粉储存容器的安装要求。
3. 简述干粉灭火系统的调试步骤。
4. 简述干粉灭火系统检测内容和方法。
5. 简述干粉灭火系统模拟喷放试验的要求和方法。

参考文献

公安部消防局．中国消防手册（第六卷）：公共场所、用火用电防火·建筑消防设施［M］．上海：上海科学技术出版社，2007.

第十章
建筑灭火器

学习要求

通过本章学习，应熟悉灭火器安装设置前的检查方法和要求；掌握灭火器安装设置、竣工验收、日常管理等要求和方法；了解灭火器维修、报废回收技术要求；掌握灭火器送修及报废条件。

灭火器扑救建筑初起火灾是火灾早期控制最为有效的方法，灭火器具有轻便灵活、容易操作等特点。

第一节　安装设置

新建、扩建的建设工程，灭火器安装设置前，安装人员要对安装条件进行检查，重点对照经消防设计审核、备案检查合格的消防设计文件以及灭火器配置标准、设置要求（具体内容详见《消防安全技术实务》第三篇第十三章相关内容）等，检查建筑灭火器配置设计文件（设计图样、设计说明、材料表等）的合法性和完整性，施工现场灭火器安装设置的基本条件等。安装设置时，按照《建筑灭火器配置验收及检查规范》（GB 50444—2008）的要求，组织灭火器到场后的现场检查、安装设置和竣工验收。

一、灭火器及灭火器箱现场检查

灭火器购置进场后，首先对灭火器及其附件、灭火器箱等消防产品进行现场检查，灭火器的配置类型、规格、数量等应符合消防设计文件要求；经检查不合格的，不得用于安装设置。

（一）灭火器及灭火器箱质量保证文件检查

1. 检查内容

检查灭火器及其附件、灭火器箱符合市场准入规定的证明文件、出厂合格证、使用和维修说明，核查产品与市场准入文件、消防设计文件的一致性。

2. 检查方法

查阅相关资料，与到场的灭火器及其附件、灭火器箱进行一致性核对。

3. 合格判定标准

符合下列要求的，灭火器及灭火器箱质量保证文件检查判定为合格。

（1）各类型、各规格的灭火器及其附件、灭火器箱、发光指示标志的质量保证文件符合市场准入规定，具有法定消防产品检测机构型式检验合格的检验报告，校核其质量保证文件复印件，与原件一致无误、无涂改。

（2）每具灭火器及其挂钩和托架等附件、灭火器箱、发光指示标志均有对应的出厂合格证。

（3）到场灭火器、灭火器箱的外观、标志、型号、规格、结构部件、材料、性能参数、生产厂名及其厂址等与其型式检验报告相一致。

（4）到场灭火器箱、灭火器及其配件的类型、规格、数量，以及灭火器的灭火级别等与经消防设计审核、备案检查合格的建设工程消防设计文件要求一致。

（5）每具灭火器及其附件均有使用说明书，其内容主要包括灭火器及其附件安装、操作和维护保养的说明，警告和提示，并有灭火器维修时阅读生产企业维修手册的提示。

（二）灭火器箱现场质量检查

1. 外观标志检查

（1）检查内容。检查灭火器箱标志、铭牌、使用说明标志以及翻盖式灭火器箱开启标志。

（2）检查方法。目测检查外观标志内容，采用直尺测量文字标识尺寸。

（3）合格判定标准。符合下列要求的，灭火器箱外观标志检查判定为合格。

1）单体类灭火器箱正面标注有中文“灭火器”和英文“Fire extinguisher”的标志；自救呼吸器组合类灭火器箱正面标注有中文“自救呼吸器”和英文“Respirator for self-rescue”，并在下方标注有中文“灭火器”和英文“Fire extinguisher”的标志；消火栓组合类灭火器箱分别在消火栓箱、灭火器箱正面标注有中文“消火栓”和英文“Fire hydrant”以及“灭火器”和英文“Fire extinguisher”的标志；标志字体醒目、均匀、完整。

2）采用直尺测量字体尺寸，不得小于 30 mm × 60 mm（宽 × 高）。

3）灭火器箱的正面粘贴发光标志。

4）灭火器箱的正面右下角设置耐久性铭牌，铭牌内容包括产品名称、型号、规格、注册商标或者生产厂家名称、生产厂址、生产日期或者产品批号、执行标准等。

5）翻盖式灭火器箱在翻盖上标注有开启方向的标示。

2. 外观质量检查

（1）检查内容。检查灭火器箱机械加工质量、配件及零部件安装质量及其公差等。

（2）检查方法。目测检查灭火器箱机械加工质量，采用直尺、游标卡尺等测量零部件装配公差。

（3）合格判定标准。符合下列要求的，灭火器箱外观质量检查判定为合格。

1）灭火器箱各表面无凹凸不平，箱体无烧穿、焊瘤、毛刺、铆印，冲压件表面无褶皱等明显的机械加工缺陷。

2）灭火器箱箱体无歪斜、翘曲等变形，置地型灭火器箱在水平地面上无倾斜、摇晃等现象。

3）不耐腐蚀金属材料制造的灭火器箱表面防腐涂层光滑平整，色泽均匀，无流痕、龟裂、气泡、划痕、碰伤、剥落和锈迹等缺陷。

4）开门式灭火器箱的箱门关闭到位后，与四周框面平齐，与箱框之间的间隙均匀平直，不影响箱门开启。经游标卡尺实测检查，其箱门平面度公差不大于 2 mm，灭火器箱正面的零部件凸出箱门外表面高度不大于 15 mm，其他各面零部件凸出其外表面高度不大于 10 mm；经塞尺实测检查，门与框最大间隙不超过 2.5 mm。

5）经游标卡尺实测检查，翻盖式灭火器箱箱盖在正面凸出不超过 20 mm，在侧面凸出不超过 45 mm，且均不得小于 15 mm。

3. 箱体结构及箱门（盖）开启性能检查

（1）检查内容。检查翻盖式灭火器箱结构、开门式灭火器箱箱门结构及其开启性能。

（2）检查方法。目测检查翻盖式灭火器箱结构、开门式灭火器箱箱门结构和开启性能，在箱门、箱盖垂直方向采用测力计测量其开启力度，采用量角器测量其开启角度。

（3）合格判定标准。符合下列要求的，灭火器箱体结构及箱门性能检查判定为合格。

1）翻盖式灭火器箱正面的上挡板在箱盖打开后能够翻转下落。

2）开门式灭火器箱设有箱门关紧装置，且无锁具。

3）灭火器箱箱门（盖）开启操作轻便灵活，无卡阻。

4）经测力计实测检查，开启力不大于 50 N；箱门开启角度不小于 175°，箱盖开启角度不小于 100°。

（三）灭火器及其附件现场质量检查

1. 外观标志检查

（1）检查内容。检查灭火器发光标志，以及铭牌、永久性钢印标志、警示说明的内容等。

（2）检查方法。在黑暗的环境中目测检查灭火器发光标志，以及铭牌、钢印标志、警示说明等。

（3）合格判定标准。符合下列要求的，灭火器外观标志检查判定为合格。

1）灭火器上的发光标志，无明显缺陷和损伤，能够在黑暗中显示灭火器位置。

2）灭火器认证标志、铭牌的主要内容齐全，包括灭火器名称、型号和灭火剂种类，灭火级别和灭火种类，使用温度，驱动气体名称和数量（压力），制造企业名称，使用方法，再充装说明和日常维护说明等。贴花端正平服，不脱落，不缺边少字，无明显皱褶、气泡等缺陷。

3）灭火器底圈或者颈圈等不受压位置的水压试验压力和生产日期等永久性钢印标志、钢印打制的生产连续序号等清晰。

4）二氧化碳灭火器在其瓶体肩部打制的钢印清晰、排列整齐，可呈扇面状排列，钢印标记标注内容齐全。

5）灭火器压力指示器表盘有灭火剂适用标志（如，干粉灭火剂用“F”表示，水基型灭火剂用“S”表示，洁净气体灭火剂用“J”表示等）；指示器红区、黄区范围分别标有“再充装”“超充装”的字样。

6）推车式灭火器采用旋转式喷射枪的，其枪体上标注有指示开启方法的永久性标志。

2. 外观质量检查

（1）检查内容。检查灭火器及其附件机械加工、外表涂层质量。

（2）检查方法。目测检查灭火器及其附件外观、外表涂层、电镀件表面。

（3）合格判定标准。符合下列要求的，灭火器及其附件外观质量检查判定为合格。

1）灭火器筒体及其零部件，以及挂钩、托架等附件无明显缺陷和机械损伤；二氧化碳灭火器气瓶瓶体（以下简称气瓶）不得有目测可见的裂纹、褶皱、波浪、重皮、夹杂等影响强度的缺陷。

2）灭火器筒体或者气瓶及其挂钩、托架等外表涂层色泽均匀，无龟裂、明显流痕、气泡、划痕、碰伤等缺陷；灭火器的电镀件表面无气泡、明显划痕、碰伤等缺陷。

3. 结构检查

（1）检查内容。检查灭火器结构以及保险机构、器头（阀门）、压力指示器、喷射软管及喷嘴、推车式灭火器行驶机构等装配质量。

（2）检查方法。目测检查灭火器结构及其附件装配质量，采用钢卷尺、直尺等测量其软管、行驶机构等部件。

（3）合格判定标准。符合下列要求的，灭火器结构检查判定为合格。

1）灭火器开启机构灵活、性能可靠，不得倒置开启和使用；提把和压把无机械损伤，表面不得有毛刺、锐边等影响操作的缺陷。

2）灭火器器头（阀门）外观完好、无破损，安装有保险机构，保险装置的铅封（塑料带、线封）完好无损。

3）除二氧化碳灭火器以外的储压式灭火器装有压力指示器。压力指示器的种类与灭火器种类相符，其指针在绿色区域范围内；压力指示器 20℃时显示的工作压力值与灭火器标志上标注的 20℃的充装压力相同。

4）二氧化碳灭火器的阀门能够手动开启、自动关闭，其器头设有超压保护装置，保护装置完好有效。

5）3kg（L）以上充装量的灭火器配有喷射软管，经钢卷尺测量，手提式灭火器喷射软管的长度（不包括软管两端的接头和喷嘴）不得小于 400 mm，推车式灭火器喷射软管的长度（不包括软管两端的接头和喷射枪）不得小于 4 m。

6）手提式灭火器装有间歇喷射机构。除二氧化碳灭火器以外的推车式灭火器的喷射软管前端，装有可间歇喷射的喷射枪，并设有喷射枪夹持装置，灭火器推行时喷射枪不会脱落。

7）推车式灭火器的行驶机构完好，有足够的通过性能，推行时无卡阻；经直尺实际测量，灭火器整体（轮子除外）最低位置与地面之间的间距不小于 100 mm。

二、灭火器安装设置

灭火器安装设置包括灭火器、灭火器箱、挂钩、托架和发光指示标志等安装设置，应按照《建筑灭火器配置设计规范》（GB 50140—2005）和建筑灭火器配置设计图，以及安装说明组织实施；安装设置过程中，安装单位应按照相关规定编制建筑灭火器配置定位编码表。

（一）灭火器及其指示标志安装设置要求

安装灭火器时，要将灭火器铭牌朝外，器头向上；灭火器设置点的环境温度不得超出灭火器使用温度范围。安装人员要将灭火器稳固安装设置在便于取用，且不影响人员安全疏散的位置；设置在室外的灭火器，采取防湿、防寒、防晒等相应保护措施；灭火器设置在潮湿性或者腐蚀性场所的，采取防湿、防腐蚀措施。

灭火器箱的箱体正面或者灭火器设置点附近的墙面上，按照设计要求设置指示灭火器位置的发光标志；有视线障碍的灭火器设置点，在其醒目部位设置指示灭火器位置的发光标志。

（二）手提式灭火器安装设置要求

手提式灭火器设置在灭火器箱内或者挂钩、托架上；环境干燥、洁净的场所可直接将其放置在地面上。

1. 灭火器箱的安装

（1）灭火器箱不得被遮挡、上锁或者拴系。

（2）灭火器箱箱门开启方便灵活，开启后不得阻挡人员安全疏散。开门型灭火器箱的箱门开启角度不得小于 175°，翻盖型灭火器箱的翻盖开启角度不得小于 100°。

（3）嵌墙式灭火器箱的安装高度，按照手提式灭火器顶部与地面距离不大于 1.50 m，底部与地面距离不小于 0.08 m 的要求确定。

2. 灭火器挂钩、托架等附件的安装

（1）挂钩、托架安装后，能够承受5倍的手提式灭火器质量（当5倍的手提式灭火器质量小于45 kg时，按照45 kg设置）的静载荷，承载5 min不出现松动、脱落、断裂和明显变形等现象。

（2）挂钩、托架按照下列要求安装：

1）保证可用徒手的方式便捷地取用设置在挂钩、托架上的手提式灭火器。

2）2具及以上的手提式灭火器相邻设置在挂钩、托架上时，可任意取用其中1具。

（3）设有夹持带的挂钩、托架，夹持带的开启方式可从正面看到。当夹持带开启时，灭火器不会坠落。

（4）挂钩、托架的安装高度满足手提式灭火器顶部与地面距离不大于1.50 m，底部与地面距离不小于0.08 m的要求。

（三）推车式灭火器安装设置要求

推车式灭火器通常设置在平坦的场地上，不得设置在台阶上，按照经消防设计审核、备案检查合格的消防设计文件和安装说明设置。在没有外力作用下，推车式灭火器不得自行滑动；推车式灭火器的设置和防止自行滑动的固定措施等均不得影响其操作使用和正常行驶移动。

第二节 竣工验收

新建、扩建的建设工程的建筑灭火器安装设置后，必须进行竣工验收，验收不合格不得投入使用。竣工验收前，安装单位向建设单位提交建筑灭火器配置工程竣工图、配置定位编码表、配置设计说明和灭火器的有关质量证明文件、出厂合格证、使用维护说明书等资料；建设单位组织设计、安装、监理等单位按照消防技术标准《建筑灭火器配置验收及检查规范》（GB 50444—2008）进行竣工验收，填写建筑灭火器配置工程竣工验收报告，见表3—10—1。

表3—10—1 建筑灭火器配置工程竣工验收报告

工程名称			工程地址	
建设单位			设计单位	
监理单位			施工单位	
序号	验收检查项目及要求	缺陷项级别	检查记录	检查结论
1	灭火器的类型、规格、灭火级别和配置数量符合建筑灭火器配置要求	严重（A）		
2	灭火器的产品质量符合国家有关产品标准的要求	严重（A）		
3	同一灭火器配置单元内的不同类型灭火器，其灭火剂能相容	严重（A）		
4	灭火器的保护距离符合规定，保证配置场所的任一点都在灭火器设置点的保护范围内	严重（A）		
5	灭火器设置点附近无障碍物，取用灭火器方便，且不影响人员安全疏散	重（B）		

续表

序号	验收检查项目及要求	缺陷项级别	检查记录	检查结论
6	手提式灭火器设置在灭火器箱内或者挂钩、托架上，或者直接摆放在干燥、洁净的地面上	重（B）		
7	灭火器（箱）不得被遮挡、拴系或者上锁	重（B）		
8	灭火器箱箱门开启方便灵活，开启后不阻挡人员安全疏散；开门型灭火器箱箱门开启角度不小于175°，翻盖型灭火器箱的翻盖开启角度不小于100°（不影响取用和疏散的场合除外）	轻（C）		
9	挂钩、托架安装后能承受一定的静载荷，无松动、脱落、断裂和明显变形。以5倍的手提式灭火器质量的载荷（不小于45kg）悬挂于挂钩、托架上，作用5 min，观察检查	重（B）		
10	挂钩、托架安装后，保证可用徒手方式便捷地取用手提式灭火器。2具及以上的手提式灭火器相邻设置在挂钩、托架上时，保证可任意地取用其中1具	重（B）		
11	设有夹持带的挂钩、托架，夹持带的开启方式从正面可以看到。夹持带打开时，手提式灭火器不掉落	轻（C）		
12	嵌墙式灭火器箱及灭火器挂钩、托架安装高度，满足手提式灭火器顶部距离地面不大于1.50 m，底部距离地面不小于0.08 m的要求，其设置点与设计点的垂直偏差不大于0.01 m	轻（C）		
13	推车式灭火器设置在平坦场地，不得设置在台阶上。在没有外力作用下，推车式灭火器不得自行滑动	轻（C）		
14	推车式灭火器的设置和防止自行滑动的固定措施等不得影响其操作使用和正常行驶移动	轻（C）		
15	有视线障碍的灭火器设置点，在其醒目部位设置指示灭火器位置的发光标志	重（B）		
16	在灭火器箱的箱体正面和灭火器设置点附近的墙面上，设置指示灭火器位置的标志，这些标志宜选用发光标志	轻（C）		
17	灭火器摆放稳固。灭火器的铭牌朝外，灭火器的器头向上	重（B）		
18	灭火器设置点设置在通风、干燥、洁净的地方，环境温度不得超出灭火器使用温度范围。设置在室外和特殊场所的灭火器采取相应的保护措施	重（B）		
综合结论				
验收单位	施工单位签章： 日期：	监理单位签章： 日期：		
	设计单位签章： 日期：	建设单位签章： 日期：		

一、消防产品质量保证文件合法性及产品一致性检查验收

按照本章第一节“一、灭火器及灭火器箱现场检查”的“（一）灭火器及灭火器箱质量保证文件检查”的相关内容、方法和合格判定标准，对灭火器及其附件、灭火器箱的质量保证文件和产品的一致性进行验收检查。

二、灭火器配置要求验收

建筑灭火器配置要求验收按照《建筑灭火器配置设计规范》（GB 50140—2005），对照建筑灭火器配置设计图组织实施。

（一）验收检查内容

灭火器配置要求验收检查主要包括下列内容：

（1）查验灭火器选型及基本配置要求。

（2）查验灭火器设置点情况、灭火器数量及其保护距离。

（二）验收检查方法

1. 灭火器选型及基本配置

（1）现场核查灭火器配置数量，核对灭火器铭牌，查验灭火器类型、规格、灭火级别等基本配置要求。

（2）同一个配置单元内配置有不同类型灭火器时，核实其灭火剂的相容性。

2. 灭火器设置点及其间距

目测检查灭火器设置点的环境条件、灭火器数量和灭火器放置方式，采用卷尺实地测量灭火器设置点之间以及与配置场所最不利点的距离。

（三）合格判定标准

1. 灭火器基本配置

符合下列要求的，灭火器基本配置验收判定为合格。

（1）配置单元内的灭火器类型、规格、灭火级别和配置数量符合经消防设计审核、备案检查合格的消防设计文件要求。

（2）经备案未被抽查确定为检查对象的建设工程，其灭火器类型与其配置场所的火灾种类相匹配；经计算，其配置单元内灭火器铭牌上的类型、规格、灭火级别和配置数量符合《建筑灭火器配置设计规范》（GB 50140—2005）的规定；每个配置单元内灭火器数量不少于2具，每个设置点的灭火器不宜多于5具；住宅楼每层公共部位建筑面积超过100 m^2的，按照每100 m^2至少配置1具1A的手提式灭火器进行安装设置，每增加100 m^2，增配1具1A的手提式灭火器。

（3）同一配置单元内配置的不同类型灭火器，其灭火剂类型属于能相容的灭火剂。

2. 灭火器设置点及其间距

符合下列要求的，灭火器设置点及其间距验收判定为合格。

（1）灭火器设置点位于明显、便于灭火器取用，且不影响安全疏散的地点。设置在室外的设置点，设有防湿、防寒、防晒等保护措施；设置在潮湿性、腐蚀性场所的设置点，设有防湿、防腐蚀措施。

（2）经实际测量，配置单元内每个设置点的灭火器保护距离不大于本场所相对应的火灾类

别、危险等级的灭火器最大保护距离要求。

灭火器配置基本要求、不同火灾类型及不同危险性等级场所的灭火器最大保护距离等内容详见《消防安全技术实务》第三篇第十三章的相关内容。

三、灭火器安装设置质量验收

灭火器安装设置质量验收是针对灭火器及其附件、灭火器箱的安装设置质量实施的竣工验收。

（一）验收检查内容

灭火器安装设置质量验收检查主要包括下列内容：

（1）抽查灭火器及其附件、灭火器箱外观标志和外观质量。

（2）抽查灭火器及其附件、灭火器箱安装质量。

（二）验收检查方法

采用目测观察的方法检查灭火器及其附件、灭火器箱的外观标志、外观质量、结构，采用直尺、卷尺、测力计等通用量具测量相关安装尺寸、承重能力等。

（三）合格判定标准

1. 灭火器及其附件、灭火器箱外观标志和外观质量

符合下列要求的，灭火器及其附件、灭火器箱外观标志和外观质量验收判定为合格。

（1）灭火器箱外观标志和外观质量检查符合本章第一节“一、灭火器及灭火器箱现场检查”的“（二）灭火器箱现场质量检查”的“合格判定标准”的各项要求。

（2）灭火器及其附件外观标志和外观质量检查符合本章第一节“一、灭火器及灭火器箱现场检查”的“（三）灭火器及其附件现场质量检查”的“合格判定标准”的各项要求。

2. 灭火器及其附件、灭火器箱安装质量

灭火器及其附件、灭火器箱安装质量验收检查符合本章第一节“二、灭火器安装设置”的各条款要求的，判定为合格。

四、建筑灭火器竣工验收判定标准

建筑灭火器配置工程竣工验收按照单栋建筑独立验收，局部验收按照规定要求申报。表3—10—1确定的验收子项，其项目缺陷划分为严重缺陷项（A）、重缺陷项（B）和轻缺陷项（C），灭火器配置验收的合格判定条件为：A=0，且 B ≤ 1，且 B+C ≤ 4；否则，验收评定为不合格。

第三节 维护管理

建筑灭火器的维护管理包括日常管理、维修与报废、建档等工作。灭火器日常管理、建档工作由建筑（场所）使用管理单位的消防技术人员负责实施，灭火器维修由具有法定资质的专业维修机构负责实施。

建筑灭火器购置或者安装时，建筑（场所）使用管理单位或者安装单位要对生产企业提供的质量保证文件进行查验，生产企业需要对每具灭火器提供一份使用说明书（主要内容包括灭火器的安装、操作和维护保养说明，警告和提示等），对每类灭火器提供一本维修手册。

一、灭火器日常管理

建筑灭火器日常管理包括建筑灭火器的巡查和检查，由建筑（场所）使用管理单位确定专门的技术人员组织实施。建筑（场所）使用管理单位根据生产企业提供的灭火器使用说明书，对本单位的灭火器配置情况开展日常管理，对员工进行灭火器操作使用培训。

（一）巡查

建筑灭火器的巡查是在规定周期内对灭火器直观属性的检查，按照《建筑消防设施的维护管理》（GB 25201—2010）的要求组织实施。

1. 巡查内容

灭火器设置点状况，灭火器数量、外观、灭火器压力指示器以及维修标识等情况。

2. 巡查周期

重点单位每天至少巡查一次，其他单位每周至少巡查一次。

3. 巡查要求

（1）灭火器设置点符合安装配置图表要求，设置点及其灭火器箱上有符合规定要求的发光指示标志。

（2）灭火器数量符合配置安装要求，灭火器压力指示器指向绿区。

（3）灭火器外观无明显损伤和缺陷，保险装置的铅封、销闩等组件完好无损。

（4）经维修的灭火器，维修标识符合规定。

（二）检查

建筑灭火器的检查是在规定期限内对灭火器配置和外观进行的全面检查，按照《建筑灭火器配置验收及检查规范》（GB 50444—2008）的要求组织实施。委托消防技术服务机构进行年度技术检测时，除配置和外观检查外，还要按照《建筑消防设施的维护管理》（GB 25201—2010）的要求，在相同批次灭火器中随机抽取一定数量的灭火器进行灭火、喷射等性能试验。

1. 检查内容

全面检查灭火器配置及外观，其检查内容详见表3—10—2。

表3—10—2　　建筑灭火器配置及外观检查内容和要求

检查（测）内容		检查要求
配置检查	灭火器配置位置	灭火器放置在配置图表规定的设置点位置
	灭火器配置方式及其附件性能	灭火器配置方式符合配置设计要求。手提式灭火器的挂钩、托架能够承受规定静载荷，无松动、脱落、断裂和明显变形
	灭火器基本配置要求	灭火器类型、规格、灭火级别和配置数量符合配置要求；灭火器箱未上锁，箱内干燥、清洁；推车式灭火器未出现自行滑动；设置点配置的灭火器，铭牌朝外，器头向上
	灭火器配置场所	配置场所的使用性质（可燃物种类、物态等）未发生变化；发生变化的，其灭火器进行了相应调整；特殊场所及室外配置的灭火器，设有防雨、防晒、防潮、防腐蚀等相应防护措施，且完好有效
	灭火器设置点环境状况	设置点周围无障碍物、遮挡、拴系等影响灭火器使用的状况
	灭火器维修与报废	符合规定报修条件、维修期限的灭火器已进行维修，维修标识符合规定要求；符合报废条件、报废期限的，已采用符合规定的灭火器等效替代

续表

检查（测）内容		检查要求
外观检查	铭牌标志	灭火器铭牌清晰明了，无残缺；其灭火剂、驱动气体的种类、充装压力、总质量、灭火级别、生产企业名称和生产日期、维修日期等标志以及操作说明齐全
	保险装置	保险装置的铅封、销闩等完好有效、未遗失
	灭火器筒体外观	无明显的损伤（磕伤、划伤）、缺陷、锈蚀（特别是筒底和焊缝）、泄漏
	喷射软管	完好无损，无明显龟裂，喷嘴不堵塞
	压力指示装置	储压式灭火器压力指示器与灭火器类型匹配，压力指示器的指针在绿区范围内；二氧化碳灭火器和储气瓶式灭火器称重符合要求
	其他零部件	其他零部件齐全，无松动、脱落或者损伤
	使用状态	未开启、未喷射使用

2. 检查周期

灭火器的配置、外观等全面检查每月进行一次。候车（机、船）室、歌舞娱乐放映游艺等人员密集的公共场所以及堆场、罐区、石油化工装置区、加油站、锅炉房、地下室等场所配置的灭火器每半月检查一次。

3. 检查要求

灭火器的配置、外观等检查要求详见表3—10—2。灭火器检查时应进行详细检查记录，并存档。

检查或者维修后的灭火器按照原设置点位置和配置要求放置。巡查、检查中发现灭火器被挪动、缺少零部件、有明显缺陷或者损伤、灭火器配置场所的使用性质发生变化等情况的，及时按照单位规定程序进行处置；符合报修条件、达到维修年限的，及时送修；达到报废条件、报废年限的，及时报废，不得使用，并采用符合要求的灭火器进行等效替代。

二、灭火器维修与报废

建筑（场所）使用管理单位对照灭火器生产企业提供的使用说明书和维修手册，检查灭火器使用情况时，符合报修条件或者达到维修期限的，及时向具有法定资质的灭火器生产企业的维修部门以及经授权的灭火器维修机构送修；符合报废条件或者达到报废期限的，采购符合要求的灭火器进行等效替代。

（一）灭火器送修

灭火器出厂时，生产企业附送灭火器维修手册，用于指导社会单位的灭火器送修和灭火器维修机构的维修工作。

1. 维修手册的主要内容

灭火器生产企业的维修手册主要包括下列内容：

（1）必要的说明、警告和提示。

（2）灭火器维修机构必须具备的维修条件和维修设备的要求、说明。

（3）灭火器维修说明。

（4）灭火器易损零部件的名称、数量。

（5）关键零部件说明。

对装有压力指示器的灭火器，维修手册上须注明其压力指示器不能作为充装压力时的计量器具使用；如用高压气瓶充装作业，维修手册上要强调再充装时必须使用调压阀。

2. 报修条件及维修年限

日常管理中，发现灭火器使用达到维修年限，或者灭火器存在机械损伤、明显锈蚀、灭火剂泄漏、被开启使用过、压力指示器指向红区等问题，或者符合其他报修条件的，建筑（场所）使用管理单位应按照规定程序予以送修。

使用达到下列规定年限的灭火器，建筑（场所）使用管理单位要分批次向灭火器维修企业送修。

（1）手提式、推车式水基型灭火器出厂期满3年，首次维修以后每满1年。

（2）手提式、推车式干粉灭火器、洁净气体灭火器、二氧化碳灭火器出厂期满5年，首次维修以后每满2年。

送修灭火器时，一次送修数量不得超过配置计算单元所配置的灭火器总数量的1/4。超出时，需要选择相同类型、相同操作方法的灭火器替代，且其灭火级别不得小于原配置灭火器的灭火级别。

3. 维修标识

每具灭火器维修后，经维修出厂检验合格后，维修机构在灭火器筒体或者气瓶上粘贴维修标识，即灭火器维修合格证。建筑（场所）使用管理单位根据维修合格证的信息对灭火器进行定期送修和报废更换。

维修合格证的形状和内容的编排格式由原灭火器生产企业或者维修机构设计。维修合格证要字体清晰，其尺寸不得小于30 cm^2。维修合格证主要包括下列内容：

（1）维修编号。

（2）总质量。

（3）项目负责人签署。

（4）维修日期。

（5）维修机构名称、地址和联系电话等。

维修合格证采用不加热的方法固定在灭火器的筒体或者气瓶上，不得覆盖原灭火器生产企业的铭牌标志。当将其从灭火器的筒体清除时，标识能够自行破损。

（二）灭火器维修

灭火器维修是指为确保灭火器安全使用和有效灭火，对灭火器进行的检查、水压试验、灭火剂回收、零部件更换、再充装、报废与回收处置、质量检验等活动。灭火器维修由具备灭火器维修条件，依法获得灭火器维修资质的维修机构，按照灭火器产品生产技术标准和《灭火器维修》（GA 95—2015）的规定组织实施。

1. 维修机构

（1）资质管理。维修机构按照《社会消防技术服务管理规定》（公安部令第129号）的要求，获得相应的消防技术服务机构资质证书后，方可开展灭火器维修业务；从事二氧化碳灭火器气瓶、灭火器驱动气体储气瓶的再充装的维修机构，还须获得特种设备安全监督管理部门的许可。

（2）维修条件。维修机构在维修场所、维修设备、维修人员、维修质量管理等方面需要具备《灭火器维修》（GA 95—2015）规定的维修条件。灭火器生产企业要向授权的维修机构提供技术支持和管理支持，并对其维修活动进行监督。

（3）维修检验。经维修后的灭火器，维修机构按照《灭火器维修》（GA 95—2015）规定的试验项目、试验方法和不合格项规定等，进行维修出厂检验和维修确认检验。维修出厂检验逐具进行，检验项目主要包括灭火器的外观、外部结构及总质量检查，气密性试验，灭火剂充装量检查，水压试验、喷射软管组件水压试验等。维修机构的维修确认检验每年至少进行一次；首批维修产品、暂停灭火器维修半年以上恢复维修时、维修工艺发生重大变化等情况下需要进行维修确认检验；维修确认检验项目除维修出厂检验的项目外，还须增加20℃喷射性能试验、使用温度喷射性能试验、操作机构检查、内部结构和内部腐蚀检查、灭火剂质量检查等项目。经检验合格的灭火器加贴维修合格证后，方可交付送修灭火器的建筑（场所）使用管理单位使用；经检验存在维修检验不合格项的灭火器，予以返工或者报废处理，返工维修后重新进行维修检验。

维修机构对其维修后的灭火器质量负责。

2. 维修前准备

（1）维修前检查。灭火器维修前，维修人员逐具检查送修灭火器的外观和铭牌标志，并做好灭火器信息记录。储气式灭火器维修前，应确认完全释放驱动气体，再逐具检查、维修。

经检查确认，符合规定报废条件的灭火器，直接进行报废处置，并做好记录。

（2）灭火器信息记录。维修人员在灭火器维修前检查时，对送修的灭火器逐具进行信息记录。需要记录的灭火器信息主要包括下列内容：

1）灭火器用户名称。

2）灭火器生产企业名称或者代号。

3）灭火器筒体或者气瓶的生产连续序号或者编号。

4）灭火器型号、灭火剂的种类。

5）灭火器灭火级别和灭火种类。

6）灭火器使用温度范围。

7）灭火器驱动气体名称、数量或者压力。

8）灭火器水压试验压力。

9）灭火器生产制造年月。

10）二氧化碳灭火器最大工作压力或者公称工作压力。

11）二氧化碳灭火器气瓶的瓶体设计壁厚。

12）二氧化碳灭火器实际内容积。

13）二氧化碳灭火器空瓶质量。

14）上次维修合格证上的信息。

3. 维修程序及其技术要求

灭火器维修按照拆卸灭火器、灭火剂回收处理、水压试验、更换零部件、再充装、维修记录等步骤逐次进行。灭火器维修过程中，维修人员要严格按照操作规程和维修程序，采取正确的操作方法进行维修作业，设置或者配备与各维修环节（特别是拆卸、水压试验、灌装驱动气体、报废等环节）相适应的、必要的安全防护措施，以确保维修人员安全。

（1）拆卸灭火器。灭火器拆卸过程中，维修人员要按照操作规程，采用安全的拆卸方法，采取必要的安全防护措施拆卸灭火器；在确认灭火器内部无压力后，方可拆卸灭火器器头或者阀门。

灭火器拆卸后，对灭火器筒体或者气瓶以及器头（阀门）和储气瓶等零部件进行检查。检查并确认灭火器筒体或者气瓶内部缺陷，符合规定的报废条件的灭火器，进行报废处理；检查并确认器头（阀门）和储气瓶等零部件存在规定的需要更换情形的，对其相应的零部件进行更换。

（2）灭火剂回收处理。灭火器拆卸后，首先要对灭火器内的灭火剂进行清除；为防止灭火剂对环境造成污染，要对维修中清除出的灭火剂进行分类回收处理。

干粉灭火剂按照下列要求进行回收处理：

1）喷射过的干粉灭火器内清除出的剩余灭火剂不得用于再充装。对于这类灭火剂，按照ABC干粉和BC干粉灭火剂分别回收储存，防止两类不同灭火剂混杂后产生污染。

2）未喷射过的干粉灭火器内清除出的灭火剂按照灭火器铭牌标志上标明的灭火剂成分分别进行回收。经检验，干粉灭火剂的主要组分含量、含水率、吸湿率、抗结块性（针入度）和斥水性符合相关灭火剂产品技术标准，且无外来杂质的，可用于再充装；不符合要求的灭火剂按照前款的要求回收储存。

3）不可用于再充装的干粉灭火剂，回收储存后送有能力处理干粉灭火剂的生产企业作为辅料处理后再利用，或者送至有关生态环境保护部门进行处理。

1211灭火器、1301灭火器内的灭火剂，拆卸前按照国家相关的回收规则进行回收处理，做好记录并存档。水基型灭火器内清除的灭火剂、不能再利用的洁净气体灭火器内的灭火剂和二氧化碳灭火器内的灭火剂等按照符合环保要求的方法进行回收处理；洁净气体灭火器、二氧化碳灭火器内的灭火剂用于回收再利用时，经对其纯度和含水率进行检验，符合相关灭火剂产品技术标准的，可用于再充装。

经检验合格、用于再充装的灭火剂，维修人员要做好检验记录并存档。

（3）水压试验。灭火器再充装前，维修机构必须逐具对确认不属于报废范围的灭火器的零部件进行水压试验；二氧化碳灭火器的气瓶还要逐具进行残余变形率测定。需要进行水压试验的灭火器零部件包括筒体或者气瓶、储气瓶、可不更换的器头（阀门）、装有可间歇喷射装置的喷射软管组件，以及筒体或者气瓶与器头（阀门）的连接件等。

1）试验压力。按照灭火器铭牌标志上规定的水压试验压力进行水压试验。

2）试验要求。水压试验时，不得有泄漏、部件脱落、破裂、可见的宏观变形；二氧化碳灭火器气瓶的残余变形率不得大于3%。

（4）更换零部件。经对灭火器零部件检查和水压试验后，维修机构按照原灭火器生产企业的灭火器装配图样和可更换零部件明细表，对具有缺陷需要更换的零部件进行更换，但不得更换灭火器筒体或者气瓶。

存在下列缺陷的零部件需要进行更换：

1）器头或者阀门有明显的裂纹和损伤、阀杆变形、弹簧锈蚀、密封件破损、超压保护装置损坏、水压试验不符合试验要求等缺陷。

2）灭火器的压把、提把等金属件有严重损伤、变形、锈蚀等影响使用的缺陷。

3）储气瓶式灭火器的顶针有肉眼可见的缺陷。

4）虹吸管和储气瓶式灭火器的出气管有弯折、堵塞、损伤和裂纹等缺陷。

5）压力指示器存在卸压后指示不在零位、指示区域不清晰、外表面有变形、损伤等缺陷，或者示值误差不符合灭火器产品技术标准中相关的要求。

6）喷嘴有变形、开裂、脱落、损伤等缺陷。

7）喷射软管有变形、龟裂、断裂等缺陷。

8）喷射控制阀（喷枪）损坏。

9）水基型灭火器的滤网有损坏。

10）储气瓶的水压试验不符合试验要求或者永久性标志不符合灭火器产品技术标准的相关要求。

11）橡胶和塑料零部件有变形、变色、龟裂或者断裂等缺陷。

12）推车式灭火器的车轮、车架组件的固定单元、喷射软管和喷枪的固定装置有损坏。

13）干粉灭火剂的主要组分含量、含水率、吸湿率、抗结块性（针入度）、斥水性不符合相关灭火剂产品技术标准的相关要求，或者有外来杂质，或者存在其他任何疑问。

14）洁净气体灭火剂和二氧化碳灭火剂的纯度、含水率不符合相关灭火剂产品技术标准的相关要求。

灭火器的密封片、密封圈、密封垫等密封零件，水基型灭火剂，二氧化碳灭火器的超压安全膜片等零部件，每次维修均须更换。

经水压试验合格的灭火器筒体或者气瓶，外部存在部分涂层脱落但无锈蚀的，可补加涂层；补加涂层要光滑、平整、色泽一致，无气泡、流痕、褶皱等缺陷，补加涂层不得覆盖铭牌标志。

（5）再充装。根据灭火器产品生产技术标准和灭火器铭牌信息，按照生产企业规定的操作要求，实施灭火剂、驱动气体再充装。灭火器再充装时，任何一种灭火器均不得变更充装其他类型的灭火剂。

再充装按照下列要求实施：

1）再充装前，对经水压试验合格、未更换的零部件进行清洁干燥处理。清洗时，不得使用有机溶剂洗涤零部件，对所有非水基型灭火器零部件进行干燥处理，以确保灭火器各零部件洁净干燥。

2）再充装的灭火剂要与原灭火器生产企业提供的灭火剂的特性保持一致。采用回收再利用的干粉灭火剂、洁净气体灭火剂、二氧化碳灭火剂再充装时，按照上述“（2）灭火剂回收处理”维修程序的相关要求进行灭火剂回收。灭火剂质量检验合格后，方可进行再充装。

3）灭火剂的充装采用专用灌装设备。灭火剂的充装量和充装密度符合该型号的灭火器充装要求，逐具进行复称确认，并做好记录。

4）ABC 干粉、BC 干粉灌装设备分别独立使用，充装场地完全独立分隔，以确保不同种类干粉不相互混合、不交叉污染。

5）储压式灭火器中充装的驱动气体符合灭火器铭牌标志上规定的充装气体和充装压力的要求。充气时，根据充装的环境温度调整充装气体压力，驱动气体充压不得采用灭火器压力指示器作计量器具。除水基型灭火器外，驱动气体的露点不得高于 −55℃。

6）灭火器的驱动气体储气瓶按照原灭火器生产企业的要求进行再充装，或者采用由原生产企业提供的已充装的储气瓶进行更换。

7）再充装后的储压式灭火器、储气瓶要逐具进行气密性试验，气密性试验过程中不得有气泡泄漏现象，并做好试验记录。

（6）维修记录。维修机构需要对维修过的灭火器逐具编号，按照编号记录维修信息以确保维修后灭火器的可追溯性。维修记录主要包括维修编号，型号、规格筒体或者气瓶的生产连续序号，更换的零部件名称，灭火剂充装量，维修后灭火器总质量，维修出厂检验项目、检验记录和判定结果，维修人员、检验人员和项目负责人的签署，维修日期等内容。再充装采用回收再利用的灭火剂时，维修记录还要增加回收再利用的灭火剂再充装的记录。

灭火器维修记录、报废记录与维修前的灭火器信息记录合并建档，保存期限不得低于5年。

（三）灭火器报废与回收处置

灭火器报废分为四种情形，一是列入国家颁布的淘汰目录的灭火器；二是达到报废年限的灭火器；三是使用中出现或者检查中发现存在严重损伤或者重大缺陷的灭火器；四是维修时发现存在严重损伤、重大缺陷的灭火器。

1. 报废条件

灭火器使用、检查、维修过程中，建筑（场所）使用管理单位、维修机构对出现或者发现下列情形之一的灭火器，予以报废处理。

（1）列入国家颁布的淘汰目录的灭火器。下列类型的灭火器，有的因灭火剂具有强腐蚀性、毒性，有的因操作需要倒置使用并对操作人员具有一定的危险性，有的因环保要求，已列入国家颁布的淘汰目录，一经发现予以报废处理。

1）酸碱型灭火器。

2）化学泡沫型灭火器。

3）倒置使用型灭火器。

4）氯溴甲烷、四氯化碳灭火器。

5）1211灭火器、1301灭火器。

6）国家政策明令淘汰的其他类型灭火器。

（2）达到报废年限的灭火器。手提式、推车式灭火器出厂时间达到或者超过下列规定期限的，予以报废处理。

1）水基型灭火器出厂期满6年。

2）干粉灭火器、洁净气体灭火器出厂期满10年。

3）二氧化碳灭火器出厂期满12年。

（3）存在严重损伤、重大缺陷的灭火器。灭火器使用、检查、维修过程中，发现存在下列情形之一的，予以报废处理。

1）永久性标志模糊，无法识别。

2）筒体或者气瓶被火烧过。

3）筒体或者气瓶有严重变形。

4）筒体或者气瓶外部涂层脱落面积大于筒体或者气瓶总面积的三分之一。

5）筒体或者气瓶外表面、连接部位、底座有腐蚀的凹坑。

6）筒体或者气瓶有锡焊、铜焊或补缀等修补痕迹。

7）筒体或者气瓶内部有锈屑或内表面有腐蚀的凹坑。

8）水基型灭火器筒体内部的防腐层失效。

9）筒体或者气瓶的连接螺纹有损伤。

10）筒体或者气瓶水压试验不符合水压试验的要求。

11）灭火器产品不符合消防产品市场准入制度。

12）灭火器由不合法的维修机构维修的。

2. 回收处置

报废灭火器的回收处置按照规定要求由维修机构向社会提供回收服务，并做好报废处置记录。经灭火器用户［即送修灭火器的建筑（场所）使用管理单位］同意，对报废的灭火器筒体或者气瓶、储气瓶进行消除使用功能处理。在确认报废的灭火器筒体或者气瓶、储气瓶内部无压力的情况下，采用压扁或者解体等不可修复的方式消除其使用功能，不得采用钻孔或者破坏瓶口螺纹的方式进行报废处置。

报废处理时，对灭火器中的灭火剂按照灭火剂回收处理的要求进行处理；其余固体废物按照相关的环保要求进行回收利用处置。

灭火器报废后，建筑（场所）使用管理单位按照等效替代的原则对灭火器进行更换。

3. 报废记录

灭火器报废处置后，维修机构要将报废处置过程及其相关信息进行记录。报废记录的主要包括灭火器维修编号，型号、规格，报废理由，用户确认报废的记录，维修人员、检验人员和项目负责人的签署和维修日期，报废处置日期等内容。报废记录整理后与维修记录一并归档。

思考题

1. 灭火器及其灭火器箱安装前现场质量检查有哪些内容及要求？
2. 灭火器及其附件安装设置要求有哪些？
3. 灭火器配置竣工验收的内容、方法及合格判定标准有哪些？
4. 灭火器日常管理有哪些内容和要求？
5. 灭火器报修条件、报废条件分别有哪些规定？
6. 灭火器维修程序及其技术要求有哪些？

第十一章
防烟排烟系统

学习要求

通过本章学习，应熟悉防烟排烟系统及其组件的实物组成、实物结构；掌握防烟排烟系统组件安装前检查方法和要求；熟悉防烟排烟系统安装要求；掌握防烟排烟系统检测、验收和维护管理的方法和要求。

第一节 系统构成

防烟排烟系统是建筑物内设置的用以控制烟气运动，防止火灾初期烟气蔓延扩散，确保室内人员的安全疏散和安全避难并为消防救援创造有利条件的防烟系统和排烟系统的总称。防烟系统是指通过采用自然通风方式，防止火灾烟气在楼梯间、前室、避难层（间）等空间内积聚，或通过采用机械加压送风方式阻止火灾烟气侵入楼梯间、前室、避难层（间）等空间的系统；排烟系统是指采用自然排烟或机械排烟的方式，将房间、走道等空间的火灾烟气排至建筑物外的系统。

一、系统分类

防烟排烟系统按照其控烟机理，分为防烟系统和排烟系统，通常称为防烟设施和排烟设施。防烟设施分为机械加压送风的防烟设施和可开启外窗的自然排烟设施；排烟设施分为机械排烟设施和可开启外窗的自然排烟设施。

二、系统构成

防烟排烟系统由风口、风阀、排烟窗和风机、风道以及相应的控制系统构成。

（一）防烟系统

1. 机械加压送风的防烟设施

机械加压送风的防烟设施包括加压送风机、加压送风管道、加压送风口等。当防烟楼梯间加压送风而前室不送风时，楼梯间与前室的隔墙上还可能设有余压阀。图 3—11—1 所示为机械加压送风系统示意图。

（1）加压送风机（如图 3—11—2 所示）。一般采用中、低压离心风机，混流风机或轴流风机。

（2）加压送风管道。采用不燃材料制作。

（3）加压送风口。分为常开式、常闭式和自垂百叶式。常开式即普通的固定叶片式百叶风口；常闭式采用手动或电动开启，常用于前室或合用前室；自垂百叶式平时靠百叶重力自行关闭，加压时自行开启，常用于防烟楼梯间。

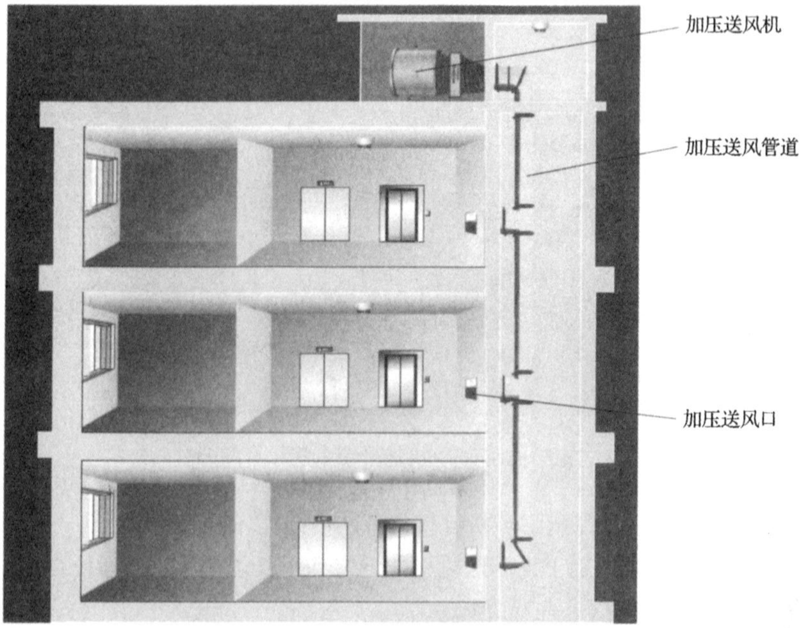

图 3—11—1　机械加压送风系统示意图

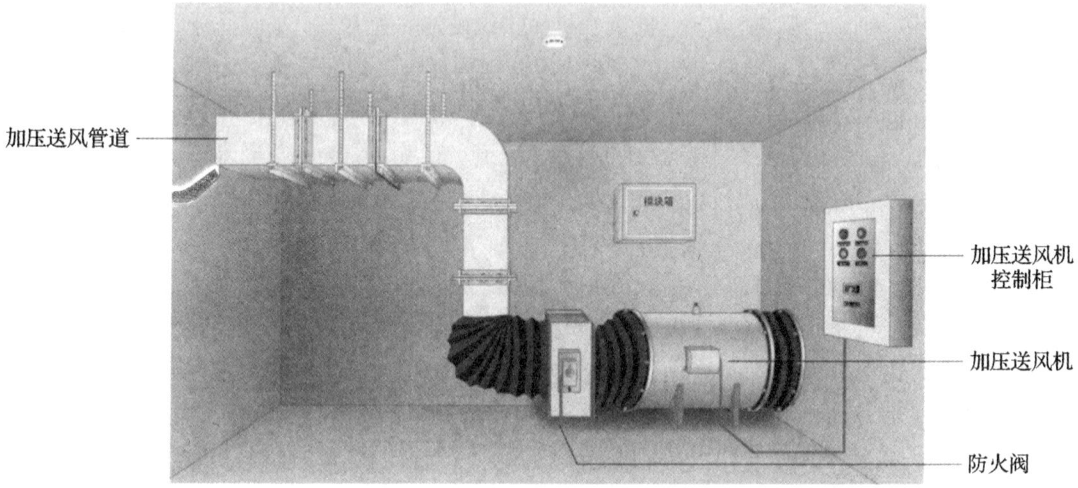

图 3—11—2　加压送风机示意图

2. 可开启外窗的自然排烟设施

作为防烟方式之一的可开启外窗的自然排烟设施，通常指位于防烟楼梯间及其前室、消防电梯前室或合用前室外墙上的洞口或便于人工开启的普通外窗。可开启外窗的开启面积及开启的便利性都有相应的要求，虽然不列为专门的消防设施，但其设置与维护管理仍不能忽略。

（二）排烟系统

1. 机械排烟设施

机械排烟设施包括排烟风机、排烟管道、排烟防火阀、排烟口、挡烟垂壁等，如图 3—11—3 所示。

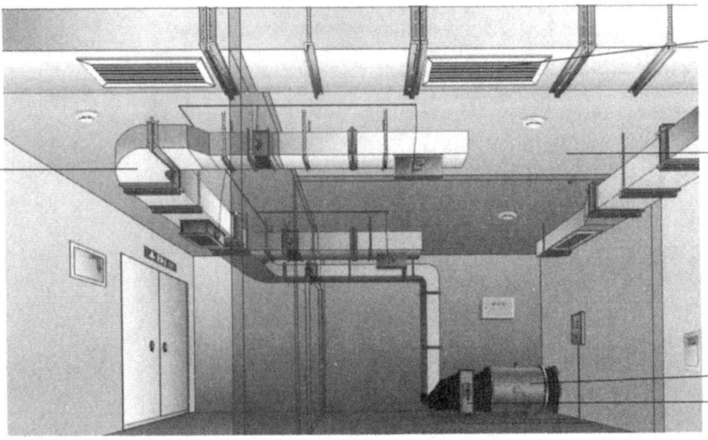

图 3—11—3 机械排烟系统示意图

（1）排烟风机。一般可采用离心风机、排烟专用的混流风机或轴流风机，也有的采用风机箱或屋顶式风机。排烟风机区别于加压送风机的地方在于：排烟风机应保证在 280℃的环境条件下能连续工作不少于 30 min。

（2）排烟管道。采用不燃材料制作。常用的排烟管道采用镀锌钢板加工制作，厚度按高压系统要求，并应采取隔热防火措施或与可燃物保持不小于 150 mm 的距离。

（3）排烟防火阀。排烟防火阀是安装在机械排烟设施的管道上，平时呈开启状态，火灾时当排烟管道内温度达到 280℃时关闭，并在一定时间内能满足漏烟量和耐火完整性要求，起隔烟阻火作用的阀门。排烟防火阀一般由阀体、叶片、执行机构和温感器等部分组成。

（4）排烟口。安装在机械排烟设施的风管（风道）管壁上作为烟气吸入口，平时呈关闭状态并满足允许漏风量要求，火灾或需要排烟时手动或电动打开，起排烟作用，外加带有装饰口或进行过装饰处理的阀门称为排烟口。

（5）挡烟垂壁。挡烟垂壁是用于分隔防烟分区的装置或设施，可分为固定式和活动式。固定式挡烟垂壁可采用隔墙、楼板下不小于 500 mm 的梁或吊顶下凸出不小于 500 mm 的不燃烧体；活动式挡烟垂壁本体采用不燃烧体制作，平时隐藏于吊顶内或卷缩在装置内，当其所在部位温度升高，或消防控制中心发出火警信号或直接接收烟感信号后，挡烟垂壁迅速垂落至设定高度，限制烟气流动以形成“储烟仓”，便于排烟系统将高温烟气迅速排出室外。

2. 可开启外窗的自然排烟设施

可开启外窗的自然排烟设施包括常见的便于人工开启的普通外窗，以及专门为高大空间自然排烟而设置的自动排烟窗。自动排烟窗平时作为自然通风设施，根据气候条件及通风换气的需要开启或关闭。发生火灾时，在消防控制中心发出火警信号或直接接收烟感信号后开启，同时具有自动和手动开启功能。

第二节 系统组件（设备）安装前检查

防烟排烟系统施工安装前，按照施工过程质量控制要求，需要对系统组件及其他设备、材料进行现场检查（检验），不合格的组件、设备、材料不得使用。

一、质量控制文件检查

设备材料到场后，须认真对各组件及其他设备质量控制文件进行查验，经查验合格后方可进行施工安装。

（一）检查内容

系统组件及其他设备、材料等到场后，对其质量控制文件的下列内容进行查验：

（1）系统组件、设备、材料的铭牌、标志、出厂产品合格证，以及消防产品符合法定市场准入规则的证明文件。

（2）风机、正压送风口、防火阀、排烟阀等系统主要组件、设备经国家消防产品质量监督检验机构检测合格的法定检测报告。

（二）检查方法及要求

对照到场组件、设备、材料的型号、规格，查验、核对其出厂合格证、质量认证证书、法定检测机构的检测合格报告等质量控制文件是否一致、齐全、有效，比对复印件与原件是否一致。

二、现场检验

系统组件、材料、设备到场后，对其外观、型号、规格、基本性能、严密性等进行检查。

（一）风管检查要求

（1）风管的材料品种、规格、厚度等应符合设计要求和现行国家标准的规定。当采用金属风管且设计无要求时，钢板或镀锌钢板的厚度应符合表 3—11—1 的规定。

表 3—11—1　　钢板风管板材厚度　　（单位：mm）

风管直径 D 或风管长边尺寸 b	送风系统		排烟系统
	圆形风管	矩形风管	
$D(b) \leqslant 320$	0.50	0.50	0.75
$320 < D(b) \leqslant 450$	0.60	0.60	0.75
$450 < D(b) \leqslant 630$	0.75	0.60	0.75
$630 < D(b) \leqslant 1\,000$	0.75	0.75	1.00
$1\,000 < D(b) \leqslant 1\,250$	1.00	1.00	1.00
$1\,250 < D(b) \leqslant 2\,000$	1.20	1.00	1.20
$2\,000 < D(b) \leqslant 4\,000$	按设计	1.20	按设计

注：1. 螺旋风管的钢板厚度可适当减小 10% ~ 15%。
2. 不适用于防火隔墙的预埋管。

检查数量：按风管、材料加工批次的数量抽查 10%，且不得少于 5 件。

检查方法：尺量检查、直观检查，查验风管、材料的质量合格证明文件、性能检验报告。

（2）有耐火极限要求的风管的本体、框架与固定材料、密封垫料等必须为不燃材料，材料品种、规格、厚度及耐火极限等应符合设计要求和现行国家标准的规定。

检查数量：按风管、材料加工批次的数量抽查 10%，且不得少于 5 件。

检查方法：尺量检查、直观检查与点燃试验，查验材料质量合格证明文件、符合国家市场准入要求的检验报告。

（二）风管部件检查要求

（1）排烟防火阀、送风口、防烟阀、排烟阀或排烟口等符合有关消防产品标准的规定，其型号、规格应符合设计要求，手动开启灵活、关闭可靠严密。

检查数量：按种类、批抽查10%，且不得少于2个。

检查方法：测试、直观检查，查验产品的质量合格证明文件、符合国家市场准入要求的检验报告。

（2）电动防火阀、送风口和排烟阀或排烟口等的驱动装置，动作应可靠，在最大工作压力下工作正常。

检查数量：按批抽查10%，且不得少于1件。

检查方法：测试、直观检查，查验产品的质量合格证明文件、符合国家市场准入要求的检验报告。

（3）防烟、排烟系统柔性短管的制作材料必须为不燃材料。

检查数量：全数检查。

检查方法：直观检查与点燃试验，查验产品的质量合格证明文件、符合国家市场准入要求的检验报告。

（三）风机检查要求

符合有关消防产品标准的规定，其型号、规格、数量应符合设计要求，出口方向应正确。

检查数量：全数检查。

检查方法：核对、直观检查，查验产品的质量合格证明文件、符合国家市场准入要求的检验报告。

（四）活动挡烟垂壁及其电动驱动装置和控制装置检查要求

符合有关消防产品标准的规定，其型号、规格、数量应符合设计要求，动作可靠。

检查数量：按批抽查10%，且不得少于1件。

检查方法：测试、直观检查，查验产品的质量合格证明文件、符合国家市场准入要求的检验报告。

（五）自动排烟窗的驱动装置和控制装置检查要求

符合设计要求，动作可靠。

检查数量：抽查1%且不得少于1件。

检查方法：测试、直观检查，查验产品的质量合格证明文件、符合国家市场准入要求的检验报告。

第三节　系统安装检测与调试

防烟排烟系统的安装按照经批准的施工图、设计说明书等设计文件进行，主要内容包括风管、部件和风机等主要设备的安装检测与调试。

一、系统的安装与检测

（一）风管的安装与检测

1. 金属风管的制作和连接

（1）风管采用法兰连接时，风管法兰材料规格按表3—11—2选用，其螺栓孔的间距不得大于 150 mm，矩形风管法兰四角处应设有螺孔。

表 3—11—2　　风管法兰及螺栓规格

风管直径 D 或风管长边尺寸 b/mm	法兰材料规格 /mm	螺栓规格
D（b）≤ 630	25 × 3	M6
630 < D（b）≤ 1 500	30 × 3	M8
1 500 < D（b）≤ 2 500	40 × 4	
2 500 < D（b）≤ 4 000	50 × 5	M8 或 M10

（2）板材应采用咬口连接或铆接，除镀锌钢板及含有复合保护层的钢板外，板厚大于 1.5 mm 的可采用焊接。

（3）风管应以板材连接的密封为主，可辅以密封胶嵌缝或其他方法密封，密封面宜设在风管的正压侧。

（4）排烟风管的隔热层应采用厚度不小于 40 mm 的不燃绝热材料，绝热材料的施工及风管加固、导流片的设置应按照《通风与空调工程施工质量验收规范》（GB 50243—2016）的有关规定执行。

检查数量：各系统按不小于 30% 检查。

检查方法：尺量检查、直观检查。

2. 非金属风管的制作和连接

（1）非金属风管的材料品种、规格、性能与厚度等应符合设计和现行国家产品标准的规定。

（2）法兰的规格应符合表 3—11—3 的规定，其螺栓孔的间距不得大于 120 mm；矩形风管法兰的四角处，应设有螺孔。

表 3—11—3　　非金属风管法兰规格

风管边长 b/mm	材料规格（宽 × 厚）/mm	连接螺栓
b ≤ 400	30 × 4	M8
400 < b ≤ 1 000	40 × 6	
1 000 < b ≤ 2 000	50 × 8	M10

（3）采用套管连接时，套管厚度不小于风管板材的厚度。

（4）无机玻璃钢风管的玻璃布，必须无碱或中碱，层数应符合《通风与空调工程施工质量验收规范》（GB 50243—2016）的规定，风管的表面不得出现泛卤或严重泛霜。

检查数量：各系统按不小于 30% 检查。

检查方法：尺量检查、直观检查。

3. 风管的强度和严密性检验

风管应按系统类别进行强度和严密性检验，其强度和严密性应符合设计要求或下列规定：

（1）风管强度应符合《通风管道技术规程》（JGJ/T 141—2017）的规定。

（2）金属矩形风管的允许漏风量，应满足下列要求：

$$低压系统风管\ Q_L \leq 0.1056\, P_{风管}^{0.65}$$

$$中压系统风管\ Q_M \leq 0.0352\, P_{风管}^{0.65}$$

$$高压系统风管\ Q_H \leq 0.0117\, P_{风管}^{0.65}$$

式中 Q_L，Q_M，Q_H——系统风管在相应工作压力下，单位面积风管单位时间内的允许漏风量 [$m^3/(h \cdot m^2)$]；

$P_{风管}$——风管系统的工作压力（Pa）。

（3）风管系统类别应按表 3—11—4 划分。

表 3—11—4　　风管系统类别划分

系统类别	系统工作压力 $P_{风管}$/Pa
低压系统	$P_{风管} \leq 500$
中压系统	$500 < P_{风管} \leq 1\,500$
高压系统	$P_{风管} > 1\,500$

（4）金属圆形风管、非金属风管允许的气体漏风量应为金属矩形风管规定值的 50%。

（5）排烟风管应按中压系统风管的规定。

检查数量：按风管系统类别和材质分别抽查，不应少于 3 件及 15m²。

检查方法：检查产品合格证明文件和测试报告或进行测试。系统的强度和漏风量测试方法按照《通风管道技术规程》（JGJ/T 141—2017）的有关规定执行。

4. 风管的安装

（1）风管的规格、安装位置、标高、走向应符合设计要求，现场风管的安装，不得缩小接口的有效截面。

（2）风管接口的连接应严密、牢固，垫片厚度不应小于 3 mm，不应凸入管内和法兰外；排烟风管法兰垫片应为不燃材料，薄钢板法兰风管应采用螺栓连接。

（3）风管支架、吊架的安装应按照《通风与空调工程施工质量验收规范》（GB 50243—2016）的有关规定执行。

（4）风管与风机的连接宜采用法兰连接，或采用不燃材料的柔性短管连接。若风机仅用于防烟、排烟时，则不宜采用柔性连接。

（5）风管与风机连接若有转弯处，宜加装导流叶片，保证气流顺畅。

（6）当风管穿越隔墙或楼板时，风管与隔墙之间的空隙，应采用水泥沙浆等不燃材料严密填塞。

（7）吊顶内的排烟管道应采用不燃材料隔热，并应与可燃物保持不小于 150 mm 的距离。

检查数量：各系统按不小于 30% 检查。

检查方法：核对材料，尺量检查、直观检查。

5. 风管（道）系统严密性检验

风管（道）系统安装完毕后，应按系统类别进行严密性检验。检验应以主、干管道为主，漏风量应符合相关规范的规定。

检查数量：按系统不小于 30% 检查，且不应少于 1 个系统。

检查方法：系统的严密性检验测试按照《通风与空调工程施工质量验收规范》（GB 50243—2016）的有关规定执行。

（二）部件的安装与检测

1. 排烟防火阀

（1）型号、规格及安装的方向、位置应符合设计要求。

（2）阀门应顺气流方向关闭，防火分区隔墙两侧的排烟防火阀，距墙端面不应大于200 mm。

（3）手动和电动装置应灵活、可靠，阀门关闭严密。

（4）应设独立的支吊架，当风管采用不燃材料防火隔热时，阀门安装处应有明显标识。

检查数量：各系统按不小于30%检查。

检查方法：尺量检查、直观检查及动作检查。

2. 送风口、排烟阀（口）

（1）安装位置应符合设计要求，并应固定牢靠，表面平整、不变形，调节灵活。

（2）排烟口距可燃物或可燃构件的距离不应小于1.5 m。

检查数量：各系统按不小于30%检查。

检查方法：尺量检查、直观检查。

3. 常闭送风口、排烟阀（口）

手动驱动装置应固定安装在明显可见、距楼地面1.3 ~ 1.5 m的便于操作的位置，预埋套管不得有死弯及瘪陷，手动驱动装置操作应灵活。

检查数量：各系统按不小于30%检查。

检查方法：尺量检查、直观检查及操作检查。

4. 挡烟垂壁

（1）型号、规格、下垂的长度和安装位置应符合设计要求。

（2）活动挡烟垂壁与建筑结构（柱或墙）面的缝隙不应大于60 mm，由两块或两块以上的挡烟垂帘组成的连续性挡烟垂壁，各块之间不应有缝隙，搭接宽度不应小于100 mm。

（3）活动挡烟垂壁的手动操作按钮应固定安装在距楼地面1.3 ~ 1.5 m的便于操作、明显可见处。

检查数量：全数检查。

检查方法：依据设计图核对，尺量检查、动作检查。

5. 排烟窗

（1）型号、规格和安装位置应符合设计要求。

（2）安装应牢固、可靠，符合有关门窗施工验收规范要求，应开启、关闭灵活。

（3）手动开启机构或按钮应固定安装在距楼地面1.3 ~ 1.5 m处，便于操作，明显可见。

（4）自动排烟窗驱动装置的安装应符合设计和产品技术文件要求，应灵活、可靠。

检查数量：全数检查。

检查方法：依据设计图核对，操作检查、动作检查。

（三）风机的安装与检测

（1）风机的型号、规格应符合设计规定，其出口方向正确。

（2）送风机的进风口不应与排烟风机的出风口设在同一面上。当确有困难时，送风机的进风口与排烟风机的出风口应分开布置，且竖向布置时，送风机的进风口应设置在排烟出口的下方，其两者边缘最小垂直距离不应小于6.0 m；水平布置时，两者边缘最小水平距离不应小于20.0 m。

（3）风机外壳至墙壁或其他设备的距离不应小于600 mm。

（4）风机应设在混凝土或钢架基础上，且不应设置减振装置；若排烟系统与通风空调系统共用需要设置减振装置时，不应使用橡胶减振装置。

（5）吊装风机的支吊架应焊接牢固、安装可靠，其结构形式和外形尺寸应符合设计或设备技术文件要求。

（6）风机驱动装置的外露部位必须装设防护罩；直通大气的进、出风口必须装设防护网或采取其他安全设施，并应设防雨措施。

检查数量：全数检查。

检查方法：依据设计图核对，直观检查。

二、系统的调试

防烟排烟系统调试在系统施工完成及与工程有关的火灾自动报警系统及联动控制设备调试合格后进行。系统调试所使用的测试仪器和仪表性能应稳定可靠，其精度等级及最小分度值应能满足测定的要求，并应符合国家有关计量法规及检定规程的规定。系统调试由施工单位负责、监理单位监督，设计单位与建设单位参与和配合，也可以委托给具有调试能力的其他单位进行。系统调试前，施工单位应编制调试方案，报送专业监理工程师审核批准；调试结束后，必须提供完整的调试资料和报告。系统调试包括单机调试和联动调试。

（一）单机调试

1. 排烟防火阀的调试

（1）进行手动关闭、复位试验，阀门动作应灵敏、可靠，关闭应严密。

（2）模拟火灾，相应区域火灾报警后，同一防火分区内排烟管道上的其他阀门应联动关闭。

（3）阀门关闭后的状态信号应能反馈到消防控制室。

（4）阀门关闭后应能联动相应的风机停止。

调试数量：全数调试。

2. 常闭送风口、排烟阀（口）的调试

（1）进行手动开启、复位试验，阀门动作应灵敏、可靠，远距离控制机构的脱扣钢丝连接应不松弛、不脱落。

（2）模拟火灾，相应区域火灾报警后，同一防火区域内阀门应联动开启。

（3）阀门开启后的状态信号应能反馈到消防控制室。

（4）阀门开启后应能联动相应的风机启动。

调试数量：全数调试。

3. 活动挡烟垂壁的调试

（1）手动操作挡烟垂壁按钮进行开启、复位试验，挡烟垂壁应灵敏、可靠地启动与到位后停止，下降高度符合设计要求。

（2）模拟火灾，相应区域火灾报警后，同一防烟分区内挡烟垂壁应在 60 s 以内联动下降到设计高度。

（3）挡烟垂壁下降到设计高度后应能将状态信号反馈到消防控制室。

调试数量：全数调试。

4. 自动排烟窗的调试

（1）手动操作排烟窗按钮进行开启、关闭试验，排烟窗动作应灵敏、可靠，完全开启时间应符合设计要求。

（2）模拟火灾，相应区域火灾报警后，同一防烟分区内排烟窗应能联动开启；完全开启时间应符合规范要求。

（3）与消防控制室联动的排烟窗完全开启后，状态信号应反馈到消防控制室。

调试数量：全数调试。

5. 送风机、排烟风机的调试

（1）手动开启风机，风机应正常运转 2.0 h，叶轮旋转方向应正确、运转平稳、无异常振动与声响。

（2）核对风机的铭牌值，并测定风机的风量、风压、电流和电压，其结果应与设计相符。

（3）能在消防控制室手动控制风机的启动、停止；风机的启动、停止状态信号应能反馈到消防控制室。

（4）当风机进出管上安装单向风阀或者电动风阀时，风阀的启动与关闭应同风机的启动、停止同步。

调试数量：全数调试。

6. 机械加压送风系统风速及余压的调试

（1）应选取送风系统末端所对应的送风最不利的三个连续楼层模拟起火层及其上下层，封闭避难层（间）仅需选取本层，调试送风系统使上述楼层的楼梯间、前室及封闭避难层（间）的风压值及疏散门的门洞断面风速值与设计值的偏差不大于 10%。

（2）对楼梯间和前室的调试应单独分别进行，且互不影响。

（3）调试楼梯间和前室疏散门的门洞断面风速时，应同时开启三个楼层的疏散门。

调试数量：全数调试。

7. 机械排烟系统风速和风量的调试

（1）应根据设计模式，开启排烟风机和相应的排烟阀或排烟口，调试排烟系统使排烟阀或排烟口处的风速值及排烟量值达到设计要求。

（2）开启排烟系统的同时，还应开启补风机和相应的补风口，调试补风系统使补风口处的风速值及补风量值达到设计要求。

（3）应测试每个风口风速，核算每个风口的风量及其排烟分区总风量。

调试数量：全数调试。

（二）联动调试

1. 机械加压送风系统的联动调试

（1）当任何一个常闭送风口开启时，相应的送风机均能同时启动。

（2）与火灾自动报警系统联动调试。当火灾自动报警探测器发出火警信号后，应在 15 s 内启动有关部位的送风口、送风机，启动的送风口、送风机应与设计要求一致，联动启动方式应符合《火灾自动报警系统设计规范》（GB 50116—2013）的规定，其状态信号应反馈到消防控制室。

调试数量：全数调试。

2. 机械排烟系统的联动调试

（1）当任何一个常闭排烟阀（口）开启时，排烟风机均能联动启动。

（2）与火灾自动报警系统联动调试。当火灾自动报警探测器发出火警信号后，机械排烟系统应启动有关部位的排烟阀或排烟口、排烟风机；启动的排烟阀或排烟口、排烟风机应与设计和规范要求一致，其状态信号应反馈到消防控制室。

（3）有补风要求的机械排烟场所，当火灾确认后，补风系统应启动。

（4）排烟系统与通风、空调系统合用，当火灾自动报警探测器发出火警信号后，由通风、空调系统转换为排烟系统的时间应符合规范要求。

调试数量：全数调试。

3. 自动排烟窗的联动调试

在火灾自动报警探测器发出火警信号后联动开启到符合要求的位置，其动作状态信号应反馈到消防控制室。

调试数量：全数调试。

4. 活动挡烟垂壁的联动调试

在火灾报警后联动下降到设计高度，其动作状态信号应反馈到消防控制室。

调试数量：全数调试。

第四节　系统验收

防烟排烟系统施工调试完成后，由建设单位负责组织设计、施工、监理等单位共同进行竣工验收，验收不合格的，不得投入使用。验收内容主要包括资料查验，观感质量检查、现场抽样及功能性测试和验收判定等。

一、资料查验

（一）查验内容

（1）竣工验收申请报告。

（2）施工图、设计说明书、设计变更通知书和消防设计审核意见书、竣工图。

（3）工程质量事故处理报告。

（4）防烟、排烟系统施工过程质量检查记录。

（5）防烟、排烟系统工程质量控制资料检查记录。

（二）检查方法

查验相关资料、记录。

二、观感质量、现场抽样及功能性测试验收

（一）系统观感质量的综合验收

（1）风管表面应平整、无损坏；接管应合理，风管的连接以及风管与风机的连接应无明显缺陷。

（2）风口表面应平整，颜色一致，安装位置正确，风口可调节部件应能正常动作。

（3）各类调节装置安装应正确牢固，调节灵活，操作方便。

（4）风管、部件及管道的支架、吊架型式、位置及间距应符合要求。

（5）风机的安装应正确牢固。

检查数量：各系统按30%抽查。

（二）系统设备手动功能验收

（1）送风机、排烟风机应能正常手动启动和停止，状态信号应在消防控制室显示。

（2）送风口、排烟阀或排烟口应能正常手动开启和复位，阀门关闭严密，动作信号应在消防控制室显示。

（3）活动挡烟垂壁、自动排烟窗应能正常手动开启和复位，动作信号应在消防控制室显示。

检查数量：各系统按 30% 抽查。

（三）系统设备联动功能验收

火灾报警后，根据设计模式，相应系统及部位的送风机启动、送风口开启，排烟风机启动、排烟阀（口）开启，自动排烟窗开启到符合要求的位置，活动挡烟垂壁下降到设计高度，有补风要求的补风机、补风口开启；各部件、设备动作状态信号在消防控制室显示。

检查数量：全数检查。

（四）自然通风及自然排烟验收

下列项目布置方式和主要性能参数达到设计和规范要求：

（1）封闭楼梯间、防烟楼梯间、前室及消防电梯前室可开启外窗的布置方式和面积。

（2）避难层（间）可开启外窗或百叶窗的布置方式和面积。

（3）设置自然排烟场所的可开启外窗、排烟窗、可熔性采光带（窗）的布置方式和面积。

检查数量：各系统按 30% 检查。

（五）机械防烟系统的主要性能参数验收

（1）选取送风系统末端所对应的送风最不利的三个连续楼层模拟起火层及其上下层，封闭避难层（间）仅需选取本层，测试前室及封闭避难层（间）的风压值及疏散门的门洞断面风速值，应分别符合相关规范规定且偏差不大于设计值的 10%。

（2）对楼梯间和前室的测试应单独分别进行，且互不影响。

（3）测试楼梯间和前室疏散门的门洞断面风速时，应同时开启三个楼层的疏散门。

检查数量：全数检查。

（六）机械排烟系统的主要性能参数验收

（1）开启任一防烟分区的全部排烟口，风机启动后测试排烟口处的风速应符合设计要求且偏差不大于设计值的 10%。

（2）设有补风系统的场所，还应测试补风口风速应符合设计要求且偏差不大于设计值的 10%。

检查数量：各系统全数检查。

（七）补风设施的验收

测试补风量、补风口的风速并符合设计要求。

检查方法：动作检查、测定，查阅有关文件、记录。

三、系统工程质量验收判定条件

（1）系统的设备、部件型号、规格与设计不符，无出厂质量合格证明文件及符合消防产品准入制度规定的检验报告，系统设备手动功能验收、联动功能验收、自然通风及自然排烟验收、机械防烟系统的主要性能参数验收、机械排烟系统的主要性能参数验收中任一款不符合规范要求的，定为 A 类不合格。

（2）验收资料提供不全或不符合要求的，定为 B 类不合格。

（3）观感质量综合验收任一款不符合要求的，定为 C 类不合格。

（4）系统验收判定条件应为：$A=0$，且 $B \leqslant 2$，$B+C \leqslant 6$ 为合格，否则为不合格。

第五节　系统维护管理

防烟排烟系统的维护管理是系统正常完好、有效使用的基本保障。维护管理人员经过消防专业培训，应熟悉防烟排烟系统的原理、性能和操作维护规程。建筑防烟排烟系统设施的维护管理包括检测、维修、保养、建档等工作。单位应有经过消防专业培训，熟悉系统原理、性能，具有系统操作维护能力的维护管理人员，定期自行或委托具有维护保养资格的企业对系统进行检测、维护，确保机械防烟、排烟系统的正常运行。

一、系统日常巡查

防烟排烟系统巡查是指系统使用过程中对系统直观属性的检查，主要是针对系统组件外观、现场状态、系统检测装置准工作状态、安装部位环境条件等的日常巡查。

（一）系统组（部）件状态要求

（1）防烟排烟系统能否正常使用与系统各组件、配件的日常监控时的现场状态密切相关，机械防烟、排烟系统应始终保持正常运行，不得随意断电或中断。

（2）正常工作状态下，正压送风机、排烟风机、通风空调风机电控柜等受控设备应处于自动控制状态，严禁将受控的正压送风机、排烟风机、通风空调风机等电控柜设置在手动位置。

（3）消防控制室应能显示系统的手动、自动工作状态及系统内的防烟排烟风机、防火阀、排烟防火阀的动作状态；应能控制系统的启、停及系统内的防烟排烟风机、防火阀、排烟防火阀、常闭送风口、排烟口、电控挡烟垂壁的开、关，并显示其反馈信号；应能停止相关部位正常通风的空调，并接收和显示通风系统内防火阀的反馈信号。

（二）系统每日检查内容

（1）查看机械加压送风系统、机械排烟系统控制柜的标志、仪表、指示灯、开关和控制按钮；用按钮启停每台风机，查看仪表及指示灯显示。

（2）查看机械加压送风系统、机械排烟系统风机的外观和标志牌；在控制室远程手动启、停风机，查看运行及信号反馈情况。

（3）查看送风阀、排烟阀、排烟防火阀、电动排烟窗的外观，以及手动/电动开启、手动复位、动作和信号反馈情况。

二、系统周期性检查维护

系统周期性检查是指建筑使用管理单位按照国家工程建设消防技术标准的要求，对已经投入使用的防烟排烟系统的组件、零部件等按照规定检查周期进行的检查、测试。

（1）每季度应对防烟排烟风机、活动挡烟垂壁、自动排烟窗进行一次功能检测启动试验及供电线路检查。

（2）每半年应对全部排烟防火阀、送风阀或送风口、排烟阀或排烟口进行自动和手动启动试验一次。

（3）每年应对全部防烟排烟系统进行一次联动试验和性能检测，其联动功能和性能参数应符合原设计要求。

（4）当防烟排烟系统采用无机玻璃钢风管时，应每年对该风管进行质量检查，检查面积应不少于风管面积的 30%；风管表面应光洁，无明显泛霜、结露和分层现象。

（5）排烟窗的温控释放装置、排烟防火阀的易熔片应有 10% 的备用件，且不少于 10 只。

思考题

1. 防烟排烟系统组件安装前的现场检查内容和要求是什么？
2. 防烟排烟系统工程的调试包括哪些内容？
3. 防烟排烟系统的验收内容和要求是什么？
4. 防烟排烟系统的阀门和组件的安装要求有哪些？
5. 防烟排烟系统的周期性检查包括哪些内容？

第十二章
消防用电设备的供配电与电气防火防爆

学习要求

通过本章学习，应了解消防用电设备供配电系统的基本要求；掌握电气防火防爆要求及应采取的技术措施。

目前，国内建筑电气火灾发生率居高不下，只有加强建筑电气火灾预防的安全检测和监督管理，才能为最终降低建筑电气火灾的发生概率打下坚实的基础。

第一节　消防用电设备供配电系统

按照建筑类型、负荷性质、用电容量、工程特点、系统规模以及当地的供电条件，检查消防用电设备供配电系统的设置方案是否合理。

一、供配电系统的设置

为确保消防作业人员和其他人员的人身安全以及消防用电设备运行的可靠性，消防用电设备的供配电系统应作为独立系统进行设置。当建筑物内设有变电所时，要在变电所处开始自成系统；当建筑物为低压进线时，要在进线处开始自成系统。

（一）配电装置检查

消防用电设备的配电装置，应设置在建筑物的电源进线处或配变电所处，应急电源配电装置要与主电源配电装置分开设置。如果由于地域所限，无法分开设置而需要并列布置时，其分界处要设置防火隔断。

（二）启动装置检查

在普通民用建筑中，采用自备发电机组作为应急电源的现象十分普遍。当消防用电负荷为一级时，应设置自动启动装置，并在主电源断电后 30 s 内供电；当消防用电负荷为二级且采用自动启动方式有困难时，可采用手动启动装置。

（三）自动切换功能检查

消防控制室、消防水泵房、防烟和排烟风机房的消防用电设备及消防电梯等的供电设备，应在其配电线路的最末一级配电箱处设置自动切换装置。水泵控制柜、风机控制柜等消防电气控制装置不应采用变频启动方式。

除消防水泵、消防电梯、防烟和排烟风机等消防用电设备外，各防火分区的其他消防用电设备应由消防电源中的双电源或双回线路电源供电，末端配电箱要设置双电源自动切换装置，并将配电箱安装在所在防火分区内，再由末端配电箱配出引至相应的消防设备。

二、消防用电设备供电线路的敷设

消防用电设备的供电线路采用不同的电线电缆时，供电线路的敷设应满足相应的要求。

（1）当采用矿物绝缘电缆时，可直接采用明敷设或在吊顶内敷设。

（2）当采用难燃性电缆或有机绝缘耐火电缆时，在电气竖井内或电缆沟内敷设可不穿导管保护，但应采取与非消防用电电缆隔离的措施。

（3）当采用明敷设、吊顶内敷设或架空地板内敷设时，要穿金属导管或封闭式金属线槽保护，所穿金属导管或封闭式金属线槽要采用涂防火涂料等防火保护措施。

（4）当线路暗敷设时，要穿金属导管或难燃性刚性塑料导管保护，并要敷设在不燃烧结构内，保护层厚度不小于 30 mm。

三、消防用电设备供电线路的防火封堵措施

消防电源在火灾时要持续为消防设备供电，为防止火灾通过消防用电设备供电线路蔓延，应对消防用电设备供电线路采取防火封堵措施。

（一）防火封堵部位的检查

消防用电设备供电线路在电缆隧道、电缆桥架、电缆竖井、封闭式母线、线槽安装等处时，在下列情况下应采取防火封堵措施：

（1）穿越不同的防火分区。

（2）沿竖井垂直敷设穿越楼板处。

（3）管线进出竖井处。

（4）电缆隧道、电缆沟、电缆间的隔墙处。

（5）穿越建筑物的外墙处。

（6）至建筑物的入口处，至配电间、控制室的沟道入口处。

（7）电缆引至配电箱、柜或控制屏、台的开孔部位。

（二）防火封堵的检查

1. 电缆隧道

有人通过的电缆隧道，应在预留孔洞的上部采用膨胀型防火堵料进行加固；预留的孔洞过大时，应采用槽钢或角钢进行加固，将孔洞缩小后方可加装防火封堵系统；防火密封胶直接接触电缆时，封堵材料不得含有腐蚀电缆表皮的化学元素；无机堵料封堵应表面光洁，无粉化、硬化、开裂等缺陷；防火涂料表面应光洁，厚度应均匀。

2. 电缆竖井

电缆竖井应采用矿棉板加膨胀型防火堵料组合成的膨胀型防火封堵系统，防火封堵系统的耐火极限不应低于楼板的耐火极限；封堵处应采用角钢或槽钢托架进行加固，应能承载检修人员的荷载，角钢或槽钢托架应采用防火涂料处理；封堵垂直段竖井时，在封堵处上方，应使用密度为 160 kg/m^3 以上的矿棉板，并在矿棉板上开好电缆孔，防火封堵系统与竖井之间应采用膨胀型防火密封胶封边，系统与电缆的其他空间之间应采用膨胀型防火密封胶封堵，密封胶厚度凸出防火封堵系统面不应小于 13 mm，贯穿电缆横截面面积应小于贯穿孔洞的 40%。

3. 电气柜

电气柜孔应采用矿棉板加膨胀型防火堵料组合成的防火封堵系统，先根据需封堵孔洞的大小

估算出密度为 160 kg/m^3 以上的矿棉板使用量，并根据电缆数量裁出适当大小的孔；孔洞底部应敷设厚度为 50 mm 的矿棉板，孔隙口及电缆周围应填塞矿棉，并应采用膨胀型防火密封胶进行密实封堵。固定矿棉板、矿棉板与楼板之间应采用弹性防火密封胶封边，防火封堵系统与电缆之间应采用膨胀型防火密封胶封堵，密封胶厚度凸出防火封堵系统面不应小于 13 mm。封堵完成后，在封堵层两侧电缆上涂刷防火涂料，长度为 300 mm，干涂层厚度为 1 mm。盘柜底部空隙处应填塞矿棉，并用防火密封胶严密封实，密封胶厚度凸出防火封堵系统面不应小于 13 mm，面层应平整。

4. 无机堵料

无机堵料应用于电缆沟、电缆隧道由室外进入室内处，长距离电缆沟每隔 50 m 处；电缆穿阻火墙应使用防火灰泥加膨胀型防火堵料组合的阻火墙。

采用无机堵料（防火灰泥或耐火砖）堆砌，其厚度不应小于 200 mm(根据产品的性能而定)；阻火墙内部的电缆周围必须采用不小于 13 mm 的防火密封胶进行包裹，阻火墙底部必须留有两个排水孔洞，排水孔洞处可利用砖块砌筑；阻火墙两侧的电缆周围应采用防火密封胶进行密实分隔包裹，其两侧厚度应大于阻火墙表层 13 mm，阻火墙外侧电缆用防火涂料涂刷，涂刷长度为 1 m。

5. 电缆涂料

防火封堵系统两侧电缆应采用电缆涂料，电缆涂料的涂覆位置应在阻火墙两端和电力电缆接头两侧长度为 1 ~ 2 m 的区段；使用燃烧性能等级为非 A 级电缆的隧道（沟），在封堵完成后，孔洞两侧电缆涂刷防火涂料长度不应小于 1 m，干涂层厚度不应小于 1 mm。使用燃烧性能等级为非 A 级电缆的竖井，每层均应封堵。竖井穿楼板时应先在穿楼板处进行封堵，并应无缝隙。在常温条件下或火灾温度达到 200℃时，烟雾渗透应小于 28.318 5 L/min。施工前，应清除电缆表面灰尘、油污。涂料应在搅拌均匀后涂刷，不宜太稠；水平敷设的电缆应沿电缆走向均匀涂刷；垂直敷设的电缆宜自上而下涂刷。涂刷的次数、厚度及间隔时间要符合产品的要求。

第二节　电气防火防爆要求及技术措施

发生电气火灾和爆炸要具备两个条件：一是要有易燃易爆物质和环境，二是有引燃引爆条件。在生产场所的动力、照明、控制、保护、测量等系统和生活场所的各种电气设备和线路，在正常工作或事故中常常会产生电弧、火花和危险的高温，这就具备了引燃或引爆条件。

一、防火防爆的检查内容

防火防爆措施是综合性的措施，包括选用合理的电气设备，保持必要的防火间距，电气设备正常运行并有良好的通风，采用耐火设施，有完善的继电保护装置等技术措施。

（一）平面布置

变、配电站（室）是工业企业的动力枢纽，电气设备较多，而且有些设备工作时会产生火花和高温，因此变、配电站（室）的设置是电气设备合理布置的重要环节之一。

室外变、配电装置距堆场、可燃液体储罐和甲、乙类厂房库房不应小于 25 m；距其他建筑物不应小于 10 m；距液化石油气罐不应小于 35 m；石油化工装置的变、配电室还应布置在装置的一侧，并位于爆炸危险区范围以外。变压器油量越大，建筑物耐火等级越低及危险物品储量越大者，所要求的间距也越大，必要时可加防火墙。

户内电压为 10 kV 以上、总油量为 60 kg 以下的充油设备，可安装在两侧有隔板的间隔内；总油量为 60 ~ 600 kg 者，应安装在有防爆隔墙的间隔内；总油量为 600 kg 以上者，应安装在单独的防爆间隔内。10 kV 及其以下的变、配电室不应设在爆炸危险环境的正上方或正下方。变电室与各级爆炸危险环境毗连，最多只能有两面相连的墙与危险环境共用。

为了防止电火花或危险温度引起火灾，开关、插销、熔断器、电热器具、照明器具、电焊设备和电动机等均应根据需要，适当避开易燃物或易燃建筑构件。

（二）环境

1. 消除或减少爆炸性混合物

保持良好通风，使现场易燃易爆气体、粉尘和纤维浓度降低到无法引起火灾和爆炸的程度。加强密封，减少和防止易燃易爆物质的泄漏。有易燃易爆物质的生产设备、储存容器、管道接头和阀门应严格密封，并经常巡视检测。

2. 消除引燃物

运行中能够产生火花、电弧和高温危险的电气设备和装置，不应放置在易燃易爆的危险场所。在易燃易爆场所安装的电气设备和装置应该采用密封的防爆电器，并应尽量避免使用便携式电气设备。

（三）保护

爆炸和火灾危险场所内的电气设备的金属外壳应可靠地接地（或接零）。

二、防火措施的检查

建筑物内常用的电气设备和装置包括变、配电装置以及安装在装置中的低压配电和控制电器。

（一）变、配电装置防火措施的检查

1. 变压器保护

变压器应设置短路保护装置，当发生事故时，能及时切断电源。

此外，变压器高压侧还可通过采用过电流继电器来进行短路保护和过载保护。根据变压器运行情况、容量大小、电压等级，还应设置气体保护、差动保护、温度保护、低电压保护、过电压保护等设施。

2. 防止雷击措施

为防止雷击，在变压器的架空线引入电源侧，应安装避雷器，并设有一定的保护间隙。

3. 接地措施

在中性点有良好接地的低压配电系统中，应该采用保护接零方式。但城市公用电网应采用统一的保护方式；所有农村配电网络，为避免接零与接地两种保护方式混用而引起事故，一律不得实行保护接零，而应采用保护接地方式。

在中性点不接地的低压配电网络中，采用保护接地。高压电气设备，一般实行保护接地。

4. 过电流保护措施

回路内应装设断路器、熔断器之类的过电流防护电器来防范电气过载引起的灾害。防护电器的设置参数应满足下列要求：

（1）防护电器的额定电流或整定电流不应小于回路的计算负载电流。

（2）防护电器的额定电流或整定电流不应大于回路的允许持续载流量。

（3）保证防护电器有效动作的电流不应大于回路载流量的 1.45 倍。

5. 短路防护措施

短路防护应在短路电流对回路导体和其连接点产生危险的热效应及机械效应前切断回路的短路电流。回路内应设置短路防护电器，来防范电气短路引起的灾害。

（1）短路防护电器的遮断容量不应小于其安装位置处的预期短路电流。

（2）被保护回路内任一点发生短路时，防护电器都应在被保护回路的导体温度上升到允许限值前切断电源。

6. 漏电保护器

（1）在安装带有短路保护的漏电保护器时，必须保证在电弧喷出方向有足够的飞弧距离。

（2）注意漏电保护器的工作条件，在高温、低温、高湿、多尘以及有腐蚀性气体的环境中使用时，应采取必要的辅助保护措施，以防漏电保护器不能正常工作或损坏。

（3）漏电保护器的漏电、过载和短路保护特性均由制造厂调整好，不允许用户自行调节。

（二）低压配电和控制电器防火措施的检查

核对控制电器的铭牌、设备是否符合使用要求，检查设备的接线是否正确，对于出现的问题应及时处理。定期对控制电器进行维护，清理积尘，保持设备清洁。

低压配电和控制电器的导线绝缘应无老化、腐蚀和损伤现象；同一端子上导线连接不应多于两根，且两根导线线径相同，防松垫圈等部件齐全；进出线接线正确；接线应采用铜质或有电镀金属层防锈的螺栓和螺钉连接，连接应牢固，要有防松装置，电连接点应无过热、锈蚀、烧伤、熔焊等痕迹；金属外壳、框架的接零（PEN）线或接地（PE）线应连接可靠；套管、瓷件外部应无破损、裂纹痕迹。

低压配电和控制电器安装区域，无渗漏水现象。低压配电和控制电器的灭弧装置应完好无损。连接到发热元件（如管形电阻）上的绝缘导线，应采取隔热措施。熔断器应按规定采用标准的熔体。电器靠近高温物体或安装在可燃结构上时，应采取隔热、散热措施。电器相间绝缘电阻不应小于 5 MΩ。

1. 刀开关

降低接触电阻以防止发热过度。采用电阻率和抗压强度低的材料制造触头。利用弹簧或弹簧垫片等，增加触头接触面间的压力。对易氧化的铜、黄铜、青铜触头表面，镀一层锡、铅锡合金或银等保护层，防止因触头氧化使接触电阻增加。在铝触头表面，涂上防止氧化的中性凡士林油层加以覆盖。可断触头在结构上，动、静触头间有一定的相对滑动，分合时可以擦去氧化层（称自洁作用），以减少接触电阻。

2. 组合开关

若为组合开关，应加装能切断三相电源的控制开关及熔断器。

3. 断路器

在断路器投入使用前应将各磁铁工作面的防锈油脂擦净，以免影响磁系统的动作；长期未使用的灭弧室，在使用前应先烘一次，以保证良好的绝缘；监听断路器在运行中有无不正常声响。使用过程中，应定期检查传动机构、灭弧室、触头和相间绝缘主轴等构件，如发现活动不灵、破损、变形、锈蚀、过热、异响等现象，应及时处理。检查灭弧罩的工作位置有无移动、是否完整、有无受潮等情况。对电动合闸的断路器，应检查合闸电磁铁机构是否处于正常状态。

4. 接触器

安装、接线时要防止螺钉、垫片等零件落入接触器内部造成卡住或短路现象；各接点须保证牢固无松动。检查无误后，应进行试验，确认动作可靠后再投入使用。使用前应先在不接通主触头的情况下使吸引线圈通电，分合数次，以检查接触器动作是否确实可靠。使用可逆转接触器时，为保证连锁可靠，除安装电气连锁外，还应考虑加装机械连锁机构。

针对接触器频繁分合的工作特点，应每月检查维修一次接触器各部件，紧固各接点，及时更换损坏的零件。铁芯极面上的防锈油必须擦净，以免油垢粘住而造成接触器在断电后仍不释放。

5. 启动器

定期检查触头表面状况，若发现触头表面粗糙，应以细锉修整，切忌以砂纸打磨。对于充油式产品的触头，应在油箱外修整，以免油被污染，使其绝缘强度降低。对于手动式减压启动器，当电动机运行过程中因失电压而停转时，应及时将手柄扳回停止位置，以防电压恢复后电动机自行全压起动，必要时另装一个失电压脱扣器。手动式启动器的操作机械应保持灵活，并定期添加润滑剂。

6. 继电器

继电器要安装在少震、少尘、干燥的场所，现场严禁有易燃易爆物品存在。安装完毕后必须检查各部分接点是否牢固、触点接触是否良好、有无绝缘损坏等，确认安装无误后方可投入运行。

由于控制继电器的动作十分频繁，因此必须做到每月至少检修两次。另外还应注意保持控制继电器清洁无积尘，以确保其正常工作。应经常监视继电器工作情况，除例行检查外，重点应检查各触点的接触是否良好、有无绝缘老化，必要时应测其绝缘电阻值。定期检查其触头接触情况，各部件有无松动、损坏及锈蚀现象，发现问题及时修复或更换。经常保持清洁，避免尘垢积聚致使绝缘水平降低，发生相间闪络事故。应经常注意环境条件的变化，若不符合继电器使用条件时，采取可靠措施，保证其工作的可靠性。

（三）电气线路防火措施的检查

1. 预防电气线路短路的措施

必须严格执行电气装置安装规程和技术管理规程，坚决禁止非电工人员安装、修理；要根据导线使用的具体环境选用不同类型的导线，正确选择配电方式；安装线路时，电线之间、电线与建筑构件或树木之间要保持一定距离；距地面 2 m 高以内的电线，应用钢管或硬质塑料保护，以防绝缘遭受损坏；在线路上应按规定安装断路器或熔断器，以便在线路发生短路时能及时、可靠地切断电源。

2. 预防电气线路过负荷的措施

根据负载情况，选择合适的电线；严禁滥用铜丝、铁丝代替熔断器的熔丝；不准乱拉电线和接入过多或功率过大的电气设备；严禁随意增加用电设备尤其是大功率用电设备；应根据线路负荷的变化及时更换适宜容量的导线；可根据生产程序和需要，采取排列先后的方法，把用电时间调开，以使线路不超过负荷。

3. 预防电气线路接触电阻过大的措施

导线与导线、导线与电气设备的连接必须牢固可靠；铜、铝线相接，宜采用铜铝过渡接头，也可在铜线接头处搪锡；通过较大电流的接头，应采用油质或氧焊接头，在连接时加弹力片后拧紧；要定期检查和检测接头，防止接触电阻过大，对重要的连接接头要加强监视。

4. 屋内布线的设置要求

设计安装屋内线路时，要根据使用电气设备的环境特点，正确选择导线类型；明敷绝缘导线要防止绝缘受损引起危险，在使用过程中要经常检查、维修；布线时，导线与导线之间、导线的固定点之间，要保持合适的距离；为防止机械损伤，绝缘导线穿过墙壁或可燃建筑构件时，应穿过砌在墙内的绝缘管，每根管宜只穿一根导线，绝缘管（瓷管）两端的出线口伸出墙面的距离宜不小于 10 mm，这样可以防止导线与墙壁接触，以免墙壁潮湿而产生漏电等现象；沿烟囱、烟道等发热构件表面敷设导线时，应采用石棉、玻璃丝、瓷珠、瓷管等材料作为绝缘的耐热线。

（四）插座与照明开关的检查

当直流、交流或不同电压等级的插头安装在同一场所时，应有明显的区别，应选择不同结构、不同规格和不可互换的插座，配套的插头应按直流、交流和不同电压等级区别使用。落地插座面板应牢固可靠、密封良好。单相两孔插座，面对插座的右孔或上孔与相线连接，左孔或下孔与零线连接；三孔插座，面对插座的右孔与相线连接，左孔与零线连接。在潮湿场所应采用密封型并带保护地线触头的保护型插座，安装高度不低于 1.5 m。

同一建筑物、构筑物的照明开关应采用同一系列的产品，开关的通断位置一致，操作灵活、接触可靠；插座、照明开关靠近高温物体、可燃物或安装在可燃结构上时，应采取隔热、散热等保护措施。

导线与插座或开关连接处应牢固可靠，螺钉应压紧无松动，面板无松动或破损。在使用Ⅰ类电器的场所，必须设置带有保护线触头的电源插座，并将该触头与保护地线（PE 线）连成电气通路。车间及试（实）验室的插座安装高度距地面不小于 0.3 m；特殊场所暗装的插座安装高度距地面不小于 0.15 m；同一室内插座安装高度一致。插座面板应无烧蚀、变色、熔融痕迹。

需要注意的是，Ⅰ类电器是指该类电器的防触电保护不仅依靠基本绝缘，而且还需要一个附加的安全预防措施，其方法是将电器外露导电部分与已安装的固定线路中的保护接地导体连接起来，以便在发生接地故障时能有效地切断电源。

非临时用电不宜使用移动式插座。当使用移动式插座时，电源线要采用铜芯电缆或护套软线，具有保护地线（PE 线），禁止放置在可燃物上，禁止串接使用，严禁超容量使用。

（五）照明器具的检查

卤素灯、60 W 以上的白炽灯等高温照明灯具不应设置在火灾危险性场所。产生腐蚀性气体的蓄电池室等场所应采用密闭型灯具。在有尘埃的场所，应按防尘的保护等级分类选择合适的灯具。重要场所的大型灯具，应安装防玻璃罩破裂后向下飞溅的设施。

库房照明宜采用投光灯采光。储存可燃物的仓库及类似场所照明光源应采用冷光源，其垂直下方与堆放的可燃物品水平间距不应小于 0.5 m，不应设置移动式照明灯具；应采用有防护罩的灯具和墙壁开关，不得使用无防护罩的灯具和拉线开关。

超过 60 W 的白炽灯、卤素灯、荧光高压汞灯等照明灯具（包括镇流器）不应安装在可燃材料和可燃构件上，聚光灯的聚光点不应落在可燃物上。当灯具的高温部位靠近除不燃性以外的装修材料时，应采取隔热（如玻璃丝、石膏板、石棉板等加以隔热防护）、散热（如在灯具上增加散热空隙或加强顶棚内的通风降温，以及与可燃物保持一定距离）等防火保护措施。灯饰所用材料的燃烧性能等级不应低于 B_1 级。

嵌入顶棚内的灯具，灯头引线应采用柔性金属管保护，其保护长度不宜超过 1 m。嵌入式灯具、贴顶灯具以及光檐（槽灯）照明，当采用卤钨灯或单灯功率超过 100 W 的白炽灯时，灯具（或灯）引入线应选用耐 105 ~ 250℃高温的绝缘电线，或采用瓷管、石棉等不燃材料作隔热保护。

聚光灯、回光灯不应安装在可燃基座上，贴近灯头的引出线应用高温线或瓷套管保护，配线接点必须设在金属接线盒内。

用于舞台效果的高温灯具，其灯头引线应采用耐高温导线或穿瓷管保护，再经接线柱与灯具连接，导线不得靠近灯具表面或敷设在高温灯具附近。霓虹灯与建筑物、构筑物表面距离不应小于 20 mm。

照明灯具与可燃物之间的安全距离应符合表 3—12—1 中规定的数值。

表 3—12—1 照明灯具与可燃物之间的安全距离

灯具种类	安全距离 /m	灯具种类	
普通灯具	≥ 0.3	功率为 100 ~ 500 W 的灯具	≥ 0.5
高温灯具（聚光灯、碘钨灯等）	≥ 0.5	功率为 500 ~ 2 000 W 的灯具	≥ 0.7
影剧院、礼堂用的面光灯、耳光灯	≥ 0.5	功率为 2 000 W 以上的灯具	≥ 1.2

当安全距离不够时，应采取隔热、散热等防火保护措施。

照明灯具上所装的灯泡，不应超过灯具的额定功率。灯具及其配件应齐全，无机械损伤、变形、涂层剥落和灯罩破裂等缺陷；软线吊灯的软线两端做保护扣，两端芯线搪锡；当装升降器时，套塑料软管，采用安全灯头；除敞开式灯具，其他各类灯具灯泡容量在 100 W 及以上者采用瓷质灯头；连接灯具的软线盘扣、搪锡压线，当采用螺口灯头时，相线接于螺口灯头中间的端子上；灯头的绝缘外壳不破损和不漏电；带有开关的灯头，开关手柄无裸露的金属部分。

每个灯控开关所控灯具的总额定电流值不应大于该灯控开关的额定电流。建筑物内景观照明灯具的导电部分对地电阻应大于 2 MΩ。

节日彩灯的检查应符合下列规定：

（1）建筑物顶部彩灯采用有防雨性能的专用灯具，灯罩要拧紧。

（2）彩灯连接线路应采用绝缘铜导线，导线截面面积应满足载流量要求，且不应小于 2.5 mm^2，灯头线截面面积不应小于 1.0 mm^2。

（3）悬挂式彩灯应采用防水吊线灯头，灯头线与干线的连接应牢固、绝缘包扎紧密。

（4）彩灯供电线路应采用橡胶多股铜芯软导线，截面面积不应小于 4.0 mm^2，垂直敷设时，对地面的距离不小于 3.0 m。

（5）彩灯的电源除统一控制外，每个支路应有单独控制开关和熔断器保护，导线的支持物应安装牢固。

（六）电动机的检查

电动机应安装在牢固的机座上，机座周围应有适当的通道，与其他低压带电体、可燃物之间的距离不应小于 1.0 m，并应保持干燥清洁。电动机外壳接地应牢固可靠、完好无损。电动机应装设短路保护和接地故障保护，并应根据具体情况分别装设过载保护、断相保护和低电压保护。

电动机控制设备的电气元器件外观应整洁，外壳应无破裂，零部件齐全，各接线端子及紧固件应无缺损、锈蚀等现象；电气元器件的触头应无熔焊粘连变形和严重氧化等痕迹；端子上的所有接线应压接牢固，接触应良好，不应有松动、脱落现象。

（七）电热器具的检查

超过3 kW的固定式电热器具应采用单独回路供电，电源线应装设短路、过载及接地故障保护电器；导线和热元件的接线处应紧固，引入线处应采用耐高温的绝缘材料予以保护；电热器具周围0.5 m以内不应放置可燃物；电热器具的电源线，装设刀开关和短路保护电器处，其可触及的外露导电部分应接地。

低于3 kW以下可移动式电热器具应放在不燃材料制作的工作台上，与周围可燃物应保持0.3 m以上的距离；电热器具应采用专用插座，引出线应采用石棉、瓷管等耐高温绝缘套管保护。

工业用大型电热设备，应设置在一、二级耐火等级的建筑内，小型电热设备应单独设在非燃烧材料的室内，并应采取通风散热、排风和防爆泄压措施；为防止线路过载，最好采用单独的供电线路，供电线路应采用耐火耐热绝缘材料的电线电缆，并装设熔断器等保护装置；应装设有温度、时间等控制和报警装置，并应严格控制运行时间和温度。

小型电热设备和电热器具如电烘箱、电熨斗、电烙铁等，在使用和管理上，要注意防火安全，在电热设备通电使用时，不要轻易离开，应养成人走切断电源的习惯；电热器具使用较多的单位，在下班后应有专人负责，切断总电源；根据电热设备使用的性质，配备必要的灭火器材，以便在发生火灾初期能及时扑灭。

（八）空调器具的检查

空调器具应单独供电，电源线应设置短路、过载保护。空调不要靠近窗帘、门帘等悬挂物，以免卷入电机而使电机发热起火；由于空调不具备防雷功能，雷雨天气时，最好不要使用空调；其电源插头的容量不应大于插座的容量且与之匹配。分体式空调穿墙管路应选择不燃或难燃材料套管保护，室内机体接线端子板处接线应牢固、整齐、正确。

空调器具不应安装在可燃结构上，其设备与周围可燃物的距离不应小于0.3 m。空调器具单独供电线路短路保护和过载保护应动作灵活可靠，无拒动现象。空调器具应保持清洁，空气过滤器应定期清洗，以免造成空气堵塞。选用的空调器具应符合实际运行环境的要求。

（九）家用电器的检查

电冰箱及电视机等电器不要短时间内连续切断、接通电源；保证电冰箱后部干燥通风，切勿在电冰箱后面塞放可燃物。

电视机应保证良好的通风，若长期不用，尤其在雨季，要每隔一段时间使用几小时，用电视机自身发出的热量来驱散机内的潮气；室外天线或共用天线的避雷器要有良好的接地，雷雨天气时尽量不要使用室外天线。电热毯第一次使用或长期搁置后再使用，应在有人监视的情况下先通电1 h左右，检查是否安全；折叠电热毯不要固定位置；不要在沙发、席梦思床和钢丝床上使用直线型电热线电热毯，这种电热毯只宜在木板床上使用；避免电热毯与人体接触，不能在电热毯上只铺一层床单，以防人体的揉搓使电热毯堆集打褶，导致局部过热或电线损坏而发生事故。

三、电气装置和设备的维护方法

电气装置和设备在安装调试成功以后，便过渡到了正式的运行与使用阶段，由于其受所处环境的温度、湿度和供电质量等多方面条件的影响，运行阶段出现这样那样的隐患在所难免，因此，对系统进行必要的定期维护十分重要。

系统进行维护前，应制定详细的维护方案，综合运用红外测温技术、超声波探测技术和电工测量技术等多种现代科技手段，选定必要的范围进行抽样检查。

（一）温度

电气装置和设备在异常情况下必然会出现异常的温度，因此，温度的检测是安全维护的一个非常重要的方面。

（二）绝缘电阻

绝缘电阻值反映电气装置和设备的绝缘能力，绝缘电阻值下降，说明绝缘老化，可能会出现过热、短路等故障，容易引起火灾事故。

（三）接地电阻

电气装置和设备接地分为保护性接地和功能性接地，为了保证电气装置和设备的正常工作，必须有一个良好的接地系统。接地电阻是反映接地系统好坏的一个重要指标，对于防雷、防爆、防静电场所尤为重要。

（四）谐波分量及中性线过载电流

中性线电流是由三相不平衡负载电流和非线性负载电流的三次甚至更高倍的奇次谐波电流两部分组成，因此，检测中性线电流可以判定三相不平衡负载电流和奇次谐波电流的大小，同时，利用仪表检测相线电流直接判定导线的负荷状态也十分必要。

（五）火花放电

火花放电可以导致火灾的发生，准确掌握火花放电部位是预防电气火灾的前提，用超声波检测仪可以检测出电气设备内部火花放电现象。

思考题

1. 简述消防用电设备的供电线路的敷设要求。
2. 变、配电装置防火措施有哪些?
3. 低压配电和控制电器防火措施有哪些?
4. 电气线路防火措施有哪些?
5. 电热器具防火措施有哪些?

参考文献

[1] 俞雷，陈文贵，吴建勋 . 中国消防全书（第一卷）[M]. 长春：吉林人民出版社，1994.
[2] 郎永强 . 电气防火防爆防雷方法与技巧 [M]. 北京：机械工业出版社，2007.

第十三章
消防应急照明和疏散指示系统

学习要求

通过本章学习，应了解消防应急照明和疏散指示系统的分类；掌握消防应急照明和疏散指示系统的安装、调试、检测及维护等相关内容。

消防应急照明和疏散指示系统是用于辅助建筑内人员安全疏散、逃生、避难和消防作业等应急行动的重要消防设施。该系统的主要功能是在火灾事故发生时，为人员的安全疏散、逃生提供必要的照明和疏散路线指示，同时为灭火救援工作的持续进行提供应急照明。

第一节　系统分类与构成

随着时代的进步，在经济、科技迅猛发展的同时，出现了许多大型展览馆、科技馆、博物馆、购物中心等公共建筑。这些场所具有功能复杂、人员密集、疏散困难、火灾负荷大等特点。当建筑物内部发生火灾时，容易造成人员伤亡事故。消防应急照明系统和疏散指示系统可以有效保障建筑物内人员安全、迅速、有序疏散，并有利于救援工作的顺利进行，从而最大限度地减少人员的伤亡和降低财产的损失。

消防应急照明和疏散指示系统按控制方式可分为非集中控制型系统和集中控制型系统；按应急电源的实现方式可分为自带电源型系统和集中电源型系统。综合以上两种分类方式，可以将消防应急照明和疏散指示系统分为以下四种形式：

（1）自带电源非集中控制型系统，如图 3—13—1 所示。

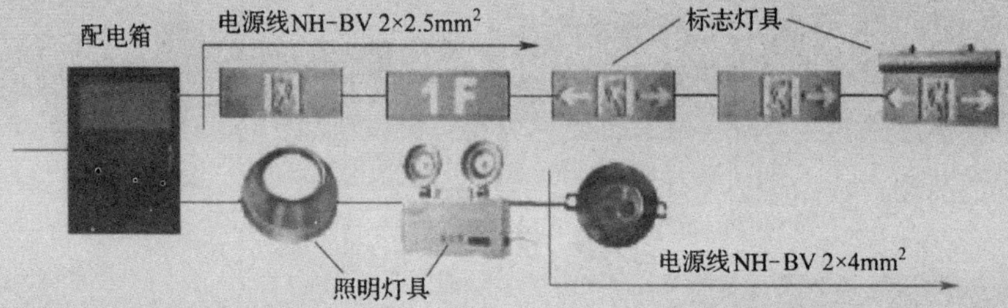

图 3—13—1　自带电源非集中控制型系统

（2）自带电源集中控制型系统，如图 3—13—2 所示。

（3）集中电源非集中控制型系统，如图 3—13—3 所示。

（4）集中电源集中控制型系统，如图 3—13—4 所示。

系统组件及工作原理见《消防安全技术实务》第三篇第十一章的相关内容。

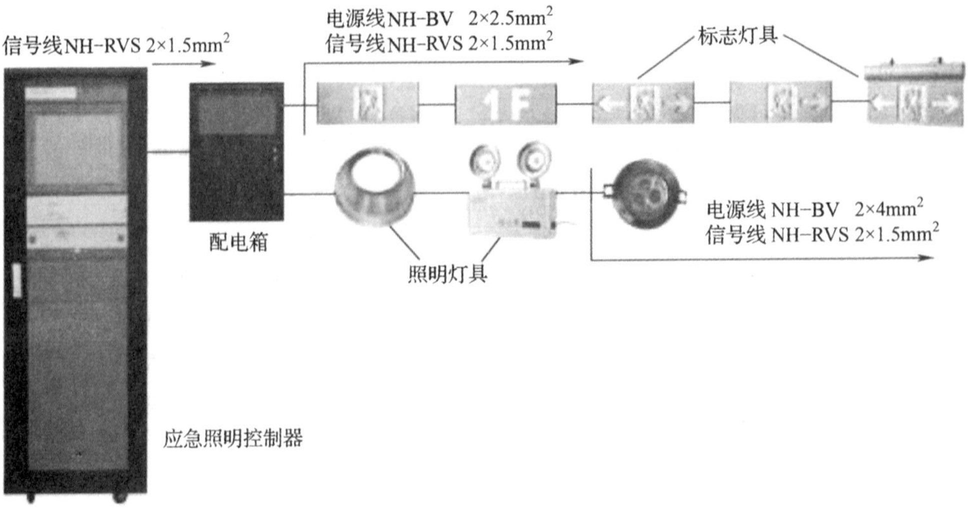

图 3—13—2 自带电源集中控制型系统

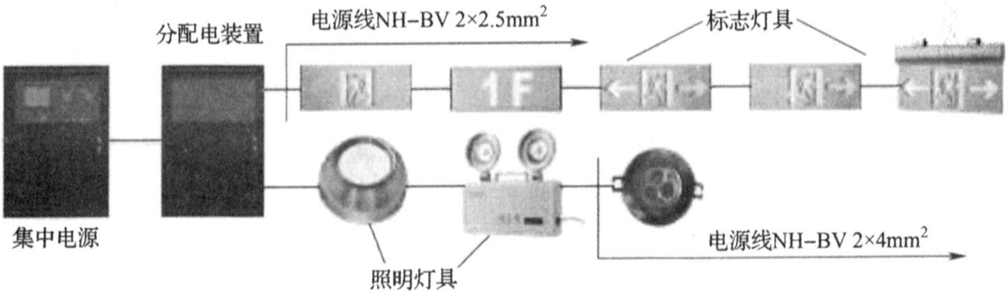

图 3—13—3 集中电源非集中控制型系统

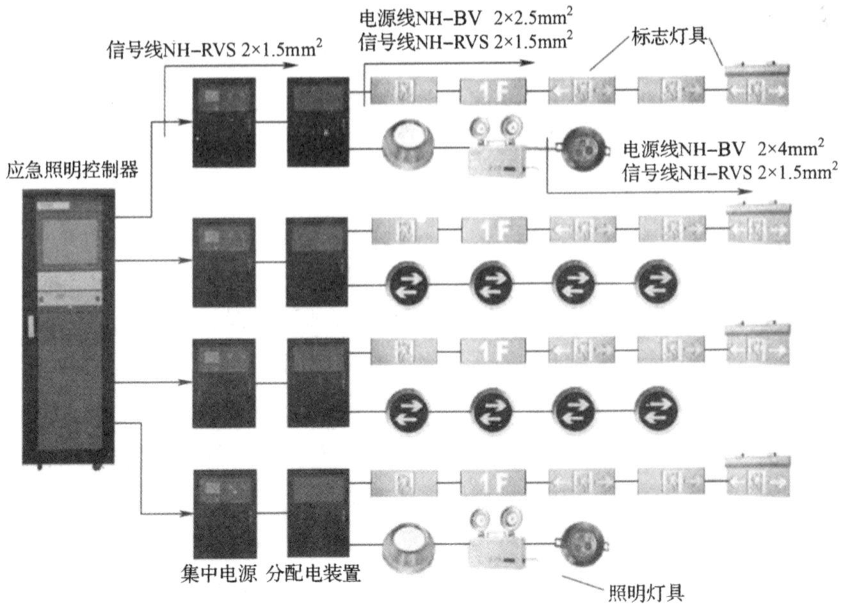

图 3—13—4 集中电源集中控制型系统

第二节 系统安装与调试

消防应急照明和疏散指示系统要按照《建筑电气工程施工质量验收规范》（GB 50303—2015）的要求进行布线，并按照下列要求进行安装与调试。

一、系统安装

消防应急照明和疏散指示系统施工安装前，应首先检查产品的外包装是否破损、外观及结构是否存在问题，并严格按照施工过程质量控制要求，对系统设备、材料及配件进行现场检查（检验）和选型符合性检查，不合格的设备、材料、配件及不符合设计图样要求的产品不得使用。

（一）一般要求

（1）消防应急灯具与供电线路之间不能使用插头连接。

（2）消防应急灯具安装后不能对人员正常通行产生影响，消防应急标志灯具周围要保证无遮挡物。

（3）带有疏散方向指示箭头的消防应急标志灯具在安装时应保证箭头指示的疏散方向与实际疏散方向相同。

（4）指示出口的消防应急标志灯具应固定在坚固的墙上或顶棚下，可以明装，也可以嵌墙安装。

（5）消防应急灯具在安装时应保证灯具上的各种状态指示灯易于观察，试验按钮（开关）能被手动或遥控操作。

（6）消防应急照明灯具安装时，在正面迎向人员疏散方向，应有防止造成眩光的措施。

（7）消防应急灯具吊装时宜使用金属吊管，吊管上端应固定在建筑物实体或构件上。

（8）作为辅助指示的蓄光型标志牌只能安装在与标志灯具指示方向相同的路线上，但不能代替标志灯具。

（9）消防应急灯具宜安装在不燃烧墙体和不燃烧装修材料上。

（二）系统主要组件安装

1. 消防应急标志灯具的安装

（1）在顶部安装时，尽量不要吸顶安装，灯具上边与顶棚距离宜大于200 mm；吊装时，应采用金属吊杆或吊链，吊杆或吊链上端应固定在建筑结构件上。

（2）低位安装在疏散走道及其转角处时，应安装在距地面（楼面）1 m以下的墙上，标志表面应与墙面平行，凸出墙面的部分不应有尖锐角及伸出的固定件；灯光疏散指示标志的间距不应大于20 m；对于袋形走道不应大于10 m；在走道转角区不应大于1 m。

（3）安装在地面上时，灯具的所有金属构件应采用耐腐蚀构件或做防腐处理，电源连接和控制线连接应采用密封胶密封，标志灯具表面应与地面平行，与地面高度差不宜大于3 mm，与地面接触边缘不宜大于1 mm。

（4）在人员密集的大型室内公共场所的疏散走道和主要疏散线路上，安装保持视觉连续的消防应急标志灯具时，箭头指示方向或导向光流流动方向应与实际疏散方向一致。

消防应急标志灯具实物如图3—13—5所示。

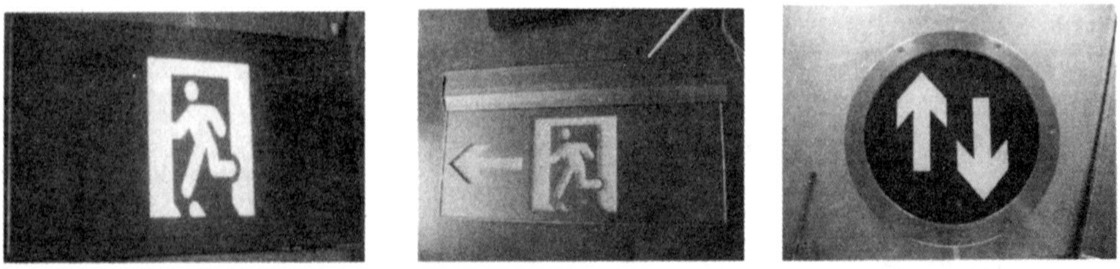

a)　　　　　　b)　　　　　　c)

图 3—13—5　消防应急标志灯具

2. 消防应急照明灯具的安装

（1）消防应急照明灯具应均匀布置，最好安装在棚顶或距楼地面 2 m 以上的侧面墙上。

（2）在侧面墙上顶部安装时，其底部距地面距离不得低于 2 m；在距地面 1 m 以下侧面墙上安装时，应采用嵌入式安装，其凸出墙面最大水平距离不应超过 20 mm，且应保证光线照射在安装灯具的水平线以下；不得安装在地面或距地面 1 ~ 2 m 之间的侧面墙上。

（3）吊装时，要采用金属吊杆或吊链，吊杆或吊链上端应固定在建筑结构件上。

3. 应急照明配电箱和分配电装置的安装

（1）应急照明配电箱和分配电装置落地安装时宜高出地面 50 mm 以上，屏前和屏后的通道最小宽度应符合《低压配电设计规范》（GB 50054—2011）中的规定。

（2）应急照明配电箱和分配电装置安装在墙上时，其底边距地面高度宜为 1.3 ~ 1.5 m，靠近门轴的侧面距墙不应小于 0.5 m，正面操作距离不应小于 1.0 m。

消防应急照明灯具实物如图 3—13—6 所示。

图 3—13—6　消防应急照明灯具

4. 应急照明集中电源的安装

（1）安装场所应无腐蚀性气体、蒸气、易燃物及尘土；电池应安装于通风良好的场所，严禁安放在密封环境、仓库等场所。

（2）落地安装时，宜高出地面 150 mm 以上，屏前和屏后的通道应能够满足更换电池的需求。

应急照明集中电源及相关设备实物如图 3—13—7 所示。

5. 应急照明控制器的安装

（1）在墙上安装时，应急照明控制器的底边距地（楼）面高度为 1.3 ~ 1.5 m，靠近门或侧墙安装时应保证应急照明控制器门的正常开关，正面操作距离不应小于 1.2 m；落地安装时，其底边宜高出地坪 0.1 ~ 0.2 m。

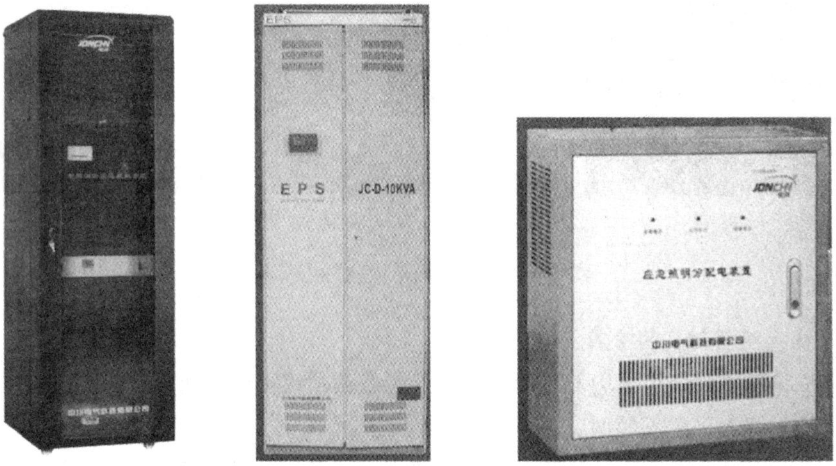

a)　　　b)　　　c)

图 3—13—7　应急照明集中电源及相关设备

a）应急照明控制器　b）集中电源　c）分配电装置

（2）应急照明控制器应安装牢固，不得倾斜，安装在轻质墙上时，应采取加固措施。

（3）应急照明控制器的主电源要有明显标志，并应直接与消防电源连接，严禁使用电源插头。应急照明控制器与其外接备用电源之间应直接连接。接地应牢固，并应有明显标志。

（4）应急照明控制器的控制线路要单独穿管。引入应急照明控制器的电缆或导线，配线应整齐，避免交叉，并应固定牢靠；电缆芯线和所配导线的端部，均应标明编号，并与图样一致，字迹应清晰且不易褪色；端子板的每个接线端，接线不得超过两根；电缆芯和导线应留有不小于 200 mm 的余量；导线应绑扎成束；导线穿管后，应将管口封堵。

应急照明控制器实物如图 3—13—7a）所示。

6. 疏散指示标志牌的安装

（1）安装在疏散走道和主要疏散路线的地面时，其指示的疏散方向应与标志灯具指示方向相同，安装间距不应大于 1.5 m。

（2）安装应牢固，无破损。

（3）安装在地面上时，只能采用镶嵌式工艺，其安装后应平整、牢固。

7. 电线电缆选择与线路敷设

（1）应急照明集中电源的输出支路和集中控制型系统的控制线路在竖井内敷设，且与竖井内的燃烧性能为 B_1 级以下电线电缆之间没有防火分隔时，应选择燃烧性能为 A 级的电线电缆；有防火分隔时，可选择燃烧性能为 B_1 级的电线电缆。

（2）应急照明分配电装置的输出线路和集中控制型系统的控制线路选择燃烧性能为 B_1 级电线电缆时，应穿金属管保护，也可敷设在燃烧性能为同级别的电缆桥架或线槽中；选择燃烧性能为 A 级电线电缆时，可明敷。

（3）地面安装或潮湿场所安装时，灯具的供电线路和控制线路，均应选择耐腐蚀的橡胶电缆，接线处应有防腐蚀和防潮处理。

（4）不同电压等级的线缆不应穿入同一根保护管内，当合用同一线槽时，线槽内应有金属隔板分隔。

（5）系统的配电支线应采用铜芯导线，控制线路应采用多股铜芯导线。

二、系统调试

系统的调试应在系统施工结束后进行，调试前应对系统中的消防应急灯具、消防应急灯具专用应急电源盒、应急照明集中电源、应急照明控制器、应急照明配电箱、应急照明分配电装置等设备分别进行单机通电检查。

（一）消防应急标志灯具和消防应急照明灯具的调试

（1）采用目测的方法检查消防应急标志灯具安装位置和标志信息上的箭头指示方向是否与实际疏散方向相符。

（2）在黑暗条件下，使照明灯具转入应急状态，用照度计测量地面的最低水平照度，该照度值应符合设计要求。

（3）操作试验按钮或其他试验装置，消防应急灯具应转入应急工作状态。

（4）断开连续充电 24 h 的消防应急灯具电源，使消防应急灯具转入应急工作状态，同时用秒表开始计时；消防应急灯具主电指示灯应熄灭，应急工作时间不应小于本身标称的应急工作时间。

（5）使顺序闪亮形成导向光流的标志灯具转入应急工作状态，目测其光流导向应与设计的疏散方向相同。

（6）使有语音指示的标志灯具转入应急工作状态，其语音应与设计相符。

（7）逐个切断各区域应急照明配电箱或启动应急照明集中电源的分配电装置，该配电箱或分配电装置供电的消防应急灯具应在 5 s 内转入应急工作状态。

（8）受火灾自动报警系统控制的消防应急照明和疏散指示系统，输入联动控制信号，系统内的消防应急灯具应在 5 s 内转入与联动控制信号相对应的工作状态，并应发出联动反馈信号；对于设计有手动控制功能的系统，操作手动控制机构，使系统转入应急工作状态，相应的消防应急灯具应在 5 s 内转入应急工作状态。

（二）应急照明集中电源的调试

（1）分别操作集中电源使其处于主电工作和应急工作状态下，观察应急照明集中电源的主电电压、电池电压、输出电压和输出电流，主电显示和充电显示灯状态应与生产企业的说明书相符。

（2）操作手动应急转换控制机构，观察应急照明集中电源和该电源供电的所有消防应急灯具转入应急工作状态的情况。

（3）断开主电电源，应急照明集中电源和该电源供电的所有消防应急灯具均应转入应急工作状态，应急工作时间应不小于本身标称的应急工作时间。

（三）应急照明控制器的调试

（1）操作控制功能，应急照明控制器应能控制任何消防应急灯具从主电工作状态转入应急工作状态，并应有相应的状态指示和消防应急灯具转入应急状态的时间。

（2）检查应急照明控制器的防止非专业人员操作的功能。

（3）断开任一消防应急灯具与应急照明控制器间连线，应急照明控制器应发出声、光故障信号，并显示故障部位，故障存在期间，操作应急照明控制器，应能控制与此故障无关的消防应急灯具转入应急工作状态。

（4）断开应急照明控制器的主电源，使应急照明控制器由备电工作，应急照明控制器在备电工作时各种控制功能应不受影响，备电工作时间不应小于应急照明持续时间的3倍，且不小于3 h。

（5）关闭应急照明控制器的主程序，系统内的消防应急灯具应能按设计的联动逻辑转入应急工作状态。

（四）系统功能调试

1. 非集中控制型系统功能调试

（1）自带电源型系统，手动操作应急照明配电箱的手动转换装置，模拟消防联动控制信号，系统应转入应急工作状态。

（2）集中电源型系统，手动操作应急照明集中电源的手动转换装置，模拟消防联动控制信号，系统应转入应急工作状态。

2. 集中控制型系统功能调试

（1）模拟消防联动控制信号，应急照明控制器应控制相关消防应急灯具转入应急工作状态。

（2）应急照明控制器应能控制并显示系统内所有的消防应急灯具、消防应急电源、应急照明分配电装置及其他附件的工作状态。

（3）手动控制消防应急照明控制器，使消防应急灯具转入应急工作状态，相关消防应急灯具应转入应急工作状态。

第三节　系统检测与维护

消防应急照明和疏散指示系统竣工后，建设单位应负责组织相关单位进行工程检测。检测不合格的工程不得投入使用。

一、系统检测

系统检测前应对照图样检查工程中各设备的名称、型号、规格、数量是否符合设计要求；系统中的消防应急标志灯具、消防应急照明灯具、应急照明集中电源、应急照明控制器及相关设备的接线、安装位置、施工质量是否符合要求。

系统现场检测包括消防应急标志灯具、消防应急照明灯具、应急照明集中电源、应急照明控制器、疏散指示标志牌等组件的检测、系统功能测试及系统供配电检查，系统检测前要确保系统处于正常工作状态。

（一）消防应急标志灯具检测项目

（1）标志灯具的颜色、标志信息应符合《消防应急照明和疏散指示系统》（GB 17945—2010）的要求，指示方向应与设计方向一致。

（2）使用的电池应与有效证明文件相符。

（3）状态指示灯指示应正常。

（4）连续3次操作试验机构，灯具应能完成应急转换。

（5）应急工作时间应不小于其本身标称的应急工作时间。

（二）消防应急照明灯具检测项目

（1）照明灯具的光源及隔热情况应符合要求。

（2）使用的电池应与有效证明文件相符。

（3）状态指示灯应正常。

（4）连续3次按试验按钮，灯具应能完成自动转换。

（5）应急工作时间应不小于其本身标称的应急工作时间。

（6）安装区域的最低照度值应符合设计要求。

（7）光源与电源分开设置的照明灯具安装时，灯具安装位置应有清晰可见的消防应急灯具标示，电源的试验按钮和状态指示灯应方便操作和观察。

（三）应急照明集中电源检测项目

（1）安装场所应符合要求。

（2）供电应符合设计要求。

（3）应急工作时间应不小于其本身标称的应急工作时间。

（4）输出线路、分配电装置、输出电源负载应与设计相符，且不应连接与应急照明和疏散指示无关的负载或插座。

（5）应急照明集中电源应设模拟主电源供电故障的自复式试验按钮（或开关），不应设影响应急功能的开关。

（6）应急照明集中电源应显示主电电压、电池电压、输出电压和输出电流，并应设主电、充电、故障和应急状态指示灯，主电状态用绿色，故障状态用黄色，充电状态和应急状态用红色。

（7）应急照明集中电源应能以手动、自动两种方式转入应急状态，且应设只有专业人员可操作的强制应急启动按钮。

（8）应急照明集中电源每个输出支路均应单独保护，且任一支路故障不应影响其他支路的正常工作。

（四）应急照明控制器检测项目

（1）应急照明控制器应安装在消防控制室或值班室内。

（2）应急照明控制器应能控制并显示与其相连的所有消防应急灯具的工作状态，并显示应急启动时间。

（3）应急照明控制器应能防止非专业人员操作。

（4）应急照明控制器在与其相连的消防应急灯具之间的连接线开路、短路（短路时消防应急灯具转入应急状态除外）时，应发出声、光故障信号，并指示故障部位。声故障信号应能手动消除，当有新的故障信号时，声故障信号应能再启动。光故障信号在故障排除前应保持。

（5）应急照明控制器应有主、备用电源的工作状态指示，并能实现主、备用电源的自动转换。且备用电源应能保证应急照明控制器正常工作3 h。

（6）当应急照明控制器控制应急照明集中电源时，应急照明控制器应能控制并显示应急照明集中电源的工作状态（主电、充电、故障状态，电池电压、输出电压和输出电流），且在与应急照明集中电源之间连接线开路或短路时，发出声、光故障信号。

（7）应急照明控制器应能对本机及面板上的所有指示灯、显示器、音响器件进行功能检查。

（8）应急照明控制器应能以手动、自动两种方式使与其相连的所有消防应急灯具转入应急状态，且应设强制使所有消防应急灯具转入应急状态的按钮。

（9）当某一支路的消防应急灯具与应急照明控制器连接线开路、短路或接地时，不应影响其他支路的消防应急灯具和应急电源的工作。

（五）疏散指示标志牌检测项目

疏散指示标志牌的检测应符合本章第二节相关内容的要求。

（六）系统功能检测项目

1. 非集中控制型系统的应急控制

（1）未设置火灾自动报警系统的场所，系统应在正常照明中断后转入应急工作状态。

（2）设置火灾自动报警系统的场所，自带电源非集中控制型系统应由火灾自动报警系统联动各应急照明配电箱实现工作状态的转换；集中电源非集中控制型系统应由火灾自动报警系统联动各应急照明集中电源和应急照明分配电装置实现工作状态的转换。

2. 集中控制型系统的应急控制

（1）应急照明控制器应能接收火灾自动报警系统的火灾报警信号或联动控制信号，并控制相应的消防应急灯具转入应急工作状态。

（2）自带电源集中控制型系统，应由应急照明控制器控制系统内的应急照明配电箱和相应的消防应急灯具及其他附件实现工作状态转换。

（3）集中电源集中控制型系统，由应急照明控制器控制系统内应急照明集中电源、应急照明分配电装置和相应的消防应急灯具及其他附件实现工作状态转换。

（4）当系统需要根据火灾报警信号联动熄灭安全出口指示标志灯具时，应仅在接收到安全出口处设置的感温火灾探测器的火灾报警信号时，系统才能联动熄灭指示该出口和指向该出口的消防应急标志灯具。

（5）应急照明控制器的主电源应由消防电源供电；应急照明控制器的备用电源应至少使控制器在主电源中断后工作3 h。

（七）系统供配电检查

1. 平面疏散区域供电

（1）平面疏散区域供电应由应急照明总配电柜的主电以树干式或放射式供电，并按防火分区设置应急照明配电箱、应急照明集中电源或应急照明分配电装置；非人员密集场所可在多个防火分区设置一个共用应急照明配电箱，但每个防火分区宜采用单独的应急照明供电回路。

（2）应急照明配电箱的主电源宜取自于本防火分区的备用照明配电箱；多个防火分区共用一个应急照明配电箱的主电源应取自应急电源干线或备用照明配电箱的供电侧。

（3）大于2 000 m^2的防火分区应单独设置应急照明配电箱或应急照明分配电装置；小于2 000 m^2的防火分区可采用专用应急照明回路。

（4）应急照明回路沿电缆管井垂直敷设时，公共建筑应急照明配电箱供电范围不宜超过8层，住宅建筑不宜超过16层。

（5）一个应急照明配电箱或应急照明分配电装置所带灯具覆盖的防火分区总面积不宜超过4 000 m^2，地铁隧道内不应超过一个区段的1/2，道路交通隧道内不宜超过500 m。

（6）检查应急照明集中电源、应急照明分配电装置的设置是否符合下列要求：

1）二者在同一平面层时，应急照明电源应采用放射式供电方式。

2）二者不在同一平面层，且配电分支干线沿同一电缆管井敷设时，应急照明集中电源可采用放射式或树干式供电方式。

（7）商住楼的商业部分与居住部分应分开，并单独设置应急照明配电箱或应急照明集中电源。

2. 垂直疏散区域及其扩展区域的供电

（1）每个垂直疏散通道及其扩展区可按一个独立的防火分区考虑，并应采用垂直配灯方式。

（2）建筑高度超过 50 m 的每个垂直疏散通道及其扩展区宜单独设置应急照明配电箱或应急照明分配电装置。

3. 避难层及航空疏散场所的供电

避难层及航空疏散场所的消防应急照明应由变配电所放射式供电。

4. 消防工作区域及其疏散走道的供电

（1）消防控制室、高低压配电房、发电机房及蓄电池类自备电源室、消防水泵房、防烟及排烟机房、消防电梯机房、电话机房、通信机房、大型计算机房、安全防范控制中心机房等在发生火灾时有人值班的场所，应同时设置备用照明和疏散照明；楼层配电间（室）及其他火灾时无人值班的场所可不设备用照明和疏散照明。

（2）备用照明可采用普通灯具，并由双电源供电。

5. 灯具配电回路

（1）交流电压 220V 或直流电压 216V 灯具的供电回路工作电流不宜大于 10 A，安全电压灯具的供电回路工作电流不宜大于 5 A。

（2）每个应急供电回路所配接的灯具数量不宜超过 64 个。

（3）应急照明集中电源应经应急照明分配电装置配接消防应急灯具。

（4）应急照明集中电源、应急照明分配电装置及应急照明配电箱的输入及输出配电回路中不应装设剩余电流动作脱扣保护装置。

6. 应急照明配电箱及应急照明分配电装置的输出

（1）输出回路不应超过 8 路。

（2）采用安全电压时的每个回路输出电流不应大于 5 A。

（3）采用非安全电压时的每个回路输出电流不应大于 10 A。

二、系统维护管理

系统在日常管理过程中应保持连续正常运行，不得随意中断；定期使系统进行自放电，更换应急放电时间不满足相应要求的产品或更换其电池；系统内的产品寿命应符合国家有关标准要求，达到寿命极限的产品应及时更换；当消防应急标志灯具的表面亮度小于 15 cd/m^2 时，应马上进行更换。

（一）月度检查要求

每月检查消防应急灯具。如果发出故障信号或不能转入应急工作状态，应及时检查电池电压，如果电池电压过低，应及时更换电池；如果光源无法点亮或有其他故障，应及时通知产品制造商的维护人员进行维修或者更换。

每月检查应急照明集中电源和应急照明控制器的状态。如果发现故障声光信号应及时通知产品制造商的维护人员进行维修或者更换。

（二）季度检查要求

每季度检查和试验系统的下列功能：

（1）检查消防应急灯具、应急照明集中电源和应急照明控制器的指示状态。

（2）检查应急工作时间。

（3）检查转入应急工作状态的控制功能。

值班人员一旦发现故障，应及时进行维护、更换。除常见的灯具故障外，设备的维修应由专业维修人员负责。常见故障及其检查方法有：

（1）主电源故障：检查输入电源是否完好，熔丝有无烧断，接触是否不良等。

（2）备用电源故障：检查充电装置、电池有无损坏，连线有无断线。

（3）灯具故障：检测灯具控制器、光源、电池是否完好，如有损坏，应对此灯具故障部分及时更换。

（4）回路通信故障：检查该回路从主机至灯具的接线是否完好，灯具控制器有无损坏。

（5）其他故障：对于一时排除不了的故障，应立即通知有关专业维修单位，以便尽快修复，恢复正常工作。

（三）年度检查要求

每年检查和试验系统的下列功能：

（1）除季度检查内容外，还应对电池做容量检测试验。

（2）试验应急功能。试验自动和手动应急功能，进行与火灾自动报警系统的联动试验。

思考题

1. 简述消防应急照明和疏散指示系统的分类。
2. 简述消防应急照明和疏散指示系统的安装要求。
3. 简述消防应急照明和疏散指示系统各组件的调试内容。
4. 简述消防应急照明和疏散指示系统功能的检测项目。
5. 简述消防应急照明和疏散指示系统月度检查、季度检查和年度检查的内容。

第十四章
火灾自动报警系统

学习要求

通过本章学习，应了解火灾自动报警系统的构成；掌握火灾自动报警系统的安装、调试、检测及维护的相关内容。

火灾自动报警系统是探测火灾早期特征，发出火灾报警信号，为人员疏散、防止火灾蔓延和启动自动灭火设备提供控制与指示的消防系统。

第一节 系统构成

火灾自动报警系统一般设置在工业与民用建筑场所，与自动灭火系统、消防应急照明和疏散指示系统、防烟排烟系统以及防火分隔系统等其他消防系统一起构成完整的建筑消防系统。火灾自动报警系统由火灾探测报警系统、消防联动控制系统、可燃气体探测报警系统及电气火灾监控系统组成。

一、火灾探测报警系统

火灾探测报警系统由火灾报警控制器、触发器件和火灾警报装置等组成，能及时、准确地探测保护对象的初起火灾，并做出报警响应，告知建筑中的人员火灾的发生，从而使建筑中的人员有足够的时间在火灾发展蔓延到危害生命安全的程度前疏散至安全地带，是保障人员生命安全的最基本的建筑消防系统。火灾探测报警系统的构成如图 3—14—1 所示。

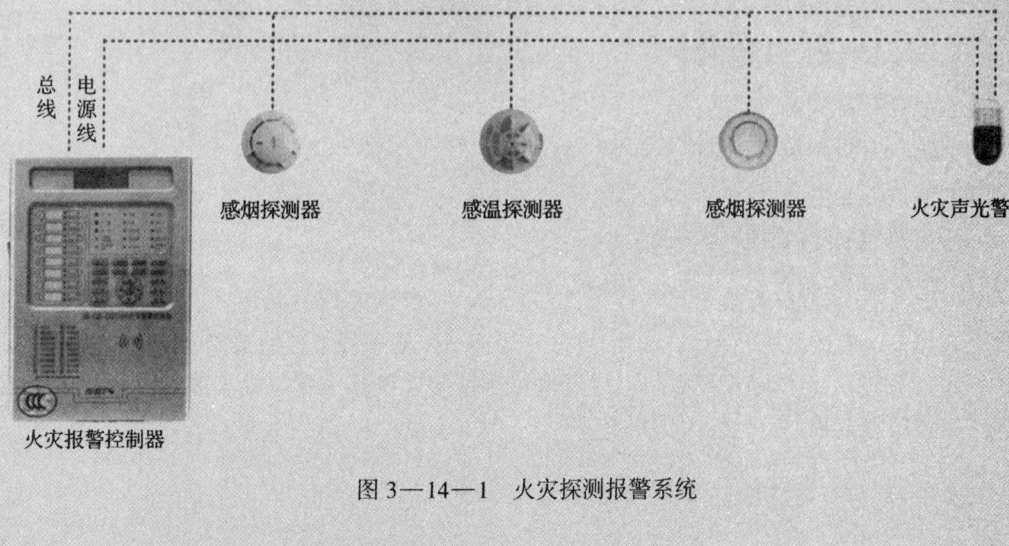

图 3—14—1　火灾探测报警系统

二、消防联动控制系统

消防联动控制系统由消防联动控制器、消防控制室图形显示装置、消防电气控制装置（防火卷帘控制器、气体灭火控制器等）、消防电动装置、消防联动模块、消火栓按钮、消防应急广播设备、消防电话等设备和组件组成，在火灾发生时联动控制器按设定的控制逻辑准确发出联动控制信号给消防泵、喷淋泵、防火门、防火阀、排烟阀等消防设备，完成对灭火系统、消防应急照明和疏散指示系统、防烟排烟系统及防火卷帘等其他消防系统的控制功能，当受控消防设备动作后将动作信号反馈给消防控制室并显示。消防联动控制系统还监视建筑消防设施的运行状态，即接收来自消防联动现场设备以及火灾自动报警系统以外的其他系统的火灾信息或其他触发和输入信息。通过传输设备将火灾报警控制器发出的火灾报警信号及其他有关信息传输到建筑消防设施及消防安全管理远程监控系统。消防联动控制系统的构成如图 3—14—2 所示。

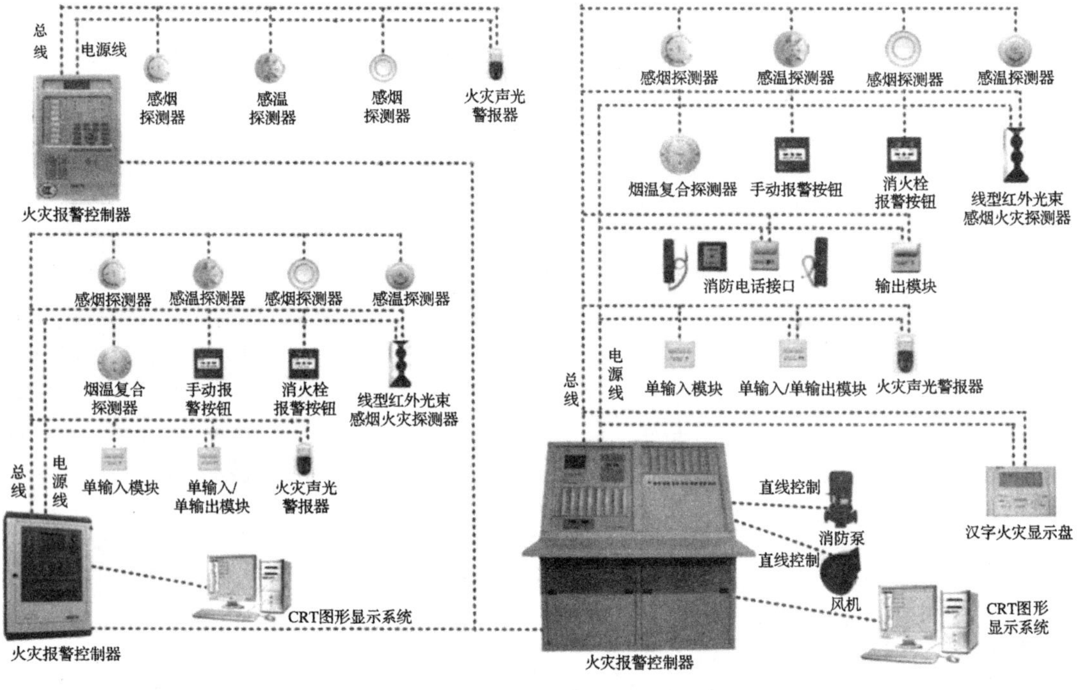

图 3—14—2　消防联动控制系统

三、可燃气体探测报警系统

可燃气体探测报警系统由可燃气体报警控制器、可燃气体探测器和火灾声光警报器等组成，能够在保护区域内泄漏可燃气体的浓度低于爆炸下限的条件下提前报警，从而预防由于可燃气体泄漏引发的火灾和爆炸事故。可燃气体探测报警系统是火灾自动报警系统的独立子系统，属于火灾预警系统。可燃气体探测报警系统的构成如图 3—14—3 所示。

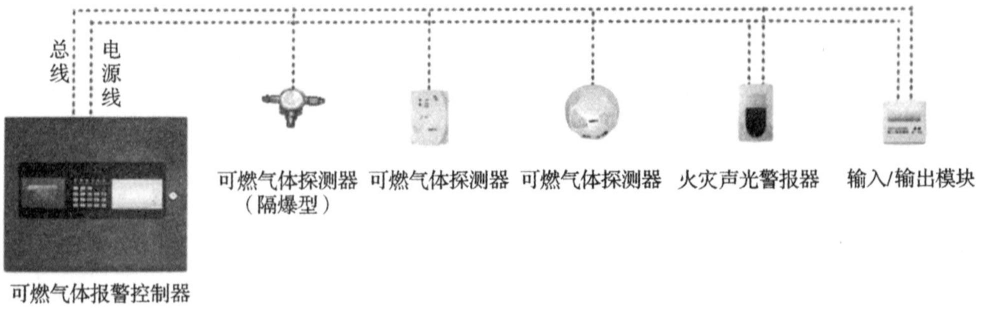

图 3—14—3　可燃气体探测报警系统

四、电气火灾监控系统

电气火灾监控系统由电气火灾监控器、电气火灾监控探测器组成，能在发生电气故障、产生一定电气火灾隐患的条件下发出报警信号，提醒专业人员排除电气火灾隐患，实现电气火灾的早期预防，避免电气火灾的发生。电气火灾监控系统是火灾自动报警系统的独立子系统，属于火灾预警系统。电气火灾监控系统的构成如图 3—14—4 所示。

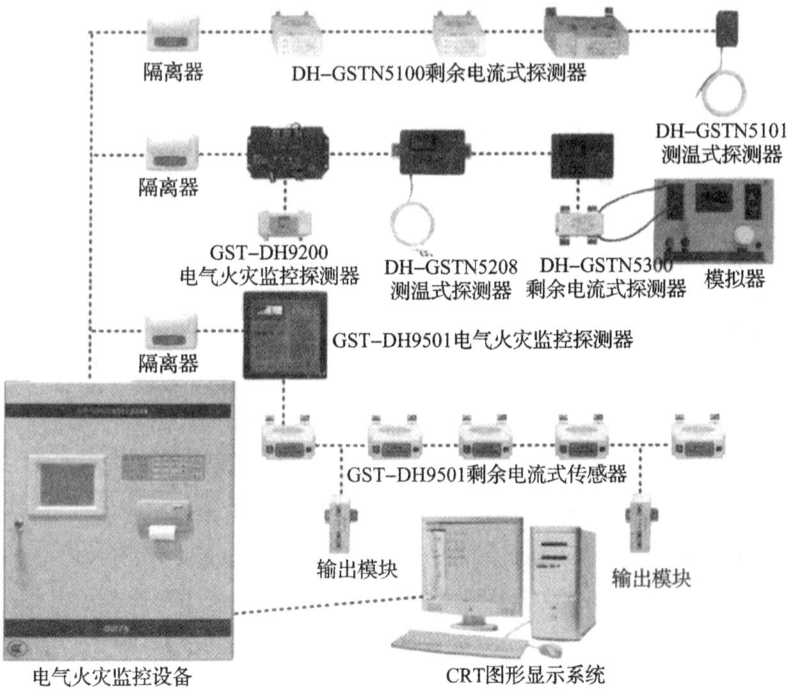

图 3—14—4　电气火灾监控系统

第二节　系统安装调试

火灾自动报警系统安装施工前，按照施工过程质量控制要求，需要对系统设备、材料及配件进行现场检查（检验）和设计符合性检查，不合格的设备、材料及配件及不符合设计图样要求的产品不得使用。

一、布线

火灾自动报警系统布线前，应按设计文件的要求对材料进行检查，导线的种类、电压等级应符合设计文件要求，并按照下列要求进行布线。

（1）火灾自动报警系统的布线，应符合《建筑电气工程施工质量验收规范》（GB 50303—2015）的规定。火灾自动报警系统应单独布线，系统内不同电压等级、不同电流类别的线路，不应布在同一管内或线槽的同一槽孔内。在管内或线槽内的布线，应在建筑抹灰及地面工程结束后进行，管内或线槽内不应有积水及杂物。

（2）导线在管内或线槽内不应有接头或扭结。导线的接头应在接线盒内焊接或用端子连接。从接线盒、线槽等处引到探测器底座、控制设备、扬声器的线路，当采用可挠金属管保护时，其长度不应大于2 m。敷设在多尘或潮湿场所管路的管口和管子连接处，均应做密封处理。

（3）管路超过下列长度时，应在便于接线处装设接线盒：

1）管子长度每超过30 m，无弯曲时。

2）管子长度每超过20 m，有1个弯曲时。

3）管子长度每超过10 m，有2个弯曲时。

4）管子长度每超过8 m，有3个弯曲时。

（4）金属管子入盒，盒外侧应套锁母，内侧应装护口；在吊顶内敷设时，盒的内外侧均应套锁母。塑料管入盒应采取相应固定措施。明敷设各类管路和线槽时，应采用单独的卡具吊装或支撑物固定。吊装线槽或管路的吊杆直径不应小于6 mm。

（5）线槽敷设时，应在下列部位设置吊点或支点：

1）线槽始端、终端及接头处。

2）距接线盒0.2 m处。

3）线槽转角或分支处。

4）直线段不大于3 m处。

（6）线槽接口应平直、严密，槽盖应齐全、平整、无翘角。并列安装时，槽盖应便于开启。管线经过建筑物的变形缝（包括沉降缝、伸缩缝、抗震缝等）处，应采取补偿措施，导线跨越变形缝的两侧应固定，并留有适当余量。

（7）火灾自动报警系统导线敷设后，应用500 V绝缘电阻表测量每个回路导线对地的绝缘电阻，且绝缘电阻值不应小于20 MΩ。同一工程中的导线，应根据不同用途选择不同颜色加以区分，相同用途的导线颜色应一致。电源线正极应为红色，负极应为蓝色或黑色。

二、系统主要组件安装

系统主要组件的安装包括控制器类设备、火灾探测器、手动火灾报警按钮、消防电气控制装置、模块、消防应急广播扬声器和火灾警报器、消防专用电话、消防设备应急电源、可燃气体探测器、电气火灾监控探测器等内容。

（一）组件安装前的检查

（1）按照设计文件的要求对组件进行检查，组件的型号、规格应符合设计文件的要求。

（2）对组件外观进行检查，组件表面应无明显划痕、毛刺等机械损伤，紧固部位应无松动。

（二）控制器类设备的安装要求

控制器类设备主要包括火灾报警控制器、区域显示器、消防联动控制器、可燃气体报警控制器、电气火灾监控器、气体（泡沫）灭火控制器、消防控制室图形显示装置、火灾报警传输设备或用户信息传输装置、防火门监控器等设备。

（1）控制器类设备在消防控制室内的布置要求：

1）设备面盘前的操作距离，单列布置时不应小于 1.5 m，双列布置时不应小于 2 m。

2）在值班人员经常工作的一面，设备面盘至墙的距离不应小于 3 m。

3）设备面盘后的维修距离不宜小于 1 m。

4）设备面盘的排列长度大于 4 m 时，其两端应设置宽度不小于 1 m 的通道。

5）与建筑其他弱电系统合用的消防控制室，消防设备应集中设置，并应与其他设备间有明显间隔。

（2）控制器类设备采用壁挂方式安装时，其主显示屏高度宜为 1.5 ～ 1.8 m；其靠近门轴的侧面距墙不应小于 0.5 m，正面操作距离不应小于 1.2 m；落地安装时，其底边宜高出地（楼）面 0.1 ～ 0.2 m。

（3）控制器应安装牢固，不应倾斜；安装在轻质墙上时，应采取加固措施。

（4）引入控制器的电缆或导线的安装要求：

1）配线应整齐，不宜交叉，并应固定牢靠。

2）电缆芯线和所配导线的端部均应标明编号，并与图样一致，字迹应清晰且不易褪色。

3）端子板的每个接线端，接线不得超过 2 根，电缆芯线和导线应留有不小于 200 mm 的余量，并应绑扎成束。

4）导线穿管或线槽后，应将管口或槽口封堵。

（5）控制器的主电源应有明显的永久性标志，并应直接与消防电源连接，严禁使用电源插头。控制器与其外接备用电源之间应直接连接。

（6）控制器的接地应牢固，并有明显的永久性标志。

（三）火灾探测器的安装要求

1. 点型感烟、感温火灾探测器

（1）探测器至墙壁、梁边的水平距离，不应小于 0.5 m；探测器周围水平距离 0.5 m 内，不应有遮挡物；探测器至空调送风口最近边的水平距离，不应小于 1.5 m；至多孔送风顶棚孔口的水平距离，不应小于 0.5 m。

（2）在宽度小于 3 m 的内走道顶棚上安装探测器时，宜居中安装。点型感温火灾探测器的安装间距不应超过 10 m；点型感烟火灾探测器的安装间距不应超过 15 m。探测器至端墙的距离不应大于安装间距的一半。

（3）探测器宜水平安装，当确实需倾斜安装时，倾斜角不应大于 45°。

2. 线型光束感烟火灾探测器

（1）根据设计文件的要求确定探测器的安装位置，探测器应安装牢固，并不应产生位移。在钢结构建筑中，发射器和接收器（反射式探测器的探测器和反射板）可设置在钢架上，但应考虑位移影响。

（2）发射器和接收器（反射式探测器的探测器和反射板）之间的光路上应无遮挡物，并应保证接收器（反射式探测器的探测器）避开日光和人工光源直接照射。

3. 缆式线型感温火灾探测器

（1）根据设计文件的要求确定探测器的安装位置及敷设方式。探测器应采用专用固定装置固定在保护对象上。

（2）探测器应采用连续无接头方式安装，如确需中间接线，必须用专用接线盒连接；探测器安装敷设时不应硬性折弯、扭转，避免重力挤压冲击，探测器的弯曲半径宜大于 0.2 m。

4. 敷设在顶棚下方的线型感温火灾探测器

探测器至顶棚距离宜为 0.1 m，探测器的保护半径应符合点型感温火灾探测器的保护半径要求；探测器至墙壁距离宜为 1 ~ 1.5 m。

5. 分布式线型光纤感温火灾探测器

（1）根据设计文件的要求确定探测器的安装位置及敷设方式。感温光纤应采用专用固定装置固定。

（2）感温光纤严禁打结。光纤弯曲时，弯曲半径应大于 0.5 m；分布式感温光纤穿越相邻的报警区域时应设置光缆余量段，隔断两侧应各留不小于 8 m 的余量段；每个光通道始端及末端光纤应各留不小于 8 m 的余量段。

6. 光栅光纤感温火灾探测器

（1）根据设计文件的要求确定探测器的安装位置及敷设方式。信号处理器及感温光纤（缆）的安装位置不应受强光直射。

（2）光栅光纤感温火灾探测器每个光栅的保护面积和保护半径应符合点型感温火灾探测器的保护面积和保护半径要求，光纤光栅感温段的弯曲半径应大于 0.3 m。

7. 管路采样式吸气感烟火灾探测器

（1）根据设计文件和产品使用说明书的要求确定探测器的管路安装位置、敷设方式及采样孔的设置。

（2）采样管应固定牢固，在有过梁、空间支架的建筑中，采样管路应固定在过梁、空间支架上。

8. 点型火焰探测器和图像型火灾探测器

（1）根据设计文件的要求确定探测器的安装位置，探测器的视场角应覆盖探测区域。

（2）探测器与保护目标之间不应有遮挡物；应避免光源直接照射探测器的探测窗口；探测器在室外或交通隧道安装时，应有防尘、防水措施。

9. 探测器底座的安装

（1）探测器的底座应安装牢固，与导线连接必须可靠压接或焊接。当采用焊接时，不应使用带腐蚀性的助焊剂。

（2）探测器底座的连接导线，应留有不小于 150 mm 的余量，且在其端部应有明显的永久性标志。探测器底座的穿线孔宜封堵，安装完毕的探测器底座应采取保护措施。

10. 其他事项

探测器报警确认灯应朝向便于人员观察的主要入口方向。探测器在即将调试时方可安装，在调试前应妥善保管并应采取防尘、防潮、防腐蚀措施。

（四）手动火灾报警按钮的安装要求

（1）手动火灾报警按钮应安装在明显和便于操作的部位。当安装在墙上时，其底边距地（楼）面高度宜为 1.3 ~ 1.5 m。手动火灾报警按钮应安装牢固，不应倾斜。

（2）手动火灾报警按钮的连接导线，应留有不小于 150 mm 的余量，且在其端部应有明显标志。

（五）消防电气控制装置的安装要求

（1）消防电气控制装置在安装前应进行功能检查，检查结果不合格的装置严禁安装。

（2）消防电气控制装置外接导线的端部，应有明显的永久性标志。消防电气控制装置箱体内不同电压等级、不同电流类别的端子应分开布置，并应有明显的永久性标志。

（3）消防电气控制装置应安装牢固，不应倾斜；安装在轻质墙上时，应采取加固措施。消防电气控制装置在消防控制室内墙上安装时，其主显示屏高度宜为 1.5 ～ 1.8 m，其靠近门轴的侧面距墙不应小于 0.5 m，正面操作距离不应小于 1.2 m；落地安装时，其底边宜高出地（楼）面 0.1 ～ 0.2 m。

（六）模块的安装要求

（1）同一报警区域内的模块宜集中安装在金属箱内。模块（或金属箱）应独立支撑或固定，安装牢固，并应采取防潮、防腐蚀等措施。隐蔽安装时，在安装处应有明显的部位显示和检修孔。

（2）模块的连接导线，应留有不小于 150 mm 的余量，其端部应有明显标志。

（七）消防应急广播扬声器和火灾警报器的安装要求

（1）消防应急广播扬声器和火灾警报器宜在报警区域内均匀安装，安装应牢固可靠，表面不应有破损。火灾光警报器应安装在安全出口附近明显处，底边距地（楼）面高度在 2.2 m 以上。

（2）光警报器与消防应急疏散指示标志不宜在同一面墙上。如安装在同一面墙上时，距离应大于 1 m。

（八）消防专用电话的安装要求

消防专用电话、电话插孔、带电话插孔的手动报警按钮宜安装在明显、便于操作的位置；当在墙面上安装时，其底边距地（楼）面高度宜为 1.3 ～ 1.5 m。消防专用电话和电话插孔应有明显的永久性标志。

（九）消防设备应急电源的安装要求

（1）消防设备应急电源的电池应安装在通风良好处，如安装在密封环境中应有通风措施。

（2）酸性电池不得安装在带有碱性介质的场所；碱性电池不得安装在带有酸性介质的场所。

（3）消防设备应急电源不应安装在有可燃气体的场所。

（十）可燃气体探测器的安装要求

根据设计文件的要求确定可燃气体探测器的安装位置；在探测器周围应适当留出更换和标定的空间；在有防爆要求的场所，应按防爆要求施工。线型可燃气体探测器的发射器和接收器的窗口应避免日光直射，发射器与接收器之间不应有遮挡物。

（十一）电气火灾监控探测器的安装要求

（1）根据设计文件的要求确定电气火灾监控探测器的安装位置。有防爆要求的场所，应按防爆要求施工。

（2）剩余电流式探测器负载侧的 N 线（即穿过探测器的工作零线）不应与其他回路共用，且不能重复接地（即与 PE 线相连）；探测器周围应适当留出更换和标定的空间。

（3）测温式电气火灾监控探测器应采用专用固定装置固定在保护对象上。

三、系统接地要求

交流供电和36 V以上直流供电的消防用电设备的金属外壳应有接地保护，其接地线应与电气保护接地干线（PE线）相连接。接地装置施工完毕后，应按规定测量接地电阻，并做好记录，接地电阻值应符合设计文件要求。

四、系统调试要求

系统调试前，应按设计文件要求对设备的型号、规格、数量、备品备件等进行查验；应按相应的施工要求对系统的施工质量进行检查，对属于施工中出现的问题，应会同有关单位协商解决，并应有文字记录；应按相应的施工要求对系统线路进行检查，对于错线、开路、虚焊、短路、绝缘电阻小于20 MΩ等问题，应采取相应的处理措施。

对系统中的火灾报警控制器、消防联动控制器、可燃气体报警控制器、电气火灾监控器、气体（泡沫）灭火控制器、消防电气控制装置、消防设备应急电源、消防应急广播控制设备、消防专用电话、火灾报警传输设备或用户信息传输装置、消防控制室图形显示装置、消防电动装置、防火卷帘控制器、区域显示器（火灾显示盘）、防火门监控器、火灾警报装置等设备应分别进行单机通电检查。

（一）火灾报警控制器

调试前应切断火灾报警控制器的所有外部控制连线，并将任一个总线回路的火灾探测器以及该总线回路上的手动火灾报警按钮等部件相连接后，接通电源。按《火灾报警控制器》（GB 4717—2005）的有关要求，采用观察、仪表测量等方法逐个对控制器进行下列功能检查并记录：

（1）自检功能和操作级别。

（2）使控制器与探测器之间的连线断路和短路，控制器应在100 s内发出故障信号（短路时发出火灾报警信号除外）；在故障状态下，使任一非故障部位的探测器发出火灾报警信号，控制器应在1 min内发出火灾报警信号，并应记录火灾报警时间；再使其他探测器发出火灾报警信号，检查控制器的再次报警功能。

（3）消音和复位功能。

（4）使控制器与备用电源之间的连线断路和短路，控制器应在100 s内发出故障信号。

（5）屏蔽功能。

（6）使总线隔离器保护范围内的任一点短路，检查总线隔离器的隔离保护功能。

（7）使任一总线回路上不少于10只的火灾探测器同时处于火灾报警状态，检查控制器的负载功能。

（8）主、备用电源的自动转换功能，并在备电工作状态下重复上述第（7）项检查。

（9）控制器特有的其他功能。

（10）依次将其他回路与火灾报警控制器相连接，重复检查。

（二）点型感烟、感温火灾探测器

（1）采用专用的检测仪器或采用模拟火灾的方法，逐个检查每只火灾探测器的报警功能，探测器应能发出火灾报警信号。对于不可恢复的火灾探测器应采取模拟报警方法逐个检查其报警功能，探测器应能发出火灾报警信号。当有备品时，可抽样检查其报警功能。

（2）采用专用的检测仪器或模拟火灾或按下探测器报警测试按键的方法，逐个检查每只家用火灾探测器的报警功能，探测器应能发出声光报警信号，与其连接的互联型探测器应发出声报警信号。

（三）线型感温火灾探测器

在不可恢复的探测器上模拟火警和故障，逐个检查每只火灾探测器的火灾报警和故障报警功能，探测器应能分别发出火灾报警和故障信号。可恢复的探测器可采用专用检测仪器或模拟火灾的办法使其发出火灾报警信号，并模拟故障，逐个检查每只火灾探测器的火灾报警和故障报警功能，探测器应能分别发出火灾报警和故障信号。

（四）线型光束感烟火灾探测器

逐一调整探测器的光路调节装置，使探测器处于正常监视状态，用减光率为 0.9 dB 的减光片遮挡光路，探测器不应发出火灾报警信号；用产品生产企业设定减光率（1.0 ~ 10.0 dB）的减光片遮挡光路，探测器应发出火灾报警信号；用减光率为 11.5 dB 的减光片遮挡光路，探测器应发出故障信号或火灾报警信号。选择反射式探测器时，在探测器正前方 0.5 m 处按上述要求进行检查，探测器应正确响应。

（五）管路采样式吸气感烟火灾探测器

逐一在采样管最末端（最不利处）采样孔加入试验烟，采用秒表测量探测器的报警响应时间，探测器或其控制装置应在 120 s 内发出火灾报警信号。根据产品说明书，改变探测器的采样管路气流，使探测器处于故障状态，采用秒表测量探测器的报警响应时间，探测器或其控制装置应在 100 s 内发出故障信号。

（六）点型火焰探测器和图像型火灾探测器

采用专用检测仪器或模拟火灾的方法逐一在探测器监视区域内最不利处检查探测器的报警功能，探测器应能正确响应。

（七）手动火灾报警按钮

对可恢复的手动火灾报警按钮，施加适当的推力使报警按钮动作，报警按钮应发出火灾报警信号。对不可恢复的手动火灾报警按钮应采用模拟动作的方法使报警按钮动作（当有备用启动零件时，可抽样进行动作试验），报警按钮应发出火灾报警信号。

（八）消防联动控制器

1. 调试准备

消防联动控制器调试时，在接通电源前应按以下顺序做准备工作：

（1）将消防联动控制器与火灾报警控制器相连。

（2）将消防联动控制器与任一备调回路的输入 / 输出模块相连。

（3）将备调回路模块与其控制的消防电气控制装置相连。

（4）切断水泵、风机等各受控现场设备的控制连线。

2. 调试要求

（1）使消防联动控制器分别处于自动工作和手动工作状态，检查其状态显示，并按《消防联动控制系统》（GB 16806—2006）的有关要求，采用观察、仪表测量等方法逐个对控制器进行下列功能检查并记录：

1）自检功能和操作级别。

2）当消防联动控制器与各模块之间的连线断路和短路时，消防联动控制器应能在 100 s 内发出故障信号。

3）当消防联动控制器与备用电源之间的连线断路和短路时，消防联动控制器应能在 100 s 内发出故障信号。

4）消音和复位功能。

5）屏蔽功能。

6）使总线隔离器保护范围内的任一点短路，检查总线隔离器的隔离保护功能。

7）使至少 50 个输入 / 输出模块同时处于动作状态（模块总数少于 50 个时，使所有模块动作），检查消防联动控制器的最大负载功能。

8）主、备用电源的自动转换功能，并在备电工作状态下重复上述第 7）项检查。

（2）接通所有启动后可以恢复的受控现场设备。

（3）使消防联动控制器处于自动状态，对按照《火灾自动报警系统设计规范》（GB 50116—2013）要求设计的联动逻辑关系进行下列功能检查并记录：

1）按设计的联动逻辑关系，使相应的火灾探测器发出火灾报警信号，检查消防联动控制器接收火灾报警信号的情况、发出联动控制信号的情况、模块动作的情况、消防电气控制装置动作的情况、受控现场设备动作的情况、接收联动反馈信号（对于启动后不能恢复的受控现场设备，可模拟现场设备启动反馈信号）及各种显示情况。

2）手动插入优先功能。

（4）使消防联动控制器处于手动状态，按照《火灾自动报警系统设计规范》（GB 50116—2013）要求设计的联动逻辑关系依次手动启动相应的消防电气控制装置，检查消防联动控制器发出联动控制信号的情况、模块动作的情况、消防电气控制装置动作的情况、受控现场设备动作的情况、接收联动反馈信号（对于启动后不能恢复的受控现场设备，可模拟现场设备启动反馈信号）及各种显示情况。

（5）对于直接用火灾探测器作为触发器件的自动灭火系统除符合上述有关规定，还应按照《火灾自动报警系统设计规范》（GB 50116—2013）的规定进行功能检查。

（6）依次将其他备调回路的输入 / 输出模块及该备调回路模块控制的消防电气控制装置相连接，切断所有受控现场设备的控制连线，接通电源，重复（1）~（5）项检查。

（九）区域显示器（火灾显示盘）

将区域显示器（火灾显示盘）与火灾报警控制器相连接，按照《火灾显示盘》（GB 17429—2011）的有关要求，采用观察、仪表测量等方法逐个对区域显示器（火灾显示盘）进行下列功能检查并记录：

（1）区域显示器（火灾显示盘）应在 3 s 内正确接收和显示火灾报警控制器发出的火灾报警信号。

（2）消音和复位功能。

（3）操作级别。

（4）对于非火灾报警控制器供电的区域显示器（火灾显示盘），应检查主、备用电源的自动转换功能和故障报警功能。

（十）消防专用电话

按照《消防联动控制系统》（GB 16806—2006）的有关要求，采用观察、仪表测量等方法逐个对消防专用电话进行下列功能检查并记录：

（1）消防电话主机的自检功能。

（2）使消防电话总机与消防电话分机或消防电话插孔间连接线断路、短路，消防电话主机应在 100 s 内发出故障信号，并显示出故障部位（短路时显示通话状态除外）；故障期间，非故障消防电话分机应能与消防电话总机正常通话。

（3）消防电话主机的消音和复位功能。

（4）在消防控制室与所有消防电话、电话插孔之间互相呼叫与通话，总机应能显示每部分机或电话插孔的位置，呼叫音和通话语音应清晰。

（5）消防控制室的外线电话与另外一部外线电话模拟报警电话通话，语音应清晰。

（6）消防电话主机的群呼、录音、记录和显示等各项功能均应符合要求。

（十一）消防应急广播控制设备

（1）按照《消防联动控制系统》（GB 16806—2006）的有关要求，采用观察、仪表测量等方法逐个对消防应急广播控制设备进行下列功能检查并记录：

1）消防应急广播控制设备的自检功能。

2）使消防应急广播控制设备与扬声器间的广播信息传输线路断路、短路，消防应急广播控制设备应在 100 s 内发出故障信号，并显示出故障部位。

3）将所有共用扬声器强行切换至应急广播状态，对扩音机进行全负荷试验，应急广播的语音应清晰，声压级应满足要求。

4）消防应急广播控制设备的监听、显示、预设广播信息、通过传声器广播及录音功能。

5）消防应急广播控制设备的主、备用电源的自动转换功能。

（2）每回路任意抽取一个扬声器，使其处于断路状态，其他扬声器的工作状态不应受影响。

（十二）火灾声光警报器

逐一将火灾声光警报器与火灾报警控制器相连，接通电源。操作火灾报警控制器使火灾声光警报器启动，采用仪表测量其声压级，非住宅内使用室内型和室外型火灾声警报器的声信号至少在一个方向上 3 m 处的声压级（A 计权）应不小于 75 dB，且在任意方向上 3 m 处的声压级（A 计权）应不大于 120 dB。具有两种及以上不同音调的火灾声警报器，其每种音调应有明显区别。火灾光警报器的光信号在 100 ~ 500 lx 环境光线下，25 m 处应清晰可见。

（十三）传输设备（火灾报警传输设备或用户信息传输装置）

将传输设备与火灾报警控制器相连，接通电源。按照《消防联动控制系统》（GB 16806—2006）的有关要求，采用观察、仪表测量等方法逐个对传输设备进行下列功能检查并记录，传输设备应满足标准要求：

（1）自检功能。

（2）切断传输设备与监控中心间的通信线路（或信道），传输设备应在 100 s 内发出故障信号。

（3）消音和复位功能。

（4）火灾报警信息的接收与传输功能。

（5）监管报警信息的接收与传输功能。

（6）故障报警信息的接收与传输功能。

（7）屏蔽信息的接收与传输功能。

（8）手动报警功能。

（9）主、备用电源的自动转换功能。

（十四）消防控制室图形显示装置

将消防控制室图形显示装置与火灾报警控制器和消防联动控制器相连，接通电源。按照《消防联动控制系统》（GB 16806—2006）的有关要求，采用观察、仪表测量等方法逐个对消防控制室图形显示装置进行下列功能检查并记录，消防控制室图形显示装置应满足标准要求：

（1）操作显示装置使其显示建筑总平面布局图、各层平面图和系统图，图中应明确标示出报警区域、疏散路线、主要部位，显示各消防设备（设施）的名称、物理位置和状态信息。

（2）使消防控制室图形显示装置与控制器及其他消防设备（设施）之间的通信线路断路、短路，消防控制室图形显示装置应在100 s内发出故障信号。

（3）消音和复位功能。

（4）使火灾报警控制器和消防联动控制器分别发出火灾报警信号和联动控制信号，显示装置应在3 s内接收，并准确显示相应信号的物理位置，且能优先显示火灾报警信号相对应的界面。

（5）使具有多个报警平面图的显示装置处于多报警平面显示状态，各报警平面应能自动和手动查询，并应有总数显示，且应能手动控制其直接切换到首火警平面图。

（6）使火灾报警控制器和消防联动控制器分别发出故障信号，消防控制室图形显示装置应能在100 s内显示故障状态信息，然后输入火灾报警信号，显示装置应能立即转入火灾报警平面的显示。

（7）消防控制室图形显示装置的信息记录功能。

（8）消防控制室图形显示装置的信息传输功能。

（十五）气体（泡沫）灭火控制器

切断驱动部件与气体（泡沫）灭火装置间的连接，接通系统电源。按照《消防联动控制系统》（GB 16806—2006）的有关要求，采用观察、仪表测量等方法逐个对气体（泡沫）灭火控制器进行下列功能检查并记录，气体（泡沫）灭火控制器应满足标准要求：

（1）自检功能。

（2）使气体（泡沫）灭火控制器与声光报警器、驱动部件、现场启动和停止按键（按钮）之间的连接线断路、短路，气体（泡沫）灭火控制器应在100 s内发出故障信号。

（3）使气体（泡沫）灭火控制器与备用电源之间的连线断路、短路，气体（泡沫）灭火控制器应能在100 s内发出故障信号。

（4）消音和复位功能。

（5）给气体（泡沫）灭火控制器输入设定的启动控制信号，控制器应有启动输出，并发出声、光启动信号。

（6）输入启动模拟反馈信号，控制器应在10 s内接收并显示。

（7）控制器的延时功能。设定的延时时间应符合设计要求。

（8）使控制器处于自动控制状态，再手动插入操作，手动插入操作应优先。

（9）按设计的联动逻辑关系，使消防联动控制器发出相应的联动控制信号，检查气体（泡沫）灭火控制器的控制输出是否满足设计的逻辑功能要求。

（10）气体（泡沫）灭火控制器向消防联动控制器输出的启动控制信号、延时信号、启动喷洒控制信号、气体喷洒信号、故障信号、选择阀和瓶头阀动作信息。

（11）主、备用电源的自动转换功能。

（十六）防火卷帘控制器

逐个将防火卷帘控制器与消防联动控制器、火灾探测器、卷门机连接并通电，手动操作防火卷帘控制器的按钮，防火卷帘控制器应能向消防联动控制器发出防火卷帘启、闭和停止的反馈信号。

用于疏散通道的防火卷帘控制器应具有两步关闭的功能，并应向消防联动控制器发出反馈信号。防火卷帘控制器接收到首次火灾报警信号后，应能控制防火卷帘自动下降至距楼板面 1.8 m 处；接收到二次报警信号后，应能控制防火卷帘继续下降至楼板面。

用于分隔防火分区的防火卷帘控制器在接收到防火分区内任一火灾报警信号后，应能控制防火卷帘直接下降至楼板面，并应向消防联动控制器发出反馈信号。

（十七）防火门监控器

逐个将防火门监控器与火灾报警控制器、闭门器和释放器连接并通电，手动操作防火门监控器，应能直接控制与其连接的每个释放器的工作状态，并点亮其启动总指示灯，显示释放器的反馈信号。

使火灾报警控制器发出火灾报警信号，监控器应能接收来自火灾自动报警系统的火灾报警信号，并在 30 s 内向释放器发出启动信号，点亮启动总指示灯，接收释放器（或门磁开关）的反馈信号。

检查防火门监控器的故障状态总指示灯，使防火门处于半开闭状态，该指示灯应点亮并发出声光报警信号，采用仪表测量声信号的声压级（正前方 1 m 处），应为 65 ~ 85 dB，故障声信号每分钟至少提示 1 次，每次持续时间应为 1 ~ 3 s。

检查防火门监控器主、备用电源的自动转换功能，主、备用电源的工作状态应有指示，主、备用电源的转换应不使监控器发生误动作。

（十八）系统备用电源

按照设计文件的要求核对系统中各种控制装置使用的备用电源容量，电源容量应与设计容量相符。使各备用电源放电终止，再充电 48 h 后断开设备主电源，备用电源至少应保证设备工作 8 h，且应满足相应的标准及设计要求。

（十九）消防设备应急电源

切断应急电源应急输出时直接启动设备的连线，接通应急电源的主电源。按下列要求采用仪表测量、观察方法检查应急电源的控制功能和转换功能，检查其输入电压、输出电压、输出电流、主电工作状态、应急工作状态、电池组及各单节电池电压的显示情况，并做好记录，显示情况应与产品使用说明书规定相符，并满足以下要求：

（1）手动启动应急电源输出，应急电源的主电源和备用电源应不能同时输出，且应在 5 s 内完成应急转换。

（2）手动停止应急电源的输出，应急电源应恢复到启动前的工作状态。

（3）断开应急电源的主电源，应急电源应能发出声提示信号，声信号应能手动消除；接通主电源，应急电源应恢复到主电工作状态。

（4）给具有联动自动控制功能的应急电源输入联动启动信号，应急电源应在 5 s 内转入到应急工作状态，且主电源和备用电源应不能同时输出；输入联动停止信号，应急电源应恢复到主电工作状态。

（5）具有手动和自动控制功能的应急电源处于自动控制状态，然后手动插入操作，应急电源应有手动插入优先功能，且应有自动控制状态和手动控制状态指示。

（6）断开应急电源的负载，按下列要求检查应急电源的保护功能，并做好记录：

1）使任一输出回路保护动作，其他回路输出电压应正常。

2）使配接三相交流负载输出的应急电源的三相负载回路中的任一相停止输出，应急电源应能自动停止该回路的其他两相输出，并应发出声、光故障信号。

3）使配接单相交流负载的交流三相输出应急电源输出的任一相停止输出，其他两相应能正常工作，并应发出声、光故障信号。

（7）将应急电源接上等效于满负载的模拟负载，使其处于应急工作状态，应急工作时间应大于设计应急工作时间的 1.5 倍，且不小于产品标称的应急工作时间。

（8）使应急电源充电回路与电池之间、电池与电池之间连线断线，应急电源应在 100 s 内发出声、光故障信号，声故障信号应能手动消除。

（二十）可燃气体报警控制器

切断可燃气体报警控制器的所有外部控制连线，将任一回路与控制器相连接后，接通电源。按照《可燃气体报警控制器》（GB 16808—2008）的有关要求，采用观察、仪表测量等方法逐个对可燃气体报警控制器进行下列功能检查并记录，可燃气体报警控制器应满足标准要求：

（1）自检功能和操作级别。

（2）控制器与探测器之间的连线断路和短路时，控制器应在 100 s 内发出故障信号。

（3）在故障状态下，使任一非故障探测器发出报警信号，控制器应在 60 s 内发出报警信号，并应记录报警时间；再使其他探测器发出报警信号，检查控制器的再次报警功能。

（4）消音和复位功能。

（5）控制器与备用电源之间的连线断路和短路时，控制器应在 100 s 内发出故障信号。

（6）高限报警或低、高两段报警功能。

（7）报警设定值的显示功能。

（8）控制器最大负载功能，使至少 4 只可燃气体探测器同时处于报警状态（探测器总数少于 4 只时，使所有探测器均处于报警状态）。

（9）主、备用电源的自动转换功能，并在备电工作状态下重复上述第（8）款的检查。

（10）依次将其他回路与可燃气体报警控制器相连接，重复上述第（2）~（8）款的检查。

（二十一）可燃气体探测器

依次逐个对探测器施加达到响应浓度值的可燃气体标准样气，采用秒表测量、观察方法检查探测器的报警功能，探测器应在 30 s 内响应；撤去可燃气体，探测器应在 60 s 内恢复到正常监视状态。对于线型可燃气体探测器除按要求检查报警功能外，还应将发射器发出的光全部遮挡，采用秒表测量、观察方法检查探测器的故障报警功能，探测器相应的控制装置应在 100 s 内发出故障信号。

（二十二）电气火灾监控器

切断监控设备的所有外部控制连线，将任一备调总线回路的电气火灾探测器与电气火灾监控器相连，接通电源。按《电气火灾监控系统　第 1 部分：电气火灾监控设备》（GB 14287.1—2014）的有关要求，采用观察、仪表测量等方法逐个对电气火灾监控器进行下列功能检查并记录，电气火灾监控器应满足标准要求：

（1）自检功能和操作级别。

（2）使监控器与探测器之间的连线断路和短路，监控器应在 100 s 内发出故障信号（短路时发出报警信号除外）；在故障状态下，使任一非故障部位的探测器发出报警信号，控制器应在 60 s 内发出报警信号；再使其他探测器发出报警信号，检查监控器的再次报警功能。

（3）消音和复位功能。

（4）使监控器与备用电源之间的连线断路和短路，监控器应在 100 s 内发出故障信号。

（5）屏蔽功能。

（6）主、备用电源的自动转换功能。

（7）监控器特有的其他功能。

（8）依次将其他备调回路与监控器相连接，重复上述第（2）~（5）项的检查。

（二十三）电气火灾监控探测器

（1）按照《电气火灾监控系统　第 2 部分：剩余电流式电气火灾监控探测器》（GB 14287.2—2014）的有关要求，采用观察方法逐个对剩余电流式电气火灾监控探测器进行下列功能检查并记录，剩余电流式电气火灾监控探测器应满足标准要求：

1）采用剩余电流发生器对监控探测器施加剩余电流，检查其报警功能。

2）检查监控探测器特有的其他功能。

（2）按照《电气火灾监控系统　第 3 部分：测温式电气火灾监控探测器》（GB 14287.3—2014）的有关要求，采用观察方法逐个对测温式电气火灾监控探测器进行下列功能检查并记录，测温式电气火灾监控探测器应满足标准要求：

1）采用发热试验装置给监控探测器加热，检查其报警功能。

2）检查监控探测器特有的其他功能。

（二十四）其他受控部件

系统内其他受控部件的调试应按相应的国家标准或行业标准进行，在无相应标准时，宜按产品生产企业提供的调试方法分别进行调试。

（二十五）火灾自动报警系统的性能

将所有经调试合格的各项设备、系统按设计连接组成完整的火灾自动报警系统，按设计文件的要求，采用观察方法检查系统的各项功能。

1. 自动喷水灭火系统、水喷雾灭火系统、细水雾灭火系统的显示要求

（1）显示消防水泵电源的工作状态。

（2）显示消防水泵的启、停状态和故障状态，水流指示器、信号阀、报警阀、压力开关等设备的正常工作状态和动作状态，消防水箱（池）最低水位信息和管网最低压力报警信息。

（3）显示消防水泵的联动反馈信号。

2. 消火栓系统的显示要求

（1）显示消防水泵电源的工作状态。

（2）显示消防水泵的启、停状态和故障状态，以及消火栓按钮的正常工作状态和动作状态及位置等信息、消防水箱（池）最低水位信息和管网最低压力报警信息。

（3）显示消防水泵的联动反馈信号。

3. 气体灭火系统的显示要求

（1）显示系统的手动、自动工作状态及故障状态。

（2）显示系统驱动装置的正常工作状态和动作状态，防护区域中的防火门（窗）、防火阀、通风空调等设备的正常工作状态和动作状态。

（3）显示延时状态信号、紧急停止信号和管网压力信号。

4. 泡沫灭火系统的显示要求

（1）显示消防水泵、泡沫液泵电源的工作状态。

（2）显示系统的手动、自动工作状态及故障状态。

（3）显示消防水泵、泡沫液泵的启、停状态和故障状态，消防水池（箱）最低水位和泡沫液罐最低液位信息。

（4）显示消防水泵和泡沫液泵的联动反馈信号。

5. 干粉灭火系统的显示要求

（1）显示系统的手动、自动工作状态及故障状态。

（2）显示系统驱动装置的正常工作状态和动作状态，防护区域中的防火门（窗）、防火阀、通风空调等设备的正常工作状态和动作状态。

（3）显示延时状态信号、紧急停止信号和管网压力信号。

6. 防烟排烟系统的显示要求

（1）显示防烟排烟系统风机电源的工作状态。

（2）显示防烟排烟系统的手动、自动工作状态及防烟排烟风机的正常工作状态和动作状态。

（3）显示防烟排烟系统的风机和电动排烟防火阀、电控挡烟垂壁、电动防火阀、常闭送风口、排烟阀（口）、电动排烟窗的联动反馈信号。

7. 防火门及防火卷帘系统的显示要求

（1）显示防火门监控器、防火卷帘控制器的工作状态和故障状态等动态信息。

（2）显示防火卷帘、常开防火门、人员密集场所中因管理需要平时常闭的疏散门及具有信号反馈功能的防火门的工作状态。

（3）显示防火卷帘和常开防火门的联动反馈信号。

8. 电梯的显示要求

（1）显示消防电梯电源的工作状态。

（2）显示消防电梯的故障状态和停用状态。

（3）显示电梯动作的反馈信号及消防电梯运行时所在楼层。

9. 其他显示要求

（1）显示各消防电话的故障状态。

（2）显示消防应急广播的故障状态。

（3）显示受消防联动控制器控制的消防应急照明和疏散指示系统的故障状态和应急工作状态信息。

第三节　系统检测与维护

火灾自动报警系统竣工后，建设单位应负责组织施工、设计、监理等单位进行检测。检测不合格不得投入使用。

一、检测资料查验

系统检测时，施工单位应提供下列资料：

（1）竣工检测申请报告、设计变更通知书、竣工图。

（2）工程质量事故处理报告。

（3）施工现场质量管理检查记录。

（4）火灾自动报警系统施工过程质量管理检查记录。

（5）火灾自动报警系统内各设备的检验报告、合格证及相关材料。

二、系统检测

系统检测时，要按照检测数量要求对系统内的所有装置进行检测，检测内容和数量要符合下列要求，同时按照判定标准要求对检测结果进行判定。

（一）系统检测内容

系统检测内容包括系统中下列装置的安装位置、施工质量和功能。

（1）火灾报警系统装置，包括各种火灾探测器、手动火灾报警按钮、火灾报警控制器和区域显示器等。

（2）消防联动控制系统，包括消防联动控制器、气体（泡沫）灭火控制器、防火卷帘控制器、防火门监控器、消防电气控制装置、消防设备应急电源、消防应急广播控制设备、消防专用电话、传输设备（火灾报警传输设备或用户信息传输装置）、消防控制室图形显示装置、模块、消防电动装置、消火栓按钮等设备。

（3）自动灭火系统控制装置，包括自动喷水、气体、干粉、泡沫等固定灭火系统的控制装置。

（4）消火栓系统的控制装置。

（5）通风空调、防烟排烟及电动防火阀等控制装置。

（6）防火门监控器、防火卷帘控制器。

（7）消防电梯和非消防电梯的回降控制装置。

（8）火灾警报装置。

（9）消防应急照明和疏散指示控制装置。

（10）切断非消防电源的控制装置。

（11）电动阀控制装置。

（12）消防联网通信。

（13）系统内的其他消防控制装置。

（14）可燃气体报警探测系统装置，包括可燃气体探测器和可燃气体报警控制器等。

（15）电气火灾监控系统装置，包括电气火灾监控探测器和电气火灾监控设备等。

（二）系统设备检测数量要求

（1）各类消防用电设备主、备用电源的自动转换装置，应进行 3 次转换试验，每次试验均应正常。

（2）火灾报警控制器（含可燃气体报警控制器和电气火灾监控设备）和消防联动控制器应按实际安装数量全部进行功能检验。消防联动控制系统中其他各种用电设备、区域显示器应按下列要求进行功能检验：

1）实际安装数量在 5 台以下者，全部检验。

2）实际安装数量在 6 ~ 10 台者，抽验 5 台。

3）实际安装数量超过 10 台者，按实际安装数量 30% ~ 50% 的比例抽验，但抽验总数不应少于5台。

4）各装置的安装位置、型号、数量、类别及安装质量应符合设计要求。

（3）火灾探测器（含可燃气体探测器和电气火灾监控探测器）和手动火灾报警按钮，应按下列要求进行模拟火灾响应（可燃气体报警、电气故障报警）和故障信号检验：

1）实际安装数量在100只以下者，抽验20只（每个回路都应抽验）。

2）实际安装数量超过100只时，每个回路按实际安装数量10% ~ 20%的比例抽验，但抽验总数不应少于20只。

3）被检查的火灾探测器的类别、型号、适用场所、安装高度、保护半径、保护面积和探测器的间距等均应符合设计要求。

（4）室内消火栓的功能检测应在出水压力符合《消防给水及消火栓系统技术规范》（GB 50974—2014）的条件下，抽验下列控制功能：

1）在消防控制室内操作启、停泵1 ~ 3次。

2）在消火栓处操作消火栓启动按钮，按实际安装数量5% ~ 10%的比例抽验。

（5）自动喷水灭火系统，应在符合《自动喷水灭火系统设计规范》（GB 50084—2017）的条件下，抽验下列控制功能：

1）在消防控制室内操作启、停泵1 ~ 3次。

2）水流指示器、信号阀等按实际安装数量30% ~ 50%的比例抽验。

3）压力开关、电动阀、电磁阀等按实际安装数量全部进行检验。

（6）气体、泡沫、干粉等灭火系统，应在符合国家现行有关系统设计规范的条件下按实际安装数量20% ~ 30%的比例抽验下列控制功能：

1）自动、手动启动和紧急切断试验1 ~ 3次。

2）与固定灭火设备联动控制的其他设备动作（包括关闭防火门窗、停止空调风机、关闭防火阀等）试验1 ~ 3次。

（7）电动防火门、防火卷帘，5樘以下的应全部检验，超过5樘的应按实际安装数量20%的比例抽验，但抽验总数不应小于5樘，并抽验联动控制功能。

（8）防烟排烟风机应全部检验，通风空调和防烟排烟设备的阀门应按实际安装数量10% ~ 20%的比例抽验，并抽验联动功能，且应符合下列要求：

1）报警联动启动、消防控制室直接启停、现场手动启动联动防烟排烟风机1 ~ 3次。

2）报警联动停止、消防控制室远程停止通风空调送风1 ~ 3次。

3）报警联动开启、消防控制室开启、现场手动开启防烟排烟阀门1 ~ 3次。

（9）消防电梯应进行1 ~ 2次联动返回首层功能检验，其控制功能、信号均应正常。

（10）消防应急广播控制设备应按实际安装数量10% ~ 20%的比例进行下列功能检验：

1）对所有广播分区进行选区广播，对共用扬声器进行强行切换。

2）对扩音机进行全负荷试验。

（11）消防专用电话的检验，应符合下列要求：

1）消防控制室与所设的消防专用电话分机进行1 ~ 3次通话试验。

2）电话插孔按实际安装数量10% ~ 20%的比例进行通话试验。

3）消防控制室的外线电话与另一部外线电话进行1 ~ 3次模拟报警电话通话试验。

（12）消防应急照明和疏散指示系统控制装置应进行1 ~ 3次使系统转入应急状态检验，

系统中各消防应急照明灯具均应能转入应急状态。

本节各项检验项目中，当有不合格情况时，应修复或更换，并进行复验。复验时，对有抽验比例要求的，应加倍检验。

（三）系统工程质量检测判定标准

系统内的设备及配件型号、规格与设计不符，无国家相关证书和检验报告的；系统内的任一控制器和火灾探测器无法发出报警信号，无法实现要求的联动功能的，定为A类不合格。检测前提供的资料不符合相关要求的，定为B类不合格。其余不合格项均为C类不合格。系统检测合格判定应为：$A=0$ 且 $B \leqslant 2$，且 $B+C \leqslant$ 检查项的5%，否则为不合格。

三、系统功能性现场检测

系统功能性的现场检测包括布线检查、设备设计符合性检查、设备安装检查、设备功能检查等内容。

（一）系统布线检查

系统功能性现场检测前应按《建筑电气工程施工质量验收规范》（GB 50303—2015）的规定和布线要求，采用尺量、观察等方法对现场布线进行全数检验。

（二）系统设备设计符合性检查

按照设计文件的要求，核对各系统设备的型号、规格、容量、数量。

（三）系统设备安装检查

按照各系统设备检测数量要求抽取相应的系统设备，并按照本章各系统设备安装的相关要求，采用对照图样、尺量、观察等方法对系统设备的安装进行检查。

（四）系统设备功能检查

按照各系统设备检测数量要求抽取相应的系统设备，并按照本章各系统设备调试的相关要求，采用对照设计文件、仪表测量、观察等方法对系统设备的功能进行检查。

四、系统维护管理

火灾自动报警系统的管理、操作和维护人员应持证上岗。

（一）火灾自动报警系统投入使用时应具备的文件资料要求

火灾自动报警系统的使用单位应建立下述技术档案，并应有电子备份档案：

（1）系统竣工图及设备的技术资料。

（2）消防机构出具的有关法律文书。

（3）系统的操作规程及维护保养管理制度。

（4）系统操作员名册及相应的工作职责。

（5）值班记录和使用图表。

（二）系统使用与检查

1. 系统每日检查要求

火灾自动报警系统应保持连续正常运行，不得随意中断。

每日应检查火灾报警控制器的功能，并按要求填写相应的记录。

2. 系统季度检查要求

每季度应检查和试验火灾自动报警系统的下列功能，并按要求填写相应的记录。

（1）采用专用检测仪器分期分批试验探测器的动作及确认灯显示。

（2）试验火灾警报器的声光显示。

（3）试验水流指示器、压力开关等报警功能、信号显示。

（4）对主电源和备用电源进行1～3次自动切换试验。

（5）用自动或手动检查下列消防控制设备的控制显示功能：

1）室内消火栓、自动喷水、泡沫、气体、干粉等灭火系统的控制设备。

2）抽验电动防火门、防火卷帘门，数量不小于总数的25%。

3）选层试验消防应急广播设备，并试验公共广播强制转入火灾应急广播的功能，抽检数量不小于总数的25%。

4）消防应急照明与疏散指示标志的控制装置。

5）送风机、排烟机和自动挡烟垂壁的控制设备。

6）消防电梯迫降功能。

7）应抽取不小于总数25%的消防电话和电话插孔在消防控制室进行对讲通话试验。

3. 系统年度检查要求

每年应检查和试验火灾自动报警系统下列功能，并按要求填写相应的记录。

（1）应用专用检测仪器对所安装的全部探测器和手动报警装置试验至少1次。

（2）自动和手动打开排烟阀，关闭电动防火阀和空调系统。

（3）对全部电动防火门、防火卷帘试验至少1次。

（4）强制切断非消防电源功能试验。

（5）对其他有关的消防控制装置进行功能试验。

（三）系统检测与维修

具有报脏功能的探测器，在报脏时应及时清洗保养。没有报脏功能的探测器，应按产品使用说明书的要求进行清洗保养；产品使用说明书没有明确要求的，应每2年清洗或标定1次。

可燃气体探测器的气敏元件达到生产企业规定的寿命年限后应及时更换。

不同类型的探测器应有10%且不少于50只的备品。火灾自动报警系统内的产品寿命应符合国家有关标准要求，达到寿命极限的产品应及时更换。

五、系统故障及处理方法

（一）常见故障及处理方法

火灾自动报警系统常见故障有火灾探测器、通信、主电、备电等故障，故障发生时，可先按消音键中止故障报警声，然后进行排除。如果是探测器、模块或火灾显示盘等外控设备发生故障，可暂时将其屏蔽隔离，待修复后再取消屏蔽隔离，恢复系统正常。

1. 火灾探测器常见故障

（1）故障现象。火灾报警控制器发出故障报警，故障指示灯亮，打印机打印探测器故障类型、时间、部位等。

（2）故障原因。探测器与底座脱落、接触不良；报警总线与底座接触不良；报警总线开路或接地性能不良造成短路；探测器本身损坏；探测器接口板故障。

（3）排除方法。重新拧紧探测器或增大底座与探测器卡簧的接触面积；重新压接总线，使之与底座有良好接触；查出有故障的总线位置，予以更换；更换探测器；维修或更换接口板。

2. 主电源常见故障

（1）故障现象。火灾报警控制器发出故障报警，主电源故障灯亮，打印机打印主电故障、时间。

（2）故障原因。市电停电；电源线接触不良；主电熔断丝熔断等。

（3）排除方法。连续停电 8 h 时应关机，主电正常后再开机；重新接主电源线，或使用烙铁焊接牢固；更换熔断丝或熔丝管。

3. 备用电源常见故障

（1）故障现象。火灾报警控制器发出故障报警，备用电源故障灯亮，打印机打印备用电源故障、时间。

（2）故障原因。备用电源损坏或电压不足；备用电池接线接触不良；熔断丝熔断等。

（3）排除方法。开机充电 24 h 后，备电仍报故障的，更换备用蓄电池；用烙铁焊接备用电源的连接线，使备用电源与主机良好接触；更换熔断丝或熔丝管。

4. 通信常见故障

（1）故障现象。火灾报警控制器发出故障报警，通信故障灯亮，打印机打印通信故障、时间。

（2）故障原因。区域报警控制器或火灾显示盘损坏或未通电、开机；通信接口板损坏；通信线路短路、开路或接地性能不良造成短路。

（3）排除方法。更换设备，使设备供电正常，开启报警控制器；检查区域报警控制器与集中报警控制器的通信板，若存在故障，维修或更换通信板；检查区域报警控制器与集中报警控制器的通信线路，若存在开路、短路、接地接触不良等故障，更换线路；若因为探测器或模块等设备造成通信故障，更换或维修相应设备。

（二）重大故障

1. 强电串入火灾自动报警及联动控制系统

（1）故障原因。主要是弱电控制模块与被控设备的启动控制柜的接口处，如防火卷帘、消防水泵、防烟排烟风机、防火阀等处发生强电的串入。

（2）排除方法。在控制模块与受控设备间增设电气隔离模块。

2. 短路或接地故障引起控制器损坏

（1）故障原因。传输总线与大地、水管、空调管等发生电气连接，从而造成控制器接口板的损坏。

（2）排除方法。按要求做好线路连接和绝缘处理，使设备尽量与大地、水管、空调管隔开，保证设备和线路的绝缘电阻满足设计要求。

（三）火灾自动报警系统误报的原因

1. 产品质量

产品技术指标达不到要求，稳定性比较差，对使用环境中的非火灾因素，如温度、湿度、灰尘、风速等引起的灵敏度漂移得不到补偿或补偿能力低，对各种干扰及线路分析参数的影响无法自动处理而误报。

2. 设备选择和布置不当

（1）探测器选型不合理。灵敏度高的火灾探测器能在很低的烟雾浓度下报警，相反，灵敏度低的探测器只能在高浓度烟雾环境中报警，例如，在会议室、地下车库等易集烟的环境选用高灵敏度的感烟探测器，在锅炉房高温度环境选用定温探测器。

（2）使用场所性质变化后未及时更换相适应的探测器，例如，将办公室、商场等改作厨房、洗浴房、会议室时，原有的感烟火灾探测器会受新场所产生的油烟、香烟烟雾、水蒸气、灰尘、杀虫剂以及醇类、酮类、醚类等腐蚀性气体等非火灾报警因素影响而误报警。

3. 环境因素

（1）电磁环境干扰，例如，空中电磁波干扰、电源及其他输入输出线上的窄脉冲群、人体静电干扰。

（2）气流可影响烟气的流动线路，对离子感烟探测器影响比较大，对光电感烟探测器也有一定影响。

（3）感温探测器布置得距高温光源过近，感烟探测器距空调送风口过近，感烟探测器安装在易产生水蒸气的场所等。

（4）光电感烟探测器安装在可能产生大量粉尘或油雾等的场所。

4. 其他原因

（1）系统接地被忽略或达不到标准要求，线路绝缘达不到要求，线路接头压接不良或布线不合理，系统开通前防尘、防潮、防腐措施不当。

（2）元件老化。一般火灾探测器使用寿命约为12年，每2年要求全面清洗1次。

（3）灰尘和昆虫。据有关统计，60%的误报是因灰尘影响。

（4）探测器损坏。

思考题

1. 简述控制器类设备的安装、调试及检测要求。
2. 简述火灾探测器的安装、调试及检测要求。
3. 简述手动火灾报警按钮的安装、调试及检测要求。
4. 简述消防电气控制装置的安装、调试及检测要求。
5. 简述模块的安装、调试及检测要求。
6. 简述消防应急广播扬声器和火灾警报器的安装、调试及检测要求。
7. 简述消防专用电话的安装、调试及检测要求。
8. 简述消防设备应急电源的安装、调试及检测要求。
9. 简述可燃气体探测报警系统和电气火灾监控系统的安装、调试及检测要求。
10. 简述系统工程质量检测判定的标准。

第十五章
城市消防远程监控系统

学习要求

通过本章学习，应了解城市消防远程监控系统的构成；掌握城市消防远程监控系统安装、调试、检测和维护的相关要求。

城市消防远程监控系统是对现有火灾自动报警系统等建筑消防设施的拓展和延伸，实现了消防机构对建筑物内各种建筑消防设施运行状态监控的规模化、区域化管理，将火灾探测报警、消防设施监管、消防通信指挥和灭火应急救援有机结合起来，最大限度地减少火灾造成的人民生命和财产损失。作为加强公共消防安全管理的一项重要科技手段，建设城市消防远程监控系统对强化社会单位消防安全能力建设、前移火灾预防关口、快速处置火灾、提高城市防控火灾的综合能力具有十分重要的意义。

第一节　系 统 构 成

城市消防远程监控系统能够对联网用户的火灾报警信息、建筑消防设施运行状态信息进行接收、处理和查询，向城市消防通信指挥中心或其他接处警中心发送经确认的火灾报警信息，对联网用户的消防安全管理信息等进行管理，并为消防机构和联网用户提供信息服务。

城市消防远程监控系统由用户信息传输装置、报警传输网络、监控中心以及火警信息终端等几部分组成。城市消防远程监控系统的构成如图 3—15—1 所示。

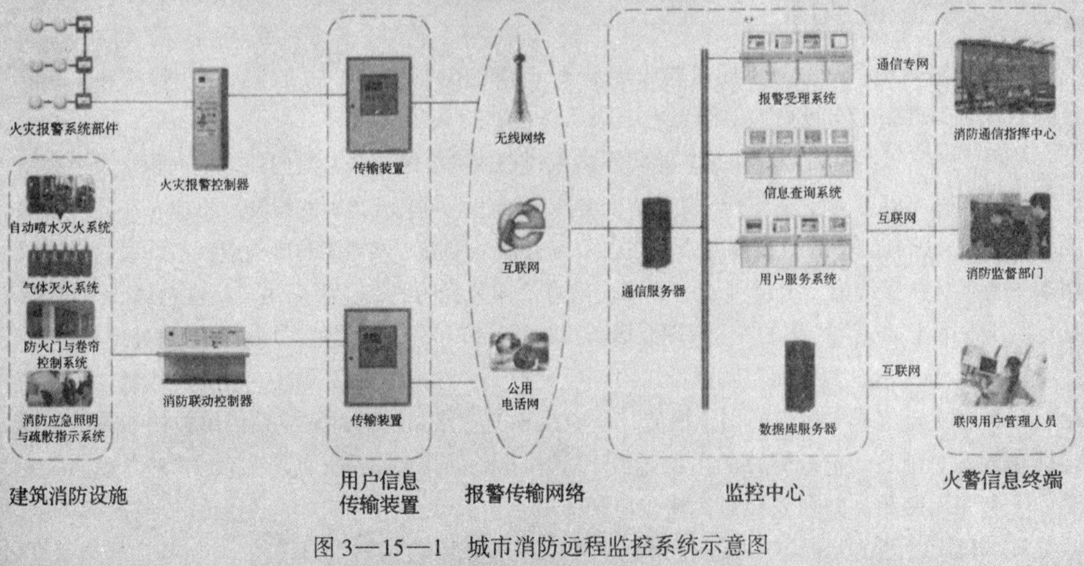

图 3—15—1　城市消防远程监控系统示意图

用户信息传输装置作为城市消防远程监控系统的前端设备，设置在联网用户端，对联网用户的建筑消防设施运行状态进行实时监测，并能通过报警传输网络，与监控中心进行信息传输。报警传输网络是联网用户和监控中心之间的数据通信网络，一般依托公用通信网或专用通信网进行联网用户的火灾报警信息、建筑消防设施运行状态信息和消防安全管理信息的传输。监控中心作为城市消防远程监控系统的核心，是对远程监控系统中的各类信息进行集中管理的节点。火警信息终端设置在城市消防通信指挥中心或其他接处警中心，用于接收并显示监控中心发送的火灾报警信息。

系统组件及工作原理见《消防安全技术实务》第三篇第十二章相关内容。

第二节　系统安装前检查

系统安装前检查主要包括进场检查和布线检查。

一、系统进场检查

城市消防远程监控系统在安装和调试前，首先进行进场检查。进场检查的内容主要包括相关质量控制文件检查、系统管线检查和相关设备配件检查等。

城市消防远程监控系统的用户信息传输装置需要通过国家认证，其产品名称、型号、规格应与检验报告完全一致。用户信息传输装置与监控中心间的信息传输通信协议要满足《城市消防远程监控系统　第3部分：报警传输网络通信协议》（GB/T 26875.3—2011）的要求。

城市消防远程监控系统的设备、材料及配件进入施工现场应有清单、使用说明书、质量合格证明文件、国家法定质检机构的检验报告等文件；计算机、服务器、显示器、打印设备、数据终端等信息技术设备应为通过中国强制性产品质量认证的产品；电信终端设备、无线通信设备和涉及网间互联的网络设备等产品应具有国家信息产业主管部门电信设备进网许可证；操作系统、数据库管理系统、地理信息系统、安全管理系统（信息安全、网络安全等）和网络管理系统等平台软件应具有软件使用（授权）许可证。

二、系统布线检查

根据《建筑电气工程施工质量验收规范》（GB 50303—2015）的要求，利用目测和实际测量的方法，开展施工布线检查工作。

在建筑抹灰及地面工程结束后，进行管内或线槽内的系统布线，管内或线槽内积水及杂物要清理干净。用户信息传输装置相连接的不同电压等级、不同电流类别的线路，不应布在同一管内或线槽的同一槽孔内。导线在管内或线槽内不应有接头或扭结。导线的接头应在接线盒内焊接或用端子连接。从接线盒、线槽等处引到用户信息传输装置的线路，当采用可挠性金属管保护时，其长度不应大于2 m。敷设在多尘或潮湿场所管路的管口和管子连接处，均应做密封处理。

金属管子入盒，盒外侧应套锁母，内侧应装护口；在吊顶内敷设时，盒的内外侧均应套锁母。塑料管入盒应采取相应的固定措施。明敷设各类管路和线槽时，应采用单独的卡具吊装或支撑物固定。吊装线槽或管路的吊杆直径不应小于6 mm。线槽接口应平直、严密，槽盖应齐全、平整、无翘角。并列安装时，槽盖应便于开启。管线经过建筑物的变形缝（包括沉降缝、伸缩缝、抗震缝等）处，应采取补偿措施，导线跨越变形缝的两侧应固定，并留有适当余量。

同一工程中的导线，要根据不同用途选择不同颜色加以区分，相同用途的导线颜色最好保持一致。建议电源线正极采用红色导线，负极采用蓝色或黑色导线。

第三节　系统安装与调试

一、质量控制要求

城市消防远程监控系统的施工过程质量控制应符合下列要求：

（1）各工序应按施工技术标准进行质量控制，每道工序完成并检查合格后，方可进行下道工序。检查不合格的，需要整改。

（2）隐蔽工程在隐蔽前进行验收，并形成验收文件。

（3）相关各专业工种之间，进行交接检验，并经监理工程师签字确认后方可进行下道工序。

（4）安装完成后，施工单位应对远程监控系统的安装质量进行全数检查，并按有关专业调试规定进行调试。

（5）质量检查时要填写《城市消防远程监控系统施工过程质量检查记录》。

二、组件安装

用户信息传输装置应设置在联网用户的消防控制室内，联网用户未设置消防控制室时，用户信息传输装置应设置在有人值班的场所。用户信息传输装置在墙上安装时，其底边距地（楼）面高度宜为 1.3 ～ 1.5 m，其靠近门轴的侧面距墙不应小于 0.5 m，正面操作距离不应小于 1.2 m；落地安装时，其底边宜高出地（楼）面 0.1 ～ 0.2 m。用户信息传输装置应安装牢固，不应倾斜；安装在轻质墙上时，应采取加固措施。

引入用户信息传输装置的电缆或导线，应符合下列要求：

（1）配线应整齐，不宜交叉，并应固定牢靠。

（2）电缆芯线和所配导线的端部，均应标明编号，并与图样一致，字迹应清晰且不易褪色。

（3）端子板的每个接线端，接线不得超过 2 根。

（4）电缆芯线和导线，应留有不小于 200 mm 的余量。

（5）导线应绑扎成束。

（6）导线穿管或穿线槽后，应将管口、槽口封堵。

用户信息传输装置的主电源应有明显标志，并直接与消防电源连接，严禁使用电源插头进行连接。传输装置与备用电源之间应直接连接。用户信息传输装置使用的有线通信设备应根据国家有关电信技术要求安装，网间配合接口、信令等应符合国家有关技术标准。

用户信息传输装置实物如图 3—15—2 所示。

城市消防远程监控系统中监控中心的各类设备应根据实际工作环境合理布置，安装牢固，适宜使用人员的操作，并留有检查、维修的空间。远程监控系统设备和线缆应设明显标识，且标识应正确、清楚。远程监控系统设备连线应连接可靠、捆扎固定、排列整齐，不得有扭绞、压扁和保护层断裂等现象。

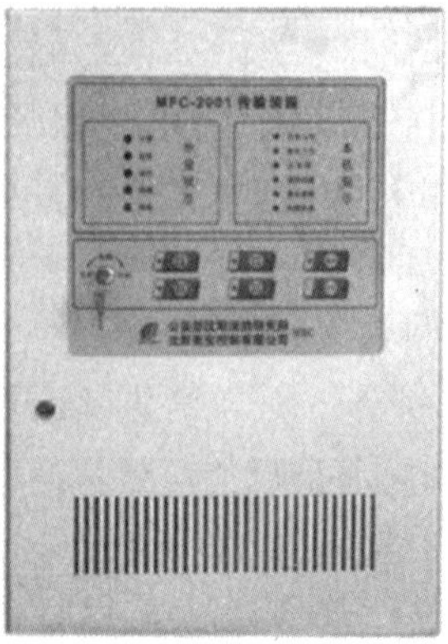

图 3—15—2　用户信息传输装置实物图

三、系统接地检查

城市消防远程监控系统的防雷接地应符合《建筑物电子信息系统防雷技术规范》（GB 50343—2012）的有关要求。

在城市消防远程监控系统中的各设备金属外壳设置接地保护，其接地线应与电气保护接地干线（PE 线）相连接。接地应牢固并有明显的永久性标志。接地装置施工完毕后，应按规定采用专用测量仪器测量接地电阻，接地电阻应满足设计要求。

四、系统调试

城市消防远程监控系统正式投入使用前，应对系统及系统组件进行调试。系统在各项功能调试后进行试运行，试运行时间不少于 1 个月。系统的设计文件和调试记录等文件要形成技术文档，存储备查。

（一）调试准备

开展系统调试的前提是用户信息传输装置、通信服务器、报警受理系统、信息查询系统、用户管理服务系统、火警信息终端等系统组件按设计要求安装完毕，同时联网单位连接的建筑消防设施（如火灾自动报警系统等）也要调试完毕或开通运行。

（二）系统调试

系统调试按安装地点不同分为联网用户端、监控中心端、消防通信指挥中心端三部分，联网用户端的系统调试主要指用户信息传输装置调试，监控中心端的系统调试主要指通信服务器、报警受理系统、信息查询系统、用户管理服务系统等组件的调试，消防通信指挥中心端进行火警信息终端调试。

1. 用户信息传输装置调试

将用户信息传输装置与建筑消防设施（如火灾自动报警系统、报警按钮、自动触发装置）以及报警传输网络相连，并接通电源。

按《城市消防远程监控系统　第 1 部分：用户信息传输装置》（GB 26875.1—2011）的有关要求对用户信息传输装置进行下列功能检查并记录：

（1）自检功能和操作级别。

（2）手动报警功能，用户信息传输装置应能在 10 s 内将手动报警信息传送至监控中心。传输期间，应发出手动报警状态光信号，该光信号应在信息传输成功后至少保持 5 min。检查监控中心接收火灾报警信息的完整性。

（3）模拟火灾报警，检查用户信息传输装置接收火灾报警信息的完整性，用户信息传输装置应在 10 s 内将信息传输至监控中心。在传输火灾报警信息期间，应发出指示火灾报警信息传输的光信号或信息提示。该光信号应在火灾报警信息传输成功或火灾自动报警系统复位后至少保持 5 min。

（4）模拟建筑消防设施的各种状态，检查用户信息传输装置接收信息的完整性，该装置应在 10 s 内将信息传输至监控中心。在传输建筑消防设施运行状态信息期间，应发出指示信息传输的光信号或信息提示，该光信号应在信息传输成功后至少保持 5 min。

（5）同时模拟火灾报警和建筑消防设施运行状态，检查监控中心接收信息的顺序是否体现火警优先原则。

（6）巡检和查岗功能。

（7）模拟与监控中心间的报警传输网络故障，传输装置应在 100 s 内发出故障信号。

（8）使传输装置与备用电源之间的连线断路和短路，传输装置应在 100 s 内发出故障信号。

（9）消音功能。

（10）主、备用电源的自动转换功能。

2. 通信服务器调试

（1）模拟火灾报警，检查通信服务器是否能接收用户信息传输装置发送的火灾报警信息，同时检查火灾报警信息编码规则是否符合《城市消防远程监控系统 第 5 部分：受理软件功能要求》（GB 26875.5—2011）的要求。

（2）模拟火灾报警，检查通信服务器是否将接收的用户信息传输装置发送的火灾报警信息转发至报警受理座席。

（3）检查通信服务器是否具有用户信息传输装置寻址功能。

（4）模拟通信链路故障，检查通信服务器与用户信息传输装置、受理座席和其他连接终端设备的通信连接状态的正确性。

（5）检查通信服务器软件是否具有配置、退出等操作权限的功能。

（6）检查通信服务器软件是否具有自动记录启动时间和退出时间的功能。

3. 报警受理系统调试

（1）模拟火灾报警，检查报警受理系统接收用户信息传输装置发送的火灾报警信息的正确性。

（2）检查报警受理系统接收并显示火灾报警信息（包括信息接收时间，用户名称、地址，联系人姓名、电话，单位信息，相关系统或部件的类型、状态，用户的地理信息，建筑消防设施的位置信息以及部件在建筑物中的位置信息等）的完整性。

（3）检查报警受理系统与发出模拟火灾报警信息的联网用户进行警情核实和确认的功能，并检查城市消防通信指挥中心接收经确认的火灾报警信息（包括报警联网用户名称、地址，联系人姓名、电话，建筑物名称，报警点所在建筑物详细位置，监控中心受理员编号或姓名等）的内容完整性，并能接收、显示和记录火警信息终端返回的确认时间、指挥中心受理员编号或姓名等信息。

（4）模拟各种建筑消防设施的运行状态变化，检查报警受理系统接收并存储建筑消防设施运行状态信息的完整性，检查对建筑消防设施故障的信息跟踪、记录和查询功能，检查故障报警信息是否能够发送到联网用户的相关人员处。

（5）模拟向用户信息传输装置发送巡检测试指令，检查用户信息传输装置接收巡检测试指令的完整性。

（6）检查报警信息的历史记录查询功能。

（7）检查报警受理系统与联网用户进行语音、数据或图像通信功能。

（8）检查报警受理系统报警受理的语音和相应时间记录功能。

（9）模拟报警受理系统故障，检查声、光提示功能。

（10）检查报警受理系统启、停时间记录和查询功能。

（11）检查消防地理信息是否包括城市行政区域、道路、建筑、水源、联网用户、消防站及责任区等地理信息及其属性信息，是否对信息提供编辑、修改、放大、缩小、移动、导航、全屏显示、图层管理等功能。

4. 信息查询系统调试

（1）选择联网用户，查询该用户的火灾报警信息。

（2）选择联网用户，查询该用户的建筑消防设施运行状态信息。

（3）选择联网用户，查询该用户的消防安全管理信息。

（4）选择联网用户，查询该用户的日常值班、在岗等信息。

（5）按照日期、单位名称、单位类型、建筑物类型、建筑消防设施类型、信息类型等检索项查询、统计上述第（1）~（4）款的信息。

5. 用户管理服务系统调试

（1）选择联网用户，检查该用户登录系统使用权限的正确性。

（2）模拟火灾报警，查询该用户火灾报警、建筑消防设施运行状态等信息是否与报警受理系统的报警信息相同。

（3）检查建筑消防设施日常管理功能，检查对消防设施日常维护保养情况执行录入、修改、删除、查看等操作是否正常。

（4）检查联网用户的消防安全重点单位信息系统数据录入、编辑功能。

（5）检查随机查岗功能，检查联网用户值班人员是否在岗，并检查是否收到在岗应答。

6. 火警信息终端调试

（1）模拟火灾报警，由报警受理系统向火警信息终端发送联网用户火灾报警信息，检查火警信息终端的声、光提示情况。

（2）检查火警信息终端显示的火灾报警信息（包括报警联网用户名称、地址，联系人姓名、电话，建筑物名称，报警点所在建筑物详细位置，监控中心受理员编号或姓名等）的完整性，并能接收、显示和记录火警信息终端返回的确认时间、指挥中心受理员编号或姓名等信息。

（3）进行自检操作，检查自检情况。

（4）模拟火警信息终端故障，检查声、光报警情况。

第四节　系统检测与维护

城市消防远程监控系统竣工后，由建设单位负责组织相关单位进行工程检测，选择的测试联网用户数量为5～10个，检测不合格的工程不得投入使用。

一、系统检测

城市消防远程监控系统检测前，首先对系统相关的文件进行审核检查，具体包括：

（1）竣工验收申请报告。

（2）系统设计文件、施工技术标准、工程合同、设计变更通知书、竣工图、隐蔽工程验收文件。

（3）施工现场质量管理检查记录。

（4）施工过程质量检查记录。

（5）系统产品的检验报告、合格证及相关材料。

（6）系统设备清单。

城市消防远程监控系统进行现场检测时，被测试设备要全部处于正常状态，并采取措施防止具有联动控制功能的设备造成意外损害。

（一）系统主要功能测试

（1）接收联网用户的火灾报警信息，向城市消防通信指挥中心或其他接处警中心传送经确认的火灾报警信息。

（2）接收联网用户发送的建筑消防设施运行状态信息。

（3）具有为消防机构提供查询联网用户的火灾报警信息、建筑消防设施运行状态信息及消防安全管理信息的功能。

（4）具有为联网用户提供自身的火灾报警信息、建筑消防设施运行状态信息查询和消防安全管理信息服务等功能。

（5）能根据联网用户发送的建筑消防设施运行状态和消防安全管理信息进行数据实时更新。

（二）系统主要性能指标测试

（1）连接 3 个联网用户，测试监控中心同时接收火灾报警信息的情况。

（2）从用户信息传输装置获取火灾报警信息到监控中心接收显示的响应时间不应大于 10 s。

（3）监控中心向城市消防通信指挥中心或其他接处警中心转发经确认的火灾报警信息的时间不应大于 3 s。

（4）监控中心与用户信息传输装置之间能够动态设置巡检方式和时间，要求通信巡检周期不应大于 2 h。

（5）测试系统各设备的统一时钟管理情况，要求时钟累计误差不应超过 5 s。

城市消防远程监控系统检测完毕，填写《城市消防远程监控系统检测记录》。

二、系统运行管理

城市消防远程监控系统的运行及维护应由具有独立法人资格的单位承担，该单位的主要技术人员应由从事火灾报警、消防设备、计算机软件、网络通信等专业工作 5 年以上（含 5 年）经历的人员构成。远程监控系统的运行操作人员上岗前还要具备熟练操作设备的能力。

监控中心应建立机房管理制度、操作人员管理制度、系统操作与运行安全制度、应急管理制度、网络安全管理制度，以及数据备份与恢复方案。

监控中心日常应做好如下技术文件的记录，并及时归档，妥善保管：

（1）交接班登记表。

（2）值班日志。

（3）接处警登记表。

（4）值班人员工作通话录音电子文档。

（5）设备运行、巡检及故障记录。

三、系统使用与日常检查

用户信息传输装置投入使用后，应确保设备始终处于正常工作状态，保持连续运行，不得擅自关停。一旦发现故障，应及时查找原因，并组织修复。因故障维修等原因需要暂时停用的，要经消防安全责任人批准，并提前通知监控中心；恢复启用后，应及时通知监控中心恢复。

（一）用户信息传输装置使用与检查

联网用户人为停止火灾自动报警系统等建筑消防设施运行时，要提前通知监控中心；联网用户的建筑消防设施故障造成误报警超过5次/日，且不能及时修复时，应与监控中心协商处理办法。消防控制室值班人员接到报警信号后，应以最快方式确认是否有火灾发生，火灾确认后，在拨打火灾报警电话119的同时，观察用户信息传输装置是否将火灾信息传送至监控中心。监控中心通过用户服务系统向远程监控系统的联网用户提供该单位火灾报警和建筑消防设施故障情况统计月报表。

用户信息传输装置按照下列要求进行定期检查与测试：

（1）每日进行1次自检功能检查。

（2）由火灾自动报警系统等建筑消防设施模拟生成火警，进行火灾报警信息发送试验，每个月试验次数不应少于2次。

（二）通信服务器软件使用与检查

通信服务器软件投入使用后，要确保软件处于正常工作状态，并保持连续运行，不得擅自关闭软件。通信服务器软件必须由监控中心管理员进行维护管理，如因故障维修等原因需要暂时停用的，监控中心管理员应提前通知各联网用户单位消防安全负责人；恢复启用后，应及时通知各联网用户单位消防安全负责人。

通信服务器软件按照下列要求进行定期检查与测试：

（1）与监控中心报警受理系统的通信测试为1次/日。

（2）与设置在城市消防通信指挥中心或其他接处警中心的火警信息终端之间的通信测试为1次/日。

（3）实时监测与联网用户用户信息传输装置的通信链路状态，如检测到链路故障，应及时告知报警受理系统，报警受理系统值班人员应及时与联网用户单位值班人员联系，尽快解除链路故障。

（4）与报警受理系统、火警信息终端、用户信息传输装置等其他终端之间时钟检查为1次/日。

（5）每月检查系统数据库使用情况，必要时对硬盘进行扩充。

（6）每月进行通信服务器软件运行日志整理。

（三）报警受理系统软件使用与检查

报警受理系统软件投入使用后，要确保软件处于正常工作状态，并保持连续运行，不得擅自关闭软件。报警受理系统软件必须由监控中心管理员进行维护管理，如因故障维修等原因需要暂时停用的，监控中心报警受理值班员应提前通知系统管理员；恢复启用后，要及时通知系统管理员。

报警受理系统软件按照下列要求进行定期检查与测试：

（1）与通信服务器软件的通信测试为1次/日。

（2）与通信服务器软件时钟检查为1次/日。

（3）每月进行报警受理系统软件运行日志整理。

检查内容与顺序如下：

（1）用户信息传输装置模拟报警，检查报警受理系统能否接收、显示、记录及查询用户信息传输装置发送的火灾报警信息、建筑消防设施运行状态信息。

（2）模拟系统故障信息，检查报警受理系统能否接收、显示、记录及查询通信服务器发送的系统告警信息。

（3）用户信息传输装置模拟报警，检查报警受理系统能否收到该报警信息，收到该信息后能否驱动声器件和显示界面发出声信号和显示提示。火灾报警信息声信号和显示提示是否明显区别于其他信息，报警信息的显示和处理是否优先于其他信息的显示和处理。声信号可否手动消除，当收到新的信息时，声信号是否能再启动。信息受理后，相应声信号、显示提示是否自动消除。

（4）用户信息传输装置模拟报警，检查报警受理系统能否收到该报警信息，受理用户信息传输装置发送的火灾报警、故障状态信息时，是否能显示下列内容：

1）信息接收时间，用户名称、地址，联系人姓名、电话，单位信息，相关系统或部件的类型、状态等信息。

2）该用户的地理信息、建筑消防设施的位置信息以及部件在建筑物中的位置信息。

3）该用户信息传输装置发送的不少于 5 条的同类型历史信息记录。

（5）用户信息传输装置模拟报警，检查报警受理系统能否对火灾报警信息进行确认和记录归档。

（6）用户信息传输装置模拟手动报警信息，检查报警受理系统能否将信息上报至火警信息终端，信息内容是否包括报警联网用户名称、地址，联系人姓名、电话，建筑物名称，报警点所在建筑物详细位置，监控中心受理员编号或姓名等；能否接收、显示和记录火警信息终端返回的确认时间、指挥中心受理员编号或姓名等信息；通信失败时是否能够告警。

（7）模拟至少 10 条用户信息传输装置故障信息，检查报警受理系统能否对用户信息传输装置发送的故障状态信息进行核实、记录、查询和统计；能否向联网用户相关人员或相关部门发送经核实的故障信息；能否对故障处理结果进行查询。

（四）信息查询系统软件使用与检查

信息查询系统投入使用后，要确保软件处于正常工作状态，并保持连续运行，不得擅自关闭软件。信息查询系统必须由监控中心管理员进行维护管理，如因故障维修等原因需要暂时停用的，监控中心管理员应提前通知消防机构相关使用人员；恢复启用后，及时通知消防机构相关使用人员。

信息查询系统软件按照下列要求进行定期检查与测试：

（1）与监控中心的通信测试为 1 次 / 日。

（2）与监控中心的时钟检查为 1 次 / 日。

（3）每月进行信息查询系统软件运行日志整理。

检查内容与顺序如下：

（1）以消防机构人员身份登录信息查询系统，检查信息查询系统能否查询所属辖区联网用户的火灾报警信息。

（2）以消防机构人员身份登录信息查询系统，检查信息查询系统能否按《消防安全技术实务》表 3—12—1 所列内容查询联网用户的建筑消防设施运行状态信息。

（3）以消防机构人员身份登录信息查询系统，检查信息查询系统能否按《消防安全技术实务》表 3—12—1 所列内容查询联网用户的消防安全管理信息。

（4）以消防机构人员身份登录信息查询系统，检查信息查询系统能否查询所属辖区联网用户的日常值班、在岗等信息。

（5）以消防机构人员身份登录信息查询系统，检查信息查询系统能否对火灾报警信息、建筑消防设施运行状态信息、联网用户的消防安全管理信息、联网用户的日常值班和在岗等信息，按日期、单位名称、单位类型、建筑物类型、建筑消防设施类型、信息类型等检索项进行检索和统计。

（五）用户服务系统软件使用与检查

用户服务系统投入使用后，要确保软件处于正常工作状态，并保持连续运行，不得擅自关闭软件。用户服务系统必须由监控中心管理员进行维护管理，如因故障维修等原因需要暂时停用的，监控中心管理员应提前通知联网用户单位消防安全负责人；恢复启用后，要及时通知联网用户单位消防安全负责人。

用户服务系统软件按照下列要求进行定期检查与测试：

（1）与监控中心的通信测试为1次/日。

（2）与监控中心的时钟检查为1次/日。

（3）每月进行用户服务系统软件运行日志整理。

检查内容与顺序如下：

（1）以联网单位用户身份登录用户服务系统，检查用户服务系统能否查询其自身的火灾报警、建筑消防设施运行状态信息及消防安全管理信息，建筑消防设施运行状态信息和消防安全管理信息是否能够包含《消防安全技术实务》第三篇第十二章规定的信息内容。

（2）以联网单位用户身份登录用户服务系统，检查用户服务系统能否对建筑消防设施日常维护保养情况进行管理。

（3）以联网单位用户身份登录用户服务系统，检查用户服务系统能否提供消防安全管理信息的数据录入、编辑服务。

（4）以联网单位消防安全负责人身份登录用户服务系统，检查用户服务系统能否通过随机查岗，实现对值班人员日常值班工作的远程监督。

（5）以不同权限的联网单位用户身份登录用户服务系统，检查用户服务系统能否提供不同用户不同权限的管理。

（6）以联网单位用户身份登录用户服务系统，检查用户服务系统能否提供消防法律法规、消防常识和火灾情况等信息。

（六）火警信息终端软件使用与检查

火警信息终端软件投入使用后，要确保软件处于正常工作状态，并保持连续运行，不得擅自关闭软件。火警信息终端软件必须由监控中心管理员进行维护管理，如因故障维修等原因需要暂时停用的，火警信息终端值班员应提前通知系统管理员；恢复启用后，及时通知系统管理员。

火警信息终端软件按照下列要求定期检查与测试：

（1）与通信服务器软件的通信测试为1次/日。

（2）与通信服务器软件的时钟检查为1次/日。

（3）每月进行火警信息终端软件运行日志整理。

检查内容与顺序如下：

（1）用户信息传输装置模拟手动报警信息，经报警受理系统受理确认以后，检查火警信息终端能否接收、显示、记录及查询监控中心报警受理系统发送的火灾报警信息。

（2）用户信息传输装置模拟手动报警信息，经报警受理系统受理确认以后，检查火警信息终端能否收到火灾报警及系统内部故障告警信息，是否能驱动声器件和显示界面发出声信号和显示提示。火灾报警信息声信号和显示提示是否明显区别于故障告警信息，且是否优先于其他信息的显示及处理。声信号是否能手动消除，且当收到新的信息时，声信号是否能再启动。信息受理后，相应声信号、显示提示是否能自动消除。

（3）用户信息传输装置模拟手动报警信息，经报警受理系统受理确认以后，检查火警信息终端是否能显示报警联网用户的名称、地址，联系人姓名、电话，建筑物名称，报警点所在建筑物位置，联网用户的地理信息，监控中心受理员编号或姓名，接收时间等信息；经人工确认后，是否能向监控中心反馈确认时间、指挥中心受理员编号或姓名等信息；通信失败时能否告警。

四、年度检查与维护保养

用户信息传输装置按下列要求进行定期检查和测试：

（1）对用户信息传输装置的主电源和备用电源进行切换试验，每半年的试验次数不少于1次。

（2）每年检测用户信息传输装置的金属外壳与电气保护接地干线（PE线）的电气连续性，若发现连接处松动或断路，应及时修复。

城市消防远程监控系统投入运行满1年后，每年度对下列内容进行检查：

（1）每半年检查录音文件的保存情况，必要时清理保存周期超过6个月的录音文件。

（2）每半年对通信服务器、报警受理系统、信息查询系统、用户服务系统、火警信息终端等组件进行检查、测试。

（3）每年检查系统运行及维护记录等文件是否完备。

（4）每年检查系统网络安全性。

（5）每年检查监控系统日志并进行整理备份。

（6）每年检查数据库使用情况，必要时对硬盘存储记录进行整理。

（7）每年对监控中心的火灾报警信息、建筑消防设施运行状态信息等记录进行备份，必要时清理保存周期超过1年的备份信息。

思考题

1. 简述城市消防远程监控系统的构成。
2. 简述城市消防远程监控系统的安装要求。
3. 简述城市消防远程监控系统调试步骤。
4. 简述城市消防远程监控系统检测项目和内容。
5. 简述城市消防远程监控系统日常检查和年度检查测试项目。

第四篇 消防安全评估方法与技术

第一章 区域消防安全评估方法与技术

学习要求

通过本章学习，应了解区域火灾风险评估指标体系的建立原则；掌握区域火灾风险评估的方法；熟悉区域火灾风险评估的流程。

随着社会经济的发展和科学技术的进步，我国城市规模不断扩大。人口数量众多、高层建筑林立、地下空间纵横交错、交通车辆密布、燃气管线密集等问题日益凸显，致使传统性和非传统性火灾因素不断增加。这些因素决定了城市的火灾风险将不断增大，发生重大火灾事故的风险迅速增加，事故的危害性剧增，对城市经济与社会可持续发展的影响越来越大。特别是一些重特大火灾事故的发生，不仅给人民的生命财产造成巨大损失，而且给经济建设和社会稳定造成严重危害。因此，研究区域火灾风险评估方法，对确保城市安全及社会稳定具有重大的现实意义。

进行区域火灾风险评估，旨在分析区域的火灾风险因素及其影响的权重，针对不同的火灾风险提出有效的预防和控制措施，将城市火灾风险降低，对科学规划消防基础设施建设、优化消防力量配备、指导日常消防安全检查、提高消防指挥的科学性和有效性、减少火灾损失、促进城市社会经济协调发展具有重要意义，是解决诸多难题和挑战的有效途径之一。

第一节 评估方法

本节主要介绍火灾风险评估的目的、原则、内容、范围、流程以及评估注意事项等内容，为城市火灾风险评估提供有效的评估方法。

一、评估目的

对区域进行火灾风险评估，是分析区域消防安全状况、查找当前消防工作薄弱环节的有效手段。根据不同的火灾风险级别，部署相应的消防救援力量，建设消防基础设施，使公众和消防员的生命、财产的预期风险水平与消防安全设施以及火灾和其他应急救援力量的种类和部署达到最佳平衡，为今后一段时期政府明确消防工作发展方向、指导消防事业发展规划提供参考依据。

二、评估原则

（一）系统性原则

评估指标应当构成一个完整的体系，即全面地反映所需评价对象的各个方面。为此应按照安全系统原理来建立指标体系。该指标体系由几个子系统构成，且呈一定的层次结构，每个子系统又可以单独作为一个有机的整体。区域火灾风险评估指标体系应力求系统化、理论化、科学化，所包含的内容力求广泛，应能涉及影响区域火灾的各个因素，既包括内部因素，也包括外部因素，还包括管理因素。

（二）实用性原则

评估指标必须与评价目的和目标密切相关。开展区域火灾风险评估指标体系的研究，是为了更好地指导防火实践，是为实践需求服务的。因此，它既是一个理论问题，又必须时刻把握其实用性。

（三）可操作性原则

构建区域火灾风险评估指标体系要有科学的依据和方法，要充分收集资料，并运用科学的研究手段。评估指标体系应具有明确的层次结构，每一个子指标体系应相对独立，建立评估指标体系时需注意风险分级的明确性，以便于操作。

三、评估内容

（1）分析区域范围内可能存在的火灾危险源，合理划分评估单元，建立全面的评估指标体系。

（2）对评估单元进行定性及定量分级，并结合专家意见建立权重系统。

（3）对区域的火灾风险做出客观公正的评估结论。

（4）提出合理可行的消防安全对策及规划建议。

四、评估范围

评估范围包括整个区域范围内存在火灾危险的社会因素、建筑群和交通路网等。

五、评估流程

区域火灾风险评估可按照以下六个步骤来进行。

（一）信息采集

在明确火灾风险评估的目的和内容的基础上，收集所需的各种资料，重点收集与区域安全相关的信息，可包括：评估区域内人口、经济、交通等概况，区域内消防重点单位情况，周边环境情况，市政消防设施相关资料，火灾事故应急救援预案，消防安全规章制度等。

（二）风险识别

火灾风险源是能够对目标对象的评估结果产生影响的所有来源。通过资料分析和现场勘察，查找评估对象的火灾风险来源，确定其存在的部位、方式以及发生作用的途径和变化规律。然后，根据所采集的信息，分析与区域火灾风险相关的各种影响因素。火灾风险源一般分为客观因素和人为因素两类。

1. 客观因素

（1）气象因素引起火灾。火灾的发生与气象条件密切相关。影响火灾的气象因素主要有大风、降水、高温以及雷击等。

1）大风。大风是影响火灾发生的重要因素。大风不但可能吹倒建筑物、刮倒电线杆或者吹断电线，引起火灾，而且它还可作为火的传播媒介，导致火场扩大，或产生新的火源，造成异地火灾。此外，大风也是助长火势蔓延的一个重要因素。

2）降水。降水对火灾的影响作用可以分为两个方面。一方面，降水增加了可燃物的含水量，潮湿的可燃物遇火不易燃烧，火势也不易蔓延，所以降水是火灾发生、蔓延的抑制因素。另一方面，降水大小对自燃物质也有显著的影响。由于降水增加了空气湿度，使自燃物质的湿度加大，一定的水分能起到催化剂的作用，可加速自燃物质的氧化而引发自燃。同时，如果出现暴雨，由于暴雨具有突发性、来势猛、强度大及局地性强的特点，会在短时间内积聚大量的雨水，在排水不畅时，可能造成局部积水，严重时甚至会形成局部洪涝，使电气线路和设备短路，引起火灾。

3）高温。在高温环境下，生产生活用电负荷将增大，使电气线路处于满负载状态，加速了电气线路的老化。同时，对于存在自燃起火危险的物品，高温环境将加速其自然氧化。气象上把日最高气温高于35℃定义为高温天气；把日平均气温高于30℃（或日最低气温高于25℃）定义为高温闷热天气。

4）雷击。在雷雨天气中，如果建筑物防雷击设施不够齐备，在受到雷击时，电气线路容易发生故障而出现燃烧，或者建筑物内部电气设备遭受直击雷而发生爆炸，引起火灾。严重时可能直接击中人体，造成人员伤亡。

（2）电气引起火灾。在全国的火灾统计中，由各种诱因引发的电气火灾，一直居于各类火灾原因的首位。根据以往对电气火灾成因的分析，电气火灾原因主要有以下几种：

1）接头接触不良导致电阻增大，发热起火；

2）可燃油浸变压器油温过高导致起火；

3）高压开关的油断路器由于油量过高或过低引起爆炸起火；

4）熔断器熔体熔断时产生电火花，引燃周围可燃物；

5）使用电加热装置时，不慎放入高温时易爆危险品导致爆炸起火；

6）机械撞击损坏电气线路导致漏电起火；

7）设备过载导致电气线路温度升高，在电气线路散热条件不好时，长时间的过热导致电缆起火或引燃周围可燃物；

8）照明灯具的内部漏电或发热引起燃烧或引燃周围可燃物。

（3）易燃易爆物品引起火灾。爆炸一般是由易燃易爆物品引起。可燃液体的燃烧实际上是可燃液体蒸气的燃烧。以柴油为例，其属于丙类可燃液体，闪点为60～120℃，爆炸极限为1.5%～6.5%。柴油的电阻率较大，易于积聚静电。如果油箱密封不严，造成存放的柴油泄漏挥发，或油箱内的柴油蒸气向外挥发，在储油间内的柴油蒸气达到其爆炸极限的情况下，遇到明火、静电或金属撞击形成的火花时，都会产生爆炸。

2. 人为因素

（1）用火不慎引起火灾。用火不慎主要发生在居民住宅中，主要表现为：用易燃液体引火；使用液化石油气、煤气等气体燃料时，因各种原因造成气体泄漏，在空间内形成可燃性混合气体，遇明火产生爆炸起火；家庭炒菜时油锅过热起火；未完全熄灭的燃料灰随意倾倒引燃其他可燃物；夏季驱蚊时，蚊香摆放不当或点火生烟时无人看管引起火灾；停电使用明火照明，不慎靠近可燃物引起火灾；烟囱积油高温起火。

（2）吸烟引起火灾。吸烟人员常常会出现随便乱扔烟蒂、忘记熄灭烟蒂等不良行为，可能会导致火灾。由吸烟引起的火灾，以引燃固体可燃物，尤其是引燃床上用品、衣服织物、室内装潢、家具摆设等居多。据美国加利福尼亚州消防部门试验，烧着的烟头的温度范围从288℃（不吸时香烟表面的温度）到732℃（吸烟时香烟中心的温度）。炽热的香烟温度，从理论上讲足以引燃大多数可燃固体以及易燃液体和气体。

（3）人为放火。近年来，人为放火占火灾成因的比例呈上升趋势。

（三）评估指标体系建立

在火灾风险源识别的基础上，进一步分析影响因素及其相互关系，选择出主要因素，忽略次要因素，然后对各影响因素按照不同的层次进行分类，形成不同层次的评估指标体系。区域火灾风险评估，一般分为二层或三层，每个层次的单元根据需要进一步划分为若干因素，再从火灾发生可能性和火灾危害等方面来分析各因素的火灾风险度，各因素的火灾风险度是进行系统危险分析的基础，在此基础上确定评估对象的火灾风险等级。

区域火灾风险评估可选择以下几个层次的指标体系结构：

1. 一级指标

一级指标一般包括火灾危险源、区域基础信息、消防力量和社会面防控能力等。

2. 二级指标

二级指标一般包括客观因素、人为因素、城市公共消防基础设施、灭火救援能力、火灾预警能力、消防管理、消防宣传教育等。

3. 三级指标

三级指标一般包括易燃易爆危险品生产销售储存场所密度、燃气管网密度、加油加气站密度、电气火灾、用火不慎、放火致灾、吸烟不慎、温度、湿度、风力、雷电、建筑密度、人口密度、经济密度、路网密度、轨道交通密度、重点保护单位密度、消防车通行能力、消防站建设水平、消防车道、消防供水能力、消防装备配置水平、万人拥有消防站、消防通信指挥调度能力、多种形式消防力量、消防安全责任制落实情况、应急预案完善情况、重大隐患排查整治情况、社会消防宣传力度、消防培训普及程度、多警种联动能力、临时避难区域设置、医疗机构分布及水平等相关内容。

（四）风险分析与计算

根据不同层次评估指标的特性，选择合理的评估方法，按照不同的风险因素确定风险概率，结合各风险因素对评估目标的影响程度，进行定量或定性的分析和计算，确定各风险因素的风险等级。

1. 风险因素量化及处理

考虑到人为判断的不确定性和个体的认识差异，评分值的设计采用一个分值范围，由参加评估的团队人员，运用集体决策的思想，根据所建立的指标体系，按照对安全越有利得分越高原则进行评分，从而降低不确定性和认识差异对结果准确性的影响。然后根据模糊集值统计方法，通过计算得出一个统一的结果。

2. 模糊集值统计

对于评估指标 u_i，评估专家 p_j 依据其评估标准和对该指标有关情况的了解给出一个特征值区间［a_{ij}，b_{ij}］，由此构成一集值统计系列：［a_{i1}，b_{i1}］，［a_{i2}，b_{i2}］，…，［a_{ij}，b_{ij}］，…，［a_{mq}，b_{mq}］，见表4—1—1。

表 4—1—1 评估指标特征值的估计区间

评估专家	评估指标					
	u_1	u_2	…	u_i	…	u_m
p_1	$[a_{11}, b_{11}]$	$[a_{21}, b_{21}]$	…	$[a_{i1}, b_{i1}]$	…	$[a_{m1}, b_{m1}]$
p_2	$[a_{12}, b_{12}]$	$[a_{22}, b_{22}]$	…	$[a_{i2}, b_{i2}]$	…	$[a_{m2}, b_{m2}]$
…	…	…	…	…	…	…
p_j	$[a_{1j}, b_{1j}]$	$[a_{2j}, b_{2j}]$	…	$[a_{ij}, b_{ij}]$	…	$[a_{mj}, b_{mj}]$
…	…	…	…	…	…	…
p_q	$[a_{1q}, b_{1q}]$	$[a_{2q}, b_{2q}]$	…	$[a_{iq}, b_{iq}]$	…	$[a_{mq}, b_{mq}]$

则评估指标 u_i 的特征值可按下式进行计算，即：

$$x_i = \frac{1}{2}\sum_{j=1}^{q}[b_{ij}^2 - a_{ij}^2] / \sum_{j=1}^{q}[b_{ij} - a_{ij}] \tag{4—1—1}$$

式中 $i = 1, 2, \cdots, m$；

$j = 1, 2, \cdots, q$。

3. 指标权重确定

目前国内外常用的评估指标权重的方法主要有专家打分法、集值统计迭代法、层次分析法、模糊集值统计法等。本部分采用专家打分法确定指标权重，这种方法分别向若干专家（一般以 10 ~ 15 名为宜）咨询并征求意见，来确定各评估指标的权重系数。

设第 j 个专家给出的权重系数为：$(\lambda_{1j}, \lambda_{2j}, \cdots, \lambda_{ij}, \cdots, \lambda_{mj}, \cdots)$。

若其平方和误差在其允许误差 ε 范围内，即：

$$\max_{1 \leqslant j \leqslant n}\left[\sum_{i=1}^{m}\left(\lambda_{ij} - \frac{1}{n}\sum_{j=1}^{n}\lambda_{ij}\right)^2\right] \leqslant \varepsilon \tag{4—1—2}$$

则：

$$\bar{\lambda} = \left(\frac{1}{n}\sum_{j=1}^{n}\lambda_{1j}, \cdots, \frac{1}{n}\sum_{j=1}^{n}\lambda_{ij}, \cdots, \frac{1}{n}\sum_{j=1}^{n}\lambda_{mj}\right) \tag{4—1—3}$$

为满意的权重系数集，否则，对一些偏差大的 λ_i 再征求有关专家意见进行修改，直到满意为止。

4. 风险等级判断

根据基本指标的分值范围，可以通过下述公式计算上层指标的风险分值。

$$x_i = \frac{1}{2}\sum_{j=1}^{q}[b_{ij}^2 - a_{ij}^2] / \sum_{j=1}^{q}[b_{ij} - a_{ij}] \tag{4—1—4}$$

式中 $i=1, 2, \cdots, m$；

$j=1, 2, \cdots, q$。

最终应用线性加权方法计算火灾风险度，即：

$$R = \sum_{i=1}^{n} W_i F_i \tag{4—1—5}$$

式中 R——上层指标火灾风险；

W_i——下层指标权重；

F_i——下层指标评估得分。

根据 R 值的大小可以确定评估目标所处的风险等级。

5. 风险分级

根据区域火灾防控实际，在设定量化范围的基础上结合公安部办公厅 2007 年下发的《公安部办公厅关于调整火灾等级标准的通知》（公消〔2007〕234 号）中的火灾事故等级分级标准，将火灾风险分为四级，见表 4—1—2。

表 4—1—2　　火灾风险分级量化和特征描述

风险等级	名称	量化范围	风险等级特征描述
Ⅰ级	低风险	（85，100］	几乎不可能发生火灾，火灾风险性低，火灾风险处于可接受的水平，风险控制重在维护和管理
Ⅱ级	中风险	（65，85］	可能发生一般火灾，火灾风险性中等，火灾风险处于可控制的水平，在适当采取措施后可达到接受水平，风险控制重在局部整改和加强管理
Ⅲ级	高风险	（25，65］	可能发生较大火灾，火灾风险性较高，火灾风险处于较难控制的水平，应采取措施加强消防基础设施建设和完善消防管理水平
Ⅳ级	极高风险	（0，25］	可能发生重大或特大火灾，火灾风险性极高，火灾风险处于很难控制的水平，应当采取全面的措施对建筑的设计、主动防火设施进行完善，加强对危险源的管控，增强消防管理和救援力量

火灾风险分级和火灾等级的对应关系为：

（1）极高风险 / 特别重大火灾、重大火灾。特别重大火灾是指造成 30 人以上死亡，或者 100 人以上重伤，或者 1 亿元以上直接财产损失的火灾；重大火灾是指造成 10 人以上 30 人以下死亡，或者 50 人以上 100 人以下重伤，或者 5 000 万元以上 1 亿元以下直接财产损失的火灾。

（2）高风险 / 较大火灾。较大火灾是指造成 3 人以上 10 人以下死亡，或者 10 人以上 50 人以下重伤，或者 1 000 万元以上 5 000 万元以下直接财产损失的火灾。

（3）中风险 / 一般火灾。一般火灾是指造成 3 人以下死亡，或者 10 人以下重伤，或者 1 000 万元以下直接财产损失的火灾。

（五）确定评估结论

根据评估结果，明确指出建筑设计或建筑本身的消防安全状态，提出合理可行的消防安全意见。

（六）风险控制

根据火灾风险分析与计算结果，遵循针对性、技术可行性、经济合理性的原则，按照当前通行的风险规避、风险降低、风险转移以及风险自留四种风险控制措施，根据当前经济、技术、资源等条件下所能采用的控制措施，提出消除或降低火灾风险的技术措施和管理对策。

六、注意事项

进行区域火灾风险评估时，应注意收集相关消防基础设施建设的情况，如消防站、消防水源等。

（一）消防站

根据住房城乡建设部和国家发改委联合发布的《城市消防站建设标准》（建标 152—2017）的要求，“消防站的布局一般应以接到出动指令后 5 min 内消防队可以到达辖区边缘为原则确定。”“设在城市的消防站，一级站不宜大于 7 km^2，二级站不宜大于 4 km^2，小型站不宜大于 2 km^2，设在近郊区的普通站不应大于 15 km^2。”为确保城市经济发展和市民生活的功能实现，新建消防站应重点布局在人口稠密区、产业功能区、新城和副中心以及消防设施相对薄弱的城乡接合部和农村地区。随着消防部门职能的拓展，还应加强消防站对于高层救援、交通事故救援、化学灾害抢险、危险品事故处理、地震和建筑物倒塌等紧急事件的处置能力。因此，进行区域火灾风险评估时，及时了解消防站等基础设施的建设情况，既有助于合理安排消防站布局，又可通过评估确定消防站辖区面积，有利于推进消防站的建设。

（二）消防水源

我国市政消防水源建设普遍处于滞后的状态，主要原因是市政消火栓建设是根据市政道路建设和供水管网铺设确定的，缺乏明确的规划和建设标准。进行火灾风险评估时，可将消防水源建设作为评价指标之一，解决远郊区县、村庄和住宅小区绝大部分没有规划建设公共消防水源、消防水源匮乏等比较严重的问题，杜绝“扑救小火建筑内部有设施，扑救大火室外无水源”的现象。

第二节　评估范例

本节以某市区域的火灾风险评估为范例，详细介绍了进行区域火灾风险评估的流程和方法，为城市区域火灾风险评估提供实效性和可操作性指导。

近年来，我国的城市化建设进程加快，城市建设向集约型、紧凑型发展。建设规模和城市人口比例的不断扩大，导致因电气设备故障、生活用火不慎、违章操作、放火、玩火等多种因素以及其他事件引发的火灾事故频发。火灾已经成为我国城市中多发性、破坏性和影响性最强的灾种之一。面临越来越严峻的城市火灾总体形势，城市区域火灾风险评估变得日趋重要。

一、火灾风险评估方法

（一）火灾风险评估指标体系

该市区域火灾风险评估指标体系分为火灾危险源评估系统、区域基础信息评估系统、消防力量评估系统、火灾预警防控评估系统和社会面防控能力评估系统五部分，如图4—1—1所示。

（二）火灾风险评估计算方法

本节采用模糊综合评估、模糊集值统计、专家赋分等方法进行火灾风险评估。评估方法见本章第一节。

二、火灾风险因素识别及选择

（一）该市历史火灾数据分析

1. 各月发生火灾次数统计

2007年至2009年该市全年各月份火灾次数如图4—1—2所示。可以看出，火灾高发于每年的一、二月份。

2. 起火原因统计

2007年至2009年，该市发生火灾的原因主要集中在电气火灾、生活用火不慎及吸烟上，这三种原因引起的火灾占火灾总数的63%。其他原因引起的火灾数量占13%，相对较多。玩火、放火、生产作业等引起的火灾占比相对较少，如图4—1—3所示。

3. 致死原因分布

从图4—1—4可以看出，致死原因最多的是吸烟、放火和电气火灾。其中用火不慎占11%，不容忽视。

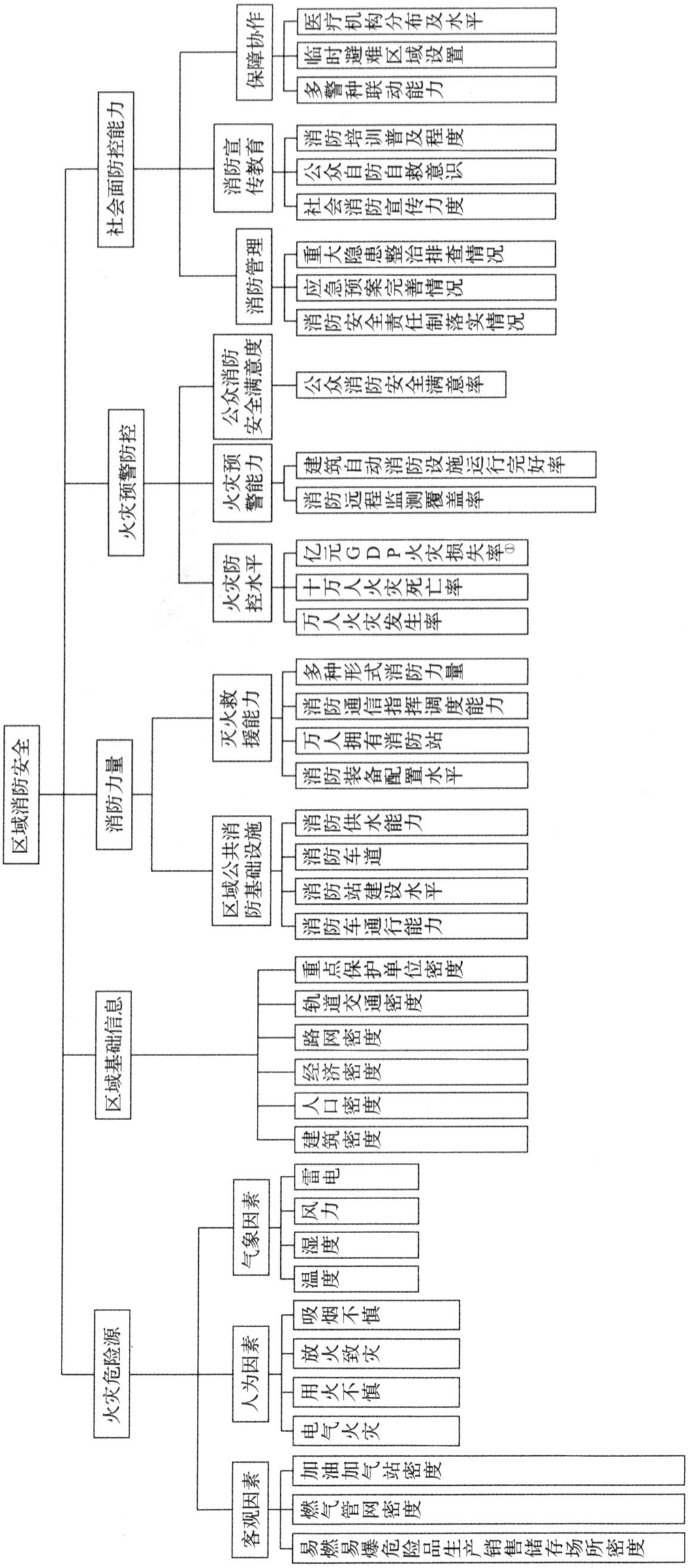

图 4—1—1 火灾风险评估指标体系

① GDP 即 Gross Domestic Product 的英文缩写，表示国内生产总值。

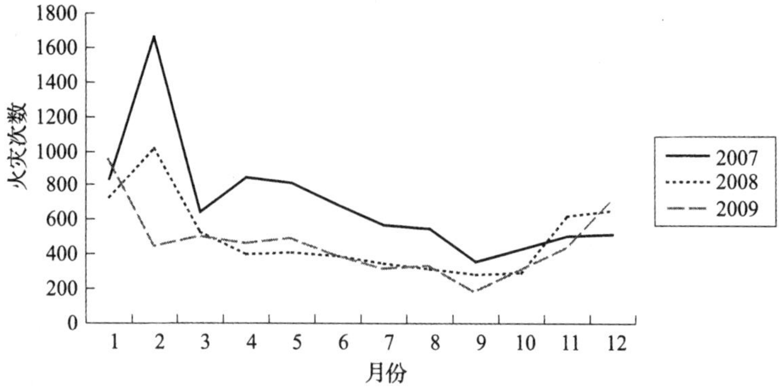

图 4—1—2　2007 年至 2009 年该市各月份火灾次数统计

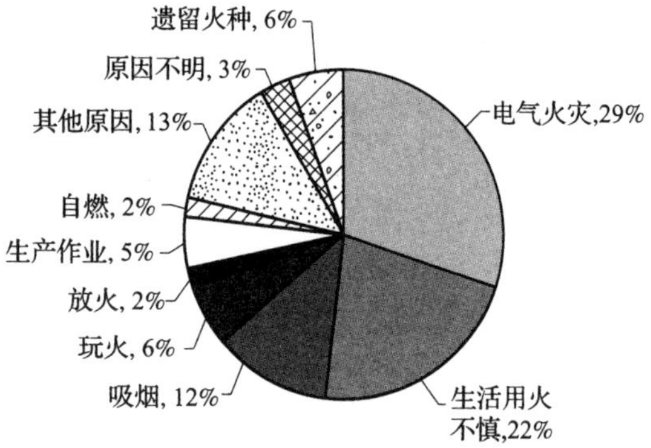

图 4—1—3　2007 年至 2009 年该市火灾起火原因统计

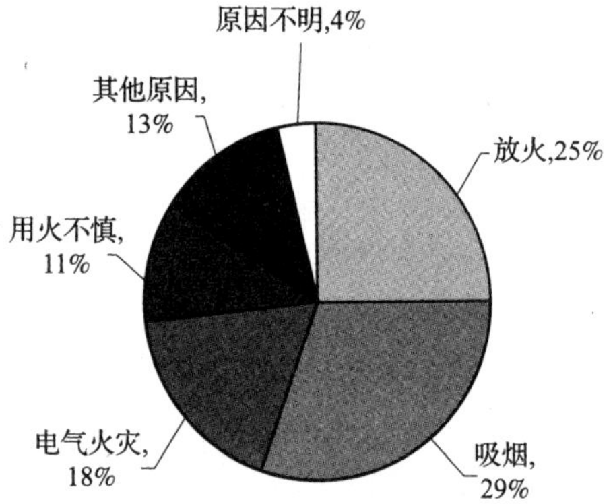

图 4—1—4　2007 年至 2009 年该市火灾致死原因分布

4. 各时段火灾次数统计

从 24 小时分布情况看，火灾从早晨 6 时开始呈上升趋势，之后维持高位平稳运行，18 至 20 时出现小高峰。随后，火灾呈下降趋势，凌晨 5 时火灾次数出现最低值，如图 4—1—5 所示。

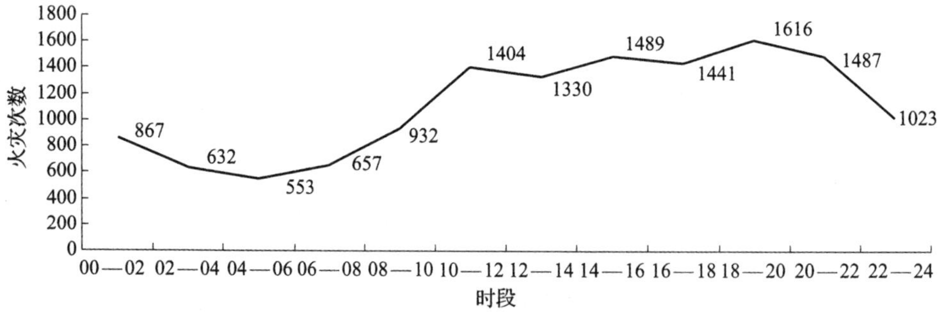

图 4—1—5　2007 年至 2009 年该市各时段火灾次数统计

5. 各场所火灾统计

从图 4—1—6 可以看到，火灾高发场所为住宅、宿舍，交通工具等。此外，垃圾废弃物着火也不容忽视。

（二）火灾危险源

指标体系中，火灾危险源评估单元分为客观因素、人为因素、气象因素，其中：

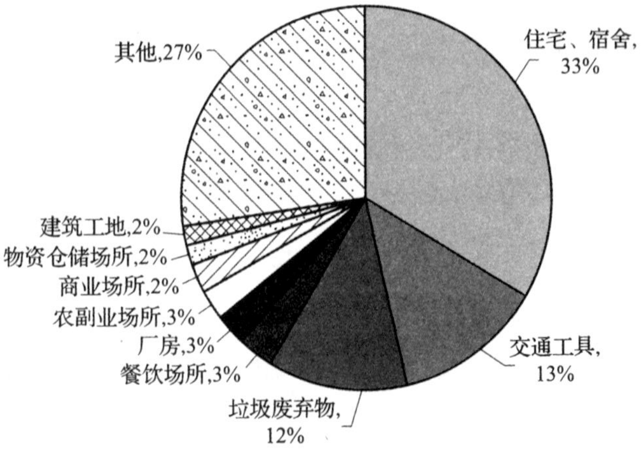

图 4—1—6 2007 年至 2009 年该市起火场所统计

1. 客观因素

在火灾危险源评估单元中，客观因素主要考虑易燃易爆危险品生产、销售、储存场所密度，燃气管网密度及加油加气站密度等影响因素。

2. 人为因素

人为因素导致的火灾主要包括电气火灾、用火不慎、放火致灾、吸烟不慎等。

（三）区域基础信息

区域基础信息评估单元包括建筑密度、人口密度、经济密度、路网密度、轨道交通密度、重点保护单位密度六个方面。

1. 建筑密度

建筑密度指在一定范围内，建筑物的基底面积总和与占用地面积的比值（%），表示建筑物的覆盖率。它可以反映出一定用地范围内的空地率和建筑密集程度。

人均住宅使用面积不反映该区域建筑密度。

2. 人口密度

人口密度是指单位面积土地上居住的人口数，表示人口的密集程度，通常以每平方千米内常住人口为计算单位。该市常住人口 1 000 余万人。

3. 经济密度

经济密度是指区域国民生产总值与区域面积之比，一般以每平方千米土地的产值来表示。

4. 路网密度

路网密度为城市范围内由不同功能、等级、区位的道路，以一定的密度和适当的形式组成的网络结构。该市城区的路网结构横平竖直。目前公路总里程已达 18 000 km，每 100 km^2 就有 85 km 公路。

5. 轨道交通密度

轨道交通密度以每平方千米轨道交通的千米数表示。城市轨道交通具有运量大、速度快、安全、准点、保护环境、节约能源和用地等特点，能有效缓解城市的交通拥堵问题。该市轨道交通线网密度为 1 km/km^2。

6. 重点保护单位密度

重点保护单位密度指每平方千米拥有的重点保护单位个数。

（四）消防力量

消防力量评估单元分为区域公共消防基础设施和灭火救援能力两类。

1. 区域公共消防基础设施

（1）消防道路。消防道路指供消防车通行的道路。该市内道路桥梁的通行能力较好，可供各种大型消防车辆通行，但由于部分巷道较窄，消防车辆驶入时行驶速度缓慢，给灭火救援工作带来了一定的困难。

（2）消防水源。消防水源包括市政消火栓、人工水源及天然水源等。该市属于消防水源薄弱地区，一旦发生较大的火灾，需要调集大量运水车辆进行运水供水，不能满足灭火救援需要。针对这种情况，应制定缺水地区的供水方案，确保各地区的灭火救援工作能够顺利进行。

2. 灭火救援能力

（1）消防装备配置水平。

1）万人拥有消防车。万人拥有消防车指常住人口每万人拥有的消防车数量，包括市辖区内消防队、政府专职消防队的消防车辆，但不含超期服役或不能使用的消防车辆。该指标从城市人口规模的角度反映消防车辆的配备情况。

2）消防队员空气呼吸器配备率。消防队员空气呼吸器配备率指消防队员（市辖区内消防队、政府专职消防队的消防人员，不包括单位专职消防队的人员和城市消防支队、总队机关的人员）配备空气呼吸器（包括氧气呼吸器）的平均数量。该指标反映消防队员基本防护装备的配备情况。

3）抢险救援主战器材配备率。抢险救援主战器材配备率指消防站配备典型抢险救援器材（液压破拆工具、气体探测仪、生命探测仪）的平均数量。该指标反映专业消防队伍配备应对化学、毒气、爆炸、辐射、建筑倒塌及交通事故等特殊灾害事故的抢险救援器材的情况。

（2）万人拥有消防站。万人拥有消防站指常住人口每万人拥有的消防站（含市辖区内的消防队、政府专职消防队驻地，不包括单位专职消防队驻地）数量。该指标从城市规模（以人口划分）的角度反映消防站的建设情况。

（3）消防通信指挥调度能力。

1）消防无线通信一级网可靠通信覆盖率。消防无线通信一级网可靠通信覆盖率指在城市市辖区内，消防通信指挥中心与消防站配备的固定电台和消防车配备的车载电台实现可靠通信的区域占城市市辖区总面积的比例。

2）消防无线通信三级组网通信设备配备率。消防无线通信三级组网通信设备配备率指城市市辖区内消防站的消防队员（包括指挥员、战斗员）配备手持无线电台（包括无线通信头盔）以及消防车辆配备车载电台的比例。该指标反映火灾扑救及抢险救援现场无线通信保障的物质水平。

（五）火灾预警防控

1. 火灾防控水平

（1）万人火灾发生率。万人火灾发生率指年度内火灾次数与常住人口的比值。该指标反映火灾防控水平与人口数量的关系。

（2）十万人火灾死亡率。十万人火灾死亡率指年度内火灾死亡人数与常住人口的比值。该指标反映火灾防控水平与人口规模的关系。

（3）亿元 GDP 火灾损失率。亿元 GDP 火灾损失率指年度内火灾直接财产损失与 GDP 的比值。该指标反映火灾防控水平与经济发展水平的关系。

2. 火灾预警能力

（1）消防远程监测覆盖率。消防远程监测覆盖率指市辖区内能够将火灾报警信息、建筑消防设施运行状态信息和消防安全管理信息传送到城市消防安全远程监测系统的消防控制室数量占消防控制室总数的比例（%）。通过城市消防安全远程监测系统实现火灾的早期报警和建筑消防设施运行状态的集中监测，有利于促进单位提高消防安全管理水平和快速处置火灾事故，是评价城市火灾防控能力的一个重要指标。

（2）建筑自动消防设施运行完好率。建筑自动消防设施运行完好率指运行完好的建筑自动消防设施占建筑自动消防设施总数的比例（%）。该指标反映城市及时发现和扑救建筑火灾的基础性保障水平。

3. 公众消防安全满意度

公众消防安全满意度指公众对所处生活、工作环境的消防安全状况的满意程度。消防安全满意度是公民对社会消防安全状况的主观感受和自我评价，是在一定时期内的社会生活中对人身、财产消防安全权益受到或可能受到火灾侵害及保护程度的综合判断，也体现了公众对社会消防状况的认知、对社会消防事业发展的信心。

（六）社会面防控能力

社会面防控能力评估单元分为消防管理、消防宣传教育和保障协作三个方面。

1. 消防管理

消防管理包括消防安全责任制落实情况、应急预案完善情况和重大隐患排查整治情况等。

2. 消防宣传教育

消防宣传教育包括社会消防宣传力度、公众自防自救意识和消防培训普及程度等方面。

3. 保障协作

保障协作包括多警种联动能力、临时避难区域设置、医疗机构分布及水平等。

为了提高火灾灾害的抵御能力，该市制定了各级的责任制度，以及各部门分工协作、临时避难和医疗救援的应急预案。

三、火灾风险评估结果

（一）基本指标专家打分表

基本指标专家打分统计见表4—1—3。

（二）基本指标评估结果

基本指标评估结果汇总见表4—1—4。

（三）三级指标评估结果

三级指标评估结果汇总见表4—1—5。

表 4—1—3　　基本指标专家打分统计表

专家	专家 1		专家 2		专家 3		专家 4		专家 5		专家 6		专家 7		专家 8		专家 9		专家 10	
评价指标	下限	上限	下限	上限	下限	上限	下限	上限	下限	上限	下限	上限	下限	上限	下限	上限	下限	上限	下限	上限
易燃易爆危险品生产销售储存场所密度	55	70	60	65	60	65	55	70	60	65	55	70	55	70	60	70	55	70	60	70
加油加气站密度	80	95	80	95	80	95	80	90	80	95	85	90	80	90	80	90	80	95	80	90
高层建筑	55	65	55	65	55	70	60	65	55	65	55	70	55	65	55	65	60	65	55	70
地下铁路	55	65	55	70	55	70	55	70	55	65	55	70	55	65	60	65	55	70	55	70
城乡接合部外来人口聚集区	60	65	55	65	55	65	55	65	55	70	55	70	55	65	60	65	60	65	55	65
地下空间	55	70	60	70	60	65	60	65	60	65	60	70	60	65	60	65	60	65	60	65
电气火灾	60	65	60	70	60	70	60	65	60	70	60	65	55	70	60	65	55	70	60	65
用火不慎	85	90	80	90	85	90	85	90	80	95	85	90	80	95	85	90	80	90	80	90
放火致灾	85	90	85	90	85	90	80	95	80	90	80	90	85	90	80	95	80	95	80	90
吸烟不慎	85	90	85	90	80	90	85	90	85	90	80	90	85	90	85	90	85	90	80	95
建筑密度	85	90	80	95	80	95	85	90	85	90	85	90	80	95	80	90	85	90	80	90
人口密度	80	90	85	90	85	90	80	95	80	95	85	90	80	90	80	95	80	90	80	95
经济密度	85	90	85	90	80	90	85	90	80	95	85	90	80	90	80	95	85	90	80	95
路网密度	85	90	80	95	80	90	85	90	85	90	80	90	85	90	80	90	85	90	85	90
轨道交通密度	65	80	70	80	65	80	70	80	70	80	70	75	70	75	70	80	70	75	65	80
重点保护单位密度	80	90	80	90	80	95	80	95	85	90	85	90	80	95	85	90	85	90	85	90
消防车通行能力	80	90	85	90	80	90	80	90	80	95	85	90	80	90	80	95	85	90	85	90
消防站建设水平	60	70	60	70	60	75	60	70	65	70	60	75	65	70	65	70	60	70	65	70
消防车道	70	75	70	75	65	80	70	75	65	80	70	75	65	80	65	80	70	75	70	75

续表

专家	专家 1		专家 2		专家 3		专家 4		专家 5		专家 6		专家 7		专家 8		专家 9		专家 10	
评价指标	下限	上限	下限	上限	下限	上限	下限	上限	下限	上限	下限	上限	下限	上限	下限	上限	下限	上限	下限	上限
消防供水能力	60	75	65	70	65	70	65	70	60	70	60	70	60	70	65	70	65	70	60	75
消防装备配置水平	85	90	80	90	85	90	85	90	85	90	85	90	85	90	85	90	85	90	85	90
万人拥有消防站	85	90	80	90	85	90	80	90	80	90	80	95	80	90	85	90	80	95	80	90
消防通信指挥调度能力	85	90	80	95	80	95	85	90	85	90	85	90	80	90	85	90	85	90	85	90
多种形式消防力量	85	90	80	95	80	95	85	90	85	90	85	90	85	90	80	90	80	95	85	90
万人火灾发生率	80	90	80	90	85	90	80	95	85	90	80	95	85	90	85	90	85	90	85	90
十万人火灾死亡率	85	90	80	95	85	90	85	90	85	90	80	90	80	90	85	90	85	90	80	90
亿元 GDP 火灾损失率	85	90	80	90	85	90	80	90	85	90	80	90	85	90	85	90	80	95	85	90
消防远程监测覆盖率	85	90	80	95	85	90	85	90	85	90	85	95	85	95	85	90	85	95	85	95
建筑自动消防设施运行完好率	80	95	85	95	85	95	85	90	85	95	85	95	85	90	80	95	80	95	80	95
公众消防安全满意率	85	90	85	90	85	90	85	90	80	90	80	90	85	90	85	90	80	95	80	90
消防安全责任制落实情况	80	85	80	85	75	90	80	85	80	85	75	90	80	85	75	85	80	85	75	85
应急预案完善情况	80	95	80	95	85	90	80	95	80	95	80	95	85	90	85	90	85	90	85	90
重大隐患排查整治情况	85	90	85	90	80	90	80	90	80	95	85	90	80	90	85	90	80	90	85	90
社会消防宣传力度	85	90	80	90	85	90	85	90	80	90	80	95	80	95	80	95	80	90	85	90
公众自防自救意识	65	75	70	75	70	75	70	75	65	75	65	75	70	75	70	75	65	80	65	75
消防培训普及程度	85	90	80	95	85	90	85	90	85	90	80	95	85	90	85	90	80	90	85	90
多警种联动能力	85	90	80	95	85	90	85	90	85	90	80	95	85	90	85	90	80	95	80	95
临时避难区域设置	80	95	80	95	85	90	85	90	85	90	85	90	85	90	85	90	80	90	80	95
医疗机构分布及水平	80	90	80	95	85	90	85	90	85	90	80	90	80	90	80	90	80	90	80	90

表 4—1—4　　基本指标评估结果汇总

一级指标	二级指标	三级指标	四级指标	权重	分值	贡献值
区域消防安全	火灾危险源	重大危险因素	易燃易爆危险品生产销售储存场所密度	0.2	63.0	12.6
			加油加气站密度	0.2	86.7	17.3
			高层建筑	0.15	61.3	9.2
			地下铁路	0.15	61.9	9.3
			城乡接合部外来人口聚集区	0.15	61.2	9.2
			地下空间	0.15	63.2	9.5
		人为因素	电气火灾	0.3	63.4	19.0
			用火不慎	0.3	86.6	26.0
			放火致灾	0.2	86.7	17.3
			吸烟不慎	0.2	86.8	17.4
	区域基础信息		建筑密度	0.2	86.9	17.4
			人口密度	0.1	86.8	8.7
			经济密度	0.1	86.9	8.7
			路网密度	0.2	86.5	17.3
			轨道交通密度	0.2	73.5	14.7
			重点保护单位密度	0.2	86.9	17.4
	消防力量	区域公共消防基础设施	消防车通行能力	0.15	86.4	13.0
			消防站建设水平	0.3	66.4	19.9
			消防车道	0.15	72.5	10.9
			消防供水能力	0.4	66.6	26.6
		灭火救援能力	消防装备配置水平	0.3	87.0	26.1
			万人拥有消防站	0.3	86.2	25.9
			消防通信指挥调度能力	0.3	87.2	26.2
			多种形式消防力量	0.1	87.2	8.7
	火灾预警防控	火灾防控水平	万人火灾发生率	0.4	86.9	34.8
			十万人火灾死亡率	0.3	86.5	26.0
			亿元 GDP 火灾损失率	0.3	86.5	26.0
		火灾预警能力	消防远程监测覆盖率	0.4	88.8	35.5
			建筑自动消防设施运行完好率	0.6	88.4	53.0
		公众消防安全满意度	公众消防安全满意率	1.0	86.5	86.5
	社会面防控能力	消防管理	消防安全责任制落实情况	0.3	81.9	24.6
			应急预案完善情况	0.3	87.5	26.3
			重大隐患排查整治情况	0.4	86.3	34.5
		消防宣传教育	社会消防宣传力度	0.3	86.7	26.0
			公众自防自救意识	0.4	71.3	28.5
			消防培训普及程度	0.3	87.2	26.2
		保障协作	多警种联动能力	0.4	87.5	35.0
			临时避难区域设置	0.2	87.2	17.4
			医疗机构分布及水平	0.4	85.8	34.3

表 4—1—5 三级指标评估结果汇总

指标	权重	分值	对上级指标贡献值
重大危险因素	0.5	67.1	33.6
人为因素	0.5	79.7	39.9
区域公共消防基础设施	0.5	70.4	35.2
灭火救援能力	0.5	86.8	43.4
火灾防控水平	0.5	86.7	43.4
火灾预警能力	0.4	34.9	14.0
公众消防安全满意度	0.1	86.5	8.7
消防管理	0.4	85.3	34.1
消防宣传教育	0.3	80.7	24.2
保障协作	0.3	86.8	26.0

（四）二级指标评估结果

二级指标评估结果汇总见表 4—1—6。

表 4—1—6 二级指标评估结果汇总

二级指标	权重	分值	对上级指标贡献值
火灾危险源	0.2	73.4	14.7
区域基础信息	0.2	84.2	16.8
消防力量	0.2	78.6	15.7
火灾预警防控	0.2	65.9	13.2
社会面防控能力	0.2	84.4	16.9

（五）总体火灾风险评估结果

该市消防安全水平得分 R=77.3。根据风险等级判定标准，该市消防安全等级为 II 级，即火灾风险为中风险级。

（六）风险因素排序

风险因素排序见表 4—1—7。

表 4—1—7 风险因素排序

风险因素	评估得分	风险级别
城乡接合部外来人口聚集区	61.2	高风险
高层建筑	61.3	高风险
地下铁路	61.9	高风险
易燃易爆危险品生产销售储存场所密度	63.0	高风险
地下空间	63.2	高风险
电气火灾	63.4	高风险
消防站建设水平	66.4	中风险
消防供水能力	66.6	中风险
公众自防自救意识	71.3	中风险
消防车道	72.5	中风险
轨道交通密度	73.5	中风险
消防安全责任制落实情况	81.9	中风险
医疗机构分布及水平	85.8	低风险

续表

风险因素	评估得分	风险级别
万人拥有消防站	86.2	低风险
重大隐患排查整治情况	86.3	低风险
消防车通行能力	86.4	低风险
路网密度	86.5	低风险
十万人火灾死亡率	86.5	低风险
亿元 GDP 火灾损失率	86.5	低风险
公众消防安全满意率	86.5	低风险
用火不慎	86.6	低风险
加油加气站密度	86.7	低风险
放火致灾	86.7	低风险
社会消防宣传力度	86.7	低风险
吸烟不慎	86.8	低风险
人口密度	86.8	低风险
建筑密度	86.9	低风险
经济密度	86.9	低风险
重点保护单位密度	86.9	低风险
万人火灾发生率	86.9	低风险
消防装备配置水平	87.0	低风险
临时避难区域设置	87.2	低风险
消防通信指挥调度能力	87.2	低风险
多种形式消防力量	87.2	低风险
消防培训普及程度	87.2	低风险
多警种联动能力	87.5	低风险
应急预案完善情况	87.5	低风险
建筑自动消防设施运行完好率	88.4	低风险
消防远程监测覆盖率	88.8	低风险

四、结论及建议

（一）结论

该市的整体火灾风险分值为 77.3，安全等级为Ⅱ级，风险处于可控制的水平，在适当采取措施后能达到可接受水平。

由计算结果可知风险值位居前 10 位的基本指标如下：城乡接合部外来人口聚集区、高层建筑、地下铁路、易燃易爆危险品生产销售储存场所密度、地下空间、电气火灾、消防站建设水平、消防供水能力、公众自防自救意识、消防车道。该市目前的火灾风险主要来自于上述风险值较高的指标。

（二）建议

1. 高风险控制措施及工作建议

（1）城乡接合部外来人口聚集区。

1）风险级别：高风险。

2）控制措施建议：①加快城乡一体化进程，加强城乡规划，为外来人员提供满足消防安全要求的居住条件。②加强公共消防基础设施建设。③落实乡镇政府消防安全主体责任，加强乡镇防火安全委员会建设。④定期维修保养建筑消防设施，保证正常运行。⑤加强消防安全宣传和教育，定期开展消防演练。⑥完善消防安全管理，建立全员消防安全责任制度。

（2）高层建筑。

1）风险级别：高风险。

2）控制措施建议：①严格高层建筑消防设计审核和竣工验收；合理规划建筑物布局，设置防火分隔带，阻止火灾沿管道空间蔓延；提高建筑本身的耐火等级，以降低火灾发生率；完善建筑自身的消防设施，加强日常维护保养，严格监督检查，确保消防设施完整好用。②加强消防监督检查；加强对高层建筑消防控制室人员、消防保卫人员的培训教育力度。③督促高层建筑的使用管理单位明确消防工作管理部门，健全消防安全管理制度，落实各级消防管理责任；建立消防档案。④加大宣传教育力度，提高人们的消防安全意识；加强对业主的宣传教育，定期组织开展火灾应急疏散演练，确保一旦发生火灾事故高层建筑内人员能够迅速逃生，减少人员伤亡。⑤建立城市建筑消防设施和消防安全管理远程监控系统，采用先进的技术防范手段提高高层建筑的安全等级，加强对高层建筑消防设施运行情况的监控；加快建设航空消防队。

（3）地下铁路。

1）风险级别：高风险。

2）控制措施建议：①加强安检，严把入口关，落实“逢包必检，逢液必查”的安检工作原则，严禁乘客携带易燃易爆危险品进站。②加强火灾隐患自查，对消防控制室设备设施、人员值岗、消防档案、规章制度执行落实情况等进行重点检查；增强消防安全设施的设置、运行和维护保养水平。③制定和演练事故应急预案，定期进行演练。④加强地铁系统的快速反应机制和装备建设，提升地铁灭火救援的综合能力。⑤对内强化员工教育培训，确保重点岗位员工持证上岗和消防知识应知应会；对外加强对乘客的宣传教育，倡导安全乘车，并加大对火灾报警、逃生自救、安全疏散等应急知识的宣传力度。

（4）易燃易爆危险品生产销售储存场所密度。

1）风险级别：高风险。

2）控制措施建议：①严格落实消防安全责任制。②生产、储存、销售、使用易燃易爆危险品的场所设置位置要符合工程建设消防技术标准要求；对于相互发生化学反应或者灭火方法不同的物品不得混存、混放，危险品存放要符合国家标准规定要求。③在仓库或堆场处设立标明危险品性能及灭火方法的说明牌。④在仓库或储藏室设置相应的通风、降温、防汛、防雷、消防等安全措施。⑤在禁火区域和安全区域设立明显标志，严禁吸烟、动用明火；进入库区、储罐区、禁火区域内的机动车辆，采取消除火花、电气防爆措施。⑥督促危险品单位按照存储类别（一、二、三类）配备相应数量的专业技术人员；保管人员要经专项培训并取得证书后方可上岗。

（5）地下空间。

1）风险级别：高风险。

2）控制措施建议：①民防、建设、消防等部门密切联合，各负其责，共同监管地下空间的消防安全。②落实消防安全主体责任。地下空间产权单位、管理部门必须按照规定配备、配齐灭火器材，设置火灾自动报警、自动灭火等消防设施，配置应急疏散照明及应急疏散指示照明灯、标志牌，确保安全疏散。③不得擅自改变地下空间的使用性质，用于住宿、出租、经营的地下空间必须符合相关消防安全要求。④禁止利用普通地下室开办商品批发市场和旅店；禁止在普通地下室设置幼儿园、医院和疗养院的住院部分；禁止在地下空间内违规生产、储存、使用易燃易爆危险品。

（6）电气火灾。

1）风险级别：高风险。

2）控制措施建议：①电气火灾占有相当大的比例，须尽快制定电气方面的技术法规，从源头上预防电气火灾的发生。②督促电器使用、管理单位，明确消防工作管理部门，健全消防安全管理制度，落实各级消防管理责任。③做好电气设备安全检测，及时发现和消除火灾隐患。④充分利用报纸杂志、电台、电视台、网络等媒体，广泛普及用电安全知识，宣传电气火灾发生的规律、特点以及电气火灾所造成的危害性。⑤对重点工种、重点岗位的人员及志愿消防队员进行消防安全培训。

2. 中风险控制措施及工作建议

（1）消防站建设水平。

1）风险级别：中风险。

2）控制措施建议：①加强公共消防基础设施建设工作，加快消防站建设步伐。②在规划城市建设的同时考虑消防站建设用地、市政消火栓的建设。③将消防站建设纳入市政府建设计划，切实加快消防站建设速度。④拓展消防站建设资金的投入渠道，在保持政府投入的主导地位的基础上，进一步增加市级资金投入比例。⑤加大对消防专用车辆和装备投入，针对高层建筑、地下空间等火灾日益突出的现实，立足于改善常规装备、增加特种装备，进一步加强特勤消防站车辆装备建设。

（2）消防供水能力。

1）风险级别：中风险。

2）控制措施建议：①该市的消防供水能力较为薄弱。建议将消防水源建设纳入市政建设发展的总体规划，从立法的角度明确各种消防水源的规划、建设和管理；同时结合本地实际情况，制定相应的地方性规章和建设技术标准，明确公共消防水源规划、设计、投资、建设、验收、管理、维护和使用等。②理顺城市消防水源建设投资体制，统一规划市政消火栓建设，加大城市消防水源投资管理力度。③充分利用城市天然水源，沿天然水源设置取水码头或取水井，增强天然水源的利用率，以弥补城市人工消防水源的不足。④针对消防水源薄弱地区制定消防应急供水预案，并积极组织应急供水演练；加强消防队装备建设，增配大吨位消防水罐车等车辆。⑤加强农村消防规划，在进行生活用水改造时同步建设消防通道、消防给水设施，加快农村消火栓建设；在比较偏僻的农村建立消防蓄水池，并组织训练群众性志愿消防队，配备简单的移动消防泵、水带、水枪等器材，以此控制农村初起火灾，解决消防水源和消防力量不足的问题。

（3）公众自防自救意识。

1）风险级别：中风险。

2）控制措施建议：①依托城市消防站、防灾馆、科技馆等场所建设空间布局合理、覆盖全市的消防宣传站点网络。②建立消防宣传教育政府协同机制和消防宣传社会协同机制，推动消防安全知识纳入义务教育、素质教育、学历教育、就业培训教育、领导干部和公务员培训教育。③开展“消防志愿者行动”，扩大消防志愿者队伍。

（4）消防车道。

1）风险级别：中风险。

2）控制措施建议：①加强城市道路交通建设进程，加大改造力度。②实施城市公共交通优先战略，优化公交路网，大力发展轨道交通。③各相关部门加强对小区道路监督的管理。

（5）消防安全责任制落实情况。

1）风险级别：中风险。

2）控制措施建议：①落实政府、企业、事业、团体消防安全责任制。②推进市、区县、乡镇三级防火安全委员会实体机构建设。③建立政府责任追踪检查制度，加强消防安全工作绩效考评。

3. 消防部门风险控制措施建议

（1）通过开展专项火灾防控整治行动，以政府为主体，整合各职能部门的力量，广泛发动企、事业单位和群众，落实消防安全责任制，深入开展火灾隐患排查整改，加大消防宣传教育力度，增强消防工作的群众基础，以形成政府统一领导、部门依法监管、单位全面负责、公众积极参与的社会消防防控网络，从而提高全市整体的火灾防控能力。

（2）通过建设消防公共基础设施，征召合同制消防员，组建多种形式消防队伍，建立综合应急救援体系等措施，大力提升应急救援队伍处置重大火灾事故的能力水平。

思考题

1. 区域火灾风险评估的目的是什么？
2. 区域火灾风险评估的原则是什么？
3. 区域火灾风险评估的内容有哪些？
4. 区域火灾风险评估的范围有哪些？
5. 简述区域火灾风险评估的流程。

参考文献

杜兰萍，等. 火灾风险评估方法与应用案例 [M]. 北京：中国人民公安大学出版社，2011.

第二章
建筑火灾风险评估方法与技术

学习要求

通过本章学习，应了解建筑火灾风险评估指标体系的建立原则；掌握建筑火灾风险识别的主要因素和风险控制的措施；熟悉建筑火灾风险评估的流程。

本章内容主要是建筑火灾风险评估方法与技术，结合评估范例，按照评估目的、评估原则、评估内容、评估流程等分别进行了阐述。需要注意的是，由于建筑的建设时间不同，其适用的法律法规、技术标准也会有所不同，这使得在评估中经常会遇到一些老旧建筑的指标参数与现行技术规范不一致的问题。当遇见这种情况时，应做好与现行技术规范的衔接，涉及的指标参数要按照现行的技术规范进行评估。

第一节　评 估 方 法

本节阐述了建筑火灾风险评估在确定评估方法时需要考虑的主要因素和基本流程。

一、评估目的

建筑火灾风险评估的目的，是指通过各种手段和方法，消除或减少建筑中存在的不安全因素，防止建筑发生火灾或在意外发生火灾时能够保证人员及时、安全撤离，尽快扑救火灾，降低火灾损失，提高建筑的安全程度。按照建筑消防安全管理工作方式的不同，评估目的又可以分为一般目的和特定目的。

所谓一般目的的评估，是指建筑的所有者、使用者自身出于提高建筑消防安全程度的需要，采取建筑火灾风险评估方法，更为精细地管理建筑消防安全问题所进行的评估。主要包括：①查找、分析和预测建筑及其周围环境存在的各种火灾风险源，以及可能发生火灾事故的严重程度，并确定各风险因素的火灾风险等级；②根据不同风险因素的风险等级、自身的经济和运营等承受能力，提出针对性的消防安全对策与措施，为建筑的所有者、使用者提供参考依据，最大限度地消除和降低各项火灾风险。

所谓特定目的的评估，是指建筑的所有者、使用者根据消防法律法规的要求，必须进行的建筑火灾风险评估。进行特定目的的评估时，消防机构通常会提出一系列要求，有时也会制定参照的方法和标准，除了包含一般目的的评估内容外，对所有者、使用者的经济和运营承受能力的判定需要与消防机构进行协商。

二、评估原则

火灾风险评估的过程就是探索各影响因素之间动态变化的过程。这些影响因素既有有利因素，也有不利因素。火灾风险评估的结果就是不利因素与有利因素动态博弈的结果。消防安全涉及许多因素，评估指标体系的构建，就是最大限度地确定这些影响因素，以及综合考虑各种影响因素之间的相互作用。风险评估的核心问题是建立评估指标体系问题，评估指标体系的构建是否科学、合理，直接关系到评估的信度和效度，因此构建评估指标体系或确定影响因素是火灾风险评估的首要工作。

在建立建筑火灾风险评估指标体系时，一般遵循如下原则：

（一）科学性

指标体系应能够全面反映所评估建筑火灾风险的各主要方面，必须以可靠数据资料为基础，采取科学合理的分析方法，最大限度排除评估人员主观因素的影响和干扰，以保障分析评估的质量。

（二）系统性

实际的分析对象往往是一个复杂系统，包括多个子系统。因此，需要对评估对象进行详细剖析，研究系统与子系统间的相互关系，最大限度地识别被评估对象的所有风险，这样才能评估它们对系统影响的重要程度。

（三）综合性

系统的安全涉及人、机、环境等多个方面，不同因素对安全的影响程度不同，因此，分析方法既要充分反映评估对象各方面的最重要功能，又要防止过分强调某个因素而导致系统失去平衡。风险评估应综合考虑各方面的情况，对于同类系统应采用一致的评估标准。

（四）适用性

风险评估的方法要适合被评估建筑的具体情况，并应具有较强的可操作性。所采用的方法要简单，结论要明确，效果要显著。若设定的不确定因素过多，计算过于复杂，会导致使用部门难于理解和应用，反而难以取得好的效果。

三、评估内容

（1）分析建筑内可能存在的火灾危险源，合理划分评估单元，建立全面的评估指标体系。

（2）对评估单元进行定性及定量分级，并结合专家意见建立权重系统。

（3）对建筑的火灾风险做出客观公正的评估结论。

（4）提出合理可行的消防安全对策及规划建议。

四、评估流程

（一）信息采集

在明确火灾风险评估目的和内容的基础上，收集与建筑安全相关的各种资料，包括：建筑的地理位置、使用功能、消防设施、演练与应急救援预案、消防安全规章制度等。

（二）风险识别

开展火灾风险评估，首要任务是要确定评估对象可能面临的火灾风险主要来自哪些方面，我们将这个查找风险来源的过程称之为火灾风险识别。火灾风险识别是开展火灾风险评估工作所必需的基础环节，只有充分、全面地把握评估对象所面临的火灾风险的来源，才能完整、准确地对各类火灾风险进行分析、评判，进而采取有针对性的火灾风险控制措施，确保将评估对象的火灾风险控制在可接受的范围之内。通常认为，火灾风险是火灾概率与火灾后果的综合度量。因此，衡量火灾风险的高低，不但要考虑起火的概率，而且要考虑火灾所导致后果的严重程度。

1. 影响火灾发生的因素

可燃物、助燃剂（主要是氧气）和火源是物质燃烧三要素。火灾是由于火在时间和空间上失去控制，蔓延而形成的一种灾害性燃烧现象，它通常造成人或物的损失，《火灾分类》（GB/T 4968—2008）明确了火灾分类的命名及其定义。因此，可以说，可燃物、助燃剂、火源、时间和空间是火灾的五个要素。

消防工作就是围绕着这五个要素进行控制。控制可分为两类：对于存在生产生活用火的场所，要将火控制在一定的范围内，控制的对象是时间和空间；对于除此之外的任何场所，控制不发生燃烧，控制的对象是燃烧三要素，即控制这三要素同时出现的条件。

在非燃烧必要场所，除了生产用可燃物存放区域以外，可燃物贯穿于穿、住、行、用等日常生活的各个方面，所以说无法完全消除可燃物，只能是对可燃物进行控制。在这些可燃物之中，有些易于燃烧，有些难以燃烧。可燃物控制的目标，就是将可燃物限制在一定的范围内，包括可燃物的数量和存放场所，控制的重点是易燃物质。控制的效果越好，发生火灾的可能性就越小，造成人员生命、财产损失的后果严重性就越低，火灾风险也就越小。空气中的氧气作为助燃剂，无所不在，人们根本无法控制，所能控制的是可作为助燃剂的强氧化剂。火源与人们的生产生活密切相关，也是人们最容易控制的要素，因此这也是火灾控制的首要任务。在燃烧必要场所，只要燃烧在我们预想的时间和空间中进行，就不会发生火灾。在时间和空间的控制中，也包含着对燃烧三要素的控制，它受燃烧三要素的影响。从以上分析可以看出，在这三要素之中，受人的主观能动性影响最大的是火源。正如前所述，火灾是不能完全避免的，也就是说，由于各种因素的影响，总会有火源突破控制，导致火灾的发生，例如，雷电、地震、电气或设备故障以及人为纵火。

2. 影响火灾后果的因素

在发生火灾之后，人们希望能够在第一时间发现，以发出警报，提示人员疏散，采取初步灭火措施，并向消防部门报警。对于规模相同的初起火灾，就火灾危险程度来说是相同的，但是由于后续步骤的不同，所存在的火灾风险是不同的。例如，由于警报失效，未能及时发现火情，导致小火酿成大火；由于疏散通道不畅，指示标志不明，导致人员大量伤亡；由于着火场所无灭火设施，未能有效进行初期控制，致使火灾大规模蔓延；由于消防员未能及时到场、灭火设备质量无法满足要求、消防员技能受限等，都会导致火灾损失加大，从而提高火灾风险。

火灾风险表达式中的后果，在不同阶段会有不同的表现形式。通常可分为以下几种情形：

（1）在物质着火后，不考虑各种消防力量的干预作用，只根据物质的物理性质和周边环境条件（如通风状况、燃料数量、环境温度、燃烧时间）等自然状态下的发生发展过程，来确定火灾产生的后果。

（2）在物质着火后，考虑建筑物内部火灾自动报警、自动灭火和防火排烟等建筑消防设施的功能，单位内部人员的消防意识、初起火灾扑救能力、组织疏散能力，以及单位内部可能拥有的消防队伍的灭火救援能力等，根据这些因素共同作用的效率，来确定火灾产生的后果。

（3）在物质着火后，除了上述建筑消防设施功能和单位相关人员能力之外，还考虑在初起火灾扑救失败之后，外部的消防力量（如专业消防队伍、志愿消防队等）进行干预，投入灭火救援工作，根据这些因素共同作用的效率，来确定火灾产生的后果。

3. 措施有效性分析

为了预防和减少火灾，通常都会按照法律法规采取一些消防安全措施。这些消防安全措施一般包括防火（防止火灾发生、防止火灾扩散）、灭火（初起火灾扑救、专业队伍扑救）和应急救援（人员自救、专业队伍救援）等。消防安全措施有效性分析一般可以从以下几个方面入手：

（1）防止火灾发生。引起火灾的原因主要包括电气引起火灾、易燃易爆物品引起火灾、气象因素引起火灾、用火不慎引起火灾、不安全吸烟引起火灾、违章操作引起火灾、人为纵火等。当建筑中存在这些火灾风险因素时，相应的控制措施是否有效需要详细分析。

（2）防止火灾扩散。防止火灾扩散的措施通常都包括在建筑被动防火措施里面，包括建筑耐火等级、防火间距、防火分区、防火分隔设施等是否满足设计、使用要求。

（3）初起火灾扑救。火灾发生后，人们希望第一时间发现并及时扑灭火灾。在有人在场的情况下，由于火灾会产生刺鼻的气味，人们一般能够很快发现，正确地使用人工报警装置和灭火器材将会发挥重要的作用。对于一些特定的场所，设置的火灾自动探测报警系统、自动灭火系统、防烟排烟系统等是否完好有效极大地影响着建筑的消防安全。

（4）专业队伍扑救。由于各种原因，有时无法及时将火灾消灭在初起状态，导致火灾扩散蔓延，形成大规模的火灾，这时候就需要专业队伍进行扑救。专业队伍包括经过专业训练的志愿消防队、专职消防队和专业消防队伍。建筑物是否具有扑救条件以及专业队伍与建筑的距离、消防装备、训练情况、人员配备等因素都需要仔细进行分析。

（5）紧急疏散逃生。安全疏散设施的目的主要是使人能从发生事故的建筑中，迅速撤离到安全场所（室外或避难层、避难间等），及时转移室内重要的物资和财产，同时，尽可能地减少火灾造成的人员伤亡与财产损失，也为消防人员提供有利的灭火救援条件等。因此，如何保证安全疏散是十分必要的。建筑物中的安全疏散设施，如楼梯、疏散走道和门等，是依据建筑物的用途、人员的数量、建筑物面积的大小以及人们在火灾时的心理状态等因素综合考虑的，因此要确保这些疏散设施的完好有效，保障建筑物内人员和物资安全疏散，减少火灾所造成的人员伤亡与财产损失。

（6）消防安全管理。消防安全管理包括消防安全责任制的落实；防火巡查、检查；消防（控制室）值班，消防设施、器材维护管理；火灾隐患整改，灭火和应急疏散预案演练，重点工种人员以及其他员工消防知识的掌握情况，组织、引导在场群众疏散的知识和技能等内容在内的宣传教育和培训等。

建筑消防安全措施涉及的内容非常广泛，上述内容只是一个简要的介绍，在实际评估中，应根据建筑的结构形式、使用功能等具体情况进行仔细的分析。

（三）评估指标体系建立

在火灾风险识别的基础上，进一步分析影响因素及其相互关系，排列出主、次因素，然后对各影响因素按照不同的层次进行分类，形成不同层次的评估指标体系。建筑火灾风险评估一般分为二层或三层，每个层次的单元根据需要进一步划分为若干因素，再从火灾发生的可能性和火灾危害等方面分析各因素的火灾危险度，各因素的火灾危险度是进行系统危险分析的基础，在此基础上确定评估对象的火灾风险等级。

（四）风险分析与计算

根据不同层次评估指标的特性，选择合理的评估方法，按照不同的风险因素确定风险概率，并根据各风险因素对评估目标的影响程度，进行定量或定性的分析和计算，确定各风险因素的风险等级。

（五）风险等级判断

在经过火灾风险因素识别、指标体系建立、消防安全措施有效性分析等几个步骤之后，对于评估的建筑是否安全、其安全性处于哪个层次，需要得出一个评估结论。根据选用的评估方法的不同，评估结果有的是局部的，有的是整体的，这需要根据评估的具体要求选取适用的评估方法。

（六）风险控制措施

经过评估之后，建筑的总体评估结果可能属于极高或高风险，也可能属于中风险及以下。通常情况下极高风险和高风险超出了可接受的风险水平，需要采取一定风险控制措施，将建筑的火灾风险控制在可接受的风险水平以下。常用的风险控制措施包括风险消除、风险减少和风险转移。

1. 风险消除

风险消除是指消除能够引起火灾的要素，这是控制风险的最有效的方法。由于空气无处不在，因此主要可行的措施是消除火源和可燃物。例如，不在可燃物附近燃放烟花、电焊作业时清除附近的可燃物。

2. 风险减少

在建筑的使用过程中，经常会出现需要在有可燃物的附近进行用火、电焊等存在引起火灾可能性的情况，这时候既不能消除火源，也不能清除可燃物。为了减少火灾风险，需要采取降低可燃物的存放数量或者安排适当的人员看管等措施。

3. 风险转移

风险转移是指与他人共同分担可能面对的风险。对于建筑物而言，风险转移并不能消除或降低其面临的风险，但是对于建筑所有者或使用者而言，通过风险转移可以降低其面临的风险。风险转移主要通过建筑保险来实现。

五、注意事项

（一）做好与现行技术规范的衔接

由于建筑的建设时间不同，其适用的设计规范也会有所不同，这使得在评估中经常会遇到一些老旧建筑的指标参数与现行技术规范的不一致。如果按照建设时施行的技术规范，这些指标参数是满足消防安全要求的。但是随着时间的推移以及科学技术的进步，许多技术规范会进行相应的修订，如果参照现行技术规范，则有可能不满足消防安全要求。当遇见这种情况时，应做好与现行技术规范的衔接，涉及的指标参数要参照现行的技术规范进行评估。

（二）确认特殊设计建筑的边界条件

一些建筑由于技术规范未能完全涵盖，或者由于采用新技术、新材料，或者由于使用功能的特殊要求，导致不能完全按照现行技术规范进行建筑消防设计，而是采用消防性能化设计的方法对这些建筑进行特殊设计。按照相关参数进行性能化设计及专家论证后，可以认为这些建筑满足规范规定的基本安全要求。但是这种合规的特殊设计必须满足一定的条件，即特殊设计时选用的参数始终保持与设计时的一致。如果建筑在投入使用后其中的参数发生了变化，则会对该建筑的消防安全造成不利影响。对这些建筑进行评估时，要确认特殊设计的边界条件是否发生变化。

第二节 评估范例

本节主要是通过典型案例分析，将火灾风险评估方法和技术要求充分反映出来。给读者一个完整的消防安全评估的流程展示。

一、评估目的

通过对某体育中心的火灾风险评估，使建设者、使用者和消防管理部门能够较为准确地了解其火灾危险性，掌握评估对象的主、被动防火能力以及外部灭火救援能力，最大限度地消除和降低赛事和活动中存在的各项火灾风险。

二、建筑概况

（一）地理位置

某新建体育中心位于大型公园的中心位置，南面有一处文物建筑和规划绿地，北面隔路临近另一体育馆，东西两侧为城市道路。

（二）建筑功能

体育中心赛时具有游泳、跳水、水球、花样游泳比赛等竞赛场地，平时可以满足集专业体育训练 / 竞赛、全民健身、商业、娱乐、办公等于一体的多功能要求。

（三）建筑设计

体育中心建筑面积 87 283 m^2，建筑基底为 177 m × 177 m 的正方形，其中包括约 120 m（长）× 115 m（宽）× 28 m（高）的比赛大厅，约 140 m（长）× 40 m（宽）× 28 m（高）的嬉水大厅等大规模竞赛、热身及娱乐空间。

体育中心的结构体系由上部的钢结构空间网架和下部的钢筋混凝土结构组成。造型独特的钢结构空间网架将屋顶与墙体整合为一体。结构体系的内外两个表面均以乙烯—四氟乙烯透明膜作为外围护材料，给建筑内部的水上比赛及娱乐空间以最理想的自然光环境。

在钢结构空间网架和乙烯—四氟乙烯“表皮”的“庇护”下，是一系列大型空间和其辅助用房。比赛大厅内有供游泳、跳水、水球、花样游泳比赛的标准 50 m × 25 m 游泳池和跳水池。比赛时的观众座席 17 136 个，其中，永久座席 4 992 个，上层临时座席 11 140 个，池岸临时座席 976 个，残疾人专用座席 28 个。主比赛大厅与嬉水大厅均为通高的单层大空间。二者之间以东西向商业街相隔。热身池 / 多功能池大厅与其上部的休闲冰场大厅位于场馆的西侧，与主比赛大厅隔一道“泡泡墙”，其下部有连接场馆南北两侧的天桥。休闲冰场南北两侧各有一栋小楼，是场馆管理和辅助用房。

三、评估方法的选择

体育中心属于大型的重要性建筑，需要兼顾消防保卫的动态性、立体性和综合性，且需要获得统一的最终评估结果。模糊综合评估法考虑了系统间各因素的相互作用，评估结果动态地反映了整体安全性，符合对火灾风险结果动态性的要求，因此本范例采用模糊综合评估方法进行评估。对于具体的风险因素，为了获得更为精确的数据，提高评估结果的准确度，根据需要采用模拟实验、现场实验以及计算机模拟演算进行进一步的分析计算。

四、指标体系构建

（一）一级指标

一级指标包括火灾危险源、建筑防火性能、内部消防管理和消防保卫力量。

（二）二级指标

二级指标包括客观因素、人为因素、建筑特征、消防设施（被动防火措施、主动防火措施）、支援力量和消防团队。

（三）三级指标

三级指标包括电气火灾、易燃易爆危险品、周边环境、气象因素、用火不慎、放火致灾、吸烟不慎、公共区火灾荷载、建筑用途、建筑高度、建筑面积、人员荷载、内部装修、防火间距、耐火等级、防火分区、消防扑救条件、消防给水、防烟排烟系统、火灾自动报警系统、自动灭火系统、灭火器材配置、防火分隔设置、疏散通道、消防设施检查与维护、消防安全责任制、消防应急预案、消防培训与演练、隐患整改落实、消防管理组织机构、支援力量和消防团队等。

五、评估标准制定

（一）评分标准

火灾危险源评分标准（客观因素）见表 4—2—1，火灾危险源评分标准（人为因素）见表 4—2—2；建筑防火性能评分标准（建筑特征）见表 4—2—3，建筑防火性能评分标准（消防设施）见表 4—2—4；内部消防管理评分标准见表 4—2—5。

表 4—2—1　　　　火灾危险源评分标准（客观因素）

指标	权重	评分标准			
电气火灾	0.4	电线	0.3	使用年限 0 ~ 3 年	7 ~ 10
				使用年限 3 ~ 8 年	3 ~ 7
				使用年限> 8 年	0 ~ 3
		用电设备	0.4	最大使用载荷与设计载荷比值 0 ~ 0.8	7 ~ 10
				最大使用载荷与设计载荷比值 0.8 ~ 1	3 ~ 7
				最大使用载荷与设计载荷比值> 1	0 ~ 3
		防护	0.3	有漏电保护	10
				无漏电保护	0
易燃易爆危险品	0.4	锅炉房	0.3	与周边建筑间距合理，操作间与附属间可燃物数量少	7.5 ~ 10
				与周边建筑间距较近，操作间与附属间可燃物数量较少	5 ~ 7.5
				与周边建筑间距合理，操作间与附属间可燃物数量较多	2.5 ~ 5
				与周边建筑间距较近，操作间与附属间可燃物数量较多	0 ~ 2.5
		发电机房	0.4	油箱存储量≤ 8 h，油箱容积≤ $1\ m^3$	7.5 ~ 10
				油箱存储量> 8 h，油箱容积≤ $1\ m^3$	5 ~ 7.5
				油箱存储量≤ 8 h，油箱容积> $1\ m^3$	2.5 ~ 5
				油箱存储量> 8 h，油箱容积> $1\ m^3$	0 ~ 2.5
		其他化学品	0.3	无	7 ~ 10
				有，但不超标	3 ~ 7
				有，而且超标	0 ~ 3

续表

指标	权重	评分标准	
周边环境	0.1	无较大火灾危险性的建筑，无临时建筑，无可燃绿化带	7.5 ~ 10
		无较大火灾危险性的建筑，无临时建筑，有可燃绿化带	5 ~ 7.5
		无较大火灾危险性的建筑，有临时建筑	2.5 ~ 5
		有较大火灾危险性的建筑	0 ~ 2.5
气象因素	0.1	体育场，有避雷设施	7.5 ~ 10
		体育馆，有避雷设施	5 ~ 7.5
		体育场，无避雷设施	2.5 ~ 5
		体育馆，无避雷设施	0 ~ 2.5

表 4—2—2 火灾危险源评分标准（人为因素）

指标	权重	评分标准			
用火不慎	0.5	燃气	0.25	使用不经常，用量少	7.5 ~ 10
				使用不经常，用量大	5 ~ 7.5
				使用经常，用量少	2.5 ~ 5
				使用经常，用量大	0 ~ 2.5
		电器	0.25	使用不经常，电器少	7.5 ~ 10
				使用不经常，电器多	5 ~ 7.5
				使用经常，电器少	2.5 ~ 5
				使用经常，电器多	0 ~ 2.5
		明火	0.25	使用不经常，明火少	7.5 ~ 10
				使用不经常，明火多	5 ~ 7.5
				使用经常，明火少	2.5 ~ 5
				使用经常，明火多	0 ~ 2.5
		人员素质	0.25	经过岗前培训，有上岗证	7.5 ~ 10
				经过岗前培训，无上岗证	5 ~ 7.5
				未经过岗前培训，有上岗证	2.5 ~ 5
				未经过岗前培训，无上岗证	0 ~ 2.5
放火致灾	0.2	监控系统	0.4	完善且先进	7 ~ 10
				数量足够，水平一般	3.5 ~ 7
				有缺陷	0 ~ 3.5
		人员素质	0.2	高	7 ~ 10
				中	3.5 ~ 7
				低	0 ~ 3.5
		安检制度	0.4	健全	10
				不健全	0
吸烟不慎	0.3	场馆内不许吸烟			7.5 ~ 10
		允许吸烟，有专用吸烟区，有人巡视			5 ~ 7.5
		允许吸烟，有专用吸烟区，无人巡视			2.5 ~ 5
		允许吸烟，无专用吸烟区			0 ~ 2.5

表4—2—3 建筑防火性能评分标准（建筑特征）

指标	权重	评分标准	
公共区火灾荷载	0.1	无危害（全部不燃材料）	8～10
		可燃荷载≤30 MJ/m²	6～8
		可燃荷载为30～80 MJ/m²	4～6
		可燃荷载为80～240 MJ/m²	2～4
		可燃荷载＞240 MJ/m²	0～2
建筑用途	0.1	比赛项目对抗性一般，观众人数较少	7.5～10
		比赛项目对抗性一般，观众人数较多	5～7.5
		比赛项目对抗性较强，观众人数较少	2.5～5
		比赛项目对抗性较强，观众人数较多	0～2.5
建筑高度	0.1	观众可到达的最大高度＜10 m	7.5～10
		观众可到达的最大高度为10～15 m	5～7.5
		观众可到达的最大高度为15～20 m	2.5～5
		观众可到达的最大高度＞20 m	0～2.5
建筑面积	0.05	≤50 000 m²	8～10
		50 000～100 000 m²	6～8
		100 000～150 000 m²	4～6
		150 000～200 000 m²	2～4
		＞200 000 m²	0～2
人员荷载	0.2	观众人数＜20 000人	8～10
		观众人数为20 000～40 000人	6～8
		观众人数为40 000～60 000人	4～6
		观众人数为60 000～80 000人	2～4
		观众人数＞80 000人	0～2
内部装修	0.1	无危害（全部采用不燃材料）	8～10
		全部区域采用不燃或难燃材料	6～8
		用火区全部采用不燃或难燃材料，其他大部分区域采用不燃或难燃材料	4～6
		有少部分区域采用可燃材料，大部分区域采用不燃材料	2～4
		大部分区域采用可燃材料	0～2
防火间距	0.1	最小防火间距＞30 m	8～10
		最小防火间距为20～30 m	6～8
		最小防火间距为10～20 m	4～6
		最小防火间距为6～10 m	2～4
		最小防火间距＜6 m	0～2
耐火等级	0.1	建筑耐火等级为一级，全部构件均达到一级	8～10
		建筑耐火等级为一级，部分构件降级使用	6～8
		建筑耐火等级为二级，全部构件均达到二级	4～6
		建筑耐火等级为二级，部分构件降级使用	2～4
		建筑耐火等级低于二级	0～2
防火分区	0.05	最大防火分区面积＜2 500 m²	7.5～10
		最大防火分区面积为2 500～5 000 m²	5～7.5
		最大防火分区面积为5 000～10 000 m²	2.5～5
		最大防火分区面积＞10 000 m²	0～2.5
消防扑救条件	0.1	有穿越建筑的消防车道和良好的消防扑救面	7.5～10
		有环形消防车道，有良好的消防扑救面	5～7.5
		有环形消防车道，扑救面条件较差	2.5～5
		无消防车辆可以接近的扑救面	0～2.5

表 4—2—4　　建筑防火性能评分标准（消防设施）

指标	权重	评分标准			
消防给水	0.15	有消防水池，容量大，补水水源可靠；公共区有 2 股充实水柱同时到达			7.5 ~ 10
		有消防水池，大部分公共区有 2 股充实水柱同时到达			5 ~ 7.5
		无消防水池，管网基本合理			2.5 ~ 5
		其他情形			0 ~ 2.5
防烟排烟系统	0.15	大空间具有良好的机械排烟系统			7.5 ~ 10
		大空间具有基本的机械排烟系统			5 ~ 7.5
		大空间具有良好的自然排烟系统			2.5 ~ 5
		大空间具有基本的自然排烟系统			0 ~ 2.5
火灾自动报警系统	0.15	有报警，有视频监控，有人值守			7.5 ~ 10
		有报警，无视频监控，有人值守			5 ~ 7.5
		有报警，无视频监控，无人值守			2.5 ~ 5
		无报警			0 ~ 2.5
自动灭火系统	0.1	有自动喷水灭火系统（快速响应喷头），大空间有智能灭火装置			7.5 ~ 10
		有自动喷水灭火系统（标准响应喷头），大空间有智能灭火装置			5 ~ 7.5
		有自动喷水灭火系统（快速响应喷头），大空间无智能灭火装置			2.5 ~ 5
		其他情形			0 ~ 2.5
灭火器材配置	0.15	按严重危险级标准配置，布局合理			7.5 ~ 10
		按中危险级标准配置，布局合理			5 ~ 7.5
		按轻危险级标准配置，布局合理			2.5 ~ 5
		其他情形			0 ~ 2.5
防火分隔设置	0.1	全部采用防火墙和防火门			7.5 ~ 10
		部分采用特级防火卷帘			5 ~ 7.5
		部分采用普通防火卷帘，并设置自动喷水系统冷却防护			2.5 ~ 5
		部分采用普通防火卷帘，未设置自动喷水系统冷却防护			0 ~ 2.5
疏散通道	0.2	疏散宽度	0.3	百人宽度指标大于等于 1 m	7.5 ~ 10
				百人宽度指标大于等于 0.7 m，小于 1 m	5 ~ 7.5
				百人宽度指标大于等于 0.5 m，小于 0.7 m	2.5 ~ 5
				百人宽度指标小于 0.5 m	0 ~ 2.5
		疏散路径	0.3	路径简洁，步行距离不大于 30 m	7.5 ~ 10
				路径简洁，步行距离大于 30 m，不大于 60 m	5 ~ 7.5
				路径复杂	2.5 ~ 5
				路径曲折且步行距离大于 60 m	0 ~ 2.5
		疏散防护	0.2	有符合规范的防烟排烟措施，防火门功能正常	7.5 ~ 10
				有符合规范的防烟排烟措施，防火门有轻微缺陷	5 ~ 7.5
				有符合规范的防烟排烟措施，防火门有缺陷	2.5 ~ 5
				无防烟排烟措施，或防烟排烟措施有缺陷	0 ~ 2.5
		诱导系统	0.2	设置有高、低位结合灯光疏散指示，连续性好	7.5 ~ 10
				设置有高、低位结合灯光疏散指示，连续性一般	5 ~ 7.5
				设置高位灯光疏散指示，结合低位非灯光疏散指示	2.5 ~ 5
				其他情形	0 ~ 2.5

表 4—2—5　　　　内部消防管理评分标准

指标	权重	评分标准	
消防设施检查与维护	0.2	配备专业消防设施维护人员；长期维护	7.5 ~ 10
		未配备消防设施维护人员；有定期检查维护计划且落实较好	5 ~ 7.5
		未配备消防设施维护人员；有定期检查维护计划但落实有部分缺陷	2.5 ~ 5
		未配备消防设施维护人员且无定期检查维护计划	0 ~ 2.5
消防安全责任制	0.2	责任制明确落实，业主非常重视	7.5 ~ 10
		责任制落实情况较好，业主较重视	5 ~ 7.5
		责任制部分未落实，业主选择性重视	2.5 ~ 5
		责任制大部分未落实，业主不重视	0 ~ 2.5
消防应急预案	0.1	有科学合理、详尽细致、可操作性强的消防应急预案	7.5 ~ 10
		有较为科学合理、详尽细致、可操作性强的消防应急预案	5 ~ 7.5
		有较为科学合理的消防应急预案，尚有部分缺陷	2.5 ~ 5
		未建立消防应急预案	0 ~ 2.5
消防培训与演练	0.2	有定期人员培训和预案演练计划，落实好	7.5 ~ 10
		有定期人员培训和预案演练计划，落实较好	5 ~ 7.5
		有定期人员培训和预案演练计划，落实有部分缺陷	2.5 ~ 5
		未进行培训，也未定期演练	0 ~ 2.5
隐患整改落实	0.1	业主非常重视，对隐患整改意见逐条完全落实	7.5 ~ 10
		业主较重视，对隐患整改意见大部分落实	5 ~ 7.5
		业主重视，对隐患整改意见小部分落实	2.5 ~ 5
		业主不重视，对隐患整改意见完全不落实	0 ~ 2.5
消防管理组织机构	0.2	建立了健全的消防管理组织机构	7.5 ~ 10
		建立了较为健全的消防管理组织机构	5 ~ 7.5
		建立了消防管理组织机构，尚有部分缺陷	2.5 ~ 5
		未建立专门的消防管理组织机构	0 ~ 2.5

（二）风险等级划分

风险分级量化和特征描述见表 4—2—6。

表 4—2—6　　　　风险分级量化和特征描述

风险等级	名称	量化范围	风险等级特征描述
Ⅰ级	低风险	（85，100］	几乎不可能发生火灾，火灾风险性低，火灾风险处于可接受的水平，风险控制重在维护和管理
Ⅱ级	中风险	（65，85］	可能发生一般火灾，火灾风险性中等，火灾风险处于可控制的水平，在适当采取措施后可达到接受水平，风险控制重在局部整改和加强管理
Ⅲ级	高风险	（25，65］	可能发生较大火灾，火灾风险性较高，火灾风险处于较难控制的水平，应采取措施加强消防基础设施建设和完善消防管理水平
Ⅳ级	极高风险	（0，25］	可能发生重大或特大火灾，火灾风险性极高，火灾风险处于很难控制的水平，应当采取全面的措施对建筑的设计、主动防火进行完善，加强对危险源的管控，增强消防管理和救援力量

六、火灾风险因素识别

（一）电气火灾

根据以往的经验，电气火灾的发生大多数与电气设备运行的时间较长有关系。由于体育中心的赛事运行时间仅为3个月，运行时间有限，大部分诱发和导致电气火灾的原因，都可以通过产品质量控制、电气防火设计、定期电气检修以及遵守操作规程等措施加以消除，因此从整体上来说，引起电气火灾的概率很低。

由于场馆内大量使用照明灯具，并且在许多地方可能都会有宣传材料和彩旗，如果照明灯具布置不当而靠近可燃物，则可能会由于过热而引燃周围可燃物发生火灾，或者照明灯具自身故障引燃绝缘材料，尤其是比赛区和观众区的场所照明，一旦起火，将影响到赛事的正常运行，后果比较严重。

（二）易燃易爆危险品

体育中心柴油发电机房均为独立布置，油箱存储量2 h，容量1 m^3，电气线路敷设良好。如果运营单位严格遵守操作规程，避免在发电机房动火和金属撞击，并严禁在发电机房吸烟等不安全行为，则赛时出现柴油起火爆炸的概率很低。

体育中心的贵宾操作间使用燃气，存在厨房内燃气泄漏的可能性。但是体育中心是新建场馆，厨房的燃气连接管件不存在老化问题，另外厨房使用时间一般小于4 h，因此如果在施工和安装之中，没有造成连接管件的损坏，则使用期间漏气产生爆炸起火的概率很低。

（三）周边环境

体育中心附近无火灾危险性高的建筑；在场馆内有工作区，场馆外有转播车；室外有临时消防站、物流区（食品、桌椅储藏、注册房间）和交通指挥室。

（四）气象因素

气象条件与消防工作有着直接关系，一般来讲，影响火灾的气象因素主要有高温、大风、降水以及雷击。

1. 高温

赛事集中于8月至10月，根据资料，8月的高温天气并不是太多，整体上有利于比赛的举办。

在体育中心使用的物品之中，可能会存在堆放状态下受高温影响而自燃的物品，如果这类物品的堆放没有选择好适当的位置，使其处于阳光的高温暴晒之下，也可能会由于长期堆放积热不散造成受热自燃起火。另外，由于垃圾中含有残余食物、废纸或其他可燃物，大多数垃圾本身就处于潮湿状态，长时间堆放会引起垃圾缓慢氧化放热，存在垃圾自燃起火的可能性。

场馆内禁止观众吸烟并且限制火种进入场馆。但是，可能有的观众在前往观赛时随身携带有打火机，进入场馆安检区时需要存放这些打火机，集中存放的打火机如果受到高温暴晒，则存在爆炸起火的可能性。

2. 大风

从1971—2003年33年的大风资料统计结果来看，该地区大风天气主要出现在春季，7—9月份大风日数最少。体育中心所处的区域没有室外的架空线，因此，除了燃放焰火或相邻建筑着火而产生飞火之外，赛时体育中心由于大风而引起火灾的概率较低。

3. 降水

通过对历年暴雨次数的统计分析来看，场馆所在地的暴雨主要出现在夏季，尤其是7月上旬至 8 月中旬。在比赛期间出现降水的概率基本在 30% ~ 40%，出现降雨的日子以小雨天气为主，平均月降水量在 200 mm 左右。

为了应对赛时可能出现的恶劣天气，气象服务中心将会加强对天气的监测和预警，并提出了人工消雨作业实施方案：以主体育场为中心，构筑人工消雨作业防线，针对可能出现的降雨云系实施人工消雨作业，对小范围且较弱的局地降水系统实施人工消雨作业等。鉴于气象部门为了确保比赛期间的气象安全，已经进行了大量的准备工作，并且赛时很有可能会实施人工消雨方案，因此，体育中心赛时出现暴雨成涝的概率很低。

4. 雷击

赛时正处夏季，这一时期是该地区雷电的多发时段，但由于体育中心安装有完善的避雷设施，因此，雷击引起火灾的概率较低。

（五）用火不慎

体育中心使用了燃气厨房，因此有可能出现因用火不慎起火。由于场馆为新建场馆，因此不存在厨房烟道起火的可能性。归纳几个主要起火因素，主要是工作人员的不安全行为或失误。如果届时能够做好工作人员的消防培训，使其增强消防意识，掌握火灾预防知识，加上赛事运行时间相对较短，人员固定，厨房安装有可燃气体报警装置，一旦出现燃气泄漏，将会及时发现，因此厨房出现燃气爆炸起火的概率很低。

（六）放火致灾

1. 关于吸烟火种

在允许部分人员在场馆内吸烟并携带火种（如打火机、打火纸等）的情况下，如果这些许可人群中混入了蓄意破坏人员，则能够轻易利用合法的吸烟火种作为放火或破坏其他消防设施（包括其他设施）正常运行的工具，引发混乱，对赛事造成恶劣的影响。

2. 关于易燃易爆危险品

炸药、爆竹、香蕉水以及各种油品等易燃易爆危险品，应该是中心区大安检范围内检查的重点。经过安检进入中心区范围内的人员，私自藏带易燃易爆危险品进入竞赛场馆的概率极低。但是作为易燃易爆危险品之一的汽油，则可以随着机动车进入中心区，如果这里面混入了蓄意破坏人员，则可以从机动车内获得汽油，用于放火，或者直接点燃机动车进行放火。另外，倘若体育中心未设有独立的安检设施，不法分子就可以将汽油带入场馆内，这样，在无需明火的情况下，就可以通过其他途径引燃汽油，引发混乱，严重影响赛事的正常运行和人身安全。

评估发生人为放火的概率，在很大程度上依据大安保圈的安检与体育中心的监控水平。如果安保措施到位，则人为放火成功的概率低；如果安保措施存在漏洞，则会加大人为放火成功的概率。考虑到体育中心内布置了 190 个监控点，完全覆盖公共区域；安防人员配置完备、数量充足、从业时间在 3 年以上；安防制度健全、执行严格，因此体育中心发生人为放火的概率较低。

（七）吸烟不慎

体育中心禁止观众在场馆内吸烟，加之公众环保和安全意识的提高，极大地降低了体育中心因吸烟而引发火灾的可能性。

但是，据调研获得的信息，对于运动员、技术人员、嘉宾等，在许多地方是不受禁烟规定限制的，另外场馆内的垃圾箱均为纸制，属于易燃品。如果燃着的烟蒂被扔进纸制垃圾箱，不但能够引燃垃圾或使垃圾箱内的垃圾自燃，而且有可能直接引燃垃圾箱，从而引起火灾，但是吸烟造成的影响范围有限，基本上不会影响赛事和活动的正常运行。

七、措施有效性分析

（一）建筑防火性能

建筑防火性能评估单元包括建筑特性、被动防火措施和主动防火措施三个方面。

1. 建筑特性

建筑特性在建筑状况评估单元中所占比重为 0.26，包括公共区火灾荷载、建筑用途、建筑高度、建筑面积、人员荷载、内部装修六部分。

（1）公共区火灾荷载。体育中心的公共区主要包括比赛区和休息区。根据调研结果，比赛区共设座椅 17 136 个，材质为塑料，燃烧性能等级为 B_2 级，其他为不可燃材料；休息区设有一个敞开式商店和一个小型邮局，其他设施为不可燃材料。考虑到耐久性和舒适性，观众席座椅难以依照《体育建筑设计规范》（JGJ 31—2003）的要求采用难燃材料制作，其燃烧性能等级为 B_2 级，因此具有起火及火灾蔓延的可能性。

（2）建筑用途。游泳、跳水、花样游泳 3 个比赛项目的 36 场比赛在体育中心举行。赛事关注程度较高，有较多国内外著名的游泳和跳水名将参赛，但是比赛身体对抗和观众冲突的可能较小。

（3）建筑高度。体育中心建筑高度为 45.9 m，观众可到达的高度约为 30 m。因此火灾发生时，对最高处人员的安全疏散及外部救援较为不利。

（4）建筑面积。体育中心总建筑面积为 87 283 m^2，比赛厅建筑面积为 25 000 m^2。虽然建筑面积较大，但是配备了充足的消防力量，可以满足应对突发火灾事件的需求。

（5）人员荷载。体育中心比赛区总人数约为 20 000 人，比赛厅建筑面积为 25 000 m^2，其中部分为水面面积，人员密度为 0.8 人 /m^2，因此具有一定的危险性。

（6）内部装修。体育中心比赛区和休息区顶棚为膜结构，其他为不可燃材料；贵宾用房地面为阻燃地毯。因此，膜材发生火灾后，可能导致大面积燃烧，具有一定的危险性。

2. 被动防火措施

被动防火措施在建筑状况评估单元中所占比重为 0.32，包括防火间距、耐火等级、防火分区、消防扑救条件、防火分隔设置和疏散通道六部分。

（1）防火间距。体育中心防火间距大于 30 m，满足规范要求。

（2）耐火等级。体育中心耐火等级为一级，部分构件降级使用，满足规范要求。

（3）防火分区。比赛厅防火分区面积为 25 000 m^2，经过消防性能化设计与专家论证，可以保证消防安全的需要。

（4）消防扑救条件。建筑的消防扑救条件可根据消防通道和消防扑救面的实际情况进行衡量。体育中心无穿越建筑消防通道，有环形消防车道和 3 部消防电梯，100% 可作为消防扑救面，消防扑救条件良好。

（5）防火分隔设置。体育中心的比赛区、休息区和贵宾用房大部分采用防火墙和防火门，部分采用特级防火卷帘，安全系数较高。

（6）疏散通道。体育中心百人宽度指标为 0.7 ~ 1 m / 百人，共有 28 个疏散口，最远疏散路径为 60 m，疏散指示间距为 20 m，疏散条件良好。

3. 主动防火措施

主动防火措施在建筑状况评估单元中所占比重为0.42，包括消防给水、防烟排烟系统、火灾自动报警系统、自动灭火系统、灭火器材配置和疏散诱导系统六部分。

（1）消防给水。体育中心有2路市政供水，管线直径为200 mm；单独200 m^3 消防水池，自动切换游泳池、跳水池；8个室外消火栓，环状布置，压力为2.5 kg/m^2；8个水泵接合器；室内消火栓最大间距为30 m，环状布置，两股充实水柱能够同时到达任意一点，因此消防供水情况良好。

（2）防烟排烟系统。体育中心消防排烟风机、加压送风机、消防补风风机共69台，风机主要分布在B1层、B2层及屋顶的风机房内。防烟楼梯间B1层、B2层、L0层、L2层各设自垂百叶送风口。烟气探测对应于防烟分区，每个防烟分区设多个烟气探测。防烟排烟系统配有紧急备用电源。火灾发生时，区域内的火灾报警系统启动，则烟气控制系统自动投入运行。关闭正常AHU（空气处理机）模式，启动对应区域的防烟排烟系统，启动对应区域补风机。

（3）火灾自动报警系统。体育中心设有感烟探测器和火焰探测器；与消防广播、防烟排烟等系统联动，可实时或者录制广播；消防控制室和消防监控室可联合监控火情，探测报警条件良好。

（4）自动灭火系统。体育中心设有12台消防水炮，保护半径为50 m，可保证被保护区域内同时有两股水射流到达；水炮有火焰探测功能，能够自动探测和定位火灾位置，自动灭火条件良好。

（5）灭火器材配置。根据《建筑灭火器配置设计规范》（GB 50140—2005），体育馆的观众厅可定为轻危险级。体育中心灭火器材按轻重量级配置，布局合理，最大保护距离为25 m，每组配置2个灭火器，灭火器材配置条件良好。

（6）疏散诱导系统。体育中心采用灯光疏散指示标志，间距为20 m，满足相关规范要求。

（二）内部消防管理

内部消防管理包括消防设施检查与维护、消防安全责任制、消防应急预案、消防培训与演练、隐患整改落实和消防管理组织机构六部分。

1. 消防设施检查与维护

体育中心所有设备维护周期为6个月，故障处理时间为1天之内，部分设备可自动巡检。

2. 消防安全责任制

体育中心有消防责任制和奖惩制度，各自任务划分明确，职责划分清晰。

3. 消防应急预案

体育中心目前已制定火灾应急预案和人员疏散预案。

4. 消防培训与演练

体育中心制订了人员培训和演练计划，目前为止已实际演练一次，演练效果良好。

5. 隐患整改落实

依据国家有关消防标准和规范，体育中心在正式投入使用前进行了火灾自动报警系统、消防供水系统、消火栓系统、自动喷水灭火系统、气体灭火系统、防烟排烟系统、防火卷帘、防火门等消防设施和系统的功能检测，对发现的消防隐患已全部整改。

6. 消防管理组织机构

体育中心设消防经理1名，消防主管3名，消防助理4名，消防队员14名。组织架构较为完善，人员配备到位。

（三）消防保卫力量

根据体育中心实际情况，其消防保卫力量可分为支援力量和消防团队两部分。

1. 支援力量

支援力量是指体育中心所处辖区的消防救援力量。

2. 消防团队

消防团队是指体育中心自身配备的消防团队力量，包括人员实力、消防装备、通信能力、预案完善以及临时消防站。

八、结论及建议

（一）评估结论

采用集值统计法计算得出四级指标的最终得分以及利用加权平均求得各上级指标的得分。通过对上述各项风险指标的逐级求和，计算得到体育中心火灾风险的最后得分为 84.92。按照火灾风险分级表，体育中心整体火灾风险属于第 II 级，为中风险。

（二）对策、措施及建议

通过深入分析防火分区、建筑功能、建筑高度、人员荷载等影响因素，为了降低体育中心整体火灾风险（即提高火灾风险评估值），从提高建筑防火安全性能和控制火灾危险源的角度出发，提出以下建议。

1. 人为放火火灾风险的控制

（1）加强对打火机、火柴等火种的检测与控制，防止该类物品带入场馆。

（2）在场馆的入口或地下停车场进入场馆的入口处设置可燃气体检测仪，防止车用燃料被带入场馆。

（3）加强对停车场的巡查，防止或快速处置利用机动车燃油进行放火事件。

2. 电气火灾风险的控制

（1）赛事活动主办单位在现场布置国旗、彩旗、条幅等可燃物时，应避免将该类可燃物布置在高温照明灯具的正下方，并与高温照明灯具及其他高温设备保持足够的安全距离，避免因长时间烘烤或灯具爆裂引起火灾。

（2）赛事活动主办方提前估算最大临时用电量，并就活动表演需要的电气线路、设备布置可能存在的火灾风险问题与消防机构进行沟通。

3. 易燃易爆危险品火灾风险的控制

（1）燃气使用单位对场馆内燃气使用人员进行全员安全培训和教育，并持证上岗，制定燃气使用的操作规程和燃气使用人员的岗位职责。

（2）场馆运行团队应加强对燃气使用的安全检查，督促燃气使用人员落实操作规程和岗位职责。

（3）使用单位应在赛事活动期间指派专人在易燃易爆危险品的存储、使用场所值守，做好防护措施，防止高温条件下油品大量挥发。指派的专人应具有岗位资格证书。

4. 焰火燃放火灾风险的控制

（1）焰火燃放团队应按照相关论证确定的焰火、礼花尺寸进行燃放。

（2）场馆运行团队应组织人员对各场馆燃放阵地范围内的树叶、废纸等可燃杂物进行清理。

（3）焰火燃放团队指派专人接受灭火培训，在燃放期间携带灭火器在指定位置进行值守，确保及时扑救焰火燃放出现意外时的初起火灾。

5. 临时设施火灾风险的控制

（1）责任单位严格落实逐级责任制，做到定岗定人，并定时对岗位情况进行检查。

（2）责任单位制定完善的用火用电管理操作规程，加强对相关人员的培训。

（3）消防监督人员加强巡查，及时督促责任单位消除各种隐患。灭火救援人员做好相关的准备工作。

6. 气象因素火灾风险的控制

场馆运行团队在大风、高温、雷雨、暴雨等恶劣天气情况下，应加强场馆责任区域内电气设施和易燃可燃物的检查和维护管理，及时发现和上报可能引发火灾的险情和隐患。采取可靠的应对措施予以处置，避免造成火灾事故。

7. 用火火灾风险的控制

（1）赛时必须用火时，场馆主任应履行用火安全审批手续，并清理用火现场周围的可燃物，用阻燃材料进行分隔，并派专人进行现场看护。

（2）场馆运行单位应保持厨房内消防设施完好有效，妥善制定好厨房工作人员的班组计划，防止工作人员疲劳作业，做好上岗人员的消防安全教育工作，杜绝不安全行为，同时严禁非工作人员进入厨房区用电用火。

8. 吸烟火灾风险的控制

（1）外事单位预先做好对各国技术人员、运动员、贵宾以及相关工作人员的禁烟宣传，劝阻技术人员、运动员、注册记者等人员在场馆内吸烟。

（2）场馆运行单位在允许吸烟区域设立专用吸烟区，在纸制垃圾箱附近显著位置张贴不安全行为致灾的宣传说明。

（3）消防监督人员、志愿者及相关安保人员对其责任区域内禁烟区进行观察与劝阻。

9. 机动车火灾风险的控制

（1）严格要求机动车按规定配备灭火器，驾驶员必须熟练掌握灭火器的使用方法。

（2）禁止车主个人在地下停车场进行车辆维修，车辆故障时请交管部门将车辆拖出中心区再进行维修，或者在地下停车场建立临时的专用维修区。

10. 物流仓库火灾风险的控制

责任单位应加强场馆责任区域内的仓库、物流区域的安全管理，除值守人员以外，禁止其他无关人员进入仓库，严禁人员在仓库内住宿。

思考题

1. 一般目的的建筑火灾风险评估内容主要有哪些？
2. 与一般目的的建筑火灾风险评估相比，特定目的的评估有哪些不同？
3. 建筑火灾风险评估指标体系的建立原则是什么？
4. 简述火灾风险表达式中的后果在不同阶段的表现形式。

5. 简述建筑火灾风险评估的流程。

6. 某单位为庆祝建设完工，拟举行庆祝活动，其活动内容包括以下项目：

（1）在建筑物附近地面安排几个焰火燃放场地。

（2）为了方便搬运器材，将器材放置到出口通道上。

（3）邀请大量人员参与活动。

简述如何有效地做好活动的火灾风险控制。

参考文献

[1] 陈国良，曹建旺，袁春. 运用风险评估理念，提高灭火救援水平 [J]. 中国安全科学学报，2004，14（11）.

[2] 陈国良，胡锐，卫广昭. 北京市火灾风险综合评估指标体系研究 [J]. 中国安全科学学报，2007，17（4）.

[3] 陈国良，王玮，等. 火灾风险评估相关概念辨析——华北、东北、西北地区消防协会第四届联席会议论文集 [C]. 长春：吉林科学技术出版社，2008.

[4] 陈国良，陶端霞. 重大活动场馆火灾风险评估指标体系研究 [J]. 消防技术与产品信息，2011（7）.

第三章
建筑消防性能化设计评估方法与技术

学习要求

通过本章学习，应了解建筑消防性能化设计的适用范围；熟悉消防性能化设计的基本程序、安全目标；掌握建筑消防性能化设计的软件选择、火灾场景及疏散场景设定、计算分析及结果应用和消防性能化设计文件编制等内容。

消防性能化设计以消防安全工程学为基础，采用的防火设计方法区别于传统的按照建筑标准规范进行设计，但其防火设计目标具有一致性。因此，不能以消防性能化设计为由任意突破现行的国家标准规范，必须确保采用消防性能化设计的建筑的消防安全水平不低于按照现行国家标准规范进行防火设计的消防安全水平。

第一节　消防性能化设计的适用范围

建筑消防性能化设计是指根据建设工程使用功能和消防安全要求，运用消防安全工程学原理，采用先进适用的计算分析工具和方法，通过对建筑环境中设定火灾场景的火灾风险量化和分析，进而对建设工程消防设计方案进行综合分析评估，判断建筑抵御火灾的性能指标是否满足预设的消防安全目标，从而优化消防设计方案的工作方法。从事性能化设计评估的消防安全评估机构和个人应当取得相应的资质、资格。

一、概述

近年来，建筑消防性能化设计已成为国际上火灾科学研究的重点。国内外研究成果和实践经验表明，建筑消防性能化设计方法是一种先进、有效、科学、合理的防火设计方法，特别是在解决大型复杂建筑的防火设计问题方面，弥补了依据传统的标准规范进行设计的不足。

消防性能化设计是对建筑进行消防安全性分析，针对特定的建筑对象建立消防安全目标和消防安全问题的解决方案，采用被广泛认可或被验证为可靠的分析工具和方法对建筑对象的火灾场景进行确定性和随机性定量分析，以判断不同解决方案所体现的消防安全性能是否满足消防安全目标，从而达到合理的消防安全设计目的。

目前，消防性能化设计方法在国内各类新型建筑中应用越来越多。发展消防性能化设计，对于促进我国消防科技的发展，提高我国建筑消防安全水平，提升我国建筑与消防行业应对国际竞争的能力，具有十分重要的意义。

二、适用范围

具有下列情形之一的工程项目，可对其全部或部分进行消防性能化设计：

（1）超出现行国家工程建设消防技术标准适用范围的。

（2）按照现行国家工程建设消防技术标准进行防火分隔、防烟排烟、安全疏散、建筑构件耐火等级等设计时，难以满足工程项目特殊使用功能的。

下列情况不应采用性能化设计评估方法：

（1）国家法律法规和现行国家工程建设消防技术标准有强制性条文规定的。

（2）现行国家工程建设消防技术标准已有明确规定，且无特殊使用功能的建筑。

（3）居住建筑。

（4）医疗建筑、教学建筑、幼儿园、托儿所、老年人建筑、歌舞娱乐游艺场所。

（5）室内净高小于 8.0 m 的丙、丁、戊类厂房和丙、丁、戊类仓库。

（6）甲、乙类厂房，甲、乙类仓库，可燃液体、气体储存设施及其他易燃易爆工程或场所。

（一）标准规范没有规定的

建筑防火设计的目的在于优化建筑耐火、防火和灭火等各部分的设防要求，从而确保建筑的防火安全性能达到一定的标准。我国现行的工程建设消防技术标准总结了历史上各类火灾的经验与教训，综合考虑了当前国家的整体经济技术和管理水平、产品质量等状况。

作为成熟经验及科研成果的总结，规范往往不会覆盖突破传统的建筑做法和工艺。譬如对于某些新技术、新设备的应用，如果现行标准规范没有相关的防火设计要求，此时就可采用消防性能化设计的方法，根据国家有关规定在使用前提出相应的使用和设计方案与报告，并进行必要的论证或试验，以切实保证这些技术、方法、设备或材料在消防安全方面的可行性与应用的可靠性。

（二）防火分隔

就建筑火灾而言，主要有被外部邻近建筑或其他室外火灾引燃和在内部发生燃烧并蔓延扩大两种可能方式。实际上，绝大多数建筑火灾是因其内部失火引起的。当建筑内某一空间发生火灾时，火便会由于燃烧过程中的热辐射、对流和传导，或者通过着火室的楼板、墙壁内部的烧损处或门窗洞口向其他空间蔓延，如果此时无有效的灭火、控火干预且可燃物数量足够，则最后将可能发展成为整座建筑的火灾。因此，采取一定措施将建筑内某些火灾危险性较大的空间或重要设备或不能中断工作的场所与其他部位分隔开来，并在一定时间内把火势控制在规定的区域里非常重要。

防火分区是根据建筑的特点，在建筑内部采取规定要求的防火墙、楼板及其他等效的防火分隔措施，用以控制和防止火灾向其他邻近区域蔓延的封闭空间，是控制建筑火灾的基本空间单元，包括水平防火分区和竖向防火分区。水平防火分区用以防止火灾在水平方向扩大蔓延；竖向防火分区用以防止多层或高层建筑层与层之间竖向火灾蔓延，电梯井、楼梯间等竖井的分区即属此类。防火分区的划分既要从限制火势蔓延、减少损失方面考虑，又要顾及平时的使用和管理。在建筑内部不同使用用途或功能空间之间进行防火分隔可以有效地阻止火灾在建筑内部向水平方向和竖直方向扩展，而将其限制在特定的局部空间内。

随着我国经济的快速发展，近年来出现了城市综合体、大型展览建筑、候机车船楼等大型交通枢纽，这些建筑因使用功能的需要，具有体量及空间巨大等特点，往往难以按照现行规范进行防火分区的划分。如果强行按照标准规范进行防火分隔，又会与使用功能相冲突。对于此类项目的消防性能化设计，国内已开展了一系列的实践活动，总结了一定的经验。

（三）防烟排烟

建筑火灾表明，火灾的高温有毒烟气蔓延较快，蔓延通道多样。建筑内的烟气阻碍人们逃生和灭火行动，是导致人员死亡的主要原因。建筑的防烟设计，对于建筑内人员的安全和防止烟气的扩散十分重要。在建筑防火设计中，需充分考虑建筑的防烟与排烟需要。

防烟与排烟设计的基本原则是，要防止烟气进入人员的疏散通道，保证疏散安全，为消防救援提供必要的有利条件。防烟与排烟系统的设计，需根据室内火灾的烟气及其运动规律，在平面布置中研究可能起火房间的烟气流向，通过不同的合理假设，确定更经济有效的防烟排烟设计方案，以控制烟气的流动路线，选用适当的防烟排烟设备，布置进、排风口，确定合理尺寸的管道和进、排风口。

建筑内的防烟或排烟功能，均可通过自然排烟和机械加压送风或机械排烟方式实现。具体采用哪种方式，可根据建筑的平面布置、通风条件、空间高度和建筑内部的火灾荷载及其类型、形态、分布等综合确定。

大剧院、体育馆、电影院的观众厅等部位因空间较大，无论是按照地面面积计算排烟量还是按照空间体积计算排烟量，往往计算得出的机械排烟量巨大而难以实现，且与工程实际情况不符。此外，现行防火规范对自然排烟系统的使用有严格的限制，在部分工程中出于美观及与建筑方案相结合方面的考虑，要求在高大空间内采用自然排烟系统。如果能够将自然排烟技术成功应用到具体工程中，不但可以解决机械排烟量过大难以实现的难题，平时还可以实现自然通风，达到节能降耗的目的。采用性能化的设计方法，可以针对具体工程情况，优化其防烟和排烟设计。

（四）安全疏散

在传统的人员安全疏散设计中，设计人员主要依照规范的要求保证一定的安全出口个数、出口宽度和疏散距离等。例如，对于体育场馆来说，规范对场馆内走道间座椅数量、疏散走道宽度和出口宽度、观众厅出口数量等都提出了相应的要求。这对于普通的体育场馆，一般没有什么问题。但对于规模巨大的体育场，如国家游泳中心（看台设计观众席为17 000座）、国家体育馆（19 000座）、国家体育场（91 000座），达到这种规模的场馆，无论是安全出口宽度还是疏散距离，往往难以按照规范进行安全疏散设计。此外，在复杂的建筑环境内，体育设施与餐饮、娱乐设施相融合，建筑使用功能多样，在建筑内部形成不同防火分隔和受保护区域，要实现安全可靠地组织和引导大量的人员在尽可能短的时间内疏散到室外安全区域，也可以通过采用性能化的设计方法来定量确定。

（五）结构耐火

钢结构、钢筋混凝土等结构形式的应用越来越普遍，对于大型公共建筑而言，往往通过钢结构来表现其建筑艺术特点。在这些钢结构中，有些结构形式特殊，如国家体育场外围护钢结构等，有些由于功能的特殊需要，难以按照我国现行防火设计规范的要求采用喷涂防火涂料等措施进行防火保护。因此，有必要对采用钢结构的建筑进行火灾危险性分析，根据不同的情况提出相应的防火保护措施。

综上所述，对于在我国现行防火设计规范的框架下难以解决而又允许采用消防性能化设计方法的项目，可以采用该方法，但必须确定建筑能够达到可以接受的消防安全水平且不低于现行工程建设消防技术标准的要求。

第二节　建筑消防性能化设计的基本程序与设计步骤

一、基本程序

建筑消防性能化设计的基本程序如下：

（1）确定建筑的使用功能、用途和建筑设计的适用标准。

（2）确定需要采用性能化设计方法进行设计的问题。

（3）确定建筑的消防安全总体目标。

（4）进行消防性能化试设计和评估验证。

（5）修改、完善设计，并进一步评估验证，确定是否满足所确定的消防安全目标。

（6）编制设计说明与分析报告，提交审查与批准。

其中，建筑消防性能化试设计一般程序包括：

（1）确定建筑设计的总目标或消防安全水平及其子目标。

（2）确定需要分析的具体问题及其性能判定标准。

（3）建立火灾场景，设定合理的火灾和确定分析方法。

（4）进行消防性能化设计与计算分析。

（5）选择和确定最终设计（方案）。

建筑消防性能化设计与计算分析一般应包括下列全部或其中几项：

（1）针对设定的性能化分析目标，确定相应的定量判定标准。

（2）合理设定火灾。

（3）分析和评价建筑的结构特征、性能和防火分区。

（4）分析和评价人员的特征及建筑和人员的安全疏散性能。

（5）计算预测火灾的蔓延特性。

（6）计算预测烟气的流动特性。

（7）分析和验证结构的耐火性能。

（8）分析和评价火灾探测与报警系统、自动灭火系统、防烟排烟系统等消防系统的可行性与可靠性。

（9）评估建筑的火灾风险，综合分析性能化设计过程中的不确定性因素及其处理。

（一）消防安全总目标

根据建筑的使用功能及业主的需要，不同工程的消防安全总目标可能互不相同，其表述方式也不尽相同。

消防安全总目标应在进行性能化设计开始之前作为设计的重点问题，由设计单位、建设单位、委托方、消防机构、消防安全技术咨询机构等共同研究确定。

建筑的消防安全总目标一般包括如下内容：

（1）减小火灾发生的可能性。

（2）在火灾条件下，保证建筑内人员以及救援人员的人身安全。

（3）建筑的结构不会因火灾作用而受到严重破坏或发生垮塌，或虽有局部垮塌，但不会发生连续垮塌而影响建筑结构的整体稳定性。

（4）减少由于火灾而造成商业运营、生产过程的中断。

（5）保证建筑内财产的安全。

（6）建筑发生火灾后，不会引燃其相邻建筑。

（7）尽可能减少火灾对周围环境的污染。

建筑的消防安全总目标视建筑的使用功能、性质及建筑高度而有所区别，设计时应根据实际情况在上述7个目标中确定一个或者两个目标作为主要目标，并列出其他目标的先后次序。例如，对于人员聚集场所或旅馆等公共建筑，其主要目标是保护人员的生命安全；对于仓库，则更注重于保护财产和建筑结构安全。建筑火灾具有确定性和随机性的双重特性，无论采取什么措施，一座建筑的消防安全总是相对的。因此，上述安全目标所反映的是与将要发生的消防投入水平相一致的相对安全水平。这实际上反映了投资方以及社会公众的安全期望和建设投资的关系。建筑的消防安全水平应依据现有规范的规定和建筑的实际情况，由设计单位、建设单位、委托方、消防机构、消防安全技术咨询机构等共同研究确定。

确定建筑的消防安全性能目标时，应首先将消防安全总目标进一步转化为可量化的性能目标，包括火灾后果的影响、人员伤亡和财产损失、温度以及燃烧产物的扩散等。

（二）性能判定标准

设计目标的性能判定标准应能够体现由火灾造成的人员伤亡、建筑及其内部财产的损害、生产或经营被中断、风险等级等的最大可接受限度。

常见的性能判定标准包括：

（1）生命安全标准。包括热效应、毒性、能见度等。

（2）非生命安全标准。包括热效应、火灾蔓延、烟气损害、防火分隔物受损、结构的完整性和对暴露于火灾中的财产所造成的危害等。

性能判定标准是一系列在设计前把各个明确的性能目标转化成用确定性工程数值或概率表示的参数。这些参数包括：构件和材料的温度、气体温度、碳氧血红蛋白含量、能见度以及热暴露水平。当评估某疏散系统设计是否可行时，需要为计算选择或假设合适的数值，以考虑人员暴露于火灾的判定标准。

一项设计目标可能需要多个性能判定标准来验证，而一个性能判定标准也可能需要多个参数值予以支持。但并不是每一个性能目标都能采用这种方式表达，因此，在量化时应主次有别，把握关键性参数。

二、设计步骤

性能化设计过程可分成若干步骤，步骤间相互联系，最终形成一个整体。主要包括：①确定性能化设计的内容和范围。②确定总体目标、功能要求和性能判据。③开展火灾危险源识别。④制定试设计方案。⑤设定火灾场景和疏散场景。⑥选择工程方法。⑦评估试设计方案。⑧确定最终设计方案。⑨完成性能化设计评估报告。建筑消防性能化设计的基本步骤如图4—3—1所示。

（一）确定工程范围

性能化设计的第一步就是要确定工程的范围及相关的参数。首先要了解工程各方面的信息，如建筑的特征、使用功能等。对特殊的建筑，如大空间（如中庭或仓库），或者人员密集的商场、礼堂和运动场等要格外关注。对建筑的工艺特征也要做专门的研讨，如特殊的作业区、危险物品的使用或储存区、昂贵设备区以及零故障区等。

不同使用功能的建筑，其使用者的特征也不同（如住宅建筑与商业建筑）。使用者特征包括年龄、智力、是否处于睡眠状态、体能状态等因素。

（二）确定总体目标

一旦确定了工程的范围，性能化设计过程的下一步就是要确定消防安全总体目标。在消防安全设计中，消防安全总体目标是一个范围比较广泛的概念，它表示的是社会所期望的安全水平，主要是用概括性的语言进行描述，通常指保护人类生命和相邻建筑及其他财产安全等方面的需要。概括地说，消防安全应达到的总体目标是：保护生命、保护财产、保护使用功能、保护环境不受火灾的有害影响。

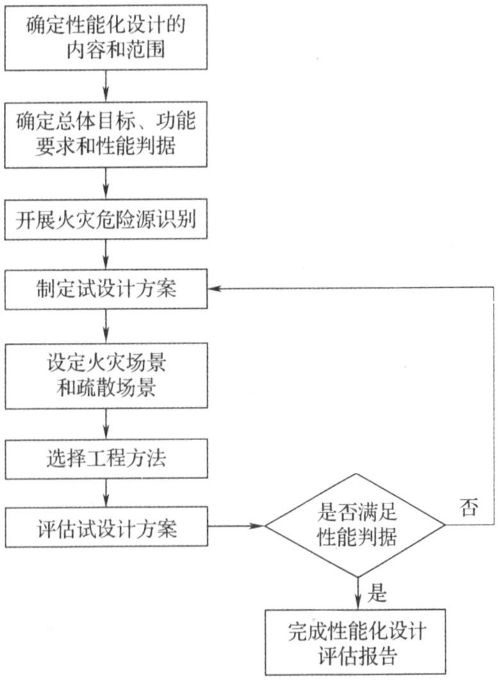

图 4—3—1 建筑消防性能化设计的基本步骤

功能目标是设计总体目标的基础，它把总体目标提炼为能够用工程语言进行量化的数值。概括地说，功能目标指出一个建筑怎样才能达到社会期望的安全目标。功能目标通常可用计量的术语加以表征。为了满足这些目标，一旦功能目标或者损失目标搞清楚了，就必须有一个确定建筑及其系统发挥作用的性能水平的方法。这项工作是通过性能要求完成的。

性能要求是性能水平的表述。建筑材料、建筑构件、系统、组件以及建筑方法等必须满足性能水平的要求，从而达到消防安全总体目标和功能目标。我们不仅要能够量化这些参数，还应对其进行计量和计算。例如，要求："将火灾的传播限制在起火房间内，在烟气蔓延出起火房间以前通知使用者，保证疏散通道处于可使用状态直到使用者到达安全地点"。这些要求中的每一个都涉及建筑及其系统如何工作才能满足规定的生命安全总体目标和功能目标，并且可对每项要求进行计量或计算。

设计目标是指为满足性能要求所采用的具体方法和手段。允许采用两种方法去满足性能要求，既可以独立使用，也可以联合使用。这两种方法是：

（1）视为合格的规定。这包括如何采用材料、构件、设计因素和设计方法的示例，如果正确采用了，其结果就满足性能要求。

（2）替代方案。如果能证明某设计方案能够达到相关的性能要求，或者与视为合格的规定等效，那么对于与上述"视为合格的规定"不同的设计方案，仍可以被批准为合格。

该性能方法为使用消防安全工程提供了许多机会。评估替代方案的方法不是特别指定的，所以，事实上消防安全工程评估将是证明设计方案是否符合性能规范的一个主要途径。消防安全总体目标是保护那些没有靠近初起火灾处的人员不至受到伤害。这很容易理解，但很难量化。为了达到这一总体目标，其功能目标之一就是为人们提供足够到达安全地方而不被火灾吞噬的时间。这就提供了更详细的规定，即：必须保护人们不受热、热辐射和烟气的侵害。为了达到这一目标，其性能要求之一就是限制起火房间内的火灾蔓延。如果火灾没有蔓延到起火房间之外，那么起火房间外的人员就不会暴露于热辐射或高温中，他们受到烟气的影响也会大大减小。为了满足这一性能要求，可以制定防止起火房间发生轰燃的性能指标。其依据是火灾蔓延至起火房间之外的情况总是出现在轰燃发生之后，上层烟气引燃并使火灾前锋开始蔓延之时。为了满足这一指标，工程师可能会建立一个设计目标，从而将上层烟气温度限制在500℃，该温度以下不易发生轰燃。以上就是从一个总体目标到建立一种设计标准的整个分析过程。

（三）火灾危险源识别

火灾危险源识别包括内部危险源和外部危险源识别。内部危险源识别需从以下几个方面考虑：①建筑材料和制品。②常用燃油、燃气、用电等设备。③建筑内的人员类型。④建筑用途。

外部危险源识别需从以下几个方面考虑：①邻近的建筑、设施以及人员活动行为。②自然环境产生的危险源。

识别火灾危险源时，可将类似建筑或环境条件下发生的火灾及相关数据作为参考依据。

（四）建立试设计并评估

在本步骤中，应提出多个消防安全设计方案，并按照规范的规定进行评估，以确定最佳的设计方案。

评估过程是一个不断反复的过程。在此过程中，许多消防安全措施的评估都是依据设计火灾曲线和设计目标进行的。例如，增加感烟探测器或自动喷水灭火系统，修改通风特征，变更建筑材料、内装修和建筑内部摆设等因素，都可在本步骤进行评估。在评估不同的方案时，清楚地了解该方案是否达到了设计目标是很重要的。

设计目标是一个指标。其实质是性能指标（如起火房间内轰燃的发生）能够容忍的最大火灾尺寸，这可以用最大热释放速率描述其特征。例如，为了达到防止轰燃发生的目标，替代方法之一可能是使用自动喷水灭火系统。为了保证其有效性，自动喷水灭火系统必须在房间到达轰燃阶段以前启动并控制火灾的蔓延。以下一些基本因素总是在性能化设计评估中被充分考虑：起火和发展、烟气蔓延和控制、火灾蔓延和控制、火灾探测和灭火、通知建筑内的人员和组织安全疏散、消防部门的接警和现场救助。

试设计完成后即可选定最终设计方案。

（五）设定火灾场景和疏散场景

火灾场景是对一次火灾整个发展过程的定性描述，该描述确定了反映该次火灾特征并区别于其他可能发生火灾的关键事件。火灾场景的建立应包括概率因素和确定性因素，也就是说，此种火灾发生的可能性有多大，如果火灾真的发生了，那么又是怎么发展和蔓延的？在建立火灾场景时，应考虑以下因素：建筑的平面布局、火灾荷载及分布状态、火灾可能发生的位置、室内人员的分布与状态、火灾可能发生时的环境因素等。

设计火灾是对一个设定火灾场景假定火灾特征的定量描述，可以用一些参数，如热释放速率、火灾增长速率、物质分解物、物质分解率等或者其他与火灾有关的可以计量或计算的参数来表现其特征。

概括设计火灾特征的最常用方法是火灾增长曲线。热释放速率随时间变化的“典型”火灾增长曲线，一般具有火灾增长期、最高热释放速率期、稳定燃烧期和衰减期等共同阶段。每一个需要考虑的火灾场景都应该具有这样的设计火灾曲线。

疏散场景是对人员特性、建筑环境与建筑系统，以及火灾动力学特性的定性描述，用于识别影响疏散行为和疏散时间的关键因素。

生命安全作为重要的消防安全目标，在对工程设计进行评估时，应对建筑使用人员自起火后至到达安全地点前的这段时间内是否得到保护进行评估。

为说明疏散场景发生的可能性及其后果，应对建筑使用人员的类别进行分类。建筑使用人员对火灾情况的响应受诸多可变因素的影响，主要包括：

（1）建筑使用人员的数量和分布情况、人员对建筑的熟悉程度、人员的行动能力以及行动受限情况、人员的行为及其他特征。

（2）建筑的特征，如建筑的使用情况、出口平面布局及消防设施。

（3）警示标志、疏散路径和应急管理方案。

（4）上述因素在疏散场景中的相互影响，以及消防员和救援设施的紧急介入。

（六）完成报告，编写设计文件

分析和设计报告是性能化设计能否被批准的关键因素。该报告需要概括分析和设计过程中的全部步骤，并且报告分析和设计结果所提出的格式和方式都要符合审核机构和客户的要求。该报告包括：①工程的基本信息。②分析或设计目标，包括制订此目标的理由。③设计方法（基本原理）陈述，包括所采用的方法，为什么采用，做出了什么假设，采用了什么工具和理念等。④性能评估指标。⑤火灾场景的选择和设计火灾。⑥设计方案的描述。⑦消防安全管理。⑧参考的资料、数据。

有关性能判定标准的确定见《消防安全技术实务》第五篇第四章的相关内容。

从总体看，性能化设计是一个发展的方向，但就目前的技术支撑条件看，也存在一些问题和缺点。一方面，社会各界对它的接受程度不一；另一方面，与传统的设计方法相比，其对设计人员有更高的要求，其性能化分析和设计过程需要在分析、计算和设计文件制作上比传统的设计方法花费更多的工程时间，同时也存在一定的不确定性。

第三节　资料收集与安全目标设定

建筑的防火设计可分解为三部分，即建筑被动防火系统、建筑主动防火系统和安全疏散系统。每一个系统还可进一步细化分解为不同的子系统。本节通过分析研究国内外规范相关的技术内容，在总结相关技术应用经验教训的基础上，确定了上述各部分的设计目标、功能目标和性能要求。

一、资料收集

建筑设计包括两方面的内容，即对建筑空间的研究以及对构成建筑空间的建筑实体的研究。建筑设计首先要满足建筑法律法规、规范及标准的要求。

建筑设计人员在进行消防性能化设计时，应熟悉建筑概况，包括工程的名称、地址、占地面积、建筑面积等，并进一步收集在设计中会用到的资料，特别是应该去踏勘现场。尤其是在进行异地操作时，设计人员更应当切实了解项目所在地的环境情况，如气候条件、抗震设防烈度、周边的人文环境和建筑现状以及可能的施工条件等。

设计资料包括建筑设计说明、建筑总平面图、消防设计专篇、建筑主要楼层平面图、建筑主要立面图和剖面图。此外，还包括结构、各设备专业的相关图样等。

二、设定安全目标

我国的消防工作方针是“预防为主，防消结合”，其首要原则是要做到“预防为主”，防患于未然。要减少和预防建筑火灾，首先要确保建筑本身的本质安全。因此，在建筑防火设计中，设计师应尽可能降低建筑内的火灾荷载、降低建筑构件及建筑装修装饰材料的燃烧性能，认真研究建筑防火措施，合理布置建筑平面，在建筑内外进行必要的分隔，合理设定建筑的耐火等级和相关构件的耐火极限，预防火灾发生，防止火灾蔓延。此外，应根据建筑的使用功能、空间平面特征和人员特点，设计合理正确的安全疏散与灭火设施，达到减少火灾危害，保护人员生命和财产安全的目的。

建筑被动防火系统包括建筑结构、防火分隔、防火间距、防火分区、管线和管道（井）、建筑装修等；建筑主动防火系统包括自动灭火系统、排烟系统、火灾自动报警系统等；安全疏散系统包括疏散楼梯、安全出口、疏散出口、避难逃生设施、应急照明与标识等。

（一）被动防火系统

1. 建筑结构

建筑结构是由若干基本构件通过一定连接方式构成的整体。在建筑结构中，所有能使结构产生内力和变形的因素统称为作用。除了直接以力的形式出现的作用会在结构中产生内力和变形外，其他作用，如温度变化、混凝土收缩、基础不均匀沉降等也可在结构中产生内力和变形。直接以力的形式出现的作用称为直接作用，即荷载。其他作用则称为间接作用。一般情况下，设计合理的建筑结构能安全可靠地承受并传递各种荷载和间接作用。

但是，在进行建筑结构设计时，不能仅考虑正常使用状态下建筑结构的荷载和间接作用，而同时应充分考虑非正常状态的作用效应组合，如火灾情况。这是因为火灾产生的高温会对建筑构件带来极大的破坏作用。下面以我国常用的建筑结构构件材料钢筋混凝土为例进行说明。在高温作用下，混凝土中各种液体成分迅速气化，体积明显膨胀，其强度和弹性模量随温度升高而降低。钢筋混凝土结构中的钢筋虽有混凝土保护，但在高温下其强度仍然有所降低，以致在初应力下屈服而引起截面破坏。构件破坏的程度取决于温度升高的速率、最高温度和火灾作用持续的时间：当温度低于500℃时，浇水冷却的混凝土强度低于自然冷却后的强度；而温度高于600℃时，浇水冷却后的强度高于自然冷却后的强度；在1 400℃时，钢筋则失去了承载能力。并且在火灾发生时，钢筋与混凝土间的黏结强度也随温度升高而呈下降趋势。对于钢筋混凝土超静定结构而言，构件的热膨胀会使相邻构件产生过大位移，从而危及相邻构件稳定性和承载能力。

因此，建筑结构防火设计在建筑防火设计中的作用举足轻重。从各国的规范来看，其具体规定内容虽然不同，但其消防安全总体目标却大同小异，其中最重要的就是保护人的生命和财产安全。就保护人的生命安全而言，结构防火在所有建筑类型中都是重要的。这是因为：

（1）良好的结构耐火性能能为人员的安全疏散提供宝贵的疏散时间，特别是在高层和大空间建筑以及人员行动受限的建筑（如医院、老年人照料设施建筑、幼儿园等）内的人员。

（2）为消防队员在建筑内所有人员撤出后进入建筑内实施灭火提供生命安全保证。

就保护财产安全而言，结构防火的重要性更是不言而喻。在火灾初起阶段，尽管结构耐火能力所起的作用不大，但如果初起火灾没有得到成功控制而使火灾继续增长，那么良好的结构耐火性能的作用便十分明显。在消防队员实施灭火之前，结构构件可以有效地将火灾控制在起火区域或某个防火分区内，从而减少火灾和烟气对建筑内的物品和建筑结构所造成的破坏，同样也可减少灾后修复难度、费用和时间。建筑结构性能化设计的设计目标、功能目标和性能要求如下：

（1）设计目标。在火灾作用下，建筑结构应能在合理的消防投入基础上，保持足够的完整性能、隔热性能或承载力，或同时保持其中两个或三个性能。

（2）功能目标。①建筑构件能避免因其在火灾中发生变形或破坏而导致建筑结构的严重受损或失去承载力。②不会因构件的受损而危及建筑内部人员的疏散安全和灭火救援人员的安全。③避免结构在火灾中因变形、垮塌而难以修复或影响重要功能的使用，减少灾后结构的修复费用和难度，缩短结构功能的恢复期。④预防因构件破坏而加剧火灾或导致火灾蔓延至其他防火区域或相邻建筑物。

（3）性能要求。①建筑构件的耐火性能应与构件的功能、建筑的功能与用途、建筑内的预计火灾荷载、火灾强度及其持续时间、建筑高度与体量以及建筑内外的消防设施相适应。②建筑承重构件在火灾作用下，应具有足够的承载力。③建筑分隔构件的燃烧性能和耐火极限在设计所需时间内应能防止火灾和烟气的蔓延。④建筑物中各构件的耐火性能应具有合理的关系。⑤建筑构件在火灾作用下的变形不应超过允许变形值。⑥建筑结构所提供的安全水平应与现行国家标准的规定等效。

2. 防火分隔

我国现行的建筑防火技术体系中，虽然主动防火系统的相关技术不断发展，其在建筑防火设计中的地位和作用也越来越重要，但以保证建筑物的耐火等级、划分防火分区、限制可燃装修装饰材料的应用、保证安全疏散出口宽度及数量等为主要内容的建筑物被动防火系统尚应居首要地位。良好的防火分区划分和分隔构件的耐火性能能有效地将火灾控制在起火区域或某个防火分区内，从而为建筑内人员的安全疏散及消防队员的救援和灭火行为提供宝贵的时间，为减少火灾和烟气对建筑内容物和建筑结构所造成的破坏以及减少灾后修复难度、费用和时间等提供条件。就我国目前的经济实力和公众防火安全意识而言，做好被动防火系统是更有效、可靠和经济的防火途径。

对于火灾蔓延控制目标，主要利用火灾发展分析工具，根据本建筑的使用功能和空间特性等，设定相应的火灾场景，模拟烟气的运动规律，计算烟气层的温度，并以此判断所设计的防火分隔措施能否将火灾控制在设定的防火区域内。

火灾的蔓延方式有火焰接触、延烧、热传导、热辐射等。当可燃物为离散布置时，热辐射是一种促使火灾在室内及建筑物间蔓延的重要形式。当火灾烟气达到足够的温度时，其产生的热辐射强度将会引燃周围可燃物，从而导致火灾的蔓延。进行消防性能化设计时，一般通过模拟计算分析得到火源所在防火区域之外的其他防火区域的烟气层最高温度。如果烟气层温度高于设定的极限温度，则认为火灾将通过热辐射在防火区域间进行蔓延；如果烟气层温度低于设定的极限温度，可认为火灾不会通过热辐射在防火区域间进行蔓延。

根据相关试验可知，一般可燃物被引燃所需的最小辐射热为 10 kW/m^2。火灾的辐射热为 10 kW/m^2 时，约相当于烟气层的温度达到 360 ~ 400℃时的状态。因此可将 360℃作为火灾在防火区域间蔓延的极限温度，即当烟气层温度大于该值时，火灾将通过热辐射在防火区域间进行蔓延；当烟气层温度小于该值时，可认为火灾不会通过热辐射的方式在防火区域间蔓延。防火分区性能化设计目标、功能目标和性能要求如下：

（1）设计目标。防火分区划分应能有效降低火灾危害，将火灾的财产损失控制在可接受的范围之内。

（2）功能目标。建筑内采取的防火隔断措施，应能将建筑火灾控制在设定的防火空间内，而不会经水平方向和垂直方向其他区域蔓延。

（3）性能要求。①防火分隔构件的燃烧性能具有足够的耐火极限，并满足控制火灾的要求。②着火空间内不会发生轰燃。③火灾可以控制在设定的防火区域内。④火灾不会发生连续蔓延。⑤火灾的可能过火面积与满足规范要求的防火分区的过火面积基本相同。⑥灭火系统符合设计要求，可以有效控制火灾蔓延。⑦排烟系统符合设计要求，可以有效排除烟气和热量。

3. 防火间距

建筑发生火灾时，火灾除了在建筑内部蔓延扩大外，还可能通过一定途径向邻近的建筑蔓延。为了防止火灾在建筑之间蔓延，建筑之间保持适当的距离是一种有效措施。防火间距是指防止着火建筑的辐射热在一定时间内引燃相邻建筑，且便于消防扑救的间隔距离。因此，防火间距一方面有助于防止火灾在建筑之间蔓延，另一方面为火灾扑救及建筑内人员和物资的紧急疏散提供场地。

在实际确定建筑之间的防火间距时，不可能考虑上述所有因素。一般情况下，防火间距主要是根据建筑物的使用性质、火灾危险性及耐火等级来确定。建筑物的耐火等级越低，防火间距越大；建筑物的火灾危险性越大，防火间距越大；建筑物火灾扑救难度越大，防火间距越大。防火间距设置的基本原则是：

（1）主要考虑火灾的辐射热对相邻建筑的影响，一般不考虑飞火、风速等因素。

（2）保证消防扑救的需要。需根据建筑高度、消防车的型号尺寸，确定消防救援操作场地的大小。

（3）在满足防止火灾蔓延及消防车作业需要的前提下，考虑节约用地。

建筑物间防火间距的设计目标、功能目标和性能要求如下：

（1）设计目标。建筑与相邻建筑、设施的防火间距应满足安全要求。

（2）功能目标。①防火间距应能有效防止建筑间的火灾蔓延。②建筑周围应具有满足消防车展开灭火救援的条件。

（3）性能要求。①建筑与相邻建筑、设施之间的防火间距应根据建筑的耐火等级、外墙防火构造以及相邻外墙的防火措施、灭火救援以及设施性质等因素进行确定。②工业、民用建筑与城市地下交通隧道、地下人行道及其他地下建筑之间应采取防止火灾蔓延的有效措施。③建筑周围应设置消防车道或满足消防车通行与停靠、折转的平坦空地。消防车道的净空高度和净宽度以及地面承压应满足消防车通行的需要。④大型工业或民用建筑周围应设置环形消防车道或其他满足消防车灭火救援的场地。⑤供消防车停留和作业的道路与建筑物的距离应满足消防车展开和救援的要求。

（二）主动防火系统

建筑的主动防火系统主要依靠火灾探测报警、防烟排烟、各类灭火设施等建筑消防设施，通过及早探测火灾、破坏已形成的燃烧条件、终止燃烧的连锁反应，来扑灭或抑制火灾。

当建筑内某一个空间发生火灾时，燃烧产生的热量能够通过热对流、热辐射和热传导等方式向周围传播，导致火灾蔓延。各种主动防火手段对于控制和扑救火灾都有着重要的作用，它们分别以不同的方式在火灾的不同阶段对火灾的发展进程产生影响。例如，在火灾早期启动喷水灭火，能有效控制室内温度的升高和火灾蔓延。因此，在建筑防火设计中，应该根据不同情况下火灾的不同阶段的特性及其影响考虑设置合适的主动防火系统，以减小火灾的危害。

大量火灾事实表明，建筑主动防火系统能够提高建筑自身的防火能力，防止和减少火灾损失，是建筑防火体系的重要组成部分。火灾自动探测报警可在火灾发生早期及时探测到火情并报警，不仅可为人员的安全疏散提供报警信息和宝贵的疏散时间，而且可通过联动启动火灾报警装置、应急照明系统、火灾应急广播等设施，引导火灾现场人员及时疏散；启动有关的消防设施来扑灭或控制早期火灾，排除烟气，防止火灾蔓延。建筑灭火设施可用于扑灭或控制不同阶段的建筑火灾。例如，自动喷水灭火系统在无人控制的情况下自动启动并扑灭或控制建筑内的早期火灾，并发出报警信号，起到防止火灾蔓延和减少损失的作用。防烟系统可用于建筑内需要保证烟气不可进入区域的安全。例如，在防烟楼梯的前室设置防烟系统，可以将火灾的高温有毒烟气阻止在前室外，从而起到为人员疏散和救援人员提供一个相对安全的环境的作用。排烟系统可及时排除建筑火灾产生的高温有毒烟气，阻止烟气向非着火区域扩散，既可延缓火灾发生轰燃而保持相对稳定的燃烧状态，又可为人员疏散提供宝贵的可用时间，为救援人员提供较好的灭火救援条件。

因此，建筑主动防火系统的作用主要是通过检测火灾信号并发出相应的警报和联动启动相关建筑消防设施，为人员疏散和灭火救援提供较安全的环境，扑灭或控制不同性状的火灾，减少火灾危害。

1. 自动灭火系统

对于同一建筑，建筑各区域的用途不尽相同，某些部位火灾危险性较小或火灾荷载密度较小，若整座建筑全部设置自动灭火系统，将造成不必要的投资。因此，建筑内自动灭火系统设计的原则是对建筑重点部位、重点场所进行重点防护。重点场所一般包括：火灾荷载大、火灾危险性高的场所，可能因火灾而导致人员疏散困难的场所和可能因火灾导致重大损失的场所。自动灭火系统主要用于建筑中不能中断防火保护的场所免受火灾危害或减轻其危害程度，其设计目标、功能目标和性能要求如下：

（1）设计目标。为建筑中不能中断防火保护的场所提供灭火措施，使其免受火灾危害或减轻其危害程度。

（2）功能目标。建筑内设置的自动灭火系统应能够及时扑灭和控制建筑内的初起火灾，防止火灾蔓延和造成较大损失。

（3）性能要求。①建筑内设置的自动灭火系统应根据设置场所的用途、火灾危险性、火灾特性、环境温度和系统的性价比等确定。②灭火系统的灭火剂应适用于扑救设置场所的火灾类型，且对保护对象的次生危害较小。③灭火系统的类型应与火灾发展特性、建筑空间特性相适应，并在设置场所的环境温度下能安全、可靠运行和有效灭火。④对于火灾报警系统识别火灾并联动的灭火系统，应有能保证系统及时启动的火灾探测控制系统。对于自动喷水灭火系统、细水雾灭火系统和水喷雾灭火系统等需要消防水泵供水的灭火系统，其电源应满足系统连续运行及其动作需要。

2. 排烟系统

火灾烟气的危害性主要表现在：毒害性、减光性以及烟气中携带的较高温度的气体和微粒。有关实验表明，人在浓烟中停留 1 ~ 2 min 就会晕倒，接触 4 ~ 5 min 就有死亡的危险。在建筑内设置排烟系统，不仅可及时排除火灾产生的大量烟气，阻止烟气向防烟分区外扩散，确保建筑内人员的顺利疏散和安全避难，为消防救援创造有利条件，而且可有效防止某些场所快速发生破坏性极大的轰燃现象。因此，排烟系统的设计目标、功能目标和性能要求如下：

（1）设计目标。建筑内设置的排烟系统应能保证人员安全疏散与避难。

（2）功能目标。建筑内设置的排烟系统应能及时排除火灾产生的烟气，避免或限制火焰和烟气向无火区域的蔓延，确保建筑物内人员的顺利疏散和安全避难，并为消防救援创造有利条件。

（3）性能要求。①排烟设施的设置方式应与建筑的室内高度、结构形式、空间大小、火灾荷载、烟羽流形式及产烟量大小、室内外气象条件等相适应。②排烟设施应具有保证其在火灾时正常动作的技术措施。③排烟系统的排烟量或排烟口的面积能够将烟气控制在设计的室内高度以上，而不会不受控制地蔓延。④机械排烟系统的室外风口布置，应能有效防止从室内排出的烟气再次被吸入。⑤设置机械排烟设施的场所应结合建筑内部的结构形式和功能分区划分防烟分区。防烟分区及其分隔物应保证火灾烟气能在一定时间内有效蓄积和排出。⑥排烟口的布置应能有效避免烟气因冷却而影响排烟效果，与附近安全出口、可燃构件或可燃物的距离应能防止出现高温烟气遮挡安全出口或引燃附近可燃物的现象。⑦排烟风机应能保证在任一排烟口或排烟阀开启时自行启动，并应在高温下和该场所需排烟时间内具有稳定的工作性能。⑧在地上密闭场所中设置机械排烟系统时，应同时设置补风系统，补风量应能有利于排烟系统的排烟。

3. 火灾自动报警系统

火灾自动报警系统要在火灾发生早期及时探测到火情并报警，为人员的安全疏散提供宝贵疏散时间，并通过联动启动火灾警报装置引导火灾现场人员及时疏散和进行火灾扑救，或启动有关的消防设施来扑灭或控制早期火灾，排除烟气，防止火灾蔓延，从而减少人员伤亡和火灾损失。火灾自动报警系统的设计目标、功能目标和性能要求如下：

（1）设计目标。为人员及早提供火灾信息，避免火灾扩大和人员疏散延迟而导致更大的伤亡和经济损失。

（2）功能目标。①火灾时，及时向使用人员发出报警信号，使人员能采取必要的合理措施，提高人员疏散的安全性和火灾扑救的有效性。②火灾时，及时联动防止火灾蔓延和排除烟气或阻止烟气进入安全区域的相关设施。

（3）性能要求。①建筑应根据其实际用途、预期的火灾特性和建筑空间特性，发生火灾后的危害等因素设置合适的报警设施。②火灾报警装置应与保护对象的火灾危险性、火灾特性和空间高度、大小及环境条件相适应。③火灾自动报警系统发出的警报能使人员清楚地识别火灾信号，并采取相应的行动。④火灾自动报警系统能可靠、准确地识别火灾信号并联动相应的消防设施。

（三）安全疏散系统

建筑物作为人员生活、工作的主要场所，在设计之初，考虑其抵御各种灾害的能力显得尤为重要。在各种灾害中，火灾是经常、普遍地威胁公众安全和社会发展的主要灾害之一。建筑防火安全直接关系到社会财富和人身生命安全，关系到经济发展和社会稳定。防止火灾发生无疑是建筑防火的首要任务，但实践证明，火灾绝对不发生是不可能的，而人体的生理特征决定了人的生命在火灾中显得相当脆弱。据统计，2016年我国全年共发生火灾32.4万起，死亡1 591人，受伤1 093人，造成人员伤亡的主要原因之一是建筑物的防火设计不合理，人员不能及时疏散。因此，如何尽快疏散建筑内的人员到安全区域是建筑防火设计的主要内容之一。

建筑物发生火灾时，为避免室内人员由于火烧烟熏和房屋倒塌而遭到伤害，必须尽快撤离，室内的物资财富也要尽快抢救出来，以减少火灾损失。为扑救火灾，营救被困人员，消防人员也要迅速接近起火部位。为此，建筑内应合理设置安全疏散设施和避难逃生设施，为安全疏散和救援工作创造良好的条件。

考虑到紧急疏散时人们缺乏思考疏散方法的能力和时间紧迫，所以疏散路线要简捷，易于辨认，并须设置简明易懂、醒目易见的疏散指示标志。在进行安全疏散设计时，要分析不同建筑物中人在火灾条件下的心理状态及行动特点。疏散路线设计要符合人们的习惯要求。人们在紧急情况下，习惯走平常熟悉的路线，因此在布置疏散楼梯间位置时，将其靠近经常使用的电梯间布置，使经常使用的路线与火灾时紧急使用的路线有机地结合起来，这样十分有利于迅速而安全地疏散人员。

进行人员安全疏散设计，大致应经历如下过程：

（1）估算室内各个房间应疏散的人数。

（2）根据实际情况确定“假定起火点”。

（3）对每个“假定起火点”分别规划起火后避难者的避难路线。

（4）分析避难人员在每条疏散路线上的流动情况，如计算最后一名避难者沿疏散路线穿越各主要部位的时间，计算沿途是否发生滞留现象；如发生滞留现象则应计算滞留地点的滞留人数、滞留时间及其人流变化情况等。

（5）分析高温烟气在每条疏散路线上的流动情况，如明确高温烟气的前端沿疏散路线流动的时间、发生滞留地点的烟气浓度随时间变化的规律。

（6）对第（4）、第（5）阶段分析的情况进行比较、核对，研究人员避难的安全可靠度。即确定最后一名避难者被高温烟气前端追上后，是否处于超过允许极限浓度的烟气之中，发生滞留的地方有多少人处于危险烟气中；或即使没有受到高温烟气的直接影响，滞留点人流的混乱程度是否超过允许程度。在分析问题时，要考虑建筑物的用途、人员素质、身体状况等因素，并适当乘以安全系数。

（7）根据第（6）阶段的分析结果，如确定属于危险的范围，则要对安全疏散设施进行技术调整，如增加安全出口的数量和宽度、设置防烟排烟设施等，然后重新按上述程序反复研究避难设计方案，直至获得最佳方案。

安全疏散系统的设计目标、功能目标和性能要求如下：

（1）设计目标。建筑内应具有足够的安全疏散设施以保证人员的生命安全。

（2）功能目标。安全疏散设施应确保发生火灾时，建筑内的人员在规定时间内能够安全疏散至室外安全区域。

（3）性能要求。①应有足够的安全出口供人员安全疏散，每个房间均应有与该房间使用人数相适应的疏散出口。②安全出口宽度应与建筑内使用人数相适应，并考虑不同用途建筑中疏散人流的宽度和疏散速度，避免人员疏散过程中在安全出口发生拥挤、堵塞。③建筑内的疏散应急照明与疏散指示标志均应与其所在场所相适应。④安全疏散距离应与建筑内的人员行动能力相适应，确保人员疏散所用时间满足安全疏散所允许的限度。⑤疏散设施应满足相应的防火要求，不会使人员在疏散过程中受到火灾烟气或辐射热的危害。

（四）消防救援

人体的生理特征决定了人在火灾环境下不能长时间停留，因此建筑设计必须考虑如何将建筑内的人员疏散至安全区域。事实证明，即使建筑内设计有足够完善的消防设施，但由于消防系统故障、管理不善或人员个体差异等原因，仍有可能出现建筑内的人员不能按预期疏散到安全区域的情况，需要外部人员救援。同时，外部救援人员也可能需要进入到建筑内进行灭火救援，因此建筑设计还应考虑必要的救援通道。消防救援的设计目标、功能目标和性能要求为：

（1）设计目标。消防救援设计应能为消防员消防救援作业提供有利条件，消防车道、救援场地和救援窗口以及室外消防设施应能满足消防员救援作业的要求。

（2）功能目标。①建筑物应设置保障消防车安全、快速通行的消防车道。②消防车登高操作场地应能满足消防车停靠、火场供水、灭火和救援的需要。③消防救援窗口应能满足消防员进入建筑物的要求。

（3）性能要求。①消防车道的净宽度和净空高度应大于通行消防车的宽度和高度。②消防车道的耐压强度应大于消防车满载时的轮压。③消防车道的转弯半径应满足消防车安全转弯的要求。④消防车道之间或消防车道与城市道路之间应能相互贯通联系。⑤消防车登高操作场地的尺寸、间距以及与建筑物的距离应满足消防车展开和安全操作的要求。⑥消防救援窗口的尺寸和间距及可进入性应能满足救援要求。

在消防救援时，只有将灭火剂直接作用于火源或燃烧的可燃物，才能有效灭火。当火灾发展到比较大的规模，从楼梯间进入建筑有时难以直接接近火源，有必要在外墙上设置供灭火救援的入口。为方便使用，该开口的大小、位置、标识要易于人员携带装备安全进入，且便于快速识别，要求如下：

1）每层设置可供消防救援人员进入的窗口。

2）窗口的净高度和净宽度均不应小于 1.0 m，下沿距室内地面不应大于 1.2 m。

3）窗口间距不宜大于 20 m，且每个防火分区的救援窗口不少于 2 个，设置位置与消防车登高操作场地相对应。

4）窗口的玻璃易于破碎，并设置可在室外识别的明显标志。

第四节　软 件 选 取

在火灾模拟中，影响模拟结果准确性的因素比较多，如所建模型和实际对象的接近程度、网格的划分方法、网格的数量、网格尺寸、湍流模型的选择、各种计算假设等因素都会对模拟结果产生影响。同时，各个软件都有自己的优缺点和适用范围，对某一工程设计，如性能化设计项目，选择最合适的软件进行火灾模拟是比较重要的问题。

一、火灾模拟

（一）概述

火灾数值模拟是火灾研究的重要内容之一，但由于火灾现象的复杂性，近几十年来才建立起描述火灾现象的实用数学模型。火灾模型主要分为确定性模型和随机性模型。

火灾数值模型主要有专家系统（Expert System）、区域模型（Zone Model）、场模型（Field Model）、网络模型（Network Model）和混合模型（Hybrid Model）。场模型也即 CFD（计算流体

动力学）模型，主要是利用计算流体动力学技术对火灾进行模拟的模型，由于 CFD 模型可以得到比较详细的物理量的时空分布，能精细地体现火灾现象，加之高速、大容量计算机的发展，CFD 模型得到了越来越广泛的应用。

目前用于火灾模拟的 CFD 模型主要有：FDS、PHOENICS、FLUENT 等。FDS 是专门针对火灾模拟而开发的 CFD 软件，简单易用，在火灾模拟中应用最为广泛。而 PHOENICS 和 FLUENT 是计算流体力学的通用软件，将其用于火灾模拟需要有较强的流体力学背景，因此应用较少。目前，国内外对 FDS 的研究比较多，而对于 PHOENICS 和 FLUENT 在火灾模拟方面的应用研究则较少，对各个软件的对比研究更少。

为了能够更好地利用 CFD 模型进行火灾模拟，有必要对其进行系统研究。验证与确认是评价数值解精度和可信度的主要手段。长期以来，CFD 工作者对 CFD 软件的验证与确认工作一直没有给予足够的重视。因此，对于计算结果的可信度，CFD 研究人员并不能给出明确的回答。这使得 CFD 软件的使用者对 CFD 也持一种矛盾的心态，既想利用 CFD 这种快捷经济的设计工具，又对 CFD 的计算结果心存疑虑。如果有条件，可以结合数值计算和模拟实体火灾的方式，进一步验证模型的可靠性。

（二）选取

从软件易用性来看，火灾专用模拟软件相对简单，在应用中不需要作复杂设置，使用者只需掌握火灾基本知识即可得到合理的结果，而通用 CFD 软件对使用者要求较高，使用者需要对流体力学有深入了解，才能得到合理结果，因此，一般火灾模拟选择专用软件为宜。

利用火灾模型进行数值分析前，应着重考虑该模型对所模拟问题的适用性及预测能力，一般情况下，需要事先利用相关试验（已有其他人员进行试验或自己进行相关试验）对模型进行确认研究。

从模拟准确性来看，火灾专用模拟软件由于是专门针对火灾开发，在概念模型层面相对于通用软件更接近于真实模型，其数学模型更能反映火灾过程，因此，一般情况下，建议选择火灾专用软件，除非在专用软件无法模拟的情况下才选择通用软件。

使用火灾专用软件时，应着重考虑网格独立性、边界条件设置对模拟结果的影响；使用通用软件时，还应考虑湍流模型、燃烧模型、辐射模型的选择。

火灾模型的验证和确认应包含其对各类火灾参数的预测能力研究，如火场温度、热辐射通量、反应产物的浓度变化（着重研究 CO、CO_2、烟密度等）、火场能见度等。

对于通用的 CFD 软件，如 PHOENICS、FLUENT 等，由于发展比较成熟，其程序一般能够比较准确地反映其所确立的概念模型，因此，对这类模型可以着重于确认研究。对于专用火灾模拟软件，如 FDS 等，已经进行了较多的确认和验证工作，对于比较常见的火灾场景，如建筑室内火灾等，可以直接用来模拟分析。而对一些特殊的场景，如火灾在狭长双层玻璃幕墙内的蔓延模拟，还需进行进一步确认研究。对于自行编制的火灾模拟程序，模型的验证工作是至关重要的，应确保程序能够准确反映概念模型。

可利用 Steckler 房间火灾试验，对 PHOENICS 和 FLUENT 进行确认研究，就该类实例来说，FLUENT 的准确度要高于 PHOENICS，但就工程应用来说，在选择合理的湍流模型、辐射模型，并经过网格独立性检验后，两者的模拟结果一般可满足工程需要。

火灾发展具有确定性和随机性的特点，火灾试验的影响因素较多，在选择确认试验时，应尽量选择可重复性强的试验，并应注重采用不同火灾场景下的火灾试验对其进行确认研究，以便更好地检验模型的可信度。

二、疏散模拟

当前世界上开发的人员疏散软件数目众多，选用模型时一定要结合有待解决的实际问题与模型的适用性。

（一）概述

建筑防火设计的主要目标之一是确保人身安全。建筑安全疏散的性能化设计，要求所设计的疏散设施能够保证建筑中的全部人员有足够的时间安全疏散到安全的地方。评价指标包括建筑的安全出口、疏散楼梯的宽度、疏散距离是否满足建筑内使用人员的疏散需要，人员疏散所需时间是否小于火灾条件下的可用疏散时间。

安全疏散时间判据，主要按照火灾发展与人员疏散时间为同时沿一条不可逆的时间线进行，保证建筑物内人员安全疏散完毕所需时间必须小于火灾发展到危险状态的时间。

火灾中人的疏散过程是在人的意识干预下，感知、认知火灾和环境信息与行为决策以及执行决策的过程，是一种在时间压力下的人体位移。由于人的行为受到年龄、身高、体重、敏捷度、习性、行动能力等心理与生理状态和文化背景与受教育程度的影响，十分复杂，同时人员在建筑内的实际状况以及建筑空间特性，如人员的分布情形、熟悉环境的程度、人数及其组成和楼梯或出口的宽度、照明、数量，以及建筑高度等都对人员疏散结束所需时间和可用于人员疏散的时间有很大影响。

人员疏散时间为火灾探测报警时间、人员预动时间与人员疏散运动时间之和。在计算疏散运动时间时，通常采用 1.5 ~ 2 的安全系数来考虑设计计算中的不确定性因素。

在人员安全疏散的研究方面，由于对所采取的措施是否能达到性能化设计的预期目标，同时如何对保证人员生命安全的目标进行合理的评价都缺乏科学依据，所以国内外在这方面的研究都处于起步阶段。人员疏散软件方面，有关研究人员在不断加大这方面软件的研究开发力度。国外从 20 世纪 80 年代初开始就展开了人员疏散基础数据及疏散模拟软件方面的研究，并把疏散研究的成果及时地应用到了建筑性能化设计中，我国也已经展开了这方面的研究。

（二）疏散模型分类

人员疏散模型主要有两种：水力疏散模型和人员行为模型。最常用的是水力疏散模型。

1. 水力疏散模型

水力疏散模型通过将人在疏散通道内的走动模拟为水在管道内的流动来进行计算。这一方法的缺点是它完全忽略掉了人的个体特性，而将人群的疏散作为一种整体运动。水力疏散模型通常对人员疏散过程作如下保守假设：

（1）疏散人员具有相同的特征，并且都具有足够的身体条件疏散到安全地点。

（2）疏散人员是清醒的，在疏散开始的时刻一起井然有序地进行疏散，且人员在疏散过程中不会中途返回选择其他疏散路径。

（3）在疏散过程中，人流的流量与疏散通道的宽度成正比分配，即从某一出口疏散的人数按其宽度占出口总宽度的比例进行分配。

（4）人员从各个疏散门扇疏散且所有人的疏散速度一致，保持不变。

2. 人员行为模型

人员行为模型模拟人在火灾中的行为时，综合考虑了人与人、人与建筑物以及人与环境之间的相互作用。这类模型能够从一定程度上反映火灾时个人的特性对人员疏散的影响，但由于“火灾中人的反应与行为”是一个较新的领域，对其定性研究较多，而定量的研究成果很少，因此在选用该类模型时要慎重考虑它的适用性，以经过实际疏散实验或演习验证的模型为首选。

在选用模型时，一定要结合有待解决的实际问题与模型的适用性来进行。下面将通过分析这些人员疏散模型的功能与特点，对这些软件进行适当分类。

（1）一般分类。疏散模型在处理疏散的一般问题时，均采用了三种不同基本方法：优化法、模拟法和风险评估法。

1）优化法假定人员以最有效的方式进行疏散，而不考虑外部环境的影响及非疏散行为。通常，模型认为人员选择的疏散路线是最佳的。这一类模型适用于大量的人群或将所有人员当作一个有共同特性的群体来考虑的情况，而不考虑个体行为。

2）模拟法试图表现实际的疏散行为与运动，不仅要得到准确的结果，而且要反映疏散时选择的疏散路线及人员所做的决定。由于各个模型在考虑人员行为时的详细程度不同，因此结果的准确度也不相同。

3）风险评估法能识别出火灾时与疏散有关的危险或相关事故，并能对最后的风险进行量化。通过多次重复运算，可以估算出与不同防烟分区设计或防火保护措施有关的各种重要变量的统计数据。

有关模型的一般分类见表4—3—1。

表4—3—1 模型一般分类

优化法模型	模拟法模型	风险评估法模型
Evacnet+ Takahashi's model	Bgraf，Exitt，Egress，E-Scape，Donegan's Entropy model，Evacsim，Exit 89，Exodus，Paxport，Simulex，Vegas，Magnet model	Crisp Wayout

（2）建筑空间的表示。各种疏散模型都必须对建筑空间进行描述，以模拟人员在建筑内部的疏散过程。在模型中，空间被划分为许多小的区域，每个区域都与相邻的区域相连。根据对空间划分的精细程度，常用两种方法对模型中的空间进行划分，即精细网络法和粗糙网络法。

1）对于精细网络法，整个封闭空间用覆盖一些瓦片状的网格来表示，各个模型中节点的网格大小与形状都不同。例如，Exodus采用0.5 m×0.5 m的正方形网格节点，Simulex则采用0.2 m×0.2 m的正方形网格节点，而Egress则采用六边形的网格节点，每个网格的大小足以容纳一个人。这些网格节点之间的连接也不相同，在Exodus中每个网格与相邻的8个网格节点相连，而Egress中每个网格与相邻的6个网格节点相连。因此，Egress的方法可以准确地表示封闭空间的几何形状及内部障碍物的位置，并在疏散的任意时刻都能将每个人置于准确的位置。

2）对于粗糙网络法，空间的描述是按照实际建筑结构的划分来确定，每个网格节点表示一个房间或走廊，然后根据它们之间的实际连接关系构建其网络模型。在这类模型中，仅能表示人员从一个建筑单元移动到另一个建筑单元，而无法描述人员在一个建筑单元内的运动，它也无法处理一些局部的现象，例如，超越前方人员、避开障碍物等。

有关不同空间划分的疏散模型分类见表4—3—2。

表 4—3—2 疏散模型按空间分类

精细网络法模型	粗糙网络法模型
Bgraf，Egress，Exodus，Magnet model，Simulex，Vegas	Crisp，Donegan's Entropy model，Exit 89，Exitt，E-Scape，Evacsim，Evacnet+，Paxport，Takahashi's model，Wayout

（3）人群分析。各类疏散模型在对人员进行分析时，采用了两种方法：个体分析法和群体分析法。

1）个体分析法允许用户设定或由随机方式确定个体特性，人员决策与运动由这些个体特性决定。需要注意的是，不能将个体的独立决定与不能执行群体行为混为一谈，定义个体时并不排斥他具有群体行为，而是先考虑每个人的个体特性，然后再为他指定一个行为，而这个行为也许就是群体行为。

2）群体分析法将人群视为一个具有共同特性的群体。在描述疏散过程时，不针对逃生的个体，而针对大量的人群。这种方法难以模拟事件对个体的影响（如火灾烟气毒性的影响），而只能对整个人群的普遍影响进行模拟。例如，它不能表示老年人或残疾人等特殊人群的生存率，而只能表示受影响的人的比例。它的好处是模型的运算速度相对较快。有关基于人群分析的疏散模型分类见表 4—3—3。

表 4—3—3 疏散模型按人群分类

个体分析法	群体分析法
Bgraf，Crisp，Exitt，Egress，E-Scape，Evacsim，Exodus，Magnet model，Simulex，Vegas	Donegan's Entropy model，Exit 89，Evacnet+，Paxport，Takahashi's model，Wayout

（4）行为分析。人员在逃生时的决策过程是复杂的，疏散模型根据模拟人员决策过程时所采用的分析方法，分为以下几类：无行为准则模型、函数模拟行为模型、复杂行为模型、基于行为准则的模型以及基于人工智能的模型。

1）无行为准则模型完全依赖于人群的物理运动和几何形状的物理表达，来影响人员的疏散，并对其进行预测判断。

2）函数模拟行为模型把人员的行为用一个方程或一个方程组来描述，以此达到控制人的响应的目的。这类模型可以将人定义为个体，但由于所有个体均受到同一函数相同的影响，且会以一定的方式对这种影响产生反作用，因此实际上削弱了个体行为。该函数或者按照现实生活中人员的行为来建立，或者引用其他从事人体行为模拟研究领域的成果（例如，磁模型的方程来源于物理学）。

3）复杂行为模型通过复杂的物理方法来含蓄表示行为决策准则。此类模型一般基于第二手数据的应用，包括心理的或社会的影响，因而它依赖于第二手数据的准确性与有效性。

4）基于行为准则的模型预先规定了一套人员的行为准则，然后再根据这些准则来确定疏散过程中人员的行为。例如，“假如人在一个充满烟气的房间里，他会通过最近的出口离开”等类似准则。但是，这种行为决策方式会导致人员在相同的环境下以某种确定的方式进行反应，从而与实际中的人员反应有所差异。

5）基于人工智能的模型将个体人员设计成能对周围环境进行智能分析的模拟人或与之相

近的智能人，因此可以准确地表现其决策过程，但这会使用户对人员行为的控制权被计算机所代替。

疏散模型按人员行为分类见表 4—3—4。

表 4—3—4 疏散模型按人员行为分类

无行为准则模型	Evacnet+
函数模拟行为模型	Magnet model，Takahashi's model
复杂行为模型	Exit 89，Paxport，Simulex，Wayout
基于行为准则的模型	Bgraf，Crisp，Exitt，E-Scape，Evacsim，Exodus
基于人工智能的模型	Donegan's Entropy model，Egress，Vegas

（三）人员行为特性

火灾是具有突发性的意外事件，伴有火焰、浓烟、强烈的热辐射、噪声和有毒气体，常在短时间内给人以毁灭性的伤害。身处火场的人们往往需要承受巨大的心理压力，从而表现出各种各样的异常行为。研究发现，不同的心理素质、阅历和经验，会导致人在遭遇火灾时，呈现不同的心理反应和行为。但是，如果在遭遇火灾时，能保持良好的心理状态，及时采取自救行动，往往能够化险为夷，成功疏散，避免伤亡。

对于人员特性的考虑可以分为两方面，一是单个人员独立考虑，二是全局考虑。大多数模型可以根据用户要求或由计算机自动设定每个人员的移动属性，如步行速度，并记录每个人员在任何时刻的移动历史轨迹。这类模型也不排除群集行为特性，但它是按单个人员检查和分配各自的移动特性的，需要较多的计算机容量，程序处理的难度也稍大。全局考虑是按群集方式来考虑人员的移动特性，它将一群或一组人群按同一特性考虑，即将一群人按同一移动速度考虑，认为他们同时到达或离开建筑物的某个网格节点，从而具体计算建筑内人员疏散成功率，其操作简单，使用方便，运行速度也较快。

（四）软件介绍

（1）STEPS。该模型模拟在正常或紧急情况下，人员在不同类型建筑物中的疏散情况。模型是一个由一系列的网格单元组成的网络系统。在网格系统中，一个人只能占有一个单元。网格单元的缺省尺寸是 0.5 m × 0.5 m。另一个细网格模型可适用于多人占有一个网格单元，但仍处于测试阶段。

（2）Simulex。该模型能够模拟人群从复杂建筑物中疏散。模型采用一个连续的空间体系，各层的平面图和楼梯都划分成一个个 0.2 m × 0.2 m 的块或网格。该模型包含一个算法，它能够计算出每个网格到最近安全出口的距离，并将这些信息标注在一个距离图表上。

（3）SGEM。该空间网格疏散模型利用 CAD 平面图，生成复杂建筑的疏散图案，经比较得出最佳疏散设计路线。这个模型已经被用于一些咨询项目。模型的结构基本上是细网络模型。最初，此模型将建筑物分成一些节点，这些节点代表建筑物的空间或区域（不受保护、部分保护和全部保护），其中区域之间至少有一个弧形开口连接，由此形成一个粗的网络。然后，每个粗的网络单元再分成有限的网格，每个网格的大小是 0.4 m × 0.4 m，一个人占据一个网格。此外，同一时间内一个人只能占据一个网格单元。

（4）buildingEXODUS。该模型模拟疏散大量被很多障碍围困的人。模型由 airEXODUS、buildingEXODUS、maritimeEXODUS、railEXODUS、vrEXODUS 等部分组成。buildingEXODUS 试

图考虑人与人、人与火灾以及人与建筑物之间的相互作用。模型包括六个在模拟疏散方面相互联系、相互传递信息的子模型，他们是人员、运动、行为、毒性、危险性和几何子模型。

该模型是一种行为模式模型，一个细网络系统。其利用二维空间网格绘制出几何结构、位置、障碍物等，这种网格由“节点”和“弧”组成。每个节点都代表了建筑平面图上的小空间，而弧在建筑平面图上把这些节点连接在一起。人们通过利用这些弧从建筑物的一个节点到另一个节点。这些信息存储在几何子模型中，同时，在整个模拟过程中，每个节点都有毒气等级、烟气温度和浓度等与其相关的动态环境。

（五）软件选取

疏散软件能够人为设置出口障碍，通过对建筑平面信息的识别，可以在某些安全出口受阻的情况下创建另一个替代的有效距离地图来引导人员疏散，从而得出建筑物的最优化疏散设计方案。

人员的行为特性具有不确定性，无论是采用函数型行为模式，还是采用规则决定方法，都无法绝对准确模拟出火灾时人员疏散的真实情况，在今后的软件后续开发中可以增加更多的实际因素参数，以修正模拟疏散结果。

疏散软件基本可以定义个体人员的基本行为特性，模拟出一定的心理反应，有条件地寻找出有效疏散路径。国际上人员疏散软件的开发已经有一定的积累，并且经过了相当的工程实践检验，但毕竟国外的人员疏散行为、习惯，以及心理反应等与我国居民有很大不同，一些软件还不能简单地直接拿来应用，须结合我国的建筑特点和疏散演练等进行校正。

一般情况下，对建筑结构简单、布局规则、疏散路径容易辨别、建筑功能较为单一且人员密度较大的场所，适合采用水力疏散模型来进行人员疏散的计算，而其他情况则适合采用人员行为模型。原因是：前一种情况下发生火灾，人员可以较为快速准确地获取关键信息并采取疏散行动，人员疏散通常很快由个体行为转化为群体行为，符合水力疏散模型的适用条件。而其他情况下，人员获取信息的渠道相对较少，从接到报警信号到识别火灾以及疏散过程中寻找合适的疏散路径在很大程度上依赖于个体的判断。因此，人员疏散由个体行为转化为群体行为的时间非常长，有时候可能自始至终都是个体行为，这种情况下选用人员行为模型显然更为合适。如果有条件，可以结合数值计算和建筑疏散演练等方式，进一步验证模型的可靠性。

三、模型评价

建筑消防性能化设计的计算方法中，在确定某计算方法的确定性模型的适用性时，如区域模拟 CFAST 中的计算模型、场模拟 FDS 中的计算模型等，需由一个或多个熟悉火灾原理的专家对其进行评价。这种评价并不涉及模型的计算结果，而应该包括所有证据文件，特别是一些假设和近似条件。假如求解是通过手工计算的，则应该通过有关标准和开放的文献提供足够的背景资料。对计算机模型进行评价，应该通过开放的文献，判断是否有足够的科学证据证明模型使用的方法和假设是正确的。代码中常量和缺省量的数值同样要进行精确性和适用性的评估。后者尤其重要，因为常量的值在不同场景中会有所不同。在一些特定情况下，这些常量的值经常需要调整，例如，不同开口情况下的摩擦系数，不合适的缺省值甚至可能得到错误的结果。变量作为输入参数时，应该明确定义其上、下限值的适用范围。

下面针对建筑消防性能化设计计算方法的确定性模型需要重点评价的几个方法进行论述。

（一）计算模型的适用性

以火灾动力学软件 FDS 为例。FDS 可用来模拟火灾热和燃烧产物的运输、气体和固体表面之间的辐射和对流传热、热解、火灾蔓延与增长等。针对开放空间或燃料控制的火灾，FDS 能相对准确地模拟。但 FDS 的局限性在于其限于低速流动模拟，通过分解压力项，处理状态方程，从而滤除声波的影响。针对相对封闭房间内氧控制的火灾场景，有可能会发生爆燃现象，在此过程中压力波对火焰的传播有着较大的影响。在模拟此类火灾场景时，尽管 FDS 能模拟并有可能获得看似正确的计算结果，但从模型基本理论上看已不再适用。因此，针对计算模型的适用性问题，不仅要从计算结果来考虑，还要从模型的自身假设来分析。计算软件为了能模拟更多的问题，往往采用普适性的算法，对于有些根本不能满足计算模型理论的场景，计算结果也可能会与实验结果偏差不大，这样的结果是假象，是不能轻易相信的，且也不能说明类似这样的场景就可以采用这样的方法来计算。

（二）计算的收敛性

在数值方法中，需要对连续性的数学模型进行离散化然后再求解，也就是用一个离散的数值模型来近似模拟。时间和空间都要离散化。一个连续性的数学模型有很多不同的离散方法，形成很多不同的离散模型。为了获得一个好的近似解，要求离散模型能够模拟连续模型的性质和行为。这就要求离散方法采用高阶精度的格式，同时要保证其不会带来计算结果的非物理振荡，能更好地收敛于真实解。对于定常模拟来说，只需要求最终的计算结果逼近真实解。但对于非定常模拟来说，则要求每一计算时间步内的结果也要收敛，且要达到能接受的计算精度。如果模型没有发生时间步的截断而且能保持长的时间步，那表明该模型没有收敛性问题，反之如果经常发生时间步截断，那模型计算将很慢，收敛性差。时间步的大小主要取决于非线性迭代次数。如果模型只用一次非线性迭代计算就可以收敛，那表明模型很容易收敛；如果需要 2 ~ 3 次非线性迭代计算，则说明模型较易收敛；如果需要 4 ~ 9 次非线性迭代计算，则模型不易收敛；大于 10 次的模型可能有问题。

影响计算收敛性的因素很多，如网格尺度、计算格式精度、初始流场参数、化学反应的刚度、计算模型等。

（三）网格尺度的合理性

对于建筑火灾场模拟计算，首先应该考虑网格尺度的合理性问题，而这一问题也是场模拟计算中非常重要的问题。网格尺度的合理性问题直接影响计算结果，甚至影响计算结果是否定性合理。网格尺度的合理性一方面是计算结果不依赖于网格尺度的变化，即网格的独立性；另一方面是在保证网格独立性的同时，应考虑计算资源的能力，尽可能减少计算量，提高计算网格的经济性。在场模拟计算中，应尽量做到这两点。

1. 网格独立性

没有网格独立性的模拟，无法评判也没有必要评判计算结果的正确与否。在考虑网格的独立性问题时，原则上将网格划分得越小，通过网格离散的 ODE（常微分）方程越逼近连续性模型的 PDE（偏微分）方程，即计算精度越高，计算的结果越逼近真实值。通常的做法是，下一次要考虑的网格尺度一般为前一次网格尺度的 1/2，即网格加密一倍。如果加密一倍的计算结果与该次加密前的计算结果之间的误差在可接受的范围内，网格不再加密，即可采用该次加密前的网格尺度的计算结果作为最终结果来进行分析评判。如果加密一倍的计算结果与该次加密前的网格尺度的计算结果之间的误差不在可接受的范围内，应进一步进行加密。当然，加密的起点也应有一定的基础，可以基于计算者的经验、基于模型分析、基于计算问题的分析、基于前人或公开发表类似问题的经验等。基于这样的基础，可以加密，也可以加粗网格。如火灾动力学软件（FDS）针对网格尺度的问题，给出了经验公式，即火源直径与网格尺度之比应介于 4 ~ 16。因此，在进行火灾动力学模拟时，网格尺度选择的起点基于此，针对问题的不同，进行加密和加粗网格。针对开放空间，可能满足此条件的计算结果已独立于网格尺度。而对于受限空间或完全封闭空间，这样的网格尺度还远远不够。总之，针对具体的问题，也不一定遵循前述加密原则，可适当增大加密强度。

2. 网格经济性

尽管加密网格可以得到逼近真实值的计算结果，但加密也同时加重了计算资源的负担，大大增加了计算时间。一般来说，加密一倍网格，计算量增大八倍，计算时间可能增大几十倍，甚至上百倍。一方面要保证一定的计算精度，另一方面要考虑合适的计算量。因此，可以采用能满足该精度的最粗网格，也可以采用局部加密度技术，在高密度梯度区（如火源）、壁面附近等加密网格，在低密度梯度区或影响相对小的区域加粗网格。网格加粗可以采用非均匀尺度变化，如指数加密或加粗等，还可采用更为高级的加密技术，如自适应网格等，这样可大大减少计算量，提高计算速率。当然，还可以在可接受的计算精度条件下，适当损失一些精度，也可以大大减少计算量，且减少的计算量所带来的优势远远大于损失的少量精度。

（四）时间步长的合理性

在求解微分方程时，必须注意时间步长的选择。首先应考虑系统的稳定性。在分析和求解瞬态计算时，为了能得到收敛的解，必须考虑稳定性。对时间步长进行限制的算法，称作有条件稳定。没有时间步长限制的称为无条件稳定。在求解连续性问题 ODE 的解析解时，稳定积分能给出衰减解。对于某些时间步长，不稳定方法会产生无界或快速震荡的数值解。要意识到即使是稳定连续性模型，数值模型也有可能不稳定。因此，原连续性模型不稳定时，任何数值模型都得不到精确解。相反，无条件稳定的算法能够得到稳定的数值模型，即使条件是不稳定的。这意味着无条件稳定算法不能考虑快速增长的现象，如火灾本身。

在建筑性能化设计计算的火灾场模拟中，时间步通常是条件稳定。时间步过大，会出现数值振荡，进而导致不收敛，计算不能进展下去。时间步一般满足流动的 CFL 条件，如 FDS 中的时间步$dt = 5(dxdydz)^{\frac{1}{3}}\sqrt{gH}$，其中 dx、dy、dz 为三个坐标方向最小网格尺度，g 为重力加速度，H 为计算域高度。这样的 CFL 条件仅考虑流动的影响。如果火灾计算中涉及考虑详细化学反应，那么时间步的取法要综合流动的特征时间（即 CFL 条件）和化学反应的特征时间。一般来说，化学反应的特征时间比流动的特征时间要小得多，因此模拟计算的时间步由化学反应来确定。通常，在模拟时，为了加快计算效率，时间步仍采用流动时间步，而采用点隐或全隐的计算方法来处理大时间步下化学反应的刚性问题，即认为在每一流动时间步内认为化学反应已达到平衡。

另外，满足 CFL 条件的计算中，由于 CFL 条件中的经验参数（如 CFL 数等）的选择不同，也有可能导致计算不稳定。在满足计算稳定的条件下，由于 CFL 数的选择不同，也可能导致计算时间步的大小不同。当然，时步小，计算更接近真实值；但若太小，则受到计算机舍入误差的影响也越大。同时，计算的时间越长，对计算资源的消耗也越大。因此，在开展火灾数值模拟计算时，需要在花费和精度之间找寻一个平衡点。

（五）计算区域选择的合理性

计算区域大小的选择问题，实质是边界条件问题。一般来说，先确定边界条件，然后选择计算区域，来迎合、满足边界条件。在采用商业软件计算时，这种情况通常出现，因为商业软件所提供的边界条件有限。

以 FDS 模拟开放空间油池火为例，一般四周选择“OPEN”边界条件，即边界处的速度梯度、温度梯度和辐射梯度等应为零。由于火羽流的存在，浮力导致火羽流高度方向流体速度在很大的距离内不为零，因此高度方向区域选择主要取决于速度梯度。在水平方向，一方面卷吸导致速度梯度不为零的区域向四周扩展，另一方面辐射和温度也会对计算区域的选择起到决定性的作用。水平区域的大小要综合考虑速度、温度和辐射等的影响。

因此，在开展建筑火灾模拟计算时，要统筹分析场景中的流动情况、温度情况和辐射情况，如针对封闭空间，还要考虑压力情况来选择合适的计算区域，这也就涉及计算区域的收敛性研究，即要求计算结果不依赖于计算区域的大小。当然，选择的计算区域要在满足收敛性和可接受精度要求的同时，还要尽可能节省计算时间。

第五节　火灾场景和疏散场景设定

火灾场景是对某特定火灾从引燃或者从设定的燃烧到火灾增长，再到最高峰以及火灾所造成的破坏的描述。火灾场景的建立应包括概率因素和确定性因素，也就是说，此种火灾发生的可能性有多大，如果真的发生了，那么火灾又是如何发展和蔓延的。在建立火灾场景时，应该考虑的因素有很多，包括建筑的平面布局、火灾荷载及分布状态、火灾可能发生的位置、室内人员的分布与状态、火灾可能发生时的环境因素等。

一、确定火灾场景的原则

火灾场景应根据最不利的原则确定，即选择火灾风险较大的火灾场景作为设定火灾场景，如火灾发生在疏散出口附近并导致该疏散出口不可利用、自动灭火系统或排烟系统由于某种原因而失效等。火灾风险较大的火灾场景一般是指最有可能发生，但其火灾危害不一定最大或者火灾危害大，但发生的可能性较小的火灾场景。

火灾场景须能描述火灾引燃、蔓延和受控火灾的特征以及烟气和火势蔓延的可能途径、设置在建筑室内外的所有灭火设施的作用、每一个火灾场景的可能后果。

（1）在设计火灾场景时，应分析和确定建筑物的以下基本情况：①建筑物内的可燃物；②建筑的结构布局；③建筑物的自救能力与外部救援力量。

（2）在进行建筑物内可燃物的分析时，应着重分析以下因素：①潜在的引火源；②可燃物的种类及其燃烧性能；③可燃物的分布情况；④可燃物的火灾荷载密度。

（3）在分析建筑的结构布局时，应着重考虑以下因素：①起火房间的外形尺寸和内部空间情况；②起火房间的通风口形状及分布、开启状态；③房间与相邻房间、相邻楼层及疏散通道的相互关系；④房间的围护结构构件和材料的燃烧性能、力学性能、隔热性能、毒性性能及发烟性能。

（4）分析和确定建筑物在发生火灾时的自救能力与外部救援力量时，应着重考虑以下因素：①建筑物的消防供水情况和建筑物室内外的消火栓灭火系统；②建筑内部的自动喷水灭火系统和其他自动灭火系统（包括各种气体灭火系统、干粉灭火系统等）的类型与设置场所；③火灾报警系统的类型与设置场所；④消防队的技术装备、到达火场的时间和灭火控火能力；⑤烟气控制系统的设置情况。

（5）在确定火灾发展模型时，应至少考虑下列参数：①初始可燃物对相邻可燃物的引燃特征值和蔓延过程；②多个可燃物同时燃烧时热释放速率的叠加关系；③火灾的发展时间和火灾达到轰燃所需的时间；④灭火系统和消防员对火灾发展的控制能力；⑤通风情况对火灾发展的影响因子；⑥烟气控制系统对火灾发展蔓延的影响因子；⑦火灾发展对建筑构件的热作用。

二、确定火灾场景的方法

确定火灾场景可采用下述方法：故障类型和影响分析、故障分析、相关统计数据、工程核查表、危害指数、危害和操作性研究、初步危害分析、故障树分析、事件树分析、原因后果分析和可靠性分析等。

事件树是风险级别评定程序中常用的一种方法。不过风险级别评定过程常常可以进行简化，在这种情形下，风险级别评定不需要事件树就能进行。然而，在不能使用简化方式的时候，就需要采用事件树的方法，根据构成火灾场景单一事件的发生概率，得到该火灾场景的发生概率。

（一）事件树

事件树的构建代表与火灾场景相关的从着火到结束的事件时间顺序。事件树的构建始于初始的事件，例如，对于所有消防安全系统的特征及所有居住者而言，与初始状态相结合的初始事件是起火，通过构建分叉和添加分支来反映每个可能发生的事件。此过程不断反复直到表现出所有可能的初始状态。每个分叉是基于可能事件的发生来构建的，贯穿此树的路径代表研究的火灾场景。

事件树表现为火灾特征、系统及特征的状态、人员的响应、火灾最终结果和影响后果的其他方面的变化。与建筑系统和特征相关的事件实例包括：①火灾引燃的第二个物件。②火灾被门或其他障碍物阻隔。③质量下降或性能降低的系统或特征。④窗户上的玻璃破裂。

事故树是类似事件树的逻辑树，不过在每个分支上是一个条件或状况，而不是按时间发展的事件。

（二）发生的概率

采用获得的数据和推荐的工程评价方法估算每个事件发生的概率。对于有些分支，初始火灾的特征是主导因素，火灾事故数据是获得合适概率的数据源。

通过沿着路径直到场景的所有概率相乘来评估每个场景相关的概率。

（三）火灾后果的考虑

采用获得的可靠数据和推荐的工程评价方法来估计每个场景的后果。后果应以适当的方式（如人员死伤或预期的火灾损失费用）来体现。此估计可以考虑随时间改变的影响。

当估算因火灾导致人员死伤的后果时，应保证使用的数据是与研究中的场景相关的。有关人员行为取决于环境的性质。

（四）风险评定

按风险顺序评定程序，风险可通过后果的概率与场景的发生概率相乘进行估算。

（五）最终的选择

对于每一个消防安全目标，应选用风险级别最高的火灾场景进行定量分析。所选的场景应该代表主要的累加风险，即所有场景的风险总和。

（1）应考虑一个火灾场景对风险的重大影响，否则可能忽略一个特殊的消防安全系统或特殊的设计。

（2）在此阶段，由一个场景产生的结果导致设计所需费用相当高，而不考虑它对风险的重大影响是不恰当的。应在详细分析后再决定是否接受这个导致成本过高的特殊火灾场景的风险。

三、火灾场景设计

（一）火灾危险源辨识

设计火灾场景时，首先应进行火灾危险源的辨识，分析建筑物里可能面临的火灾风险主要来自哪些方面，分析可燃物的种类、火灾荷载的密度、可燃物的燃烧特征等。火灾危险源辨识是开展火灾场景设计的基础环节，只有充分、全面地把握建筑物所面临的火灾风险的来源，才能完整、准确地对各类火灾风险进行分析、评判，通过采取有针对性的消防设计措施，确保将火灾风险控制在可接受的范围之内。

（二）火灾增长

火灾在点燃后其热释放速率将不断增加，热释放速率增加的快慢与可燃物的性质、数量、摆放方式、通风条件等有关。原则上，在设计火灾增长曲线时可采用以下几种方法：①可燃物实际的燃烧实验数据；②类似可燃物实际的燃烧实验数据；③根据类似的可燃物燃烧实验数据推导出的预测算法；④基于物质的燃烧特性的计算方法；⑤火灾蔓延与发展数学模型。在性能化设计中，如果能够获得所分析可燃物的实际燃烧实验数据，那么采用实验数据进行火灾增长曲线的设计是最好的选择。

大量实验表明，多数火灾从点燃到发展再到充分燃烧阶段，火灾中的热释放速率大体上按照时间平方的关系增长，只是增长的速度有快有慢，因此在实际设计中人们常常采用这一种称为“t 平方火”的火灾增长模型对实际火灾进行模拟。火灾的增长规律可用下面的方程描述：

$$Q = \alpha t^2 \qquad (4—3—1)$$

式中　Q——热释放速率（kW）；

α——火灾增长系数（kW/s^2）；

t——时间（s）。

“t 平方火”的增长速度一般分为慢速、中速、快速、超快速四种类型，如图 4—3—2 所示。火灾增长系数见表 4—3—5。

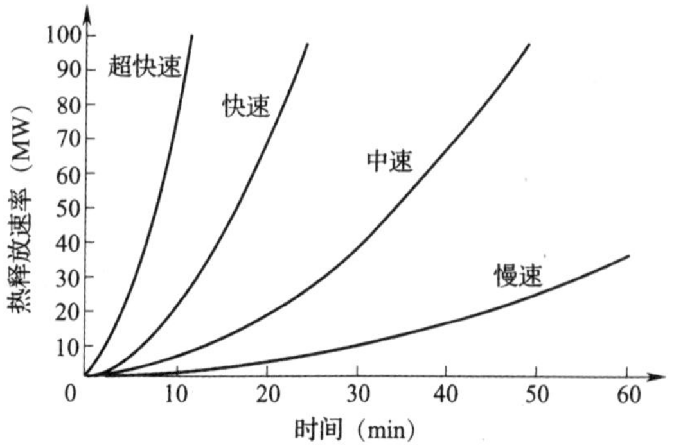

图 4—3—2　四种“t 平方火”增长曲线

表 4—3—5　　　　　　　　　　“t 平方火”的对比情况

增长类型	火灾增长系数 /（kW/s²）	达到 1 MW 的时间 /s	典型可燃材料
超快速	0.187 6	75	油池火、易燃的装饰家具、轻质窗帘
快速	0.046 9	150	装满东西的邮袋、塑料泡沫、叠放的木架
中速	0.011 72	300	棉与聚酯纤维弹簧床垫、木制办公桌
慢速	0.002 93	600	厚重的木制品

实际火灾中，热释放速率的变化是一个非常复杂的过程，上述设计的火灾增长曲线只是与实际火灾相似，为了使设计的火灾曲线能够反映实际火灾的特性，应做适当的保守考虑，如选择较快的增长速度或较大的热释放速率等。

（三）设定火灾

安全目标不同，确定最大火灾规模的方法也不同。火灾规模是性能化设计中的重要参数，工程上通常参考以下方法来综合确定火灾的规模。

1. 喷淋启动确定火灾规模

对于安装自动喷水灭火系统的区域，其火灾发展通常受到自动喷水灭火系统的控制。一般情况下，自动喷水灭火系统能够在火灾的起始阶段将火扑灭，至少是将火势控制在一定强度以下。

假定自动喷水灭火系统启动后火势的规模不再扩大，火源热释放速率保持在喷头启动时的水平，自动喷水灭火系统控制下的火灾规模可以使用 DETACT 分析软件进行预测。

考虑到同一类型喷头之间 *RTI* 值的差异，在采用上述方法预测火灾规模时建议取最大的 *RTI* 值。例如，早期抑制快速响应喷头取 28 $(m\cdot s)^{0.5}$，快速响应喷头取 50 $(m\cdot s)^{0.5}$，标准响应喷头取 350 $(m\cdot s)^{0.5}$。

2. 相关设计规范或指南

有关建筑类别的热释放量见表 4—3—6。

表 4—3—6　　　　　　　　　　各建筑类别的热释放量

建筑类别	热释放量 Q/MW
设有喷淋的商场	3
设有喷淋的办公室、客房	1.5
设有喷淋的公共场所	2.5
设有喷淋的汽车停车库	1.5
设有喷淋的超市、仓库	4
设有喷淋的中庭	1
无喷淋的办公室、客房	6
无喷淋的汽车停车库	3
无喷淋的中庭	4
无喷淋的公共场所	8
无喷淋的超市、仓库	20

注：设有快速响应喷头的场所可按本表值减小 40%。

3. 根据燃烧实验数据确定

根据物品的实际燃烧实验数据来确定最大热释放速率是最直接和最准确的方法，一些物品的最大热释放速率可以通过一些科技文献或火灾试验数据库得到。例如，表4—3—7是NFPA 92B中提供的部分物品燃烧时最大热释放速率的数据。图4—3—3所示为美国国家技术与标准研究院火灾试验数据库FAST-DAT中提供的席梦思床垫的火灾试验热释放速率曲线。

表4—3—7　　NFPA 92B中提供的最大热释放速率的数据

物品	质量/kg	最大热释放速率/kW
废纸篓	0.73 ~ 1.04	4 ~ 18
天鹅绒棉窗帘	1.9	160 ~ 240
丙烯酸纤维棉窗帘	1.4	130 ~ 150
电视机	27 ~ 33	120 ~ 290
实验用座椅	1.36	63 ~ 66
实验用沙发	2.8	130
干燥的圣诞树	6.5 ~ 7.4	500 ~ 600

4. 根据轰燃条件确定

轰燃是火灾从初期的增长阶段向充分发展阶段转变的一个相对短暂的过程。发生轰燃时室内的大部分物品开始剧烈燃烧，可以认为此时的火灾功率（即热释放速率）达到最大值。根据英国学者托马斯（Thomas）的研究结果，室内火灾发生轰燃时的临界热释放速率的计算公式为：

$$Q_{fo} = 7.8\,A_T + 378\,A_v H_v^{1/2} \qquad (4—3—2)$$

式中　Q_{fo}——房间达到轰燃所需的临界热释放速率（kW）；

A_T——房间内扣除开口后的总表面积（m^2）；

A_v——开口的面积（m^2）；

H_v——开口的高度（m）。

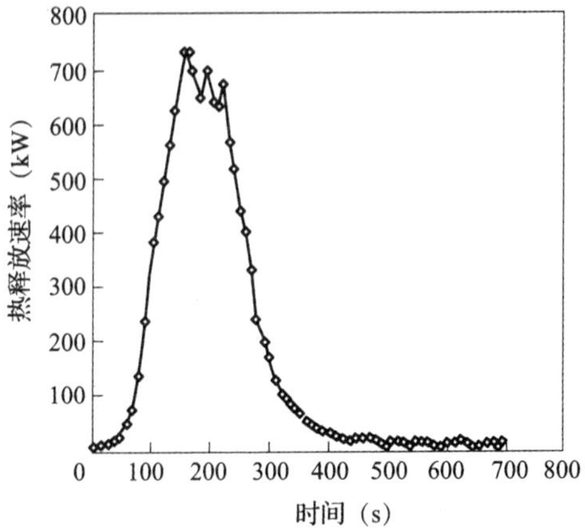

图4—3—3　席梦思床垫燃烧热释放速率曲线

由于上述结果是以一个面积为16 m^2的房间内的火灾实验数据得出的，因此对于小房间，预测结果能够比较好地反映实际情况，而对于较大的房间，式（4—3—2）的计算结果可能会有较大的误差。另外，一些学者通过木材和聚亚安酯实验得出轰燃时的临界热释放速率为：

$$Q_{fo} = 1\,260\,A_v H_v^{1/2} \qquad (4—3—3)$$

式中　Q_{fo}——房间达到轰燃所需的临界热释放速率（kW）；

A_v——开口的面积（m^2）；

H_v——开口的高度（m）。

这里$A_v H_v^{1/2}$称为通风因子，是分析室内火灾发展的重要参数。通风因子在一定范围内，可燃物的燃烧速率主要由进入燃烧区域的空气流量决定，这种燃烧状况称为通风控制。如果房间的开口逐渐增大，可燃物的燃烧速率对空气的依赖逐渐减弱，当开口达到一定程度后可燃物的燃烧主要由可燃物的性质决定，此时的燃烧状况称为燃料控制。对于木质纤维物质的燃烧，可用下面的条件判断燃烧的状态，即：

通风控制 $$\frac{\rho g^{1/2} A_v H_v^{1/2}}{A_F} < 0.235 \quad (4—3—4)$$

燃料控制 $$\frac{\rho g^{1/2} A_v H_v^{1/2}}{A_F} > 0.290 \quad (4—3—5)$$

式中 A_F——可燃物燃烧的表面积（m^2）。

5. 燃料控制型火灾的计算方法

对于燃料控制型火灾，即当火灾的燃烧速度由燃料的性质和数量决定时，如果知道燃料燃烧时单位面积的热释放速率，那么可以根据火灾发生时的燃烧面积乘以该燃料单位面积的热释放速率得到最大的热释放速率。表 4—3—8 是 NFPA 92B 中提供的部分物质单位地面面积热释放速率。如果不能确定具体的可燃物及其单位地面面积的热释放速率，也可根据建筑物的使用性质和相关的统计数据来预测火灾的规模。例如，NFPA 92B 中建议零售商店火灾单位面积热释放速率可取为 500 kW/m^2，办公室内火灾可取为 250 kW/m^2。

表 4—3—8 NFPA 92B 中提供的单位地面面积热释放速率

物质	1 ft^2 面积的热释放速率 /kW
堆叠起 1.5 ft 高的木架	125
堆叠起 5 ft 高的木架	350
堆叠起 10 ft 高的木架	600
堆叠起 16 ft 高的木架	900
堆叠起 5 ft 装满东西的邮袋	35
甲醇	65
汽油	290
煤油	290
柴油	175

注：1 ft = 0.304 8 m。

四、疏散场景确定

疏散场景设计需要考虑影响人员安全疏散的诸多因素，特别是疏散通道的情况、人员状态（如人员密度、对建筑的熟悉程度等）、火灾烟气和人员的心理因素。根据烟气计算的火灾场景建立相应的疏散模型，并应考虑火灾烟气阻塞出口的最不利工况，计算人员安全疏散时间。

（一）疏散过程

疏散是伴随着新的冲动的产生和在行动过程中采取新的决定的一个连续过程。在某种程度上，一种简化过程的方法就是从工程学的角度将疏散过程分为三个阶段：察觉（外部刺激）、行为和反应（行为举止）、运动（行动）。

此时，人员的信息处理过程如图 4—3—4 所示。

（二）安全疏散标准

如果人员疏散到安全地点所需的时间小于通过判断火场人员疏散耐受条件得出的危险来临

时间，并且考虑到一定的安全余量，则可认为人员疏散是安全的，疏散设计合理；反之则认为不安全，需要改进设计。

疏散时间（t_{RSET}）包括疏散开始时间（t_{start}）和疏散行动时间（t_{action}）两部分。疏散时间的预测公式为：

$$t_{RSET}=t_{start}+t_{action} \quad (4—3—6)$$

1. 疏散开始时间（t_{start}）

疏散开始时间即从起火到开始疏散的时间。一般情况下，疏散开始时间与火灾探测系统、报警系统、起火场所、人员相对位置、疏散人员状态及状况、建筑物形状及管理状况、疏散诱导手段等因素有关。疏散开始时间可分为探测时间（t_d）、报警时间（t_a）和人员的疏散预动时间（t_{pre}），即：

$$t_{start}=t_d+t_a+t_{pre} \quad (4—3—7)$$

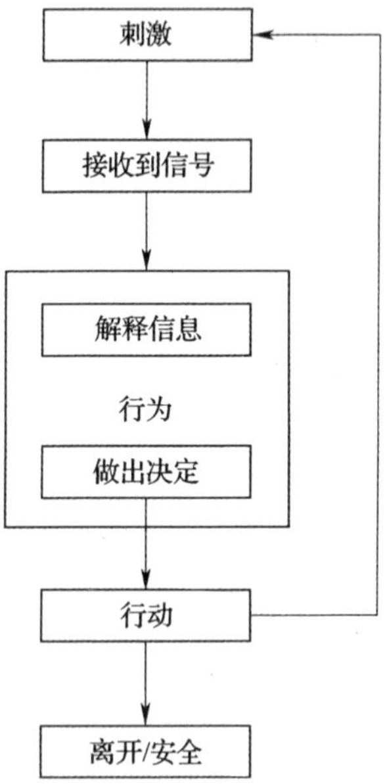

图 4—3—4　人员的信息处理过程

其中，t_d 是指火灾发生、发展将触发火灾探测与报警装置而发出报警信号，使人们意识到有异常情况发生，或者人员通过本身的味觉、嗅觉及视觉系统察觉到火灾征兆的时间；t_a 是指从探测器动作或报警开始至报警系统启动的时间；t_{pre} 是指人员从接到火灾警报之后到疏散行动开始之前的这段时间间隔，包括识别时间（t_{rec}）和反应时间（t_{res}），即：

$$t_{pre}=t_{rec}+t_{res} \quad (4—3—8)$$

其中，t_{rec} 是指从火灾报警信号发出后到人员还未开始反应的时间。当人员接收到火灾信息并开始做出反应时，识别阶段即结束；t_{res} 是指从人员识别报警信号并开始做出反应至开始直接朝出口方向疏散的时间。与识别阶段类似，反应阶段的时间长短也与建筑空间的环境状况有密切关系，从数秒钟到数分钟不等。

2. 疏散行动时间（t_{action}）

疏散行动时间即从疏散开始至疏散到安全地点的时间，它由疏散动态模拟模型得到。疏散行动时间的预测以建筑中人员疏散过程中有序进行、不发生恐慌为前提。

火灾发展与人员疏散过程的关系如图 4—3—5 所示。

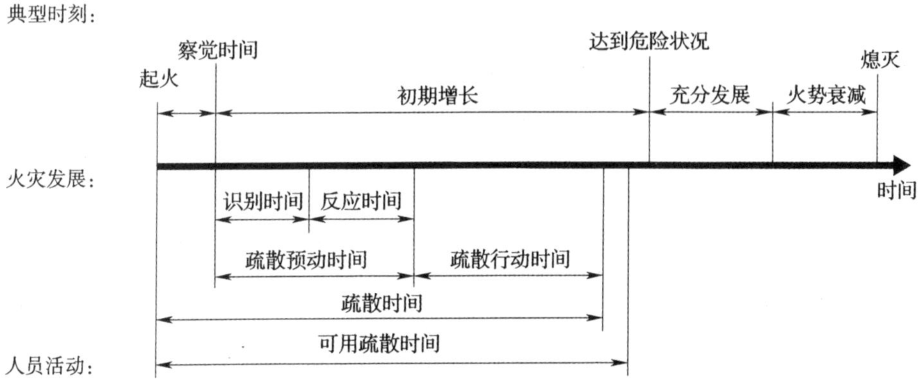

图 4—3—5　火灾发展与人员疏散过程关系

考虑到疏散过程中存在的某些不确定性因素（实际人员组成、人员状态等），需要在分析中考虑一定的安全余量以进一步提高建筑物的疏散安全水平。安全余量的大小应根据工程分析中考虑的具体因素，计算模拟结果的准确程度以及参数选取是否保守，是否考虑到了足够的不利情况（如考虑在火灾区附近的疏散出口被封闭）等多方因素确定。

（三）疏散相关参数

1. 火灾探测时间

设计方案中所采用的火灾探测器类型和探测方式不同，探测到火灾的时间也不相同。通常，感烟探测器要快于感温探测器，感温探测器要快于自动喷水灭火系统喷头的动作时间；线型感烟探测器的报警时间与探测器安装高度及探测间距有关，图像火焰探测器则与火焰长度有关。因此，在计算火灾探测时间时可以通过计算火灾中烟气的减光度、温度或火焰长度等特性参数来预测火灾探测时间。

一般情况下，对于安装火灾感温探测器的区域，火灾探测时间可采用 DETACT 分析软件进行预测。对于安装火灾感烟探测器的区域，火灾可以通过计算各火灾场景内感烟探测器动作时间来确定。为了安全起见，也可将喷头动作的时间作为火灾探测时间。

2. 疏散准备时间

发生火灾时，通知人们疏散的方式不同，建筑物的功能和室内环境不同，人们得到发生火灾的消息并准备疏散的时间也不同。BSDD 240《火灾安全工程原理应用指南》中提供了预测火灾确认时间的经验数据，可供分析时参考，见表 4—3—9。

表 4—3—9　各种用途的建筑物采用不同报警系统时的人员识别时间统计结果

建筑物用途及特性	人员响应时间 /min		
	报警系统类型		
	W1	W2	W3
办公楼、商业或工业厂房、学校（居民处于清醒状态，对建筑物、报警系统和疏散措施熟悉）	＜1	3	＞4
商店、展览馆、博物馆、休闲中心等（居民处于清醒状态，对建筑物、报警系统和疏散措施不熟悉）	＜2	3	＞6
旅馆或寄宿学校（居民可能处于睡眠状态，但对建筑物、报警系统和疏散措施熟悉）	＜2	4	＞5
旅馆、公寓（居民可能处于睡眠状态，对建筑物、报警系统和疏散措施不熟悉）	＜2	4	＞6
医院、疗养院及其他社会公共机构（有相当数量的人员需要帮助）	＜3	5	＞8

注：W1——实况转播指示，采用声音广播系统，例如，有闭路电视设施的控制室；W2——非直播（预录）声音系统和 / 或视觉信息警告播放；W3——采用警铃、警笛或其他类似报警装置的报警系统。

3. 疏散开始时间

疏散开始时间包括火灾探测时间和疏散准备时间两部分，可将前面的分析结果相加得到。当采用日本“避难安全检证法”提供的疏散时间预测模型时，疏散开始时间的计算公式为

$$t_{start}=\frac{\sqrt{\sum A}}{30} \qquad (4—3—9)$$

式中　t_{start}——疏散开始时间（min）；

A——火灾区域建筑面积（m^2）。

（四）人员数量

人员数量通常由区域的面积与该区域内的人员密度的乘积来确定。在有固定座椅的区域，则可以按照座椅数来确定人数。在业主方和设计方能够确定未来建筑内的最大容量时，则应按照该值确定疏散人数。否则，需要参考国内外相关标准，由各相关方协商确定。下面是在商业建筑人员疏散分析中经常采用的确定疏散人数的方法。

例如，《商店建筑设计规范》（JGJ 48—2014）规定，商店营业部分面积疏散人数的计算，可按每层营业厅和为顾客服务用房的面积总数乘以换算系数（人/m^2）来确定：第一、第二层，每层换算系数为0.85；第三层，换算系数为0.77；第四层及以上各层，每层换算系数为0.60。

NFPA 101提供的人员密度数据见表4—3—10。

表4—3—10　　NFPA 101提供的人员密度数据

场　合	人员密度/（人/m^2）
商务区/办公室区（层）	9.3
游泳池（水面区域）	4.6
游泳池（池岸区域）	2.8
食堂/餐厅	1.25
有设备的健身房	4.6
室内溜冰场	4.6

日本的“避难安全检证法”提供的人员密度数据见表4—3—11。

表4—3—11　　日本“避难安全检证法”提供的人员密度数据

场　合	人员密度/（人/m^2）
办公室、会议室	8
餐饮场所	1.5
自由活动/通行区域	2

（五）人员行进速度

人员行进速度与人员密度、年龄和灵活性有关。当人员密度小于0.5人/m^2时，人群在水平地面上的行进速度可达70 m/min并且不会发生拥挤，下楼梯的速度可达51～63 m/min。相反，当人员密度大于3.5人/m^2时，人群将非常拥挤，基本上无法移动。研究表明，人员密度和行进速度之间的关系用数学表达式可表示为

$$v = K(1-0.266D) \qquad (4—3—10)$$

式中　v——人员行进速度（m/min）；

K——系数，水平通道取$K=84.0$，楼梯台阶取$K=51.8(G/R)^{1/2}$，G、R分别表示踏步的宽度和高度；

D——人员密度（不小于0.5）（人/m^2）。

Simulex疏散模型中默认的人员行进速度分为男人、女人、儿童和长者四种，其步行速度见表4—3—12。

表 4—3—12　　人员步行速度及类型比例

人员类型	正常速度 /（m/s）	速度分布
男人	1.35	正态分布 ±0.2 m/s
女人	1.15	正态分布 ±0.2 m/s
儿童	0.9	正态分布 ±0.1 m/s
长者	0.8	正态分布 ±0.1 m/s

（六）流量系数

人员密度与对应的人员行进速度的乘积，即单位时间内通过单位宽度的人流数量称为流量系数。流量系数反映了单位宽度的通行能力。其计算公式为：

$$F = vD \qquad (4—3—11)$$

式中　F——流量系数［（人 /min）/m］；

v——人员行进速度（m/min）；

D——人员密度（人 /m^2）。

对大多数通道来说，通道宽度是指通道的两侧墙壁之间的宽度。但是大量的火灾演练实验表明，人群的流动依赖于通道的有效宽度而不是实际宽度，也就是说在人群和侧墙之间存在一个“边界层”。表 4—3—13 给出了典型通道的边界层厚度。在工程计算中应从实际通道宽度中减去边界层的厚度，再用得到的有效宽度进行计算。

表 4—3—13　　通道的边界层厚度

类　型	减少的宽度指标 /cm	类　型	减少的宽度指标 /cm
楼梯间的墙	15	其他的障碍物	10
扶手栏杆	9	宽通道处的墙	< 46
剧院座椅	0	门	15
走廊的墙	20		

（七）安全裕度

在疏散行动时间的计算中，有些计算模型假设疏散人员具有相同的特征，在疏散过程中疏散人员按既定的疏散路径有序地进行疏散，人流的流量与疏散通道的宽度成正比分配，人员从每个可用的疏散出口疏散且所有人的疏散速度一致并保持不变。

考虑到危险来临时间和疏散行动时间分析中存在的不确定性，需要增加一个安全余量。在危险来临时间分析与疏散行动时间分析中，计算参数取为相对保守值时，安全裕度可以取小一些，否则，安全裕度应取较大值。一般情况下，安全裕度建议取为 0 ~ 1 倍的疏散行动时间。

对于商业建筑来说，由于人员类型复杂，对周围的环境和疏散路线并不都十分熟悉，所以在选择安全裕度时，取值建议不应小于 1/2 的疏散行动时间。

第六节　计算分析及结果应用

根据计算结果确定或者修改完善设计，对于火灾场景能否达到设定的设计目标进行分析评价。若设计不能满足设定的消防安全目标或低于规范规定的性能水平，则需要对其进行修改与完善，并重新进行评估，直至其满足设定的消防安全目标为止。

一、用于分析计算结果的判定准则

（一）人员生命安全判定准则

火灾对人员的危害主要来源于火灾产生的烟气，主要表现在烟气的热作用和毒性方面，另外对于疏散而言，烟气的能见度也是一个重要的影响因素。所以在分析火灾对疏散的影响时，一般从烟气的能见度、温度、毒性等方面进行讨论。通常情况下人员疏散安全判据指标见表 4—3—14。

表 4—3—14　　人员疏散安全判据指标

项　目	人体可耐受的极限
烟气的能见度	当热烟层降到 2 m 以下时，对于大空间其能见度临界指标为 10 m
烟气的温度	2 m 以上空间内的烟气平均温度不大于 180 ℃；当热烟层降到 2 m 以下时，持续 30 min 的临界温度为 60℃
烟气的毒性	一般认为在可接受的能见度范围内，毒性都很低，不会对人员疏散造成影响（一般 CO 判定指标为 2 500 mg/L）

（二）防止火灾蔓延扩大判定准则

为减少火灾时财产损失和降低火灾对工作运营的影响，消防设计时需要采用一系列消防安全措施，控制火灾的大面积蔓延。造成火灾蔓延的因素很多，如飞火、热对流、热辐射等。对于相邻建筑物之间的火灾蔓延，防火设计规范通过要求一定的防火间距来进行控制，而对于同一防火分区内的火灾蔓延则没有明确的规定。在性能化的分析中，不论是同一防火分区内的火灾蔓延，还是相邻建筑物之间的火灾蔓延，都是通过设定火灾规模控制可燃物间距，或在一定间距条件下通过控制火灾的规模等方式来实现的。性能化分析中通常采用热辐射分析方法来分析火灾蔓延情况。

火灾发生时，火源对周围将产生热辐射和热对流，火源周围的可燃物在热辐射和热对流的作用下温度会逐渐升高，当达到其燃点温度时可能会发生燃烧，导致火灾的蔓延。

根据澳大利亚建筑规范协会出版的《防火安全工程指南》提供的资料，在火灾通过热辐射蔓延的设计中，当被引燃物是很薄很轻的窗帘、松散地堆放的报纸等非常容易被点燃的物品时，其临界辐射强度可取为 10 kW/m^2；当被引燃物是带软垫的家具等一般物品时，其临界辐射强度可取为 20 kW/m^2；对于厚度为 5 cm 或更厚的木板等很难被引燃的物品，其临界辐射强度可取为 40 kW/m^2。如果不能确定可燃物的性质，为了安全起见，其临界辐射强度取为 10 kW/m^2。

（三）钢结构破坏判定准则

火灾下钢结构破坏判定准则可分为构件和结构两个层次，分别对应局部构件破坏和整体结构破坏。一般来说，其判定准则有下列三种形式：

（1）在规定的结构耐火极限时间内，结构或构件的承载力 R_d 应不小于各种作用所产生的组合效应 S_m，即：

$$R_d \geqslant S_m \qquad (4—3—12)$$

（2）在各种作用效应组合下，结构或构件的耐火时间 t_d 应不小于规定的结构或构件的耐火极限时间 t_m，即：

$$t_d \geqslant t_m \qquad (4—3—13)$$

（3）火灾情景下，结构极限状态时的临界温度 T_d 应不小于在规定的耐火时间内结构所经

历的最高温度 T_m，即：

$$T_d \geqslant T_m \tag{4—3—14}$$

上述三个要求在本质上是等效的，进行结构抗火设计时，满足其一即可。

如采用临界温度法验证钢结构防火安全性，判定指标可采用日本“耐火安全检证法”提供的临界温度指标，即：$T_d = 325℃$。

二、计算结果分析

（一）烟气模拟分析

烟气模拟分析需要首先在软件中输入计算参数，一般火灾模拟需要输入的参数包括：模型场景物理模型、边界条件、定义火源、定义消防系统。

烟气模拟分析可以得到烟气运动规律和模拟空间的环境参数指标，经常用到的参数包括：烟气的温度、烟气的能见度、烟气的毒性、气体流速、辐射强度。

（二）疏散模拟分析

疏散模拟分析需要首先在软件中输入计算参数，一般疏散模拟需要输入的参数包括：人员疏散空间模型、人员特性、流量系数、边界层宽度。

人员疏散分析可以得出人员疏散的状态，包括：人员疏散行动时间、最小行走路径、疏散出口拥堵情况、出口利用的有效性。

三、计算结果应用

计算结果可以用于判定所设置的安全目标是否可以实现，以下以人员安全疏散为例进行说明。

保证人员安全疏散是建筑防火设计中的一个重要的安全目标，人员安全疏散要求建筑物内发生火灾时整个建筑系统（包括消防系统）能够为建筑中的所有人员提供足够的时间疏散到安全的地点，整个疏散过程中不应受到火灾的危害。

如果建筑的使用者撤离到安全地点所花的时间（t_{RSET}）小于火势发展到超出人体耐受极限的时间（t_{ASET}），则表明达到了保证人员生命安全的要求。即保证人员安全疏散的判定准则为：

$$t_{RSET}+T_S < t_{ASET} \tag{4—3—15}$$

式中　t_{RSET}——疏散时间；

T_s——安全裕度，即防火设计为疏散人员所提供的安全余量；

t_{ASET}——开始出现人体不可忍受情况的时间，也称可用疏散时间或危险来临时间。

疏散时间 t_{RSET}（或以 t_{escape} 表示），即建筑中人员从疏散开始至全部人员疏散到安全区域所需要的时间。疏散过程大致可分为感知火灾、疏散行动准备、疏散行动、到达安全区域等几个阶段。

危险来临时间 t_{ASET}（或以 t_{risk} 表示），即疏散人员开始出现生理或心理不可忍受情况的时间。一般情况下，火灾烟气是影响人员疏散的最主要因素，常常以烟气下降一定高度的时间或浓度达到超标的时间作为危险来临时间。

下面对某一地下机械停车库应用案例进行分析。

（一）烟气流动模拟分析

停车库采取机械排烟方式。车库内不划分防烟分区。机械排烟量按每小时 6 次换气确定并考虑 1.5 倍的安全余量，所需机械排烟量不应小于 7.5×10^4 m³/h。采取机械补风方式，低位补风，机械补风量不应小于排烟量的 1/2。

为验证上述排烟方案能否满足所有火灾情况下的排烟要求，利用火灾动力学软件 PyroSim 2012 对地下机械停车库防烟排烟效果进行模拟，给出了验证结果和模拟结论，建立的模型如图 4—3—6 所示。

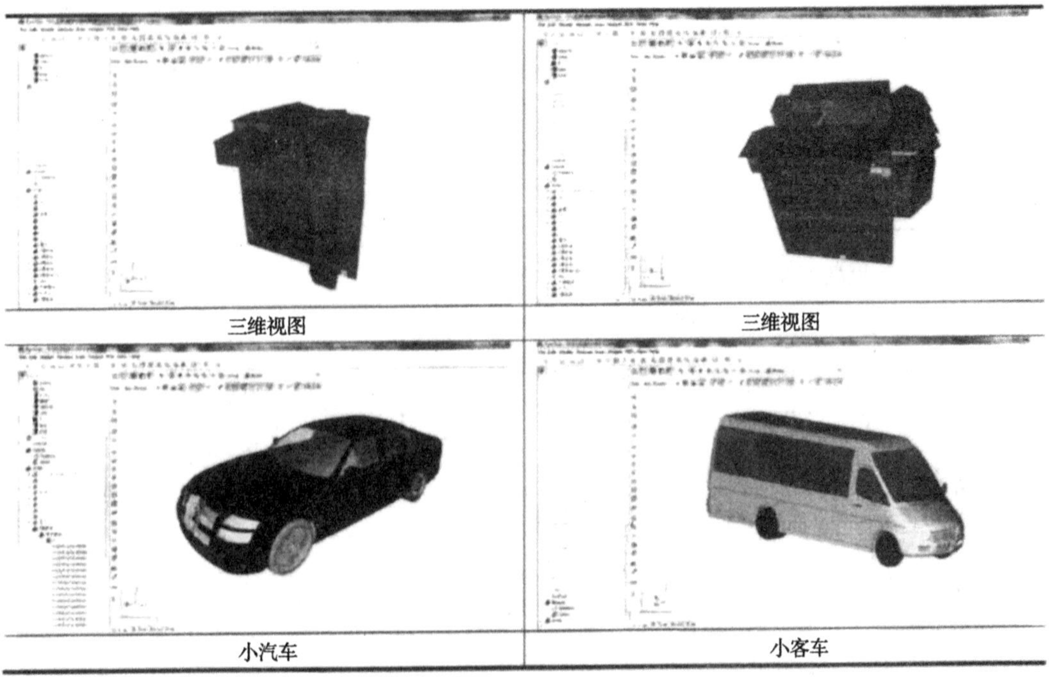

图 4—3—6 地下机械停车库整体模型

地下六层发生小汽车火灾，自动灭火系统和排烟系统有效，设计最大热释放速率为 1.5 MW，快速“t 平方火”，模拟时段为 1 200 s。

模拟结果表明，排烟方案至少在 271 s 为 B1 层人员安全疏散提供保证，至少在 308 s 为 B2 层人员安全疏散提供保证，至少在 357 s 为 B3 层人员安全疏散提供保证，至少在 517 s 为 B4 层人员安全疏散提供保证，至少在 638 s 为 B5 层人员安全疏散提供保证，至少在 960 s 为 B6 层人员安全疏散提供保证。

（二）人员疏散模拟分析

该机械车库设置 2 部楼梯，可用总疏散宽度为 1.8 m。疏散人数按检修测试状态考虑，保守设置每层 2 人，共 12 人。

对于发生火灾的封闭房间，则可采用日本“避难安全检证法”提供的房间疏散开始时间量化计算方法，其计算公式为：

$$t_{start}=\frac{\sqrt{\sum A_{floor}}}{30} \tag{4—3—16}$$

A_{floor} 为建筑面积，本工程单层房间面积为 493 m^2，计算得到疏散开始时间为 45 s，考虑一定安全系数，取为 60 s。

利用 Pathfinder 软件模拟疏散行动时间。对 B1 层至 B6 层进行人员疏散整体模拟分析，可以看出：人员通过 2 部楼梯向上疏散至室外安全区，全部疏散至安全区域所需的行动时间为 62 s。各楼层疏散行动时间见表 4—3—15。

表4—3—15　　B1层至B6层各区域人员疏散行动时间

疏散场景	楼层	人数/人	行动时间/s
整体疏散	B6层	2	12
	B5层	2	17
	B4层	2	15
	B3层	2	20
	B2层	2	7
	B1层	2	16
完成全部疏散		12	62

各区域人员疏散安全性判断汇总见表4—3—16。

表4—3—16　　人员疏散安全性判断表

区域	t_{RSET}/s	t_{ASET}/s	是否满足疏散条件
B6层	78	960	是
B5层	86	638	是
B4层	83	517	是
B3层	90	357	是
B2层	71	308	是
B1层	84	271	是

第七节　消防性能化设计文件编制

在性能化报告中，应明确表述设计的消防安全目标，充分解释如何来满足目标，提出基础设计标准，明确描述火灾场景，并证明火灾场景选择的正确性等。不得从其他国家的规范中断章取义引用条文，而应以我国国家标准的规定为基础进行等效性验证。

由于设计报告是性能化设计能否被批准的关键因素，所以报告需要概括分析和设计过程中的全部步骤，并且编写的格式和方式应符合权威机构的要求和用户的需要。编写的报告应包含以下内容：

（1）建筑基本情况及性能化设计的内容。例如，建筑特征、人员特征、原有的消防措施、来自各方面的对设计的限制条件，以及需要进行性能化设计的范围等。

（2）分析目的及安全目标。该部分应包括建筑业主、建筑使用方、建筑设计单位、消防性能化设计咨询单位和消防机构共同认定的总体安全目标和性能目标，并说明性能目标是如何建立的。

（3）性能判定标准，即性能指标。该部分应该说明不同性能目标的性能指标是什么，是如何确定的，考虑了哪些不确定因素，采用了哪些假设条件。

（4）火灾场景设计。该部分需要说明选择火灾场景的依据和方法，并对每一个火灾场景进行讨论，列出最终需要分析的典型火灾场景。

（5）所采用的分析方法及其所基于的假设。分析采用的工具、方法和参考资料应科学合理，报告中列出选择该分析方法的依据，并描述清楚计算分析模型采用的边界条件和输入参数，说明其合理性。

（6）计算分析与评估。根据计算结果与性能判定标准的比较分析，说明设计方案是如何满足安全判定指标的。

（7）不确定性分析。在工程分析中，通常只能从确定性的一面出发进行定量的分析。不确定性问题贯穿于性能化设计过程的始终，对建筑物消防性能化设计的质量、安全水平等都有着重要的影响。不确定性包括偶然的不确定性、认知的不确定性和不明确的不确定性。例如：分析方法存在不确定性、人员行为存在不确定性、对风险的理解与评价存在不确定性、建筑物使用寿命和安全也存在不确定性等。

（8）结论与总结。该部分是对前面所有工作的总结，应包括此次设计的内容、目标、最终设计方案，包括防火要求、管理要求、使用中的限制条件等。

（9）参考文献。列出主要的设计图样、相关技术文献等技术资料。

（10）设计单位和人员资质说明。此部分包含设计单位的名称、经营范围、设计资质、参与本设计项目的注册消防工程师的相关工作经历等。

下面，以撰写某商业购物中心的消防性能化设计报告为例，介绍报告的编写方法。

一、建筑基本情况及性能化设计的内容

（一）建筑基本情况

建筑的基本情况应对建筑的工程介绍、消防设计等进行说明。

1. 工程介绍

工程介绍应对项目的建筑概况、区域位置、总平面设计、建筑设计等方面进行说明，主要由设计院提供。该部分内容可配有相关的总平面图，效果图，建筑平、立、剖图样等。

2. 消防设计

消防设计主要包括该项目常规的消防设计说明，主要根据设计院提供的消防设计专篇进行撰写。该部分内容可配防火分区图样以及其他相关的消防图样。

（二）性能化设计的内容

性能化设计的内容应包括该项目的主要消防安全问题、消防性能化设计的评估范围及主要内容、消防性能化设计评估原则等方面。

1. 主要消防安全问题

对项目存在的消防安全问题进行汇总，其主要的消防设计难题和问题可按表4—3—17进行整理。

表4—3—17　　　商业购物中心主要消防设计的难题和问题

序号	消防设计问题		规范要求
1	防火分区问题	机场航站楼从标高 -6.5 m 至 10.3 m 标高，贯通整个航站楼除夹层外各楼层公共区域总面积约为 154 407 m^2，难以按照规范进行防火分区划分	《建筑设计防火规范》（GB 50016—2014）第5.3.1条对防火分区面积的规定
2	人员疏散问题	一层迎客厅、夹层候机厅、二层离港大厅均有距安全出口直线距离超出 37.5 m 的问题	《建筑设计防火规范》（GB 50016—2014）第5.5.17条对疏散距离的规定

2. 消防性能化设计的评估范围及主要内容

通过对项目消防问题的总结，以解决不满足规范的消防问题为目的，制定相应的性能化设计评估范围及内容，对于可应用现行相关规范展开设计的区域应遵照现行规范执行。

3. 消防性能化设计评估原则

对于项目存在的特殊消防设计问题，将本着安全适用、技术先进的原则，采用合理的消防设计理念和方法，通过对消防设计方案的分析和安全评估，使制定的解决方案能更好地满足本项目的消防安全要求，并最大限度地满足业主的商业功能需求。

二、分析目的及安全目标

分析目的及安全目标应包括建筑业主、建筑使用方、建筑设计单位、消防性能化设计咨询单位和消防机构共同认定的总体安全目标和性能目标，并说明性能目标是如何建立的。

（一）分析目的

一般情况下，消防设计的目的在于：防止火灾发生，及时发现火情，通过适当的报警系统及时发布火灾警报，有组织、有计划地将楼内人员撤出，采取正确方法扑灭和/或控制大火，将商业损失控制在一定范围之内。

（二）安全目标

结合项目消防设计遇到的难题和问题，确定项目消防安全目标，主要包括以下几个方面：

（1）为使用者提供安全保障。

（2）将火灾控制在一定范围，尽量减少财产损失。

（3）为消防人员提供消防条件并保障其生命安全。

（4）尽量减少对运营的干扰。

（5）保证结构的安全。

三、性能判定标准（性能指标）

人员疏散安全性判定准则和防止火灾蔓延扩大判定准则可参见本章第六节内容。

四、火灾场景设计

火灾场景设计需要说明选择火灾场景的依据和方法，并对每一个火灾场景进行讨论，列出最终需要分析的典型火灾场景。火灾场景设计见表4—3—18。

表4—3—18　火灾场景设计一览表

位置编号	火灾位置	自动灭火系统	排烟系统	最大火灾规模/MW
A	商业步行街	有效	有效	2.2
B	商业步行街	有效	有效	2.2
C	商业步行街	有效	有效	2.2

五、所采用的分析方法及其所基于的假设

分析评估采用的工具、方法和参考资料应科学合理，报告中须列出选择该分析方法的依据，并描述清楚计算分析模型采用的边界条件和输入参数，说明其合理性。

（一）疏散设计分析方法

疏散设计分析方法是指根据设定的人员类型和数量，对疏散人员疏散所需时间的分析方法。

1. 疏散行动时间预测分析方法

本项目以行为模型来预测疏散行动时间，采用模拟分析工具 Pathfinder 进行计算。

2. 疏散设计分析主要参数确定

（1）有效流出系数和人员行进速度。有效流出系数和人员行进速度同人员密度紧密相关，常用的数据资料见表 4—3—19。

表 4—3—19　有效流出系数和人员行进速度数据表

疏散设施	拥挤状态	《SFPE 消防工程手册》			日本避难安全检证法	
		密度 /（人 /m²）	速度 /（m/min）	流出系数 /［（人 /min）/m］	速度 /（m/min）	流出系数 /［（人 /min）/m］
楼梯	最小	0.5	45.7	16.4	27（上） 36（下）	60（楼梯有足够容量时，其他情况应通过计算获得）
	中等	1.1	36.6	45.9		
	最优	2.0	29.0	59.1		
	大	3.2	12.2	39.4		
走廊	最小	0.5	77.2	39.4	60 （一般）	80（走廊有足够容量时，其他情况应通过计算获得）
	中等	1.1	61.0	65.6		
	最优	2.2	36.6	78.7		
	大	3.2	18.3	59.1		
对外出口	—	—	—	—	60（一般）	90

（2）疏散路径有效宽度。各疏散路线边界层宽度见表 4—3—20。

表 4—3—20　边界层宽度

疏散路线因素	边界层 /mm	疏散路线因素	边界层 /mm
楼梯梯级的墙壁或墙面	15	障碍物	10
栏杆、扶手	9	宽阔的场所、过道	46
走道、斜坡墙	20	门、拱门	15

（3）人数确定方法。分析所使用的疏散人数应根据不同建筑场所的功能，分别按密度或座位数进行计算。

根据本项目的特点和定位，依据现行防火设计规范和权威文献资料，对于消防性能化区域的主要功能区域人员荷载确定，应附有人员荷载计算参数。

（二）防烟排烟系统设计与分析

防烟排烟系统设计的主要目的是保证人员的疏散安全，即保证人员在疏散过程中不会受到火灾产生的烟气的危害。此外，应为消防救援提供一个救援和展开灭火战斗的安全通道和区域，并使建筑物及时排除火灾中产生的大量热量，减少热烟气对建筑结构的损伤。

1. 烟气层临界高度

防烟排烟设计应使烟气层维持在距离有人地面至少 1.8 m 以上的高度，对于高大空间，临界高度的计算公式为：

$$z' = 1.6+0.1\ (H-h) \qquad (4—3—17)$$

式中 z'——烟气层距离疏散人员所在地面的临界高度（m）；

H——空间顶棚距离火源位置的高度（m）；

h——疏散地面高于火源位置的高度（m）。

2. 火焰高度、烟气生成量及烟羽流轴线温度分析

本项目采用 NFPA 92B 和 NFPA 204 中提供的有关轴对称烟羽流的分析方法进行计算。

六、计算分析与评估

根据计算结果与性能判定标准的比较分析，说明设计方案是如何满足安全判定指标的。

（一）烟气模拟分析与评估

烟气模拟分析与评估部分应主要包括每个火灾场景的防烟排烟系统设计的情况介绍，计算参数的设置，温度、能见度等参数在关键时间点的模拟结果以及计算结果小结。

各区域火灾危险来临时间（t_{ASET}）可以表格形式汇总，见表 4—3—21。

表 4—3—21　火灾危险来临时间分析结果汇总表

序号	场景编号	假设条件		楼层	t_{ASET}/s
1	A	排烟有效	自动灭火有效	一层步行街	＞1 800
				二层步行街	＞1 800
2	B	排烟有效	自动灭火有效	一层步行街	＞1 800
				二层步行街	＞1 800
3	C	排烟有效	自动灭火有效	一层步行街	＞1 800
				二层步行街	＞1 800

（二）疏散模拟分析与评估

疏散模拟分析与评估部分应主要包括对应每个火灾场景所设计的疏散场景、每个场景的疏散策略、疏散模拟在关键时间点的人员分布示意图以及计算结果小结。

各区域人员疏散时间（t_{RSET}）可以表格形式汇总，见表 4—3—22。

表 4—3—22　人员疏散时间分析结果汇总表

区域	疏散路径	开始时间 /s	行动时间 /s	t_{RSET}/s
一层区域	一层人员直接疏散到室外	270	293	710
二层区域	二层店铺人员离开着火店铺	63	95	206
	中庭人员离开本层步行街区域	270	547	1 091
	本层所有人员全部疏散至楼梯间	270	559	1 109
	所有人员疏散到室外	270	665	1 268

注：行动时间计入疏散时间时考虑 1.5 倍安全系数。

（三）计算结果与性能判定标准的比较

将各火灾场景的危险来临时间与相对应的疏散场景下人员疏散时间进行对比，判定人员疏散的安全性，见表 4—3—23。

表 4—3—23 人员疏散安全判定结果

序号	场景编号	火灾位置	监测位置	t_{ASET}/s	t_{RSET}/s	是否满足安全要求
1	A	步行街（中庭）底部	一层步行街	>1 800	1 121	是
			二层步行街	>1 800	1 091	是
2	B	步行街（中庭）底部	一层步行街	>1 800	1 121	是
			二层步行街	>1 800	1 091	是
3	C	步行街（中庭）底部	一层步行街	>1 800	1 121	是
			二层步行街	>1 800	1 091	是

七、不确定性分析

（一）疏散过程中的人员不确定性分析

采用行为模型来计算人员的疏散时间时，其假设为：疏散人员都具有足够的身体条件自行疏散到安全地点，人员疏散井然有序，但这与实际发生火灾时的情况有一定差距。因此，本报告在计算疏散行动时间时考虑了一定的安全系数（安全系数 = 1.5），以弥补这些不确定性因素所带来的影响。

在预测疏散时间时，重要之处在于人员的特性参数，包括对建筑物的熟悉程度、人员的身体条件及行为特征、人员的数量及分布等。

（二）火灾蔓延的不确定性分析

火灾蔓延区域和面积的大小受到多种不确定因素的影响，包括：①可燃材料和可燃物本身的对火反应特性等。②可燃物的形状、摆放方式等。③可燃物之间的相对空间位置。④火灾时的通风状况。⑤其他燃烧物体以及高温体、热烟气层的热反馈。⑥灭火救援和消防系统的作用效果。⑦空间内的防火分隔方式与面积大小。

火灾蔓延不仅受众多不确定因素的影响，而且火灾蔓延的全过程机理尚未完全研究透彻，目前还缺乏准确预测火灾蔓延的数学模型，火灾模拟计算所需参数还不丰富。因此，项目中对火灾蔓延的分析仅针对典型可燃物及常规情况下的火灾蔓延情形。基于上述原因，为了使消防设计更加安全，一般采取较为保守的分析方法，如考虑最不利的起火位置和引燃条件，确定最大火灾热释放速率和排烟量时均考虑 1.5 倍的安全系数等。

八、结论与总结

结论与总结部分应包括防火要求、管理要求、使用中的限制条件等。

（一）模拟结果总结

对各场景下烟气及疏散模拟结果进行分析，并得出结论。

（二）消防策略总结

针对项目存在的消防问题提出相应的解决措施，对采取的消防策略进行总结。

（三）注意事项及建议

对实施消防策略时设计方、管理方应注意的内容进行说明，并提出相应的建议。

九、参考文献

参考文献应包括主要的设计规范、相关技术文献等技术资料。

十、设计单位和人员资质说明

此部分包括设计单位的名称、经营范围、设计资质，以及参与本设计项目的注册消防工程师的相关工作经历等。

（一）专家评议

设计过程中存在许多非规范化的内容，如性能指标的确定、火灾场景的设计、一些边界条件的设定等，同时为了保证设计过程的正确性，减少设计中可能出现的失误，一般有必要对设计报告进行第三方的复核或再评估，最终还需要组织专家论证会，对消防性能化设计报告与复核报告进行论证，接受专家的评审和质疑，最后以论证会上形成的专家组意见作为调整消防性能化设计与评估报告和设计方案的依据。

（二）深化调整设计报告

消防性能化设计一般开始于建筑设计的方案设计与初步设计阶段。在初步设计中，有些条件和参数是不明确或未知的，这些信息可能只有在后续的施工设计阶段才能确定下来，而这些条件或参数却是消防性能化设计所需要的，例如，消防性能化设计在确定排烟量的同时会对排烟口的数量、排烟口的布置、每个风口的风量等提出要求，而排烟口的数量、排烟口的布置以及每个风口的风量一般要等到施工设计时才能完全确定。另外，消防性能化设计中提出的假设和边界条件，在施工设计阶段也可能会被改变。诸如此类的问题都需要在后续的设计工作中不断深化，因此，消防性能化设计应该存在于建筑设计的整个过程中。

（三）消防性能化设计的实体验证

为了加强对进行了消防性能化设计的工程的消防监督管理，在消防性能化设计开展较多的一些城市，已陆续在工程消防验收过程中增加了实体验证的工作步骤，对消防性能化设计的设计方案进行综合验证。消防性能化设计单位应配合建设单位完成验证工作，并对验证结果是否满足设计要求提供书面意见，该意见应作为消防性能化设计报告的补充资料。

思考题

1. 建筑存在什么情形时可以进行消防性能化设计？
2. 严禁进行消防性能化设计的内容有哪些？
3. 简述消防性能化设计的步骤。
4. 结构耐火的设计目标、功能目标及性能要求是什么？
5. 简述排烟设施设计的设计目标、功能目标和性能要求。
6. 简述消防救援的性能要求及消防救援人口的设置要求。
7. 如何选取火灾模拟软件？
8. 简述安全疏散模拟软件的分类及应用。
9. 简述确定火灾场景的方法。
10. 简述火灾场景和疏散场景设定的主要内容。
11. 简述用于分析计算结果的主要判定指标，举例说明如何运用计算结果。
12. 消防性能化设计报告应包含哪些内容？

参考文献

[1] 李引擎. 建筑防火性能化设计 [M]. 北京：化学工业出版社，2005.

[2] 李国强，韩林海，楼国彪，等. 钢结构及钢—混凝土组合结构抗火设计 [M]. 北京：中国建筑工业出版社，2006.

[3] 霍然，胡源，李元洲. 建筑火灾安全工程导论 [M]. 合肥：中国科学技术大学出版社，1999.

[4] 范维澄，王清安，等. 火灾科学导论 [M]. 武汉：湖北科学技术出版社，1993.

[5] 杜兰萍，等. 火灾风险评估方法与应用案例 [M]. 北京：中国人民公安大学出版社，2011.

[6] 范维澄，孙金华，陆守香，等. 火灾风险评估方法学 [M]. 北京：科学出版社，2004.

[7] 蒋永琨. 中国消防工程手册 [M]. 北京：中国建筑工业出版社，1998.

[8] 李引擎. 建筑防火工程 [M]. 北京：化学工业出版社，2004.

第四章
人员密集场所消防安全评估方法与技术

学习要求

通过本章学习，应了解人员密集场所消防安全指标和评估体系，人员密集场所的评估的目的和方法；掌握人员密集场所的火灾风险、消防安全隐患的主要因素和风险控制措施；熟悉人员密集场所消防安全评估流程。

人员密集场所涉及的场所功能繁多、建筑类型多样、建设时间不一，评估标准具有不一致性。在实际评估操作中，应根据人员密集场所功能类型、建筑类型，采取不同的指标检查判定标准，并做好与现行技术标准规范的衔接。

第一节　评估工作程序及步骤

一、人员密集场所

人员密集场所是指公众聚集场所，医院的门诊楼、病房楼，学校的教学楼、图书馆、食堂和集体宿舍，养老院，福利院，托儿所，幼儿园，公共图书馆的阅览室，公共展览馆，博物馆的展示厅，劳动密集型企业的生产加工车间和员工集体宿舍，旅游、宗教活动场所等。

公众聚集场所是指宾馆、饭店、商场、集贸市场、客运车站候车室、客运码头候船厅、民用机场航站楼、体育场馆、会堂、公共娱乐场所，以及其他与所列场所功能相同或相似的场所。

公共娱乐场所是指具有文化娱乐、健身休闲功能并向公众开放的室内场所，包括影剧院、录像厅、礼堂等演出、放映场所，舞厅、卡拉OK厅等歌舞娱乐场所，具有娱乐功能的夜总会、音乐茶座、酒吧和餐饮场所，游艺、游乐场所，保龄球馆、旱冰场、桑拿等娱乐、健身、休闲场所和互联网上网服务营业场所，以及其他与所列场所功能相同或相似的营业性场所。

二、评估目的

人员密集场所具有使用功能复杂、人员数量多、密度大，流动性强等特点，且具有公众开放性强、火灾易发多发等特性。其风险具有多样性、严重性，表现形式上具有空间、时间序列的不确定性和偶然关联性，易造成重特大火灾事故。人员密集场所对消防设施和系统的可靠性、完好性以及消防安全制度的落实有更高的要求。人员密集场所的消防安全评估旨在对场所合法性、消防设施状态、消防安全管理现状进行逐项的定性评估，全面掌握该类场所的消防安全水平，针对存在不合法和火灾隐患的场所及时进行整改，以提高人员密集场所的整体消防安全水平。

三、评估工作程序和步骤

（一）评估步骤

人员密集场所消防安全评估工作程序和步骤主要包括前期准备、现场检查、评估判定和报告编制，如图 4—4—1 所示。

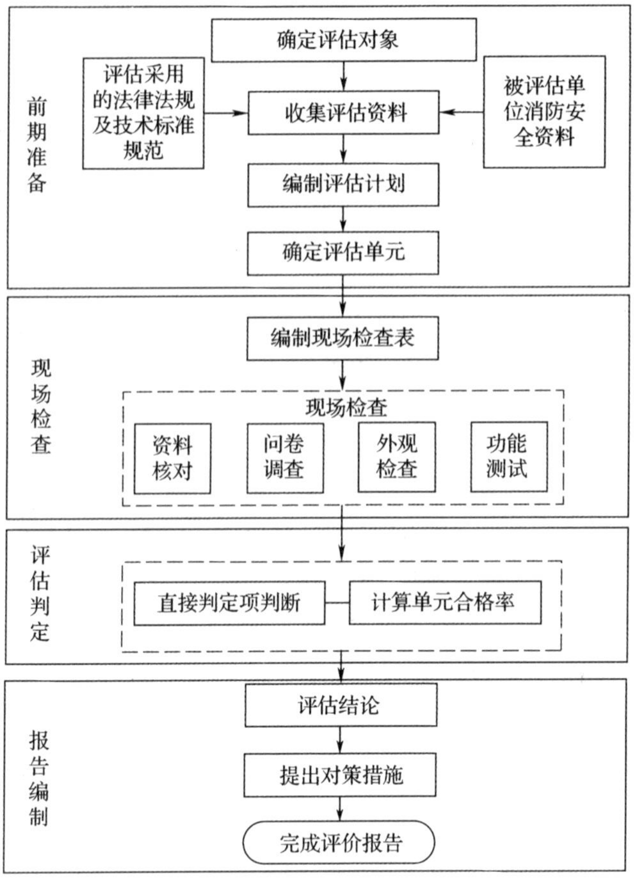

图 4—4—1　消防安全评估工作程序和步骤

（二）前期准备

前期准备工作包括：明确消防安全评估对象和评估范围；收集消防安全评估需要的相关资料，确定评估对象适用的消防法律法规、技术标准规范；编制评估计划等。

评估计划的内容包括场所主要火灾风险分析、评估单元确定、评估方法与现场检查方法选择、评估工作计划进度安排和评估人员分工等。

人员密集场所消防安全评估应根据评估对象的实际情况确定评估单元，包括消防安全管理单元、建筑防火单元、安全疏散设施单元、消防设施单元等，确定各评估单元的基本评估内容。

（三）现场检查方法

现场检查以检查表法为基本方法，在前期准备阶段，应根据具体场所和相关技术标准规范的要求，编制评估指标体系和评估检查表。检查表中除了检查结果和备注栏内容需现场检查记录外，其他内容应根据评估对象和评估单元的实际情况编制。

现场检查时可选用的检查方法包括资料核对、问卷调查、外观检查、功能测试等，实际检查时可采用单一方法或几种方法的组合。

（1）消防安全管理单元的现场检查应采用资料核对、问卷调查的方式或其组合。

（2）建筑防火单元、安全疏散设施单元及消防设施单元的现场检查应采用资料核对、外观检查与功能测试相结合的方式。

（3）建筑防火单元中装修材料、外墙保温材料、防火涂料的防火性能等难以在现场进行功能测试验证的检查项，可采纳符合消防技术标准的证明文件、出厂合格证明及见证取样检测报告等证明文件，并在报告中说明。

（4）如确有需要，可选用烟气模拟分析、安全疏散分析等方法进行定量评估。

（5）资料核对时，应逐项检查资料原件，不应有选择地抽查部分项目。

（6）问卷调查对象不应少于 5 人，包括但不限于消防安全管理人员、自动消防系统的操作人员、志愿消防队员及一般员工。

（7）外观检查及功能测试的抽样位置和抽样数量，应根据不同的检查项内容分别确定，现场检查结果应能说明被抽查检查项的外观情况及功能现状。当现场检查采用抽查形式时，应在报告中说明抽查的对象、具体部位和抽查样本量。

（8）抽查的基本原则如下：①对防火间距、消防车道的设置及疏散楼梯的形式和数量应全部检查；②对防火分区进行抽查时，抽样位置应至少包括建筑的首层、顶层、标准层与地下层；③对安全疏散设施及消防设施进行抽查时，各设施、设备的抽样数量不少于 2 处，当总数不大于 2 处时，全部检查。当抽查到的设施设备有不合格检查项时，对该设施设备再抽样检查 4 处，不足 4 处时，全部检查。

（四）评估判定标准

检查项分为三类，分别是直接判定项（A 项）、关键项（B 项）与一般项（C 项）。

1. 直接判定项（A 项）的判定

消防安全评估中可直接判定评估结论等级为差的检查项为直接判定项（A 项），包括以下内容：①建筑物和公众聚集场所未依法办理消防行政许可或备案手续的；②未依法确定消防安全管理人、自动消防系统操作人员的；③疏散通道、安全出口数量不足或者严重堵塞，已不具备安全疏散条件的；④未按规定设置自动消防系统的；⑤建筑消防设施严重损坏，不再具备防火灭火功能的；⑥人员密集场所违反消防安全规定，使用、储存易燃易爆危险品的；⑦公众聚集场所违反消防技术标准，采用易燃、可燃材料装修，可能导致重大人员伤亡的；⑧经消防机构责令改正后，同一违法行为反复出现的；⑨未依法建立专（兼）职消防队的；⑩一年内发生一次较大以上（含）火灾或两次以上（含）一般火灾的。

2. 关键项（B 项）、一般项（C 项）的判定

以法律法规、部门规章和消防技术标准规范的强制性条款为依据的检查项为关键项（B 项），其他检查项为一般项（C 项），在制定检查表时应予以识别并确定。

关键项和一般项的检查结果分为合格、部分不合格（B_1 或 C_1）、完全不合格（B_2 或 C_2）。按照各评估单元中所有 B 项和 C 项的检查结果，计算每个评估单元的单元合格率。计算时，将 C 项折算至 B 项，两个 C_1 项相当于一个 B_1 项，两个 C_2 项相当于一个 B_2 项。检查项的总折算项数 N 为 B 项项数与 C 项项数的一半之和。检查项的单元合格率 R 按式（4—4—1）计算：

$$R=\left(1-\frac{\frac{1}{2}N_1+N_2}{N}\right)\times 100\% \qquad (4—4—1)$$

式中　R——单元合格率；

N——检查项的总折算项数；

N_1——折算后 B_1 项的项数；

N_2——折算后 B_2 项的项数。

3. 评估结论分级标准

根据现场检查及评估判定的情况给出评估结论等级，具体分级标准见表 4—4—1。

表 4—4—1　　评估结论分级标准

等级	分级标准	描述性说明
好	不存在 A 项，且每个评估单元的单元合格率 $R\geq 85\%$	火灾隐患较少，发生火灾的可能性较小或火灾事故的危害较小。消防安全管理制度较完善并严格落实；建筑防火符合规范要求，消防设施基本完好有效，安全疏散设施基本能保证火灾时人员疏散要求
一般	不存在 A 项，且每个评估单元的单元合格率 $R\geq 60\%$，且至少一个评估单元的单元合格率 $60\%\leq R<85\%$	存在一般性火灾隐患，有发生火灾的可能性或火灾发生后将造成一定的危害。消防安全管理制度不够完善或落实不完全到位；建筑防火存在部分不符合规范情况，消防设施和安全疏散设施存在一些问题
差	存在 A 项，或至少一个评估单元的单元合格率 $R<60\%$	存在较大火灾隐患，发生火灾的可能性较大或火灾事故后果较严重。消防安全管理制度很不完善或落实不到位；建筑防火存在重大违规情况；消防设施和安全疏散设施无法保证火情的及时有效控制或火灾时人员的安全疏散

（五）报告编制

消防安全评估的最终结果应形成评估报告。报告的正文内容至少应包括：

（1）消防安全评估项目概况。给出项目目的，界定评估对象。

（2）消防安全基本情况。综述评估对象的消防安全情况。

（3）消防安全评估方法及现场检查方法。说明采用的评估方法和现场检查方法。

（4）消防安全评估内容。详细介绍评估单元、评估依据及各评估单元的现场检查情况、检查发现的消防安全问题清单等内容，并给出各单元的不合格项汇总表。

（5）消防安全评估结论。根据各单元的评估结果填写单元评估结果汇总表，依据式（4—4—1）计算单元合格率 R，并按照相关规定确定被评估对象的评估结论等级。

（6）消防安全对策、措施及建议。根据场所特点，以及现场检查和定性、定量评估的结果，针对各评估单元存在的问题提出对策、措施及建议，其内容包括但不仅限于管理制度、消防设施设备设置、安全疏散以及隐患整改等方面。消防安全对策、措施及建议的内容应具有合理性、经济性和可操作性。

第二节　评 估 范 例

一、评估目的

通过对某家具城的消防安全评估，使使用方、物业管理方和消防机构能够较为全面准确地了解该场所的消防安全水平，掌握评估对象的消防设施状态和消防安全管理水平，最大限度地消除隐患，提高场所的消防安全水平。

二、评估场所概况

（一）地理位置

家具城东面、南面为市政道路，北面、西面均为商业综合体，距离为13m。

（二）场所建筑设计

本建筑为家具灯饰城，商业公共建筑，建筑占地面积为14 434.94 m^2。地上3层，建筑高度为19.4 m；总建筑面积为39 406.48 m^2，其中，首层建筑面积为13 137.94 m^2，二层建筑面积为13 134.27 m^2，三层建筑面积为13 134.27 m^2。首层商铺为有夹层展示平台。

本建筑承重结构为钢结构，抗震设防烈度为8度。本建筑耐火等级为二级。

三、评估内容和检查情况

（一）消防安全管理单元

消防安全管理现场检查内容及方法，见表4—4—2。

表4—4—2　　消防安全管理现场检查表

评估单元名称：　　检查时间：　年　月　日　　检查人：

序号	检查项	现场检查方法	检查项类型	检查结果			备注
				合格	部分不合格	完全不合格	
1	建设工程进行消防验收	资料核对	A	√			
2	首层建筑功能改变，依法重新申请消防设计审核或重新申报消防设计备案	资料核对	A			√	首层功能改变后未重新备案
3	有消防安全责任制，建立消防管理组织机构，制定消防安全管理制度	资料核对、问卷调查	C	√			
4	明确消防安全责任人、消防安全管理人职责，责任人确定在消防机构备案	问卷调查	A	√			
5	消防控制室值班人员、自动消防系统操作人员持证上岗	问卷调查	A	√			
6	消防安全责任人和消防安全管理人接受过消防安全专门培训	资料核对、问卷调查	C	√			
7	新上岗和进入新岗位的员工接受过岗前的消防安全培训	资料核对、问卷调查	C	√			
8	物业管理单位建立了消防档案	资料核对	C	√			
9	消防档案翔实完整，并附有必要图样图表，有专人管理	资料核对	C	√			

续表

序号	检查项	现场检查方法	检查项类型	检查结果			备注
				合格	部分不合格	完全不合格	
10	建立了消防安全培训及宣传教育制度，建立记录并存档备查	资料核对	C	√			
11	场所设置了消防安全告知牌、安全疏散指示图、消防设施标识，并定时播放消防安全广播和消防公益广告视频	资料核对	C			√	所有楼层均未设置告知牌、指示图等
12	建立了防火巡查制度和防火检查制度，内容要素齐全，记录并存档备查	资料核对	C	√			
13	建立了火灾隐患整改制度，内容要素齐全，记录并存档备查	资料核对	C	√			
14	对消防机构责令整改的火灾隐患，在规定期限内完成整改落实和复查程序	资料核对	C		√		首层改造店铺疏散门数量不足，未整改
15	建立了消防控制室值班制度，并明确了值班人员的职责，记录并存档	资料核对	C	√			
16	实行每日24 h专人值班制度，每班不应少于2人	资料核对	C	√			
17	值班人员熟悉值班制度、消防控制设备操作规程、火灾与故障处置程序、突发事件处置程序等	资料核对、问卷调查	C	√			
18	建立了建筑消防设施管理制度及安全疏散设施管理制度，内容要素齐全，记录并存档备查	资料核对	C	√			
19	委托有资质的维护保养检测机构对建筑消防设施定期进行维护保养并每年至少进行一次全面检测	资料核对	C	√			
20	根据场所实际情况确定消防安全重点部位，并明确具体责任部门和责任人，设置明显的重点部位标识和防火标识	资料核对	C		√		部分消防重点部位未设置防火标识
21	配置相应的灭火器材、装备和个人防护器材	资料核对、现场检查	C	√			
22	制定了消防安全重点部位的事故应急处置操作程序和应急预案	资料核对	C			√	未制定应急预案

续表

序号	检查项	现场检查方法	检查项类型	检查结果			备注
				合格	部分不合格	完全不合格	
23	建立了燃气、燃油和电气设备的检查和管理制度，明确了责任部门和责任人	资料核对	C	√			
24	确定了动火作业审批程序	资料核对	C	√			
25	建立消防安全工作考评和奖惩制度，明确了考评目标、频次、内容、奖惩方式等	资料核对	C	√			
26	制定并落实了保障消防安全的操作规程	资料核对	C	√			
27	按照相关法规要求建立专职消防队或志愿消防队，并制定管理制度	资料核对	C	√			
28	志愿消防队的队员数量不应少于本场所从业人员数量的30%	资料核对	C		√		志愿消防队员数量不足
29	建立人数不少于6人的微型消防站，配备必要的消防装备器材，并明确工作职责	资料核对	C	√			
30	微型消防站制定了岗位培训、日常训练、防火巡查、值守联动、队伍管理、考核评价等管理制度	资料核对	C		√		消防安全管理制度不完善，缺少部分制度
31	人员接受扑救初起火灾业务技能、防火巡查基本知识的岗位培训	资料核对、问卷调查	C	√			
32	根据实际情况制定了灭火和应急疏散预案，要素齐全	资料核对	C	√			
33	预案中明确了承担灭火和组织疏散任务的人员，预案的制修订、持续改进情况建立了记录并存档	资料核对	C		√		首层场所改造后，未进行预案的修订
34	按照规定的程序和频次进行了预案演练，并对演练进行总结和评估	资料核对	C		√		演练未进行总结
35	场所未使用和储存易燃易爆危险品	资料核对、现场检查	A	√			
36	一年内未发生一次较大以上（含）火灾且未发生两次以上（含）一般火灾	资料核对、问卷调查	A	√			
A项检查结果合计				5	0	1	—
B项检查结果合计				0	0	0	—
C项检查结果合计				22	6	2	—

（二）建筑防火单元

建筑防火现场检查内容及方法，见表4—4—3。

表4—4—3　　建筑防火现场检查表

评估单元名称：　　　检查时间：　年　月　日　　　检查人：

序号	检查项	现场检查方法	抽样位置及抽样数量	检查项类型	检查结果			备注
					合格	部分不合格	完全不合格	
1	建筑防火间距符合规范要求	资料核对、现场测量	建筑四面方向	B	√			
2	设置了环形消防车道，消防车道宽度、距离、高度符合规范要求	资料核对、现场测量	建筑四面方向	B	√			
3	救援场地宽度、距离、承重等符合规范要求	资料核对、现场测量	建筑四面方向	B	√			
4	消防车道畅通，无占用现象	现场勘查	建筑四面方向	C	√			
5	防火分隔完好有效，防火分区面积符合规范要求	资料核对、现场测量	首层、三层	B		√		首层2个分区，面积超规范
6	室内装修材料的燃烧性能符合规范要求	资料核对、现场抽查	首层、三层	A	√			首层全部抽查
7	电气安装与可燃装修材料之间有防火隔热措施	资料核对、现场抽查	首层、三层	B		√		首层全部抽查，电器面板未采取防火措施
8	装修平面布置和隔断不影响消防设施的使用和安全疏散	现场测量	首层、三层	C	√			
9	建筑外墙装修装饰材料和建筑外保温系统中保温材料采用A级	现场抽查	建筑	B	√			全部查看
10	外墙装修装饰和建筑外保温形式不影响灭火救援、防烟排烟和安全疏散	现场勘查	建筑	C	√			全部查看
A项检查结果合计					1	0	0	—
B项检查结果合计					4	2	0	—
C项检查结果合计					3	0	0	—

（三）安全疏散单元

安全疏散现场检查内容及方法，见表4—4—4。

表 4—4—4　　安全疏散现场检查表

评估单元名称：　　检查时间：　年　月　日　　检查人：

序号	检查项	现场检查方法	抽样位置及抽样数量	检查项类型	检查结果			备注
					合格	部分不合格	完全不合格	
1	消防应急照明、疏散指示标志和消防安全标志完好、有效，不应遮挡	外观检查、功能测试	首层、三层	B	√			检查首层、三层
2	商场应采用封闭楼梯间（包括首层扩大封闭楼梯间）或室外疏散楼梯，疏散门向疏散方向开启	外观检查、功能测试	首层、三层	B	√			8部封闭楼梯间全部检查，三层2部室外楼梯全数检查
3	建筑内安全出口位置、数量、净宽度符合规范要求	外观检查	首层、三层	B	√			
4	各楼层的明显位置应设置安全疏散指示图，指示图上应标明疏散路线、安全出口、人员所在位置和必要的文字说明	外观检查	首层全部、三层	B			√	三层未设置区域安全疏散指示图
5	建筑的楼梯间宜直通至屋面，通向屋面的门或窗应向外开启	外观检查	首层所有室内楼梯	C	√			封闭楼梯间均通向屋面，且楼梯间门向外开启
6	避难走道宽度、距离符合规范要求，设置了2个不同方向出口，通向避难走道的疏散门设置了前室，内部配置了消火栓、应急照明、应急广播和消防专线电话	外观检查	首层	C		√		部分疏散门处未设置前室，未配置消火栓、应急广播等设施
B项检查结果合计					3	0	1	—
C项检查结果合计					1	1	0	—

（四）消防设施单元

消防设施现场检查内容及方法，见表4—4—5。

表 4—4—5　　消防设施现场检查表

评估单元名称：　　检查时间：　年　月　日　　检查人：

序号	检查项	现场检查方法	抽样位置及抽样数量	检查项类型	检查结果			备注
					合格	部分不合格	完全不合格	
1	供水设施的选型和设置符合规范要求	现场检查	首层	C	√			

续表

序号	检查项	现场检查方法	抽样位置及抽样数量	检查项类型	检查结果			备注
					合格	部分不合格	完全不合格	
2	消防水池、消防水箱的设置及储水情况符合规范要求	现场检查	首层、三层	B	√			
3	设置水泵接合器，标识清楚，未被埋压、遮挡	现场检查	室外	C	√			
4	消防水泵、稳压泵等供水设施的系统组件外观完好，功能、联动控制正常	外观检查、功能测试	首层	B	√			
5	设置了室内外消火栓，外观完好，标识清楚，未被埋压、圈占、遮挡	外观检查、功能测试	首层、三层	C	√			
6	室内外消火栓系统的水压和水量均正常	外观检查、功能测试	首层、三层	C	√			
7	建筑内均设置了自动灭火系统，组件的外观、性能完好	外观检查、功能测试	首层、三层	B	√			
8	自动喷水灭火系统组件联动控制及信号反馈正常	外观检查、功能测试	首层、三层	B	√			
9	火灾自动报警系统设置符合规范要求，组件的外观完好	外观检查、功能测试	首层、三层	B	√			
10	火灾自动报警系统组件功能、联动控制及信号反馈完好	外观检查、功能测试	首层、三层	B	√			
11	中庭、商店内均设置了机械排烟系统	外观检查、功能测试	首层、三层	B	√			
12	防烟排烟系统功能、联动控制及信号反馈正常	外观检查、功能测试	首层、三层	B		√		首层跃层排烟系统未联动控制
13	至少采用二级负荷消防供电	外观检查、功能测试	首层	C	√			
14	消防控制室、消防水泵房、防烟排烟机房的消防用电设备在最末一级配电箱处设置了自动切换装置	外观检查、功能测试	首层	B	√			
15	设置了自备柴油发电机	外观检查	首层	C	√			
16	疏散走道、商铺内设置了相适宜的灭火器，外观完好	外观检查	首层、三层	C	√			
B项检查结果合计					8	1	0	—
C项检查结果合计					7	0	0	—

（五）单元不合格项

单元不合格项检查汇总情况，见表4—4—6。

表4—4—6　　单元不合格项检查汇总表

序号	检查项	检查项类型	不合格程度	检查项的具体不合格情况
1	首层建筑功能改变，依法重新申请消防设计审核或重新申报消防设计备案	A	A	首层功能改变后未重新备案
2	场所设置了消防安全告知牌、安全疏散指示图、消防设施标识，并定时播放消防安全广播和消防公益广告视频	C	C_2	所有楼层均未设置告知牌、指示图等
3	对消防机构责令整改的火灾隐患，在规定期限内完成整改落实和复查程序	C	C_1	首层改造店铺疏散门数量不足，未整改
4	根据场所实际情况确定消防安全重点部位，并明确具体责任部门和责任人，设置明显的重点部位标识和防火标识	C	C_1	部分消防重点部位未设置防火标识
5	制定了消防安全重点部位的事故应急处置操作程序和应急预案	C	C_2	未制定应急预案
6	志愿消防队的队员数量不应少于本场所从业人员数量的30%	C	C_1	志愿消防队员数量不足
7	微型消防站制定了岗位培训、日常训练、防火巡查、值守联动、队伍管理、考核评价等管理制度	C	C_1	消防安全管理制度不完善，缺少部分制度
8	预案中明确了承担灭火和组织疏散任务的人员，预案的制修订、持续改进情况建立了记录并存档	C	C_1	首层场所改造后，未进行预案的修订
9	按照规定的程序和频次进行了预案演练，并对演练进行总结和评估	C	C_1	演练未进行总结
10	防火分隔完好有效，防火分区面积符合规范要求	B	B_1	首层2个分区，面积超规范
11	电器安装与可燃装修材料之间有防火隔热措施	B	B_1	电器面板未采取防火措施
12	各楼层的明显位置应设置安全疏散指示图，指示图上应标明疏散路线、安全出口、人员所在位置和必要的文字说明	B	B_2	三层未设置区域安全疏散指示图
13	避难走道宽度、距离符合规范要求，设置了2个不同方向出口，通向避难走道的疏散门设置了前室，内部配置了消火栓、应急照明、应急广播和消防专线电话	C	C_1	部分疏散门处未设置前室，未配置消火栓、应急广播等设施
14	防烟排烟系统功能、联动控制及信号反馈正常	B	B_1	首层跃层排烟系统未联动控制

四、评估结论

单元评估结果汇总情况，见表4—4—7。

表 4—4—7　　单元评估结果汇总表

单元名称	总项数		合格项数		部分不合格项数		完全不合格项数		单元合格率 /R
	B	C	B	C	B	C	B	C	
消防安全管理单元	0	30	0	22	0	6	0	2	83%
建筑防火单元	6	3	4	3	2	0	0	0	87%
安全疏散单元	4	2	3	1	0	1	1	0	75%
消防设施单元	8	7	8	7	1	0	0	0	96%

检查项直接判定项结果，见表 4—4—8。

表 4—4—8　　检查项直接判定项结果

序号	检查项（A 项）	评估结果
1	建筑物和公众聚集场所未依法办理消防行政许可或备案手续的	√

根据家具城的消防安全现状的检查项中直接判定项（A 项）、关键项（B 项）与一般项（C 项）的综合计算和判定，由于存在建筑首层改造后未依法办理消防行政许可或备案手续，存在 A 项，可直接判定为差。

五、安全对策和建议措施

（1）为降低家具城火灾风险，消除隐患，提供整体消防安全水平，建议针对首层商铺改造后的消防隐患进行整改，并取得消防备案手续。

（2）消防安全管理单元的合格率低于 85%，基本情况为一般。建议采取以下措施：

1）针对存在的消防隐患，建议在场所每层的关键出入口设置消防安全告知牌、安全疏散指示图，定时播放消防安全广播和消防公益广告视频，并针对有关火灾隐患限期整改。

2）针对消防控制室、消防水泵房等消防安全重点部位，设置明显的重点部位标识和防火标识，制定相关的管理制度，明确具体责任部门和责任人，制定事故应急处置操作程序和应急预案。

3）该商业综合体内商铺较多，从业人员较多，志愿消防队员仅配备 6 名，不能满足人员密集场所的志愿消防队员配备比例要求，建议增配志愿消防队员，并培训合格。

4）为提高微型消防站的实际作用，提高初起火灾扑灭能力，发挥消防员的作用，建议完善微型消防站管理制度，明确岗位培训、日常训练、防火巡查、值守联动、队伍管理、考核评价等内容。

5）完善预案修订和持续改进记录，明确预案的制修订、持续改进情况及预案演练的评估制度。

（3）建筑防火单元的合格率大于 85%，基本情况为好。但针对首层改造造成的防火分区面积超规范问题，应加强首层尤其是夹层的防火管理、防火分隔设施管理。商铺内墙面电器安装与可燃装修材料之间应采取防火隔热措施。

（4）安全疏散设施单元的合格率较低，主要是未设置区域安全疏散指示图，并建议对直通避难走道的疏散门进行改造，设置前室，前室内配置消火栓、应急照明、应急广播和消防专线电话等消防设施。

（5）消防设施单元合格率较高。建议聘请有资质的第三方单位对首层店铺跃层平台内的机械排烟系统进行改造，使消防控制中心能实现对排烟口的联动控制。

思考题

1. 简述人员密集场所的定义。
2. 对于人员密集场所消防安全评估，前期准备工作一般包括哪些内容？
3. 人员密集场所消防安全评估流程包括哪些步骤？
4. 人员密集场所消防安全评估判定中直接判定项包括哪些内容？

第五篇 消防安全管理

第一章 消防安全管理概述

学习要求

通过本章学习，应了解消防安全管理的发展过程；熟悉消防安全管理的性质和特征，以及消防安全管理的主体、对象、依据、原则和目标；掌握消防安全管理的方法。

随着我国改革开放和社会主义现代化建设事业的不断深入，我国消防事业进入了一个改革和发展的新时期。我国已基本建立政府统一领导、部门依法监管、单位全面负责、公民积极参与的消防工作格局，全面施行了消防安全责任制。

顾名思义，消防安全管理就是指对各类消防事务的管理，其具体含义通常是指依照消防法律法规及规章制度，遵循火灾发生、发展的规律及国民经济发展的规律，运用管理科学的原理和方法，通过各种消防管理职能，合理有效地利用各种管理资源，为实现消防安全目标所进行的各种活动的总和。

社会上的一切组织及个人都应遵守消防法律法规，各负其责地对本单位内部的消防安全工作进行管理。

第一节 消防安全管理的发展

一、火灾

人类用火的实践证明，火既可以按照人们的意愿，造福于人类，也可以违背人们的意愿，给人类带来极大的灾难。商代人看到火在屋门内燃烧将整个房屋烧毁造成灾害，由此产生了“灾”这个象形文字。在《韩诗外传》有晋平公时“藏宝之台烧，士大夫闻者皆趋车驰马救火，三日三夜乃胜之”的记载。

二、消防安全管理的发展

我国消防安全管理的发展，大致经历了古代消防安全管理、近代消防安全管理和现代消防安全管理三个阶段。

（一）古代消防安全管理阶段

此阶段是指先秦时代至鸦片战争之前的历史阶段。这一时期的消防安全管理主要是通过设立火官和火兵等消防组织，制定火禁和火宪等消防法规来实现的。例如：五帝时设“火正”为火官，周代设“司”“宫正”为火官，汉代设“执金吾”“别火”“夜士”为火官，唐代设“左、右金吾卫”为火官，宋代设“厢使”为火官并设“防隅军”“潜火队”等专职灭火的军队，明代设“五城兵马指挥司”“总甲”“火兵”等火官和军队。

（二）近代消防安全管理阶段

此阶段是指鸦片战争后至新中国成立前的历史阶段。在这一时期内，由于国内近代工业和交通运输业的兴起和发展，消防工作出现了近代管理方式，主要表现在建立消防组织机构，制定消防法规，以及采用近代消防技术等方面。

（三）现代消防安全管理阶段

此阶段是指新中国成立后至今这一历史阶段。新中国成立后，在党和人民政府的领导下，我国消防安全管理工作在组织机构、器材装备、法制建设和教学科研等方面都取得了全面的发展。

第二节　消防安全管理的性质和特征

消防安全管理具有自然属性和社会属性，并具有全方位性、全天候性、全过程性、全员性和强制性等特征。

一、消防安全管理的自然属性

消防安全管理活动是人类同火灾这种自然现象做斗争的活动，这是消防安全管理的自然属性。这一属性决定了消防安全管理活动的目的是要解决人类如何利用科学技术战胜火灾。在消防安全管理实践活动中，主要是依据国家的消防技术标准规范来限制建筑物、机械设备、物质材料等的状态并调整它们之间的关系。

二、消防安全管理的社会属性

消防安全管理是一种社会管理活动，这是消防安全管理的社会属性。这一属性决定了消防安全管理活动要维护统治阶级的利益，依据法律调整人们的行为，保障社会公共安全。在消防安全管理实践活动中，主要是利用国家的法律、法规、规章来调整人们的行为并调整人与可燃物、助燃物和着火源等之间的关系。

三、消防安全管理的特征

消防安全管理活动同其他管理活动相比，具有下列特征：

（一）全方位性

从消防安全管理的空间范围上看，消防安全管理具有全方位的特征。日常生产、生活中，可燃物、助燃物和着火源无处不在，凡是具备形成燃烧条件的场所，都有可能造成火灾事故，都是消防安全管理需要涉及的场所。

（二）全天候性

从消防安全管理的时间范围上看，消防安全管理具有全天候性的特征。人们用火的无时限性决定了燃烧条件形成的偶然性和火灾发生的随机性、偶发性。所以，消防安全管理在任何时刻都不能放松警惕。

（三）全过程性

从某一个系统的产生、运转、维护、消亡的进程上看，消防安全管理活动具有全过程性的特征。如某一个厂房的生产系统，从计划、设计、制造、储存、运输、安装、使用、保养、维修直到报废消亡的整个过程中，都需要实施有效的消防安全管理。

（四）全员性

从消防安全管理的人员对象上看，消防安全管理活动是不分男女老幼的，具有全员性的特征。

（五）强制性

从消防安全管理的手段上看，消防安全管理活动具有强制性的特征。因为火灾的破坏性很大，所以必须严格管理；如果疏于管理，任何疏忽大意都可能引发火灾，造成危害后果，甚至造成群死群伤的严重后果。

第三节　消防安全管理的要素

做好消防安全管理工作的基本出发点是消防安全管理要素，而消防安全管理的要素可由消防安全管理的概念引出。消防安全管理的要素主要包括消防安全管理的主体、消防安全管理的对象、消防安全管理的依据、消防安全管理的原则、消防安全管理的方法、消防安全管理的目标等六个方面。

一、消防安全管理的主体

《消防法》确定的“政府统一领导、部门依法监管、单位全面负责、公民积极参与”消防工作原则，决定了政府、部门、单位、公民都是消防工作的主体，也是消防安全管理活动的责任主体。

（一）政府

消防安全管理是政府社会管理和公共服务的重要内容，是社会稳定、经济发展的重要保证。各级地方人民政府应当将当地的消防工作纳入国民经济和社会发展计划，保障消防工作与经济建设和社会发展相适应，提高公民消防安全意识，消除消防安全隐患，建立和管理各种形式的消防队伍，规划和建设各类公共消防基础设施等。

（二）部门

政府有关部门对消防工作齐抓共管，这是由消防工作的社会属性决定的。《消防法》在明确消防机构职责的同时，也规定了安全监管、建设、工商、质监、教育、人力资源社会保障等部门应当依据有关法律法规和政策规定，依法履行相应的消防安全管理职责。

（三）单位

单位是社会的基本单元，也是社会消防安全管理的基本单元。单位对消防安全和致灾因素的管理能力，反映了社会公共消防安全管理水平，也在很大程度上决定了一个城市、一个地区的消防安全状况。各类社会单位是本单位消防安全管理工作的具体执行者，必须全面负责和落实消防安全管理职责。

（四）公民

公民是消防工作的基础，是各项消防安全管理工作的重要参与者和监督者，没有广大人民群众的参与，消防工作就不会发展进步，全社会抗御火灾的能力就不会提高。公民在日常的社会生活中，在享有消防安全权利的同时，也必须履行相应的消防义务。

二、消防安全管理的对象

消防安全管理的对象，即消防安全管理资源，主要包括人、财、物、信息、时间、事务等六个方面。

（一）人

人即消防安全管理系统中管理与被管理的人员。任何管理活动和消防工作都需要人参与和实施，在消防安全管理活动中需要规范和管理人的不安全行为。

（二）财

财即开展消防安全管理的经费开支。开展和维持正常消防安全管理活动，必然会需要正常的经费开支，尤其在消防设施建设与维护管理、消防安全制度落实、火灾隐患排查消除等各个关键环节，都需要有大量的经费投入，才能保证消防安全管理工作的正常开展。

（三）物

物即消防安全管理的建筑设施、机器设备、物质材料、能源等。物是消防安全管理中需要严格控制的对象，也是消防技术标准所要调整和规范的对象。

（四）信息

信息即开展消防安全管理活动的文件、资料、数据等。信息流是消防安全管理系统正常运转的流动介质，应充分利用系统中的安全信息流，发挥它们在消防安全管理中的作用。

（五）时间

时间即消防安全管理的各个关键控制时段。

（六）事务

事务即消防安全管理活动的工作任务、职责、指标等。消防安全管理应明确工作岗位，确定岗位工作职责，建立健全逐级岗位责任制。

三、消防安全管理的依据

消防安全管理的依据大致包括法律政策依据和规章制度依据两大类。

（一）法律政策依据

法律政策依据是指消防安全管理活动中运用的各种法律、法规、规章以及消防技术规范等规范性文件，主要包括：

1. 法律

由全国人大及其常委会批准或颁布。例如，《消防法》《中华人民共和国治安管理处罚法》《中华人民共和国国家赔偿法》等。

2. 行政法规

由国务院批准或颁布。例如，《仓库防火安全管理规则》《危险化学品安全管理条例》等。

3. 地方性法规

由省、自治区、直辖市，省、自治区的人民政府所在地的市，经济特区所在的市和国务院批准的较大市的人大及其常委会批准或颁布。例如，《北京市消防条例》《福州市消防管理若干规定》等。

4. 部门规章

由国务院各部、委、局批准或颁布。例如，《机关、团体、企业、事业单位消防安全管理规定》《消防监督检查规定》等。

5. 政府规章

由省、自治区、直辖市和设区的市、自治州的人民政府批准或颁布。例如，《北京市建设工程施工现场消防安全管理规定》等。

6. 消防技术标准规范

在消防安全管理活动中，凡是涉及消防技术的管理活动，均以相关的国家、行业消防技术标准作为管理依据。国家、行业消防技术标准不能满足现实工作需要的，通常还以地方性消防技术标准作为依据补充。例如，国家标准《建筑设计防火规范》、地方标准《北京市简易自动喷水灭火系统设计规程》等。

（二）规章制度依据

《消防法》规定，机关、团体、企业、事业等单位应当落实消防安全责任制，明确消防安全责任人。为了将消防安全责任制落到实处，社会单位开展和实施消防安全管理活动时，需要制定适合自身单位实际情况的各项规章制度。例如，单位内部的消防安全管理制度、消防安全操作流程、消防安全标准化管理细则等。

四、消防安全管理的原则

消防安全管理原则共包括五个方面的内容。

（一）谁主管谁负责的原则

“谁主管，谁负责”即一个地区、一个系统、一个单位的消防安全工作要由本地区、本系统、本单位负责；单位的法定代表人或主要负责人要对本单位的消防安全管理全面负责，是单位的消防安全责任人；分管其他工作的领导和各业务部门，要对分管业务范围内的消防安全工作负责；车间、班组领导，要对本车间、班组的消防安全工作负责。

（二）依靠群众的原则

消防工作是一项具有广泛群众性的工作，只有依靠群众，调动广大群众的积极性，才能使消防工作社会化。消防安全管理工作的基础是做好群众工作。要采取各种方式方法，向群众普及消防知识，提升群众消防安全意识和防灾抗灾能力；要组织群众中的骨干，建立志愿消防组织，开展群众性防火、灭火工作。

（三）依法管理的原则

依法管理，就是单位的领导或者业务部门依照国家立法机关和行政机关制定颁发的法律、法规、规章，对单位消防安全进行管理。要依法办事，加强对职工群众的遵纪守法教育，对违反消防安全管理规定的行为和火灾事故责任者严肃追责、认真处理。

消防法律法规不仅具有引导、教育、评价、调整人们行为的规范作用，而且具有制裁、惩治违法犯罪行为的强制作用。因此，任何单位都要组织群众学习消防法律法规，从本单位的实际出发，依照消防法律法规的基本要求，制定相应的消防安全管理规章制度或者工作规程，并严格执行，做到有法必依、违法必究，使消防安全管理走上法治的轨道。

（四）科学管理的原则

科学管理，就是运用管理科学的理论，规范管理系统的机构设置、管理程序、方法途径、规章制度、工作方法等，从而有效地实施管理，提高管理效率。消防安全管理要实行科学管理，使之科学化、规范化。消防安全管理一方面要依照客观规律办事，才能富有成效。消防安全管理必须遵循火灾发生、发展的规律，了解火灾发生的因素随着社会、经济的发展，以及生产、技术领域的创新和物质生活的提高而变化的客观规律；火灾成因与人们心理和行为相关的规律；火灾发生与行业、季节、时间相关的规律等。另一方面要学习和运用管理科学的理论和方法提高工作效率和管理水平，并与实践经验有机地结合起来，逐步采用现代化的技术手段和管理手段，以取得最佳的管理效果。

（五）综合治理的原则

消防安全管理在其管理方式、管理手段、管理要素以及管理内容上都表现出较强的综合性质。消防安全管理不能单靠哪一个部门，也不能只使用某一种手段，要与行业、单位的整体管理统一起来；管理中不仅要运用行政手段，还要运用法律、经济、技术和思想教育的手段进行治理；管理中要考虑各种有关安全的因素，进行综合治理。

五、消防安全管理的方法

消防安全管理的方法是指消防安全管理主体对消防安全管理对象施加作用的基本方法，是消防安全管理主体行使消防安全管理职能的基本手段，可分为基本方法和技术方法两大类。

（一）基本方法

消防安全管理的基本方法主要包括行政方法、法律方法、行为激励方法、咨询顾问方法、宣传教育方法、舆论监督方法等。

1. 行政方法

行政方法主要是依靠行政（包括国家行政和内部行政）机构及其领导者的职权，通过强制性的行政命令，直接对管理对象产生影响，按照行政组织系统来进行消防安全管理的方法。其优点在于有利于统一领导、统一步调，缺点是要求行政管理机构的层次不能过多。行政方法通常与法律方法、宣传教育方法、行为激励方法等结合起来使用。

2. 法律方法

法律方法主要是指以国家制定的法律法规等所规定的强制性手段，来处理、调解、制裁一切违反消防安全行为的管理方法。

3. 行为激励方法

行为激励方法主要是指设置一定的条件和刺激，使人的行为动机激发起来，有效地达到行为目标的管理方法。消防安全管理实践中，行为激励方法能够从精神、物质等层面，规范消防安全管理活动的管理对象，规范消防安全行为，消除人的不安全因素。

4. 咨询顾问方法

咨询顾问方法主要是指消防安全管理者借助专家顾问的智慧进行分析、论证和决策的管理方法。

5. 宣传教育方法

宣传教育方法主要指利用各种信息传播手段，向被管理者传播消防法律法规、方针、政策、任务和消防安全知识以及技能，使被管理者树立消防安全意识和观念，激发正确的行为，从而实现消防安全管理目标的方法。

6. 舆论监督方法

舆论监督方法主要指针对被管理者的消防安全违法违规行为，利用各种舆论媒介进行曝光和揭露，制止违法行为，以伸张正义，通过反面教育达到警醒世人的消防安全管理目标的方法。

（二）技术方法

消防安全管理技术方法主要包括安全检查表分析方法、因果分析方法、事故树分析方法、消防安全状况评估方法等。

1. 安全检查表分析方法

安全检查表分析方法主要是将消防安全管理的全部内容按照一定的分类划分为若干个子项，对各子项进行分析，并根据有关规定以及经验，查出容易发生火灾的各种危险因素，并将这些危险因素列为所需检查项目，编制成表后以备在安全检查时使用。

2. 因果分析方法

因果分析方法主要指用因果分析图分析各种问题产生的原因和由此原因可能导致后果的一种管理方法。

3. 事故树分析方法

事故树分析方法主要是一种从结果到原因描绘火灾事故发生的树形模型图，利用这种事故树图可以对火灾事故因果关系进行逻辑推理分析。主要包括三项内容：

（1）系统可能发生火灾事故，即终端事件。

（2）系统内固有的或者潜在的危险因素。

（3）系统可能发生的灾害事故与各种危险因素之间的逻辑因果关系。

4. 消防安全状况评估方法

首先，将社会上公认或允许的防火安全指标作为防火安全评价的衡量标准，然后将自身的结果同安全指标进行比较，从而发现自身工作的不足和优势，以采取相应的技术或者管理措施予以改进和加强。

六、消防安全管理的目标

消防安全管理的过程就是从选择最佳消防安全目标开始到实现最佳消防安全目标的过程。最佳消防安全目标就是要在一定的条件下，通过消防安全管理活动将火灾发生的危险性和火灾造成的危害性降到最低程度。

世界上不存在绝对安全的单位、场所，也不能完全避免火灾事故的发生，在使用功能、运转时间等方面都正常的条件下，使火灾发生的频率降到最低、火灾造成的损失减少到最低限度或者达到社会公众所能容许的限度，即实现了消防安全管理工作的消防安全目标。

思考题

1. 什么是消防安全管理？
2. 消防安全管理活动同其他管理活动相比较，有哪些特征？

3. 消防安全管理有哪些要素？
4. 消防安全管理的主体有哪些？
5. 消防安全管理的对象包括哪几类？分别是什么含义？
6. 消防安全管理的方法主要有哪些？
7. 消防安全管理的目标是什么？

参考文献

刘永基 . 新编消防管理学［M］. 北京：警官教育出版社，1999.

第二章
社会单位消防安全管理

学习要求

通过本章学习，应了解社会单位消防安全管理的内容；掌握消防安全重点单位界定标准和程序；了解消防安全组织及其职责；熟悉单位消防安全职责和消防安全责任人、消防安全管理人、专（兼）职消防安全管理人员的消防安全职责；掌握单位消防安全制度的内容及落实，火灾隐患及重大火灾隐患的辨识和判定，以及消防档案的制作。

单位是组成社会的基本单元，也是社会消防管理的基本单元。单位消防安全管理是指社会单位作为消防安全管理主体，依照消防法律法规以及消防安全规章制度，运用管理科学的原理和方法，通过计划、组织、指挥、协调、控制、奖惩等职能，利用制度管理、人员管理、档案管理、消防设施设备管理、考核机制等方法，合理有效地利用各种管理资源，为实现本单位消防安全目标所进行的各种活动的总和。就具体单位而言，消防安全管理与生产、经营等其他活动一样，都是单位应当自主考虑和安排的事情，并依法承担责任。因此，每一个单位都是自身消防安全的责任主体，而且这种主体地位和作用是政府和监督机关无法替代的。法人单位的法定代表人或者非法人单位的主要负责人是单位的消防安全责任人，对本单位的消防安全工作全面负责。单位可以根据需要确定本单位的消防安全管理人，负责具体实施和组织落实消防安全管理工作任务，定期向消防安全责任人报告消防安全情况。

第一节　消防安全重点单位

《消防法》第十六条、第十七条规定了中华人民共和国境内的机关、团体、企业、事业（法律、法规另有规定的除外）等单位（以下统称单位）应当履行的消防安全职责。由于单位的性质和构成不同，发生火灾的危险性和危害性有较大的差别，为有效预防群死群伤等恶性火灾事故的发生，在消防安全管理中，把单位分为一般单位和消防安全重点单位。消防安全重点单位，是指发生火灾可能性较大以及发生火灾可能造成重大的人身伤亡或者财产重大损失的单位。一般单位，是指除消防安全重点单位以外的单位。《机关、团体、企业、事业单位消防安全管理规定》（公安部令第61号，以下统称公安部61号令）确定了消防安全重点单位的范围，提出了比一般单位更为严格的消防安全管理要求，对消防安全重点单位实行严格管理、严格监督，是多年以来消防工作行之有效的做法。

一、消防安全重点单位的界定标准

为了贯彻落实公安部61号令，科学、准确地界定消防安全重点单位，《公安部关于实施〈机关、团体、企业、事业单位消防安全管理规定〉有关问题的通知》（公通字〔2001〕97号）进一步提出了消防安全重点单位的界定标准。

（一）商场（市场）、宾馆（饭店）、体育场（馆）、会堂、公共娱乐场所等公众聚集场所

（1）建筑面积在 1 000 m^2（含本数，下同）以上且经营可燃商品的商场（商店、市场）。

（2）客房数在 50 间以上的（旅馆、饭店）。

（3）公共的体育场（馆）、会堂。

（4）建筑面积在 200 m^2 以上的公共娱乐场所。

上述所称公共娱乐场所是指向公众开放的下列室内场所：

1）影剧院、录像厅、礼堂等演出、放映场所。

2）舞厅、卡拉 OK 等歌舞娱乐场所。

3）具有娱乐功能的夜总会、音乐茶座和餐饮场所。

4）游艺、游乐场所。

5）保龄球馆、旱冰场、桑拿浴室等营业性健身、休闲场所。

（二）医院、养老院和寄宿制的学校、托儿所、幼儿园

（1）住院床位在 50 张以上的医院。

（2）老人住宿床位在 50 张以上的养老院。

（3）学生住宿床位在 100 张以上的学校。

（4）幼儿住宿床位在 50 张以上的托儿所、幼儿园。

（三）国家机关

（1）县级以上的党委、人大、政府、政协。

（2）监察委、人民检察院、人民法院。

（3）中央和国务院各部委。

（4）共青团中央、全国总工会、全国妇联等的办事机关。

（四）广播、电视和邮政、通信枢纽

（1）广播电台、电视台。

（2）城镇的邮政和通信枢纽单位。

（五）客运车站、码头、民用机场

（1）候车厅、候船厅的建筑面积在 500 m^2 以上的客运车站和客运码头。

（2）民用机场。

（六）公共图书馆、展览馆、博物馆、档案馆以及具有火灾危险性的文物保护单位

（1）建筑面积在 2 000 m^2 以上的公共图书馆、展览馆。

（2）公共博物馆、档案馆。

（3）具有火灾危险性的县级以上文物保护单位。

（七）发电厂（站）和电网经营企业

（八）易燃易爆化学品的生产、充装、储存、供应、销售单位

（1）生产易燃易爆化学品的工厂。

（2）易燃易爆气体和液体的灌装站、调压站。

（3）储存易燃易爆化学品的专用仓库（堆场、储罐场所）。

（4）易燃易爆化学品的专业运输单位。

（5）营业性汽车加油站、加气站，液化石油气供应站（换瓶站）。

（6）经营易燃易爆化学品的化工商店（其界定标准，以及其他需要界定的易燃易爆化学品性质的单位及其标准，由省级消防机构根据实际情况确定）。

（九）劳动密集型生产、加工企业

生产车间员工在 100 人以上的服装、鞋帽、玩具等劳动密集型企业。

（十）重要的科研单位

界定标准由省级消防机构根据实际情况确定。

（十一）高层公共建筑、地下铁道、地下观光隧道，粮、棉、木材、百货等物资仓库和堆场，重点工程的施工现场

（1）高层公共建筑的办公楼（写字楼）、公寓楼等。

（2）城市地下铁道、地下观光隧道等地下公共建筑和城市重要的交通隧道。

（3）国家储备粮库、总储备量在 10 000 t 以上的其他粮库。

（4）总储量在 500 t 以上的棉库。

（5）总储量在 10 000 m^3 以上的木材堆场。

（6）总储存价值在 1 000 万元以上的可燃物品仓库、堆场。

（7）国家和省级等重点工程的施工现场。

（十二）其他发生火灾可能性较大以及一旦发生火灾可能造成人身重大伤亡或者财产重大损失的单位

界定标准由省级消防机构根据实际情况确定。

二、消防安全重点单位的界定程序

确定消防安全重点单位是加强对消防安全重点单位管理的前提。消防安全重点单位的界定程序包括申报、核定、告知、公告等步骤。首先，单位向所在地消防机构申报；然后，经过消防机构核定和告知；最后，消防机构将确定的消防安全重点单位向全社会公告。

（一）申报

符合消防安全重点单位界定标准的单位，向所在地消防机构申报备案。申报时，单位填写《消防安全重点单位申报登记表》，连同所确定的本单位消防安全责任人、消防安全管理人等人员名单和资料一并报所在地消防机构。单位规模变化或者人员发生变动的，及时报告消防机构。对符合消防安全重点单位界定标准但未申报备案的单位，消防机构可以依法将其确定为消防安全重点单位。单位申报时需要注意下列要求：

（1）个体工商户如符合企业登记标准且经营规模符合消防安全重点单位界定标准的，要向当地消防机构备案。

（2）重点工程的施工现场符合消防安全重点单位界定标准的，由施工单位负责申报备案。工程竣工后，按照“谁使用，谁负责”的原则申报备案。

（3）同一栋建筑物中各自独立的产权单位或者使用单位，符合重点单位界定标准的，应当各自独立申报备案；建筑物本身符合消防安全重点单位界定标准的，建筑物产权单位也要独立申报备案。

（4）符合消防安全重点单位的界定标准，不在同一县级行政区域且有隶属关系的单位，法人单位要向所在地消防机构申报备案；同一县级行政区域内且有隶属关系的单位，下属单位具备法人资格的，各单位都需向所在地消防机构申报备案。

（二）核定

消防机构接到申报后，对申报备案单位的情况进行核实审定，按照分级管理的原则，对核查确定的消防安全重点单位进行登记造册。

（三）告知

对已确定的消防安全重点单位，消防机构采用《消防安全重点单位告知书》的形式，告知消防安全重点单位落实本单位消防安全主体责任，消防安全责任人、消防安全管理人、消防安全管理归口部门要切实履行消防安全工作职责，做好本单位消防安全管理工作。

（四）公告

消防机构于每年的第一季度对本辖区消防安全重点单位进行核查调整，上报本级人民政府，并通过报刊、电视、互联网网站等媒体将本地区的消防安全重点单位向全社会公告。

第二节　消防安全组织及其职责

《消防法》第二条明确规定，消防工作按照"政府统一领导、部门依法监管、单位全面负责、公民积极参与"的原则，实行消防安全责任制，建立健全社会化的消防工作网络。单位依法成立消防安全组织，明确并落实各级各部门各岗位人员职责，是实现社会消防安全的关键环节。通过建立单位内部的消防安全组织网络，落实单位消防安全管理的主体责任，明确消防安全责任制，不断完善单位消防监督管理，提升单位依法自我管理的能力，火灾危害才能够得到有效的控制。

一、消防安全组织

《消防法》和公安部 61 号令规定了机关、团体、企业、事业等单位应当设立消防安全组织机构。消防安全组织是指为了实现单位消防安全目标设立的机构或者部门，是单位内部消防管理的组织形式，是负责本单位防火灭火的工作网络。建立消防安全组织对于牢固树立单位消防工作的主体意识和责任意识，实现单位消防安全管理目标具有十分重要的意义。

（一）消防安全组织的组成

消防安全组织由消防安全委员会或者消防工作领导小组、消防安全管理归口部门和其他部门组成。多产权单位或者大型的企业成立消防安全委员会。成立消防安全组织是为了贯彻"预防为主、防消结合"的消防工作方针，制定科学合理的、行之有效的各种消防安全管理制度和措施，落实消防安全自我管理、自我检查、自我整改、自我负责的机制，做好火灾事故和风险的防范，确保本单位消防安全。

（二）消防安全组织的职责

1. 消防安全委员会或者消防工作领导小组职责

消防安全委员会或者消防工作领导小组，由单位消防安全责任人负责，消防安全管理部门和其他部门的主要负责人组成，履行下列消防安全职责：

（1）认真贯彻执行《消防法》和国家、行业、地方政府等有关消防管理的行政法规、技术规范。

（2）起草下发本单位有关消防管理工作文件，制订有关消防管理规定、制度，组织、策划重大消防管理活动。

（3）督促、指导单位消防管理部门和其他部门加强消防基础档案和消防设施建设，落实逐级防火责任制，推动消防管理科学化、技术化、法制化、规范化。

（4）组织对本单位专（兼）职消防管理人员的业务培训，指导、鼓励本单位职工积极参加消防活动，推动开展消防知识、技能培训。

（5）组织防火检查和重点时期的抽查工作。

（6）组织对重大火灾隐患的认定和整改工作。

（7）组织对重点部位消防应急预案的制定、演练、完善工作，依工作实际，统一有关消防工作标准。

（8）支持、配合消防机构的日常消防管理监督工作，协助火灾事故的调查、处理以及消防机构交办的其他工作。

2. 消防安全管理部门职责

单位结合自身特点和工作实际需要，设置或者确定消防安全管理的归口职能部门。消防安全管理部门履行下列消防安全职责：

（1）依照当地消防机构布置的工作，结合单位实际情况，研究和制定计划并贯彻实施。定期或者不定期向单位主管领导和领导小组、当地消防机构汇报工作。

（2）负责处理单位消防安全委员会或者消防工作领导小组和主管领导交办的日常工作，发现违反消防规定的行为，及时提出纠正意见，如未采纳，可向单位消防安全委员会、消防工作领导小组或者向当地消防机构报告。

（3）推行逐级防火责任制和岗位防火责任制，贯彻执行国家消防法律法规和单位的各项规章制度。

（4）进行经常性的消防教育，普及消防常识，组织和训练专职（志愿）消防队。

（5）经常深入单位内部进行防火检查，协助各部门搞好火灾隐患整改工作。

（6）负责消防器材分布管理、检查、保管维修及使用。

（7）协助领导和有关部门处理单位发生的火灾事故，详细登记每起火灾事故，定期分析单位消防工作形势。

（8）严格用火、用电管理，执行审批动火申请制度，安排专人现场进行监督和指导，跟班作业。

（9）建立健全消防档案。

（10）积极参加当地消防机构组织的各项安全工作会议，并做好记录，会后向单位消防安全责任人、消防安全管理人汇报有关工作情况。

3. 其他部门消防安全职责

其他部门按照单位分工，建立和完善本部门消防安全管理规章制度、程序、方法和措施，负责本部门内部日常消防安全管理，形成自上而下的一级抓一级、一级对一级负责的消防管理体系。其他部门履行下列消防安全职责：

（1）下级部门对上级部门负责，上级部门与直属下级部门按照职责签订《消防安全责任书》和《消防安全管理承诺书》。

（2）明确本部门及所有岗位人员的消防工作职责，真正承担起与部门、岗位相适应的消防安全责任，做到分工合理、责任分明，各司其职、各尽其责。

（3）配合消防安全管理部门、专（兼）职消防人员实施本部门职责范围内的每日防火巡查、每月防火检查等消防安全工作，并在相关的检查记录内签字，及时落实火灾隐患整改措施及防范措施等。

（4）指定责任心强、工作能力强的人员为本部门的消防安全工作人员，负责保管和检查属于本部门管辖范围内的各种消防设施，发生故障后，及时向本部门消防安全责任人和消防安全管理归口部门汇报，协调解决相关事宜。

（5）负责监督、检查和落实与本部门工作有关的消防安全制度的执行和落实。

（6）积极组织本部门职工参加消防知识教育和灭火应急疏散演练，提高消防安全意识。

（7）发生火灾或者其他突发情况时，按照灭火应急疏散预案的规定和分工，履行职责。

二、消防安全职责

《消防法》第十六条、第十七条规定了单位应当履行的消防安全职责，公安部61号令要求单位应当落实逐级消防安全责任制和岗位消防安全责任制，明确逐级和岗位消防安全职责，确定各级、各岗位的消防安全责任人，对本级、本岗位的消防安全负责，层层落实消防安全责任。

为深入贯彻《消防法》《安全生产法》和党中央、国务院关于安全生产及消防安全的重要决策部署，经国务院同意，国务院办公厅于2017年10月29日印发了《消防安全责任制实施办法》，按照政府统一领导、部门依法监管、单位全面负责、公民积极参与的原则，坚持党政同责、一岗双责、齐抓共管、失职追责，进一步健全了消防安全责任制，完善了消防安全责任体系。

（一）单位职责

单位是消防安全管理的责任主体，单位的法定代表人或者主要负责人、实际控制人是本单位、本场所的消防安全责任人，按照安全自查、隐患自除、责任自负的工作原则，对单位、场所消防安全全面负责。消防安全重点单位依法确定消防安全管理人，具体负责组织实施单位消防安全管理工作。

1. 一般单位职责

单位依法组织实施消防安全管理工作，建立健全消防安全责任体系，必须落实消防安全主体责任，履行下列职责：

（1）明确各级、各岗位消防安全责任人及其职责，制定本单位的消防安全制度、消防安全操作规程、灭火和应急疏散预案。定期组织开展灭火和应急疏散演练，进行消防工作检查考核，保证各项规章制度落实。

（2）保证防火检查巡查、消防设施器材维护保养、建筑消防设施检测、火灾隐患整改、专职或者志愿消防队和微型消防站建设等消防工作所需资金的投入。生产经营单位安全费用中应列支适当比例用于消防工作。

（3）按照相关标准配备消防设施、器材，设置消防安全标志，定期检验维修，对建筑消防设施每年至少组织一次全面检测，确保完好有效。设有消防控制室的，实行24 h值班制度，每班不少于2人，并持证上岗。

（4）保障疏散通道、安全出口、消防车通道畅通，保证防火防烟分区、防火间距符合消防技术标准。保证建筑构件、建筑材料和室内装修装饰材料等符合消防技术标准。人员密集场所的门窗不得设置影响逃生和灭火救援的障碍物。

（5）定期开展防火检查、巡查，及时消除火灾隐患。

（6）根据需要建立专职或者志愿消防队、微型消防站，加强队伍建设，定期组织训练演练，加强消防装备配备和灭火药剂储备，建立与消防专业队伍联勤联动机制，提高扑救初起火灾能力。

（7）消防法律、法规、规章以及政策文件规定的其他职责。

2. 消防安全重点单位职责

消防安全重点单位除依法履行单位消防安全管理职责外，还需履行下列职责：

（1）明确承担单位消防安全管理的部门，确定消防安全管理人，并报当地消防机构备案，组织实施本单位消防安全管理。消防安全管理人应依法经过消防培训。

（2）建立消防档案，确定消防安全重点部位，设置防火标志，实行严格管理。

（3）按照相关标准和用电、用气安全管理规定，安装、使用电器产品、燃气用具和敷设电气线路、管线，并定期维护保养、检测。

（4）组织员工进行岗前消防安全培训，定期组织消防安全培训和疏散演练。

（5）根据需要建立微型消防站，积极参与消防安全区域联防联控，提高自防自救能力。

（6）积极应用消防远程监控、电气火灾监测、物联网技术等技防物防措施。

3. 火灾高危单位职责

对容易造成群死群伤火灾的人员密集场所、易燃易爆单位和高层、地下公共建筑等火灾高危单位，除履行一般单位职责、消防安全重点单位职责外，还要履行下列职责：

（1）定期召开消防安全工作例会，研究本单位消防工作，处理涉及消防经费投入、消防设施设备购置、火灾隐患整改等重大问题。

（2）鼓励消防安全管理人取得注册消防工程师执业资格，消防安全责任人和特有工种人员须经消防安全培训；自动消防设施操作人员应取得建（构）筑物消防员资格证书。

（3）专职消防队或者微型消防站应当根据本单位火灾危险特性配备相应的消防装备器材，储备足够的灭火救援药剂和物资，定期组织消防业务学习和灭火技能训练。

（4）按照国家标准配备应急逃生设施设备和疏散引导器材。

（5）建立消防安全评估制度，由具有资质的机构定期开展评估，评估结果向社会公开。

（6）参加火灾公众责任保险。

4. 多单位共用建筑的单位职责

大（中）型建筑，尤其是各类综合体建筑中，大量存在两个及两个以上产权单位、租赁单位共同使用建筑的情况，为了方便管理，建筑产权、使用单位通常将这类建筑委托物业服务单位统一管理。这类建筑中的相关单位，按照下列要求履行职责：

（1）建设（产权）单位提供符合消防安全要求的建筑物，并提供经消防机构验收合格或者竣工验收备案抽查合格、已备案的证明文件资料。

（2）产权单位、使用单位、管理单位等在订立的合同中，依照有关规定明确各方的消防安全责任，明确消防专有、共用部位，以及专有、共用消防设施的消防安全责任、义务。

（3）产权单位、使用单位确定责任人或者委托管理，对共用的疏散通道、安全出口、建筑消防设施和消防车通道进行统一管理；其他单位对各自使用、管理场所依法履行消防安全管理职责。

（4）物业服务单位按照合同约定提供消防安全管理服务，对管理区域内的共用消防设施和疏散通道、安全出口、消防车通道进行维护管理，及时劝阻和制止占用、堵塞、封闭疏散通道、安全出口、消防车通道等行为，劝阻和制止无效的，立即向相关主管部门报告；定期开展防火检查巡查和消防宣传教育。

（5）建筑局部施工需要使用明火时，施工单位和使用管理单位要共同采取措施，将施工区和使用区进行防火分隔，清除动火区域的易燃物、可燃物，配置消防器材，专人监护，确保施工区和使用区的消防安全。

5. 消防技术服务单位职责

消防设施检测、维护保养和消防安全评估、咨询、监测等消防技术服务机构应依法获得相应的资质，依法依规提供消防安全技术服务，并对服务质量负责。

（二）人员职责

消防安全管理人员主要分为消防安全责任人、消防安全管理人、专（兼）职消防安全管理人员、自动消防设施操作人员、部门消防安全负责人等。单位可以根据实际需要成立由内部人员组成的志愿消防队，定期组织开展使用灭火器材、引导员工疏散演习等方面训练，发挥其开展防火检查、消防宣传的作用，提高单位的自防自救能力。

1. 消防安全责任人职责

法人单位的法定代表人或者非法人单位的主要负责人是依照法律或者组织章程，行使职权的第一责任人，处于决策者、指挥者的重要地位。为了确保消防安全管理落到实处，必须明确单位的法人代表或者主要负责人是消防安全责任人，对单位的消防安全工作全面负责，在履行单位消防安全管理职责、承担单位因消防违法行为和火灾事故所产生的行政或者刑事责任等方面，承担“第一责任人”的责任。

消防安全责任人有关职责，详见本书第一篇第一章第二节有关内容。

2. 消防安全管理人职责

消防安全重点单位一般规模较大，而多数单位的法定代表人或者主要负责人不可能事必躬亲。为了确保消防安全重点单位消防安全管理工作切实有人抓，需要依法确定消防安全管理人来具体组织、实施本单位的消防安全管理工作。消防安全管理人是指单位中担任一定领导职务或者具有一定管理权限的人员，受单位消防安全责任人委托，具体负责组织实施单位消防安全管理工作，并对单位消防安全责任人负责。

消防安全管理人定期向消防安全责任人报告消防安全情况，及时报告涉及消防安全的重大问题。未确定消防安全管理人的单位，规定的消防安全管理工作由单位消防安全责任人负责实施。

消防安全管理人有关职责，详见本书第一篇第一章第二节有关内容。

3. 专（兼）职消防安全管理人员职责

专（兼）职消防安全管理人员是做好消防安全的重要力量，在消防安全责任人和消防安全管理人的领导下开展消防安全管理工作。

专（兼）职消防安全管理人员履行下列责任：

（1）掌握消防法律法规，了解本单位消防安全状况，及时向上级报告。

（2）提请确定消防安全重点单位，提出落实消防安全管理措施的建议。

（3）实施日常防火检查、巡查，及时发现火灾隐患，落实火灾隐患整改措施。

（4）管理、维护消防设施、灭火器材和消防安全标志。

（5）组织开展消防宣传，对全体员工进行教育培训。

（6）编制灭火和应急疏散预案，组织演练。

（7）记录有关消防安全管理工作开展情况，完善消防档案。

（8）完成其他消防安全管理工作。

4. 自动消防设施操作人员职责

自动消防设施操作人员包括单位消防控制室值班操作人员以及自动消防设施维护管理人员等。

（1）消防控制室值班操作人员履行下列职责：

1）熟悉和掌握消防控制室设备的功能及操作规程，持证上岗；按照规定测试自动消防设施的功能，保障消防控制室设备的正常运行。

2）核实、确认火警信息，火灾确认后，立即报火警并向消防主管人员报告，随即启动灭火和应急疏散预案。

3）及时确认故障报警信息，排除消防设施故障，不能排除的立即向部门主管人员或者消防安全管理人报告。

4）不间断值守岗位，做好消防控制室的火警、故障和值班记录。

（2）自动消防设施维护管理人员履行下列职责：

1）熟悉和掌握消防设施的功能和操作规程。

2）按照管理制度和操作规程等对消防设施进行检查、维护和保养，保证消防设施和消防电源处于正常运行状态，确保有关阀门处于正确位置。

3）发现故障及时排除，不能排除的及时向上级主管人员报告。

4）做好运行、操作和故障记录。

5. 部门消防安全责任人职责

部门主要负责人为本部门消防安全责任人，对本部门消防安全工作负总责，应当带头并督促本部门员工遵守各种消防安全法律法规和各项消防安全管理制度，利用多种手段积极学习消防安全知识。

部门消防安全责任人履行下列职责：

（1）组织实施本部门的消防安全管理工作计划。

（2）根据本部门的实际情况开展消防安全教育与培训，制订消防安全管理制度，落实消防安全措施。

（3）按照规定实施消防安全巡查和定期检查，管理消防安全重点部位，维护管辖范围的消防设施。

（4）及时发现和消除火灾隐患，不能消除的，应采取相应措施并及时向消防安全管理人报告。

（5）发现火灾，及时报警，并组织人员疏散和初起火灾扑救。

6. 志愿消防队员职责

志愿消防队员是单位员工，定期组织训练、考核和应急疏散演练，是发生火灾时单位主要灭火力量。

志愿消防队员履行下列职责：

（1）熟悉本单位灭火与应急疏散预案和本人在志愿消防队中的职责分工。

（2）参加消防业务培训及灭火和应急疏散演练，了解消防知识，掌握灭火与疏散技能，会使用灭火器材及消防设施。

（3）做好本部门、本岗位日常防火安全工作，宣传消防安全常识，督促他人共同遵守，开展群众性自防自救工作。

（4）发生火灾时须立即赶赴现场，服从现场指挥，积极参加扑救火灾、人员疏散、救助伤员、保护现场等工作。

7. 单位员工职责

单位员工按照岗位分工，做好各自岗位的消防安全管理工作，履行下列职责：

（1）明确各自消防安全责任，认真执行本单位的消防安全制度和消防安全操作规程。维护消防安全，预防火灾。

（2）保护消防设施和器材，保障消防通道畅通。

（3）发现火灾，及时报警。

（4）参加有组织的灭火工作。

（5）发生火灾后，公共场所的现场工作人员立即组织、引导在场人员安全疏散。

（6）接受单位组织的消防安全培训，做到懂火灾的危险性、懂预防火灾措施、懂扑救火灾方法、懂火灾现场逃生方法（四懂）；做到会报火警、会使用灭火器材、会扑救初起火灾、会组织疏散逃生（四会）。

第三节 消防安全制度及其落实

消防安全制度是单位在消防安全管理和生产经营活动中为保障消防安全所制定的各项制度、程序、办法和措施，是单位全体员工做好消防安全工作必须遵守的规范和准则，其根本目的是确保单位的消防安全。建立和完善消防安全制度是单位落实消防安全责任制的重要保证。单位应按照国家有关规定，结合本单位的特点，建立健全各项消防安全制度。

一、消防安全制度的种类和主要内容

根据《消防法》和公安部61号令的规定，单位的消防安全制度主要包括以下内容：消防安全责任制；消防安全教育、培训；防火巡查、检查；安全疏散设施管理；消防设施器材维护管理；消防（控制室）值班；火灾隐患整改；用火、用电安全管理；灭火和应急疏散预案演练；易燃易爆危险品和场所防火防爆管理；专职（志愿）消防队的组织管理；燃气和电气设备的检查和管理（包括防雷、防静电）；消防安全工作考评和奖惩等制度。

（一）消防安全责任制

消防安全责任制是单位消防安全管理制度中最根本的制度。制度需要明确单位消防安全责任人、消防安全管理人以及全体人员应履行的消防安全职责，明确逐级和岗位消防安全职责，确定各级、各岗位的消防安全责任人，签订责任书，落实消防安全责任。消防安全责任制主要内容包括：

（1）确定单位消防安全委员会（或者消防安全领导小组）领导机构及其责任人的消防安全职责。

（2）明确消防安全管理归口部门和消防安全管理人的消防安全职责。

（3）明确单位各个部门、岗位消防安全责任人以及专（兼）职消防安全管理人员的职责。

（4）明确单位志愿消防队、专职消防队、微型消防站的组成及其人员职责。

（5）明确各个岗位员工的岗位消防安全职责。

（二）消防安全教育、培训制度

该制度旨在提高员工的消防安全素质，使其遵循消防安全方针、消防安全管理要求，落实消防安全管理制度、措施。单位要明确消防安全教育和培训的责任部门和责任人，通过多种形式开展经常性的消防安全宣传与培训，确定消防安全教育的频次、主要内容，制定考核奖惩措施。

（三）防火巡查、检查制度

单位要明确防火巡查、检查的时间、频次和方法，确定防火巡查、检查的内容；如实记录防火巡查、检查的参加人员、检查部位、检查内容和方法、发现的火灾隐患、处理和报告程序、整改和防范措施等，并由相关人员签字确认，建档备查。

（四）安全疏散设施管理制度

单位要严格按照国家法律法规和消防技术标准规范的要求配置消防安全疏散设施，并建立消防安全疏散设施管理制度。安全疏散设施管理制度的内容要明确消防安全疏散设施管理的责任部门和责任人，明确定期维护、检查的要求，明确安全疏散设施的管理要求，以确保安全疏散通道、安全出口畅通，设施完好有效。

（五）消防设施器材维护管理制度

单位要明确按照有关规定定期对消防设施进行维护保养和维修检查的要求，明确消防设施器材维护保养的责任单位，制定每日检查、月（季）度试验检查和年度检查内容和方法，做好检查记录，填写建筑消防设施维护保养报告备案表。

（六）消防（控制室）值班制度

单位要明确消防控制室管理部门、管理人员以及操作人员的职责，明确值班制度、突发事件处置程序、报告程序、工作交接等内容。

（七）火灾隐患整改制度

单位对存在的火灾隐患应该及时予以消除，要明确和落实各级领导和各有关方面的责任，确定整改措施，落实整改资金和负责整改的部门、人员和期限，积极进行整改，以确保单位的消防安全。单位对不能确保其消防安全，随时可能引发火灾或者一旦发生火灾会严重危及人身安全的火灾隐患和危险部位，应当自行采取断然措施——停产停业停工整改。在火灾隐患未消除之前，单位应当落实防范措施，保障消防安全。

（八）用火、用电安全管理制度

单位要明确安全用电、用（动）火管理部门，明确用电、用（动）火的审批范围、程序和要求以及电焊、气焊人员的岗位资格及其职责要求等内容。

（九）灭火和应急疏散预案演练制度

单位要明确灭火和应急疏散预案的编制和演练的部门和负责人，确定演练范围、演练频次、演练程序、注意事项、演练情况记录、演练后的总结和自评以及预案修订等内容。

（十）易燃易爆危险品和场所防火防爆管理制度

单位要明确危险品的储存方法、防火措施和灭火方法，配备足够的相应的消防器材。性质与灭火方法相抵触的物品不得混存。按照储存易燃易爆危险品的仓库要求，定期检查，规定储存的数量。

（十一）专职（志愿）消防队的组织管理制度

单位要确定专职（志愿）消防队的人员组成，明确归口管理，明确培训内容、频次、实施方法和要求，并严格落实。定期对专职（志愿）消防队员进行业务考核演练，明确奖惩措施，并根据人员变化情况对专职（志愿）消防队员及时进行调整、补充。

（十二）燃气和电气设备的检查和管理（包括防雷、防静电）制度

单位要明确燃气和电气设备的检查和管理的部门和人员，定期进行消防安全工作考评和奖惩；要确定电气设备、燃气设备管理检查的内容、方法、频次，记录检查中发现的隐患，落实整改措施；要确定专业部门对建筑物、设备的防雷、防静电情况进行检查、测试，并做好检查记录，出具测试报告；改变燃气用途或者安装、改装、拆除固定的燃气设施和燃气器具的，应当到消防机构及燃气经营企业办理相关手续。

（十三）消防安全工作考评和奖惩制度

单位要确定消防安全工作考评和奖惩实施的部门，确定考评频次、考评内容（包括执行规章制度和操作规程的情况、履行岗位职责的情况等），明确考评办法、奖励和惩戒的具体行为，并可以根据行为的程度区别奖惩等级。

二、单位消防安全制度的落实

国家制定的消防法律法规和消防技术标准，最终都要在每个具体的单位中去落实。提升单位的消防安全管理水平，是实现单位“安全自查、隐患自除、责任自负”，有效控制和减少火灾危害的重要途径。

（一）确定消防安全责任

全面落实单位的消防安全主体责任，是提高单位消防安全管理能力和水平的根本。首先，单位必须深入推进和落实消防安全责任制，按照消防安全组织要求，明确各级、各部门的消防安全责任人，对本级、本部门的消防安全负责，对下级消防安全工作进行指导、督促，层层落实消防安全责任。目前，社会单位大多采取签订《消防安全责任书》的形式落实责任。需要注意的是，《消防安全责任书》具有敦促下一级消防安全责任主体切实履行消防安全责任的作用，但并不能起到通过“契约”的方式，把上级消防安全主体的责任部分或者全部转换到下一级消防安全责任主体的效果，否则就构成不正当条款。签订《消防安全责任书》，只是上一级消防安全责任人实行消防安全管理的一种方法，而不能当作转移消防安全责任的手段。

（二）定期开展防火巡查、检查

单位应按照下列方法、频次和内容开展防火巡查、检查，排查并消除火灾隐患：

（1）单位实行逐级防火检查制度和火灾隐患整改责任制。单位定期组织开展防火巡查、检查，及时发现并消除火灾隐患；消防安全责任人对火灾隐患整改负总责，消防安全管理人和消防安全管理归口职能部门具体负责组织火灾隐患整改工作，消防安全管理人、有关部门、员工应当认真履行火灾隐患整改责任。

（2）单位消防安全责任人、消防安全管理人对本单位落实消防安全制度和消防安全管理措施、执行消防安全操作规程等情况，每月至少组织一次防火检查；社会单位内设部门负责人对本部门落实消防安全制度和消防安全管理措施、执行消防安全操作规程等情况，每周至少开展一次防火检查；员工每天班前、班后进行本岗位防火检查，及时发现火灾隐患。

（3）单位按照规定对消防安全重点部位每日至少进行一次防火巡查；公众聚集场所在营业期间的防火巡查至少每2 h一次，营业结束时应当对营业现场进行检查，消除遗留火种；公众聚集场所，医院、养老院、寄宿制的学校、托儿所、幼儿园夜间防火巡查不少于两次。

（4）单位防火巡查主要包括下列内容：用火、用电、用气等情况；安全出口、疏散通道、安全疏散指示标志、应急照明等情况；常闭式防火门关闭状态、防火卷帘使用情况；消防设施、器材以及消防安全标志等情况；消防安全重点部位的人员在岗情况；其他消防安全情况。

（5）单位及其内设部门组织开展的防火检查主要包括下列内容：消防车通道、消防水源情况；安全疏散通道、楼梯，安全出口及其疏散指示标志、应急照明情况；消防安全标志的设置情况；灭火器材配置及其完好情况；建筑消防设施运行情况；消防控制室值班情况、消防控制设备运行情况及相关记录；用火、用电、用气情况；消防安全重点部位的管理情况；防火巡查落实情况及其记录；火灾隐患的整改以及防范措施的落实情况；易燃易爆危险品场所防火、防爆和防雷措施的落实情况；楼板、防火墙和竖井孔洞等重点防火分隔部位的封堵情况；消防安全重点部位人员及其他员工消防知识的掌握情况。

（6）单位在使用（营业）期间，需要进行电焊、气焊等明火作业的，按照规定履行审批手续，落实防护措施。动火期间，需要动火施工的区域与使用、营业区之间进行防火分隔；电焊、气焊等明火作业前，清除易燃可燃物，配置灭火器材，落实现场监护人和安全措施，在确认无火灾、爆炸危险后方可动火施工；商店、公共娱乐场所禁止在营业时间动火施工。

（7）员工应履行本岗位消防安全职责，遵守消防安全制度和消防安全操作规程，熟悉本岗位火灾危险性，掌握火灾防范措施，进行防火检查，及时发现本岗位的火灾隐患。员工班前、班后防火检查应包括下列内容：用火、用电有无违章情况；安全出口、疏散通道是否畅通，有无堵塞、锁闭情况；消防器材、消防安全标志完好情况；场所有无遗留火种。

（8）发现的火灾隐患应当立即消除；对不能立即消除的，发现人应当向消防安全管理归口部门或者消防安全管理人报告，按程序整改并做好记录。消防安全管理归口部门或者消防安全管理人接到火灾隐患报告后，应当立即组织核查，研究制定整改方案，确定整改措施、整改期限、整改责任人和部门，报单位消防安全责任人审批。社会单位的消防安全责任人应当督促落实火灾隐患整改措施，为整改火灾隐患提供经费和组织保障。

（9）火灾隐患整改责任人和部门应当按照整改方案要求，落实整改措施，并加强整改期间的安全防范，确保消防安全。火灾隐患整改完毕后，消防安全管理人应当组织验收，并将验收结果报告消防安全责任人。对消防机构责令改正的火灾隐患，应当立即着手整改，并将整改情况报告消防机构。

（三）组织消防安全知识宣传教育培训

单位应按照下列形式和内容组织消防宣传与教育培训：

（1）社会单位应当确定专（兼）职消防宣传教育培训人员。消防宣传教育培训人员应当经过专业培训，具备宣传教育培训能力。

（2）单位应当购置或制作书籍、报刊等消防宣传教育培训资料，悬挂或者张贴消防宣传标语，利用展板、专栏、广播、电视、网络等形式开展消防宣传教育培训。

（3）员工上岗、转岗前，应经过消防安全培训合格；在岗人员每半年进行一次消防安全教育培训。

（4）单位消防安全责任人、消防安全管理人和员工通过消防安全教育培训应掌握下列内容：有关消防法律法规、消防安全管理制度、保证消防安全的操作规程等；本单位、本岗位的火灾危险性和防火措施；建筑消防设施、灭火器材的性能、使用方法和操作规程；报火警、扑救初起火灾、应急疏散和自救逃生的知识、技能；本单位、场所的安全疏散路线，引导人员疏散的程序和方法等；灭火和应急疏散预案的内容、操作程序。

（四）开展灭火和疏散逃生演练

单位应按照下列方法和要求组织开展灭火和疏散逃生演练：

（1）消防安全责任人、消防安全管理人应熟悉本单位灭火力量和扑救初起火灾的组织指挥程序。社会单位员工应熟悉或者掌握本单位的下列情况：本单位的消防设施、器材设置情况，灭火器、消火栓等消防器材、设施的使用方法，初起火灾的处置程序和扑救初起火灾基本方法，灭火和应急疏散预案。

（2）员工发现火灾立即呼救，起火部位现场员工于1 min内形成灭火第一战斗力量，在第一时间内采取如下措施：灭火器材、设施附近的员工利用现场灭火器、消火栓等器材、设施灭火；电话或者火灾报警按钮附近的员工打“119”电话报警，报告消防控制室或者单位值班人员；安全出口或者通道附近的员工负责引导人员疏散。

（3）火灾确认后，单位于3 min内形成灭火第二战斗力量，及时采取如下措施：通信联络组按照灭火和应急预案要求通知预案涉及的员工赶赴火场，向消防队报警，向火场指挥员报告火灾情况，将火场指挥员的指令下达有关员工；灭火行动组根据火灾情况利用本单位的消防器材、设施扑救火灾；疏散引导组按分工组织引导现场人员疏散；安全救护组负责协助抢救、护送受伤人员；现场警戒组阻止无关人员进入火场，维持火场秩序。

（4）单位消防安全责任人、消防安全管理人和员工应熟悉本单位疏散逃生路线以及引导人员疏散程序，掌握避难逃生设施使用方法，具备火场自救逃生的基本技能。

（5）火灾发生后，员工迅速判明危险地点和安全地点，立即按照疏散逃生的基本要领和方法组织引导疏散逃生。

（6）火灾确认后，应立即启动建筑内的所有火灾声光警报器，同时向整栋建筑进行应急广播，发出疏散通知。

（7）人员密集场所员工在火灾发生时通过喊话、广播等方式稳定火场人员情绪，消除恐慌心理，积极引导群众采取正确的逃生方法，向安全出口、疏散楼梯、避难层（间）、楼顶等安全地点疏散逃生，并防止拥堵踩踏。

（8）人员密集场所的主要出入口张贴《消防安全责任告知书》和《消防安全承诺书》，在显著位置和每个楼层提示场所的火灾危险性，安全出口、疏散通道位置及逃生路线，以及消防器材的位置和使用方法。

（五）建立健全消防档案

消防档案包括消防安全基本情况和消防安全管理情况。具体内容见本章第六节。

（六）消防安全重点单位实行“三项报告”备案制度

“三项报告”备案制度是巩固社会单位消防安全管理、全面落实重点单位消防安全主体责任、推进消防工作社会化采取的一项有力举措，是指消防安全重点单位应定期向当地消防机构报告消防安全责任人、消防安全管理人依法履行消防安全职责情况，记录日常消防安全管理情况。“三项报告”备案包括以下三项内容：

1. 消防安全管理人员报告备案

消防安全重点单位依法确定的消防安全责任人、消防安全管理人、专（兼）职消防管理员、消防控制室值班操作人员等，自确定或者变更之日起5个工作日内，向当地消防机构报告备案，确保消防安全工作有人抓、有人管。消防安全责任人、消防安全管理人要切实履行消防安全职责，接受消防机构的业务指导和培训，落实各项消防责任，全面提高本单位消防安全管理水平。

2. 消防设施维护保养报告备案

设有建筑消防设施的消防安全重点单位，应当对建筑消防设施进行日常维护保养，并每年至少进行一次功能检测；不具备维护保养和检测能力的消防安全重点单位应委托具有资质的机构进行维护保养和检测，保障消防设施完整好用。消防安全重点单位要将维护保养合同、维修保养记录、设备运行记录每月向当地消防机构报告备案。提供消防设施维护保养和检测的技术服务机构，必须具有相应等级的资质，依照签订的维护保养合同认真履行义务，承担相应责任，确保建筑消防设施正常运行，并自签订维护保养合同之日起5个工作日内向当地消防机构报告备案。

3. 消防安全自我评估报告备案

消防安全重点单位应对消防安全管理情况每月组织一次自我评估。评估发现的问题和工作薄弱环节，要采取切实可行的措施及时整改。评估情况应自评估完成之日起5个工作日内向当地消防机构报告备案，并向社会公开。

第四节　消防安全重点部位的确定和管理

对于一栋建筑来说，并不是建筑的每个部位都容易引发火灾，或者导致火灾迅速蔓延。火灾往往发生在人群稠密和物资集中的地方，而这些地区的消防通道又常常拥堵，消防车难以进入，消防灭火工作难以展开，火灾扩展的速度较快，往往小的火灾却酿成大的灾祸；或者是发生在性质重要或者遇明火发生爆炸的危险部位，这些部位往往一发生火灾就会造成重大的财产损失，甚至人员伤亡。因此，必须加强对消防安全重点部位的管理，采取有针对性的保护措施，才能有效避免火灾的发生，限制火灾蔓延的范围，避免重大伤亡事故的发生。

一、消防安全重点部位定义

根据《机关、团体、企业、事业单位消防安全管理规定》第十九条规定，消防安全重点部位是指容易发生火灾，一旦发生火灾可能严重危及人身和财产安全，以及对消防安全有重大影响的部位。

二、消防安全重点部位的确定

确定消防安全重点部位不仅要根据火灾危险源的辨识来确定，还应根据本单位的实际，即物品储存的多少、价值的大小、人员的集中量以及隐患的存在和火灾的危险程度等情况而定，通常从以下几个方面来考虑：

（1）容易发生火灾的部位，如化工生产车间，油漆、烘烤、熬炼、木工、电焊气割操作间，化验室、汽车库、化学危险品仓库，易燃、可燃液体储罐，可燃、助燃气体钢瓶仓库和储罐，液化石油气瓶或者储罐，氧气站，乙炔站，氢气站，易燃的建筑群等。

（2）发生火灾后对消防安全有重大影响的部位，如与火灾扑救密切相关的变配电室，消防控制室，消防水泵房等。

（3）性质重要、发生事故影响全局的部位，如发电站、变配电站（室），通信设备机房、生产总控制室，电子计算机房，锅炉房，档案室，资料、贵重物品和重要历史文献收藏室等。

（4）财产集中的部位，如储存大量原料、成品的仓库、货场，使用或者存放先进技术设备的实验室、车间、仓库等。

（5）人员集中的部位，如单位内部的礼堂（俱乐部），托儿所，集体宿舍，医院病房等。

加强重点部位的消防安全管理是做好一个单位消防安全管理、确保单位消防安全、避免和减少重特大火灾事故发生的一项重要措施。在实际工作中，各单位要结合实际，带着全局的判断力和发展眼光来确定消防安全重点部位。切勿盲目、面面俱到，致使防护、管理没重点。更不能打马虎眼，忽视或遗漏对某一两处消防安全重点部位的保护与管理。

三、消防安全重点部位的管理

消防安全重点部位确定以后，应从管理的民主性、系统性、科学性着手做好六个方面的管理，以保障单位的消防安全。

（一）制度管理

防火安全制度是为了满足企业消防安全的客观需要，要求职工在生产、经营、技术活动中做好防火安全工作必须遵守的规范准则。在单位的防火安全制度中，首先要明确消防安全重点部位，使职工都能了解消防安全重点部位的火灾危险性以及应遵守的有关规定。同时，根据各消防安全重点部位的性质、特点和火灾危险性，制订相应的防火安全制度，采取必要的防火措施上墙公布，并落实到班组及个人，做到明确职责、层层落实、加强管理、各司其职，实行消防安全管理制度化。

（二）标识化管理

为了突出重点，明确责任，严格管理，每个消防安全重点部位都必须设立“消防安全重点部位”指示牌、禁止烟火警告牌和消防安全管理标识牌，做到“消防安全重点部位明确、禁止烟火明确”（两明确）和“防火负责人落实、志愿消防员落实、防火安全制度落实、消防器材落实、灭火预案落实”（五落实），实行消防安全管理规范化。

（三）教育管理

一方面，从制度中明确消防安全重点部位职工为消防重点工种工人。另一方面，本着“抓重点、顾一般”的原则，加强对重点部位职工的消防教育，提高其自防自救的能力。开展教育，可采取新工人入厂、重点工种上岗前的必训教育；厂报、黑板报、播放录像、订阅资料的常规教育；举办志愿消防员、重点工种工人消防培训班的应知应会教育；举办消防运动会的实战演练教育等形式。通过一系列的教育，使重点部位职工达到“四懂四会”，实行消防安全知识群众化。

（四）档案管理

建立和完善消防档案，是实行消防管理的一项重要基础工作，也是一项重要的业务建设。消防档案的建立必须在进行调查、统计、核实的基础上加以认真填写，并不断加以完善。消防安全重点部位的档案管理做到“四个一”（一制度：消防安全重点部位防火安全制度；一表：消防安全重点部位工作人员登记表；一图：消防安全重点部位基本情况照片成册图；一计划：消防安全重点部位灭火施救计划）。

（五）日常管理

开展防火检查是消防安全重点部位日常管理的一个重要环节，其目的在于发现和消除不安全因素和火灾隐患，把火灾事故消灭在萌芽状态，做到防患于未然。同时，防火检查也是贯彻落实有关消防法律法规、技术规范的重要措施，还起到监督、检查的作用。防火检查可采取“六查、六结合”的方法，可收到较好的效果。“六查”即：单位组织每月查；所属部门每周查；班组每天查；专职消防员巡回查；部门之间互抽查；节日期间重点查。“六结合”即：检查与宣传相结合；检查与整改相结合；检查与复查相结合；检查与记录相结合；检查与考核相结合；检查与奖惩相结合。

（六）应急管理

应急管理是贯彻“防消结合”方针的一项具体内容，也是及时扑救初起火灾、减少火灾损失的一个重要手段。单位可以根据各消防安全重点部位生产、储存、使用物品的性质、火灾特点及危险程度，配置相应的消防设施，落实专人负责，确保随时可用，同时，针对各消防安全重点部位制定灭火预案，组织管理人员及志愿消防员结合实际开展灭火演练，做到“四熟练”，即：熟练使用灭火器材，熟练报告火警，熟练疏散群众，熟练扑灭初起火灾。

第五节　火灾隐患及重大火灾隐患的判定

随着经济建设的迅速发展和人民生活水平的不断提高，用火、用电、用油、用气大量增加，城市规模的扩大，城市人口的急剧增加，各类建筑物的大量竣工和投入使用，火灾发生的可能性和火灾危险性大大增加。

一、火灾隐患

火灾隐患是指潜在的有直接引起火灾事故可能，或者火灾发生时能增加对人员、财产的危害，或者是影响人员疏散以及灭火救援的一切不安全因素。火灾隐患可分为一般火灾隐患和重大火灾隐患。

如何发现和判定火灾隐患，是消防安全管理中经常遇到的问题。火灾隐患有的是以有形的形式表现出来，如消防安全布局不合理，建筑物耐火等级和防火间距不符合规范要求，安全出口和疏散通道上锁或者封堵，消防设施缺损瘫痪等；有的则以无形的形式表现出来，如管理混乱，责任不清，制度不健全，漠视消防法律法规，轻视消防安全工作，缺乏消防安全常识，违反消防安全操作规程等。从时间来看，有的是历史遗留下来的，有的是后天形成的。

《消防监督检查规定》（公安部令第 120 号）将具有下列情形之一的，确定为火灾隐患：

（1）影响人员安全疏散或者灭火救援行动，不能立即改正的。

（2）消防设施未保持完好有效，影响防火灭火功能的。

（3）擅自改变防火分区，容易导致火势蔓延、扩大的。

（4）在人员密集场所违反消防安全规定，使用、储存易燃易爆危险品，不能立即改正的。

（5）不符合城市消防安全布局要求，影响公共安全的。

（6）其他可能增加火灾实质危险性或者危害性的情形。

单位通过对消防安全管理的下列环节开展防火检查，排查火灾隐患：

（1）消防法律、法规、规章、制度的贯彻执行情况。

（2）消防安全责任制、消防安全制度、消防安全操作规程建立及落实情况。

（3）单位员工消防安全教育培训情况。

（4）单位灭火和应急疏散预案制定及演练情况。

（5）建筑之间防火间距、消防通道、建筑安全出口、疏散通道、防火分区设置情况。

（6）消火栓，火灾自动报警、自动灭火和防烟排烟系统等自动消防设施运行，灭火器材配置等情况。

（7）电气线路敷设以及电气设备运行情况。

（8）建筑室内装修装饰材料防火性能情况。

（9）生产、储存、经营易燃易爆危险化学品的单位场所设置位置情况。

（10）三合一场所（住宿与生产、仓储、经营一种或一种以上场所在同一建筑内混合设置）人员住宿与生产、仓储、经营部分实行防火分隔，安全出口、疏散通道设置，消火栓、自动消防设施运行，电气线路敷设及电气设备运行等情况。

（11）新建、改建、扩建工程消防设计审核、消防验收情况。

（12）销售和使用领域的消防产品质量情况。

二、重大火灾隐患

重大火灾隐患是违反消防法律法规、不符合消防技术标准，可能导致火灾发生或者火灾危害扩大，并由此可能造成重大、特别重大火灾事故或者严重社会影响的各类潜在的不安全因素。及时发现和消除重大火灾隐患，对于预防和减少火灾发生、保障社会经济发展和人民群众生命财产安全、维护社会稳定具有重要意义。

（一）重大火灾隐患判定原则和程序

重大火灾隐患判定坚持科学严谨、实事求是、客观公正的原则。重大火灾隐患按照下列程序予以判定：

1. 现场检查

组织进行现场检查，核实火灾隐患的具体情况，并获取相关影像和文字资料。

2. 集体讨论

组织对火灾隐患进行集体讨论，做出结论性判定意见，参与人数不应少于3人。集体讨论或者技术论证时，可以听取业主和管理、使用单位等利害关系人的意见。

3. 专家技术论证

对于涉及复杂疑难的技术问题，判定重大火灾隐患有困难的，由当地政府有关行业主管部门、监督管理部门和相关消防技术专家组成技术论证专家组，进行技术论证，形成结论性判定意见。专家组人数不得少于7人，结论性判定意见至少应有2/3以上的专家同意。

（二）重大火灾隐患判定方法

重大火灾隐患判定方法分为直接判定和综合判定两种，直接判定要素和综合判定要素均为不能立即改正的火灾隐患要素。

下列情形不予判定为重大火灾隐患：

（1）依法进行了消防设计专家评审，并已采取相应技术措施的。

（2）单位、场所已经停产停业或者停止使用的。

（3）不足以导致重大、特别重大火灾事故或者严重社会影响的。

（三）重大火灾隐患直接判定

对于符合下列判定要素之一的，直接判定为重大火灾隐患：

（1）生产、储存和装卸易燃易爆危险品的工厂、仓库和专用车站、码头、储罐区，未设置在城市的边缘或者相对独立的安全地带。

（2）生产、储存、经营易燃易爆危险品的场所与人员密集场所、居住场所设置在同一建筑物内，或者与人员密集场所、居住场所的防火间距小于国家工程建设消防技术标准规定值的75%。

（3）城市建成区内的加油站、天然气或者液化石油气加气站、加油加气合建站的储量达到或者超过《汽车加油加气站设计与施工规范》（GB 50156—2012）（2014年版）对一级站的规定。

（4）甲、乙类生产场所和仓库设置在建筑的地下室或者半地下室。

（5）公共娱乐场所、商店、地下人员密集场所的安全出口数量不足或者其总净宽度小于国家工程建设消防技术标准规定值的80%。

（6）旅馆、公共娱乐场所、商店、地下人员密集场所未按国家工程建设消防技术标准的规定设置自动喷水灭火系统或者火灾自动报警系统。

（7）易燃可燃液体、可燃气体储罐（区）未按国家工程建设消防技术标准的规定设置固定灭火、冷却、可燃气体浓度报警、火灾报警设施。

（8）在人员密集场所违反消防安全规定使用、储存或者销售易燃易爆危险品。

（9）托儿所、幼儿园的儿童用房以及老年人活动场所，所在楼层位置不符合国家工程建设消防技术标准的规定。

（10）人员密集场所的居住场所采用彩钢夹芯板搭建，且彩钢夹芯板芯材的燃烧性能等级低于《建筑材料及制品燃烧性能分级》（GB 8624—2012）规定的A级。

（四）重大火灾隐患综合判定

1. 综合判定要素

对于不符合直接判定的任一判定要素的火灾隐患，按照综合判定要素规定和程序进行综合判定。对于符合下列判定要素的，经综合判定，确定是否构成重大火灾隐患：

（1）总平面布置。

1）未按国家工程建设消防技术标准的规定或者城市消防规划的要求设置消防车道或者消防车道被堵塞、占用。

2）建筑之间的既有防火间距被占用或者小于国家工程建设消防技术标准的规定值的80%，明火和散发火花地点与易燃易爆生产厂房、装置设备之间的防火间距小于国家工程建设消防技术标准的规定值。

3）在厂房、库房、商场中设置员工宿舍或者在住宅等民用建筑中从事生产、仓储、经营等活动且不符合《住宿与生产储存经营合用场所消防安全技术要求》（GA 703—2007）的规定。

4）地下车站的站厅乘客疏散区、站台及疏散通道内设置商业经营活动场所。

（2）防火分隔 。

1）原有防火分区被改变并导致实际防火分区的建筑面积大于国家工程建设消防技术标准规定值的50%。

2）防火门、防火卷帘等防火分隔设施损坏的数量大于该防火分区相应防火分隔设施总数的50%。

3）丙、丁、戊类厂房内有火灾或者爆炸危险的部位未采取防火分隔等防火防爆技术措施。

（3）安全疏散设施及灭火救援条件。

1）建筑内的避难走道、避难间、避难层的设置不符合国家工程建设消防技术标准的规定，或者避难走道、避难间、避难层被占用。

2）人员密集场所内疏散楼梯间的设置形式不符合国家工程建设消防技术标准的规定。

3）除公共娱乐场所、商店、地下人员密集场所外的其他场所或者建筑物的安全出口数量或者宽度不符合国家工程建设消防技术标准的规定，或者既有安全出口被封堵。

4）按国家工程建设消防技术标准的规定，建筑物应设置独立的安全出口或者疏散楼梯而未设置。

5）商店营业厅内的疏散距离大于国家工程建设消防技术标准规定值的125%。

6）高层建筑和地下建筑未按国家工程建设消防技术标准的规定设置疏散指示标志，应急照明或者所设置设施的损坏率大于标准规定要求设置数量的30%；其他建筑未按国家工程建设消防技术标准的规定设置疏散指示标志，应急照明或者所设置设施的损坏率大于标准规定要求设置数量的50%。

7）设有人员密集场所的高层建筑的封闭楼梯间或者防烟楼梯间的门的损坏率大于其设置总数的20%；其他建筑的封闭楼梯间或者防烟楼梯间的门的损坏率大于其设置总数的50%。

8）人员密集场所内疏散走道、疏散楼梯间、前室的室内装修材料的燃烧性能不符合《建筑内部装修设计防火规范》（GB 50222—2017）的规定。

9）人员密集场所的疏散走道、楼梯间、疏散门或者安全出口设置栅栏、卷帘门。

10）人员密集场所的外窗被封堵或者被广告牌等遮挡。

11）高层建筑的消防车道、救援场地设置不符合要求或者被占用影响火灾扑救。

12）消防电梯无法正常运行。

（4）消防给水及灭火设施。

1）未按国家工程建设消防技术标准的规定设置消防水源、储存泡沫液等灭火剂。

2）未按国家工程建设消防技术标准的规定设置室外消防给水系统或者已设置但不符合标准的规定或者不能正常使用。

3）未按国家工程建设消防技术标准的规定设置室内消火栓系统或者已设置但不符合标准的规定或者不能正常使用。

4）除旅馆、公共娱乐场所、商店、地下人员密集场所外其他场所未按国家工程建设消防技术标准的规定设置自动喷水灭火系统。

5）未按国家工程建设消防技术标准的规定设置除自动喷水灭火系统外的其他固定灭火设施。

6）已设置的自动喷水灭火系统或者其他固定灭火设施不能正常使用或者运行。

（5）防烟排烟设施。人员密集场所、高层建筑和地下建筑未按国家工程建设消防技术标准的规定设置防烟排烟设施或者已设置但不能正常使用或者运行。

（6）消防供电。

1）消防用电设备的供电负荷级别不符合国家工程建设消防技术标准的规定。

2）消防用电设备未按国家工程建设消防技术标准的规定采用专用的供电回路。

3）未按国家工程建设消防技术标准的规定设置消防用电设备末端自动切换装置或者已设置但不符合标准的规定或者不能正常自动切换。

（7）火灾自动报警系统。

1）除旅馆、公共娱乐场所、商店、其他地下人员密集场所以外的其他场所未按国家工程建设消防技术标准的规定设置火灾自动报警系统。

2）火灾自动报警系统不能正常运行。

3）防烟排烟系统、消防水泵以及其他自动消防设施不能正常联动控制。

（8）消防安全管理。

1）社会单位未按消防法律法规要求设置专职消防队。

2）消防控制室操作人员未按《消防控制室通用技术要求》（GB 25506—2010）的规定持证上岗。

（9）其他。

1）生产、储存场所的建筑耐火等级与其生产、储存物品的火灾危险性类别不相匹配，违反国家工程建设消防技术标准的规定。

2）生产、储存、装卸和经营易燃易爆危险品的场所或者有粉尘爆炸危险场所未按规定设置防爆电气设备和泄压设施，或者防爆电气设备和泄压设施失效。

3）违反国家工程建设消防技术标准的规定使用燃油、燃气设备，或者燃油、燃气管道敷设和紧急切断装置不符合标准规定。

4）违反国家工程建设消防技术标准的规定在可燃材料或者可燃构件上直接敷设电气线路或者安装电气设备，或者采用不符合标准规定的消防配电线缆和其他供配电线缆。

5）违反国家工程建设消防技术标准的规定在人员密集场所使用易燃、可燃材料装修、装饰。

2. 综合判定标准

按照重大火灾隐患判定原则和程序，对照下列条件进行重大火灾隐患综合判定。符合下列情形之一的，综合判定为重大火灾隐患：

（1）人员密集场所存在上述“（3）安全疏散设施及灭火救援条件”的第1）款至第9）款、“（5）防烟排烟设施”“（9）其他”第3）款规定的综合判定要素3条及3条以上的。

（2）易燃易爆危险品场所存在上述“（1）总平面布置”第1）款至第3）款、“（4）消防给水及灭火设施”第5）款和第6）款规定的综合判定要素3条及3条以上的。

（3）人员密集场所、易燃易爆危险品场所、重要场所存在上述“1. 综合判定要素”规定的任意综合判定要素4条及4条以上的。

（4）其他场所存在上述“1. 综合判定要素”规定的任意综合判定要素6条及6条以上的。

3. 综合判定步骤

采用综合判定方法判定重大火灾隐患时，按照下列步骤进行综合判定，确定是否构成重大火灾隐患：

（1）确定建筑或者场所类别。

（2）确定建筑或者场所是否存在综合判定要素的情形和数量。

（3）按照上述“（一）重大火灾隐患判定原则和程序”的规定，对照综合判定标准进行重大火灾隐患综合判定。

（4）对照上述“（二）重大火灾隐患判定方法”中规定的不予判定为重大火灾隐患的情形，排除不予判定的重大火灾隐患。

三、火灾隐患整改

单位对存在的火灾隐患应当及时予以消除。对不能当场改正的火灾隐患，根据本单位的管理分工，及时将存在的火灾隐患向单位的消防安全责任人或者消防安全管理人报告，提出整改方案。消防安全责任人或者消防安全管理人组织相关人员，确定整改的措施、期限以及负责整改的部门、人员，并落实整改资金。在火灾隐患未消除之前，单位采取并落实防范措施，保障消防安全。不能确保消防安全，随时可能引发火灾或者一旦发生火灾将严重危及人身安全的，及时将危险部位停产停业整改。

火灾隐患整改完毕，负责整改的部门或者人员将整改情况记录报送消防安全责任人或者消防安全管理人，签字确认后存档备查。对于涉及城市规划布局而不能自身解决的重大隐患，以及机关、团体、事业单位确无能力解决的重大火灾隐患，单位提出解决方案并及时向其上级主管部门或者当地人民政府报告。对当地消防机构责令限期改正的火灾隐患，单位要在规定的期限内改正，并写出火灾隐患整改复函，报送消防机构。

第六节 消 防 档 案

档案，既是人类社会实践的产物，又是人类社会实践不可缺少的条件。它历史地、全面地反映了社会生活的各个阶段和各个方面，而且是以系统完整的材料整体来反映有机联系的一定的历史活动，是历史的真凭实据，具有法律效用。因此，它对于人们查考既往情况，掌握历史材料，研究有关事物的发展进程和规律性，总结经验教训等，具有广泛的作用。

一、消防档案的作用

消防档案是消防安全重点单位在消防安全管理工作中，直接形成的文字、图表、声像记录。建立健全消防档案是消防安全重点单位做好消防安全管理工作的一项重要内容，是保障单位消防安全管理工作以及各项消防安全措施的基础工作。《消防法》第十七条规定，消防安全重点单位应当建立消防档案；在《机关、团体、企业、事业单位消防安全管理规定》（公安部令第 61 号）中专门把消防档案作为独立的一章，要求“消防安全重点单位应当建立健全消防档案”，表明消防档案在消防安全管理工作中具有重要的位置。

（1）消防档案是消防安全重点单位的“户口簿”。它记载着单位的基本情况和有关消防安全管理的各种文献、资料，便于单位领导、有关部门、消防机构以及与消防安全管理工作有关人员熟悉情况，为领导决策和日常工作服务。

（2）消防档案反映单位对消防安全管理工作的重视程度。日常工作中，可以把消防档案与现场检查结合起来，作为上级机关、主管单位、消防机构考核单位开展消防安全管理工作的重要依据；发生火灾时，可以为调查火灾原因、分清事故责任、处理责任者提供佐证材料。此外，消防档案还可以为研究防火灭火材料、修改消防技术规范、修订消防操作规程等工作提供第一手资料。

（3）消防档案是单位检查相关岗位人员履行消防安全职责的实施情况，评判专（兼）职消防（防火）管理人员业务水平、工作能力的一种凭据，有利于强化单位消防安全管理工作的责任意识，推动单位的消防安全管理工作朝着规范化、制度化的方向发展。

二、消防档案的内容

消防档案主要包括两方面的内容，即消防安全基本情况和消防安全管理情况，并附有必要的图表。

消防安全基本情况是消防档案主要内容，它包含了消防安全重点单位与消防安全有关的内容，是单位自身实行规范化消防安全管理的基本要求，是单位落实消防安全责任制的具体体现。

消防安全基本情况的内容是：单位基本概况和消防安全重点部位情况；建筑物或者场所施工、使用或者开业前的消防设计审核、消防验收以及消防安全检查的文件、资料；消防安全管理组织机构和各级消防安全责任人；消防安全制度；消防设施、灭火器材情况；专职消防队、志愿消防队人员及其消防装备配备情况；与消防安全有关的重点工种人员情况；新增消防产品、防火材料的合格证明材料；灭火和应急疏散预案。

消防安全管理情况主要有两项内容：一是消防机构依法填写制作的各类法律文书。主要有《消防监督检查记录表》《责令改正通知书》以及涉及消防行政处罚的有关法律文书。二是有关工作记录。主要有：①消防设施定期检查记录、自动消防设施检查检测报告以及维修保养的记录；②火灾隐患及其整改情况记录；③防火检测、巡查记录；④有关燃气、电气设备检测等记录；⑤消防安全培训记录；⑥灭火和应急疏散预案的演练记录；⑦火灾情况记录；⑧消防奖惩情况记录。上述第①~④项记录要填写检查人员的姓名、时间、部位、内容、发现的火灾隐患以及处理措施等；第⑤项记录应填写培训的时间、参加人员、内容等；第⑥项记录应填写演练的时间、地点、内容、参加部门以及人员等。

非消防安全重点单位可以不建立消防档案，但也应将本单位的基本情况、消防机构填写的各种法律文书、与消防工作有关的材料和记录等统一保管、备查。

三、消防档案的管理要求

（一）消防档案由消防安全重点单位统一保管、备查

消防档案实行集中统一管理，对消防安全重点单位是非常必要的。消防档案应由单位确定或者设立的专门机构来统一集中保管、备查，不得由承办机构或者个人分散保存，这样才能克服档案分散保管和各自为政所固有的局限性，更大限度地发挥档案的作用。

（二）消防档案要完整和安全

消防档案完整和安全，才能给档案工作提供必要的物质基础。维护消防档案的完整，有两个方面的含义：一方面，从数量上要保证档案的齐全，使应该集中保存的档案不能残缺不全；另一方面，从质量上要维护档案的有机联系和历史真迹，不能人为地割裂分散，或者零乱堆放，更不能涂改勾画，使档案失真。档案材料数量齐全，才能保证档案的系统完整；保持档案的有机联系，才能使档案数量齐全、有科学依据。

维护消防档案的安全，也有两方面的含义：一方面，力求档案不遭受毁坏，尽量延长档案使用的时间；另一方面，消防档案也具有一定的机密性，要防止档案遗失，保证档案不被盗窃、泄露。

四、消防档案的利用

消防档案的收集、整理、保管，目的是有效利用，为单位的消防安全管理工作服务。而消防档案的利用是多方面的、不断发展的。为满足各方面需要，就必须经常做好消防档案利用前的准备，便于查找利用。如果档案管理不好，有档案不知道如何去利用，或者想利用时又查找不到，这样，档案的作用就没有发挥出来。消防档案管理的好坏，主要应从是否便于利用去检验衡量，这是消防档案管理的基本出发点和归宿。为了便于消防档案的使用，必须做好下列工作：

（一）分类

消防档案要按照档案形成的环节、内容、时间、形式的异同，采取“同其所同，异其所异”的方法，把档案分成若干个类，类与类之间有一定的联系，有一定的层次和顺序，前后一致。这样有利于档案立卷，有利于案卷的排列和编目，为管理和利用提供条件。

（二）检索

检索，就是把消防档案的内容和形态特征著录下来，存储在检索工具中，根据消防安全管理的需要，及时地把有关档案查找出来以供使用。它是档案利用之前不可缺少的一项重要准备工作，是准确而迅速地找到所需要的消防档案的有效手段。目录是档案检索常用的重要工具。为了提高消防档案检索效率，必须编制档案目录，建立一个完整的目录体系。

（三）销毁

单位的消防档案，是在日常消防安全管理工作中经过较长时间一点一滴积累起来的，材料逐渐增多。随着时间的推移，有些材料会失去保存价值，不需要继续保存。为了精炼档案材料，突出工作重点，应定期有目的、有计划、有标准地将档案进行清理。有用的材料，归纳综合，继续留存；确已失去保存价值需要销毁的材料，应按国家文书档案管理规定进行清理，以免档案材料臃肿庞杂、鱼目混珠，影响管理和利用。

消防档案目录可参考表 5—2—1。

表 5—2—1　　消防档案目录

序号	名　称	页码
01	单位基本概况	
02	单位平面布置图	
03	单位建筑消防设计审核或者消防设计备案、消防验收或者竣工验收消防备案及投入使用、开业前消防安全检查情况登记	
04	消防安全管理组织机构	
05	建筑物及消防设施器材登记	
06	消防安全管理制度	
07	重点工种人员登记	
08	重点部位登记	
09	出租房屋管理	
10	易燃易爆危险品管理登记	
11	燃气、电气设备检测记录	
12	灭火和应急疏散预案档案	
13	消防宣传培训档案	
14	其他重大消防事项档案（包括火灾情况记录、消防奖惩情况、新增消防产品、消防经费开支、消防宣传等内容）	

思考题

1. 单位应设立哪些消防安全管理制度？
2. 单位如何做好消防安全管理？
3. 消防安全重点单位实行的“三项报告”备案制度包括哪些内容？
4. 如何做好消防安全重点部位的管理？
5. 消防档案包括哪些内容？

参考文献

[1] 公安部消防局．中国消防手册（第二卷）：消防管理［M］．上海：上海科学技术出版社，2008.
[2] 范书昕．浅谈我国刑法中的“消防责任事故罪”［J］．辽宁师专学报，2010（4）．
[3] 刘松．新时期社会消防管理创新推广模式［J］．商品与质量，2012（2）．
[4] 刑继成．消防安全重点单位消防管理问题分析［J］．中国新技术新产品，2012（19）．
[5] 杨昌永．消防安全责任主体及其责任研究［J］．法治与社会，2012（3）．
[6] 肖璐．浅议微型企业消防管理工作的一些对策［J］．科技咨询，2012（6）．
[7] 刘爱英．浅议构筑社会消防安全“防火墙”工程的必要性及措施［J］．工程技术，2010.
[8] 梁建帮．浅谈新时期下的社会消防安全管理工作［A］．2012 中国消防协会科学技术年会论文集（下），462-464.

第三章 社会单位消防安全宣传与教育培训

学习要求

通过本章学习，应了解社会单位开展消防安全宣传与教育培训工作的意义；掌握消防安全宣传与教育培训的原则和目标，以及不同类型单位和场所消防安全宣传与教育培训的主要内容。

消防安全宣传与教育培训是消防工作的重要组成部分，是提高国民消防安全素质的主要方法，是构筑社会消防安全“防火墙”的重要基石。通过开展消防安全宣传与教育培训工作，不断增强全民消防安全意识，提高公民消防安全素质，提升全社会抗御火灾的能力，为构建良好的消防安全环境奠定坚实的基础。

第一节 消防安全宣传与教育培训概述

随着我国经济建设的迅猛发展，大量新工艺、新材料、新能源的广泛应用，城市高层建筑的日益增加，火灾的危害性也随之增大，消防工作日益繁重，消防安全宣传与教育培训工作日趋重要。

一、消防安全宣传与教育培训的概念

消防安全宣传是利用一切可以影响人们消防意识形态的媒介，以提高人们消防安全意识，并进一步掌握各类消防安全常识为目的的社会行为。消防安全教育培训是一种有组织的消防安全知识传播的活动。通过教育培训，向全社会传授消防安全技能、消防安全标准、消防安全信息和消防安全理念，传递消防安全管理训诫行为。消防安全宣传和教育培训的原则和目标是相同的，都是通过一定的形式和手段帮助人们提高消防安全意识，掌握基本的消防安全常识和防火灭火技能。两者的区别在于：消防安全宣传的对象是各年龄层次的人民群众，在效果方面注重长期性，在内容上侧重于提高人民群众消防安全意识和普及传播基本消防安全常识；消防安全教育培训的对象主要是针对特定群体，在效果方面注重实效性，在内容上侧重于对消防技能的培训。

二、消防安全宣传与教育培训工作的意义

近年来，国内严峻的消防安全形势警示我们，消防安全宣传在教育引导、舆论监督和普及警示作用等方面起到了至关重要和不可替代的作用。通过广泛宣传和不懈教育，动员督促全社会各行业、各部门、各单位以及每个社会成员积极接受消防安全教育并参加消防培训，深入了解和掌握基本的消防安全知识和自救逃生技能，共同维护公共消防安全，才能真正提升全社会防控火灾能力。

三、消防安全宣传与教育培训要求

党中央、国务院高度重视消防安全宣传与教育培训工作。近年来，先后通过组织实施立法、联合颁布规定、出台指导意见等方式，督促各级政府、职能部门，特别是社会单位积极开展消防安全宣传与教育培训工作。《消防法》明确了政府、各职能部门和机关、团体、企业、事业单位消防安全宣传与教育培训工作职责；《社会消防安全教育培训规定》明确了各相关职能部门应当履行的职责，细化了各类单位教育培训的内容及要求，提出了落实教育培训的奖惩措施；《国务院关于加强和改进消防工作的意见》（国发〔2011〕46 号）就新形势下扎实做好消防安全宣传与教育培训工作提出了意见和要求。

四、消防安全宣传与教育培训的原则和目标

开展消防安全宣传与教育培训是促进消防工作社会化的有力抓手，是适应新形势下单位消防安全管理的需要。开展消防安全宣传与教育培训工作时，需要把握的消防安全宣传与教育培训的原则和目标有：

（一）消防安全宣传与教育培训的原则

按照“政府统一领导、部门依法监管、单位全面负责、公民积极参与”的原则，实行消防安全宣传与教育培训责任制。

（二）消防安全宣传与教育培训的目标

通过开展全民消防安全宣传与教育培训活动，树立“全民消防，生命至上”理念，激发公民关注消防安全、学习消防知识、参与消防工作的积极性和主动性，不断提升全民消防安全素质，夯实公共消防安全基础，减少火灾危害，为实现国民经济和社会发展的奋斗目标、全面建设小康社会，创造良好的消防安全环境。

第二节 消防安全宣传与教育培训的主要内容和形式

开展消防安全宣传与教育培训，必须熟悉消防安全宣传的内容和形式，针对不同消防安全宣传与教育培训对象，有针对性地开展形式多样的消防安全宣传与教育培训活动，不断创新消防安全宣传与教育培训形式，实现消防安全宣传与教育培训对象分众化、形式多样化、工作实效化。

一、消防安全宣传的主要内容和形式

针对不同的对象，消防安全宣传的内容和形式也有所不同。

（一）家庭、社区消防安全宣传的主要内容和形式

家庭、社区应当开展下列消防安全宣传工作：

（1）家庭成员学习掌握安全用火、用电、用气、用油和火灾报警、初起火灾扑救、逃生自救常识，家庭常见火灾隐患类型；教育未成年人不玩火以及明火使用中的安全要求；教育家庭成员自觉遵守消防安全管理规定，不圈占、埋压、损坏、挪用消防设施、器材，不占用消防车通道、防火间距，保持疏散通道畅通；提倡家庭制定应急疏散预案并进行演练。

（2）社区居民委员会、住宅小区业主委员会应建立消防安全宣传教育制度，制定居民防火

公约，重要防火时期、“119消防宣传日”活动期间组织居民参加消防科普教育活动和消防安全自查、互查及灭火、逃生演练；发动社区老年协会、物业管理公司职工、消防志愿者、志愿消防队员参与消防安全宣传教育工作，与社区老弱病残、鳏寡孤居家庭结成帮扶对子，上门进行消防安全宣传教育，帮助查找和消除火灾隐患，遇险情时帮助疏散逃生；为每栋住宅指定专（兼）职消防安全宣传员，绘制、张贴住宅楼梯逃生示意图，开展楼内消防巡查，确保疏散通道畅通、防火门常闭、消防设施器材和标志标识完好。

（3）社区居民委员会、住宅小区业主委员会在社区、住宅小区因地制宜设置消防安全宣传牌（栏）、橱窗等，适时更新内容；小区楼宇电视、户外显示屏、广播等应经常播放消防安全常识。

（4）街道办事处、乡镇政府等应引导城镇家庭和有条件的农村家庭配备必要的报警、灭火、照明、逃生自救等消防器材，其他农村家庭应储备灭火用水、沙土，配备简易灭火器材，并掌握正确的使用方法。

（5）街道办事处、乡镇政府等应将家庭消防安全宣传教育工作纳入“平安社区”“文明社区”“五好文明家庭”等创建、评定内容。

（二）农村消防安全宣传的主要内容和形式

农村应当开展下列消防安全宣传工作：

（1）乡镇政府、村民委员会应制定和完善消防安全宣传教育工作制度和村民防火公约，明确职责任务；指导村民建立健全自治联防制度，轮流进行消防安全提示和巡查，及时发现、消除火灾隐患。

（2）在人员相对集中的场所建立固定消防安全宣传教育阵地，教育村民安全用火、用电、用油、用气，引导村民开展消防安全隐患自查、自改行动；教育村民掌握火灾报警、初起火灾扑救和逃生自救的方法。

（3）农忙时节、火灾多发季节以及节庆、民俗活动期间，乡镇、村应集中开展有针对性的消防安全宣传活动。

（4）乡镇政府应在农村集市、广场等场所设置消防安全宣传栏（牌）、橱窗等，并及时更新内容；举办群众喜闻乐见的消防文艺演出；督促乡镇企业开展消防安全宣传工作。

（5）乡镇、村应设专（兼）职消防安全宣传员，鼓励农村基干民兵、村镇干部和村民加入志愿消防队、消防志愿者队伍，与弱势群体人员结成帮扶对子，上门宣传消防安全知识、查找火灾隐患，遇险时协助逃生自救。

（三）人员密集场所消防安全宣传的主要内容和形式

人员密集场所应当开展下列消防安全宣传工作：

（1）人员密集场所应在安全出口、疏散通道和消防设施等位置设置消防安全提示，结合场所情况，向在场人员提示场所火灾危险性、疏散出口和路线、灭火和逃生设备器材位置及使用方法。

（2）文化娱乐场所、商场市场、宾馆饭店以及大型活动现场应通过电子显示屏、广播或主持人提示等形式向顾客告知安全出口位置和消防安全注意事项。

（3）公共交通运输工具的候车（机、船）场所、站台等应在醒目位置设置消防安全提示，宣传消防安全常识；电子显示屏、车（机、船）载视频和广播系统应经常播放消防安全知识。

（四）单位消防安全宣传的主要内容和形式

各单位应当开展下列消防安全宣传工作：

（1）各单位应建立消防安全宣传教育制度，健全机构，落实人员，明确责任，定期组织开展消防安全宣传活动。

（2）各单位应制定灭火和应急疏散预案，张贴疏散逃生路线图。消防安全重点单位至少每半年、其他单位至少每年应组织一次灭火、疏散逃生演练。

（3）各单位应设置消防安全宣传阵地，配备消防安全宣传教育资料，经常开展消防安全宣传教育活动；单位广播、闭路电视、电子屏幕、局域网等应经常宣传消防安全知识。

（五）学校消防安全宣传的主要内容和形式

各级各类学校应当开展下列消防安全宣传工作：

（1）学校应落实相关学科课程中消防安全教育内容，针对不同年龄段的学生分类开展消防安全宣传工作；每学年至少应组织师生开展一次疏散逃生演练、消防知识竞赛、消防趣味运动会等活动；有条件的学校应组织学生在在校期间至少参观一次消防科普教育场馆。

（2）学校应利用“全国中小学生安全教育日”“防灾减灾日”“科技活动周”“119 消防宣传日”等集中开展消防安全宣传活动。

（3）小学、初级中学每学年应布置一次由学生与家长共同完成的消防安全家庭作业；普通高中、中等职业学校、高等学校应鼓励学生参加消防安全志愿服务活动，将学生参与消防安全活动纳入校外社会实践、志愿活动考核体系，每名学生在校期间参加消防安全志愿活动应不少于 4 h。

（4）校园电视、广播、网站、报刊、电子显示屏、板报等，应经常播、刊、发消防安全内容，每月不少于一次；有条件的学校应建立消防安全宣传教育场所，配置必要的消防设备、宣传资料。

（5）学校教室、行政办公楼、宿舍及图书馆、实验室、餐厅、礼堂等，应在醒目位置设置疏散逃生标志等消防安全提示。

二、消防安全教育培训的主要内容和形式

针对不同的群体，消防安全教育培训的内容和形式也有所不同。

（一）单位消防安全教育培训的主要内容和形式

各单位根据自身特点，建立健全消防安全教育培训制度，明确机构和人员，保障教育培训工作经费，重点对下列人员进行不同形式的消防安全教育培训：①新上岗和进入新岗位的职工岗前培训。②在岗的职工定期培训。③消防安全管理相关人员专业培训。

消防安全教育培训形式主要包括：定期开展全员消防教育培训，落实从业人员上岗前消防安全培训制度；组织全体从业人员参加灭火、疏散演练；到消防安全教育场馆参观体验，确保人人懂本场所火灾危险性，并会报警、会灭火、会逃生。

职工的消防安全教育培训内容主要包括：本单位的火灾危险性、防火灭火措施、消防设施及灭火器材的操作使用方法、人员疏散逃生知识等。

（二）学校消防安全教育培训的主要内容和形式

各级各类学校应当将消防安全知识纳入教学培训内容，并开展下列消防安全教育培训工作：

（1）在开学初、放寒（暑）假前、学生军训期间，对学生普遍进行专题消防安全教育培训。

（2）结合不同课程实验课的特点和要求，对学生进行有针对性的消防安全教育培训。

（3）组织学生到当地消防站参观体验。

（4）每学年至少组织学生开展一次应急疏散演练。

（5）对寄宿学生进行经常性的安全用火用电教育培训和应急疏散演练。

各级各类学校至少确定一名熟悉消防安全知识的教师担任消防安全课教员，并选聘消防专业人员担任学校的兼职消防辅导员。

中小学校和学前教育机构应当针对不同年龄阶段学生的认知特点，采取学科渗透、专题教育等方式，每学期对学生进行消防安全教育培训。

（1）学前教育机构采取游戏、儿歌等寓教于乐的方式，对幼儿进行消防安全常识教育培训。

（2）小学阶段重点开展火灾危险及危害性、消防安全标志标识、日常生活防火、火灾报警、火场自救逃生常识等方面的教育培训。

（3）初中和高中阶段重点开展消防法律法规、防火灭火基本知识和灭火器材使用等方面的教育培训。

高等学校应当每学年至少举办一次消防安全专题讲座，在校园网络、广播、校内报刊等开设消防安全教育栏目，对学生进行消防法律法规、防火灭火知识、火灾自救他救知识和火灾案例教育培训，并组织开展初起火灾扑救和疏散逃生演练。

有条件的普通高等学校和中等职业学校可以根据经济社会发展需要，设置消防类专业或者开设消防类课程，培养消防专业人才，并依法面向社会开展消防安全教育培训。

师范类院校可将消防知识列入学生选修课程。

（三）社区居民委员会、村民委员会消防安全教育培训的主要内容和形式

各社区居民委员会、村民委员会开展下列消防安全教育培训工作：

（1）利用文化活动站、学习室等场所，对居民、村民进行经常性防火和灭火技能的消防安全宣传教育。

（2）组织志愿消防队、治安联防队和灾害信息员、保安人员等开展防火和灭火等消防安全教育培训。

（3）在火灾多发季节、农业收获季节、重大节日和乡村民俗活动期间，有针对性地开展关于防火和灭火技能的消防安全教育培训。

社区居民委员会、村民委员会应当确定至少一名专（兼）职消防安全员，具体负责消防安全宣传教育工作。

思考题

1. 消防安全宣传教育的原则是什么？
2. 人员密集场所消防安全宣传包括哪些内容？
3. 中小学和学前教育机构应当开展哪些消防安全教育培训？

第四章
应急预案编制与演练

学习要求

通过本章学习，应了解应急预案编制与演练的目的和意义；熟悉应急预案的概念、分类、制定程序和内容，应急预案编制方法、演练步骤和方法。

编制并演练应急预案，是为了在单位突发火灾事故时，统一指挥，及时有效地整合人力、物力、信息等资源，迅速针对火势实施有组织的扑救，避免火灾现场的慌乱无序，防止贻误灭火时机和漏管失控，最大限度地减少人员伤亡和财产损失。相关消防法律法规中明确规定了各机关、团体、企事业单位均应制定应急疏散预案，并定期实施演练，全面提升单位内部应急处置能力，有效减少火灾事故伤亡。

第一节　应急预案概述

应急预案是指对单位火灾发生后灭火救援有关问题作出预先筹划和安排的文书，是针对单位内部可能发生的火灾，根据灭火救援的指导思想和技战术原则，以及单位内部现有的消防设施设备和单位内部员工的数量、质量、岗位情况而拟定的灭火救援应急方案。应急预案作为应对突发火灾事故的行动方案和依据，在处置事故时发挥着重要作用。

一、编制应急预案的目的

针对设定的火灾事故的不同类型、规模及社会单位情况，合理调动分配单位内部员工组成的灭火救援力量，正确采用各种技术和手段，成功地实施灭火救援行动，最大限度地减少人员伤亡和财产损失。

二、编制应急预案的意义

《左传》有言："居安思危，思则有备，有备无患。"可见，编制应急预案意义重大。

（一）有利于掌握科学施救的主动权

（1）通过制定应急预案，有助于单位员工熟悉本单位内部情况，有助于把握本单位可能发生的火灾特点、规律。

（2）通过制定应急预案，有助于提升单位内部快速处置火灾能力，一旦发生火情，可以第一时间按照计划实施组织指挥，赢取时间，控制火势，疏散人群，减少损失。

（二）有利于促进单位内部相互熟悉

在制定应急预案过程中，经常性深入本单位内部，了解各方面的情况，不仅使应急预案的制定人员和单位内部员工掌握到第一手资料，同时，有利于相关人员熟悉单位周边和单位内部的交通道路、消防水源情况，单位内部建筑物的数量、分布或者楼层使用情况，建筑物重点部位情况，建筑物内部消防设施情况，单位内部主要火灾事故的类型、处置的对策及基本程序情况，单位内部的消防组织及灭火救援任务分工情况等。

（三）有利于增强演练的针对性

依据应急预案进行演练时，单位内部员工在进行情况熟悉的过程中，可以发现新的情况和新的问题。面对出现的新情况新问题，为确保安全，同时为提高单位内部的灭火救援能力，单位内部员工就要对其进行深入的情况研究，依据新情况新问题的危险特性，研究制定出较科学的处置对策。这一过程不仅提高了应急预案的实用性，同时，也通过实战演练促进了训练与实战相结合，提高了单位对火灾事故的快速处置能力，加强了理论与实际工作的联系，提高了灭火救援准备工作的质量，有助于增强应急预案演练的针对性。

第二节　应急预案编制

各单位要从实际出发，认真开展火灾风险分析和应急资源普查，编制符合本单位特点、操作性和针对性强的应急预案。在编制应急预案时，要把握以下内容。

一、应急预案的编制依据

应急预案的编制依据主要包括三类：

（1）法规制度依据，包括消防法律法规规章、涉及消防安全的相关法律规定和本单位消防安全制度。

（2）客观依据，包括单位的基本情况、消防安全重点部位情况等。

（3）主观依据，包括员工的文化程度、消防安全素质和防火灭火技能等。

二、应急预案的编制范围

应急预案的编制范围主要包括消防安全重点单位、在建重点工程、其他需要制定应急预案的单位或场所。

一般单位可参照本节内容制定应急预案，并可根据单位内部实际情况予以适当调整。

三、应急预案的分类

分类编制应急预案，是指预案制定单位将可能发生的火灾事故，按其不同性质和类别所制作的应急预案。分类编制应急预案的目的在于，有针对性地分别研究各类火灾事故发生与发展的规律及特点，以全面加强灭火应急救援的各项准备工作。分类编制应急预案的意义在于，有利于加强对此类火灾事故的情况熟悉与掌握程度，有利于加强内部灭火救援器材的配置与建设，以更加有效地实施各类应急处置行动。

根据火灾类型，应急预案大致划分为以下六类：

（一）多层建筑类应急预案

针对具有一定规模（建筑规模由社会单位根据实际情况确定）的多层建（构）筑物，在可能发生的火灾、爆炸等灾害事故情况下所编制的应急预案。

（二）高层建筑类应急预案

针对具有一定规模（建筑规模由社会单位根据实际情况确定）的高层建（构）筑物，在可能发生的火灾、爆炸等灾害事故情况下所编制的应急预案。

（三）地下建筑类应急预案

针对具有一定规模（建筑规模由社会单位根据实际情况确定）的地下建（构）筑物，在可能发生的火灾、爆炸等灾害事故情况下所编制的应急预案。

（四）一般的工矿企业类应急预案

针对具有一定规模（建筑规模由社会单位根据实际情况确定）的工矿企业建（构）筑物，在可能发生的火灾、爆炸等灾害事故情况下所编制的应急预案。

（五）化工类应急预案

针对生产与储存具有一定爆炸危险性的化工产品单位，在可能发生的爆炸、燃烧、有毒、其他泄漏等灾害事故情况下所编制的应急预案。

（六）其他类应急预案

针对以上五类以外的单位，在可能发生各种火灾事故的情况下，根据其规律与特点所编制的应急预案。

四、应急预案制定的程序

制定应急预案的程序是指其制定的方法和步骤。一般来说，按照以下程序进行：

（一）明确范围，明确重点部位

单位应结合单位的实际情况，确定范围，明确重点保护对象或者部位。

（二）调查研究，收集资料

制定应急预案，是一项细致复杂的工作。为使所制定的应急预案符合客观实际，应进行大量细致的调查研究工作，要正确分析、预测单位内部发生火灾的可能性和各种险情，制定出相应的火灾扑救和应急救援对策。

（三）科学计算，确定人员力量和器材装备

通过计算，确定现场灭火和疏散人员所需要的人员力量、器材装备和物资等方面的数量，为完成灭火救援应急任务提供基本依据。

（四）确定灭火救援应急行动意图

根据灾情，对灭火救援应急行动的目标、任务、手段、措施等进行总体策划和构思。其主要内容有：作战行动的目标与任务、战术与技术措施、人员部署与力量安排等。

（五）严格审核，不断充实完善

应急预案实行逐级审核制度。单位安保部门制定的应急预案必须报请单位主要领导审核，批准后方可投入使用。审核的重点应当侧重于情况设定、处置对策、人员安排部署、战术措施、技术方法、后勤保障等内容。必要时还要组织专业技术人员充分论证并通过演练进行验证。

五、应急预案的编制内容

应急预案的编制内容应包括单位基本情况、应急组织机构、火情预想、报警和接警处置程序、初起火灾处置程序和措施、应急疏散的组织程序和措施、安全防护救护和通信联络的程序及措施、绘制灭火和应急疏散计划图、注意事项等。

（一）单位基本情况

单位基本情况包括单位基本概况和消防安全重点部位情况，消防设施、灭火器材情况，消防组织、志愿消防队人员及装备配备情况。消防安全重点单位应当将容易发生火灾或一旦发生火灾可能危及人身和财产安全以及对消防安全有重大影响的部位确定为消防安全重点部位。通过明确重点部位并分析其火灾危险，指导应急预案的制定和演练。

（二）应急组织机构

应急组织机构的设置应结合本单位的实际情况，遵循归口管理，统一指挥，讲究效率，权责对等和灵活机动的原则。包括：火场指挥部、灭火行动组、疏散引导组、安全防护救护组、火灾现场警戒组、后勤保障组、机动组。

1. 火场指挥部

火场指挥部确定总指挥、副总指挥成员，并承担以下职责：根据方便现场指挥、通信联络畅通、保证自身安全的原则，可将火场指挥部的地点设在起火部位附近或消防控制室、电话总机室；指挥协调各职能小组和志愿消防队开展工作，根据火情决定是否通知人员疏散并组织实施，及时控制和扑救火灾；消防队到达后，及时向指挥员报告火场内的有关情况，按照指挥员的统一部署，协调配合消防队开展灭火救援行动。

2. 灭火行动组

灭火行动组由单位的志愿消防队员组成，可以进一步细化为灭火器材小组、水枪灭火小组、防火卷帘控制小组、物资疏散小组、抢险堵漏小组等。灭火行动组负责现场灭火、抢救被困人员、操作消防设施。

3. 疏散引导组

疏散引导组负责引导人员疏散自救，确保人员安全快速疏散。

4. 安全防护救护组

安全防护救护组负责对受伤人员进行紧急救护，并视情转送医疗机构。

5. 火灾现场警戒组

火灾现场警戒组负责控制各出口，无关人员只许出不许进，火灾扑灭后保护现场。

6. 后勤保障组

后勤保障组负责通信联络、车辆调配、道路畅通、供电控制、水源保障。

7. 机动组

机动组受火场指挥部的指挥，负责增援行动。

（三）火情预想

火情预想即对单位可能发生的火灾作出的有根据、符合实际的设想，是制定应急预案的重要依据。要在调查研究、科学计划的基础上，从实际出发，根据火灾特点，使之切合实际，有较强的针对性。其内容如下：

（1）重点部位和主要起火点。同一重点部位，可假设多个起火点。

（2）起火物品及蔓延条件，燃烧面积（范围）和主要蔓延的方向。

（3）可能造成的危害和影响（如可燃液体的燃烧，压力容器的爆炸，结构的倒塌，人员伤亡、被困情况等），以及火情发展变化趋势等。

（4）区分白天和夜间、营业期间和非营业期间。

（四）报警和接警处置程序

应急预案编写中，必须明确单位的报警方式、内容以及单位内部接警后的处置程序。

1. 报警

以快捷方便为原则确定发现火灾后的报警方式，如口头报警、有线报警、无线报警等。报警的对象为“119”火警台（“三台合一”的地区为“110”指挥中心）、单位值班领导、消防控制中心等。报警时应说明以下情况：着火单位、着火部位、着火物质及有无人员被困、单位具体位置、报警电话号码、报警人姓名；同时，还要报告本单位值班领导和有关部门。

2. 接警

单位领导接警后，启动应急预案，按预案确定内部报警的方式和疏散的范围，组织指挥初起火灾的扑救和人员疏散工作，安排力量做好警戒工作。有消防控制室的场所，值班员接到火情消息后，立即通知有关人员前往核实火情，火情核实确认后，立即报告消防队和值班负责人，通知灭火行动组人员前往着火地点。

（五）初起火灾处置程序和措施

应急预案中需要明确火灾发生后，扑救初起火灾、引导人员疏散的基本程序、要求。

（1）指挥部、各行动小组和志愿消防队迅速集结，按照职责分工，进入相应位置开展灭火救援行动。

（2）发现火灾时，起火部位现场员工应当于1min内形成灭火第一战斗力量，在第一时间采取如下措施：灭火器材、设施附近的员工利用现场灭火器、消火栓等器材、设施灭火；电话或火灾报警按钮附近的员工打“119”电话报警，报告消防控制室或单位值班人员；安全出口或通道附近的员工负责引导人员疏散。若火势扩大，单位应当于3min内形成灭火第二战斗力量，及时采取如下措施：通信联络人员按照应急预案要求通知预案涉及的员工赶赴火场，向火场指挥员报告火灾情况，将火场指挥员的指令下达有关员工；灭火行动组根据火灾情况利用本单位的消防器材、设施扑救火灾；疏散引导组按分工组织引导现场人员疏散；安全救护组负责协助抢救、护送受伤人员；现场警戒组阻止无关人员进入火场，维持火场秩序。

（3）相关部位人员负责关闭空调系统和煤气总阀门，及时疏散易燃易爆危险品及其他重要物品。

（六）应急疏散的组织程序和措施

1. 疏散通报

火场指挥部根据火灾的发展情况，决定发出疏散通报。通报的次序是：着火层—着火层以上各层—有可能蔓延的着火层以下的楼层。

疏散通报采用以下方式：一是语音通报。可利用消防广播播放预先录制好的消防紧急广播录音带或由值班人员直接播报火情、介绍疏散路线及注意事项。语音通报应分别采用普通话和常用外语（英、日、韩等语种）通报，并注意稳定人员的情绪。二是警铃通报。通过警铃发出紧急通告和疏散指令。

2. 疏散引导

一是划定安全区。根据建筑特点和周围情况，事先划定供疏散人员集结的安全区域。二是明确责任人。在疏散通道上分段安排人员指明疏散方向，查看是否有人员滞留在应急疏散的区域内，统计人员数量，稳定人员情绪。三是及时变更修正。由于公众聚集场所的现场工作人员具有一定的流动性，在预案中担负灭火和疏散救援行动的人员变化后，要及时进行调整和补充。四是突出重点。应把疏散引导作为应急预案制定和演练的重点，加强疏散引导组的力量配备。

（七）安全防护救护和通信联络的程序及措施

（1）建筑外围安全防护。清除路障，疏导车辆和围观群众，确保消防通道畅通；维护现场秩序，严防趁火打劫；引导消防车，协助消防车取水、灭火。

（2）建筑首层出入口安全防护。禁止无关人员进入起火建筑；对火场中疏散的物品进行规整并严加看管；指引消防人员进入起火部位。

（3）起火部位的安全防护。引导疏散人流，维护疏散秩序；阻止无关人员进入起火部位；防护好现场的消防器材、装备。

（4）在安全区及时对受伤人员进行救治，对于危重病人及时送往医院救治。

（5）利用电话、对讲机等建立有线、无线通信网络，确保火场信息传递畅通。

（6）火场指挥部、各行动组、各消防安全重点部位必须确定专人负责信息传递，保证火场指令得到及时传递、落实。

（7）安排专人在主要路口处接应消防车。

（八）绘制灭火和应急疏散计划图

计划图有助于指挥部在救援过程中对各小组的指挥和对事故的控制，应当力求详细准确，图文并茂，标注明确，直观明了。应针对假设部位制定灭火进攻和疏散路线平面图。平面图比例应正确，设备、物品、疏散通道、安全出口、灭火设施和器材分布位置应标注准确，假设部位及周围场所的名称应与实际相符。灭火进攻的方向，灭火装备停放位置，消防水源，物资、人员疏散路线，物资放置，人员停留地点以及指挥员位置，图中应标识明确。

（九）注意事项

（1）参加演练的人员应当采取必要的个人防护设备。

（2）灭火疏散阵地设置要安全，应能进能退、攻防兼备。

（3）指挥员要密切注意火场上各种复杂情况和险情的变化，适时采取果断措施，避免伤亡。

（4）灭火救援应急行动结束后，要做好现场的清理工作。

（5）其他需要特别警示的事项。

第三节　应急预案演练

应急预案编制后必须经过演练的检验方可确定，基本的检验标准是能否实现制定预案的预期目标。各消防安全重点单位要根据单位的实际情况定期进行演练，使参加演练的每一位员工明确自己的任务和职责，通过定期培训使全体员工能熟练掌握“四懂四会”等消防基础知识。

一、应急预案演练目的

应急预案演练目的包括以下几个方面：

（1）检验预案。通过开展应急预案演练，查找应急预案中存在的问题，进而完善应急预案，提高应急预案的实用性和可操作性。

（2）完善准备。通过开展应急预案演练，检查对突发火灾事故所需应急队伍、物资、装备、技术等方面的准备情况，发现不足及时予以调整补充，做好应急准备工作。

（3）锻炼队伍。通过开展应急预案演练，增强演练组织单位、参与单位和人员等对应急预案的熟悉程度，提高其应急处置能力。

（4）磨合机制。通过开展应急预案演练，进一步明确相关单位和人员的职责任务，理顺工作关系，完善应急机制。

（5）科普宣教。通过开展应急预案演练，普及应急知识，提高公众风险防范意识和自救互救等灾害应对能力。

二、应急预案演练原则

应急预案演练原则包括以下几个方面：

（1）结合实际，合理定位。紧密结合应急管理工作实际，明确演练目的，根据资源条件确定演练方式和规模。

（2）着眼实战，讲求实效。以提高应急救援指挥人员的指挥协调能力、应急队伍的实战能力为着眼点。重视对演练效果及组织工作的评估、考核，总结、推广好经验，及时整改存在的问题。

（3）精心组织，确保安全。围绕演练目的，精心策划演练内容，科学设计演练方案，周密组织演练活动，制订并严格遵守有关安全措施，确保演练参与人员及演练装备设施的安全。

（4）统筹规划，厉行节约。统筹规划应急演练活动，适当开展综合性演练，充分利用现有资源，努力提高应急演练效益。

三、应急预案演练分类

根据组织形式、演练内容、演练目的与作用等不同分类方法划分，应急预案演练分为不同种类。

（一）按组织形式划分

按组织形式划分，应急预案演练可分为桌面演练和实战演练。

1. 桌面演练

桌面演练是指参演人员利用地图、沙盘、流程图、计算机模拟、视频会议等辅助手段，针对事先假定的演练情景，讨论和推演应急决策及现场处置的过程，从而促进相关人员掌握应急预案中所规定的职责和程序，提高指挥决策和协同配合能力。桌面演练通常在室内完成。

2. 实战演练

实战演练是指参演人员利用应急处置涉及的设备和物资，针对事先设置的突发火灾事故情景及其后续的发展情景，通过实际决策、行动和操作，完成真实应急响应的过程，从而检验和提高相关人员的临场组织指挥、队伍调动、应急处置技能和后勤保障等应急能力。实战演练通常要在特定场所完成。

（二）按演练内容划分

按演练内容划分，应急预案演练可分为单项演练和综合演练。

1. 单项演练

单项演练是指只涉及应急预案中特定应急响应功能或现场处置方案中特定应急响应功能的演练活动。其注重针对一个或少数几个参与单位（岗位）的特定环节和功能进行检验。

2. 综合演练

综合演练是指涉及应急预案中多项或全部应急响应功能的演练活动。其注重对多个环节和功能进行检验，特别是对不同单位（部门）之间应急机制和联合应对能力的检验。

（三）按演练目的与作用划分

按演练目的与作用划分，应急预案演练可分为检验性演练、示范性演练和研究性演练。

1. 检验性演练

检验性演练是指为检验应急预案的可行性、应急准备的充分性、应急机制的协调性及相关人员的应急处置能力而组织的演练。

2. 示范性演练

示范性演练是指为向观摩人员展示应急能力或提供示范教学，严格按照应急预案规定开展的表演性演练。

3. 研究性演练

研究性演练是指为研究和解决突发火灾事故应急处置的重点、难点问题，试验新方案、新技术、新装备而组织的演练。

不同类型的演练相互结合，可以形成单项桌面演练、综合桌面演练、单项实战演练、综合实战演练、示范性单项演练、示范性综合演练等。

四、应急预案演练规划

演练组织单位要根据实际情况，并依据相关法律法规和应急预案的规定，制订年度应急演练规划，按照“先单项后综合、先桌面后实战、循序渐进、时空有序”等原则，合理规划应急演练的频次、规模、形式、时间、地点等。按照有关法律法规要求，消防安全重点单位应当每半年开展一次灭火和应急疏散预案的演练，其他单位应当每年开展一次灭火和应急疏散预案的演练。

演练应在相关预案确定的应急领导机构或指挥机构领导下组织开展。演练组织单位要成立由相关单位领导组成的演练领导小组，通常下设策划部、保障部和评估组；对于不同类型和规模的演练活动，其组织机构和职能可以适当调整。根据需要，可成立现场指挥部。

（一）演练领导小组

演练领导小组负责应急演练活动全过程的组织领导，审批决定演练的重大事项。演练领导小组组长一般由演练组织单位或其上级单位的负责人担任；副组长一般由演练组织单位或主要协办单位负责人担任；小组其他成员一般由各演练参与单位相关负责人担任。在演练实施阶段，演练领导小组组长、副组长通常分别担任演练总指挥、副总指挥。

（二）策划部

策划部负责应急演练策划、演练方案设计、演练实施的组织协调、演练评估总结等工作。策划部设总策划、副总策划，下设文案组、协调组、控制组、宣传组等。

1. 总策划、副总策划

总策划是演练准备、演练实施、演练总结等阶段各项工作的主要组织者，一般由演练组织单位具有应急演练组织经验和突发火灾事故应急处置经验的人员担任；副总策划协助总策划开展工作，一般由演练组织单位或参与单位的有关人员担任。

2. 文案组

在总策划的直接领导下，文案组负责制定演练计划、设计演练方案、编写演练总结报告以及演练文档归档与备案等。其成员应具有一定的演练组织经验和突发火灾事故应急处置经验。

3. 协调组

协调组负责与演练涉及的相关单位以及本单位有关部门之间的沟通协调。其成员一般为演练组织单位及参与单位的行政、外事等部门人员。

4. 控制组

在演练实施过程中，在总策划的直接指挥下，控制组负责向演练人员传送各类控制消息，引导应急演练进程按计划进行。其成员最好有一定的演练经验，也可以从文案组和协调组抽调，常称为演练控制人员。

5. 宣传组

宣传组负责编制演练宣传方案、整理演练信息、组织新闻媒体和开展新闻发布等。其成员一般是演练组织单位及参与单位宣传部门的人员。

（三）保障部

保障部负责调集演练所需物资装备，购置和制作演练模型、道具、场景，准备演练场地，维持演练现场秩序，保障运输车辆，保障人员生活和安全保卫等。其成员一般是演练组织单位及参与单位后勤、财务、行政等部门人员，常称为后勤保障人员。

（四）评估组

评估组负责设计演练评估方案和编写演练评估报告，对演练准备、组织、实施及其安全事项等进行全过程、全方位评估，及时向演练领导小组、策划部和保障部提出意见、建议。其成员一般是应急管理专家、具有一定演练评估经验和突发火灾事故应急处置经验的专业人员，常称为演练评估人员。评估组可由上级或专业部门组织，也可由演练组织单位自行组织。

（五）参演人员

参演人员包括应急预案规定的有关应急管理部门（单位）工作人员、各类专兼职应急救援队伍以及志愿者队伍等。

参演人员承担具体演练任务，针对模拟火灾事故场景作出应急响应行动。有时也可使用模拟人员替代未到现场参加演练的单位人员，或模拟事故的发生过程，如释放烟雾、模拟顾客等。

五、应急预案演练准备

单位在开展应急预案演练之前，应当做好下列四项准备工作。

（一）制定演练计划

演练计划由文案组编制，经策划部审查后报演练领导小组批准。主要内容包括：

（1）确定演练目的，明确举办应急演练的原因、演练要解决的问题和期望达到的效果等。

（2）分析演练需求，在对事先设定火灾事故风险及应急预案进行认真分析的基础上，确定需调整的演练人员、需锻炼的技能、需检验的设备、需完善的应急处置流程和需进一步明确的职责等。

（3）确定演练范围，根据演练需求、经费、资源和时间等条件的限制，确定演练事件类型、等级、地域、参演机构及人数、演练方式等。演练需求和演练范围往往互为影响。

（4）安排演练准备与实施的日程计划。包括各种演练文件编写与审定的期限、物资器材准备的期限、演练实施的日期等。

（5）编制演练经费预算，明确演练经费筹措渠道。

（二）设计演练方案

演练方案由文案组编写，通过评审后由演练领导小组批准，必要时还需报有关主管单位同意并备案。主要内容包括：

1. 确定演练目标

演练目标是需完成的主要演练任务及其达到的效果，一般说明“由谁在什么条件下完成什么任务，依据什么标准，取得什么效果”。演练目标应简单、具体、可量化、可实现。一次演练一般有若干项演练目标，每项演练目标都要在演练方案中有相应的事件和演练活动予以实现，并在演练评估中有相应的评估项目判断该目标的实现情况。

2. 设计演练情景与实施步骤

演练情景要为演练活动提供初始条件，还要通过一系列的情景事件引导演练活动继续，直至演练完成。演练情景包括演练场景概述和演练场景清单。

（1）演练场景概述：要对每一处演练场景做概要说明，主要说明火灾事故类别、发生的时间地点、发展速度、强度与危险性、受影响范围、人员和物资分布、可能造成的损失、后续发展预测、气象及其他环境条件等。

（2）演练场景清单：要明确演练过程中各场景的时间顺序列表和空间分布情况。演练场景之间的逻辑关联依赖于火灾事故发展规律、控制消息和演练人员收到控制消息后应采取的行动。

3. 设计演练评估标准与方法

演练评估是通过观察、体验和记录演练活动，比较演练实际效果与目标之间的差异，总结演练成效和不足的过程。演练评估应以演练目标为基础。每项演练目标都要设计合理的评估项目方法、标准。根据演练目标的不同，可以用选择项（如：是/否判断，多项选择）、主观评分（如：1—差、3—合格、5—优秀）、定量测量（如：响应时间、被困人数、获救人数）等方法进行评估。

为便于演练评估操作，通常事先设计好评估表格，包括演练目标、评估方法、评价标准和相关记录项等。有条件时还可以采用专业评估软件等工具。

4. 编写演练方案文件

演练方案文件是指导演练实施的详细工作文件。根据演练类别和规模的不同，演练方案可以编为一个或多个文件。编为多个文件时可包括演练人员手册、演练控制指南、演练评估指南、演练宣传方案、演练脚本等，分别发给相关人员。对涉密应急预案的演练或不宜公开的演练内容，还要制订保密措施。

（1）演练人员手册。内容主要包括演练概述、组织机构、时间、地点、参演单位、演练目的、演练情景概述、演练现场标识、演练后勤保障、演练规则、安全注意事项、通信联系方式等，但不包括演练细节。演练人员手册可发放给所有参加演练的人员。

（2）演练控制指南。内容主要包括演练情景概述、演练事件清单、演练场景说明、参演人员及其位置、演练控制规则、控制人员组织结构与职责、通信联系方式等。演练控制指南主要供演练控制人员使用。

（3）演练评估指南。内容主要包括演练情况概述、演练事件清单、演练目标、演练场景说明、参演人员及其位置、评估人员组织结构与职责、评估人员位置、评估表格及相关工具、通信联系方式等。演练评估指南主要供演练评估人员使用。

（4）演练宣传方案。内容主要包括宣传目标、宣传方式、传播途径、主要任务及分工、技术支持、通信联系方式等。

（5）演练脚本。对于重大综合性示范演练，演练组织单位要编写演练脚本，描述演练事件场景、处置行动、执行人员、指令与对白、视频背景与字幕、解说词等。

5. 演练方案评审

对综合性较强、风险较大的应急演练，评估组要对文案组制订的演练方案进行评审，确保演练方案科学可行，以确保应急演练工作的顺利进行。

（三）演练动员与培训

在演练开始前要进行演练动员与培训，确保所有演练参与人员掌握演练规则、演练情景和各自在演练中的任务。

所有演练参与人员都要经过应急基本知识、演练基本概念、演练现场规则等方面的培训。对控制人员要进行岗位职责、演练过程控制和管理等方面的培训；对评估人员要进行岗位职责、演练评估方法、工具使用等方面的培训；对参演人员要进行应急预案、应急技能及个体防护装备使用等方面的培训。

（四）应急预案演练保障

1. 人员保障

演练参与人员一般包括演练领导小组、演练总指挥、总策划、文案组人员、控制组人员、评估组人员、保障部人员、参演人员、模拟人员等，有时还会有观摩人员等其他人员。在演练的准备过程中，演练组织单位和参与单位应合理安排工作，保证相关人员参与演练活动的时间，通过组织观摩学习和培训，提高演练人员素质和技能。

2. 经费保障

演练组织单位每年要根据应急演练规划编制应急演练经费预算，纳入该单位的年度财政（财务）预算，并按照演练需要及时拨付经费。要对经费使用情况进行监督检查，确保演练经费专款专用、节约高效。

3. 场地保障

根据演练方式和内容，经现场勘察后选择合适的演练场地。桌面演练一般可选择会议室或应急指挥中心等；实战演练应选择与实际情况相似的地点，并根据需要设置指挥部、集结点、接待站、供应站、救护站、停车场等设施。演练场地应有足够的空间，良好的交通、生活、卫生和安全条件，尽量避免干扰公众生产生活。

4. 物资和器材保障

根据需要，准备必要的演练材料、物资和器材，制作必要的模型设施等，主要包括：

（1）信息材料。信息材料主要包括应急预案和演练方案的纸质文本、演示文档、图表、地图、软件等。

（2）物资设备。物资设备主要包括各种应急抢险物资、特种装备、办公设备、录音摄像设备、信息显示设备等。

（3）通信器材。通信器材主要包括固定电话、移动电话、对讲机、海事电话、传真机、计算机、无线局域网、视频通信器材和其他配套器材，尽可能使用已有通信器材。

（4）演练情景模型。演练情景模型应搭建必要的模拟场景及装置设施。

5. 通信保障

应急演练过程中，应急指挥机构、总策划、控制组人员、参演人员、模拟人员等之间要有及时可靠的信息传递渠道。根据演练需要，可以采用多种公用或专用通信系统，必要时可组建演练专用通信与信息网络，确保演练控制信息的快速传递。

6. 安全保障

演练组织单位要高度重视演练组织与实施全过程的安全保障工作。大型或高风险演练活动要按规定制定专门应急预案，采取预防措施，并对关键部位和环节可能出现的突发事件进行针对性演练。根据需要为演练人员配备个体防护装备，购买商业保险。对可能影响公众生活、易于引起公众误解和恐慌的应急演练，应提前向社会发布公告，告示演练内容、时间、地点和组织单位，并做好应对方案，避免造成负面影响。

演练现场要有必要的安保措施，必要时对演练现场进行封闭或管制，保证演练安全进行。演练出现意外情况时，演练总指挥与其他领导小组成员会商后可提前终止演练。

六、应急预案演练实施

（一）演练启动

演练正式启动前一般要举行简短仪式，由演练总指挥宣布演练开始并启动演练活动。

（二）演练执行

1. 演练指挥与行动

（1）演练总指挥负责演练实施全过程的指挥控制。当演练总指挥不兼任总策划时，一般由总指挥授权总策划对演练过程进行控制。

（2）按照演练方案要求，应急指挥机构指挥各参演队伍和人员，开展对模拟演练事件的应急处置行动，完成各项演练活动。

（3）控制组人员应充分掌握演练方案，按总策划的要求，熟练发布控制信息，协调参演人员完成各项演练任务。

（4）参演人员根据控制消息和指令，按照演练方案规定的程序开展应急处置行动，完成各项演练活动。

（5）模拟人员按照演练方案要求，模拟未参加演练的单位或人员的行动，并做出信息反馈。

2. 演练过程控制

总策划负责按演练方案控制演练过程。

（1）桌面演练过程控制。在讨论桌面演练中，演练活动主要是围绕对所提出问题进行讨论。由总策划以口头或书面形式，部署引入一个或若干个问题。参演人员根据应急预案及有关规定，讨论应采取的行动。

在角色扮演或推演式桌面演练中，由总策划按照演练方案发出控制消息，参演人员接收到事件信息后，通过角色扮演或模拟操作，完成应急处置活动。

（2）实战演练过程控制。在实战演练中，要通过传递控制消息来控制演练进程。总策划按照演练方案发出控制消息，控制人员向参演人员和模拟人员传递控制消息。参演人员和模拟人员接收到信息后，按照发生真实事件时的应急处置程序，或根据应急行动方案，采取相应的应急处置行动。

控制消息可由人工传递，也可以用对讲机、电话、手机、传真机、网络等方式传送，或者通过特定的声音、标志、视频等呈现。演练过程中，控制人员应随时掌握演练进展情况，并向总策划报告演练中出现的各种问题。

3. 演练解说

在演练实施过程中，演练组织单位可以安排专人对演练过程进行解说。解说内容一般包括演练背景描述、进程讲解、案例介绍、环境渲染等。对于有演练脚本的大型综合性示范演练，可按照脚本中的解说词进行讲解。

4. 演练记录

演练实施过程中，一般要安排专门人员，采用文字、照片和音像等手段记录演练过程。文字记录一般可由评估人员完成，主要包括演练实际开始与结束时间、演练过程控制情况、各项演练活动中参演人员的表现、意外情况及其处置等内容，尤其是要详细记录可能出现的人员“伤亡”（如进入“危险”场所而无安全防护，在规定的时间内不能完成疏散等）及财产“损失”等情况。

照片和音像记录可安排专业人员和宣传人员在不同现场、不同角度进行拍摄，尽可能全方位反映演练实施过程。

5. 演练宣传报道

演练宣传组按照演练宣传方案作好演练宣传报道工作。认真做好信息采集、媒体组织、广播电视节目现场采编和播报等工作，扩大演练的宣传教育效果。对涉密应急演练要做好相关保密工作。

（三）演练结束与终止

演练完毕，由演练总策划发出结束信号，总指挥宣布演练结束。演练结束后所有人员停止演练活动，按预定方案集合进行现场总结讲评或者组织疏散。保障部负责组织人员对演练现场进行清理和恢复。

演练实施过程中出现下列情况，经演练领导小组决定，由演练总指挥按照事先规定的程序和指令终止演练：

（1）出现真实突发事件，需要参演人员参与应急处置时，要终止演练，使参演人员迅速回归其工作岗位，履行应急处置职责。

（2）出现特殊或意外情况，短时间内不能妥善处理或解决时，可提前终止演练。

七、应急预案演练评估与总结

（一）演练评估

演练评估是在全面分析演练记录及相关资料的基础上，对比参演人员表现与演练目标要求，对演练活动及其组织过程做出客观评价，并编写演练评估报告的过程。所有应急演练活动都应进行演练评估。

演练结束后可通过组织评估会议、填写演练评价表和对参演人员进行访谈等方式，也可要求参演单位提供自我评估总结材料，进一步收集演练组织实施的情况。

演练评估报告的主要内容一般包括演练执行情况、预案的合理性与可操作性、应急指挥人员的指挥协调能力、参演人员的处置能力、演练所用设备装备的适用性、演练目标的实现情况、演练的成本效益分析、对完善预案的建议等。

（二）演练总结

演练总结可分为现场总结和事后总结。

1. 现场总结

在演练的一个或所有阶段结束后，由演练总指挥、总策划、专家评估组长等在演练现场有针对性地进行讲评和总结。内容主要包括本阶段的演练目标、参演队伍及人员的表现、演练中暴露的问题、解决问题的办法等。

2. 事后总结

在演练结束后，由文案组根据演练记录、演练评估报告、应急预案、现场总结等材料，对演练进行系统和全面的总结，并形成演练总结报告。演练参与单位也可对本单位的演练情况进行总结。

演练总结报告的内容包括：演练目的，时间和地点，参演单位和人员，演练方案概要，发现的问题与原因，经验和教训，以及改进有关工作的建议等。

（三）成果运用

对演练暴露出来的问题，演练单位应当及时采取措施予以改进，包括修改完善应急预案、有针对性地加强应急人员的教育和培训、对应急物资装备有计划地更新等，并建立改进任务表，按规定时间对改进情况进行监督检查。

（四）文件归档与备案

演练组织单位在演练结束后应将演练计划、演练方案、演练评估报告、演练总结报告等资料归档保存。

对于由上级有关部门布置或参与组织的演练，或者法律、法规、规章要求备案的演练，演练组织单位应当将相应资料报有关部门备案。

（五）考核与奖惩

演练组织单位要注重对演练参与单位及人员进行考核。对在演练中表现突出的单位及个人，可给予表彰和奖励；对不按要求参加演练，或影响演练正常开展的，可给予相应批评。

思考题

1. 编制应急预案的目的是什么？
2. 应急预案的编制范围是什么？
3. 应急预案的制定程序有哪些？
4. 应急预案的编制内容有哪些？

第五章
施工现场消防安全管理

学习要求

通过本章学习，应了解建设工程施工现场的主要火灾风险性和常见火灾成因；熟悉建设工程施工现场总平面布置、建筑防火要求及临时消防设施设置；掌握建设工程施工现场的消防安全管理要求。

第一节　施工现场的火灾风险

一、施工现场的火灾危险性

“施工现场”顾名思义，属于在建的、未完工的建筑现场。因此，施工现场的火灾危险性与一般居民住宅、厂矿、企事业单位有所不同。由于处于施工期间，室内消火栓系统、自动喷水灭火系统、火灾自动报警系统均不能投入使用，且施工现场内存有大量施工材料，施工人员众多，这些都在一定程度上增加了施工现场的火灾危险性。

（一）易燃、可燃材料多

由于施工要求，很难避免施工现场存放木材、油毡纸、沥青、汽油、松香水等可燃材料。这些材料一部分存放在条件较差的临建库房内，另一部分为了施工方便，就会露天堆放在施工现场。此外，施工现场还经常会遗留废刨花、锯末、油毡纸头等易燃、可燃的施工尾料，不能及时清理。这些物质的存在，使施工现场具备了燃烧产生的一个必备条件——可燃物。

（二）临建设施多，防火标准低

为了施工需要，施工现场会临时搭设大量的作业棚、仓库、宿舍、办公室、厨房等临时用房，考虑到简易快捷和节省成本，这些临时用房多数会使用耐火性能较差的金属夹芯板房（俗称彩钢板房），甚至有些施工现场还会采用可燃材料搭设临时用房。同时，因为施工现场面积相对狭小，上述临时用房往往相互连接，缺乏应有的防火间距，一旦一处起火，很容易蔓延扩大。

（三）动火作业多

施工现场会存在大量的电气焊、防水、切割等动火作业。这些动火作业，使施工现场具备了燃烧产生的另一个必备条件——火源。一旦动火作业不慎，火星引燃施工现场的可燃物，极易引发火灾。另外，施工现场一旦缺乏统筹管理或失管、漏管，形成立体交叉动火作业，甚至出现违章动火作业，更易引发火灾。

（四）临时用电安全隐患大

施工现场需要使用大量的机械设备，部分施工现场还需要解决施工人员的吃住问题。施工现场的生产、生活用电均为临时用电，若设计不合理，或任意铺设电气线路，很容易造成线路超负荷，或出现接触不良、短路等电气故障而引发火灾。

（五）施工临时员工多，流动性强，素质参差不齐

由于建筑施工的工艺特点，各工序之间往往相互交叉、流水作业。一方面，施工人员常处于分散、流动状态，各作业工种之间相互交接，容易遗留火灾隐患；另一方面，施工现场外来人员较多，施工人员的素质参差不齐，经常出入工地，乱动机械、乱丢烟蒂等现象时有发生，给施工现场安全管理带来不便，往往会因遗留的火种未被及时发现而酿成火灾。

（六）既有建筑进行扩建、改建火灾危险性大

对既有建筑进行扩建、改建时，如扩建、改建部分与建筑其他正常使用部分未进行有效防火隔离，很容易造成因施工环节的动火作业引燃正常使用区域的可燃物而引发火灾。

（七）易燃、可燃的隔音、保温材料用量大

目前，建筑节能、降噪的标准不断提高，建筑中隔音、保温材料的用量不断增大，市场上普遍使用的橡塑保温材料以丁腈橡胶、聚氯乙烯为主要原料，这些材料均为可燃材料，在施工环节有较大的火灾危险性。

（八）现场施工消防安全管理不善

施工现场消防安全管理不善，可能出现因违章施工的行为，或者因分包单位消防安全责任制落实不到位，而带来消防安全隐患。

二、施工现场常见的火灾成因

施工现场常见的火灾成因，主要包括以下几个方面：

（一）焊接、切割作业引发的火灾

（1）焊接、切割作业产生的金属火花飞溅引燃周围可燃物。

（2）焊接、切割作业产生的高温因热传导引燃其他房间或部位的可燃物。

（3）焊接导线与电焊机、焊钳连接接头处理不当，松动打火。

（4）焊接导线（焊把线）选择不当，截面过小，使用过程中超负荷使绝缘损坏，造成短路打火。

（5）焊接导线受压、磨损造成短路或铺设不当、接触高温物体或打卷使用造成涡流，过热失去绝缘短路打火。

（6）电焊回路线（搭铁线或接零线）使用、铺设不当或乱搭乱接，在焊接作业时产生电火花或接头过热引燃易燃、可燃物。

（7）电焊回路线与电气设备或电网零线相连，电焊时大电流通过，将保护零线或电网零线烧断。

（二）电气故障引发的火灾

施工现场临时用电线路和乱拉乱接导致用电线路出现过负荷、接触不良或短路等电气故障而引发的火灾；临时用电线路或用电设备防护不当，造成机械损坏、受到雨水侵蚀等造成电气线路或电气设备故障而引发的火灾。

（三）用火不慎、遗留火种

施工人员的生活设施如烹饪、取暖、照明设备等使用不慎，或因吸烟乱丢烟蒂引燃周围可燃物起火。

第二节　施工现场总平面布局

为了保证施工现场的消防安全，应在源头消除先天隐患，在施工前，就应对施工现场的临时用房、临时设施、临时消防车通道等总平面布局进行整体规划。

一、总平面布置的原则

总平面布置包括总平面布局、临时用房及临时设施的设置，此外还要划定重点区域等。

（一）明确总平面布局内容

施工现场总平面布局应明确与现场防火、灭火及人员疏散密切相关的临建设施的具体位置，以满足现场防火、灭火及人员疏散的要求。下列临时用房和临时设施应纳入施工现场总平面布局：

（1）施工现场的出入口、围墙、围挡。

（2）施工现场内的临时道路。

（3）给水管网或管路，以及配电线路敷设或架设的走向、高度。

（4）施工现场办公用房、宿舍、发电机房、变配电房、可燃材料库房、易燃易爆危险品库房、可燃材料堆场及其加工场、固定动火作业场等。

（5）临时消防车道、消防救援场地和消防水源。

（二）重点区域的布置原则

1. 施工现场出入口的设置原则

施工现场出入口的设置应满足消防车通行的要求，并宜布置在不同方向，其数量不宜少于2个。当确有困难只能设置1个出入口时，应在施工现场内设置满足消防车通行的环形道路。

2. 固定动火作业场的布置原则

固定动火作业场应布置在可燃材料堆场及其加工场、易燃易爆危险品库房等全年最小频率风向的上风侧；宜布置在临时办公用房、宿舍、可燃材料库房、在建工程等全年最小频率风向的上风侧。

3. 危险品库房的布置原则

易燃易爆危险品库房应远离明火作业区、人员密集区和建筑物相对集中区。可燃材料堆场及其加工场、易燃易爆危险品库房不应布置在架空电力线下。

二、防火间距

保持临时用房、临时设施与在建工程的防火间距是防止施工现场火灾蔓延的关键。

（一）临建用房与在建工程的防火间距

（1）人员住宿、可燃材料及易燃易爆危险品储存等场所严禁设置于在建工程内。

（2）易燃易爆危险品库房与在建工程应保持足够的防火间距。

（3）可燃材料堆场及其加工场、固定动火作业场与在建工程的防火间距不应小于10 m。

（4）其他临时用房、临时设施与在建工程的防火间距不应小于6 m。

（二）临建用房间的防火间距

（1）施工现场主要临时用房、临时设施的防火间距不应小于表5—5—1的规定。

表5—5—1　施工现场主要临时用房、临时设施的防火间距　（单位：m）

名称	办公用房、宿舍	发电机房、变配电房	可燃材料库房	厨房操作间、锅炉房	可燃材料堆场及其加工场	固定动火作业场	易燃易爆危险品库房
办公用房、宿舍	4	4	5	5	7	7	10
发电机房、变配电房	4	4	5	5	7	7	10
可燃材料库房	5	5	5	5	7	7	10
厨房操作间、锅炉房	5	5	5	5	7	7	10
可燃材料堆场及其加工场	7	7	7	7	7	10	10
固定动火作业场	7	7	7	7	10	10	12
易燃易爆危险品库房	10	10	10	10	10	12	12

1）临时用房、临时设施的防火间距应按临时用房外墙外边线或堆场、作业场、作业棚边线间的最小距离计算，如临时用房外墙有凸出可燃构件时，应从其凸出可燃构件的外缘算起。

2）两栋临时用房相邻较高一面的外墙为防火墙时，防火间距不限。

3）表5—5—1未规定的，可按同等火灾危险性的临时用房、临时设施的防火间距确定。

（2）当办公用房、宿舍成组布置时，其防火间距可适当减小，但应符合以下要求：

1）每组临时用房的栋数不应超过10栋，组与组之间的防火间距不应小于8 m。

2）组内临时用房之间的防火间距不应小于3.5 m；当建筑构件燃烧性能等级为A级时，其防火间距可减少到3 m。

三、临时消防车通道

施工现场需要设置消防车通道，同时布置相应的消防救援场地。

（一）临时消防车通道设置要求

（1）施工现场内应设置临时消防车通道，同时，考虑灭火救援的安全以及供水的可靠，临时消防车道与在建工程、临时用房、可燃材料堆场及其加工场的距离，不宜小于5 m，且不宜大于40 m。

（2）施工现场周边道路满足消防车通行及灭火救援要求时，施工现场内可不设置临时消防车通道。

（3）临时消防车通道宜为环形，如设置环形车道确有困难，应在消防车通道尽端设置尺寸不小于12 m × 12 m的回车场。

（4）临时消防车通道的净宽度和净空高度均不应小于4 m。

（5）临时消防车通道的右侧应设置消防车行进路线指示标识。

（6）临时消防车通道路基、路面及其下部设施应能承受消防车通行压力及工作荷载。

（二）临时消防救援场地的设置

1. 下列施工现场需设临时消防救援场地

（1）建筑高度大于 24 m 的在建工程。

（2）建筑工程单体占地面积大于 3 000 m^2 的在建工程。

（3）超过 10 栋，且为成组布置的临时用房。

2. 临时消防救援场地的设置要求

（1）临时消防救援场地应在在建工程装饰装修阶段设置。

（2）临时消防救援场地应设置在成组布置的临时用房场地的长边一侧及在建工程的长边一侧。

（3）场地宽度应满足消防车正常操作要求且不应小于 6 m，与在建工程外脚手架的净距不宜小于 2 m，且不宜超过 6 m。

第三节　施工现场内建筑的防火要求

对现场内搭建的临时用房以及在建工程应采取相应的防火措施，一旦发生火灾后，有利于延迟火势蔓延，为施工现场内的人员赢得宝贵的疏散时间。

一、临时用房防火要求

临时用房主要包括宿舍、办公用房等。此外，施工现场还有诸如发电机房、变配电房、厨房操作间、锅炉房、可燃材料和易燃易爆危险品库房等用房。

（一）宿舍、办公用房的防火要求

在施工现场生活区一般会搭建大量的供人员办公、住宿的临时用房，平时会有大量的现场工作人员活动及休息，一般这些临时用房都不能按照正式的办公楼、宿舍楼等进行防火设计，给施工现场消防安全带来隐患。所以，本着既经济合理又能确保消防安全基本要求的原则，对临时搭建的宿舍、办公用房提出下列防火设计要求：

（1）建筑构件的燃烧性能等级应为 A 级。当临时用房是金属夹芯板时，其芯材的燃烧性能等级应为 A 级。材料的燃烧性能应按照《建筑材料及制品燃烧性能分级》（GB 8624—2012），由具有相应资质的检测机构进行检测，出具合格的检测报告。

（2）建筑层数不应超过 3 层，每层建筑面积不应大于 300 m^2。

（3）建筑层数为 3 层或每层建筑面积大于 200 m^2 时，应设置不少于 2 部疏散楼梯，房间疏散门至疏散楼梯的最大距离不应大于 25 m。

（4）单面布置用房时，疏散走道的净宽度不应小于 1.0 m；双面布置用房时，疏散走道的净宽度不应小于 1.5 m。

（5）疏散楼梯的净宽度不应小于疏散走道的净宽度。

（6）宿舍房间的建筑面积不应大于 30 m^2，其他房间的建筑面积不宜大于 100 m^2。

（7）房间内任一点至最近疏散门的距离不应大于 15 m，房门的净宽度不应小于 0.8 m；房间建筑面积超过 50 m^2 时，房门的净宽度不应小于 1.2 m。

（8）隔墙应从楼地面基层隔断至顶板基层底面。

（二）特殊用房的防火要求

除宿舍、办公用房外，施工现场内诸如发电机房、变配电房、厨房操作间、锅炉房、可燃材料和易燃易爆危险品库房，是施工现场火灾危险性较大的临时用房，对于这些用房提出防火要求，有利于火灾风险的控制。特殊用房的防火设计应符合下列要求：

（1）建筑构件的燃烧性能等级应为A级。材料的燃烧性能应按照《建筑材料及制品燃烧性能分级》（GB 8624—2012），由具有相应资质的检测机构进行检测，出具合格的检测报告。

（2）建筑层数应为1层，建筑面积不应大于200 m^2；可燃材料、易燃易爆危险品存放库房应分别布置在不同的临时用房内，每栋临时用房的面积均不应超过200 m^2。

（3）可燃材料库房应采用不燃材料将其分隔成若干间库房，如施工过程中某种易燃易爆危险品需用量大，可分别存放于多间库房内。单个房间的建筑面积不应超过30 m^2，易燃易爆危险品库房单个房间的建筑面积不应超过20 m^2。

（4）房间内任一点至最近疏散门的距离不应大于10 m，房门的净宽度不应小于0.8 m。

（三）其他防火要求

施工现场的临时用房较多，且其布置受现场条件制约多，不同使用功能的临时用房可按规定组合建造。组合建造时，两种不同使用功能的临时用房之间应采用不燃材料进行防火分隔，其防火要求应以等级要求较高的临时用房为准。组合建造一般应满足以下要求：

（1）宿舍、办公用房不应与厨房操作间、锅炉房、变配电房等组合建造。

（2）施工现场人员较为密集的用房，如会议室、文化娱乐室、培训室、餐厅等房间应设置在临时用房的第一层，其疏散门应向疏散方向开启。

二、在建工程防火要求

在建工程的防火主要包括临时疏散通道以及针对既有建筑进行扩建、改建施工等的防火要求。

（一）临时疏散通道的防火要求

在建工程火灾常发生在作业场所。因此，在建工程疏散通道应与在建工程结构施工保持同步，并与作业场所相连通，以满足人员疏散需要。基于经济、安全的考虑，也可利用在建工程施工完毕的水平结构、楼梯。为满足人员迅速、有序、安全撤离火场及避免疏散过程中发生人员拥挤、踩踏和疏散通道垮塌等次生灾害，在建工程作业场所临时疏散通道的设置应符合下列规定：

（1）在建工程作业场所的临时疏散通道应采用不燃、难燃材料建造并与在建工程结构施工同步设置，临时疏散通道应具备与疏散要求相匹配的耐火性能，其耐火极限不应低于0.50 h。

（2）临时疏散通道应具备与疏散要求相匹配的通行能力。设置在地面上的临时疏散通道，其净宽度不应小于1.5 m；利用在建工程施工完毕的水平结构、楼梯作临时疏散通道，其净宽度不应小于1.0 m；用于疏散的爬梯及设置在脚手架上的临时疏散通道，其净宽度不应小于0.6 m。

（3）临时疏散通道为坡道，且坡度大于25°时，应修建楼梯或台阶踏步或设置防滑条。

（4）临时疏散通道应具备与疏散要求相匹配的承载能力。临时疏散通道不宜采用爬梯，确需采用爬梯时，应有可靠固定措施。

（5）临时疏散通道应保证疏散人员安全，侧面如为临空面，必须沿临空面设置高度不小于 1.2 m 的防护栏杆。

（6）临时疏散通道如搭设在脚手架上，脚手架作为疏散通道的支撑结构，其承载力和耐火性能应满足相关要求。进行脚手架刚度、强度、稳定性验算时，应考虑人员疏散荷载。脚手架应采用不燃材料搭设，其耐火性能不应低于疏散通道的耐火性能。

（7）临时疏散通道应保证人员有序疏散，应设置明显的疏散指示标识及应急照明设施。

（二）既有建筑进行扩建、改建施工的防火要求

既有建筑居住、营业、使用期间进行改建、扩建及改造施工时，考虑到施工现场本身引发火灾的危险因素就较多，一旦发生火灾，容易造成群死群伤，因此施工中应结合具体工程及施工情况，采取切实有效的防范措施，严防火灾发生。

既有建筑进行扩建、改建施工时，必须明确划分施工区和非施工区。施工区不得营业、使用和居住；非施工区继续营业、使用和居住时，应符合下列要求：

（1）施工区和非施工区之间应采用不开设门、窗、洞口的耐火极限不低于 3.0 h 的不燃烧体隔墙进行防火分隔。

（2）非施工区内的消防设施应完好和有效，疏散通道应保持畅通，并应落实日常值班及消防安全管理制度。

（3）施工区的消防安全应配有专人值守，发生火情应能立即处置。

（4）施工单位应向居住和使用者进行消防宣传教育，告知建筑消防设施、疏散通道的位置及使用方法，同时应组织进行疏散演练。

（5）外脚手架搭设不应影响安全疏散、消防车正常通行及灭火救援操作。

（三）其他防火要求

1. 外脚手架、支模架

外脚手架既是在建工程的外防护架，也是施工人员的外操作架。支模架既是混凝土模板的支撑架体，也是施工人员操作平台的支撑架体。为保护施工人员免受火灾伤害，外脚手架、支模架的架体宜采用不燃或难燃材料搭设。其中，高层建筑和既有建筑改造工程的外脚手架、支模架的架体应采用不燃材料搭设。

2. 安全网

外脚手架的安全防护立网将整个在建工程包裹或封闭其中。动火作业产生的火焰、火花、火星一旦引燃可燃安全网，火势便会迅速蔓延。为有效保障施工人员及建筑内其他人员的生命安全，下列安全防护网应采用阻燃型安全防护网：

（1）高层建筑外脚手架的安全防护网；

（2）既有建筑外墙改造时，其外脚手架的安全防护网；

（3）临时疏散通道的安全防护网。

3. 安全疏散

为了让作业人员在紧急、慌乱时刻迅速找到疏散通道，便于人员有序疏散，作业层的醒目位置应设置安全疏散示意图，作业场所应设置明显的疏散指示标志，其指示方向应指向最近的临时疏散通道入口。

第四节 施工现场临时消防设施设置

施工现场发生火情后，初期的扑救和及时疏散是避免财产损失和保证施工人员安全的有效途径，所以在施工现场设置的灭火器、临时消防给水系统和临时消防应急照明等临时消防设施，是施工现场常用且最为有效的临时消防设施。

一、临时消防设施设置原则

临时消防设施的设置需要遵循同步设置、合理设置等原则。

（一）同步设置原则

临时消防设施应与在建工程的施工同步设置。施工过程中，由于混凝土强度等原因，可能出现模板及支模架不能及时拆除而影响临时消防设施的设置进度的情形，但临时消防设施的设置与在建工程主体结构施工进度的差距不应超过3层。

（二）合理设置原则

基于经济和务实考虑，可合理利用已具备使用条件的在建工程永久性消防设施兼作施工现场的临时消防设施；当永久性消防设施无法满足使用要求时，应增设临时消防设施，并应满足相应设施的设置要求。

（三）其他设置原则

（1）为保证施工现场消防水泵供电的可靠性，消防水泵应由引至施工现场总配电箱的总断路器上端的专用配电线路供电，且应保持不间断供电。

（2）地下工程的施工作业场所宜配备防毒面具。

（3）为便于临时消防设施使用，临时消防给水系统的蓄水池、消火栓泵、室内消防竖管及水泵接合器等，应设有醒目标识。

二、灭火器设置

施工现场灭火器的设置要满足下列要求：

（一）设置场所

施工现场的下列场所应配置灭火器：

（1）易燃易爆危险品存放及使用场所。

（2）动火作业场所。

（3）可燃材料存放、加工及使用场所。

（4）厨房操作间、锅炉房、发电机房、变配电房、设备用房、办公用房、宿舍等临时用房。

（5）其他具有火灾危险的场所。

（二）设置要求

施工现场灭火器设置应符合下列规定：

（1）施工现场的某些场所，既可能发生固体火灾，也可能发生液体、气体火灾或电气火灾，在选配灭火器时，应选用与配备场所可能发生火灾类型匹配，且能扑灭多类火灾的灭火器。

（2）灭火器的最低配置标准应符合表5—5—2的规定。

表5—5—2 灭火器最低配置标准

项目	固体物质火灾		液体或可熔化固体物质火灾、气体火灾	
	单具灭火器最小灭火级别	单位灭火级别最大保护面积/（m²/A）	单具灭火器最小灭火级别	单位灭火级别最大保护面积/（m²/B）
易燃易爆危险品存放及使用场所	3A	50	89B	0.5
固定动火作业场	3A	50	89B	0.5
临时动火作业点	2A	50	55B	0.5
可燃材料存放、加工及使用场所	2A	75	55B	1.0
厨房操作间、锅炉房	2A	75	55B	1.0
自备发电机房	2A	75	55B	1.0
变配电房	2A	75	55B	1.0
办公用房、宿舍	1A	100	—	—

（3）灭火器的配置数量应按照《建筑灭火器配置设计规范》（GB 50140—2005）经计算确定，且每个场所的灭火器数量不应少于2具。

（4）灭火器的最大保护距离应符合表5—5—3的规定。

表5—5—3 灭火器的最大保护距离 （单位：m）

灭火器配置场所	固体物质火灾	液体或可熔化固体物质火灾、气体火灾
易燃易爆危险品存放及使用场所	15	9
固定动火作业场	15	9
临时动火作业点	10	6
可燃材料存放、加工及使用场所	20	12
厨房操作间、锅炉房	20	12
发电机房、变配电房	20	12
办公用房、宿舍等	25	—

三、临时消防给水系统设置

临时消防给水系统的设置需要满足下列要求：

（一）消防水源的消防用水量

1. 消防水源

（1）消防水源是设置临时消防给水系统的基本条件，要求施工现场或其附近应设置稳定、可靠的水源，并应能满足施工现场临时消防用水的需要。

（2）消防水源可采用市政给水管网或天然水源。当采用天然水源时，应采取措施确保冰冻季节、枯水期最低水位时顺利取水，并满足临时消防用水量的要求。

2. 消防用水量

（1）施工现场的临时消防用水量应为临时室外消防用水量和临时室内消防用水量的总和，消防水源应满足临时消防用水量的要求。

（2）临时室外消防用水量应按临时用房和在建工程的临时室外消防用水量的较大者确定，施工现场火灾次数可按同时发生1次确定。

（二）临时室外消防给水系统设置要求

1. 设置条件

施工现场的大小不同，所带来的火灾危险性也各有大小，应综合考虑施工现场在建工程及临时用房的规模，来选择设置施工现场的临时室外消防给水系统。

临时用房建筑面积之和大于1 000 m^2 或在建工程单体体积大于10 000 m^3 时，应设置临时室外消防给水系统。当施工现场处于市政消火栓150 m保护范围内且市政消火栓的数量满足室外消防用水量要求时，可不设置临时室外消防给水系统。

2. 室外消防用水量

（1）临时用房的临时室外消防用水量不应小于表5—5—4的规定。

表5—5—4 临时用房的临时室外消防用水量

临时用房的建筑面积之和	火灾延续时间/h	消火栓用水量/（L/s）	每支水枪最小流量/（L/s）
1 000 m^2 ＜面积≤ 5 000 m^2	1	10	5
面积＞ 5 000 m^2		15	5

（2）在建工程的临时室外消防用水量不应小于表5—5—5的规定。

表5—5—5 在建工程的临时室外消防用水量

在建工程（单体）体积	火灾延续时间/h	消火栓用水量/（L/s）	每支水枪最小流量/（L/s）
10 000 m^3 ＜体积≤ 30 000 m^3	1	15	5
体积＞ 30 000 m^3	2	20	5

3. 设置要求

施工现场临时室外消防给水系统的设置应符合下列要求：

（1）临时给水管网宜根据施工现场实际情况布置成环状。

（2）临时室外消防给水干管的管径应依据施工现场临时消防用水量和干管内水流计算速度进行计算确定，且最小管径不应小于 *DN*100 mm。

（3）室外消火栓应沿在建工程、临时用房及可燃材料堆场及其加工场均匀布置，距在建工程、临时用房及可燃材料堆场及其加工场的外边线不应小于5 m。

（4）室外消火栓的间距不应大于120 m。

（5）室外消火栓的最大保护半径不应大于150 m。

（三）临时室内消防给水系统设置要求

1. 设置条件

为便于在建工程发生火灾后现场施工人员能够在第一时间实施处置，也便于消防人员到达火灾现场后通过内攻的方式对在建工程进行火灾扑救，建筑高度大于24 m或单体体积超过30 000 m^3 的在建工程，应设置临时室内消防给水系统。

2. 室内消防用水量

临时室内消防给水系统的消防用水量不应小于表5—5—6的规定。

表 5—5—6 在建工程的临时室内消防用水量

建筑高度、在建工程体积 / 单体	火灾延续时间 /h	消火栓用水量 /（L/s）	每支水枪最小流量 /（L/s）
24 m＜建筑高度≤ 50 m 或 30 000 m^3 ＜体积≤ 50 000 m^3	1	10	5
建筑高度＞ 50 m 或 体积＞ 50 000 m^3	1	15	5

3. 设置要求

（1）室内消防竖管设置要求。①消防竖管的设置位置应便于消防人员操作，其数量不应少于 2 根，当结构封顶时，应将消防竖管设置成环状。②消防竖管的管径应根据在建工程临时消防用水量、竖管内水流计算速度进行计算确定，且不应小于 *DN*100 mm。

（2）消防水泵接合器设置要求。设置室内消防给水系统的在建工程，应设消防水泵接合器。消防水泵接合器应设置在室外便于消防车取水的部位，与室外消火栓或消防水池取水口的距离宜为 15 ～ 40 m。

（3）室内消火栓快速接口及消防软管设置要求。设置临时室内消防给水系统的在建工程，各结构层均应设置室内消火栓接口及消防软管接口，并应符合下列要求：①在建工程的室内消火栓接口及软管接口应设置在位置明显且易于操作的部位。②消火栓接口的前端应设置截止阀。③消火栓接口或软管接口的间距，多层建筑不大于 50 m，高层建筑不大于 30 m。

（4）消防水带、水枪及软管设置要求。为确保消防水带、水枪及软管的设置既可以满足初起火灾的扑救要求，又可以减少消防水带和水枪的配置，便于维护和管理，在建工程结构施工完毕的每层楼梯处，应设置消防水带、水枪及软管，且每个设置点不应少于 2 套。

（5）中转水池及加压水泵设置要求。建筑高度超过 100 m 的在建工程，应在适当楼层增设楼层中转水池及加压水泵。中转水池的有效容积不应少于 10 m^3；上、下两个中转水池的高差不宜超过 100 m。

（四）其他设置要求

（1）临时消防给水系统的给水压力应满足消防水枪充实水柱长度不小于 10 m 的要求；给水压力不能满足要求时，应设置消火栓泵，消火栓泵不应少于 2 台，且应互为备用；消火栓泵宜设置自动启动装置。

（2）当外部消防水源不能满足施工现场的临时消防用水量要求时，应在施工现场设置临时蓄水池。临时蓄水池宜设置在便于消防车取水的部位，其有效容积不应小于施工现场火灾延续时间内一次灭火的全部消防用水量。

（3）施工现场临时消防给水系统应与施工现场生产、生活给水系统合并设置，但应设置将生产、生活用水转为消防用水的应急阀门。应急阀门不应超过 2 个，且应设置在易于操作的场所，并设置明显标识。

（4）严寒和寒冷地区的现场临时消防给水系统，应采取防冻措施。

四、临时应急照明设置

临时应急照明的设置场所和设置要求如下：

（一）临时应急照明设置场所

为保证火灾情况下能够满足火灾初期扑救和人员疏散的照明要求，施工现场的下列场所应配备临时应急照明：

（1）自备发电机房及变配电房。

（2）水泵房。

（3）无天然采光的作业场所及疏散通道。

（4）高度超过100 m的在建工程的室内疏散通道。

（5）发生火灾时仍需坚持工作的其他场所。

（二）临时应急照明设置要求

（1）作业场所应急照明的照度不应低于正常工作所需照度的90%，疏散通道的照度值不应小于0.5 lx。

（2）临时消防应急照明灯具宜选用自备电源的应急照明灯具，自备电源的连续供电时间不应小于60 min。

第五节　施工现场的消防安全管理

一、施工现场消防安全管理基本要求

（一）消防安全责任制

根据我国现行法律法规的规定，施工现场的消防安全管理应由施工单位负责。施工现场实行施工总承包的，由总承包单位负责。总承包单位应对施工现场防火实施统一管理，并对施工现场总平面布局、现场防火、临时消防设施、防火管理等进行总体规划、统筹安排，确保施工现场防火管理落到实处。分包单位应向总承包单位负责，并应服从总承包单位的管理，同时应承担国家法律、法规规定的消防责任和义务。监理单位应对施工现场的消防安全管理实施监理。

施工单位应根据建设项目规模、现场消防安全管理的重点，在施工现场建立消防安全管理组织机构及志愿消防组织，并应确定消防安全责任人和消防安全管理人，同时应落实相关人员的消防安全管理责任。

（二）消防安全管理制度

施工单位应针对施工现场可能导致火灾发生的施工作业及其他活动，制订消防安全管理制度。消防安全管理制度应包括下列主要内容：①消防安全教育与培训制度；②可燃及易燃易爆危险品管理制度；③用火、用电、用气管理制度；④消防安全检查制度；⑤应急预案演练制度。

（三）防火技术方案

施工单位应编制施工现场防火技术方案，并应根据现场情况变化及时对其修改、完善。防火技术方案应包括下列主要内容：

（1）施工现场重大火灾危险源辨识。

（2）施工现场防火技术措施，即施工人员在具有火灾危险的场所进行施工作业或实施具有火灾危险的工序时，在“人、机、料、法、环”等方面应采取的防火技术措施。

（3）临时消防设施、临时疏散设施配备，并应具体明确以下相关内容：①明确配置灭火

器的场所、选配灭火器的类型和数量及最小灭火级别。②确定消防水源，临时消防给水管网的管径、敷设线路、给水工作压力及消防水池、水泵、消火栓等设施的位置、规格、数量等。③明确设置应急照明的场所和应急照明灯具的类型、数量、安装位置等。④在建工程永久性消防设施临时投入使用的安排及说明。⑤明确安全疏散的线路（位置）、疏散设施搭设的方法及要求等。

（4）临时消防设施和消防警示标识布置图。

（四）灭火及应急疏散预案

施工单位应编制施工现场灭火及应急疏散预案，并依据预案，定期开展灭火及应急疏散的演练。灭火及应急疏散预案应包括下列主要内容：①应急灭火处置机构及各级人员应急处置职责；②报警、接警处置的程序和通信联络的方式；③扑救初起火灾的程序和措施；④应急疏散及救援的程序和措施。

（五）消防安全教育和培训

施工人员进场前，施工现场的消防安全管理人员应对施工人员进行消防安全教育和培训。消防安全教育和培训应包括下列内容：①施工现场消防安全管理制度、防火技术方案、灭火及应急疏散预案的主要内容；②施工现场临时消防设施的性能及使用、维护方法；③扑灭初起火灾及自救逃生的知识和技能；④报火警、接警的程序和方法。

（六）消防安全技术交底

施工作业前，施工现场的施工管理人员应向作业人员进行消防安全技术交底。消防安全技术交底是安全技术交底的一部分，可与安全技术交底一并进行，也可单独进行。消防安全技术交底的对象为在具有火灾危险场所作业的人员或实施具有火灾危险工序的人员。交底应针对具有火灾危险的具体作业场所或工序，向作业人员传授如何预防火灾、扑灭初起火灾、自救逃生等方面的知识、技能。消防安全技术交底应包括下列主要内容：①施工过程中可能发生火灾的部位或环节；②施工过程应采取的防火措施及应配备的临时消防设施；③初起火灾的扑救方法及注意事项；④逃生方法及路线。

（七）消防安全检查

施工过程中，施工现场的消防安全负责人应定期组织消防安全管理人员对施工现场的消防安全进行检查。检查内容可依据当时当地的气候条件、社会环境和生产任务适当调整。例如，工程开工前，施工单位应对现场消防安全管理制度、防火技术方案、灭火及应急疏散预案、消防安全教育与培训、消防设施的设置与配备情况进行检查；施工过程中，施工单位按规定每月组织一次检查。此外，施工单位应在每年“五一”“十一”“春节”等重要节日或冬季风干物燥的特殊时段到来之际，根据实际情况组织相应的专项检查或季节性检查。

消防安全检查应包括下列主要内容：①可燃物及易燃易爆危险品的管理是否落实；②动火作业的防火措施是否落实；③用火、用电、用气是否存在违章操作，电、气焊及保温防水施工是否执行操作规程；④临时消防设施是否完好有效；⑤临时消防车道及临时疏散设施是否畅通。

（八）消防安全管理档案

施工单位应做好并保存施工现场消防安全管理的相关文件和记录，建立现场消防安全管理档案。施工现场消防安全管理档案包括以下文件和记录：①施工单位组建施工现场防火安全管理机构及聘任现场防火管理人员的文件；②施工现场防火安全管理制度及其审批记录；

③施工现场防火安全管理方案及其审批记录；④施工现场防火应急预案及其审批记录；⑤施工现场防火安全教育和培训记录；⑥施工现场防火安全技术交底记录；⑦施工现场消防设备、设施、器材验收记录；⑧施工现场消防设备、设施、器材台账及更换、增减记录；⑨ 施工现场灭火和应急疏散演练记录；⑩施工现场防火安全检查记录（含防火巡查记录、定期检查记录、专项检查记录、季节性检查记录，以及防火安全问题或隐患整改通知单、问题或隐患整改回复单、问题或隐患整改复查记录）；⑪施工现场火灾事故记录及火灾事故调查报告；⑫施工现场防火工作考评和奖惩记录。

二、可燃材料及易燃易爆危险品管理

在建工程所用保温、防水、装饰、防火、防腐材料的燃烧性能等级、耐火极限符合设计要求，既是满足建设工程施工质量验收标准的要求，也是减少施工现场火灾风险的基本条件。

可燃材料及易燃易爆危险品应按计划限量进场。进场后，可燃材料宜存放于库房内，如露天存放时，应分类成垛堆放，垛高不应超过 2 m，单垛体积不应超过 50 m^3，垛与垛之间的最小间距不应小于 2 m，且应采用不燃或难燃材料覆盖；易燃易爆危险品应分类专库储存，库房内通风良好，并设置禁火标志。

室内使用油漆及其有机溶剂、乙二胺、冷底子油或其他可燃材料、易燃易爆危险品的物资作业时，应保持良好通风，作业场所严禁明火，并应避免产生静电。

施工产生的可燃、易燃建筑垃圾或余料，应及时清理。

三、用火、用电、用气管理

施工现场用火、用电、用气管理要求如下：

（一）用火管理

1. 动火作业管理

动火作业是指在施工现场进行明火、爆破、焊接、气割或采用酒精炉、煤油炉、喷灯、砂轮、电钻等工具进行可能产生火焰、火花和炽热表面的临时性作业。

为保证动火作业安全，施工现场动火作业应符合下列要求：

（1）施工现场动火作业前，应由动火作业人提出动火作业申请。动火作业申请至少应包含动火作业的人员、内容、部位或场所、时间、作业环境及灭火救援措施等内容。

（2）《动火许可证》的签发人收到动火申请后，应前往现场查验，在确认动火作业的防火措施落实后方可签发《动火许可证》。

（3）动火操作人员应按照相关规定，具有相应资格，并持证上岗作业。

（4）焊接、切割、烘烤或加热等动火作业前，应对作业现场的可燃物进行清理；作业现场及其附近无法移走的可燃物，应采用不燃材料对其覆盖或隔离。

（5）施工作业安排时，宜将动火作业安排在使用可燃建筑材料的施工作业前进行。确需在使用可燃建筑材料的施工作业之后进行动火作业，应采取可靠的防火措施。

（6）严禁在裸露的可燃材料上直接进行动火作业。

（7）焊接、切割、烘烤或加热等动火作业，应配备灭火器材，并设动火监护人进行现场监护，每个动火作业点均应设置一个监护人。

（8）五级（含五级）以上风力时，应停止焊接、切割等室外动火作业。

（9）动火作业后，应对现场进行检查，确认无火灾危险后，动火操作人员方可离开。

2. 其他用火管理

（1）施工现场存放和使用易燃易爆危险品的场所（如油漆间、液化气间等），严禁明火。

（2）施工现场不应采用明火取暖。

（3）厨房操作间炉灶使用完毕后，应将炉火熄灭，排油烟机及油烟管道应定期清理油垢。

（二）用电管理

施工现场用电，应符合下列要求：

（1）施工现场供用电设施的设计、施工、运行、维护应符合《建设工程施工现场供用电安全规范》（GB 50194—2014）的要求。

（2）电气线路应具有相应的绝缘强度和机械强度，严禁使用绝缘老化或失去绝缘性能的电气线路，严禁在电气线路上悬挂物品。破损、烧焦的插座、插头应及时更换。

（3）电气设备特别是易产生高热的设备，应与可燃、易燃易爆和腐蚀性物品保持一定的安全距离。

（4）有爆炸危险的场所，按危险场所等级选用相应的电气设备。

（5）配电屏上每个电气回路应设置漏电保护器、过载保护器，距配电屏 2 m 范围内不应堆放可燃物，5 m 范围内不应设置可能产生较多易燃易爆气体、粉尘的作业区。

（6）可燃材料库房不应使用高热灯具，易燃易爆危险品库房内应使用防爆灯具。

（7）普通灯具与易燃物距离不宜小于 300 mm；聚光灯、碘钨灯等高热灯具与易燃物距离不宜小于 500 mm。

（8）电气设备不应超负荷运行或带故障使用。

（9）禁止私自改装现场供用电设施；现场供用电设施的改装应经具有相应资质的电气工程师批准，并由具有相应资质的电工实施。

（10）应定期对电气设备和线路的运行及维护情况进行检查。

（三）用气管理

施工现场常用的瓶装氧气、乙炔、液化气等气体，一旦储装气体的气瓶及其附件不合格或违规储装、运输、存放、使用气体便极易导致火灾、爆炸等危害，因此，施工现场用气，应符合下列要求：

（1）储装气体的罐瓶及其附件应合格、完好和有效；严禁使用减压器及其他附件缺损的氧气瓶，严禁使用乙炔专用减压器、回火防止器及其他附件缺损的乙炔瓶。

（2）气瓶运输、存放、使用时，应符合下列规定：

1）气瓶应保持直立状态，并采取防倾倒措施，乙炔瓶严禁横躺卧放。

2）严禁碰撞、敲打、抛掷、滚动气瓶。

3）气瓶应远离火源，距火源距离不应小于 10 m，并应采取避免高温和防止曝晒的措施。

4）燃气储装瓶罐应设置防静电装置。

（3）气瓶应分类储存，库房内通风良好；空瓶和实瓶同库存放时，应分开放置，两者间距不应小于 1.5 m。

（4）气瓶使用时，应符合下列规定：

1）使用前，应检查气瓶及气瓶附件的完好性，检查连接气路的气密性，并采取避免气体泄漏的措施，严禁使用已老化的橡皮气管。

2）氧气瓶与乙炔瓶的工作间距不应小于 5 m，气瓶与明火作业点的距离不应小于 10 m。

3）冬季使用气瓶，如气瓶的瓶阀、减压器等发生冻结，严禁用火烘烤或用铁器敲击瓶阀，禁止猛拧减压器的调节螺丝。

4）氧气瓶内剩余气体的压力不应小于 0.1 MPa。

5）气瓶用后，应及时归库。

四、其他施工管理

施工现场还要设置防火标识，同时做好临时消防设施的维护管理。

（一）设置防火标识

施工现场的临时防火部位或区域，应在醒目位置设置防火警示标识。

（二）做好临时消防设施维护

（1）施工现场的临时消防设施受外部环境、交叉作业影响，易失效、损坏或丢失，施工单位应做好施工现场临时消防设施的日常维护工作，对已失效、损坏或丢失的消防设施，应及时更换、修复或补充。

（2）临时消防车道、临时疏散通道、安全出口应保持畅通，不得遮挡、挪动疏散指示标识，不得挪用消防设施。

（3）施工现场尚未完工前，临时消防设施及临时疏散设施不应被拆除，并应确保其有效使用。

思考题

1. 建设工程施工现场常见的火灾成因有哪些？
2. 建设工程施工现场临时消防车通道的设置要求是什么？
3. 建设工程施工现场内设置的宿舍、办公用房的防火设计要求是什么？
4. 在对既有建筑进行扩建、改建施工时，都有哪些设计要求？
5. 建设工程施工现场临时室外消防给水系统的设置应符合哪些要求？
6. 建设工程施工现场哪些位置应配备临时应急照明？
7. 建设工程施工现场消防安全管理制度应包括哪些内容？
8. 施工现场消防安全管理档案应包括哪些文件和记录？
9. 为保证动火作业安全，施工现场动火作业应符合哪些要求？

参考文献

［1］杨欣，李剑乾，冯伟彪．消防安全培训知识读本［M］．北京：北京出版社，2011.

［2］陈池，王鹤寿，陈晓阳，施樑．在建工程施工期间的消防设施配置［J］．消防科学与技术，2008（4）.

［3］曲毅，彭连臣．谈如何做好大型建设工程施工现场消防安全管理工作［J］．工程建设与设计，2013（8）.

第六章
大型群众性活动消防安全管理

学习要求

通过本章学习，应了解大型群众性活动的主要特点；熟悉大型群众性活动可能引发的火灾因素；掌握大型群众性活动的消防安全管理。

大型群众性活动是国家政治稳定、经济繁荣、祥和昌盛的象征，是人民群众安居乐业、生活水平不断提高的体现。但是这些活动往往具有火灾危险性高，且人员高度聚集的特点，其消防安全工作极为重要，稍有疏忽就会引起火灾事故。

第一节　大型群众性活动概述

随着我国改革开放的不断深入和社会经济快速发展，"假日经济"作为一种新的经济发展方式，在拉动经济增速方面取得了显著效果；同时，机关、团体、企业、事业单位举办的大型群众性活动越来越多，且规模越来越大。大型群众性活动一旦发生火灾事故，极易造成众多的人员伤亡及不良政治影响，因此，大型群众性活动的消防安全工作必须精心组织实施，严格要求和管理。

为了进一步加强大型群众性活动的安全管理工作，2005 年，国务院出台了《大型群众性活动安全管理条例》(国务院令第 505 号)。《消防法》也明确要求"举办大型群众性活动，承办人应当依法向公安机关申请安全许可，制定灭火和应急疏散预案并组织演练，明确消防安全责任分工，确定消防安全管理人员，保持消防设施和消防器材配置齐全、完好有效，保证疏散通道、安全出口、疏散指示标志、应急照明和消防车通道符合消防技术标准和管理规定"等法律责任。

本书所指大型群众性活动即《大型群众性活动安全管理条例》规定的法人或者其他组织面向社会公众举办的每场次预计参加人数达到 1 000 人以上的活动，包括体育比赛、演唱会、音乐会、展览、展销、游园、灯会、庙会、花会、焰火晚会以及人才招聘会、现场开奖的彩票销售等活动。

一、大型群众性活动的主要特点

大型群众性活动具有规模大、临时性和协调难等特点。

（一）规模大

规模大是指短时间内在有限的空间聚集大量的人群，这些人群中的大部分人都不熟悉所在场地环境的安全情况，不了解活动中应注意哪些安全事项。

（二）临时性

为了满足活动的需求，经常会有一些临时搭建物或新增的设备设施，包括搭建临时舞台、主席台、看台等。这些新增的搭建物和设备设施大多没有经过试运行的安全检验，使得活动举办过程中容易出现一些不安全因素。为了达到举办大型活动的效果，往往需要临时拉接电源线，包括照明线、广播扩音设备电源线等。

（三）协调难

由于举办大型社会活动涉及的单位多、部门多，协调和沟通比较困难，容易出现安全管理盲点和死角。

二、大型群众性活动的火灾因素

大型群众性活动存在的诸多不安全状态和不安全行为，是引发火灾事故的主要因素。根据分析，除人为破坏和恐怖袭击外，大型群众性活动场所发生火灾的可能性主要有以下几方面。

（一）电气引起火灾

根据火灾统计资料显示，30% 左右的火灾是电气原因造成的。电气火灾成因多见为：照明灯具引燃其近旁的织物、纤维、纸张等可燃物，蔓延成灾；电气设备故障引起火灾；电气线路接触不良或超负荷过载发热引燃电线包覆材料起火；电线漏电、短路产生电弧火花引燃可燃物等。在举办大型群众性活动的场所内，用电设施比较多，临时拉电更多，引发电气火灾的可能性就相应增大。

（二）明火管理不善引起火灾

在举办大型群众性活动的场所，如庙会、展销会、招聘会等场所，往往会设有临时餐厅、小吃摊位等，随之就必然出现厨房用火，甚至出现液化气作燃料和卡式炉等之类的烹调明火。对这些明火管理不善，使用不当，很有可能引发火灾。

（三）吸烟不慎引起火灾

举办大型群众性活动的场所，人员众多、繁杂，吸烟者难以杜绝。有的在活动场所抽烟，有的吸烟者将未熄灭的烟蒂扔在废纸篓里，凡此种种，极易引发火灾。

（四）燃放烟花爆竹引起火灾

举办大型群众性活动，往往会燃放烟花爆竹，这既是中华民族的传统习惯，又是活动特别是节庆活动热闹造势的需要。但燃放烟花爆竹不当很容易引发火灾。这方面的案例不胜枚举。

三、重大活动消防安全保卫工作

改革开放以来，在各类大型群众性活动蓬勃发展的同时，我国还相继承办了北京奥运会、上海世博会等国际影响力巨大的重大活动。

上述在国际、国家经济社会生活中起到重大影响，且具有密集度高、牵涉面广、级别高、周期长、人数多等特点的活动称为重大活动。重大活动的消防安全保卫工作往往由政府统一组织实施，其消防安全管理活动的范畴远远超过大型群众性活动消防安全管理，但其各活动点具体的消防安全管理活动可参照本章内容实施，在此仅简要介绍重大活动的特点及其消防安全保卫工作原则。

（一）重大活动的特点

1. 场所复杂

重大活动的举办往往要新建、改建和扩建一定数量的配套建筑物直接为活动举办使用，同时，为保障重大活动的成功举办，举办地也会相应建设供电、供水等市政基础设施以及宾馆、酒店等配套服务设施。

2. 筹备期长

重大活动对举办地提升国际、国家影响力发挥着举足轻重的作用，受到国家以及举办地政府的高度重视，当地政府往往将重大活动的举办当作一定时期内的政府中心工作开展，其活动筹备期往往达到几年或十几年。

3. 社会影响力大

北京奥运会、上海世博会的成功举办，不仅让中国了解了北京、上海，也让世界了解了中国，其活动的影响力不言而喻。

4. 参与人数众多

重大活动所吸引的人群涉及面广，且人数众多，同时重大活动的筹备和举办工作更离不开大量的组织、团体和个人的参与。

5. 多种活动交织

重大活动的举办不仅仅局限在某一种活动类型，如北京奥运会，除了直接的体育比赛外，还附有演唱会、音乐会、展览、展销、游园、焰火表演等多种大型群众性活动。

（二）重大活动消防安全保卫工作原则

1. 坚持预防为主的原则

按照“预防为主、防消结合”的方针，以分析、发现、整改重大活动火灾风险源为着力点，切实提高重大活动消防安全保卫工作的能力和水平。

2. 坚持依法管理的原则

从编制和实施各项重大活动消防安全工作方案入手，着力解决重大活动消防安全工作中的突出问题，提高消防安全工作能力。

3. 坚持群众参与的原则

坚持以常年的宣传教育培训为载体，建立健全重大活动消防安全管理工作体系，明确相关责任人的工作职责，发动广大群众共同参与重大活动消防安全保卫工作。

第二节　大型群众性活动消防安全管理

通过消防安全管理确保大型群众性活动现场不发生群死群伤火灾事故，为大型群众性活动的顺利举行和构建和谐社会创造良好的消防安全环境。

一、大型群众性活动消防安全责任

根据《大型群众性活动安全管理条例》第五条规定，大型群众性活动的承办者对其承办活动的安全负责，承办者的主要负责人为大型群众性活动的安全责任人。消防安全作为大型群众性活动安全工作的重要部分，其消防安全责任也应由承办者及承办者的主要负责人负责。

《消防法》第二十条规定，举办大型群众性活动，承办人应当依法向公安机关申请安全许可，制定灭火和应急疏散预案并组织演练，明确消防安全责任分工，确定消防安全管理人员，保持消防设施和消防器材配置齐全、完好有效，保证疏散通道、安全出口、疏散指示标志、应急照明和消防车通道符合消防技术标准和管理规定。

活动场地的产权单位应当向大型群众性活动的承办单位提供符合消防安全要求的建筑物、

场所和场地。

二、大型群众性活动消防安全工作指导思想

大型群众性活动的举办应坚持“预防为主，防消结合”的方针，围绕“少发生，力争不发生大的火灾事故；一旦发生火灾，要全力将火灾损失降到最低，实现少死人、力争不死人”的目标，重点管控，整体防控，确保大型群众性活动现场不发生群死群伤火灾事故，为大型群众性活动的顺利举行和构建和谐社会创造良好的消防安全环境。

三、大型群众性活动消防安全管理工作原则

大型群众性活动消防安全管理工作必须坚持以下五个原则：一是以人民为中心，减少火灾。一切从人民群众的根本利益出发，把保障人民群众的生命财产安全作为安全管理工作的出发点和落脚点，最大限度地减少火灾造成的人员伤亡、财产损失和社会危害。二是居安思危，预防为主。抓好火灾预防工作，做好灭火救援的各项准备，搞好宣传教育培训，增强单位全体员工抗御火灾的整体能力和自防自救意识。三是统一领导，分级负责。在消防安全责任人的统一领导下，对大型群众性活动消防安全保卫实行分级负责、条块结合的工作体制。四是依法申报，加强监管。在大型群众性活动法律手续齐备的情况下，大力开展活动举办之前、举办期间监督检查工作，督促整改各类火灾隐患。五是快速反应，协同应对。充分整合、利用现有力量，建立统一指挥、反应迅速、协调有序、运转高效的灭火和应急疏散管理机制。

四、大型群众性活动消防安全管理组织体系

为保障大型群众性活动安全有效进行，必须建立统一指挥、反应迅速、协调有序、运转高效的消防安全管理组织体系。举办大型群众性活动的单位，应结合本单位实际和活动需要，成立由单位消防安全责任人（法定代表人或主要领导）任组长、消防安全管理人及单位副职领导（专、兼职）为副组长、各部门领导为成员的消防安全保卫工作领导小组，统一指挥协调大型群众性活动的消防安全保卫工作。领导小组应设灭火行动组、通信保障组、疏散引导组、安全防护救护组和防火巡查组。

五、大型群众性活动消防安全管理工作职责

大型群众性活动消防安全管理工作职责如下：

（一）承办单位消防安全责任人

承办单位消防安全责任人作为大型群众性活动消防安全保卫工作领导小组组长，是大型群众性活动消防安全工作的第一责任人，必须履行以下消防安全职责：

（1）贯彻执行消防法律法规，保障承办活动消防安全符合规定，掌握活动的消防安全情况。

（2）将消防工作与承办的大型群众性活动统筹安排，批准实施大型群众性活动消防安全工作方案。

（3）为大型群众性活动的消防安全提供必要的经费和组织保障。

（4）确定逐级消防安全责任，批准实施消防安全制度和保障消防安全的操作规程。

（5）组织防火巡查、防火检查，督促落实火灾隐患整改，及时处理涉及消防安全的重大问题。

（6）根据消防法律法规的规定建立志愿消防队。

（7）组织制定符合大型群众性活动实际的灭火和应急疏散预案，并实施演练。

（8）依法向当地消防机构申报举办大型群众性活动的消防安全检查手续，在取得合法手续的前提下方可举办。

（二）承办单位消防安全管理人

承办单位消防安全管理人作为大型群众性活动消防安全保卫工作领导小组副组长，对大型群众性活动承办单位的消防安全责任人负责，并组织落实下列消防安全管理工作：

（1）拟订大型群众性活动消防安全工作方案，组织实施大型群众性活动的消防安全管理工作。

（2）组织制订消防安全制度和保障消防安全的操作规程并检查督促其落实。

（3）拟订消防安全工作的资金投入和组织保障方案。

（4）组织实施防火巡查、防火检查和火灾隐患整改工作。

（5）组织实施对承办活动所需的消防设施、灭火器材和消防安全标志进行检查，确保其完好有效，确保疏散通道和安全出口畅通。

（6）组织管理志愿消防队。

（7）对参加活动的演职、服务、保障等人员进行消防知识、技能的宣传教育和培训，组织灭火和应急疏散预案的实施和演练。

（8）单位消防安全责任人委托的其他消防安全管理工作。

（9）协调活动场地所属单位做好相关消防安全工作。

消防安全管理人应当定期向消防安全责任人报告消防安全情况，及时报告涉及消防安全的重大问题。未确定消防安全管理人的，消防安全管理工作由单位消防安全责任人负责实施。

（三）活动场地产权单位

活动场地的产权单位应当向大型群众性活动的承办单位提供符合消防安全要求的建筑物、场所和场地。对于承包、租赁或者委托经营、管理的，当事人在订立的合同中依照有关规定明确各方的消防安全责任；消防车通道、涉及公共消防安全的疏散设施和其他建筑消防设施应当由产权单位或者委托管理的单位统一管理。

（四）灭火行动组

灭火行动组组长由单位消防安全管理人（分管消防安全的副职领导）担任；无分管消防安全的副职领导的，由单位消防安全责任人（单位的法定代表人或主要领导）担任。成员由现场工作人员及现场防火巡查力量（如保卫部、处、科等职能部门）组成。灭火行动组履行以下工作职责：

（1）结合活动举办实际，制定灭火和应急疏散预案，并报请领导小组审批后实施。

（2）实施灭火和应急疏散预案的演练，对预案存在的不合理的地方进行调整，确保预案贴近实战。

（3）对举办活动场地及相关设施组织消防安全检查，督促相关职能部门整改火灾隐患，确保活动举办安全。

（4）组织力量在活动举办现场利用现有消防装备实施消防安全保卫，确保第一时间处置火灾事故或突发性事件。

（5）发生火灾事故时，组织人员对现场进行保护，协助当地公安机关进行事故调查。

（6）对发生的火灾事故进行分析，汲取教训，积累经验，为今后的活动举办提供强有力的安全保障。

（五）通信保障组

通信保障组组长由一名副职领导担任。成员由指定的相关部门及其人员组成。通信保障组履行以下工作职责：

（1）建立通信平台。有条件的单位可利用无线通信平台，无条件的单位将领导小组各级领导及成员的联系方式汇编成册，建立通信联络平台。

（2）保证将领导小组组长的各项指令第一时间内传达到每一个参战单位和人员，实现上下通信畅通无阻。

（3）与当地消防机构保持紧密联系，确保第一时间向消防部门报警，争取灭火救援时间，最大限度地减少人员伤亡和财产损失。

（六）疏散引导组

疏散引导组组长由一名副职领导担任。成员由相关部门及其人员组成。疏散引导组履行以下工作职责：

（1）掌握活动举办场所各安全通道、出口位置，了解安全通道、出口畅通情况。

（2）在关键部位设置工作人员，确保通道、出口畅通。

（3）在发生火灾或突发事件的第一时间，引导参加活动的人员从最近的安全通道、出口疏散，确保参加活动人员生命安全。

（七）安全防护救护组

安全防护救护组组长由一名副职领导担任。成员由相关部门及其人员组成。安全防护救护组履行以下工作职责：

（1）做好可能发生的事件的前期预防，做到心中有数。

（2）聘请医疗机构的专业人员备齐相应的医疗设备和急救药品到活动现场，做好应对突发事件的准备工作。

（3）一旦发生突发事件，确保第一时间到场处置，确保人身安全。

（八）防火巡查组

防火巡查组组长由一名副职领导担任，成员由具有专业消防知识和技能的巡查人员组成。防火巡查组履行以下工作职责：

（1）巡查活动现场消防设施是否完好有效。

（2）巡视活动现场安全出口、疏散通道是否畅通。

（3）巡查活动现场消防重点部位的运行状况、工作人员在岗情况。

（4）巡查活动过程用火用电情况。

（5）巡查活动过程中的其他消防不安全因素。

（6）纠正巡查过程中的消防违章行为。

（7）及时向活动的消防安全管理人报告巡查情况。

六、大型群众性活动消防安全管理的档案管理

大型群众性活动的承办单位应当建立健全承办活动的消防档案。消防档案应当包括消防安全基本情况和消防安全管理情况，翔实、全面反映大型群众性活动消防工作的基本情况，并附

有必要的图表，根据情况变化及时更新。单位应当对消防档案统一保管、备查。

（一）消防安全基本情况的内容

（1）活动基本概况和活动消防安全重点部位情况。

（2）活动场所符合消防安全条件的相关文件。

（3）活动消防安全管理组织机构和各级消防安全责任人。

（4）活动消防安全工作方案、消防安全制度。

（5）消防设施、灭火器材情况。

（6）现场防火巡查力量、志愿消防队等力量部署及消防装备配备情况。

（7）与活动消防安全有关的重点工作人员情况。

（8）临时搭建的活动设施的耐火性能检测情况。

（9）灭火和应急疏散预案。

（二）消防安全管理情况的内容

（1）活动前消防机构进行消防安全检查的文件或资料，以及落实整改意见的情况。

（2）活动所需消防设备设施的配备、运行情况。

（3）防火检查、巡查记录。

（4）消防安全培训记录。

（5）灭火和应急疏散预案的演练记录。

（6）火灾情况记录。

（7）消防奖惩情况记录。

第三节 大型群众性活动消防工作实施

大型群众性活动的消防安全工作主要分前期筹备、集中审批和现场保卫三个阶段，其消防安全管理包括防火巡查、防火检查以及制定灭火和应急疏散预案等内容。

一、大型群众性活动消防安全管理的实施

根据大型群众性活动举办的时间要求，大型群众性活动的消防安全工作主要分三个阶段实施。

（一）前期筹备阶段

在前期筹备阶段，大型群众性活动承办单位应做到以下几点：①依法办理举办大型群众性活动的各类许可事项。②对活动场所、场地的消防安全情况进行收集整理，特别是要对活动场所和场地是否进行消防设计审核、消防验收等情况进行调研。③同场地的产权单位签订包括消防安全责任划分在内的相关协议。④组织相关人员对活动举办场所（场地）进行消防安全检查，对活动场所、场地消防安全状况不符合消防法律法规和技术规范要求的，应要求场所、场地产权单位进行相关的整改，要求其提供的场所、场地符合消防安全要求。不应使用未经消防验收的场所、场地举办大型群众性活动。

（1）编制大型群众性活动消防工作方案。消防工作方案应当包括下列内容：

1）活动的时间、地点、活动内容、主办单位、承办单位、协办单位、活动场所可容纳的人员数量以及活动预计参加人数等基本情况。

2）消防安全责任人、消防安全管理人等消防工作组织机构。

3）消防安全工作人员的数量、任务分配和识别标志。

4）活动场所消防安全平面图、临时设施消防设计图样、消防设施位置图、安全出口安全疏散流线图等消防安全相关的图样资料。

5）相关工作人员消防安全培训计划。

6）根据活动举办时间，安排各项消防安全工作计划，倒排工作时间节点。

7）确定活动的消防安全重点部位情况及具体消防工作措施。

8）消防车道情况。

9）现场秩序维护、人员疏导措施。

10）拟定灭火和应急疏散预案。

11）联系有关保安机构，组织具有专业消防知识和技能的巡查人员。

（2）检查室内活动场所重点部位消防安全现状、固定消防设施及其运行情况、消防安全通道和安全出口设置情况。

（3）了解室外场所消防设施的配置情况及消防车通道预留情况。

（4）设计符合消防安全要求的舞台等为活动搭建的临时设施。

（二）集中审批阶段

在集中审批阶段，大型群众性活动承办单位应做好以下工作：

（1）领导小组对各项消防安全工作方案以及各小组的组成人员进行全面复核，确保工作方案符合现场保卫工作实际、各职能小组结构合理，形成最强的战斗集体。

（2）对制定的灭火和应急疏散预案进行审定，确保灭火和应急疏散预案合理有效。

（3）对灭火和应急疏散预案组织实施实战演练，及时调整预案，确保预案切合实际。

（4）对活动搭建的临时设施进行全面检查，强化过程管理，确保施工期间的消防安全。

（5）在活动举办前，对活动所需的用电线路进行全电力负荷测试，确保用电安全。

（三）现场保卫阶段

根据先期制定的预案，现场保卫主要分为活动现场保卫和外围流动保卫两个方面，其中活动现场保卫包括现场防火监督保卫和现场灭火保卫两种。

现场防火监督保卫人员主要在活动举行现场重点部位进行巡查，及时发现和清除各类不确定性因素产生的火灾隐患，协调当地消防机构工作人员对活动现场进行消防安全检查。要按照预案要求确定现场防火监督保卫人员数量、工作中心点和巡逻范围。现场灭火保卫人员主要在舞台、大功率电器使用点等容易产生火灾的重大危险源和消火栓等消防专用设施点进行定点守护，用随身携带的灭火装备和固定灭火设施及时、快速将发现的火灾消灭在萌芽阶段，避免火灾蔓延扩大。

外围流动保卫人员主要是在活动举办期间对活动举办地主要通道、重大危险源等进行有针对性的流动巡逻，及时发现、消灭初起火灾，并做好活动举办场所应急救援准备工作，最大限度地确保活动举办安全。

二、大型群众性活动消防安全管理的工作内容

大型群众性活动的消防安全管理包括防火巡查、防火检查以及制定灭火和应急疏散预案等内容。

（一）防火巡查

大型群众性活动应当组织具有专业消防知识和技能的巡查人员在活动举办前 2 h 进行一次防火巡查；在活动举办全程开展防火巡查；活动结束时应当对活动现场进行检查，消除遗留火种。防火巡查的内容应包括以下几个方面：

（1）及时纠正违章行为。

（2）妥善处置火灾危险，无法当场处置的，应当立即报告。

（3）发现初起火灾应当立即报警并及时扑救。

防火巡查应当填写巡查记录，巡查人员及其主管人员应当在巡查记录上签名。

（二）防火检查

大型群众性活动应当在活动前 12 h 内进行防火检查。检查的内容应当包括：

（1）消防机构所提意见的整改情况以及防范措施的落实情况。

（2）安全疏散通道、疏散指示标志、应急照明和安全出口情况。

（3）消防车通道、消防水源情况。

（4）灭火器材配置及有效情况。

（5）用电设备运行情况。

（6）重点操作人员以及其他人员消防知识的掌握情况。

（7）消防安全重点部位的管理情况。

（8）易燃易爆危险品和场所防火防爆措施的落实情况以及其他重要物资的防火安全情况。

（9）防火巡查情况。

（10）消防安全标志的设置情况和完好、有效情况。

（11）其他需要检查的内容。

防火检查应当填写检查记录，检查人员和被检查部门负责人应当在检查记录上签名。

（三）制定灭火和应急疏散预案

大型群众性活动的承办单位制定的灭火和应急疏散预案应当包括下列内容：

（1）组织机构，包括灭火行动组、通信联络组、疏散引导组、安全防护救护组。

（2）报警和接警处置程序。

（3）应急疏散的组织程序和措施。

（4）扑救初起火灾的程序和措施。

（5）通信联络、安全防护救护的程序和措施。

承办单位应当按照灭火和应急疏散预案，在活动举办前至少进行一次演练，并结合实际，不断完善预案。消防演练时，应当设置明显标识并事先告知演练范围内的人员。

思考题

1. 简述大型群众性活动的主要特点和火灾因素。
2. 简述大型群众性活动消防安全管理的组织体系。
3. 简述大型群众性活动承办单位的法定职责。
4. 简述大型群众性活动消防安全管理工作实施阶段及其内容。

附录
常用消防检测仪器的使用

一、秒表

秒表主要有机械秒表和电子秒表两类，电子秒表又主要分为三按键和四按键两大类。现在使用最为广泛的是电子秒表，机械秒表已很少见。目前，国产电子秒表一般是利用石英振荡器的振荡频率作为时间基准，采用6位液晶数字显示时间，具有显示直观、读取方便、功能多等优点，如附图1所示。

附图1　电子秒表

（一）应用范围

秒表在建设工程消防施工质量控制、技术检测、维护管理及消防产品现场检查中使用广泛，可用于测量火灾自动报警系统响应时间、水力警铃动作时间、电梯迫降时间、灯具应急工作时间等。

（二）使用方法（仅供参考，可查阅具体说明书）

1. 测量单个时间

在秒表开启状态下，按“MODE”按钮选择，即可出现秒表功能。按下“START/STOP”按钮，开始计时；再次按下“START/STOP”按钮，停止计时，显示测出的时间数据。按“LAP/RESET”按钮，自动复位（即数据归零）。

2. 测量多个时间

测量不同步的多组时间数据时，采用多组计时功能（可记录数据的数量以秒表的说明书为准）。测量时，首先在秒表开启状态下，按下“START/STOP”按钮，开始计时；按下“LAP/RESET”按钮，显示该物体的计秒数停止，并显示在屏幕上方。此时秒表仍在记录，内部电路仍在继续为后面的物体累积计秒。全部物体记录完成后正常停表，按“RECALL”按钮可查看前面的记录情况，上下翻动可用“START/STOP”和“LAP/RESET”两按钮。

3. 时间、日期调整

若需要进行时刻和日期的校正与调整，可按“MODE”按钮，待显示时、分、秒的计秒数字时，按住“RECALL”按钮2 s后见数字闪烁即可选择调整，直到显示出所需要调整的正确秒数时为止，再按下“RECALL”按钮。

使用秒表时，应注意以下事项：

（1）电子秒表应定期更换电池，一般在表盘显示变暗时即可更换，不能待电子秒表电池耗尽再更换。

（2）电子秒表平时放置在干燥、安全、无腐蚀的环境中，确保防潮、防震、防腐蚀、防火等防范措施到位。

（3）避免在电子秒表上放置物品。

（4）秒表损坏或者出现故障，应送专业维修单位进行维修，并定期检定。

（5）秒表的精度一般在 0.1 ~ 0.2 s，计时误差主要因启动、停止计时的人为操作误差造成。

二、照度计

照度计是一种测量光度、亮度的专用仪器仪表，如附图 2 所示。光照度是物体被照明的程度，即物体表面所得到的光通量与被照面积之比，单位为勒克斯（lx）。

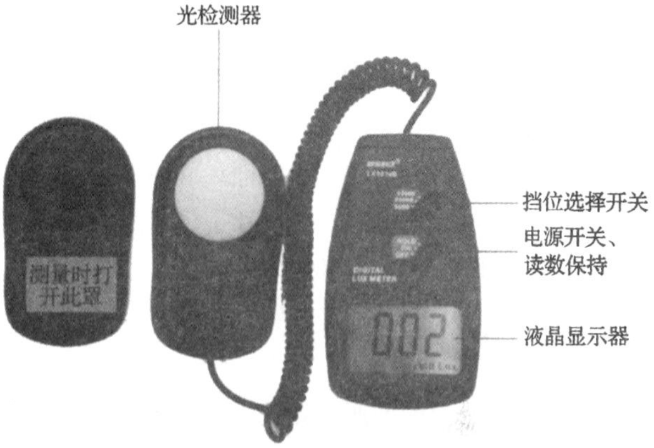

附图 2　照度计

（一）应用范围

在消防监督检查工作中，照度计一般用于测量消防应急照明设施的照度值是否符合规范的要求。

使用照度计测量建筑内疏散照明时，地面最低水平应符合以下规定：①疏散通道不应低于 1.0 lx。②人员密集场所、避难层（间）不应低于 3.0 lx；病房楼或手术部的避难间不应低于 10.0 lx。③楼梯间、前室或合用前室、避难走道不应低于 5.0 lx。④地下人防工程的照度不应低于 5.0 lx。此外，使用照度计测量配电室、消防控制室、消防水泵房、防烟排烟机房、消防用电的蓄电池室、自备发电机房、电话总机房以及火灾发生时仍需坚持工作的其他房间，正常照明时工作面的照度和应急照明时工作面的照度，如附图 3、附图 4 所示。

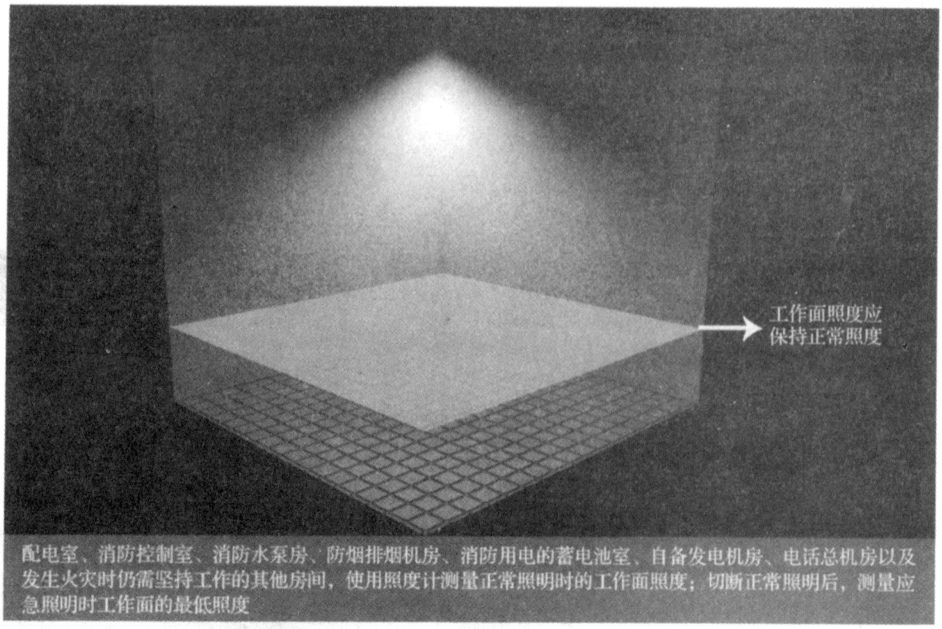

附图 3　照度计使用范例（一）

（二）使用方法（仅供参考，可查阅具体说明书）

使用照度计前，阅读其说明书，或者参考下列操作方法进行测量操作。

（1）打开光检测器盖子，并将光检测器水平放在测量目标照射范围内最不利点的位置。

（2）选择合适测量挡位。如果显示屏左端只显示“1”，表示照度过量，需要重新选择大的量程。

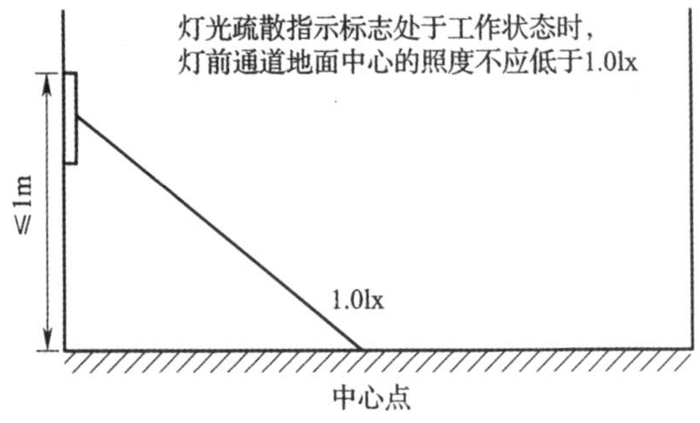

附图 4　照度计使用范例（二）

（3）当显示数据比较稳定时，读取并记录读数器中显示的观测值。观测值等于读数器中显示数字与量程值的乘积。例如，屏幕上显示“500”，选择量程为“×2 000”，则照度测量值为 1 000 000 lx，即（500×2 000）lx。

三、声级计

声级计是一种按照一定的频率计权和时间计权测量声音的仪器，如附图 5 所示，测量单位一般为分贝（dB）。从声级计上得出的噪声级读数，必须注明测量条件，如单位为 dB，且使用的是 A 计权网络，则应记为 dB（A）。

（一）应用范围

在消防监督检查工作中，声级计主要用来测量消防应急广播、水力警铃、火灾警报器等报警器件的声响效果。

（二）使用方法（仅供参考，可查阅具体说明书）

（1）按下电源开关，按下“LEVEL”按钮选择合适的挡位测量噪声，以不出现“UNDER”或“OVER”符号为主。

（2）要测量以人耳为感受的噪声请选用“dB（A）”。

（3）要读取即时的噪声量请选择“FAST”。如果要获得当时的平均噪声量请选“SLOW”。

（4）如要取得噪声量的最大值，可按“MAX”功能按钮，即可读到噪声的最大值。

（5）一般情况下，声级计的测量范围为 30～130 dB，准确度为 ±1.5 dB，取样率为 2 次 /s。

使用声级计时，应注意以下事项：

（1）环境噪声大于 60 dB 的场所，声警报的声压级应高于背景噪声 15 dB。

（2）用声级计测量报警阀动作后，距水力警铃 3 m 处的声压级应不低于 70 dB。

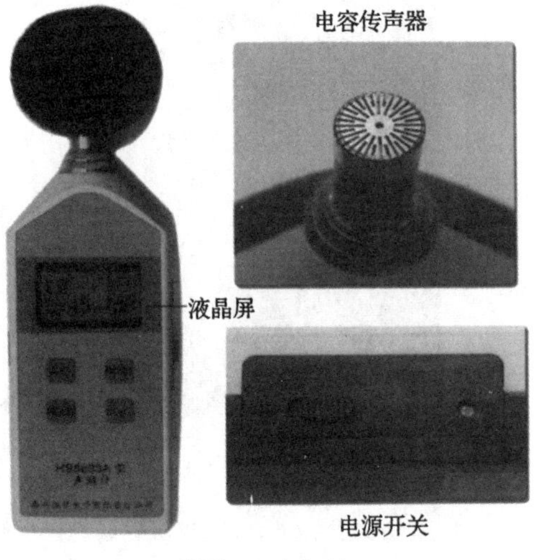

附图 5　声级计

四、测距仪

测距仪是测量距离的工具，按测距基本原理，可以分为激光测距仪、超声波测距仪和红外测距仪三类。激光测距仪是目前使用最为广泛的测距仪，是利用激光对目标的距离进行准确测定的仪器，如附图 6 所示。激光测距仪在工作时向目标射出一束很细的激光，由光电元件接收目标反射的激光束，计时器测定激光束从发射到接收的时间，从而计算出从观测者到目标的距离。

（一）应用范围

测距仪应用于测量距离、面积、空间体积，如防火间距，消防车道的宽度和净高度，疏散宽度，防火分区面积，防烟楼梯间、前室及合用前室的面积等。

（二）使用方法（仅供参考，可查阅具体说明书）

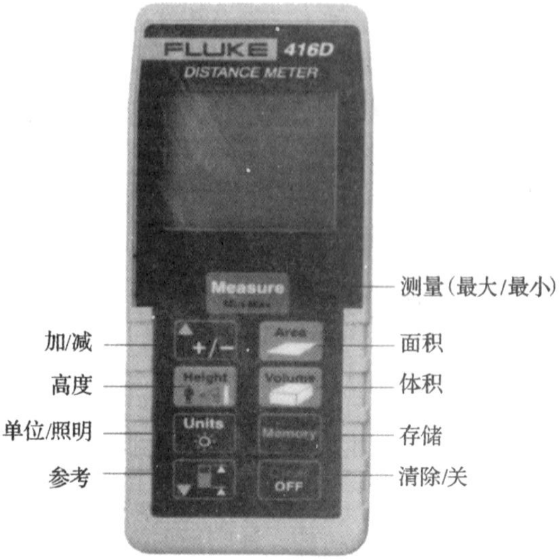

附图 6　激光测距仪

（1）测量距离。将激活的激光瞄准目标区域，轻按“测量（Measure）”按钮，测量距离，设备立即显示测量结果。

（2）测量面积。“面积（Area）”按钮，显示面积符号，按“测量（Measure）”按钮，测量第一个距离；按“测量（Measure）”按钮，测量第二个距离；该设备在总计行显示结果，并在第二行显示下一个测量值分别测量的距离。

（3）测量空间体积。按“体积（Volume）”按钮，显示体积符号，按“测量（Measure）”按钮，测量第一个距离；按“测量（Measure）”按钮，测量第二个距离；按“测量（Measure）”按钮，测量第三个距离；该设备在总计行显示结果，并在第二行显示下一个测量值分别测量的距离。

五、卷尺

卷尺是日常生活中常用的量具。大家经常看到的是钢卷尺，在建筑和装修中经常使用，也是家庭必备工具之一，如附图 7 所示。

（一）应用范围

卷尺适用于检查测量长度、高度等方面的指标。具体举例如下：

（1）手提式灭火器和推车式灭火器的喷射软管的长度。其中，手提式灭火器喷射软管的长度不应小于 400 mm（不包括软管两端的接头）；推车式灭火器喷射软管的长度不应小于 4 m（不包括软管两端的接头和喷射枪）。

（2）推车式灭火器行驶机构的通过性能。

（3）设在顶棚上的排烟口，距可燃构件或可燃物的距离不应小于 1 m。

（4）在推（拉）过程中，推车式灭火器整体的最低位置（除轮子外）与地面之间的间距不小于 100 mm。

（5）消防水带的长度不应小于水带标称长度 1 m。

附图 7　钢卷尺

（6）对消防水枪进行抗跌落性能试验时跌落高度为

（2±0.02）m。三种不同姿态跌落后不应有破裂现象，且能正常操作使用。

（7）对消防水带接口进行抗跌落性能试验时，内扣式接口以扣爪垂直朝下的位置、卡式接口和螺纹式接口以接口的轴线呈水平状态，从离地（1.5 m±0.05）m高处（从接口的最低点算起）自由跌落到混凝土地面上5次。接口坠落5次后检查，不应有破裂现象，且能正常操作使用。

（8）防火门长度和高度的外形尺寸应≤样品描述中的外形尺寸。

（9）防火门的防火玻璃的外形尺寸应≤样品描述中的玻璃外形尺寸。

（二）使用方法（可查阅具体说明书，略）

六、风速计

风速计是测量空气流速的仪器，一般为旋桨式风速计，由一个三叶或四叶螺旋桨组成感应部分，将其安装在一个风向标的前端，使它随时对准风的来向，桨叶绕水平轴以正比于风速的转速旋转，如附图8所示。

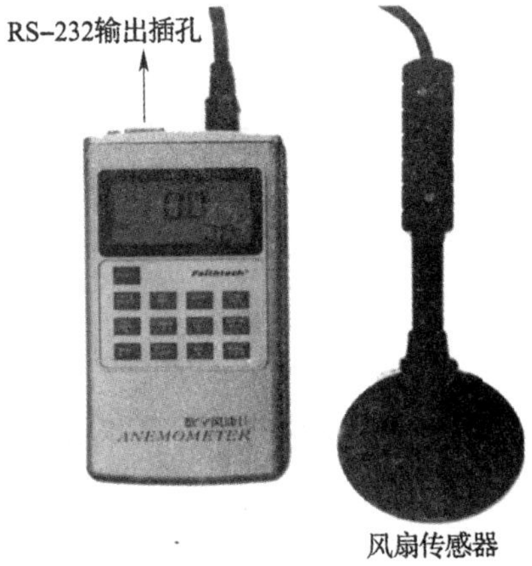

附图8　风速计

（一）应用范围

风速计可用来测量防烟排烟系统中的送风口和排烟口的风速、风量，以校核其是否符合现行国家工程建设消防技术标准的有关规定。

（二）使用方法（仅供参考，可查阅具体说明书）

（1）打开电源开关。

（2）将风轮依顺风方向与风向垂直放置，使风轮依风速大小自由转动。

（3）读取液晶显示器上的风速及风温值。

（4）欲改变风速单位，按“UNIT 3”按钮，选取适当单位，如m/s、ft/min、knots、km/h、MPH。

（5）欲改变温度单位，按“℉/℃”按钮即可选择。

（6）欲做最大值、最小值测量时，按“MAX/MIN”按钮选择即可。

（7）按“HOLD”按钮即可作资料保留。

使用风速计时，保护对象周围的空气流动速度不宜大于3.0 m/s。必要时，应采取挡风措施。

采用局部应用灭火系统的保护对象应符合下列要求：

（1）保护对象周围的空气流动速度不应大于2 m/s。必要时，应采取挡风措施。

（2）加压送风口的风速不宜大于7 m/s。选取每个独立的送风系统或竖井的最有利点检查。

（3）排烟阀（口）处的风速不宜大于10 m/s。选取每个独立的系统的最有利点检查。

（三）测量排烟风口的风速的方法

（1）小截面风口（风口面积小于0.3 m^2），可布置5个测点，如附图9所示。

（2）当风口面积大于0.3 m^2时，对于矩形风口，按风口断面的大小划分成若干个面积相等的矩形，测点布置每个小矩形的中心，小矩形每边的长度为200 mm左右，如附图10所示。

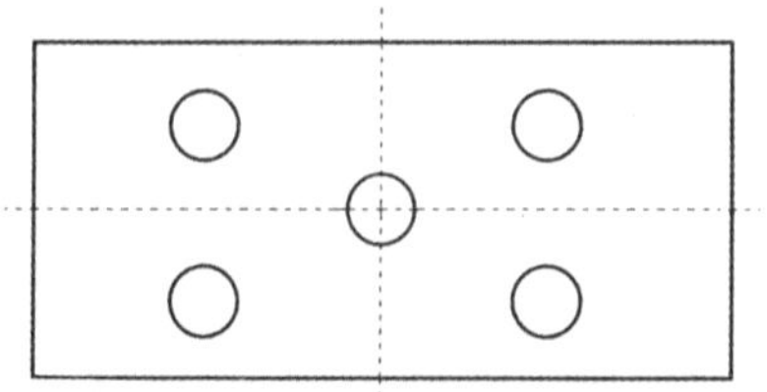

附图 9　小截面风口测点布置

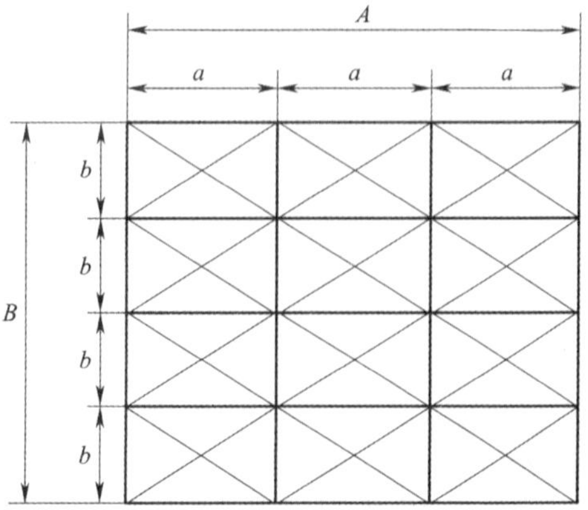

附图 10　矩形风口测点布置

（3）对于条缝形风口，在高度方向上，至少安排 2 个测点；沿其长度方向上，可取 4 ~ 6 个测点，如附图 11 所示。对于圆形风口，应至少取 4 个测点，测点间距应小于或等于 200 mm，如附图 12 所示。

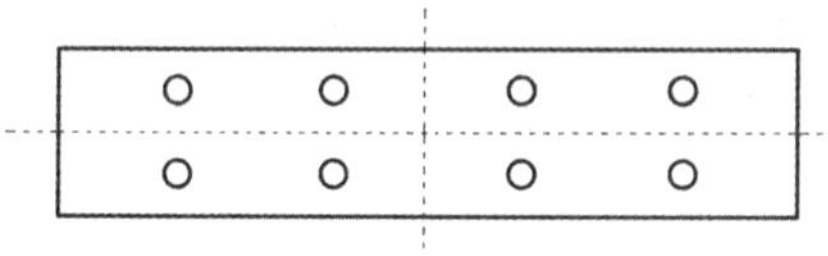

附图 11　条缝形风口测点布置

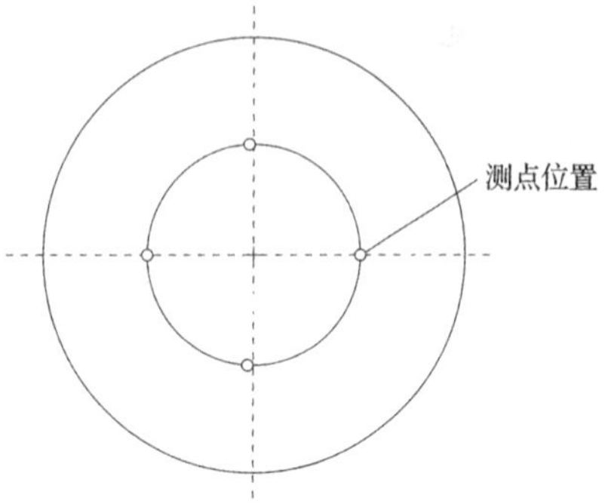

附图 12　圆形风口测点布置

（4）若风口气流发生偏斜时，可临时安装一截长度为 0.5 ~ 1 m，断面尺寸与风口相同的短管进行测定。

风速计的使用范例如附图 13 所示。

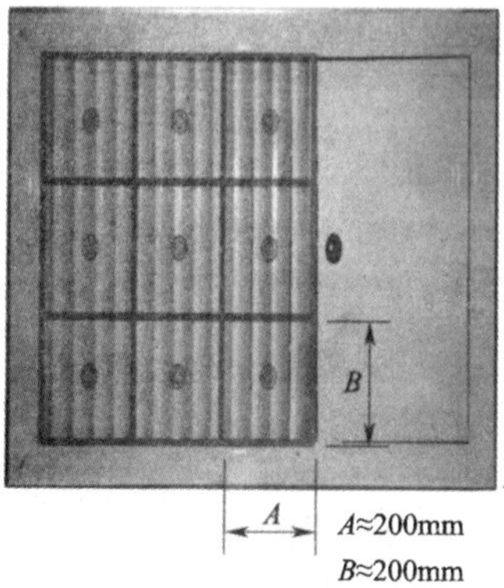

a）

b）

c）

附图 13　风速计使用范例

a）排烟送风口测点布置　b）测量时须注意检测探头对应方向　c）各测点的平均值即是该风口风速

七、数字微压计

数字微压计是用于测量高层建筑内机械加压送风部位余压值的一种仪器，如附图 14 所示。例如，防烟楼梯间送风余压值不应小于 50 Pa，前室或合用前室送风余压值不应小于 25 Pa。

（一）应用范围

用于测量保护区域的顶层、中间层及最下层防烟楼梯间、前室、合用前室的余压值，以校核其是否符合现行消防规范的有关要求，如附图 15 所示。

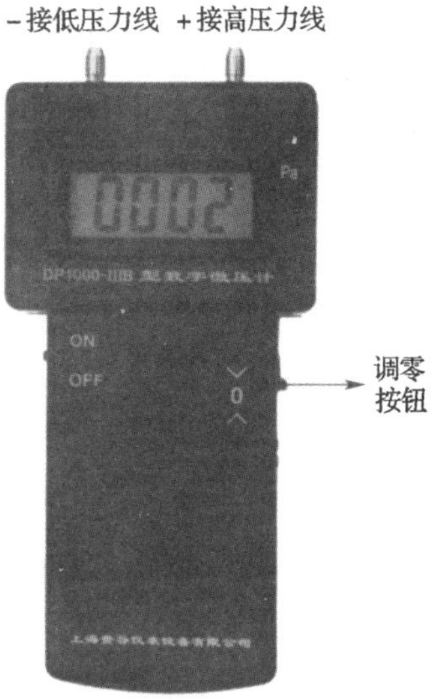

附图 14　数字微压计

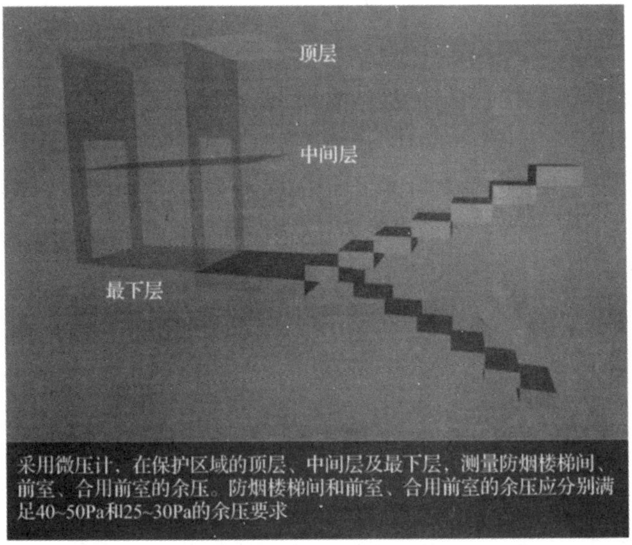

附图 15　数字微压计使用范例

防烟楼梯间的余压值应为 40 ~ 50 Pa，前室、合用前室的余压值应为 25 ~ 30 Pa。

（二）使用方法（仅供参考，可查阅具体说明书）

（1）打开电源开关，预热 15 min，按动调零按钮，使显示屏显示“0000”（传感器两端等压）。

（2）用胶管连接嘴与被测压力源：测高于大气压接正压接嘴；测低于大气压接负压接嘴。另一接嘴通大气，仪器示值即为表压。用于消防监督时即正压接嘴胶管置于机械加压送风部位，负压接嘴胶管置于常压部位，观察微压计显示屏显示值，稳定后记录测量结果。

八、消火栓系统试水检测装置

消火栓系统试水检测装置是用于检测室内消火栓的静水压力和出水压力，并校核水枪充实水柱的专用装置，如附图 16 所示。该装置由水带接口、短管、压力表和闷盖组成，可在消火栓出口形成一个测压环节。当与消火栓和水带、水枪连接时，检测栓口出水压力；当与消火栓和闷盖连接时，检测栓口静水压力。

（一）应用范围

1. 静水压力测试

使用消火栓系统试水检测装置，选择最不利点处的消火栓，连接压力表及闷盖，开启消火栓，测量栓口静水压力（注：一类高层公共建筑，最不利点处的消火栓静水压力不应低

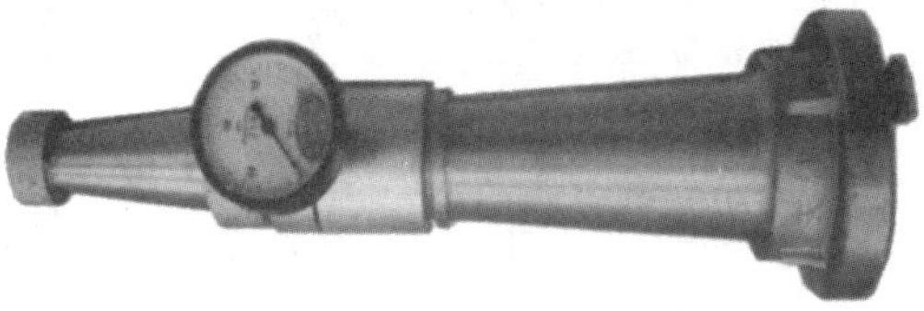
附图 16　消火栓系统试水检测装置

于 0.10 MPa，当建筑高度超过 100 m 时，高层最不利点处的消火栓静水压力不应低于 0.15 MPa；高层住宅、二类高层公共建筑、多层公共建筑不应低于 0.07 MPa；多层住宅不宜低于 0.07 MPa；工业建筑不应低于 0.10 MPa，当建筑体积小于 20 000 m^3 时不宜低于 0.07 MPa）。

使用消火栓系统试水检测装置，选择最有利点处的消火栓，开启消火栓，测量栓口静水压力（注：栓口静水压力不应大于 1.0 MPa）。

2. 动压测试

使用消火栓系统试水检测装置，连接消防水带、消火栓，测试消火栓的出水压力。

消火栓栓口的动压不应大于 0.5 MPa，当大于 0.70 MPa 时必须设置减压装置；高层建筑、厂房、库房和室内净空高度超过 8 m 的民用建筑等场所，消火栓栓口动压不应小于 0.35 MPa 且消防水枪充实水柱应按 13 m 计算；其他场所，消火栓栓口动压不应小于 0.25 MPa，且消防水枪充实水柱应按 10 m 计算。

（二）使用方法（仅供参考，可查阅具体说明书）

1. 静水压力测量

（1）将消火栓系统试水检测装置接到消火栓栓口。

（2）安装好压力表，并调整压力表检测位置使之竖直向上。

（3）在消火栓系统试水检测装置出口处装上端盖。

（4）缓慢打开消火栓阀门，压力表显示的值为消火栓栓口的静水压力。

（5）测量完成后，关闭消火栓阀门，旋松压力表，使消火栓系统试水检测装置内的水压泄掉，然后取下端盖。在测量栓口静压时，开启阀门应缓慢，避免压力冲击造成检测装置损坏。

2. 动压测量

使用消火栓系统试水检测装置，打开闷盖，按设计出水量开启消火栓，启动消防泵，测量最不利点处的消火栓出水压力（注：消火栓充实水柱与消防水枪出水压力、流量之间的关系见附表 1）。

附表 1　　充实水柱与消防水枪出水压力、流量关系表

序号	充实水柱 /m	流量 /（L/s）	栓口出水压力 /MPa
1	*7*	*3.8*	*0.09*
2	8	4.1	0.105
3	9	4.4	0.120
4	*10*	*4.6*	*0.135*
5	11	4.9	0.152
6	12	5.2	0.168
7	*13*	*5.4*	*0.186*
8	14	5.7	0.205
9	15	6.0	0.225

注：斜字部分是常用数值。

使用消火栓系统试水检测装置，打开闷盖，按设计出水量开启消火栓，启动消防泵，测量最有利点处的消火栓出水压力（注：栓口出水压力不应大于 0.5 MPa，如大于 0.7 MPa，消火栓处应设减压装置）。

九、超声波流量计

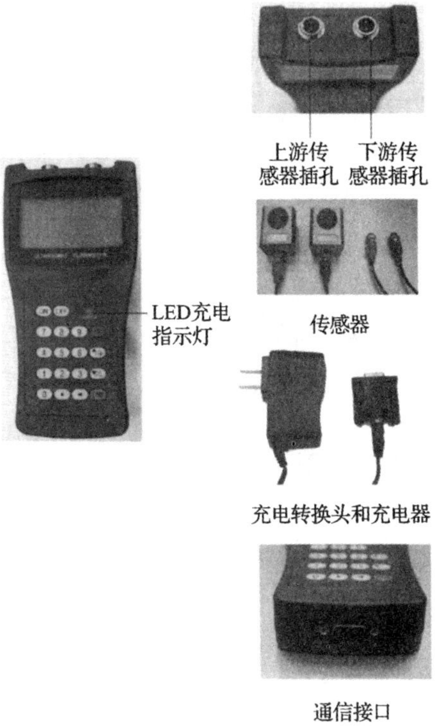

附图 17　超声波流量计

超声波在流动的流体中传播时就会加载流体流速的信息。因此通过接收到的超声波就可以检测出流体的流速，从而换算出流量，如附图 17 所示。

（一）应用范围

超声波流量计用来检测消火栓系统和水喷淋系统的给水量以及消防竖管的流量分配。

根据《消防给水及消火栓系统技术规范》（GB 50974—2014）规定：民用建筑室内消火栓的设计流量为 5 ~ 40 L/s，室外消防用水量为 15 ~ 40 L/s；工业建筑室内消火栓的设计流量为 10 ~ 40 L/s，室外消防用水量为 15 ~ 45 L/s。

对于手持式超声波流量计，其测量管径为 0 ~ 700 mm，精度为 ±1%。

（二）使用方法（仅供参考，可查阅具体说明书）

先将传感器与主机相接，红色传感器接于上游端子，蓝色传感器接于下游端子。然后将两个磁性传感器与所测流量的管道连接，若不能相吸引，则采用支架将传感器固定。固定好后打开主机，然后输入管道材质、直径、传感器距离、流体性质等相应的参数，即可开始测量。

超声波流量计的传感器一般采用 V 方式和 Z 方式安装，如附图 18 所示。通常情况下，管径小于 300 mm 时，采用 V 方式安装；管径大于 200 mm 时，采用 Z 方式安装。对于既可以用 V 方式安装又可以用 Z 方式安装的传感器，尽量选用 Z 方式。实践表明，Z 方式安装的传感器超声波信号强度高，测量的稳定性也好。

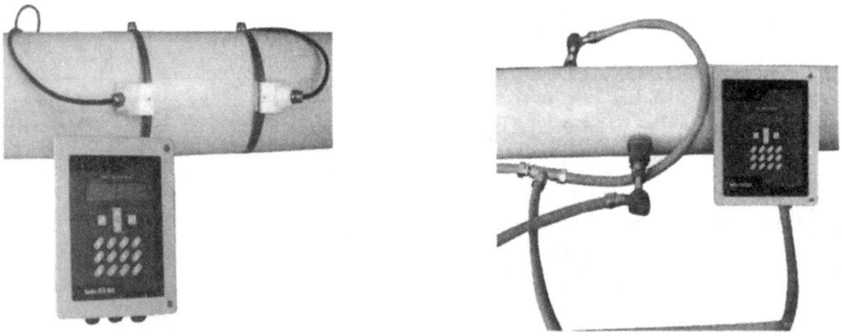
a）　　b）

附图 18　超声波流量计使用范例

a）V 方式安装　b）Z 方式安装

十、防火涂料测厚仪

防火涂料测厚仪又叫涂层测厚仪，是一种小型测量仪，它能快速、无损伤、精密地进行磁性金属基体上的非磁性覆盖层厚度的测量，如附图 19 所示。根据原理可将其分为涡流式和超声波式。

（一）应用范围

防火涂料测厚仪适用于测量薄型、超薄型钢结构防火涂料的厚度检查和膨胀倍数检查。

（1）在已施工涂料的构件上，随机选取 3 个不同的涂层部位，分别用防火涂料测厚仪测量其厚度。

（2）点燃专用燃气喷枪分别对准选定的 3 个位置，喷灯外焰应充分接触涂层，供火时间不少于 10 min。停止供火后观察涂层是否膨胀发泡，用游标卡尺测量其发泡层厚度，结果相除。

薄型钢结构防火涂料的膨胀倍数应≥ 5，超薄型钢结构防火涂料的膨胀倍数应≥ 10。

附图 19　防火涂料测厚仪

（二）使用方法（仅供参考，可查阅具体说明书）

（1）调零：将探头置于无涂层的光洁平整的底材（与有涂层的待测工件材质相同）上，探头轴线与底材平面垂直并且接触紧密，旋动调零旋钮使液晶显示器显示“0”。

（2）校准：将随本仪器配置的标有厚度值的标准厚度试块（有机玻璃），置于探头与上述底材之间，旋动校准旋钮，使液晶显示器显示试块的标称厚度值。

（3）重复调零和校准几次，直至达到在调零状况下，显示器显示“0”；同时在校准状况下，显示器显示标准试块厚度值之后，便可对待测工件进行厚度测量了。

使用防火涂料测厚仪进行测量时，必须保证探头轴线严格垂直于被测工件表面，并且接触严密。

十一、水喷淋末端试水装置

水喷淋末端试水装置可用于模拟一只喷头开放，进行灭火功能试验，并进行动、静压力的测量，如附图 20 所示。

（一）应用范围

（1）检测高位水箱供水时最不利点喷头的工作压力。

（2）检测水流指示器动作时报警时间。

（3）检测报警阀的压力开关动作时报警时间。

（4）检测距水力警铃 3 m 远处声强。

（5）检测喷淋泵完成启动的时间。

（6）检测喷淋泵供水最不利点喷头的工作压力。

（7）检测水流指示器、压力开关的复位功能。

附图 20　水喷淋末端试水装置

（二）使用方法（仅供参考，可查阅具体说明书）

将接头与水喷淋系统管道末端的实验阀门连接，

将装置末端的螺母卸下，开启水喷淋系统末端的试验阀门，即可进行检测。

十二、点型感烟火灾探测器试验器

点型感烟火灾探测器试验器是用于测试点型感烟火灾探测器功能的仪器，如附图 21 所示。

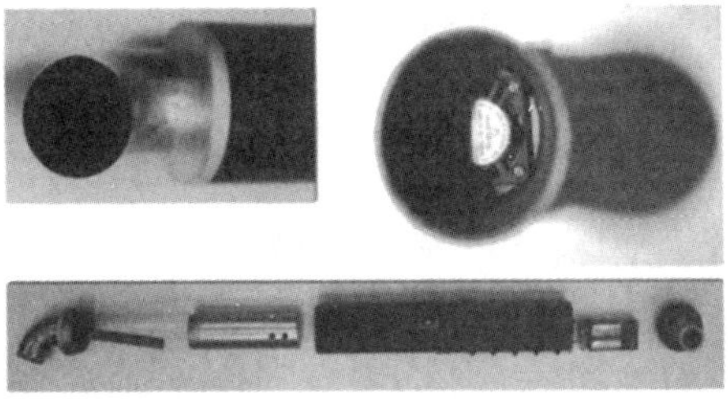

附图 21　点型感烟火灾探测器试验器

（一）应用范围

点型感烟火灾探测器试验器适用于试验点型感烟火灾探测器的功能。

（二）使用方法（仅供参考，可查阅具体说明书）

用点型感烟火灾探测器试验器向点型感烟火灾探测器施加烟气，点型感烟火灾探测器的报警确认灯应长时间亮起，并保持至复位，同时火灾报警控制器应有对应的报警点显示，显示的位置应与点型感烟火灾探测器所在的位置一致。

当火灾报警控制器处复位时，上述报警的点型感烟火灾探测器的报警确认灯则会结束长时间的亮起状态，恢复到正常监视状态。

如果 30 s 内探测器灯亮，则属于正常，否则属于不合格。

十三、点型感温火灾探测器试验器

点型感温火灾探测器试验器是用于测试点型感温火灾探测器功能的仪器，如附图 22 所示。

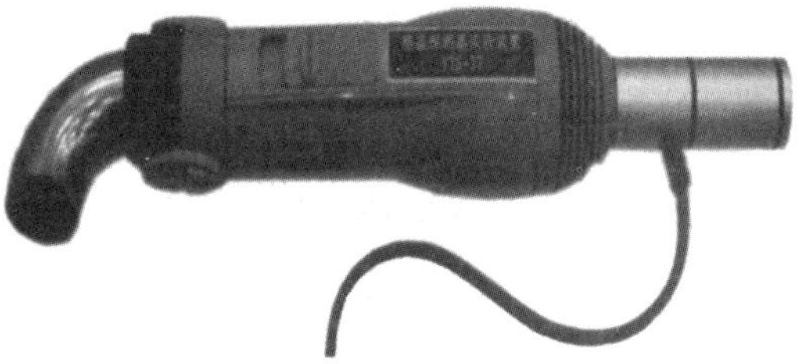

附图 22　点型感温火灾探测器试验器

（一）应用范围

点型感温火灾探测器试验器适用于试验点型感温火灾探测器的功能。

（二）使用方法（仅供参考，可查阅具体说明书）

用点型感温火灾探测器试验器向点型感温火灾探测器的感温元件加热，点型感温火灾探测器的报警确认灯应长时间亮起，并保持至复位，同时火灾报警控制器应有对应的报警点显示，显示的位置应与点型感温火灾探测器所在的位置一致。

当火灾报警控制器处复位时，上述报警的点型感温火灾探测器的报警确认灯则会结束长时间的亮起状态，恢复到正常监视状态。

点型感温火灾探测器试验器应能产生使点型感温火灾探测器报警的热气流，进行试验时，气流温度应大于 80℃。

十四、线形光束感烟火灾探测器滤光片

线形光束感烟火灾探测器滤光片是用于测试线形光束感烟火灾探测器功能的仪器，如附图 23 所示。

（一）应用范围

适用于检查线型光束感烟火灾探测器，其工作原理如附图 24 所示。

附图 23　线形光束感烟火灾探测器滤光片

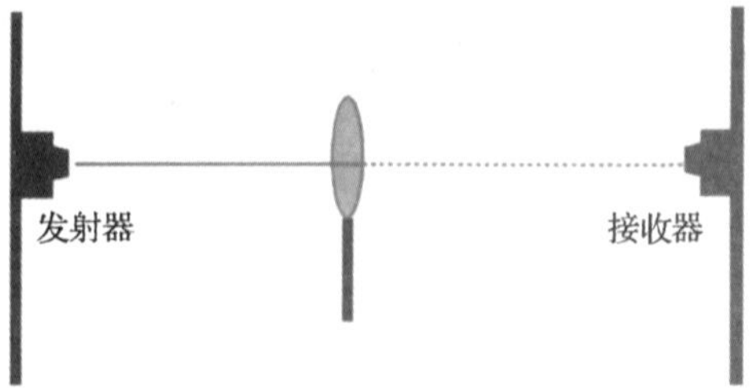

附图 24　线形光束感烟火灾探测器滤光片工作原理

（二）使用方法（仅供参考，可查阅具体说明书）

（1）选用两片不同透光度的滤光片：0.9 dB 和 10.0 dB。

（2）将透光度为 0.9 dB 的滤光片置于探测器的光路中并尽可能靠近接收器，观察火灾报警控制器的显示状态和火灾探测器的报警确认灯状态。如果 30 s 内未发出火灾报警信号，说明该探测器正常。

（3）将透光度为 10.0 dB 的滤光片置于探测器的光路中并尽可能靠近接收器，观察火灾报警控制器的显示状态和火灾探测器的报警确认灯状态。如果 30s 内未发出火灾报警信号，说明该探测器正常。

使用线型光束感烟火灾探测器时，因为线型光束感烟火灾探测器的响应阈值应不小于 1.0 dB 且不大于 10.0 dB，所以 0.9 dB 和 10.0 dB 的滤光片都是探测器不响应的极限值。当放置这两片滤光片在探测器光路中时，如果探测器不响应，则认为探测器正常；如果探测器报警，则认为探测器不正常。必须两次测试都合格，则认为探测器正常。

十五、火焰探测器功能试验器

火焰探测器功能试验器是用于测试火焰探测器功能的仪器，如附图 25 所示。

（一）应用范围

火焰探测器功能试验器用于火焰探测器调试、验收和维护检查，对火焰探测器或感温（定温、差定温）探测器进行火灾响应试验。

（二）使用方法（仅供参考，可查阅具体说明书）

将火焰光源（如打火机、蜡烛，火焰高度为 4 cm 左右）置于距离探测器正前方 1 m 处，静止或抖动火焰光源，点型火焰火灾探测器的报警确认灯应长时间亮起，并保持至复位，同时火灾报警控制器应有对应的报警点显示，显示的位置应与点型火焰火灾探测器所在的位置一致。

在探测器监测视角范围内、距离探测器 0.55 ~ 1 m 处，放置紫外光（波长 < 280 nm）或红外光（波长 > 850 nm）光源，静止或抖动光源，在 30 s 内，查看探测器报警确认灯和火灾报警控制器火警信号显示；撤销光源后，查看探测器的复位功能。

附图 25　火焰探测器功能试验器

当火灾报警控制器处复位时，上述报警的点型火焰火灾探测器的报警确认灯则会结束长时间的亮起状态，恢复到正常监视状态。

火焰探测器功能试验器使用时应注意：

（1）火焰光源（如打火机、蜡烛）的火焰高度应在 4 cm 左右。

（2）应将火焰光源置于距离探测器正前方 1 m 处。

（3）可以同时用秒表测定从报警确认灯亮起至火灾报警控制器发出报警声光和显示的响应时间。

十六、红外测温仪

红外测温仪是采用非接触测量温度的仪器，如附图 26 所示，它的测温原理是将物体发射的红外线具有的辐射能转变成电信号，红外线辐射能的大小与物体本身的温度相对应，根据转变成电信号的大小，就可以确定物体的温度。

（一）应用范围

红外测温仪无需接触即可快速、精确地测量物体表面温度，使用起来非常方便。在进行消防电气安全检测时，其用来检测电气线路超温情况，是消防电气检测不可缺少的检测仪器。

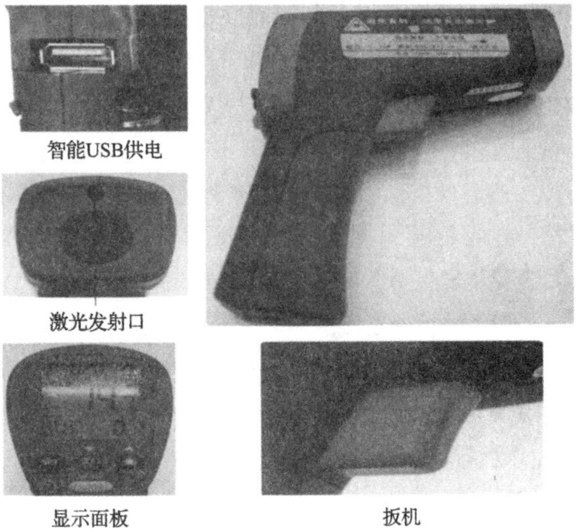

附图 26　红外测温仪

红外测温仪分为便携式红外测温仪和固定式红外测温仪。在消防电气检测中常用的是测量范围在 −30 ~ 350℃，精度 ±2% 或 ±2℃的便携式红外测温仪。

（二）使用方法（仅供参考，可查阅具体说明书）

红外测温仪会在按下扳机时打开。若连续 8 s 内没有检测到活动，红外测温仪会关闭。测量温度时，将红外测温仪瞄准目标，拉起并保持扳机不动。松开扳机以保持温度读数。一定要考虑距离与光点尺寸比以及视场。激光仅用于瞄准目标物体。

要找出热点或冷点，将红外测温仪瞄准目标区域之外。然后，缓慢地上下移动以扫描整个区域，直到找到热点或冷点为止。

十七、红外热像仪

红外热像仪利用红外探测器和光学成像物镜接收被测目标的红外辐射能量分布图形并将其反映到红外探测器光敏元件上，从而获得与物体表面的热分布场相对应的红外热像图，如附图 27 所示。通俗地讲，红外热像仪就是将物体发出的不可见红外能量转变为可见的热图像。热图像上

附图 27　红外热像仪

面的不同颜色代表被测物体的不同温度。在消防监督检查工作中，一般用于测量电气火灾隐患。

（一）应用范围

用红外热像仪测量导线接头、导线与设备或器具接线端子的温度，其最高允许温度应符合相关规定。

（二）使用方法（可查阅具体说明书，略）

十八、防爆静电电压表

在一些具有可燃性气体或粉尘的场所，静电是绝对要禁止的，而静电又往往无法发现和感觉到，对于管道或传动带的输送、物料的搅拌或人体产生的静电，都是日常检查的重点。利用防爆静电电压表就可以测量作业场所的静电电压，如附图28所示。

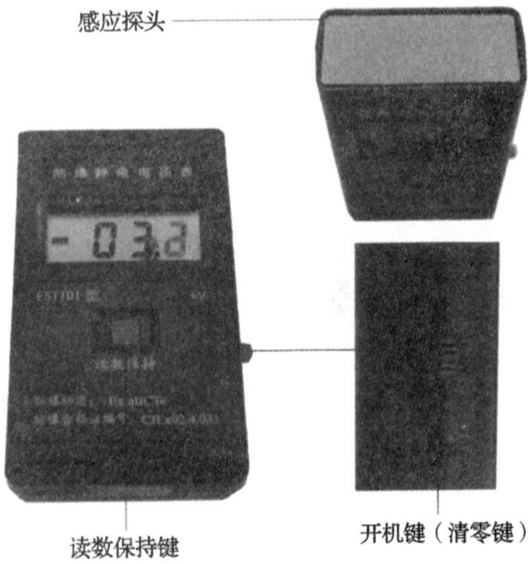

附图28　防爆静电电压表

（一）应用范围

（1）石油、化工、粮食加工、粉末加工、管道输送气体、粉尘等的作业。

（2）气体、液体、粉尘的喷射（冲洗、喷漆、管道泄漏等）。

（3）传动带输送。

（4）物料搅拌、混合、过滤等。

（5）高速行驶的交通工具。

（6）人体静电（行走、脱衣、梳理毛发、用有机溶剂洗衣等）。

（二）使用方法（仅供参考，可查阅具体说明书）

（1）打开电源开关，接通电源。

（2）在距离带电体30 cm以上处按调零开关调零，消除感应屏上的静电。

（3）将电压表探头由30 cm处靠近被测物体规定的距离处，读取电压值（为液晶显示值 ×10）。

（4）不要用手去触摸感应屏，以免损坏输入器件。

使用防爆静电电压表时，应注意以下事项：

（1）电极板不能直接接触被测物体，以免发生静电转移，影响测量准确性。

（2）应保持感应板的清洁。

（3）感应板不能碰撞硬物体。

（4）仪器显示数字不清或不显示时，请打开后盖，更换电池。

（5）由于静电总是集中在物体的尖端、边缘等部位，这些部位的电荷密度高，且容易放电。因此，测量时要尽可能测量这些部位。

防爆静电电压表的测量范围宜在0～40 kV，误差< ±20 V。

十九、接地电阻测试仪

接地电阻测试仪是检验测量接地电阻的常用仪表，也是电气设备安全检查与接地工程竣工验收不可缺少的工具，如附图 29 所示。

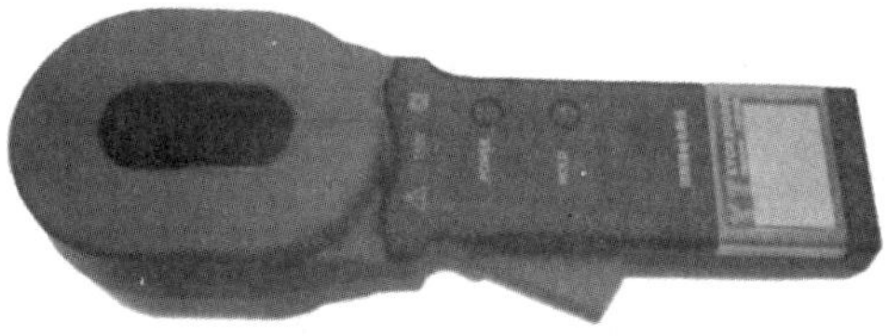

附图 29　接地电阻测试仪

（一）应用范围

在消防监督检查中，接地电阻测试仪一般用于测量储油罐、避雷针等防雷接地电阻。例如，防火检测中甲、乙、丙类液体储罐及其附属设备，应设接地装置，接地电阻不应大于 10 Ω。

（二）使用方法（仅供参考，可查阅具体说明书）

电气系统的接地电阻值应符合设计文件。如设计文件无规定时，单独设置的配电系统保护接地，其接地电阻应不大于 4 Ω。

防静电接地电阻值应符合下列规定：

（1）防静电与防感应雷共用接地的接地电阻应不大于 10 Ω。

（2）单独设置的防静电保护的接地装置电阻值应不大于 100 Ω。

加油加气站采用共用接地装置时接地电阻不应大于 4 Ω；单独设置接地装置时，油罐、液化石油气罐和压缩天然气储气罐组的防雷接地装置的接地电阻、配线电缆金属外皮两端和保护钢管两端的接地装置的接地电阻不应大于 10 Ω，保护接地电阻不应大于 4 Ω，地上油品、液化石油气和天然气管道始、末端和分支处的接地装置的接地电阻不应大于 30 Ω。

二十、绝缘电阻测试仪

绝缘电阻测试仪是一种用于测量各种绝缘材料的电阻值及变压器、电机、电缆及电气设备等绝缘电阻的专门仪器，如附图 30 所示。

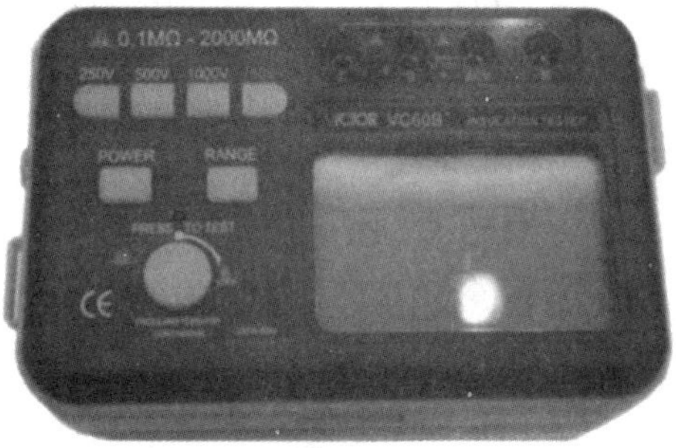

附图 30　绝缘电阻测试仪

（一）应用范围

绝缘电阻测试仪适用于检测相线与设备接地线之间的电阻，判断绝缘程度。在消防监督检查工作中，一般用于测量导线的对地绝缘电阻。

导线的绝缘皮无论是聚氯乙烯塑料还是橡胶层，随着使用时间增长，会出现自然老化现象，或由于负荷较大，使导线发热而使绝缘性能下降。绝缘层的绝缘性能的下降往往是用肉眼无法发现的，这种隐患将可能导致火灾和人身危险。另外，在日常的安全检查时，导线的相线和电气设备的绝缘性能也是检查的重点，需要测量相线和设备接地线之间的电阻，以判断相线和设备之间的绝缘程度。

（二）使用方法（仅供参考，可查阅具体说明书）

（1）仪器开始自动检测电池容量，当指针停在“BATT.GOOD”区，则电池是好的，否则需充电。

（2）选择需要的测试电压（2.5 kV/5 kV/10 kV）。

（3）按动测试按钮，开始测试。这时测试键左边高压输出指示灯发亮并且仪表内置蜂鸣器每隔 1 s 响一声，代表 LINE 端有高压输出。

（4）仪表每隔一定时间发出提示音（15 s、1 min、10 min）。

（5）当绿色 LED 灯亮时，在外圈读绝缘电阻值（高范围）；红色 LED 灯亮时，则读内圈刻度；对（2.5 kV 和 5 kV）或（5 kV 和 10 kV）双电压等级的绝缘测试，则读黑色和红色刻度（对 HT 2550 或 HT 2503 型而言）。测试完后，再次按动测试按钮，仪表停止测试，等几秒钟，不要立即把探头从测试电路移开。这时仪表将自动释放测试电路中的残存电荷。

使用绝缘电阻测试仪时，应注意以下事项：

（1）当外接交流电源未接通时，如果仪表电源指示灯未亮，应接入交流电源给机内电池充电。

（2）测试过程中，严禁触摸 LINE 端裸露部分，以免发生触电危险。

（3）试验完毕或重复进行试验时，必须将被试物短接后对地充分放电（仪表也有内置自动放电功能，不过时间较长）。

二十一、万用表

万用表是电气设备检测作业中最常用的仪器之一。此仪表可用来测量直流电压和交流电压、直流电流、电阻、温度、二极管正向压力降、晶体管 hFE 参数及电路通断等，如附图 31 所示。在消防监督检查工作中涉及以上这些参数的测量时均可使用数字万用表。

附图 31　万用表

（一）应用范围

测量直流电压和交流电压、直流电流、电阻、温度、二极管正向压力降、晶体管 hFE 参数及电路通断等。

1. 应用例子：检查水流指示器（有延迟功能，或无延迟功能）有无输出信号

（1）对于没有延迟功能的水流指示器，将万用表连接水流指示器的输出接线，将水流指示器桨片沿着箭头指示方向推到底，万用表应有接通信号。

（2）对于有延迟功能的水流指示器，将万用表连接水流指示器的输出接线，将水流指示器桨片沿着箭头指示方向推到底，同时启动秒表，延迟时间后万用表应有接通信号。

2. 应用例子：检查气体灭火控制器反馈

拆开该防护区启动钢瓶的启动信号线，并与万用表连接。将万用表调节至直流电压挡后，触发该防护区的紧急启动按钮并用秒表开始计时，测量延时启动时间，经 30 s 延时后，查看防护区内声光报警装置、通风设施，以及入口处声光报警装置的动作情况，查看气体灭火控制器与消防控制室显示的反馈信号。

（二）使用方法（仅供参考，可查阅具体说明书）

将黑表笔插入“COM”插孔，红表笔插入“VΩmA”插孔。选择旋钮放置相应的测试位置，然后将两个表笔并接在被测负载或信号源上。

二十二、钳型电流表

用普通电流表测量电流时，需要将电路切断停机后才能将电流表接入进行测量。钳形电流表由电流互感器和电流表组合而成，被测电流所通过的导线可以不必切断就可穿过铁芯张开的缺口来测量，如附图 32 所示。钳型电流表通常可测量交流电流、交直流电压及电阻等，适用于大电流的测试，使用方便，是防火检查和消防电气检测中不可缺少的检测仪器。

（一）应用范围

钳型电流表适用于交流电流测量、交直流电压测量、电阻测量、二极管及通断测试、相线判别等。

附图32 钳型电流表

（二）使用方法（仅供参考，可查阅具体说明书）

（1）将功能开关置于A挡。

（2）用钳头卡住单根被测导线，调整被测导线与钳头垂直并处于钳头的几何中心位置，检查钳头应闭合良好。

（3）此时LCD读数即为被测交流电流值。

二十三、测力计

测力计是利用金属的弹性制成的、标有刻度用以测量力的大小的仪器，如附图33所示。测力计有各种不同的构造形式，但它们的主要部分都是弯曲有弹性的钢片或螺旋形弹簧。当外力使弹性钢片或弹簧发生形变时，通过杠杆等传动机构带动指针转动，指针停在刻度盘上的位置对应外力的数值。

（一）应用范围

测力计适用于检查消防水带的单位长度质量，测量排烟防火阀手动开启的最大操作力，测量开启排烟阀的拉力，测试检漏装置，以及测试闭门器开启/关闭力矩等。

附图33 测力计

（二）使用方法（仅供参考，可查阅具体说明书）

（1）熟悉装备及其系统的性能、技术指标、有关标准，遵守操作规程。

（2）定期进行计量检定，以保证装备的可靠性。